JN015910

ポケット

農林水産統計

―令和元年版―

2019

大臣官房統計部

令和 2 年 1 月

農林水産省

総目次

統計表目次 ……………………………………………………………………………………………… (3)
利用者のために …………………………………………………………………………………………… (27)

〔概況編〕
　Ⅰ　国内 ……………………………………………………………………………………………… 1
　Ⅱ　海外 ……………………………………………………………………………………………… 46

〔食料編〕
　Ⅰ　食料消費と食料自給率 ……………………………………………………………………… 77
　Ⅱ　6次産業化等 …………………………………………………………………………………… 89
　Ⅲ　食品産業の構造 ………………………………………………………………………………… 98
　Ⅳ　食品の流通と利用 ……………………………………………………………………………… 107
　Ⅴ　食品の価格形成 ………………………………………………………………………………… 114
　Ⅵ　食の安全に関する取組 ………………………………………………………………………… 126

〔農業編〕
　Ⅰ　農用地及び農業用施設 ………………………………………………………………………… 131
　Ⅱ　農業経営体 ……………………………………………………………………………………… 148
　Ⅲ　農家 ……………………………………………………………………………………………… 163
　Ⅳ　農業労働力 ……………………………………………………………………………………… 169
　Ⅴ　農業の担い手 …………………………………………………………………………………… 176
　Ⅵ　農業経営 ………………………………………………………………………………………… 188
　Ⅶ　農業生産資材 …………………………………………………………………………………… 214
　Ⅷ　農作物 …………………………………………………………………………………………… 225
　Ⅸ　畜産 ……………………………………………………………………………………………… 297
　Ⅹ　その他の農産加工品 …………………………………………………………………………… 322
　Ⅺ　環境等 …………………………………………………………………………………………… 328
　Ⅻ　農業団体等 ……………………………………………………………………………………… 331

〔農山村編〕
　Ⅰ　農業集落 ………………………………………………………………………………………… 335
　Ⅱ　農村の振興と活性化 …………………………………………………………………………… 338

〔林業編〕
　Ⅰ　森林資源 ………………………………………………………………………………………… 349
　Ⅱ　林業経営 ………………………………………………………………………………………… 355
　Ⅲ　育林と伐採 ……………………………………………………………………………………… 363
　Ⅳ　素材生産量 ……………………………………………………………………………………… 364
　Ⅴ　特用林産物 ……………………………………………………………………………………… 366
　Ⅵ　被害と保険 ……………………………………………………………………………………… 371
　Ⅶ　需給 ……………………………………………………………………………………………… 372
　Ⅷ　価格 ……………………………………………………………………………………………… 376
　Ⅸ　流通と木材関連産業 …………………………………………………………………………… 379
　Ⅹ　森林組合 ………………………………………………………………………………………… 394

〔水産業編〕
　Ⅰ　漁業構造 ………………………………………………………………………………………… 395
　Ⅱ　漁業労働力 ……………………………………………………………………………………… 402
　Ⅲ　漁業経営 ………………………………………………………………………………………… 408
　Ⅳ　水産業・漁業地域の活性化と女性の活動 ………………………………………………… 408
　Ⅴ　生産量 …………………………………………………………………………………………… 410
　Ⅵ　水産加工 ………………………………………………………………………………………… 425
　Ⅶ　保険・共済 ……………………………………………………………………………………… 428
　Ⅷ　需給と流通 ……………………………………………………………………………………… 430
　Ⅸ　価格 ……………………………………………………………………………………………… 437
　Ⅹ　水産資源の管理 ………………………………………………………………………………… 440
　Ⅺ　水産業協同組合 ………………………………………………………………………………… 442

〔東日本大震災からの復旧・復興状況編〕
　東日本大震災からの復旧・復興状況 …………………………………………………………… 443

〔付表〕
　Ⅰ　目標・計画・評価 ……………………………………………………………………………… 453
　Ⅱ　参考資料 ………………………………………………………………………………………… 459
　索引 ………………………………………………………………………………………………… 474

統計表目次

〔概況編〕

Ⅰ　国内

1　土地と人口
(1)　総面積、耕地面積、林野面積及び排他的経済水域面積 ………………………………………… 1
(2)　総世帯数、総農家数、林家数及び海面漁業経営体数（個人経営体）………………………… 1
(3)　総人口と販売農家の世帯員数 ………………………………………………………………………… 1
(4)　都道府県別総世帯数・総人口・総面積 …………………………………………………………… 2
(5)　人口動態（出生・死亡）……………………………………………………………………………… 3
(6)　日本の将来推計人口 …………………………………………………………………………………… 3

2　雇用
(1)　労働力人口（15歳以上）……………………………………………………………………………… 3
(2)　産業別就業者数（15歳以上）………………………………………………………………………… 4
(3)　農林業・非農林業、従業上の地位別就業者数（15歳以上）…………………………………… 4
(4)　産業別従業者数規模別民営事業所数（平成26年7月1日現在）……………………………… 5
(5)　産業別月間給与額及び農畜産物の家族労働報酬
　　ア　産業別常用労働者一人平均月間現金給与額 …………………………………………………… 6
　　イ　主要農畜産物の1日当たり家族労働報酬 ……………………………………………………… 6

3　食料自給率の推移 …………………………………………………………………………………………… 7

4　物価・家計
(1)　国内企業物価指数 ……………………………………………………………………………………… 8
(2)　輸出・輸入物価指数 …………………………………………………………………………………… 8
(3)　農業物価指数
　　ア　農産物価格指数 …………………………………………………………………………………… 9
　　イ　農業生産資材価格指数 …………………………………………………………………………… 9
(4)　消費者物価指数（全国）……………………………………………………………………………… 10

5　国民経済と農林水産業の産出額
(1)　国民経済計算
　　ア　国内総生産勘定（名目）…………………………………………………………………………… 11
　　イ　国内総生産（支出側、名目・実質：連鎖方式）……………………………………………… 12
　　ウ　国民所得の分配（名目）…………………………………………………………………………… 13
　　エ　経済活動別国内総生産（名目・実質：連鎖方式）…………………………………………… 14
(2)　農業・食料関連産業の経済計算
　　ア　農業・食料関連産業の国内総生産額 …………………………………………………………… 15
　　イ　農業・食料関連産業の国内生産額 ……………………………………………………………… 15
　　ウ　農業の経済計算
　　(ア)　農業生産 ………………………………………………………………………………………… 16
　　(イ)　農業総資本形成（名目）……………………………………………………………………… 16
(3)　農林水産業の産出額・所得
　　ア　農業総産出額及び生産農業所得 ………………………………………………………………… 17
　　イ　都道府県別農業産出額及び生産農業所得（平成29年）……………………………………… 18
　　ウ　市町村別農業産出額（推計）（平成29年）…………………………………………………… 20

エ 部門別市町村別農業産出額（推計）（平成29年） ……………………………… 21
オ 林業産出額及び生産林業所得（全国） ……………………………………………… 22
カ 都道府県別林業産出額（平成29年） ………………………………………………… 22
キ 漁業産出額及び生産漁業所得 …………………………………………………………… 23
ク 都道府県別海面漁業・養殖業産出額（平成29年） ……………………………… 23
6 農林漁業金融
(1) 系統の農林漁業関連向け貸出金残高（平成30年3月末現在） ……………………… 24
(2) 他業態の農林漁業に対する貸出金残高（平成30年3月末現在） …………………… 24
(3) 制度金融
ア 日本政策金融公庫農林水産事業資金
(ｱ) 年度別資金種目別貸付件数・金額（事業計画分類、全国）（各年度末現在） ………… 25
(ｲ) 年度別資金種目別貸付金残高件数・金額（農林漁業分類、全国）（各年度末現在） … 26
イ 農業近代化資金及び漁業近代化資金の融資残高及び利子補給承認額（各年度末現在） … 27
ウ 農業信用基金協会、漁業信用基金協会及び農林漁業信用基金（林業）が行う
債務保証残高（各年度末現在） ……………………………………………………… 27
エ 林業・木材産業改善資金、沿岸漁業改善資金貸付残高（各年度末現在） ……………… 27
オ 災害資金融資状況（平成30年12月末現在） ………………………………………… 28
(4) 組合の主要勘定（各年度末現在）
ア 農協信用事業の主要勘定、余裕金系統利用率及び貯貸率 ………………………… 28
イ 漁協信用事業の主要勘定、余裕金系統利用率及び貯貸率 ………………………… 29
7 財政
(1) 国家財政
ア 一般会計歳出予算 ……………………………………………………………………… 29
イ 農林水産関係予算 ……………………………………………………………………… 29
ウ 農林水産省所管一般関係歳出予算（主要経費別） ………………………………… 30
エ 農林水産省所管特別会計 ……………………………………………………………… 30
オ 農林水産関係公共事業予算 …………………………………………………………… 31
カ 農林水産関係機関別財政投融資計画 ………………………………………………… 31
(2) 地方財政
ア 歳入決算額 ……………………………………………………………………………… 32
イ 歳出決算額 ……………………………………………………………………………… 33
8 日本の貿易
(1) 貿易相手国上位10か国の推移（暦年ベース）
ア 輸出入 …………………………………………………………………………………… 34
イ 輸出 ……………………………………………………………………………………… 35
ウ 輸入 ……………………………………………………………………………………… 36
(2) 品目別輸出入額の推移（暦年ベース）
ア 輸出額 …………………………………………………………………………………… 37
イ 輸入額 …………………………………………………………………………………… 38
(3) 州別輸出入額 …………………………………………………………………………… 39
(4) 農林水産物輸出入概況 ………………………………………………………………… 39
(5) 農林水産物の主要国・地域別輸出入実績
ア 輸出額 …………………………………………………………………………………… 40
イ 輸入額 …………………………………………………………………………………… 40

(6) 主要農林水産物の輸出入実績（平成30年金額上位20品目）
　ア　輸出数量・金額 ……………………………………………………………………… 42
　イ　輸入数量・金額 ……………………………………………………………………… 44

Ⅱ　海外
1　農業関係指標の国際比較 ……………………………………………………………… 46
2　土地と人口
(1)　農用地面積（2016年） ……………………………………………………………… 48
(2)　世界人口の推移 ……………………………………………………………………… 48
3　雇用
　就業者の産業別構成比（2017年） …………………………………………………… 49
4　食料需給
(1)　主要国の主要農産物の自給率 ……………………………………………………… 50
(2)　主要国の一人1年当たり供給食料 ………………………………………………… 50
(3)　主要国の一人1日当たり供給栄養量 ……………………………………………… 51
(4)　主要国の供給熱量総合食料自給率の推移 ………………………………………… 51
5　物価
(1)　生産者物価指数（2017年） ………………………………………………………… 52
(2)　消費者物価指数 ……………………………………………………………………… 52
(3)　国際商品価格指数・主要商品価格 ………………………………………………… 53
6　国民経済と農林水産業
(1)　各国の国内総生産 …………………………………………………………………… 54
(2)　農業生産指数 ………………………………………………………………………… 54
(3)　平均経営面積及び農地面積の各国比較 …………………………………………… 55
(4)　農業生産量（2017年） ……………………………………………………………… 56
(5)　工業生産量 …………………………………………………………………………… 62
(6)　肥料使用量 …………………………………………………………………………… 66
7　林業
(1)　森林の面積 …………………………………………………………………………… 67
(2)　木材生産量（2017年） ……………………………………………………………… 67
8　水産業
(1)　水産物生産量－漁獲・養殖（2016年） …………………………………………… 68
(2)　水産物生産量－種類別（2016年） ………………………………………………… 69
(3)　水産物生産量－海域別漁獲量（2016年） ………………………………………… 70
9　貿易
(1)　国際収支（2017年） ………………………………………………………………… 71
(2)　商品分類別輸出入額（2017年） …………………………………………………… 72
(3)　貿易依存度 …………………………………………………………………………… 73
(4)　主要商品別輸出入額 ………………………………………………………………… 74

〔食料編〕

Ⅰ　食料消費と食料自給率
1　食料需給
(1)　平成30年度食料需給表（概算値） ………………………………………………… 77
(2)　国民一人1日当たりの熱量・たんぱく質・脂質供給量 ………………………… 78

　　(3)　国民一人1年当たり供給純食料 ……………………………………………… 78
　　(4)　食料の自給率（主要品目別） ………………………………………………… 79
　　〔参考〕　カロリーベースと生産量ベースの総合食料自給率（図） ………… 80
　　(5)　食料自給力指標の推移（国民一人1日当たり） ………………………… 82
　　(6)　都道府県別食料自給率 ………………………………………………………… 83
　2　国民栄養
　　(1)　栄養素等摂取量の推移（総数、一人1日当たり） ……………………… 83
　　(2)　食品群別摂取量（1歳以上、年齢階級別、一人1日当たり平均値）（平成29年） …… 84
　　(3)　朝食欠食率の推移（20歳以上、性・年齢階級別） ……………………… 84
　3　産業連関表からみた最終消費としての飲食費
　　〔参考〕　飲食費のフロー（平成23年） ……………………………………………… 85
　　(1)　飲食費の帰属額及び帰属割合の推移 ………………………………………… 86
　　(2)　食用農林水産物・輸入加工食品の仕向額 ………………………………… 86
　4　家計消費支出
　　(1)　1世帯当たり年平均1か月間の支出（二人以上の世帯） ……………… 87
　　(2)　1世帯当たり年間の品目別購入数量（二人以上の世帯） ……………… 88

Ⅱ　6次産業化等
　1　六次産業化・地産地消法に基づく認定事業計画の概要
　　(1)　地域別の認定件数（令和元年5月31日時点） …………………………… 89
　　(2)　総合化事業計画の事業内容割合（令和元年5月31日時点） ………… 89
　　(3)　総合化事業計画の対象農林水産物割合（令和元年5月31日時点） … 89
　2　農業及び漁業生産関連事業の取組状況
　　(1)　年間販売金額及び年間販売金額規模別事業体数割合 …………………… 90
　　(2)　従事者数及び雇用者の男女別割合 ………………………………………… 90
　　(3)　産地別年間仕入金額（農産物直売所は販売金額）（平成29年度） …… 90
　　(4)　都道府県別農業生産関連事業の年間販売金額及び事業体数（平成29年度） … 92
　　(5)　都道府県別漁業生産関連事業の年間販売金額及び事業体数（平成29年度） … 94
　3　直接販売における販売先別年間販売金額（平成29年度）
　　(1)　農産物の直接販売における販売先別年間販売金額 ……………………… 95
　　(2)　水産物の直接販売における販売先別年間販売金額 ……………………… 95
　4　農業生産関連事業を行っている農業経営体数等（各年2月1日現在）
　　(1)　農業経営体 …………………………………………………………………… 96
　　(2)　販売農家 ……………………………………………………………………… 97

Ⅲ　食品産業の構造
　1　食品製造業の構造と生産状況
　　(1)　事業所数（従業者4人以上の事業所） …………………………………… 98
　　(2)　従業者数（従業者4人以上の事業所） …………………………………… 98
　　(3)　製造品出荷額等（従業者4人以上の事業所） ………………………… 99
　2　海外における現地法人企業数及び売上高（農林漁業、食料品製造業）
　　(1)　現地法人企業数（国・地域別）（平成29年度実績） …………………… 99
　　(2)　現地法人の売上高（平成29年度実績） ………………………………… 100
　3　食品卸売業の構造と販売状況
　　(1)　事業所数 ……………………………………………………………………… 101
　　(2)　従業者数 ……………………………………………………………………… 102
　　(3)　年間商品販売額 ……………………………………………………………… 103

　　4　食品小売業の構造と販売状況
　　(1)　事業所数 ··· 104
　　(2)　従業者数 ··· 104
　　(3)　年間商品販売額 ··· 105
　　5　外食産業の構造と市場規模
　　(1)　事業所数及び従業者数 ··· 105
　　(2)　市場規模 ··· 106
Ⅳ　食品の流通と利用
　　1　食品製造業の加工原材料の内訳の推移 ······································· 107
　　2　業態別商品別の年間商品販売額（平成26年） ································· 107
　　3　全国主要都市の野菜の小売価格動向
　　　　並列販売店舗における生鮮野菜の品目別価格及び価格比（平成28年） ········· 110
　　4　食品の多様な販売経路
　　(1)　卸売市場経由率の推移（重量ベース、推計） ······························· 112
　　(2)　自動販売機の普及台数（平成30年） ······································· 112
　　(3)　消費者向け電子商取引市場規模 ··· 113
Ⅴ　食品の価格形成
　　1　青果物の流通経費等
　　(1)　集出荷団体の流通経費等（100kg当たり）（平成29年度） ····················· 114
　　(2)　生産者の出荷先別販売金額割合（青果物全体） ····························· 116
　　(3)　集出荷団体の出荷先別販売金額割合（青果物全体） ························· 116
　　(4)　小売業者の仕入先別仕入金額割合（調査対象16品目） ······················· 116
　　(5)　青果物の各流通段階の価格形成及び小売価格に占める各流通経費等の割合
　　　　（調査対象16品目）（100kg当たり）（試算値）
　　　ア　4つの流通段階を経由（集出荷団体、卸売業者、仲卸業者及び小売業者） ········· 117
　　　イ　生産者が小売業者に直接販売 ··· 118
　　　ウ　生産者が消費者に直接販売 ··· 118
　　2　水産物の流通経費等
　　(1)　産地卸売業者の流通経費等（1業者当たり平均）（平成29年度）
　　　ア　販売収入、産地卸売手数料及び生産者への支払金額 ························· 119
　　　イ　産地卸売経費 ··· 119
　　(2)　産地出荷業者の流通経費等（1業者当たり平均）（平成29年度） ··············· 120
　　(3)　漁業者の出荷先別販売金額割合（水産物全体） ····························· 121
　　(4)　小売業者の仕入先別仕入金額割合（調査対象10品目） ······················· 121
　　(5)　水産物の各流通段階の価格形成及び小売価格に占める各流通経費等の割合
　　　　（調査対象10品目）（100kg当たり）（試算値）
　　　ア　5つの流通段階を経由（産地卸売業者、産地出荷業者、卸売業者、仲卸業者
　　　　及び小売業者） ··· 122
　　　イ　漁業者が小売業者に直接販売 ··· 123
　　　ウ　漁業者が消費者に直接販売 ··· 123
　　3　食料品年平均小売価格（東京都区部・大阪市）（平成30年） ··················· 124
Ⅵ　食の安全に関する取組
　　1　有機農産物の認証・格付
　　(1)　有機農産物等認証事業者の認証件数（平成31年3月31日現在） ················· 126
　　(2)　有機登録認証機関数の推移（各年度末現在） ······························· 126

(3) 認証事業者に係る格付実績（平成29年度）
　　ア　有機農産物 ……………………………………………………………………… 128
　　イ　有機農産物加工食品 …………………………………………………………… 128
　　ウ　国内の総生産量と格付数量 …………………………………………………… 129
2　ＪＡＳ法及び食品表示法に基づく改善指示の実績 ………………………………… 129
3　食品製造業におけるＨＡＣＣＰに沿った衛生管理の導入状況（平成30年度）
(1)　ＨＡＣＣＰに沿った衛生管理の導入状況（食品販売金額規模別）……………… 130
(2)　ＨＡＣＣＰに沿った衛生管理の導入による効果（複数回答）…………………… 130
(3)　ＨＡＣＣＰに沿った衛生管理の導入に当たっての問題点（複数回答）………… 130

〔農業編〕

I　農用地及び農業用施設

1　耕地面積
(1)　田畑別耕地面積（各年7月15日現在）………………………………………… 131
(2)　全国農業地域別種類別耕地面積（各年7月15日現在）……………………… 131
(3)　都道府県別耕地面積及び耕地率（平成30年7月15日現在）………………… 132
2　耕地の拡張・かい廃面積
(1)　田 ……………………………………………………………………………………… 133
(2)　畑 ……………………………………………………………………………………… 133
3　都道府県別の田畑整備状況（平成29年）（推計値）…………………………… 134
4　農業経営体の経営耕地面積規模別経営耕地面積（各年2月1日現在）……… 136
5　耕地種類別農家数及び経営耕地面積（販売農家）（各年2月1日現在）…… 136
6　農家1戸当たりの平均経営耕地面積（各年2月1日現在）………………… 136
7　借入耕地、貸付耕地のある農家数と面積（販売農家）（各年2月1日現在）
(1)　借入耕地 ……………………………………………………………………………… 137
(2)　貸付耕地 ……………………………………………………………………………… 137
8　荒廃農地面積（平成29年）………………………………………………………… 138
9　耕作放棄地（各年2月1日現在）………………………………………………… 139
10　農地調整
(1)　農地の権利移動 …………………………………………………………………… 140
(2)　農業経営基盤強化促進法による利用権設定 ……………………………………… 140
(3)　農地の転用面積
　　ア　田畑別農地転用面積 …………………………………………………………… 141
　　イ　農地転用の用途別許可・届出・協議面積（田畑計）……………………… 141
　　ウ　転用主体別農地転用面積（田畑計）………………………………………… 141
11　農地価格
(1)　耕作目的田畑売買価格（平成30年5月1日現在）…………………………… 142
(2)　使用目的変更（転用）田畑売買価格（平成30年5月1日現在）…………… 142
12　耕地利用
(1)　耕地利用率 …………………………………………………………………………… 143
(2)　農作物作付（栽培）延べ面積 …………………………………………………… 143
(3)　夏期における田本地の利用面積（全国）……………………………………… 143
(4)　都道府県別農作物作付（栽培）延べ面積・耕地利用率（田畑計、平成29年）… 144
13　採草地・放牧地の利用（耕地以外）
(1)　農業経営体が利用した採草地・放牧地（各年2月1日現在）……………… 145

(2) 販売農家が利用した採草地・放牧地（各年2月1日現在） ……………… 145

14 都道府県別の基幹的農業水利施設数・水路延長（平成29年）（推計値） ……… 146

Ⅱ 農業経営体

1 農業経営体数（各年2月1日現在） ……………………………………………… 148

2 経営耕地面積規模別農業経営体数（各年2月1日現在） ……………………… 148

3 農産物販売金額別農業経営体数（各年2月1日現在）

(1) 農業経営体 ……………………………………………………………………… 149

(2) 農業経営体のうち組織経営体 ……………………………………………… 149

4 組織形態別農業経営体数（農業経営体のうち組織経営体）（各年2月1日現在） ……… 149

5 農業経営組織別農業経営体数（各年2月1日現在）

(1) 農業経営体 ……………………………………………………………………… 150

(2) 農業経営体のうち組織経営体 ……………………………………………… 151

6 農業以外の業種から資本金・出資金の提供を受けている経営体の業種別農業経営体数

（各年2月1日現在） …………………………………………………………… 152

7 水稲作作業を委託した農業経営体数（各年2月1日現在） ………………… 152

8 農産物の出荷先別農業経営体数（各年2月1日現在）

(1) 農業経営体 ……………………………………………………………………… 153

(2) 農業経営体のうち組織経営体 ……………………………………………… 153

9 農産物売上1位の出荷先別農業経営体数（各年2月1日現在）

(1) 農業経営体 ……………………………………………………………………… 154

(2) 農業経営体のうち組織経営体 ……………………………………………… 154

10 販売目的の作物の類別作付（栽培）農業経営体数及び作付（栽培）面積

（各年2月1日現在）

(1) 農業経営体 ……………………………………………………………………… 155

(2) 農業経営体のうち組織経営体 ……………………………………………… 156

11 販売目的で家畜を飼養した農業経営体数及び飼養頭羽数等（各年2月1日現在）

(1) 農業経営体 ……………………………………………………………………… 157

(2) 農業経営体のうち組織経営体 ……………………………………………… 157

12 耕地種類別農業経営体数及び経営耕地面積（各年2月1日現在）

(1) 農業経営体 ……………………………………………………………………… 158

(2) 農業経営体のうち組織経営体 ……………………………………………… 159

13 過去1年間に農業経営体が施設園芸に利用したハウス・ガラス室の面積及び農業経営体数

（各年2月1日現在） …………………………………………………………… 160

14 農作業の受託料金収入規模別農業経営体数（各年2月1日現在）

(1) 農業経営体 ……………………………………………………………………… 160

(2) 農業経営体のうち組織経営体 ……………………………………………… 160

15 農作業受託事業部門別農業経営体数（各年2月1日現在）

(1) 農業経営体 ……………………………………………………………………… 161

(2) 農業経営体のうち組織経営体 ……………………………………………… 162

Ⅲ 農家

1 都道府県別販売農家数（各年2月1日現在）

(1) 主副業別農家数 ………………………………………………………………… 163

(2) 専兼業別農家数 ………………………………………………………………… 163

2 農業経営組織別農家数（販売農家）（各年2月1日現在） ………………… 164

3 経営耕地面積規模別農家数（販売農家）（各年2月1日現在） …………… 164

  4 農産物販売金額規模別農家数（販売農家）（各年2月1日現在） …………………… 165

  5 農産物販売金額1位の部門別農家数（販売農家）（各年2月1日現在） ………… 165

  6 農業労働力保有状態別農家数（販売農家）（各年2月1日現在） ………………… 166

  7 家族経営構成別農家数（販売農家）（各年2月1日現在） ……………………………… 167

  8 後継者の有無別農家数（販売農家）（各年2月1日現在） …………………………… 167

  9 農作業受託料金収入がある農家の事業部門別農家数（販売農家）（各年2月1日現在） …… 168

Ⅳ 農業労働力

 1 農業経営体の労働力（各年2月1日現在）

  (1) 農業経営体 ……………………………………………………………………………… 169

  (2) 農業経営体のうち組織経営体 ………………………………………………………… 169

 2 農家の家族労働力

  (1) 全国農業地域別世帯員数・農業就業人口（販売農家）（平成30年2月1日現在） … 170

  (2) 年齢別世帯員数（販売農家）（平成30年2月1日現在） ………………………… 170

  (3) 年齢別農業従事者数（販売農家）（各年2月1日現在） ………………………… 171

  (4) 自営農業従事日数別農業従事者数（販売農家）（各年2月1日現在） ………… 172

  (5) 年齢別農業就業人口（販売農家）（各年2月1日現在） ………………………… 173

  (6) 年齢別基幹的農業従事者数（販売農家）（各年2月1日現在） ………………… 174

 3 農作業死亡事故件数 ………………………………………………………………………… 175

Ⅴ 農業の担い手

 1 人・農地プランの進捗状況（各年3月末現在） ……………………………………… 176

 2 農地中間管理機構の借入・転貸面積の状況 …………………………………………… 176

 3 認定農業者（農業経営改善計画の認定状況）

  (1) 基本構想作成及び認定農業者数（各年3月末現在） ……………………………… 176

  (2) 年齢階層別の農業経営改善計画認定状況（各年3月末現在） …………………… 177

  (3) 法人形態別の農業経営改善計画認定状況（各年3月末現在） …………………… 177

  (4) 営農類型別の農業経営改善計画認定状況（各年3月末現在） …………………… 177

  (5) 地方農政局別認定農業者数（各年3月末現在） …………………………………… 178

 4 法人等

  (1) 農地所有適格法人数（各年1月1日現在） ………………………………………… 178

  (2) 一般法人の農業参入数（各年末現在） ……………………………………………… 179

  (3) 農事組合法人（各年3月31日現在）

   ア 総括表 ………………………………………………………………………………… 179

   イ 主要業種別農事組合法人数 ………………………………………………………… 179

 5 集落営農（各年2月1日現在）

  (1) 組織形態別集落営農数 ………………………………………………………………… 180

  (2) 現況集積面積（経営耕地面積＋農作業受託面積）規模別集落営農数 ………… 181

  (3) 農産物等の生産・販売活動別集落営農数（複数回答） …………………………… 182

  (4) 農産物等の生産・販売以外の活動別集落営農数（複数回答） …………………… 182

  (5) 経理の共同化の状況別集落営農数（複数回答） …………………………………… 183

  (6) 経営所得安定対策への加入状況 ……………………………………………………… 183

  (7) 人・農地プランにおける位置づけ状況 ……………………………………………… 183

 6 新規就農者

  (1) 年齢別就農形態別新規就農者数（平成30年） ……………………………………… 184

  (2) 卒業者の農林業就業者数（各年3月卒業） ………………………………………… 185

7 女性の就業構造・経営参画状況
  (1) 男女別農業従事者数（販売農家）（各年2月1日現在） ………………………… 185
  (2) 農業就業人口等に占める女性の割合 ……………………………………………… 186
  (3) 経営方針の決定参画者（経営者を除く。）の有無別農家数（販売農家）
      （平成27年2月1日現在） ………………………………………………………… 186
  (4) 女性の農業経営改善計画認定状況（各年3月末現在） ………………………… 186
  (5) 家族経営協定締結農家数（各年3月31日現在） ………………………………… 186
8 農業委員会、農協への女性の参画状況 …………………………………………… 187
9 農業者年金への加入状況
  (1) 加入区分別（各年度末現在） …………………………………………………… 187
  (2) 年齢階層別被保険者数（平成30年度末現在） ………………………………… 187

VI 農業経営
〔参考〕 農業経営の概念図（平成29年）
  ○ 農業生産物の販売を目的とする農業経営体（個別経営）の収支 ……………… 188
  ○ 農業生産物の販売を目的とする農業経営体（個別経営）のうち主業経営体の収支 ………… 188
1 営農類型別にみた農業所得等の比較（平成29年）
  (1) 個別経営（1経営体当たり平均） ……………………………………………… 189
  (2) 組織法人経営（1組織当たり平均） …………………………………………… 190
2 主副業別にみた農業経営の平均的な姿（平成29年） …………………………… 191
3 農業経営総括表（農業生産物の販売を目的とする経営体・1経営体当たり平均） ………… 192
4 農業経営の分析指標（農業生産物の販売を目的とする経営体・1経営体当たり平均） ……… 193
5 農業経営収支（農業生産物の販売を目的とする経営体・1経営体当たり平均） ………… 194
6 主副業別の農業経営（農業生産物の販売を目的とする経営体・1経営体当たり平均）
  （平成29年）
  (1) 農業経営の概要 ………………………………………………………………… 196
  (2) 経営概況及び分析指標 ………………………………………………………… 197
7 認定農業者のいる農業経営体の農業経営（平成29年） ………………………… 198
8 営農類型別の農業経営（農業生産物の販売を目的とする経営体・1経営体当たり平均）
  （平成29年）
  (1) 農業経営収支の総括 …………………………………………………………… 200
  (2) 農業粗収益 ……………………………………………………………………… 202
  (3) 農業経営費 ……………………………………………………………………… 204
  (4) 労働力、労働投下量、経営土地 ……………………………………………… 206
  (5) 営農類型の部門別農業経営 …………………………………………………… 208
9 組織法人の水田作経営の農業経営収支（全国）（1組織当たり）（平成29年） ………… 209
10 組織法人の水田作経営以外の耕種経営（全国）（1組織当たり）（平成29年） ………… 210
11 組織法人の畜産経営（全国）（1組織当たり）（平成29年） …………………… 211
12 経営所得安定対策等（収入減少影響緩和交付金を除く。）の支払実績
   （平成31年4月末時点）
  (1) 交付金別支払額 ………………………………………………………………… 212
  (2) 交付金別支払対象者数 ………………………………………………………… 212
  (3) 支払面積、数量
    ア 畑作物の直接支払交付金の支払数量 …………………………………… 212
    イ 米の直接支払交付金の支払面積 ………………………………………… 213
    ウ 水田活用の直接支払交付金における戦略作物（基幹作物）の支払面積 ………… 213

   13　経営所得安定対策等（収入減少影響緩和交付金）の支払実績（平成30年8月末時点）　‥‥‥‥　213

Ⅶ　農業生産資材

  1　農業機械
  (1)　経営耕地面積規模別の農業機械所有台数（販売農家）（各年2月1日現在）　‥‥‥‥‥‥‥　214
  (2)　農業機械の価格指数　‥‥‥‥‥‥‥‥‥‥‥‥‥‥‥‥‥‥‥‥‥‥‥‥‥‥‥‥‥‥‥‥　214
  (3)　農業用機械器具、食料品加工機械等の生産台数　‥‥‥‥‥‥‥‥‥‥‥‥‥‥‥‥　215
  (4)　農業機械輸出実績　‥‥‥‥‥‥‥‥‥‥‥‥‥‥‥‥‥‥‥‥‥‥‥‥‥‥‥‥‥‥　216
  (5)　農業機械輸入実績　‥‥‥‥‥‥‥‥‥‥‥‥‥‥‥‥‥‥‥‥‥‥‥‥‥‥‥‥‥‥　217
  2　肥料
  (1)　主要肥料・原料の生産量　‥‥‥‥‥‥‥‥‥‥‥‥‥‥‥‥‥‥‥‥‥‥‥‥‥‥　218
  (2)　肥料種類別の需給
    ア　窒素質肥料　‥‥‥‥‥‥‥‥‥‥‥‥‥‥‥‥‥‥‥‥‥‥‥‥‥‥‥‥‥‥‥　218
    イ　りん酸質肥料　‥‥‥‥‥‥‥‥‥‥‥‥‥‥‥‥‥‥‥‥‥‥‥‥‥‥‥‥‥　219
    ウ　カリ質肥料　‥‥‥‥‥‥‥‥‥‥‥‥‥‥‥‥‥‥‥‥‥‥‥‥‥‥‥‥‥‥　219
  (3)　肥料の価格指数　‥‥‥‥‥‥‥‥‥‥‥‥‥‥‥‥‥‥‥‥‥‥‥‥‥‥‥‥‥‥　220
  (4)　肥料の輸出入　‥‥‥‥‥‥‥‥‥‥‥‥‥‥‥‥‥‥‥‥‥‥‥‥‥‥‥‥‥‥‥　220
  3　土壌改良資材
    政令指定土壌改良資材供給量　‥‥‥‥‥‥‥‥‥‥‥‥‥‥‥‥‥‥‥‥‥‥‥‥　221
  4　農薬
  (1)　登録農薬数の推移　‥‥‥‥‥‥‥‥‥‥‥‥‥‥‥‥‥‥‥‥‥‥‥‥‥‥‥‥‥　222
  (2)　農薬出荷量の推移　‥‥‥‥‥‥‥‥‥‥‥‥‥‥‥‥‥‥‥‥‥‥‥‥‥‥‥‥‥　222
  (3)　農薬の価格指数　‥‥‥‥‥‥‥‥‥‥‥‥‥‥‥‥‥‥‥‥‥‥‥‥‥‥‥‥‥　223
  (4)　農薬の輸出入　‥‥‥‥‥‥‥‥‥‥‥‥‥‥‥‥‥‥‥‥‥‥‥‥‥‥‥‥‥‥　224

Ⅷ　農作物

  1　総括表
  (1)　生産量　‥‥‥‥‥‥‥‥‥‥‥‥‥‥‥‥‥‥‥‥‥‥‥‥‥‥‥‥‥‥‥‥‥‥‥　225
  (2)　10a当たり生産費（平成30年産）　‥‥‥‥‥‥‥‥‥‥‥‥‥‥‥‥‥‥‥‥‥‥　226
  2　米
  (1)　販売目的で作付けした水稲の作付面積規模別農家数（販売農家）
    （平成27年2月1日現在）　‥‥‥‥‥‥‥‥‥‥‥‥‥‥‥‥‥‥‥‥‥‥‥‥‥　227
  (2)　水稲作受託作業経営体数及び受託面積（各年2月1日現在）
    ア　農業経営体　‥‥‥‥‥‥‥‥‥‥‥‥‥‥‥‥‥‥‥‥‥‥‥‥‥‥‥‥‥‥‥　227
    イ　販売農家　‥‥‥‥‥‥‥‥‥‥‥‥‥‥‥‥‥‥‥‥‥‥‥‥‥‥‥‥‥‥‥‥　227
  (3)　生産量
    ア　年次別及び全国農業地域別　‥‥‥‥‥‥‥‥‥‥‥‥‥‥‥‥‥‥‥‥‥‥　228
    イ　都道府県別（平成30年産）　‥‥‥‥‥‥‥‥‥‥‥‥‥‥‥‥‥‥‥‥‥‥　229
  (4)　新規需要米等の用途別作付・生産状況　‥‥‥‥‥‥‥‥‥‥‥‥‥‥‥‥‥　230
  (5)　米の収穫量、販売量、在庫量等（平成30年）　‥‥‥‥‥‥‥‥‥‥‥‥‥‥　230
  (6)　米の需給調整
    ア　需給調整の取組状況の推移（全国）　‥‥‥‥‥‥‥‥‥‥‥‥‥‥‥‥‥　230
    イ　平成30年産米における都道府県別の需給調整の取組状況　‥‥‥‥‥　231
  (7)　需給
    ア　米需給表　‥‥‥‥‥‥‥‥‥‥‥‥‥‥‥‥‥‥‥‥‥‥‥‥‥‥‥‥‥‥‥‥　232
    イ　政府所有米需給実績　‥‥‥‥‥‥‥‥‥‥‥‥‥‥‥‥‥‥‥‥‥‥‥‥‥‥　232
    ウ　政府所有米売却実績　‥‥‥‥‥‥‥‥‥‥‥‥‥‥‥‥‥‥‥‥‥‥‥‥‥‥　232

 エ　輸出入実績
  (ｱ)　輸出入量及び金額 ……………………………………………………………… 233
  (ｲ)　米の国別輸出量 ………………………………………………………………… 233
  (ｳ)　米の国別輸入量 ………………………………………………………………… 233
(8)　被害
  水稲 ………………………………………………………………………………… 234
(9)　保険・共済
 ア　水稲 ……………………………………………………………………………… 235
 イ　陸稲 ……………………………………………………………………………… 235
(10)　生産費
 ア　米生産費 ………………………………………………………………………… 236
 イ　全国農業地域別米生産費（10ａ当たり）（平成29年産）……………………… 236
 ウ　作付規模別米生産費（10ａ当たり）（平成29年産）…………………………… 237
 エ　全国農業地域別米の労働時間（10ａ当たり）（平成29年産）………………… 237
 オ　認定農業者がいる15ha以上の個別経営及び稲作主体の組織法人経営の生産費 ……… 238
 カ　飼料用米の生産費 ……………………………………………………………… 238
(11)　価格
 ア　農産物価格指数 ………………………………………………………………… 239
 イ　米の相対取引価格（玄米60kg当たり）……………………………………… 240
 ウ　米の年平均小売価格 …………………………………………………………… 241
 エ　１世帯当たり年間の米の支出金額及び購入数量（二人以上の世帯・全国）…… 241
(12)　加工
 ア　米穀粉の生産量 ………………………………………………………………… 241
 イ　加工米飯の生産量 ……………………………………………………………… 241
3　麦類
(1)　麦類作農家（各年２月１日現在）
 ア　販売目的で作付けした麦類の種類別農家数（販売農家）…………………… 242
 イ　販売目的で作付けした麦類の作付面積規模別農家数（販売農家）………… 242
(2)　生産量
 ア　麦種類別収穫量 ………………………………………………………………… 242
 イ　平成30年産都道府県別麦類の収穫量 ………………………………………… 243
(3)　需給
 ア　麦類需給表 ……………………………………………………………………… 244
 イ　輸出入実績
  (ｱ)　輸出入量及び金額 …………………………………………………………… 244
  (ｲ)　小麦（玄麦）の国別輸入量 ………………………………………………… 244
 ウ　麦類の政府買入れ及び民間流通 ……………………………………………… 245
(4)　保険・共済 ……………………………………………………………………… 246
(5)　生産費
 ア　小麦生産費 ……………………………………………………………………… 246
 イ　二条大麦生産費 ………………………………………………………………… 247
 ウ　六条大麦生産費 ………………………………………………………………… 247
 エ　はだか麦生産費 ………………………………………………………………… 248
(6)　価格
 ア　農産物価格指数 ………………………………………………………………… 248

　　　イ　民間流通麦の入札における落札状況（平成31年産）　……………………… 249
　(7)　加工
　　　　小麦粉の用途別生産量　…………………………………………………………… 249
4　いも類
　(1)　販売目的で作付けしたかんしょ・ばれいしょの農家数（販売農家）
　　　（各年2月1日現在）　……………………………………………………………… 250
　(2)　生産量
　　　ア　かんしょの収穫量　……………………………………………………………… 250
　　　イ　ばれいしょの収穫量　…………………………………………………………… 250
　(3)　需給
　　　ア　いも需給表　……………………………………………………………………… 251
　　　イ　いもの用途別消費量　…………………………………………………………… 251
　　　ウ　輸出入量及び金額　……………………………………………………………… 252
　(4)　保険・共済　……………………………………………………………………………… 252
　(5)　生産費
　　　ア　原料用かんしょ生産費　………………………………………………………… 253
　　　イ　原料用ばれいしょ生産費　……………………………………………………… 253
　(6)　価格
　　　ア　農産物価格指数　………………………………………………………………… 254
　　　イ　でん粉用原料用かんしょ交付金単価（1t当たり）　……………………… 254
　　　ウ　1kg当たり卸売価格（東京都）　……………………………………………… 254
　　　エ　1kg当たり年平均小売価格（東京都区部）　………………………………… 254
5　雑穀・豆類
　(1)　販売目的で作付けしたそば・豆類の農家数（販売農家）（各年2月1日現在）　… 255
　(2)　小豆・らっかせい・いんげん（乾燥子実）の生産量　……………………………… 256
　(3)　そば・大豆の生産量　…………………………………………………………………… 257
　(4)　需給
　　　ア　雑穀・豆類需給表　……………………………………………………………… 258
　　　イ　大豆の用途別消費量　…………………………………………………………… 258
　　　ウ　輸入数量及び金額　……………………………………………………………… 258
　(5)　保険・共済　……………………………………………………………………………… 259
　(6)　生産費
　　　ア　そば生産費　……………………………………………………………………… 259
　　　イ　大豆生産費　……………………………………………………………………… 260
　(7)　農産物価格指数　………………………………………………………………………… 260
6　野菜
　(1)　野菜作農家（各年2月1日現在）
　　　ア　販売目的で作付けした主要野菜の種類別作付農家数（販売農家）　……… 261
　　　イ　販売目的で作付けした野菜（露地）の作付面積規模別作付農家数（販売農家）　………… 261
　　　ウ　販売目的で作付けした野菜（施設）の作付面積規模別作付農家数（販売農家）　………… 261
　(2)　生産量及び出荷量
　　　ア　主要野菜の生産量、出荷量及び産出額　……………………………………… 262
　　　イ　主要野菜の季節区分別収穫量（平成29年産）　……………………………… 266
　　　ウ　その他野菜の収穫量　…………………………………………………………… 268
　　　エ　主要野菜の用途別出荷量　……………………………………………………… 268

(3) 需給
　　ア　野菜需給表 ……………………………………………………………………………… 269
　　イ　1世帯当たり年間の購入数量（二人以上の世帯・全国） …………………………… 269
　　ウ　輸出入量及び金額 ……………………………………………………………………… 270
(4) 保険・共済 …………………………………………………………………………………… 271
(5) 価格
　　ア　農産物価格指数 ………………………………………………………………………… 272
　　イ　1kg当たり卸売価格（東京都） ……………………………………………………… 272
　　ウ　1kg当たり年平均小売価格（東京都区部） ………………………………………… 273
7　果樹
(1) 果樹栽培農家（各年2月1日現在）
　　ア　販売目的で栽培した主要果樹の種類別栽培農家数（販売農家） …………………… 274
　　イ　販売目的で栽培した果樹（露地）の栽培面積規模別栽培農家数（販売農家） …… 274
　　ウ　販売目的で栽培した果樹（施設）の栽培面積規模別栽培農家数（販売農家） …… 274
(2) 生産量及び出荷量
　　ア　主要果樹の面積、生産量、出荷量及び産出額 ……………………………………… 275
　　イ　主要果樹の面積、生産量及び出荷量（主要生産県）（平成30年産） ……………… 277
　　ウ　主要生産県におけるみかん及びりんごの品種別収穫量（平成30年産）
　　　(ｱ)　みかん ……………………………………………………………………………… 278
　　　(ｲ)　りんご ……………………………………………………………………………… 278
　　エ　主産県におけるみかん及びりんごの用途別出荷量 ………………………………… 278
　　オ　その他果樹の生産量 …………………………………………………………………… 278
(3) 需給
　　ア　果実需給表 ……………………………………………………………………………… 279
　　イ　1世帯当たり年間の購入数量（二人以上の世帯・全国） …………………………… 279
　　ウ　輸出入量及び金額 ……………………………………………………………………… 280
(4) 保険・共済
　　ア　収穫共済 ………………………………………………………………………………… 281
　　イ　樹体共済 ………………………………………………………………………………… 283
(5) 価格
　　ア　農産物価格指数 ………………………………………………………………………… 284
　　イ　1kg当たり卸売価格（東京都） ……………………………………………………… 284
　　ウ　1kg当たり年平均小売価格（東京都区部） ………………………………………… 284
8　工芸農作物
(1) 茶
　　ア　販売目的で栽培した茶の栽培農家数（販売農家）（各年2月1日現在） ………… 285
　　イ　茶栽培面積 ……………………………………………………………………………… 285
　　ウ　生葉収穫量と荒茶生産量 ……………………………………………………………… 285
　　エ　需給
　　　(ｱ)　1世帯当たり年間の購入数量（二人以上の世帯・全国） ……………………… 285
　　　(ｲ)　輸出入量及び金額 ………………………………………………………………… 285
　　オ　保険・共済 ……………………………………………………………………………… 286
　　カ　価格
　　　(ｱ)　農産物価格指数 …………………………………………………………………… 286
　　　(ｲ)　年平均小売価格（東京都区部） ………………………………………………… 286

(2) その他の工芸農作物
　　ア　販売目的で作付けした工芸農作物の作付農家数（販売農家）（各年2月1日現在）…… 287
　　イ　生産量 …………………………………………………………………………………… 287
　　ウ　輸出入量及び金額 ……………………………………………………………………… 288
　　エ　保険・共済 ……………………………………………………………………………… 288
　　オ　生産費（平成30年産）………………………………………………………………… 289
　　カ　価格
　　　(ｱ)　農産物価格指数 …………………………………………………………………… 289
　　　(ｲ)　さとうきびに係る甘味資源作物交付金単価 ………………………………… 289
　　キ　加工
　　　(ｱ)　精製糖生産量 ……………………………………………………………………… 290
　　　(ｲ)　甘蔗糖及びビート糖生産量 ……………………………………………………… 290
　　　(ｳ)　砂糖需給表 ………………………………………………………………………… 290
　　　(ｴ)　1世帯当たり年間の砂糖購入数量（二人以上の世帯・全国）……………… 290
9　花き
(1)　販売目的で栽培した花き類の種類別作付農家数（販売農家）（各年2月1日現在）… 291
(2)　主要花きの作付（収穫）面積及び出荷量 ……………………………………………… 291
(3)　花木等の作付面積及び出荷数量 ………………………………………………………… 292
(4)　産出額 ……………………………………………………………………………………… 292
(5)　輸出入実績
　　ア　輸出入量及び金額 ……………………………………………………………………… 293
　　イ　国・地域別輸出入数量及び金額 ……………………………………………………… 293
(6)　年平均小売価格（東京都区部）………………………………………………………… 294
(7)　1世帯当たり年間の購入金額（二人以上の世帯・全国）…………………………… 294
10　施設園芸
(1)　施設園芸に利用したハウス・ガラス室の面積規模別農家数（販売農家）
　　（各年2月1日現在）…………………………………………………………………… 295
(2)　園芸用ガラス室・ハウスの設置実面積及び栽培延べ面積 ………………………… 295
(3)　保険・共済 ………………………………………………………………………………… 296
IX　畜産
1　家畜飼養
(1)　乳用牛（各年2月1日現在）
　　ア　乳用牛の飼養戸数・飼養頭数 ………………………………………………………… 297
　　イ　乳用牛の成畜飼養頭数規模別飼養戸数 ……………………………………………… 297
(2)　肉用牛（各年2月1日現在）
　　ア　肉用牛の飼養戸数・飼養頭数 ………………………………………………………… 297
　　イ　肉用牛の総飼養頭数規模別飼養戸数 ………………………………………………… 298
　　ウ　肉用牛の種類別飼養頭数規模別飼養戸数（平成31年）（概数）
　　　(ｱ)　子取り用めす牛 …………………………………………………………………… 298
　　　(ｲ)　肥育用牛 …………………………………………………………………………… 298
　　　(ｳ)　乳用種 ……………………………………………………………………………… 298
(3)　種おす牛飼養頭数（各年2月1日現在）……………………………………………… 298
(4)　豚（各年2月1日現在）
　　ア　豚の飼養戸数・飼養頭数 ……………………………………………………………… 299

　　イ　肥育豚の飼養頭数規模別飼養戸数 ……………………………… 299
　　ウ　子取り用めす豚の飼養頭数規模別飼養戸数 …………………… 299
　(5)　採卵鶏・ブロイラー
　　ア　採卵鶏・ブロイラーの飼養戸数・飼養羽数 …………………… 300
　　イ　採卵鶏の成鶏めす飼養羽数規模別飼養戸数 …………………… 300
　　ウ　ブロイラーの出荷羽数規模別出荷戸数 ………………………… 300
　(6)　都道府県別主要家畜の飼養戸数・飼養頭羽数（平成31年）（概数）… 301
2　生産量及び出荷量（頭羽数）
　(1)　生乳生産量及び用途別処理量 …………………………………… 303
　(2)　牛乳等の生産量 …………………………………………………… 303
　(3)　枝肉生産量 ………………………………………………………… 303
　(4)　肉豚・肉牛のと畜頭数と枝肉生産量（平成30年）……………… 304
　(5)　肉用若鶏（ブロイラー）の処理量 ……………………………… 304
　(6)　鶏卵の主要生産県別生産量 ……………………………………… 304
3　需給
　(1)　肉類需給表 ………………………………………………………… 305
　(2)　生乳需給表 ………………………………………………………… 305
　(3)　1世帯当たり年間の購入数量（二人以上の世帯・全国）……… 306
　(4)　畜産物の輸出入実績
　　ア　輸出入量及び金額 ……………………………………………… 306
　　イ　国・地域別輸入量及び金額 …………………………………… 307
4　疾病、事故及び保険・共済
　(1)　家畜伝染病発生状況 ……………………………………………… 308
　(2)　年度別家畜共済 …………………………………………………… 308
　(3)　畜種別共済事故別頭数 …………………………………………… 309
　(4)　畜種別家畜共済（平成29年度）………………………………… 309
5　生産費
　(1)　牛乳生産費（生乳100kg当たり）………………………………… 310
　(2)　飼養頭数規模別牛乳生産費（生乳100kg当たり）（平成29年度）… 310
　(3)　肉用牛生産費（1頭当たり）……………………………………… 311
　(4)　肥育豚生産費（1頭当たり）……………………………………… 312
6　価格
　(1)　指定食肉の安定価格 ……………………………………………… 313
　(2)　加工原料乳生産者補給金及び集送乳調整金単価 ……………… 313
　(3)　家畜類の価格指数 ………………………………………………… 313
　(4)　主要食肉中央卸売市場の豚・牛枝肉1kg当たり卸売価格 …… 314
　(5)　食肉中央卸売市場（東京・大阪）の豚・牛枝肉規格別卸売価格（平成30年平均）
　　ア　豚枝肉1kg当たり卸売価格 …………………………………… 314
　　イ　牛枝肉1kg当たり卸売価格 …………………………………… 314
　(6)　年平均小売価格（東京都区部）………………………………… 315
7　畜産加工
　(1)　生産量
　　ア　乳製品 …………………………………………………………… 315
　　イ　年次食肉加工品生産数量 ……………………………………… 315

　　(2)　需給
　　　　　1世帯当たり年間の購入数量（二人以上の世帯・全国）　………………………　316
　8　飼料
　　(1)　配合飼料の生産量　……………………………………………………………………　316
　　(2)　植物油かす等の生産量　………………………………………………………………　317
　　(3)　主要飼料用作物の収穫量　……………………………………………………………　317
　　(4)　主要飼料用作物の収穫量（都道府県別）（平成30年産）　………………………　318
　　(5)　飼料総合需給表（可消化養分総量換算）　…………………………………………　319
　　(6)　飼料の輸出入量及び金額　……………………………………………………………　319
　　(7)　主要飼料の卸売価格　…………………………………………………………………　320
　　(8)　飼料の価格指数　………………………………………………………………………　320
　9　養蚕
　　(1)　輸出入実績
　　　　ア　輸出入量及び金額　…………………………………………………………………　321
　　　　イ　生糸の国別輸入量及び金額　………………………………………………………　321
　　(2)　保険・共済　……………………………………………………………………………　321

Ⅹ　その他の農産加工品
　1　油脂
　　(1)　植物油脂生産量　………………………………………………………………………　322
　　(2)　食用加工油脂生産量　…………………………………………………………………　322
　　(3)　輸出入量及び金額　……………………………………………………………………　323
　2　でん粉・水あめ・ぶどう糖
　　(1)　でん粉・水あめ・ぶどう糖生産量　…………………………………………………　324
　　(2)　でん粉の輸入実績　……………………………………………………………………　324
　　(3)　化工でん粉の輸入実績　………………………………………………………………　324
　3　調味料
　　(1)　生産量　…………………………………………………………………………………　325
　　(2)　1世帯当たり年間の購入数量（二人以上の世帯・全国）　………………………　325
　　(3)　輸出量及び金額　………………………………………………………………………　325
　4　菓子類の出荷額　……………………………………………………………………………　326
　5　飲料の出荷額　………………………………………………………………………………　326
　6　酒類の出荷額　………………………………………………………………………………　326
　7　缶・瓶詰
　　(1)　生産数量（内容重量）　………………………………………………………………　327
　　(2)　輸出入量及び金額　……………………………………………………………………　327

Ⅺ　環境等
　1　環境保全型農業の推進
　　(1)　環境保全型農業に取り組む農業経営体数等（各年2月1日現在）
　　　　ア　農業経営体　…………………………………………………………………………　328
　　　　イ　販売農家　……………………………………………………………………………　328
　　(2)　エコファーマー認定状況（各年3月末現在）　……………………………………　329
　2　新エネルギーの導入量　……………………………………………………………………　329
　3　温室効果ガスの排出量　……………………………………………………………………　330
　4　食品産業における食品廃棄物等の年間発生量、発生抑制の実施量及び再生利用等実施率
　　（平成29年度）　……………………………………………………………………………　330

XII 農業団体等

1 農業協同組合・同連合会
(1) 農業協同組合・同連合会数（各年3月31日現在） ································ 331
(2) 主要業種別出資農業協同組合数（各年3月31日現在） ························ 331
(3) 農業協同組合・同連合会の設立・合併・解散等の状況 ······················ 331
(4) 総合農協の組合員数 ·· 332
(5) 総合農協の事業実績
ア 購買事業 ·· 332
イ 販売事業 ·· 333
2 農業委員会数及び委員数（各年10月1日現在） ································ 333
3 土地改良区数、面積及び組合員数（各年3月31日現在） ···················· 333
4 普及職員数及び普及指導センター数 ·· 333

〔農山村編〕

I 農業集落

1 DIDまでの所要時間別農業集落数（平成27年2月1日現在） ·············· 335
2 耕地面積規模別農業集落数（平成27年2月1日現在） ······················ 335
3 耕地率別農業集落数（平成27年2月1日現在） ···························· 336
4 実行組合のある農業集落数（平成27年2月1日現在） ······················ 336
5 農業集落の寄り合いの状況（平成27年2月1日現在）
(1) 過去1年間に開催された寄り合いの回数別農業集落数 ···················· 337
(2) 寄り合いの議題別農業集落数 ·· 337

II 農村の振興と活性化

1 多面的機能支払交付金の実施状況
(1) 農地維持支払交付金 ·· 338
(2) 資源向上支払交付金（地域資源の質的向上を図る共同活動） ·············· 338
(3) 資源向上支払交付金（施設の長寿命化のための活動） ···················· 339
2 中山間地域等直接支払制度
(1) 集落協定に基づく「多面的機能を増進する活動」の取組状況 ·············· 340
(2) 制度への取組状況 ·· 341
3 農林漁業体験民宿の登録数（各年度末現在） ································ 342
4 市民農園数及び面積の推移 ·· 342
5 地域資源の保全状況別農業集落数（平成27年2月1日現在） ················ 342
6 農業用水量の推移（用途別）（1年間当たり） ······························ 342
7 野生鳥獣資源利用実態
(1) 食肉処理施設の解体実績等（平成29年度）
ア 解体頭・羽数規模別食肉施設数 ·· 343
イ 鳥獣種別の解体頭・羽数 ·· 343
ウ ジビエ利用量 ·· 343
(2) 食肉処理施設の販売実績等（平成29年度）
ア 食肉処理施設で処理して得た金額 ······································ 344
イ イノシシ、シカの部位別等販売数量及び販売金額 ························ 344
(3) 野生鳥獣による農作物被害及び森林被害
ア 農作物被害面積、被害量及び被害金額 ·································· 345
イ 主な野生鳥獣による森林被害面積 ······································ 346

(4) 狩猟及び有害捕獲等による主な野生鳥獣の捕獲頭・羽数 ……………………………… 346
(5) 都道府県別被害防止計画の作成状況（平成31年4月末現在） ……………………………… 347

〔林業編〕

I 森林資源

1 林野面積（平成27年2月1日現在） ……………………………………………… 349
2 所有形態別林野面積（各年2月1日現在） ……………………………………… 350
3 都道府県別林種別森林面積（森林計画対象以外の森林も含む。）
　（平成29年3月31日現在） ………………………………………………………… 352
4 人工林の齢級別立木地面積（平成29年3月31日現在） ………………………… 353
5 樹種別立木地面積（平成29年3月31日現在） ………………………………… 353
6 保安林面積 ………………………………………………………………………… 354
7 林道
(1) 林道の現況 ……………………………………………………………………… 354
(2) 林道新設（自動車道） ………………………………………………………… 354

II 林業経営

1 林業経営体（各年2月1日現在）
(1) 都道府県別組織形態別経営体数 ……………………………………………… 355
(2) 保有山林面積規模別経営体数 ………………………………………………… 356
(3) 保有山林の状況 ………………………………………………………………… 356
(4) 林業労働力 ……………………………………………………………………… 356
(5) 素材生産を行った経営体数及び素材生産量 ………………………………… 357
(6) 林業作業受託料金収入がある経営体数及び受託面積 ……………………… 357
(7) 林業作業受託料金収入規模別経営体数 ……………………………………… 357
2 林業経営体のうち家族経営（各年2月1日現在）
(1) 保有山林面積規模別経営体数 ………………………………………………… 358
(2) 保有山林の状況 ………………………………………………………………… 358
(3) 過去1年間に林産物の販売を行った経営体数 ……………………………… 358
(4) 過去1年間に保有山林で林業作業を行った経営体数及び作業面積 ……… 358
(5) 林業作業受託料金収入がある経営体数及び受託面積 ……………………… 359
(6) 林業作業受託料金収入規模別経営体数 ……………………………………… 359
3 林業就業人口（各年10月1日現在） …………………………………………… 359
4 林業分野の新規就業者の動向 …………………………………………………… 360
5 林業経営（1経営体当たり平均）（平成25年度）
(1) 林業経営の総括 ………………………………………………………………… 360
(2) 林業粗収益と林業経営費 ……………………………………………………… 360
(3) 林業投下労働時間 ……………………………………………………………… 360
(4) 部門別林業投下労働時間 ……………………………………………………… 361
6 林業機械の普及
(1) 民有林の主な在来型林業機械所有台数 ……………………………………… 361
(2) 高性能林業機械の年度別普及状況 …………………………………………… 361
(3) 木材加工機械の生産台数 ……………………………………………………… 361
7 治山事業
(1) 国有林野内治山事業 …………………………………………………………… 362
(2) 民有林の治山事業 ……………………………………………………………… 362

Ⅲ　育林と伐採

1　樹種別人工造林面積の推移 ································· 363
2　再造林、拡大造林別人工造林面積 ···················· 363
3　伐採立木材積 ·· 363

Ⅳ　素材生産量

1　都道府県別主要部門別素材生産量 ··················· 364
2　樹種別、需要部門別素材生産量（平成30年） ······ 365
3　間伐実績及び間伐材の利用状況 ······················ 365

Ⅴ　特用林産物

1　主要特用林産物生産量 ··································· 366
2　栽培きのこ類生産者数
(1)　ほだ木所有本数規模別原木しいたけ生産者数 ··· 368
(2)　なめこ、えのきたけ、ひらたけ等の生産者数 ···· 368
3　しいたけ原木伏込量（材積） ··························· 368
4　特用林産物の主要国別輸出入量
(1)　輸出 ·· 369
(2)　輸入 ·· 370

Ⅵ　被害と保険

1　林野の気象災害 ·· 371
2　林野の火災被害 ·· 371
3　主な森林病害虫等による被害 ·························· 371
4　森林保険 ·· 371

Ⅶ　需給

1　木材需給表
(1)　需要 ·· 372
(2)　供給 ·· 372
2　材種別、需要部門別素材需要量 ······················ 373
3　材種別素材供給量 ··· 373
4　需要部門別素材の輸入材依存割合 ··················· 374
5　木材の輸出入量及び金額 ······························· 374
6　丸太・製材の輸入 ··· 375

Ⅷ　価格

1　木材価格
(1)　素材価格（1㎥当たり） ······························ 376
(2)　木材製品卸売価格（1㎥当たり） ··················· 376
(3)　木材チップ価格（1t当たり） ······················· 376
2　地区別平均山林素地価格（普通品等10a当たり） ··· 377
3　平均山元立木価格（普通品等利用材積1㎥当たり） ··· 378

Ⅸ　流通と木材関連産業

1　製材工場・出荷量等総括表 ····························· 379
2　製材用素材入荷量
(1)　国産材・輸入材別素材入荷量 ························ 379
(2)　製材用素材の国産材・輸入材入荷別工場数及び入荷量 ··· 379
(3)　素材の入荷先別入荷量及び仕入金額（平成30年） ··· 380

3 製材品出荷量
(1) 用途別製材品出荷量 ………………………………………… 381
(2) 製材品の販売先別出荷量及び販売金額（平成30年） ………… 382
4 製材品別
(1) 合板
ア 単板製造用素材入荷量 ………………………………… 383
イ 普通合板生産量 ………………………………………… 383
ウ 特殊合板生産量 ………………………………………… 383
エ 合板の販売先別出荷量及び販売金額（平成30年） ……… 384
(2) ＬＶＬ
ア 生産量（平成30年） …………………………………… 384
イ ＬＶＬの販売先別出荷量及び販売金額（平成30年） …… 385
(3) 集成材
ア 生産量（平成30年） …………………………………… 385
イ 集成材の販売先別出荷量及び販売金額（平成30年） …… 386
ウ 国内生産量の推移 ……………………………………… 387
エ 輸入実績 ………………………………………………… 387
(4) ＣＬＴ
ア 生産量（平成30年） …………………………………… 387
イ ＣＬＴの販売先別出荷量及び販売金額（平成30年） …… 388
(5) 木材チップ
原材料入手区分別木材チップ生産量 …………………… 389
(6) パルプ
ア 製品生産量 ……………………………………………… 389
イ 原材料消費量 …………………………………………… 389
(7) 工場残材
工場残材の販売先別出荷量等及び販売金額（平成30年） … 390
5 木質バイオマスのエネルギー利用
(1) 業種別木質バイオマスエネルギー利用事業所数及び木質バイオマス利用量（平成29年） … 392
(2) 事業所における利用機器の所有形態別木質バイオマスの種類別利用量（平成29年） ……… 393
(3) 事業所における利用機器の所有形態別木材チップの由来別利用量（平成29年） ………… 393
X 森林組合
1 森林組合（各年度末現在） ……………………………………… 394
2 森林組合の部門別事業実績 ……………………………………… 394
3 生産森林組合（各年度末現在） ………………………………… 394

〔水産業編〕

I 漁業構造

1 海面漁業経営体
(1) 漁業経営体の基本構成（各年11月1日現在） ………………… 395
(2) 経営体階層別経営体数（各年11月1日現在） ………………… 395
(3) 経営組織別経営体数（全国・都道府県・大海区）（各年11月1日現在） ………… 396
(4) 営んだ漁業種類別漁業経営体数（複数回答）（各年11月1日現在） ………………… 397
(5) 経営体階層別、漁獲物・収獲物の販売金額別経営体数（平成30年11月1日現在） ………… 398

2 内水面漁業経営体
(1) 内水面漁業経営体数（各年11月1日現在） ································· 399
(2) 湖沼漁業経営体の基本構成（各年11月1日現在） ····················· 399
(3) 内水面養殖業経営体の基本構成（各年11月1日現在） ················· 399
(4) 販売金額1位の養殖種類別経営組織別経営体数（平成30年11月1日現在） ··· 400
3 大海区別漁業集落数（平成30年11月1日現在） ··························· 400
4 漁港
漁港種類別漁港数 ··· 400
5 漁船（各年12月31日現在）
(1) 漁船の勢力（総括表） ··· 401
(2) 総トン数規模別海水漁業動力漁船数 ··································· 401
(3) 機関種類別及び船質別海水漁業動力漁船数 ··························· 401

Ⅱ 漁業労働力
1 世帯員数（個人経営体出身）（各年11月1日現在） ························· 402
2 漁業従事世帯員・役員数（平成30年11月1日現在）
(1) 年齢階層別漁業従事世帯員・役員数 ··································· 402
(2) 責任のある者の状況
ア 年齢階層別責任のある者数 ··· 402
イ 団体経営体における役職別責任のある者数 ··························· 402
3 漁業就業者
(1) 自営・雇われ別漁業就業者数（各年11月1日現在） ····················· 403
(2) 新規就業者数（平成30年11月1日現在） ······························· 403
(3) 卒業者の漁業就業者数（各年3月卒業） ································· 403

Ⅲ 漁業経営
1 個人経営体（1経営体当たり）（全国平均）（平成29年）
(1) 漁船漁業及び小型定置網漁業
ア 概要及び分析指標 ··· 404
イ 経営収支 ··· 404
(2) 海面養殖業
ア 概要及び分析指標 ··· 405
イ 経営収支 ··· 405
2 会社経営体（1経営体当たり）（全国平均）（平成29年度）
(1) 漁船漁業及び海面養殖業の総括 ······································· 406
(2) 漁船漁業経営体階層別主とする漁業種類別の経営 ····················· 407
3 沿岸漁家の漁労所得 ··· 407
4 生産資材（燃油1kl当たり価格の推移） ··································· 407

Ⅳ 水産業・漁業地域の活性化と女性の活動
1 漁業地域の活性化の取組状況（平成30年11月1日現在）
(1) 会合・集会等の議題別漁業地区数 ····································· 408
(2) 地域活性化に係る活動別漁業地区数 ··································· 408
(3) 漁業体験参加人数規模別漁業地区数及び年間延べ参加人数 ············· 408
(4) 魚食普及活動参加人数規模別漁業地区数及び年間延べ参加人数 ········· 409
(5) 水産物直売所利用者数規模別漁業地区数及び年間延べ利用者数 ········· 409
2 漁協への女性の参画状況 ··· 409
3 漁業・水産加工場における女性の就業者数及び従事者数（平成30年11月1日現在） ··· 409

V　生産量

1　生産量の推移 ……………………………………………………………………… 410
2　海面漁業
(1)　都道府県・大海区別漁獲量 ……………………………………………………… 411
(2)　魚種別漁獲量 ……………………………………………………………………… 412
(3)　漁業種類別漁獲量 ………………………………………………………………… 414
(4)　漁業種類別魚種別漁獲量
　ア　底びき網
　　(ア)　遠洋底びき網 …………………………………………………………………… 415
　　(イ)　沖合底びき網1そうびき ……………………………………………………… 415
　　(ウ)　小型底びき網 …………………………………………………………………… 416
　イ　船びき網 ……………………………………………………………………………… 416
　ウ　まき網
　　(ア)　大中型まき網1そうまき遠洋かつお・まぐろ ……………………………… 417
　　(イ)　大中型まき網1そうまき近海かつお・まぐろ ……………………………… 417
　　(ウ)　大中型まき網1そうまきその他 ……………………………………………… 418
　　(エ)　大中型まき網2そうまき ……………………………………………………… 418
　　(オ)　中・小型まき網 ………………………………………………………………… 418
　エ　敷網
　　　　さんま棒受網 …………………………………………………………………… 419
　オ　定置網
　　(ア)　大型定置網 ……………………………………………………………………… 419
　　(イ)　さけ定置網 ……………………………………………………………………… 419
　　(ウ)　小型定置網 ……………………………………………………………………… 420
　カ　はえ縄
　　(ア)　遠洋まぐろはえ縄 ……………………………………………………………… 420
　　(イ)　近海まぐろはえ縄 ……………………………………………………………… 420
　キ　はえ縄以外の釣
　　(ア)　遠洋かつお一本釣 ……………………………………………………………… 421
　　(イ)　近海かつお一本釣 ……………………………………………………………… 421
　　(ウ)　近海いか釣 ……………………………………………………………………… 421
　　(エ)　沿岸いか釣 ……………………………………………………………………… 422
　ク　採貝・採藻 ………………………………………………………………………… 422
3　海面養殖業
　　　魚種別収獲量 …………………………………………………………………… 423
4　内水面漁業及び内水面養殖業
(1)　内水面漁業魚種別漁獲量 ………………………………………………………… 424
(2)　内水面養殖業魚種別収獲量 ……………………………………………………… 424

VI　水産加工

1　水産加工品生産量 ………………………………………………………………… 425
2　都道府県別水産加工品生産量（平成29年） …………………………………… 426
3　水産缶詰・瓶詰生産量（内容重量） …………………………………………… 427

VII　保険・共済

1　漁船保険（各年度末現在）
(1)　引受実績 …………………………………………………………………………… 428

　　(2)　支払保険金 ……………………………………………………………………… 428
　2　漁業共済
　　(1)　契約実績 ……………………………………………………………………… 429
　　(2)　支払実績 ……………………………………………………………………… 429
Ⅷ　需給と流通
　1　水産物需給表
　　(1)　魚介類 ……………………………………………………………………… 430
　　(2)　海藻類・鯨肉 ……………………………………………………………… 430
　2　産地品目別上場水揚量 ……………………………………………………………… 431
　3　産地市場の用途別出荷量（平成29年） …………………………………………… 432
　4　魚市場数及び年間取扱高 …………………………………………………………… 432
　5　冷凍・冷蔵工場数、冷蔵能力及び従業者数 ……………………………………… 433
　6　営んだ加工種類別水産加工場数及び従業者数 …………………………………… 433
　7　1世帯当たり年間の購入数量（二人以上の世帯・全国） ……………………… 434
　8　輸出入量及び金額 …………………………………………………………………… 435
Ⅸ　価格
　1　品目別産地市場卸売価格（1kg当たり） ………………………………………… 437
　2　年平均小売価格（東京都区部） …………………………………………………… 438
Ⅹ　水産資源の管理
　1　資源管理・漁場改善の取組（平成30年11月1日現在）
　　(1)　主な管理対象漁種別延べ取組数 ……………………………………………… 440
　　(2)　漁業資源の管理内容別取組数 ………………………………………………… 440
　　(3)　漁場の保全・管理内容別取組数（複数回答） …………………………… 440
　　(4)　漁獲の管理内容別取組数（複数回答） ……………………………………… 440
　2　遊漁関係団体との連携の具体的な取組別漁業地区数（平成30年） …………… 441
Ⅺ　水産業協同組合
　1　水産業協同組合・同連合会数（各年度末現在） ………………………………… 442
　2　沿海地区出資漁業協同組合（平成29事業年度末現在）
　　(1)　組合員数 ……………………………………………………………………… 442
　　(2)　正組合員数別漁業協同組合数 ……………………………………………… 442
　　(3)　出資金額別漁業協同組合数 ………………………………………………… 442

〔東日本大震災からの復旧・復興状況編〕

　1　甚大な被害を受けた3県（岩手県、宮城県及び福島県）の農林業経営体数の状況
　　(1)　被災3県の農林業経営体数 …………………………………………………… 443
　　(2)　農林業経営体の経営状況の変化 ……………………………………………… 443
　2　津波被災農地における年度ごとの営農再開可能面積の見通し ………………… 444
　3　東日本大震災による甚大な被害を受けた3県における漁業関係の動向
　　(1)　漁業経営体の再開経営体の状況 ……………………………………………… 445
　　(2)　漁協等が管理・運営する漁業経営体数及び漁業従事者数 ……………… 445
　　(3)　岩手県における漁業関係の動向
　　　ア　漁業センサスにおける主な調査結果 …………………………………… 446
　　　イ　海面漁業生産量及び漁業産出額 ………………………………………… 446
　　(4)　宮城県における漁業関係の動向
　　　ア　漁業センサスにおける主な調査結果 …………………………………… 448

　　イ　海面漁業生産量及び漁業産出額 ················· 448
　(5)　福島県における漁業関係の動向
　　ア　漁業センサスにおける主な調査結果 ················· 450
　　イ　海面漁業生産量及び漁業産出額 ················· 450

〔付表〕

Ⅰ　目標・計画・評価
　1　食料・農業・農村基本計画
　(1)　平成37年度における食料消費の見通し及び生産努力目標 ················· 453
　(2)　農地面積の見通し、延べ作付面積及び耕地利用率 ················· 454
　(3)　食料自給率の目標等 ················· 454
　2　第4次男女共同参画基本計画における成果目標
　　地域・農山漁村、環境分野における男女共同参画の推進＜成果目標＞ ················· 455
　3　多面的機能の評価額
　(1)　農業の有する多面的機能の評価額 ················· 456
　(2)　森林の有する多面的機能の評価額 ················· 456
　(3)　水産業・漁村の有する多面的機能の評価額 ················· 456
　4　森林・林業基本計画
　(1)　森林の有する多面的機能の発揮に関する目標 ················· 457
　(2)　林産物の供給及び利用に関する目標
　　ア　木材供給量の目標 ················· 457
　　イ　木材の用途別利用量の目標と総需要量の見通し ················· 457
　5　水産基本計画
　(1)　平成39年度における食用魚介類、魚介類全体及び海藻類の生産量及び消費量の目標 ········ 458
　(2)　水産物の自給率の目標 ················· 458

Ⅱ　参考資料
　1　世界の国の数と地域経済機構加盟国数 ················· 459
　2　計量単位
　(1)　計量法における計量単位 ················· 460
　(2)　10の整数乗を表す接頭語 ················· 460
　(3)　計量単位換算表 ················· 461
　3　農林水産省業務運営体制図
　(1)　本省庁 ················· 462
　(2)　地方農政局等 ················· 464
　4　地方農政局等所在地 ················· 466
　5　「ポケット農林水産統計－令和元年版－2019」府省等別資料 ················· 469
索引 ················· 474

利 用 者 の た め に

1　本統計書は、国内外の農林水産業の現状を概観できるよう農林水産統計調査結果のみならず農林水産省の各種データのほか、他府省の統計をも広範囲に収録した総合統計書です。出先で利用できるよう携帯性を優先したＢ６サイズで製本し、速報値等も掲載しています。

　　なお、サイズに合わせて抜粋して掲載しているデータもありますが、原則7月末までに公表された統計データを編集しました。掲載している統計データは、本書発刊後、確定又は訂正される場合がありますので、利用に当たっては、各統計表の出典資料において御確認の上、御利用ください。

2　統計表表示上の約束について
(1)　統計数値の四捨五入

　　原則として、統計表の表示単位未満の数値は、四捨五入しました。

　　なお、農林水産省統計部による耕地面積、農産物の生産量及び畜産の戸数に関する統計数値については、次table of四捨五入基準によって表示しました（ただし、表章上、単位を千ha等で丸めた場合は除く。）。したがって、計と内訳が一致しない場合があります。

原数	7桁以上	6桁	5桁	4桁	3桁以下
四捨五入する桁 （下から）	3桁	2桁	2桁	1桁	四捨五入 し な い
（例） 四捨五入する数値 （原数）	1,234,567	123,456	12,345	1,234	123
四捨五入した数値 （統計数値）	1,235,000	123,500	12,300	1,230	123

　　また、統計数値の四捨五入の関係から、構成比の内訳の計が100%にならない場合があります。

(2)　表中の記号
　　　「0」、「0.0」、「0.00」：　単位に満たないもの
　　　　　　　　　　　（例：0.4t→0t、0.04千戸→0.0千戸、0.004人→0.00人）
　　　「－」：　事実のないもの
　　　「…」：　事実不詳又は調査を欠くもの
　　　「‥」：　未発表のもの
　　　「x」：　個人又は法人その他の団体に関する秘密を保護するため、統計数値を公表しないもの（(3)も参照）
　　　「△」：　負数又は減少したもの
　　　「nc」：　計算不能

(3)　秘匿措置について
　　統計調査結果について、調査対象者数が2以下の場合には調査結果の秘密保護の観点から、当該結果を「x」表示とする秘匿措置を施しています。

　　なお、全体（計）からの差引きにより、秘匿措置を講じた当該結果が推定できる場合には、本来秘匿措置を施す必要のない箇所についても「x」表示としています。

(4) 統計数値の出典

　　各統計表の脚注に作成機関名、資料名の順で表示しました。

　　なお、出典が団体等の場合、法人の種類名は原則省略しています。

(5) 年又は年次区分の表示

　　年又は年次区分を表章する場合、暦年にあっては年（令和元年、2019年）、
会計年度にあっては年度（令和元年度）とし、これら以外の年度にあっては、
具体の年度区分の名称を付しました。

年度の種類

年又は年度区分	期間	備考
暦年	1月～12月	
会計年度	4月～3月	始まる月の属する年をとる。
肥料年度	7月～6月	〃
農薬年度	10月～9月	終わる月の属する年をとる。
砂糖年度	10月～9月	始まる月の属する年をとる。
でん粉年度	10月～9月	〃

(6) その他

　ア　累年数値で前年版までに掲載した数値と異なる数値を掲載した場合があ
りますが、これは修正された数値です。

　イ　貿易統計の金額

　　財務省関税局「貿易統計」の金額については、輸出がＦＯＢ価格、輸入は
原則としてＣＩＦ価格です。

　　　ＦＯＢ（free on board）価格：
　　　　　　　　本船渡し価格（本船に約定品を積み込むまでの費用を売り
　　　　　　　　手が負担する取引条件）

　　　ＣＩＦ（cost, insurance and freight）価格：
　　　　　　　　保険料・運賃込み価格（本船に約定品を積み込むまでの費
　　　　　　　　用、仕向け港までの運賃及び保険料を売り手が負担する取引
　　　　　　　　条件）

　ウ　諸外国の国名については、出典元の表記に準じています。

　　なお、掲載スペースの都合で簡略な表記としている場合があります。

3　地域区分
(1)　全国農業地域

全国農業地域名	所属都道府県
北海道	北海道
東北	青森、岩手、宮城、秋田、山形、福島
北陸	新潟、富山、石川、福井
関東・東山	茨城、栃木、群馬、埼玉、千葉、東京、神奈川、山梨、長野
東海	岐阜、静岡、愛知、三重
近畿	滋賀、京都、大阪、兵庫、奈良、和歌山
中国	鳥取、島根、岡山、広島、山口
四国	徳島、香川、愛媛、高知
九州	福岡、佐賀、長崎、熊本、大分、宮崎、鹿児島
沖縄	沖縄

(2)　地方農政局等管轄区域

地方農政局等名	管轄区域
北海道	北海道
東北	(1)の東北と同じ
関東	茨城、栃木、群馬、埼玉、千葉、東京、神奈川、山梨、長野、静岡
北陸	(1)の北陸と同じ
東海	岐阜、愛知、三重
近畿	(1)の近畿と同じ
中国四国	鳥取、島根、岡山、広島、山口、徳島、香川、愛媛、高知
九州	(1)の九州と同じ
沖縄	沖縄

4　農林業経営体の分類

用語	定義
農林業経営体	農林産物の生産を行うか又は委託を受けて農林業作業を行い、生産又は作業に係る面積・頭数が、次の規定のいずれかに該当する事業を行う者をいう。 （1）　経営耕地面積が30 a 以上の規模の農業 （2）　農作物の作付面積又は栽培面積、家畜の飼養頭羽数又は出荷羽数、その他の事業の規模が次の農林業経営体の基準以上の農業 　　①露地野菜作付面積　　　　　　　15 a 　　②施設野菜栽培面積　　　　　　　350㎡ 　　③果樹栽培面積　　　　　　　　　10 a 　　④露地花き栽培面積　　　　　　　10 a 　　⑤施設花き栽培面積　　　　　　　250㎡ 　　⑥搾乳牛飼養頭数　　　　　　　　1 頭 　　⑦肥育牛飼養頭数　　　　　　　　1 頭 　　⑧豚飼養頭数　　　　　　　　　　15頭 　　⑨採卵鶏飼養羽数　　　　　　　　150羽 　　⑩ブロイラー年間出荷羽数　　1,000羽 　　⑪その他　　　　　　　　　調査期日前 1 年間における農業生産物の総販売額50万円に相当する事業の規模 （3）　権原に基づいて育林又は伐採（立木竹のみを譲り受けてする伐採を除く。）を行うことができる山林（以下「保有山林」という。）の面積が 3 ha 以上の規模の林業（調査実施年を計画期間に含む「森林経営計画」若しくは「森林施業計画」を策定している者又は調査期日前 5 年間に継続して林業を行い、育林若しくは伐採を実施した者に限る。） （4）　農作業の受託の事業 （5）　委託を受けて行う育林若しくは素材生産又は立木を購入して行う素材生産の事業（ただし、素材生産については、調査期日前 1 年間に200㎡以上の素材を生産した者に限る。）
農業経営体	「農林業経営体」のうち、（1）、（2）又は（4）のいずれかに該当する事業を行う者をいう。
林業経営体	「農林業経営体」のうち、（3）又は（5）のいずれかに該当する事業を行う者をいう。
家族経営体	1 世帯（雇用者の有無は問わない。）で事業を行う者をいう。 なお、農家が法人化した形態である一戸一法人を含む。
組織経営体	世帯で事業を行わない者（家族経営体でない経営体）をいう。
農家以外の農業事業体（販売目的）	農業経営体のうち、調査期日現在で10 a 以上の経営耕地を有するか、あるいは経営耕地面積が10 a 未満であっても、調査期日前 1 年間における農産物販売金額が15万円以上であり、かつ、農産物の販売により農業収入を得ることを直接の目的とする組織経営体をいう。

資料：農林水産省統計部「2015年農林業センサス」（以下 5 まで同じ。）

5　農家等の分類

用語	定義
農家	調査期日現在で、経営耕地面積が10a以上の農業を営む世帯又は経営耕地面積が10a未満であっても、調査期日前1年間における農産物販売金額が15万円以上あった世帯をいう。 　なお、「農業を営む」とは、営利又は自家消費のために耕種、養畜、養蚕、又は自家生産の農産物を原料とする加工を行うことをいう。
販売農家	経営耕地面積が30a以上又は調査期日前1年間における農産物販売金額が50万円以上の農家をいう。
（主副業別） 主業農家	農業所得が主（農家所得の50%以上が農業所得）で、調査期日前1年間に自営農業に60日以上従事している65歳未満の世帯員がいる農家をいう。
準主業農家	農外所得が主（農家所得の50%未満が農業所得）で、調査期日前1年間に自営農業に60日以上従事している65歳未満の世帯員がいる農家をいう。
副業的農家	調査期日前1年間に自営農業に60日以上従事している65歳未満の世帯員がいない農家（主業農家及び準主業農家以外の農家）をいう。
（専兼業別） 専業農家	世帯員の中に兼業従事者（調査期日前1年間に他に雇用されて仕事に従事した者又は自営農業以外の自営業に従事した者）が1人もいない農家をいう。
兼業農家	世帯員の中に兼業従事者が1人以上いる農家をいう。
第1種 兼業農家	農業所得を主とする兼業農家をいう。
第2種 兼業農家	農業所得を従とする兼業農家をいう。
自給的農家	経営耕地面積が30a未満かつ調査期日前1年間における農作物販売金額が50万円未満の農家をいう。
土地持ち非農家	農家以外で耕地及び耕作放棄地を合計で5a以上所有している世帯をいう。

6 大海区区分図

　漁業の実態を地域別に明らかにするとともに、地域間の比較を容易にするため、海況、気象等の自然条件、水産資源の状況等を勘案して定めた区分（水域区分ではなく地域区分）をいいます。

① 北海道斜里郡斜里町と目梨郡羅臼町の境界
② 北海道松前郡松前町と福島町の境界
③ 青森県下北郡佐井村とむつ市の境界
④ 千葉県と茨城県の境界
⑤ 和歌山県と三重県の境界
⑥ 和歌山県日高郡美浜町と日高町の境界
⑦ 徳島県海部郡美波町と阿南市の境界
⑧ 愛媛県八幡浜市八幡浜漁業地区と川之石漁業地区の境界
⑨ 大分県大分市佐賀関漁業地区と神崎漁業地区の境界
⑩ 鹿児島県と宮崎県の境界
⑪ 福岡県北九州市旧門司漁業地区と田野浦漁業地区の境界
⑫ 山口県下関市下関漁業地区と壇ノ浦漁業地区の境界
⑬ 山口県と島根県の境界
⑭ 石川県と富山県の境界

注：　市町村については、平成30年1月1日現在である。

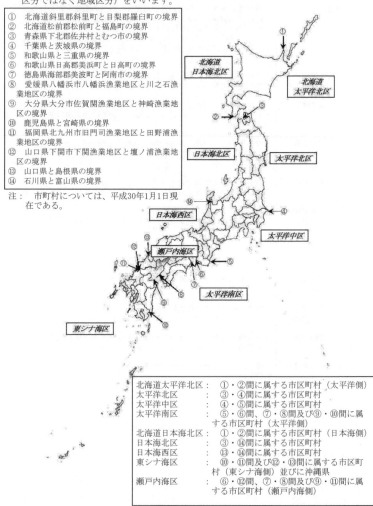

北海道太平洋北区：①・②間に属する市区町村（太平洋側）
太平洋北区　：③・④間に属する市区町村
太平洋中区　：④・⑤間に属する市区町村
太平洋南区　：⑤・⑥間、⑦・⑧間及び⑨・⑩間に属する市区町村（太平洋側）
北海道日本海北区：①・②間に属する市区町村（日本海側）
日本海北区　：③・⑭間に属する市区町村
日本海西区　：⑬・⑭間に属する市区町村
東シナ海区　：⑩・⑪間及び⑫・⑬間に属する市区町村（東シナ海側）並びに沖縄県
瀬戸内海区　：⑥・⑫間、⑦・⑧間及び⑨・⑪間に属する市区町村（瀬戸内海側）

7 漁業経営体の分類

用語	定義
漁業経営体	過去1年間に利潤又は生活の資を得るために、生産物を販売することを目的として、海面において水産動植物の採捕又は養殖の事業を行った世帯又は事業所をいう。 ただし、過去1年間における漁業の海上作業従事日数が30日未満の個人経営体は除く。
個人経営体	個人で漁業を営んだものをいう。
団体経営体	個人経営体以外の漁業経営体をいう。
会社	会社法（平成17年法律第86号）第2条第1項に基づき設立された株式会社、合名会社、合資会社及び合同会社をいう。 なお、特例有限会社は株式会社に含む。
漁業協同組合	水産業協同組合法（以下「水協法」という。）に基づき設立された漁協及び漁連をいう。 なお、内水面組合（水協法第18条第2項に規定する内水面組合をいう。）は除く。）
漁業生産組合	水協法第2条に規定する漁業生産組合をいう。
共同経営	二人以上の漁業経営体（個人又は法人）が、漁船、漁網等の主要生産手段を共有し、漁業経営を共同で行うものであり、その経営に資本又は現物を出資しているものをいう。 これに該当する漁業経営体の調査は、代表者に対してのみ実施した。
その他	都道府県の栽培漁業センターや水産増殖センター等、上記以外のものをいう。

資料：農林水産省統計部「2018年漁業センサス」

8 転載（引用）について
　本書の内容を他に転載（引用）する場合は、「ポケット農林水産統計　令和元年版」（農林水産省統計部）による旨を記載して下さい。
　なお、掲載している統計データは、本書発刊後、確定又は訂正される場合がありますので、利用に当たっては、各統計表の出典資料において御確認の上、御利用ください。

9 本統計書についてのお問合せ先
　　　　　　　農林水産省大臣官房統計部管理課　統計編さん班
　　　　　　　　　電話　（代表）03-3502-8111（内線3628）
　　　　　　　　　　　　（直通）03-6738-6157
　　　　　　　　　ＦＡＸ　　　　03-3502-9425
※　本書に関するご意見・ご要望は、上記問い合わせ先のほか、当省ホームページでも受け付けております。
　　【　https://www.contactus.maff.go.jp/j/form/tokei/kikaku/160815.html　】

概　況　編

I 国内

1 土地と人口

(1) 総面積、耕地面積、林野面積及び排他的経済水域面積

区分	単位	平成17年	22	27	30
1) 総面積	千ha	37,791	37,795	37,797	37,797
耕地面積	〃	4,692	4,593	4,496	4,420
2) 耕地率	%	12.6	12.3	12.1	11.9
林野面積	千ha	24,861	24,845	24,802	…
3) 林野率	%	66.7	66.6	66.5	…
4) 排他的経済水域面積 （領海を含む。）	万km²	447	447	447	447

資料：総面積は国土交通省国土地理院「全国都道府県市区町村別面積調」（各年10月1日現在）
　　　耕地面積及び耕地率は農林水産省統計部「耕地及び作付面積統計」（各年7月15日現在）
　　　林野面積及び林野率は農林水産省統計部「農林業センサス」（各年2月1日現在）
　　　排他的経済水域面積（領海を含む。）は国土交通省海上保安庁「日本の領海等概念図」
注：1)は、北方四島及び竹島を含み、河川・湖沼も含む。
　　2)は、総土地面積（北方四島及び竹島を除く。）に占める耕地面積の割合である。
　　3)は、総土地面積（北方四島及び竹島を除く。）に占める林野面積の割合である。
　　4)は、領海（領海の基線の陸地側水域を含む。）＋排他的経済水域（接続水域を含む。）

(2) 総世帯数、総農家数、林家数及び海面漁業経営体数（個人経営体）

区分	単位	平成17年	22	27	29	30
総世帯数	千戸	49,566.3	51,950.5	53,448.7	…	…
総農家数	〃	2,848.2	2,527.9	2,155.1	…	…
販売農家数	〃	1,963.4	1,631.2	1,329.6	1,200.3	1,164.1
自給的農家数	〃	884.7	896.7	825.5		
土地持ち非農家数	〃	1,201.5	1,374.2	1,413.7		
林家数	〃	919.8	906.8	829.0	…	…
海面漁業経営体数（個人経営体）	千経営体	118.9	98.3	80.6	74.5	74.6

資料：総世帯数は総務省統計局「国勢調査」（各年10月1日現在）
　　　総農家数、土地持ち非農家数及び林家数は農林水産省統計部「農林業センサス」（各年2月1日現在）
　　　ただし、販売農家数の平成29、30年は、農林水産省統計部「農業構造動態調査」（各年2月1日現在）
　　　海面漁業経営体数（個人経営体）の平成30年は、農林水産省統計部「2018年漁業センサス（概数値）」
　　　ただし、その他の年は、農林水産省統計部「漁業就業動向調査」（各年11月1日現在）

(3) 総人口と販売農家の世帯員数

単位：千人

区分	平成17年	22	27	30
総人口	127,768	128,057	127,095	126,443
販売農家の世帯員数	8,370	6,503	4,880	4,186
うち65歳以上の販売農家の世帯員数	2,646	2,231	1,883	1,821

資料：総人口は総務省統計局「国勢調査」（各年10月1日現在）
　　　ただし、平成30年は総務省統計局「人口推計」（平成30年10月1日現在）
　　　販売農家の世帯員数は農林水産省統計部「農林業センサス」（各年2月1日現在）
　　　ただし、平成30年は農林水産省統計部「平成30年農業構造動態調査」（平成30年2月1日現在）

1 土地と人口（続き）
(4) 都道府県別総世帯数・総人口・総面積

都道府県	平成27年 総人口			30 総人口			27 総世帯数	30 総面積
	計	男	女	計	男	女		
	千人	千人	千人	千人	千人	千人	千戸	km²
全国	127,095	61,842	65,253	126,443	61,532	64,911	53,449	377,974
北海道	5,382	2,537	2,845	5,286	2,489	2,797	2,445	83,424
青森	1,308	615	694	1,263	593	670	511	9,646
岩手	1,280	616	664	1,241	598	643	493	15,275
宮城	2,334	1,140	1,194	2,316	1,132	1,184	945	1) 7,282
秋田	1,023	480	543	981	461	520	389	11,638
山形	1,124	540	584	1,090	526	565	393	1) 9,323
福島	1,914	946	968	1,864	923	941	738	13,784
茨城	2,917	1,454	1,463	2,877	1,435	1,442	1,124	6,097
栃木	1,974	982	993	1,946	969	977	763	6,408
群馬	1,973	973	1,000	1,952	965	987	774	6,362
埼玉	7,267	3,628	3,638	7,330	3,658	3,672	2,972	1) 3,798
千葉	6,223	3,096	3,127	6,255	3,105	3,150	2,609	1) 5,158
東京	13,515	6,667	6,849	13,822	6,802	7,020	6,701	1) 2,194
神奈川	9,126	4,559	4,567	9,177	4,576	4,601	3,979	2,416
新潟	2,304	1,115	1,189	2,246	1,088	1,157	848	1) 12,584
富山	1,066	515	551	1,050	510	541	391	1) 4,248
石川	1,154	559	595	1,143	555	589	453	4,186
福井	787	381	405	774	376	398	280	4,191
山梨	835	408	427	817	400	417	331	1) 4,465
長野	2,099	1,022	1,077	2,063	1,006	1,057	807	1) 13,562
岐阜	2,032	984	1,048	1,997	968	1,029	753	1) 10,621
静岡	3,700	1,821	1,879	3,659	1,803	1,856	1,430	1) 7,777
愛知	7,483	3,741	3,742	7,537	3,770	3,767	3,064	1) 5,173
三重	1,816	884	932	1,791	874	917	720	1) 5,774
滋賀	1,413	697	716	1,412	697	715	538	1) 4,017
京都	2,610	1,249	1,361	2,591	1,238	1,353	1,153	4,612
大阪	8,839	4,256	4,583	8,813	4,232	4,581	3,924	1,905
兵庫	5,535	2,642	2,893	5,484	2,614	2,870	2,315	8,401
奈良	1,364	644	720	1,339	631	708	530	3,691
和歌山	964	453	510	935	440	495	392	4,725
鳥取	573	274	300	560	268	293	217	3,507
島根	694	333	361	680	328	352	265	6,708
岡山	1,922	922	999	1,898	912	986	773	1) 7,114
広島	2,844	1,376	1,468	2,817	1,367	1,450	1,211	8,480
山口	1,405	665	740	1,370	650	720	599	6,113
徳島	756	360	396	736	351	385	306	4,147
香川	976	472	504	962	466	496	399	1) 1,877
愛媛	1,385	654	731	1,352	639	713	592	5,676
高知	728	343	386	706	333	373	319	7,104
福岡	5,102	2,410	2,691	5,107	2,416	2,691	2,201	1) 4,987
佐賀	833	393	440	819	388	432	302	2,441
長崎	1,377	646	731	1,341	631	710	561	4,131
熊本	1,786	841	945	1,757	829	928	705	1) 7,410
大分	1,166	552	614	1,144	542	602	487	1) 6,341
宮崎	1,104	519	585	1,081	509	572	463	1) 7,735
鹿児島	1,648	773	875	1,614	758	856	725	1) 9,187
沖縄	1,434	705	729	1,448	712	736	560	2,281

資料：平成27年の総人口及び総世帯数は総務省統計局「国勢調査」（10月1日現在）
　　　平成30年の総人口は総務省統計局「人口推計」（10月1日現在）
　　　総面積は、国土交通省国土地理院「全国都道府県市区町村別面積調」（平成30年10月1日現在）
　　　直近の平成30年のみ掲載。
注：総面積には河川・湖沼を含む。
　　　1)は、都県にまたがる境界未定地域があり、参考値である。

(5) 人口動態（出生・死亡）

年次	出生数	死亡数	自然増減数	1)人口動態率（1,000分比）		
				出生率	死亡率	自然増減率
	千人	千人	千人	%	%	%
平成26年	1,004	1,273	△ 269	8.0	10.1	△ 2.1
27	1,006	1,290	△ 285	8.0	10.3	△ 2.3
28	977	1,308	△ 331	7.8	10.5	△ 2.6
29	946	1,340	△ 394	7.6	10.8	△ 3.2
30（概数）	921	1,369	△ 448	7.4	11.0	△ 3.6

資料：厚生労働省「人口動態統計」
注：本表は、日本における日本人の事象（出生・死亡）を集計したものである。
　　1)は、年間出生数、死亡数及び自然増減数をそれぞれ10月1日現在の日本人人口で
　　除した1,000分比である。

(6) 日本の将来推計人口

年次	人口				割合		
	計	0～14歳	15～64歳	65歳以上	0～14歳	15～64歳	65歳以上
	千人	千人	千人	千人	%	%	%
平成27年 (2015)	127,095	15,945	77,282	33,868	12.5	60.8	26.6
32 (2020)	125,325	15,075	74,058	36,192	12.0	59.1	28.9
37 (2025)	122,544	14,073	71,701	36,771	11.5	58.5	30.0
42 (2030)	119,125	13,212	68,754	37,160	11.1	57.7	31.2
47 (2035)	115,216	12,457	64,942	37,817	10.8	56.4	32.8
52 (2040)	110,919	11,936	59,777	39,206	10.8	53.9	35.3
57 (2045)	106,421	11,384	55,845	39,192	10.7	52.5	36.8
62 (2050)	101,923	10,767	52,750	38,406	10.6	51.8	37.7
67 (2055)	97,441	10,123	50,276	37,042	10.4	51.6	38.0
72 (2060)	92,840	9,508	47,928	35,403	10.2	51.6	38.1
77 (2065)	88,077	8,975	45,291	33,810	10.2	51.4	38.4

資料：国立社会保障・人口問題研究所「日本の将来推計人口（平成29年推計）」（出生中位（死亡中位）推計）
注：　各年10月1日現在の総人口（日本における外国人を含む。）。平成27（2015）年は、総務省統計局「平成
　　27年国勢調査　年齢・国籍不詳をあん分した人口（参考表）」による。

2　雇用
(1)　労働力人口（15歳以上）

年次	15歳以上人口 （A）	労働力人口						完全失業者	非労働力人口	労働力人口比率 （B）/（A）
		計			就業者					
		計 （B）	男	女	計	男	女			
	万人	万人	万人	万人	万人	万人	万人	万人	万人	%
平成26年	11,109	6,609	3,776	2,832	6,371	3,635	2,737	236	4,494	59.4
27	11,110	6,625	3,773	2,852	6,401	3,639	2,764	222	4,479	59.6
28	11,111	6,673	3,781	2,892	6,465	3,655	2,810	208	4,432	60.0
29	11,108	6,720	3,784	2,937	6,530	3,672	2,859	190	4,382	60.5
30	11,101	6,830	3,817	3,014	6,664	3,717	2,946	166	4,263	61.5

資料：総務省統計局「労働力調査年報」（以下(3)まで同じ。）
注：1　毎月末日に終わる1週間（12月は20日から26日までの1週間）の活動状態を調査した
　　　ものであり、月別数値（1月～12月）の単純平均値である。（以下(3)まで同じ。）
　　2　労働力人口は、15歳以上人口のうち、就業者と完全失業者との合計である。

2 雇用（続き）
(2) 産業別就業者数（15歳以上）

単位：万人

産業分類	平成26年	27	28	29	30
全産業	6,371	6,401	6,465	6,530	6,664
農業、林業	210	209	203	201	210
農業	202	202	197	195	203
林業	8	7	6	6	7
非農林業	6,162	6,193	6,262	6,330	6,454
漁業	21	20	20	20	18
鉱業、採石業、砂利採取業	3	3	3	3	3
建設業	507	502	495	498	503
製造業	1,043	1,039	1,045	1,052	1,060
電気・ガス・熱供給・水道業	29	29	30	29	28
情報通信業	204	209	208	213	220
運輸業、郵便業	337	336	339	340	341
卸売業、小売業	1,062	1,058	1,063	1,075	1,072
金融業、保険業	155	154	163	168	163
不動産業、物品賃貸業	113	121	124	125	130
学術研究、専門・技術サービス業	212	215	221	230	239
宿泊業、飲食サービス業	386	384	391	391	416
生活関連サービス業、娯楽業	238	230	234	234	236
教育、学習支援業	301	304	308	315	321
医療、福祉	760	788	811	814	831
複合サービス事業	57	59	62	57	57
サービス業（他に分類されないもの）	399	409	415	429	445
公務（他に分類されるものを除く）	235	231	231	229	232

(3) 農林業・非農林業、従業上の地位別就業者数（15歳以上）

単位：万人

年次	就業者	農業、林業							非農林業				
		計	農業				林業			漁業			
			小計	自営業主	家族従業者	雇用者		雇用者		小計	自営業主	家族従業者	雇用者
平成26年	6,371	210	202	95	60	47	8	7	6,162	21	8	4	8
27	6,401	209	202	94	59	48	7	6	6,193	20	8	4	8
28	6,465	203	197	92	56	49	6	5	6,262	20	8	4	8
29	6,530	201	195	89	54	52	6	5	6,330	20	8	4	8
30	6,664	210	203	94	57	52	7	6	6,454	18	7	4	7

(4) 産業別従業者数規模別民営事業所数（平成26年7月1日現在）

単位：事業所

産業分類	計	1～4人	5～9	10～29
1) 全産業	5,541,634	3,225,428	1,090,283	881,001
2) 農林漁業	32,822	11,671	9,621	9,264
2) 農業，林業	29,342	10,590	8,655	8,051
2) 漁業	3,480	1,081	966	1,213
非農林漁業	5,508,812	3,213,757	1,080,662	871,737
鉱業，採石業，砂利採取業	1,980	830	513	514
建設業	515,079	291,229	127,382	79,466
製造業	487,061	235,442	98,837	96,116
電気・ガス・熱供給・水道業	4,506	1,151	787	1,182
情報通信業	66,236	30,763	12,813	12,700
運輸業、郵便業	134,118	40,936	23,650	40,449
卸売業、小売業	1,407,235	809,916	298,416	232,645
金融業、保険業	87,015	32,226	16,528	27,017
不動産業、物品賃貸業	384,240	317,540	41,263	18,623
学術研究、専門・技術サービス業	228,411	155,238	42,313	22,614
宿泊業、飲食サービス業	725,090	427,261	148,179	120,095
生活関連サービス業、娯楽業	486,006	378,202	55,811	37,108
教育、学習支援業	169,956	109,583	25,503	24,728
医療、福祉	418,640	144,445	118,768	107,438
複合サービス事業	34,848	14,179	12,343	6,251
サービス業（他に分類されないもの）	358,391	224,816	57,556	44,791

産業分類	30～49	50～99	100～299	300人以上	出向・派遣従業者のみ
1) 全産業	161,096	101,321	49,065	12,247	21,193
2) 農林漁業	1,348	587	142	7	182
2) 農業，林業	1,210	533	122	7	174
2) 漁業	138	54	20	–	8
非農林漁業	159,748	100,734	48,923	12,240	21,011
鉱業，採石業，砂利採取業	67	20	9	3	24
建設業	10,074	4,789	1,429	238	472
製造業	23,817	17,903	10,772	3,371	803
電気・ガス・熱供給・水道業	352	464	407	77	86
情報通信業	3,648	2,997	2,079	756	480
運輸業、郵便業	13,233	9,569	4,633	718	930
卸売業、小売業	32,132	19,320	7,864	1,277	5,665
金融業、保険業	6,132	2,937	1,036	326	813
不動産業、物品賃貸業	2,371	1,170	594	162	2,517
学術研究、専門・技術サービス業	3,539	2,331	1,320	406	650
宿泊業、飲食サービス業	18,873	7,199	1,720	316	1,447
生活関連サービス業、娯楽業	7,284	4,231	1,165	147	2,058
教育、学習支援業	4,641	2,962	1,426	533	580
医療、福祉	22,003	15,602	7,551	1,975	858
複合サービス事業	503	532	751	218	71
サービス業（他に分類されないもの）	11,079	8,708	6,167	1,717	3,557

資料：総務省・経済産業省「平成26年経済センサス－基礎調査」
注：原則として、単一の経営者が事業を営んでいる1区画の場所を1事業所としている。
　1)は、公務を除く。
　2)は、個人経営の事業所を除く。

2 雇用（続き）
(5) 産業別月間給与額及び農畜産物の家族労働報酬
ア 産業別常用労働者一人平均月間現金給与額

単位：円

産業別	平成26年	27	28	29	30
調査産業計	314,048	316,567	313,801	315,590	323,553
建設業	371,214	376,179	380,141	386,049	405,221
製造業	372,459	382,193	376,331	378,447	392,305
電気・ガス	522,140	538,014	550,254	557,079	557,255
情報通信業	484,930	491,335	483,730	487,441	498,273
運輸業、郵便業	342,763	340,450	340,644	340,132	356,637
卸売業、小売業	270,505	274,627	267,524	272,488	286,188
金融業、保険業	467,010	462,885	471,964	466,011	482,054
飲食サービス業等	125,806	127,251	126,673	126,652	126,227

資料：厚生労働省「毎月勤労統計調査年報」
注：1 調査産業は日本標準産業分類に基づく産業大分類のうち「A−農業、林業」、「B−漁業」、
　　　「S−公務」及び「T−分類不能の産業」を除く産業について調査したものであり、常用労働者
　　　5人以上の事業所におけるものである。
　　2 現金給与額は、所得税、社会保険料、組合費、購売代金等を差し引く前の金額である。

イ 主要農畜産物の1日当たり家族労働報酬

単位：円

区分	平成25年産 （平成25年度）	26	27	28	29
農作物					
米	3,646	−	−	4,933	5,875
小麦	−	−	−	−	−
原料用かんしょ	5,356	4,717	3,866	4,040	2,708
原料用ばれいしょ	−	−	−	−	2,150
てんさい	−	−	−	−	−
さとうきび	4,922	3,092	4,475	10,052	5,249
大豆	−	−	−	−	−
畜産物					
牛乳	13,026	17,141	23,679	24,983	25,604
子牛	3,823	8,155	16,480	22,951	19,764
去勢若齢肥育牛	6,360	16,525	35,811	40,829	20,436
乳用雄育成牛	10,725	5,839	99,757	64,811	41,777
乳用雄肥育牛	−	−	21,639	8,653	−
交雑種育成牛	35,043	30,283	95,261	69,944	13,692
交雑種肥育牛	−	−	38,169	34,451	−
肥育豚	9,690	31,741	28,060	32,098	38,841

資料：農作物は、農林水産省統計部「農業経営統計調査　農産物生産費統計」。
　　　畜産物は、農林水産省統計部「農業経営統計調査　畜産物生産費統計」。
注：1 農作物は年産、畜産物は年度の数値である。
　　2 1日当たり家族労働報酬は、家族労働報酬÷家族労働時間×8時間（1日換算）。
　　　ただし、家族労働報酬＝粗収益−（生産費総額−家族労働費）。
　　　なお、算出の結果、当該項目がマイナスになった場合は「−」表章としているので、
　　　利用に当たっては留意されたい。

3　食料自給率の推移

単位：％

年度	穀物（飼料用も含む。）自給率	主食用穀物自給率	1)供給熱量ベースの総合食料自給率	2)生産額ベースの総合食料自給率	3)飼料自給率
昭和40年度	62	80	73	86	55
50	40	69	54	83	34
60	31	69	53	82	27
平成7	30	65	43	74	26
12	28	60	40	71	26
13	28	60	40	70	25
14	28	61	40	70	25
15	27	60	40	71	23
16	28	60	40	70	25
17	28	61	40	70	25
18	27	60	39	69	25
19	28	60	40	67	25
20	28	61	41	66	26
21	26	58	40	70	25
22	27	59	39	70	25
23	28	59	39	67	26
24	27	59	39	68	26
25	28	59	39	66	26
26	29	60	39	64	27
27	29	61	39	66	28
28	28	59	38	68	27
29	28	59	38	66	26
30（概算）	28	59	37	66	25

資料：農林水産省大臣官房政策課食料安全保障室「食料需給表」
注：　1)の算出は次式による。ただし、畜産物については、飼料自給率を考慮して算出している。
　　　　自給率＝国産供給熱量／国内総供給熱量×100（供給熱量ベース）
　　　2)の算出は次式による。ただし、畜産物及び加工食品については、輸入飼料及び輸入食品
　　原料の額を国内生産額から控除して算出している。
　　　　自給率＝食料の国内生産額／食料の国内消費仕向額×100（生産額ベース）
　　　3)は、ＴＤＮ（可消化養分総量）に換算した数量を用いて算出している。

4 物価・家計
(1) 国内企業物価指数

平成27年＝100

類別	平成26年	27	28	29	30
総平均	102.4	100.0	96.5	98.7	101.3
工業製品	102.3	100.0	97.0	98.9	101.1
飲食料品	98.4	100.0	100.1	99.9	100.5
繊維製品	98.7	100.0	99.6	99.6	101.0
木材・木製品	101.5	100.0	100.7	102.8	105.4
パルプ・紙・同製品	98.6	100.0	99.5	99.6	102.1
化学製品	107.3	100.0	92.9	94.8	97.5
石油・石炭製品	131.1	100.0	83.6	98.9	115.6
プラスチック製品	100.5	100.0	97.0	96.0	97.1
窯業・土石製品	98.4	100.0	99.6	99.7	101.6
鉄鋼	103.6	100.0	94.1	102.9	108.3
非鉄金属	99.6	100.0	87.1	98.1	101.7
金属製品	98.6	100.0	99.8	101.4	104.2
はん用機器	98.1	100.0	100.3	100.0	100.4
生産用機器	99.2	100.0	100.4	100.1	100.8
業務用機器	99.4	100.0	101.6	102.0	101.8
電子部品・デバイス	101.4	100.0	96.8	97.9	97.9
電気機器	100.1	100.0	97.5	95.5	95.4
情報通信機器	100.3	100.0	99.4	97.9	96.7
輸送用機器	98.9	100.0	99.2	98.7	98.5
その他工業製品	99.2	100.0	100.0	100.2	100.5
農林水産物	100.1	100.0	102.5	107.6	109.8
鉱産物	99.1	100.0	94.2	94.3	98.1
電力・都市ガス・水道	102.9	100.0	87.2	90.7	96.4
スクラップ類	128.6	100.0	91.4	120.2	137.0

資料：日本銀行調査統計局「企業物価指数」（以下(2)まで同じ。）
注： 国内で生産した国内需要家向けの財を対象とし、生産者段階における出荷時点の価格
を調査したものである。

(2) 輸出・輸入物価指数

平成27年＝100

類別	平成26年	27	28	29	30
輸出総平均	98.8	100.0	90.7	95.5	96.8
繊維品	96.2	100.0	89.8	92.3	93.3
化学製品	105.2	100.0	87.6	99.6	105.4
金属・同製品	103.4	100.0	88.2	104.0	110.0
はん用・生産用・業務用機器	96.4	100.0	95.3	97.0	97.1
電気・電子機器	95.6	100.0	89.5	92.4	90.5
輸送用機器	94.8	100.0	92.7	94.5	93.3
その他産品・製品	109.2	100.0	84.3	88.8	97.1
輸入総平均	112.7	100.0	83.6	92.7	99.7
飲食料品・食料用農水産物	97.1	100.0	88.2	92.8	93.2
繊維品	92.5	100.0	95.3	95.2	95.1
金属・同製品	112.2	100.0	80.0	98.3	102.8
木材・木製品・林産物	93.7	100.0	88.5	94.8	102.5
石油・石炭・天然ガス	151.5	100.0	68.6	91.8	115.1
化学製品	96.5	100.0	89.7	96.0	101.5
はん用・生産用・業務用機器	95.3	100.0	90.0	93.0	96.4
電気・電子機器	94.3	100.0	87.8	87.8	86.1
輸送用機器	94.3	100.0	94.0	96.2	96.3
その他産品・製品	93.4	100.0	90.5	92.6	93.5

注： 輸出物価指数は輸出品の通関段階における船積み時点の価格を、輸入物価指数は輸入品の
通関段階における荷降ろし時点の価格を調査したものである。なお、指数は円ベースである。

(3)　農業物価指数
　　ア　農産物価格指数

平成27年＝100

類別	平成26年	27	28	29	30
総合	95.0	100.0	107.4	108.5	111.8
米	111.5	100.0	112.4	122.5	130.4
麦	96.8	100.0	97.2	114.4	142.6
雑穀	76.3	100.0	98.5	100.4	112.9
豆	97.9	100.0	95.6	97.3	100.0
いも	79.1	100.0	108.8	94.2	85.4
野菜	88.6	100.0	107.8	100.7	107.6
果菜	88.7	100.0	103.9	97.6	102.9
葉茎菜	86.8	100.0	107.7	103.0	110.3
根菜	94.2	100.0	124.1	103.7	117.0
まめ科野菜	87.2	100.0	109.0	102.4	105.2
果実	88.5	100.0	110.2	110.6	114.4
工芸農作物	109.0	100.0	98.5	110.2	102.8
花き	92.4	100.0	103.7	101.5	103.8
畜産物	93.4	100.0	104.2	106.2	103.7
鶏卵	95.9	100.0	92.8	94.0	85.4
生乳	96.0	100.0	101.5	103.0	103.7
肉畜	94.8	100.0	99.2	101.9	96.3
子畜	84.5	100.0	123.1	125.2	122.6
成畜	85.6	100.0	123.3	123.9	122.4
稲わら	94.9	100.0	106.7	108.7	109.7

資料：農林水産省統計部「農業物価統計」（以下イまで同じ。）
注：1　農業物価指数は、農業経営体が販売する農産物の生産者価格及び農業経営体が購入する農業
　　　生産資材価格を毎月把握し、農業における投入・産出の物価変動を測定するものであり、農産
　　　物価格指数及び農業生産資材価格指数からなっている（以下イまで同じ。）。
　　2　指数の基準時は、平成27年（2015年）の1年間であり、指数の算定に用いるウエイトは、平
　　　成27年農業経営統計調査の「経営形態別経営統計（個別経営）」結果による全国1農業経営体
　　　当たり平均を用いて、農産物については農業粗収益から作成し、農業生産資材については農業
　　　経営費から作成した（以下イまで同じ。）。
　　3　指数採用品目は、農産物122品目、農業生産資材141品目である（以下イまで同じ。）。
　　4　指数の算式は、ラスパイレス式（基準時加重相対法算式）である（以下イまで同じ。）。

　　イ　農業生産資材価格指数

平成27年＝100

類別	平成26年	27	28	29	30
総合	99.8	100.0	98.5	98.8	100.7
種苗及び苗木	97.4	100.0	100.6	101.1	101.5
畜産用動物	87.5	100.0	118.0	121.2	118.3
肥料	98.2	100.0	98.2	92.7	94.3
無機質	98.2	100.0	98.2	92.6	94.2
有機質	101.0	100.0	99.0	96.1	97.5
飼料	98.6	100.0	93.1	92.4	96.1
農業薬剤	98.9	100.0	100.0	99.4	99.4
諸材料	99.2	100.0	100.0	99.6	100.8
光熱動力	117.8	100.0	86.5	95.7	107.0
農機具	99.5	100.0	100.2	100.2	100.3
小農具	98.9	100.0	100.3	100.5	100.6
大農具	99.6	100.0	100.2	100.1	100.2
自動車・同関係料金	99.0	100.0	100.0	100.1	100.5
建築資材	98.8	100.0	100.7	101.3	102.4
農用被服	96.3	100.0	102.2	102.5	102.8
賃借料及び料金	98.7	100.0	100.7	100.3	100.8

4　物価・家計（続き）
（4）　消費者物価指数（全国）

平成27年＝100

種別	平成26年	27	28	29	30
総合	99.2	100.0	99.9	100.4	101.3
生鮮食品を除く総合	99.5	100.0	99.7	100.2	101.0
持家の帰属家賃を除く総合	99.0	100.0	99.9	100.5	101.7
生鮮食品及びエネルギーを除く総合	98.6	100.0	100.6	100.7	101.0
食料(酒類を除く。)及びエネルギーを除く総合	99.0	100.0	100.3	100.3	100.4
食料	97.0	100.0	101.7	102.4	103.9
1)生鮮食品	93.6	100.0	104.6	104.3	108.3
生鮮食品を除く食料	97.7	100.0	101.2	102.1	103.1
穀類	100.8	100.0	101.7	103.2	104.9
米類	107.4	100.0	103.8	108.8	113.9
パン	97.8	100.0	101.2	101.6	102.3
麺類	96.6	100.0	100.3	99.7	99.3
他の穀類	99.9	100.0	100.6	100.4	100.9
魚介類	96.4	100.0	101.8	107.1	110.6
うち生鮮魚介	96.5	100.0	101.9	108.5	111.4
肉類	95.3	100.0	101.6	103.0	103.4
うち生鮮肉	94.5	100.0	102.3	104.6	105.8
乳卵類	97.1	100.0	100.3	99.7	101.9
牛乳・乳製品	97.0	100.0	100.7	100.0	102.1
卵	97.3	100.0	98.8	98.8	101.2
野菜・海藻	94.2	100.0	103.7	101.7	106.4
うち生鮮野菜	92.0	100.0	105.0	100.8	105.8
果物	92.5	100.0	106.8	105.8	109.0
うち生鮮果物	92.5	100.0	107.0	105.9	109.2
油脂・調味料	99.0	100.0	100.7	101.0	101.0
菓子類	95.6	100.0	102.5	103.1	103.1
調理食品	96.9	100.0	101.4	101.7	102.3
飲料	99.0	100.0	100.3	100.6	100.5
うち茶類	100.9	100.0	99.0	98.1	97.5
酒類	100.1	100.0	99.6	102.7	103.1
外食	98.0	100.0	100.8	101.1	102.0
住居	100.0	100.0	99.9	99.7	99.6
光熱・水道	102.6	100.0	92.7	95.2	99.0
家具・家事用品	98.5	100.0	99.6	99.1	98.0
被服及び履物	97.8	100.0	101.8	102.0	102.2
保健医療	99.1	100.0	100.9	101.8	103.3
交通・通信	102.0	100.0	98.0	98.3	99.6
教育	98.4	100.0	101.6	102.2	102.7
教養娯楽	98.1	100.0	101.0	101.3	102.1
諸雑費	99.0	100.0	100.7	100.9	101.4
2)エネルギー	107.7	100.0	89.8	94.6	101.1
教育関係費	98.3	100.0	101.7	102.4	102.8
教養娯楽関係費	98.1	100.0	100.8	101.0	101.8
情報通信関係費	100.0	100.0	99.2	97.4	95.4

資料：総務省統計局「消費者物価指数年報」
注：1)は、生鮮魚介、生鮮野菜及び生鮮果物である。
　　2)は、電気代、都市ガス代、プロパンガス、灯油及びガソリンである。

5　国民経済と農林水産業の産出額
(1)　国民経済計算
　　ア　国内総生産勘定（名目）

単位：10億円

項目	平成27年	28	29
国内総生産（生産側）	531,319.8	535,986.4	545,121.9
雇用者報酬	263,206.5	270,261.0	274,679.4
営業余剰・混合所得	106,479.7	103,007.1	106,225.5
固定資本減耗	120,082.5	119,808.1	121,320.7
生産・輸入品に課される税	44,825.8	45,190.8	45,516.0
（控除）補助金	3,293.4	3,256.8	2,994.6
統計上の不突合	18.8	976.2	375.0
国内総生産（支出側）	531,319.8	535,986.4	545,121.9
民間最終消費支出	300,612.1	298,643.7	302,490.5
政府最終消費支出	105,297.1	106,575.1	107,234.8
総固定資本形成	126,403.0	124,981.3	129,927.9
在庫変動	1,234.2	479.2	372.5
財貨・サービスの輸出	93,570.6	87,112.6	96,891.2
（控除）財貨・サービスの輸入	95,797.2	81,805.5	91,794.9
（参考）			
海外からの所得	30,297.3	28,978.9	31,769.2
（控除）海外に対する所得	9,887.5	11,000.1	11,830.0
国民総所得	551,729.7	553,965.2	565,061.1

資料：内閣府経済社会総合研究所「国民経済計算年報」（以下エまで同じ。）
注：　この数値は、平成23年に国際連合によって勧告された国際基準（2008SNA）
　　に基づき推計された結果である（以下エまで同じ。）。

5　国民経済と農林水産業の産出額（続き）
(1)　国民経済計算（続き）
　イ　国内総生産（支出側、名目・実質：連鎖方式）

単位：10億円

項目	平成27年		28		29	
	名目	実質	名目	実質	名目	実質
国内総生産（支出側）	531,319.8	516,932.4	535,986.4	520,081.0	545,121.9	530,112.1
民間最終消費支出	300,612.1	295,719.9	298,643.7	295,360.4	302,490.5	298,711.5
家計最終消費支出	293,125.8	288,267.6	290,817.2	287,525.5	294,532.4	290,769.4
国内家計最終消費支出	294,210.7	289,949.9	292,172.8	289,267.9	296,324.3	293,025.2
居住者家計の海外での直接購入	1,633.5	1,071.7	1,696.2	1,251.6	1,733.3	1,205.4
（控除）非居住者家計の国内での直接購入	2,718.4	2,592.9	3,051.8	2,914.2	3,525.3	3,345.2
対家計民間非営利団体最終消費支出	7,486.3	7,457.3	7,826.5	7,845.1	7,958.1	7,952.6
政府最終消費支出	105,297.1	104,524.1	106,575.1	106,018.7	107,234.8	106,298.7
総資本形成	127,637.2	123,767.1	125,460.5	122,740.6	130,300.4	126,211.7
総固定資本形成	126,403.0	122,505.7	124,981.3	122,122.0	129,927.9	125,727.8
民間	99,264.8	96,605.1	98,129.8	96,309.3	102,421.0	99,746.1
住宅	15,926.1	15,041.1	16,753.2	15,931.7	17,394.9	16,270.5
企業設備	83,338.6	81,604.9	81,376.6	80,383.8	85,026.1	83,491.0
公的	27,138.3	25,914.7	26,851.5	25,826.9	27,506.9	26,008.2
住宅	806.6	763.5	805.8	768.9	658.8	617.2
企業設備	6,483.8	6,309.6	6,493.4	6,394.1	6,701.1	6,519.9
一般政府	19,847.9	18,844.9	19,552.3	18,669.8	20,147.0	18,879.6
在庫変動	1,234.2	1,226.5	479.2	571.6	372.5	426.7
民間企業	1,181.7	1,200.6	494.2	568.9	306.2	359.2
原材料	△ 26.1	△ 7.9	△ 20.0	△ 2.4	△ 215.6	△ 198.7
仕掛品	△ 31.9	△ 31.2	324.5	382.5	224.7	239.3
製品	△ 266.2	△ 280.8	△ 54.6	△ 72.6	209.9	218.0
流通品	1,505.9	1,543.3	244.3	248.6	87.2	79.1
公的	52.5	30.9	△ 15.0	△ 5.8	66.3	77.4
公的企業	△ 1.9	△ 0.1	0.7	△ 5.9	△ 0.7	0.0
一般政府	54.3	30.8	△ 14.3	0.8	67.0	78.8
財貨・サービスの純輸出	△ 2,226.7	△ 7,191.7	5,307.1	△ 4,306.7	5,096.2	△ 1,605.2
財貨・サービスの輸出	93,570.6	83,068.7	87,112.6	84,491.5	96,891.2	90,235.6
財貨の輸出	75,274.1	67,069.3	69,092.7	67,421.5	77,285.5	72,187.5
サービスの輸出	18,296.5	15,939.2	18,019.9	16,991.1	19,605.6	17,970.0
（控除）財貨・サービスの輸入	95,797.2	90,260.4	81,805.5	88,798.2	91,794.9	91,840.8
財貨の輸入	76,160.3	72,754.8	63,575.1	71,418.7	72,330.1	73,934.5
サービスの輸入	19,636.9	17,605.7	18,230.3	17,468.4	19,464.8	18,008.3

注：1　実質値は、平成23暦年連鎖価格である。
　　2　「財貨・サービスの純輸出」の実質値は、連鎖方式での計算ができないため
　　　「財貨・サービスの輸出」－「財貨・サービスの輸入」により求めている。

ウ　国民所得の分配（名目）

単位：10億円

項目	平成27年	28	29
国民所得（要素費用表示）	390,096.1	391,246.9	400,844.1
雇用者報酬	263,315.5	270,370.4	274,788.6
賃金・俸給	223,921.8	229,924.9	233,239.4
雇主の社会負担	39,393.7	40,445.5	41,549.2
雇主の現実社会負担	37,514.3	38,452.5	39,625.3
雇主の帰属社会負担	1,879.4	1,992.9	1,923.9
財産所得（非企業部門）	25,611.7	23,246.0	25,313.5
一般政府	△ 1,991.5	△ 2,425.5	△ 1,218.2
利子	△ 2,121.7	△ 2,661.4	△ 1,441.4
法人企業の分配所得（受取）	448.1	552.0	534.9
その他の投資所得（受取）	0.4	0.3	0.3
賃貸料	△ 318.3	△ 316.5	△ 312.0
家計	27,294.4	25,429.7	26,247.0
利子	4,346.0	5,195.6	5,259.2
配当（受取）	9,013.8	7,151.3	8,194.2
その他の投資所得（受取）	11,250.7	10,478.6	10,269.7
賃貸料（受取）	2,684.0	2,604.2	2,523.9
対家計民間非営利団体	308.8	241.9	284.7
利子	157.7	104.5	102.9
配当（受取）	139.4	124.3	165.9
その他の投資所得（受取）	1.2	1.2	1.1
賃貸料	10.6	11.8	14.7
企業所得（企業部門の第1次所得バランス）	101,168.9	97,630.5	100,741.9
民間法人企業	61,405.0	58,611.6	62,061.0
非金融法人企業	51,647.6	50,972.2	54,471.5
金融機関	9,757.5	7,639.3	7,589.5
公的企業	3,201.7	2,803.2	2,656.9
非金融法人企業	520.2	562.0	442.3
金融機関	2,681.5	2,241.2	2,214.6
個人企業	36,562.1	36,215.7	36,024.0
農林水産業	2,465.7	2,874.4	2,780.7
その他の産業（非農林水産・非金融）	9,444.3	8,517.6	8,554.9
持ち家	24,652.1	24,823.7	24,688.3

注：　「企業所得（第1次所得バランス）」は、営業余剰・混合所得（純）に財産所得の受取を加え、財産所得の支払を控除したものである。

5 国民経済と農林水産業の産出額（続き）
(1) 国民経済計算（続き）
エ 経済活動別国内総生産（名目・実質：連鎖方式）

単位：10億円

項目	平成27年		28		29	
	名目	実質	名目	実質	名目	実質
国内総生産	531,319.8	516,932.4	535,986.4	520,081.0	545,121.9	530,112.1
計	528,288.5	513,925.4	533,016.7	515,756.2	542,115.7	526,601.7
農林水産業	5,918.4	4,933.9	6,491.2	4,557.4	6,482.9	4,480.7
農業	4,908.9	4,091.2	5,474.1	3,811.6	5,436.3	3,782.2
林業	205.5	197.8	210.5	188.8	217.1	186.2
水産業	804.1	639.1	806.6	554.3	829.4	510.2
鉱業	315.4	229.7	286.0	207.9	301.2	231.7
製造業	110,585.3	106,073.3	110,816.6	105,311.0	112,988.4	109,203.9
うち食料品	13,300.9	13,028.9	13,717.0	13,167.0	13,322.5	13,095.2
電気・ガス・水道・廃棄物処理業	13,924.3	8,641.9	13,938.2	8,748.4	14,252.5	9,567.3
建設業	29,362.0	28,109.4	29,887.2	28,529.8	31,328.8	29,714.0
卸売・小売業	74,269.9	73,362.2	74,011.5	73,390.4	75,918.7	74,527.7
運輸・郵便業	27,153.1	24,856.8	26,993.0	24,455.5	27,695.2	25,233.6
宿泊・飲食サービス業	12,404.8	12,071.0	13,656.1	12,633.3	13,791.1	12,878.1
情報通信業	26,723.4	26,988.3	26,855.9	26,941.5	26,684.2	27,173.7
金融・保険業	23,208.2	26,860.3	22,322.6	26,472.7	22,515.7	27,132.5
不動産業	60,615.9	62,190.6	61,154.3	62,844.0	61,789.3	63,873.8
専門・科学技術、業務支援サービス業	38,386.7	36,456.5	39,868.0	37,926.2	40,483.0	37,959.4
公務	26,571.8	26,262.3	26,696.6	26,267.0	26,882.6	26,259.8
教育	19,205.4	19,104.6	19,396.6	19,183.9	19,598.1	19,301.2
保健衛生・社会事業	36,267.1	35,921.6	37,740.1	36,883.4	38,102.1	37,171.3
その他のサービス	23,376.8	22,318.3	22,902.8	21,860.7	23,302.1	21,996.4
輸入品に課される税・関税	8,754.7	5,846.0	7,676.1	5,992.0	8,570.9	6,059.2
(控除)総資本形成に係る消費税	5,742.1	3,619.4	5,682.6	3,518.9	5,939.8	3,633.3
国内総生産(不突合を含まず)	531,301.1	516,154.8	535,010.2	518,350.5	544,746.9	529,114.4
統計上の不突合	18.8	777.6	976.2	1,730.5	375.0	997.7

注：1 実質値は、平成23暦年連鎖価格である。
　　2 「統計上の不突合」の実質値は、連鎖方式での計算ができないため、
　　　「国内総生産」－「国内総生産（不突合を含まず。）」により求めている。

(2) 農業・食料関連産業の経済計算
　ア　農業・食料関連産業の国内総生産

単位：10億円

項目	平成27年	28	29（概算）
農業・食料関連産業	52,466.4	54,069.4	55,193.3
農林漁業	5,730.2	6,290.2	6,328.3
農業	4,812.4	5,352.7	5,340.7
林業（特用林産物）	99.0	104.8	103.1
漁業	818.8	832.7	884.5
関連製造業	13,685.8	13,900.1	13,714.0
食品製造業	13,158.8	13,463.2	13,293.9
資材供給産業	527.0	436.9	420.0
関連投資	847.9	1,232.4	1,406.0
関連流通業	20,326.4	20,462.4	20,492.4
外食産業	11,876.3	12,184.4	13,252.6
1)　（参考）全経済活動	531,319.8	535,986.4	545,121.9

資料：農林水産省統計部「農業・食料関連産業の経済計算」（以下ウまで同じ。）
注：　平成27年に平成23年産業連関表の公表を受けて基準改定等を行い、過去の数値
　　も再集計を行っている（以下ウまで同じ。）。
　　　1)は、内閣府「国民経済計算」による国内総生産（GDP）の値である。

　イ　農業・食料関連産業の国内生産額

単位：10億円

項目	平成27年	28	29（概算）
農業・食料関連産業	113,082.5	116,552.0	116,845.4
農林漁業	12,196.4	12,690.3	12,797.2
農業	10,405.3	10,886.0	10,977.2
林業（特用林産物）	215.5	228.4	226.1
漁業	1,575.6	1,575.9	1,593.9
関連製造業	39,701.3	39,676.6	39,708.8
食品製造業	37,284.9	37,604.4	37,707.9
資材供給産業	2,416.5	2,072.2	2,000.9
関連投資	2,105.2	2,687.3	3,048.9
関連流通業	31,073.9	32,974.2	32,406.7
外食産業	28,005.7	28,523.6	28,883.7
1)　（参考）全経済活動	1,010,237.7	996,928.4	1,024,183.7

注：1)は、内閣府「国民経済計算」による経済活動別の産出額の合計である。

5 国民経済と農林水産業の産出額（続き）
(2) 農業・食料関連産業の経済計算（続き）
ウ 農業の経済計算
(ア) 農業生産

単位：10億円

項目	平成27年	28	29（概算）
農業生産額	10,405.3	10,886.0	10,977.2
中間投入	5,592.9	5,533.3	5,636.4
農業総生産	4,812.4	5,352.7	5,340.7
固定資本減耗	1,197.4	1,183.3	1,211.5
間接税	604.0	671.0	672.8
経常補助金（控除）	869.5	811.1	863.4
農業純生産	3,880.5	4,309.5	4,319.9

(イ) 農業総資本形成（名目）

単位：10億円

項目	平成27年	28	29（概算）
農業総資本形成	1,935.7	2,602.9	3,009.3
農業総固定資本形成	1,969.0	2,617.5	3,020.9
土地改良	695.4	1,291.1	1,505.7
農業用建物	155.3	141.7	182.0
農機具	978.5	1,024.2	1,148.9
動植物の成長	139.8	160.5	184.3
在庫純増	△ 33.3	△ 14.6	△ 11.5

(3) 農林水産業の産出額・所得
　ア　農業総産出額及び生産農業所得

	部門	単位	平成25年	26	27	28	29
実数	農業総産出額	億円	84,668	83,639	87,979	92,025	92,742
	耕種計	〃	57,031	53,632	56,245	59,801	59,605
	米	〃	17,807	14,343	14,994	16,549	17,357
	麦類	〃	410	384	432	312	420
	雑穀	〃	48	60	87	80	93
	豆類	〃	641	749	684	554	687
	いも類	〃	1,985	2,075	2,261	2,372	2,102
	野菜	〃	22,533	22,421	23,916	25,567	24,508
	果菜類	〃	9,615	9,437	10,118	10,512	10,014
	葉茎菜類	〃	9,467	9,576	10,277	11,031	10,832
	根菜類	〃	3,451	3,407	3,522	4,024	3,662
	果実	〃	7,588	7,628	7,838	8,333	8,450
	花き	〃	3,485	3,437	3,529	3,529	3,438
	工芸農作物	〃	1,849	1,889	1,862	1,871	1,930
	その他作物	〃	687	646	643	635	620
	畜産計	〃	27,092	29,448	31,179	31,626	32,522
	肉用牛	〃	5,189	5,940	6,886	7,391	7,312
	乳用牛	〃	7,780	8,051	8,397	8,703	8,955
	うち生乳	〃	6,824	6,967	7,314	7,391	7,402
	豚	〃	5,746	6,331	6,214	6,122	6,494
	鶏	〃	7,842	8,530	9,049	8,754	9,031
	うち鶏卵	〃	4,638	5,109	5,465	5,148	5,278
	ブロイラー	〃	3,018	3,254	3,415	3,441	3,578
	その他畜産物	〃	536	595	634	657	730
	加工農産物	〃	545	559	555	598	615
	生産農業所得	〃	29,412	28,319	32,892	37,558	37,616
(参考)農業総産出額に占める 　　　生産農業所得の割合		%	34.7	33.9	37.4	40.8	40.6
構成比	農業総産出額	%	100.0	100.0	100.0	100.0	100.0
	耕種計	〃	67.4	64.1	63.9	65.0	64.3
	米	〃	21.0	17.1	17.0	18.0	18.7
	麦類	〃	0.5	0.5	0.5	0.3	0.5
	雑穀	〃	0.1	0.1	0.1	0.1	0.1
	豆類	〃	0.8	0.9	0.8	0.6	0.7
	いも類	〃	2.3	2.5	2.6	2.6	2.3
	野菜	〃	26.6	26.8	27.2	27.8	26.4
	果菜類	〃	11.4	11.3	11.5	11.4	10.8
	葉茎菜類	〃	11.2	11.4	11.7	12.0	11.7
	根菜類	〃	4.1	4.1	4.0	4.4	3.9
	果実	〃	9.0	9.1	8.9	9.1	9.1
	花き	〃	4.1	4.1	4.0	3.8	3.7
	工芸農作物	〃	2.2	2.3	2.1	2.0	2.1
	その他作物	〃	0.8	0.8	0.7	0.7	0.7
	畜産計	〃	32.0	35.2	35.4	34.4	35.1
	肉用牛	〃	6.1	7.1	7.8	8.0	7.9
	乳用牛	〃	9.2	9.6	9.5	9.5	9.7
	うち生乳	〃	8.1	8.3	8.3	8.0	8.0
	豚	〃	6.8	7.6	7.1	6.7	7.0
	鶏	〃	9.3	10.2	10.3	9.5	9.7
	うち鶏卵	〃	5.5	6.1	6.2	5.6	5.7
	ブロイラー	〃	3.6	3.9	3.9	3.7	3.9
	その他畜産物	〃	0.6	0.7	0.7	0.7	0.8
	加工農産物	〃	0.6	0.7	0.6	0.6	0.7

資料：農林水産省統計部「生産農業所得統計」（以下イまで同じ。）
注：1　農業総産出額は、当該年（暦年）に生産された農産物の生産量（自家消費分を含む。）
　　　から農業に再投入される種子、飼料などの中間生産物を控除した品目別生産数量に、品目
　　　別農家庭先販売価格を乗じて推計したものである。
　　2　生産農業所得は、1の農業総産出額に農業経営統計調査から得られる係数（※）を乗じ、
　　　経常補助金の実額を加算したものである。

$$※ \quad \frac{農業粗収益（経常補助金を除く。）－物的経費（減価償却費及び間接税を含む。）}{農業粗収益（経常補助金を除く。）}$$

5 国民経済と農林水産業の産出額（続き）
(3) 農林水産業の産出額・所得（続き）
イ 都道府県別農業産出額及び生産農業所得（平成29年）

都道府県	計	農業産出額 耕種									
		小計	米	麦類	雑穀	豆類	いも類	野菜	果実	花き	工芸農作物
	億円	億円	億円	億円	億円	億円	億円	億円	億円	億円	億円
北海道 (1)	12,762	5,483	1,279	252	40	347	747	2,114	61	134	467
青森 (2)	3,103	2,188	513	0	1	8	14	780	790	19	45
岩手 (3)	2,693	1,023	561	1	3	7	4	260	99	36	44
宮城 (4)	1,900	1,120	771	2	0	18	4	267	24	28	1
秋田 (5)	1,792	1,426	1,007	0	2	12	7	279	69	30	15
山形 (6)	2,441	2,068	850	x	4	8	4	413	705	72	4
福島 (7)	2,071	1,567	747	x	5	3	14	458	250	66	15
茨城 (8)	4,967	3,549	868	6	6	17	285	2,071	133	141	12
栃木 (9)	2,828	1,763	641	44	9	6	12	876	77	79	6
群馬 (10)	2,550	1,427	163	13	1	3	9	997	96	57	74
埼玉 (11)	1,980	1,685	392	11	1	2	26	968	69	183	19
千葉 (12)	4,700	3,265	732	1	0	90	204	1,829	179	183	8
東京 (13)	274	252	1	x	0	0	9	161	32	42	0
神奈川 (14)	839	673	34	x	0	2	16	463	98	48	1
新潟 (15)	2,488	1,970	1,417	0	1	12	19	352	79	74	13
富山 (16)	661	563	451	3	3	10	3	59	22	12	0
石川 (17)	548	453	286	1	0	4	13	103	34	7	2
福井 (18)	473	425	304	4	3	4	8	86	9	6	0
山梨 (19)	940	852	63	0	0	1	4	128	595	39	1
長野 (20)	2,475	2,145	472	4	9	5	13	840	625	141	2
岐阜 (21)	1,173	717	229	3	0	5	6	349	50	65	7
静岡 (22)	2,263	1,661	198	0	0	1	31	727	302	166	211
愛知 (23)	3,232	2,333	301	7	0	9	10	1,193	197	557	19
三重 (24)	1,122	639	275	3	0	6	5	141	67	47	54
滋賀 (25)	647	534	362	3	1	15	4	123	8	9	7
京都 (26)	737	552	177	x	0	7	6	274	21	10	52
大阪 (27)	357	334	77	x	0	0	4	159	71	19	0
兵庫 (28)	1,634	1,007	476	2	0	29	7	406	37	43	1
奈良 (29)	430	359	108	0	0	1	3	111	86	34	10
和歌山 (30)	1,225	1,169	77	x	0	0	2	171	816	69	5
鳥取 (31)	765	489	146	x	0	1	8	228	74	25	3
島根 (32)	613	368	196	1	1	3	4	103	38	15	3
岡山 (33)	1,505	947	370	7	0	14	7	235	280	25	2
広島 (34)	1,237	726	263	x	0	1	12	240	172	30	1
山口 (35)	676	488	236	2	0	2	7	154	48	27	2
徳島 (36)	1,037	768	137	x	0	0	71	410	103	30	5
香川 (37)	835	490	122	2	0	1	7	250	62	29	6
愛媛 (38)	1,259	998	164	2	0	1	7	206	537	29	4
高知 (39)	1,193	1,107	125	0	0	0	17	750	118	77	11
福岡 (40)	2,194	1,785	425	25	0	22	10	794	240	177	30
佐賀 (41)	1,311	967	279	25	0	20	5	364	204	33	23
長崎 (42)	1,632	1,075	131	2	0	2	114	525	156	81	46
熊本 (43)	3,423	2,241	380	8	1	5	46	1,247	318	99	100
大分 (44)	1,273	805	247	3	0	3	16	334	115	53	25
宮崎 (45)	3,524	1,229	180	0	0	1	76	696	130	71	55
鹿児島 (46)	5,000	1,718	221	x	1	1	283	657	95	125	308
沖縄 (47)	1,005	547	5	x	0	1	12	153	60	97	210

その他作物	小計	肉用牛	乳用牛	生乳	豚	鶏	鶏卵	ブロイラー	その他畜産物養蚕を含む。	加工農産物	生産農業所得	(参考)農業産出額に占める生産農業所得の割合	
億円	億円	億円	億円	億円	億円	億円	億円	億円	億円	億円	億円	%	
43	7,279	1,002	4,919	3,713	459	390	217	172	509	-	5,662	44.4	(1)
18	915	159	78	66	236	429	208	211	13	0	1,521	49.0	(2)
7	1,670	283	273	234	314	792	171	589	9	0	999	37.1	(3)
5	777	271	141	126	134	231	158	64	1	2	884	46.5	(4)
4	366	59	35	28	188	81	68	x	4	0	838	46.8	(5)
x	367	114	89	75	120	40	21	x	3	6	1,225	50.2	(6)
x	495	140	96	78	79	178	147	17	2	10	906	43.7	(7)
11	1,336	163	202	179	402	566	516	31	2	83	1,991	40.1	(8)
13	1,055	200	418	356	270	166	146	x	2	10	1,285	45.4	(9)
13	1,123	153	289	232	452	216	134	68	12	1	1,019	40.0	(10)
15	294	38	77	66	71	103	101	x	5	1	787	39.7	(11)
38	1,432	95	276	233	546	506	386	71	9	3	1,784	38.0	(12)
x	21	2	14	11	2	3	2	-	1	0	97	35.4	(13)
x	163	10	47	41	59	46	46	-	1	2	300	35.8	(14)
1	517	33	64	55	151	269	197	25	0	1	1,128	45.3	(15)
1	93	11	16	14	21	45	44	-	0	5	268	40.5	(16)
2	95	11	28	24	19	37	36	-	0	1	243	44.3	(17)
1	47	8	9	7	2	28	26	2	0	1	191	40.4	(18)
22	81	12	24	19	12	32	16	16	1	7	454	48.3	(19)
35	300	70	127	106	55	40	15	24	9	30	1,008	40.7	(20)
5	454	107	49	44	87	209	160	24	3	2	492	41.9	(21)
24	486	81	114	99	66	192	140	42	32	116	843	37.3	(22)
41	893	105	231	201	257	267	228	27	34	5	1,165	36.0	(23)
40	446	84	71	61	63	228	199	22	0	37	475	42.3	(24)
2	109	58	27	23	3	20	19	x	0	4	351	54.3	(25)
x	143	17	40	33	13	71	55	11	2	42	275	37.3	(26)
x	23	1	14	12	5	2	2	-	0	0	134	37.5	(27)
6	627	177	122	99	16	310	205	77	2	0	645	39.5	(28)
7	61	10	34	28	3	13	12	x	1	10	152	35.3	(29)
x	53	8	7	6	1	29	15	13	6	4	591	48.2	(30)
x	275	48	71	63	54	102	21	82	0	0	302	39.5	(31)
3	244	83	81	71	30	47	38	9	3	1	273	44.5	(32)
8	557	79	119	102	21	337	253	71	1	0	561	37.3	(33)
x	510	65	65	57	92	284	259	20	5	1	479	38.7	(34)
11	187	43	20	18	16	105	60	35	3	0	302	44.7	(35)
x	268	62	43	36	37	124	26	77	2	0	365	35.2	(36)
11	345	53	49	40	22	221	151	48	1	0	316	37.8	(37)
48	261	27	42	38	116	73	50	23	2	0	517	41.1	(38)
8	85	15	28	25	20	21	11	9	1	2	418	35.0	(39)
63	392	67	100	83	57	162	119	30	6	16	1,022	46.6	(40)
13	337	159	18	15	57	100	15	84	3	6	619	47.2	(41)
18	554	241	64	54	123	121	59	62	4	4	626	38.4	(42)
38	1,147	420	306	259	211	187	85	80	23	35	1,296	37.9	(43)
9	457	150	86	75	96	122	49	53	3	11	524	41.2	(44)
20	2,260	747	96	80	555	860	110	702	2	35	1,210	34.3	(45)
x	3,162	1,258	111	93	832	958	286	645	3	120	1,758	35.2	(46)
x	457	228	37	36	131	59	45	13	2	0	498	49.6	(47)

5 国民経済と農林水産業の産出額（続き）
(3) 農林水産業の産出額・所得（続き）
ウ 市町村別農業産出額（推計）（平成29年）

順位	都道府県	市町村	農業産出額	主要部門				(参考)平成28年	
				1位		2位		順位	農業産出額
				部門	産出額	部門	産出額		
			億円		億円		億円		億円
1	愛知県	田原市	883	野菜	340	花き	303	1	853
2	宮崎県	都城市	772	豚	221	肉用牛	191	3	754
3	茨城県	鉾田市	754	野菜	424	豚	147	2	780
4	北海道	別海町	647	生乳	475	肉用牛	16	5	621
5	千葉県	旭市	582	豚	207	野菜	196	6	567
6	新潟県	新潟市	580	米	310	野菜	162	4	623
7	静岡県	浜松市	512	果実	160	野菜	151	7	533
8	熊本県	熊本市	458	野菜	240	果実	66	8	484
9	愛知県	豊橋市	458	野菜	262	豚	39	9	439
10	鹿児島県	鹿屋市	456	肉用牛	154	豚	115	11	431
11	鹿児島県	南九州市	441	鶏卵	103	工芸農作物	74	12	411
12	鹿児島県	志布志市	421	豚	165	肉用牛	107	15	392
13	青森県	弘前市	410	果実	341	米	36	10	435
14	千葉県	香取市	403	野菜	91	米	83	14	402
15	群馬県	前橋市	399	豚	102	野菜	90	13	408
16	熊本県	菊池市	386	肉用牛	104	豚	77	17	389
17	鹿児島県	曽於市	376	肉用牛	128	豚	104	22	351
18	熊本県	八代市	375	野菜	268	米	46	18	385
19	宮崎県	宮崎市	375	野菜	185	肉用牛	50	16	392
20	茨城県	小美玉市	372	鶏卵	177	野菜	90	21	354
21	栃木県	那須塩原市	367	生乳	159	野菜	53	19	367
22	鹿児島県	大崎町	354	ブロイラー	216	野菜	64	24	321
23	埼玉県	深谷市	348	野菜	214	花き	31	20	363
24	宮城県	登米市	326	米	128	肉用牛	87	25	316
25	福岡県	久留米市	325	野菜	151	米	45	23	325
26	北海道	幕別町	323	野菜	95	生乳	88	29	300
27	山形県	鶴岡市	313	米	141	野菜	105	26	307
28	岩手県	一関市	312	豚	66	ブロイラー	66	30	300
29	北海道	帯広市	305	野菜	79	いも類	50	38	274
30	北海道	北見市	299	野菜	166	生乳	37	27	304

資料：農林水産省統計部「市町村別農業産出額（推計）」（以下エまで同じ。）
注：農業産出額の上位30市町村を掲載した。

エ 部門別市町村別農業産出額（推計）（平成29年）

順位	米			野菜			果実		
	都道府県	市町村	農業産出額	都道府県	市町村	農業産出額	都道府県	市町村	農業産出額
			億円			億円			億円
1	新潟県	新潟市	310	茨城県	鉾田市	424	青森県	弘前市	341
2	秋田県	大仙市	149	愛知県	田原市	340	山梨県	笛吹市	193
3	新潟県	長岡市	144	熊本県	八代市	268	静岡県	浜松市	160
4	山形県	鶴岡市	141	愛知県	豊橋市	262	山形県	東根市	145
5	新潟県	上越市	133	熊本県	熊本市	240	和歌山県	紀の川市	133
6	宮城県	登米市	128	埼玉県	深谷市	214	山形県	天童市	132
7	秋田県	横手市	125	茨城県	八千代町	212	山梨県	甲州市	130
8	秋田県	大潟村	123	千葉県	旭市	196	和歌山県	田辺市	118
9	宮城県	大崎市	119	千葉県	銚子市	193	和歌山県	有田川町	112
10	岩手県	奥州市	116	宮崎県	宮崎市	185	愛媛県	八幡浜市	106

順位	肉用牛			生乳			豚		
	都道府県	市町村	農業産出額	都道府県	市町村	農業産出額	都道府県	市町村	農業産出額
			億円			億円			億円
1	宮崎県	都城市	191	北海道	別海町	475	宮崎県	都城市	221
2	鹿児島県	鹿屋市	154	北海道	中標津町	179	千葉県	旭市	207
3	鹿児島県	曽於市	128	北海道	標茶町	168	鹿児島県	志布志市	165
4	鹿児島県	志布志市	107	栃木県	那須塩原市	159	群馬県	桐生市	154
5	熊本県	菊池市	104	北海道	浜中町	112	茨城県	鉾田市	147
6	宮崎県	小林市	100	北海道	清水町	102	鹿児島県	鹿屋市	115
7	北海道	士幌町	91	北海道	標津町	96	千葉県	成田市	107
8	宮城県	登米市	87	北海道	大樹町	93	鹿児島県	曽於市	104
9	沖縄県	石垣市	72	北海道	幕別町	88	群馬県	前橋市	102
10	鹿児島県	鹿児島市	70	北海道	湧別町	86	鹿児島県	伊佐市	91

注：農業産出額の各部門別上位10市町村を掲載した。

5 国民経済と農林水産業の産出額（続き）
(3) 農林水産業の産出額・所得（続き）
オ 林業産出額及び生産林業所得（全国）

単位：億円

区分	平成25年	26	27	28	29
林業産出額	4,331.2	4,641.0	4,549.2	4,709.1	4,858.9
木材生産	2,196.8	2,458.6	2,340.8	2,370.0	2,549.7
製材用素材等	2,143.4	2,354.5	2,182.7	2,150.2	2,238.9
輸出丸太	29.3	62.5	75.9	67.9	96.4
燃料用チップ素材	24.0	41.6	82.2	151.9	214.5
薪炭生産	55.3	56.6	53.1	54.9	54.4
栽培きのこ類生産	2,037.3	2,085.0	2,109.8	2,220.5	2,207.5
1)林野副産物採取	41.8	40.8	45.4	63.7	47.3
2)(参考)生産林業所得	2,344.2	2,526.7	2,512.3	2,604.1	2,691.5
うち木材生産	1,353.3	1,461.1	1,440.8	1,461.1	1,571.3

資料：農林水産省統計部「林業産出額」（以下カまで同じ。）
注：1 林業産出額は、当該年（暦年）に生産された品目別生産量に、品目別の販売価格（木材生産は山元土場価格、それ以外の品目は庭先販売価格）を乗じて推計したものである。
　　2 生産林業所得は、1の林業産出額に林業経営統計調査、産業連関構造調査（栽培きのこ生産業投入調査）等から得られる所得率を乗じて推計したものである。
　　1)は、平成28年以降の数値に野生鳥獣の産出額を含む。
　　2)は、平成27年から栽培きのこ類生産部門の所得率を産業連関構造調査（栽培きのこ生産業投入調査）から得られる全国の所得率に変更した。

カ 都道府県別林業産出額（平成29年）

単位：億円

都道府県	林業産出額	木材生産	薪炭生産	栽培きのこ類生産	林野副産物採取
合計	4,518.2	2,231.0	33.5	2,207.5	46.2
北海道	476.5	354.0	2.2	112.2	8.0
青森	65.8	61.2	0.2	3.6	0.7
岩手	197.3	147.1	5.5	41.4	3.3
宮城	79.6	45.1	0.3	33.7	0.5
秋田	161.2	111.0	0.1	49.6	0.5
山形	84.7	29.8	0.5	52.7	1.7
福島	100.6	65.5	0.3	34.5	0.4
茨城	73.4	45.0	0.1	28.2	0.1
栃木	104.8	69.0	0.2	35.4	0.1
群馬	71.1	21.4	0.2	49.4	0.1
埼玉	19.1	6.3	0.1	12.6	0.1
千葉	16.3	3.8	0.1	12.4	0.1
東京	4.2	1.9	0.0	2.2	0.0
神奈川	5.0	1.8	0.0	3.1	0.0
新潟	414.3	11.1	0.1	401.8	1.3
富山	34.2	5.6	0.1	28.4	0.1
石川	30.8	15.4	0.1	14.2	1.1
福井	14.8	9.3	0.1	5.3	0.1
山梨	14.5	11.1	0.0	2.9	0.4
長野	590.4	47.4	0.5	538.5	4.0
岐阜	90.8	57.4	0.5	31.1	1.9
静岡	115.9	37.4	0.2	78.0	0.3
愛知	28.9	17.6	0.2	10.1	1.0
三重	54.3	36.2	0.5	17.3	0.2
滋賀	9.1	6.1	x	2.7	x
京都	23.0	11.4	0.1	10.1	1.3
大阪	2.6	0.5	x	1.8	x
兵庫	40.9	24.6	0.1	13.7	2.5
奈良	28.6	20.5	1.1	6.1	0.8
和歌山	36.9	20.0	6.4	9.0	1.6
鳥取	31.0	19.6	0.0	10.4	1.0
島根	58.2	39.1	1.4	16.9	0.8
岡山	64.2	50.7	0.0	12.2	1.3
広島	78.0	32.7	0.0	44.5	0.7
山口	26.9	22.2	0.2	4.1	0.5
徳島	111.3	29.2	0.2	81.1	0.8
香川	42.5	0.6	0.2	41.3	0.4
愛媛	81.6	66.3	0.2	14.3	0.8
高知	91.8	71.1	6.6	11.8	2.3
福岡	129.8	29.8	0.5	99.1	0.4
佐賀	17.1	14.8	0.0	1.9	0.3
長崎	74.8	12.1	0.1	62.1	0.6
熊本	152.1	128.8	0.9	21.9	0.5
大分	193.7	121.6	0.6	70.6	1.0
宮崎	282.4	226.7	2.0	53.0	0.8
鹿児島	87.8	70.7	0.7	15.2	1.3
沖縄	5.5	0.2	0.2	5.1	0.0

注：　都道府県別林業産出額には、オで推計している木材生産におけるパルプ工場へ入荷されるパルプ用素材、輸出丸太及び燃料用チップ素材の産出額、薪炭生産におけるまきの産出額、林野副産物採取における木ろう及び生うるしの産出額を含まない。また、全国値には含まない木材生産における県外移出されたしいたけ原木の産出額を含む。
　　このため、都道府県別林業産出額の合計は、オにおける林業産出額（全国）とは一致しない。

キ 漁業産出額及び生産漁業所得

単位：億円

区分	平成25年	26	27	28	29
漁業産出額計	14,139	14,809	15,621	15,599	15,755
海面漁業	9,439	9,663	9,957	9,620	9,628
海面養殖業	3,882	4,259	4,673	4,887	4,979
内水面漁業	168	177	184	198	198
内水面養殖業	650	710	809	894	949
生産漁業所得	7,415	7,507	7,998	8,009	8,154
（参考）					
種苗生産額（海面）	182	184	193	210	271
種苗生産額（内水面）	37	41	44	47	49

資料：農林水産省統計部「漁業・養殖業生産統計年報（併載：漁業産出額）」（以下クまで同じ。）
注：1 漁業産出額は、当該年（暦年）に漁獲（収穫）された水産物の魚種別の数量に、魚種別産地市場価格等を乗じて推計したものである。
　　2 生産漁業所得は、1の漁業産出額に漁業経営調査又は産業連関構造調査（内水面養殖業投入調査）から得られる所得率を乗じて漁業産出額全体の所得を推計したものである。
　　3 平成29年漁業産出額の公表から、中間生産物である「種苗」を漁業産出額から除外し、種苗生産額として参考表章することとした。それに伴い漁業産出額及び生産漁業所得については、過去に遡及して推計した。

ク 都道府県別海面漁業・養殖業産出額（平成29年）

単位：億円

都道府県	海面			都道府県	海面		
	計	漁業	養殖業		計	漁業	養殖業
合計	14,606	9,627	4,979	大阪	44	43	1
北海道	2,752	2,443	309	兵庫	499	273	226
青森	641	430	211	和歌山	134	85	49
岩手	393	298	95	鳥取	205	192	13
宮城	819	563	256	島根	220	216	4
秋田	30	29	1	岡山	76	24	53
山形	25	25	－	広島	254	74	180
福島	101	101	－	山口	157	138	19
茨城	228	x	x	徳島	107	58	49
千葉	286	257	28	香川	213	78	135
東京	180	x	x	愛媛	851	238	614
神奈川	189	184	5	高知	497	286	211
新潟	136	131	5	福岡	347	124	223
富山	111	111	0	佐賀	331	48	282
石川	183	180	3	長崎	1,057	679	378
福井	88	84	4	熊本	444	63	381
静岡	604	579	25	大分	361	123	238
愛知	177	126	51	宮崎	336	247	90
三重	507	291	216	鹿児島	776	246	530
京都	38	30	8	沖縄	209	124	86

注：　都道府県別海面漁業産出額には、キで推計している捕鯨業を含まない。このため、都道府県別海面漁業産出額の合計は、キにおける漁業産出額計とは一致しない。

6 農林漁業金融

(1) 系統の農林漁業関連向け貸出金残高（平成30年3月末現在）

単位：億円

金融機関	総貸出額	計	農業関連	林業関連	漁業関連
組合金融機関	404,562	24,735	20,361	98	4,276
農林中金	106,600	5,254	4,473	98	683
信農連	74,426	4,162	4,162	−	−
信漁連	4,626	2,718	−	−	2,718
農協	217,492	11,725	11,725	−	−
漁協	1,418	874	−	−	874

資料：農林中央金庫「農林漁業金融統計」（以下(2)まで同じ。）
注：1　億円未満切り捨てである。
　　2　「総貸出額」は、貸出金合計である。
　　3　「農業関連」は、農業者、農業法人及び農業関連団体等に対する農業生産・農業経営
　　　に必要な資金、農産物の生産・加工・流通に関係する事業に必要な資金等である。
　　4　「林業関連」の農林中金は、森林組合＋林業者＋施設法人。
　　5　「漁業関連」には、水産業者に対する水産業関係資金以外の貸出金残高（生活資金等）
　　　を含まない。また、公庫転貸資金のうち、転貸漁協における漁業者向け貸出金を含む。
　　6　本表の中では略称を用いており、正式名称は次のとおりである（略称：正式名称）。
　　　農林中金：農林中央金庫、信農連：都道府県信用農業協同組合連合会
　　　信漁連：都道府県信用漁業協同組合連合会
　　　農協：農業協同組合、漁協：漁業協同組合

(2) 他業態の農林漁業に対する貸出金残高（平成30年3月末現在）

単位：億円

金融機関	総貸出額	計	農業・林業	漁業
民間金融機関	5,647,462	11,683	9,021	2,662
国内銀行銀行勘定	4,897,471	9,497	7,379	2,118
信用金庫	709,634	1,842	1,298	544
その他	40,357	344	344	0
政府系金融機関	502,033	28,886	27,254	1,632
日本政策金融公庫（農林水産事業）	29,458	25,501	24,528	973
沖縄振興開発金融公庫	8,491	195	173	22
その他	464,084	3,190	2,553	637

注：1　民間金融機関のその他は、国内銀行信託勘定及び国内銀行海外店勘定である。
　　2　政府系金融機関のその他は、商工組合中央金庫、日本政策投資銀行、日本政策金融公庫
　　　（国民生活事業、中小企業事業）及び国際協力銀行である。

(3) 制度金融
　ア　日本政策金融公庫農林水産事業資金
　　(ｱ)　年度別資金種目別貸付件数・金額(事業計画分類、全国)(各年度末現在)

区分	平成28年度		29		30	
	件数	金額	件数	金額	件数	金額
	件	100万円	件	100万円	件	100万円
合計	14,499	459,375	14,178	551,500	15,297	558,344
経営構造改善計	9,614	295,057	10,785	380,148	10,982	394,788
農業経営基盤強化	7,605	247,981	8,206	328,603	8,257	331,089
青年等就農	1,717	9,082	2,193	12,621	2,338	12,966
経営体育成強化	117	5,066	154	6,595	144	3,839
林業構造改善事業推進	–	–	–	–	–	–
林業経営育成	6	332	4	50	7	168
漁業経営改善支援	43	18,243	56	11,037	79	19,647
中山間地域活性化	111	13,626	150	19,933	142	26,110
振興山村・過疎地域経営改善	–	–	4	678	–	–
農業改良	15	726	18	632	15	970
基盤整備計	2,500	31,163	2,466	33,441	2,914	37,782
農業基盤整備	1,415	8,329	1,398	8,606	1,663	9,163
補助	1,248	6,442	1,235	6,618	1,494	6,994
非補助	167	1,887	163	1,989	169	2,169
畜産基盤整備	14	5,545	20	9,515	21	8,042
担い手育成農地集積	845	10,369	831	8,518	1,017	11,394
林業基盤整備	196	6,275	190	6,359	180	7,105
造林	133	2,613	122	2,474	120	2,873
林道	1	4	1	3	–	–
利用間伐推進	62	3,659	67	3,882	60	4,631
伐採調整	–	–	–	–	–	–
森林整備活性化	27	256	26	276	28	312
漁業基盤整備	3	389	1	167	5	1,367
一般施設計	414	118,334	448	132,292	452	116,607
農林漁業施設	209	47,897	218	62,196	230	48,798
農業施設	70	38,986	85	57,168	62	40,059
林業施設	76	7,207	77	3,499	115	5,631
水産施設	63	1,704	56	1,528	53	3,108
農山漁村経営改善	–	–	–	–	–	–
畜産経営環境調和推進	3	715	1	400	1	50
特定農産加工	80	30,439	100	37,539	85	21,851
食品産業品質管理高度化促進	18	6,421	20	4,977	16	4,225
漁船	8	1,380	1	57	–	–
水産加工	46	6,863	50	6,940	56	6,776
食品流通改善	49	24,519	55	19,894	55	30,394
食品安定供給施設整備	–	–	–	–	1	160
新規用途事業等	–	–	–	–	–	–
塩業	1	100	1	100	1	200
乳業施設	–	–	–	–	–	–
農業競争力強化支援	–	–	2	190	7	4,154
経営維持安定計	1,946	14,025	432	4,591	927	8,404
漁業経営安定	–	–	–	–	–	–
農林漁業セーフティネット	1,946	14,025	432	4,591	927	8,404
農業	1,879	11,662	350	3,233	906	7,272
林業	3	28	4	341	7	121
漁業	64	2,335	78	1,018	14	1,012
災害	25	794	47	1,028	22	763

資料：日本政策金融公庫農林水産事業「業務統計年報」(以下(ｲ)まで同じ。)
注：沖縄県を含まない。

6 農林漁業金融（続き）
(3) 制度金融（続き）
　ア 日本政策金融公庫農林水産事業資金（続き）
　　(イ) 年度別資金種目別貸付金残高件数・金額（農林漁業分類、全国）
　　　（各年度末現在）

区分	平成28年度		29		30	
	件数	金額	件数	金額	件数	金額
	件	100万円	件	100万円	件	100万円
合計	165,542	2,753,494	162,943	2,945,765	161,800	3,122,921
農業計	130,040	1,623,156	128,302	1,794,498	127,737	1,941,265
農業経営基盤強化	59,428	997,827	61,341	1,154,575	63,266	1,296,868
青年等就農	3,767	19,910	5,935	31,277	8,198	41,890
経営体育成強化	2,801	37,335	2,719	38,511	2,662	36,897
農業改良	3,310	26,148	2,768	20,624	2,003	16,144
農地等取得	3,283	4,930	2,298	3,293	1,496	2,153
未墾地取得	–	–	–	–	–	–
土地利用型農業経営体質強化	46	44	30	23	9	8
振興山村・過疎地域経営改善	34	188	18	68	6	7
農業構造改善事業推進	4	28	–	–	–	–
農業構造改善支援	3	15	3	12	3	9
総合施設	83	167	36	74	10	32
畑作営農改善	–	–	–	–	–	–
農業基盤整備	30,778	119,768	28,747	118,078	26,944	113,374
畜産基盤整備	14	5,532	34	14,458	46	17,044
担い手育成農地集積	12,616	67,910	12,383	67,205	12,136	68,736
農林漁業施設	876	255,014	907	285,559	888	300,467
畜産経営環境調和推進	37	2,866	33	2,600	28	2,140
農林漁業セーフティネット（農業）	8,791	78,941	8,135	63,670	7,977	55,652
農業経営維持安定	1,732	11,282	1,495	8,620	1,330	6,731
自作農維持	2,443	763	1,451	306	776	127
ＣＤＳ譲受債権	8	17	3	4	5	28
林業計	29,722	674,703	29,078	658,296	28,639	642,302
林業構造改善事業推進	4	162	3	58	2	37
林業経営育成	180	2,775	153	2,604	140	2,547
振興山村・過疎地域経営改善	12	389	11	731	11	696
林業基盤整備	19,396	330,656	18,961	328,800	18,651	328,244
森林整備活性化	2,330	28,919	2,343	28,390	2,358	27,667
農林漁業施設	547	68,452	588	69,152	647	69,569
林業経営安定	7,214	243,150	6,983	228,129	6,796	213,071
農林漁業セーフティネット（林業）	39	200	36	433	34	472
漁業計	3,375	99,290	2,995	97,323	2,658	104,768
漁業経営改善支援	335	58,066	357	59,222	404	68,162
漁業経営再建整備	–	–	–	–	–	–
振興山村・過疎地域経営改善	8	569	10	698	7	400
沿岸漁業構造改善事業推進	–	–	–	–	–	–
漁業基盤整備	64	965	54	903	27	2,025
農林漁業施設	323	10,756	358	11,710	381	12,916
漁船	84	11,019	82	9,232	73	7,669
漁業経営安定	2	141	1	21	–	–
沿岸漁業経営安定	167	403	147	264	63	153
農林漁業セーフティネット（漁業）	2,392	17,370	1,986	15,272	1,703	13,442
加工流通計	2,405	356,346	2,568	395,647	2,766	434,585
中山間地域活性化	808	66,587	902	76,820	994	92,621
特定農産加工	623	116,677	657	136,350	696	137,935
食品産業品質管理高度化促進	81	13,644	93	16,575	105	18,290
水産加工	368	38,489	396	41,766	439	42,335
食品流通改善	445	110,224	452	114,951	467	131,047
食品安定供給施設整備	46	4,305	38	3,442	33	2,921
新規用途事業等	4	22	3	18	3	13
塩業	16	4,158	15	3,900	15	3,744
乳業施設	14	2,241	10	1,636	5	1,372

イ　農業近代化資金及び漁業近代化資金の融資残高及び利子補給承認額
　　（各年度末現在）

単位：100万円

年度	農業近代化資金		漁業近代化資金	
	融資残高 （12月末）	利子補給承認額	融資残高 （12月末）	利子補給承認額
平成25年度	176,850	41,373	100,394	28,092
26	165,915	34,858	105,196	29,453
27	158,046	41,392	104,615	34,985
28	151,221	47,942	112,072	34,988
29	165,727	59,255	120,909	40,947

資料：農林水産省経営局、水産庁資料

ウ　農業信用基金協会、漁業信用基金協会及び農林漁業信用基金（林業）
　　が行う債務保証残高（各年度末現在）

単位：100万円

年度	農業信用基金協会	漁業信用基金協会	（独）農林漁業信用基金 （林業）
平成25年度	6,701,082	234,115	49,426
26	6,607,656	227,313	43,602
27	6,528,816	220,821	40,142
28	6,511,190	212,657	36,787
29	6,586,228	205,027	35,115

資料：農林水産省経営局、水産庁、農林漁業信用基金資料
注：　この制度は、農林漁業者が農業近代化資金等、必要な資金を借り入れることにより融資
　　機関に対して負担する債務を農業信用基金協会、漁業信用基金協会及び（独）農林漁業信用
　　基金（林業）が保証するものである。

エ　林業・木材産業改善資金、沿岸漁業改善資金貸付残高
　　（各年度末現在）

単位：100万円

年度	林業・木材産業改善資金	沿岸漁業改善資金
平成25年度	6,252	7,425
26	5,324	6,673
27	4,664	6,025
28	4,017	4,937
29	4,019	4,151

資料：農林水産省林野庁、水産庁資料
注：　この制度は、農林漁業者等が経営改善等を目的として新たな技術の
　　導入等に取り組む際に必要な資金を、都道府県が無利子で貸付を行う
　　ものである。

6 農林漁業金融（続き）
 (3) 制度金融（続き）
  オ 災害資金融資状況（平成30年12月末現在）

単位：100万円

災害種類	被害見込金額	融資枠	貸付実行額
昭和62年 8月28日～9月1日 暴風雨	62,956	2,700	2,229
63 6月下旬～10月上旬 低温等	365,400	28,000	20,810
平成2 9月11日～20日 豪雨及び暴風雨	59,989	2,700	1,415
3 9月12日～28日 暴風雨及び豪雨	471,165	25,000	17,558
7月中旬～8月中旬 低温	166,100	6,000	3,798
5 北海道南西沖地震	9,756	2,000	9
5月下旬～9月上旬 天災	1,236,294	200,000	37,140
6 5月上旬～10月中旬 干ばつ	151,722	3,000	369
10 9月15日～10月2日 前線による豪雨及び暴風雨	107,675	3,000	789
11 9月13日～25日 豪雨及び暴風雨	98,611	7,000	745
15 5月中旬～9月上旬 低温及び日照不足	393,800	21,000	3,003
16 8月7日～9月8日 天災	171,825	8,000	1,076
23 東北地方太平洋沖地震	333,800	117,500	－

資料：農林水産省経営局資料
注： 「天災融資法」による融資であり、地震・台風・干ばつ・低温などの気象災害が政令で
  災害指定された場合を対象としている。

(4) 組合の主要勘定（各年度末現在）
 ア 農協信用事業の主要勘定、余裕金系統利用率及び貯貸率

年度	貸方								借方		
	貯金			借入金				3)払込済出資金	現金	預け金	
	計	1)当座性	2)定期性	計	信用事業	経済事業	共済事業				系統
	億円	億円	億円	億円	億円	億円	億円	億円	億円	億円	億円
平成25年度	915,079	291,668	623,411	5,255	3,466	838	951	16,031	3,851	649,505	646,637
26	936,872	301,524	635,348	4,924	3,209	746	969	16,047	3,935	677,580	675,265
27	959,187	311,292	647,895	4,713	2,995	764	953	15,704	4,239	704,465	702,061
28	984,244	326,829	657,415	5,335	3,652	759	924	15,567	4,143	736,284	734,097
29	1,013,060	345,262	667,797	6,331	4,625	825	881	15,647	4,011	766,447	764,084

年度	借方（続き）									5)余裕金系統利用率	6)貯貸率
	有価証券・金銭の信託	4)貸出金				経済未収金	固定資産	外部出資			
		計	短期	長期	公庫貸付金						
	億円	億円	億円	億円	億円	億円	億円	億円		%	%
平成25年度	44,992	229,350	11,140	216,250	1,959	6,608	33,448	36,279		91.4	23.4
26	42,392	225,866	10,267	213,706	1,893	5,475	32,121	36,619		92.1	22.5
27	41,630	222,529	9,020	211,749	1,760	5,241	32,130	36,695		92.4	21.6
28	40,802	216,836	8,249	206,909	1,678	5,052	32,017	38,230		93.2	20.8
29	39,208	217,493	7,705	208,167	1,621	5,083	32,083	38,437		93.6	20.3

資料：農林中央金庫「農林漁業金融統計」（以下イまで同じ。）
注：1)は、当座・普通・購買・貯蓄・通知・出資予約・別段貯金である。
  2)は、定期貯金・譲渡性貯金・定期積金である。
  3)は、回転出資金を含む。
  4)の短期は1年以下、長期は1年を超えるものである。
  5)は、次式による。 $\dfrac{\text{系統預け金}}{\text{預け金＋有価証券・金銭の信託＋金融機関貸付金＋買入金銭債権}} \times 100$
  6)は、次式による。 $\dfrac{\text{貸出金（公庫資金・金融機関貸付金を除く。）}}{\text{貯金}} \times 100$

イ 漁協信用事業の主要勘定、余裕金系統利用率及び貯貸率

年度	貸方								借方		
	貯金			借入金				払込済出資金	現金	預け金	系統
	計	1)当座性	2)定期性	計	公庫	信用事業	経済事業				
	億円	億円	億円	億円	億円	億円	億円	億円	億円	億円	億円
平成25年度	8,596	3,720	4,876	1,120	28	882	238	1,169	60	8,354	8,268
26	8,083	3,686	4,397	946	14	727	218	1,120	68	7,992	7,742
27	7,853	3,611	4,242	857	12	638	219	1,077	55	7,889	7,807
28	7,936	3,644	4,293	827	9	621	206	1,075	53	8,013	7,931
29	7,779	3,529	4,249	789	8	581	208	1,060	55	7,862	7,778

年度	借方(続き)									4)余裕金系統利用率	5)貯貸率
	有価証券	3)貸出金				事業未収金	固定資産	外部出資			
		計	公庫	短期	長期						
	億円	億円	億円	億円	億円	億円	億円	億円		%	%
平成25年度	4	1,993	108	587	1,406	307	796	372		98.9	21.9
26	4	1,718	95	500	1,218	270	712	349		96.8	20.1
27	4	1,544	87	435	1,109	225	693	330		98.9	18.5
28	4	1,481	77	397	1,084	202	698	330		98.9	17.7
29	4	1,418	67	387	1,031	209	679	327		98.9	17.4

注：水産加工業協同組合を含む。
　　1)は、当座・普通・貯蓄・別段・出資予約貯金である。
　　2)は、定期貯金・定期積金である。
　　3)の短期は1年以下、長期は1年を超えるものである。
　　4)は、次式による。$\dfrac{系統預け金}{預け金＋有価証券} \times 100$
　　5)は、次式による。$\dfrac{貸出金(除く公庫)}{貯金} \times 100$

7 財政
(1) 国家財政
　ア 一般会計歳出予算　　　　　　　　　　　　　　イ 農林水産関係予算

単位：億円　　　　　　　　　　　　単位：億円

年度	総額	地方交付税交付金等	一般歳出	防衛関係費	社会保障関係費	中小企業対策費	計	公共事業費	農業農村整備事業費	非公共事業費
平成27年度	963,420	155,357	573,555	49,801	315,297	1,856	23,090	6,592	2,753	16,499
28	967,218	152,811	578,286	50,541	319,738	1,825	23,091	6,761	2,962	16,330
29	974,547	155,671	583,591	51,251	324,735	1,810	23,071	6,833	3,084	16,238
30	977,128	155,150	588,958	51,911	329,732	1,771	23,021	6,860	3,211	16,161
31	994,291	159,850	599,359	52,066	339,914	1,740	24,315	8,166	3,771	16,149

資料：財務省資料、農林水産省資料（以下カまで同じ。）。
注：1　各年度とも当初予算額である（以下ウまで同じ。）。
　　2　計数整理の結果、異動を生じることがある（以下イまで同じ。）。

7 財政（続き）
(1) 国家財政（続き）
　ウ 農林水産省所管一般会計歳出予算（主要経費別）

単位：100万円

区分	平成27年度	28	29	30	31
農林水産省所管	2,135,643	2,139,200	2,135,921	2,130,354	2,236,132
社会保障関係費					
年金医療介護保険給付費	764	－	－	－	－
社会福祉費	121,391	－	－	－	－
生活扶助等社会福祉費	－	120,607	120,864	119,981	119,789
文教及び科学振興費					
科学技術振興費	92,191	98,365	98,374	94,897	94,531
公共事業関係費					
治山治水対策事業費	58,312	56,670	56,648	56,672	80,857
農林水産基盤整備事業費	408,215	430,265	436,252	438,286	520,797
災害復旧等事業費	19,247	19,246	19,236	19,247	19,557
経済協力費	511	535	561	611	631
食料安定供給関係費	1,041,684	1,028,215	1,017,439	992,427	982,326
その他の事項経費	393,329	385,297	386,547	408,233	417,643

　エ 農林水産省所管特別会計

単位：億円

会計	歳入				
	決算額			当初予算額	
	平成27年度	28	29	30	31
食料安定供給	10,950	13,847	12,666	12,849	12,985
国有林野事業債務管理	3,211	3,307	3,438	3,502	3,576

会計	歳出				
	決算額			当初予算額	
	平成27年度	28	29	30	31
食料安定供給	9,751	13,715	12,551	12,737	12,938
国有林野事業債務管理	3,211	3,307	3,438	3,502	3,576

オ 農林水産関係公共事業予算

単位：億円

区分	平成27年度	28	29	30	31
公共事業関係費	6,592	6,761	6,833	6,860	8,166
一般公共事業費計	6,399	6,569	6,641	6,667	7,970
農業農村整備	2,753	2,962	3,084	3,211	3,771
林野公共	1,819	1,800	1,800	1,800	2,269
治山	616	597	597	597	856
森林整備	1,203	1,203	1,203	1,203	1,413
水産基盤整備	721	700	700	700	900
海岸	40	40	40	40	53
農山漁村地域整備交付金	1,067	1,067	1,017	917	977
災害復旧等事業費	193	193	193	193	196

注：1 各年度とも当初予算額である。
　　2 計数整理の結果、異動を生じることがある。

カ 農林水産関係機関別財政投融資計画

単位：億円

機関	平成27年度	28	29	30	31
計	2,535	2,629	2,564	4,908	5,379
株式会社 日本政策金融公庫	2,390	2,490	2,350	4,830	5,300
1) 国立研究開発法人 森林研究・整備機構	63	62	59	58	57
食料安定供給特別会計 （国営土地改良事業勘定）	32	27	25	20	22
株式会社 農林漁業成長産業化支援機構	50	50	130	−	−

注：1 各年度とも当初計画額である。
　　2 株式会社日本政策金融公庫の金額は、農林水産業者向け業務の財政投融資計画額である。
　　　1)の平成28年度は「国立研究開発法人 森林総合研究所」であり、平成27年度は「独立行政法人森林総合研究所」である。

7 財政（続き）
(2) 地方財政
　ア　歳入決算額

単位：億円

区分	平成28年度			29		
	都道府県	市町村	純計額	都道府県	市町村	純計額
歳入合計	516,231	584,007	1,014,598	508,895	598,268	1,013,233
地方税	202,516	191,407	393,924	205,428	193,616	399,044
地方譲与税	19,248	4,154	23,402	19,909	4,143	24,052
地方特例交付金	493	740	1,233	473	855	1,328
地方交付税	90,500	81,890	172,390	86,593	81,087	167,680
市町村たばこ税都道府県交付金	9	–	–	10	–	–
利子割交付金	–	225	–	–	346	–
配当割交付金	–	761	–	–	1,043	–
株式等譲渡所得割交付金	–	457	–	–	1,082	–
地方消費税交付金	–	22,621	–	–	23,438	–
ゴルフ場利用税交付金	–	325	–	–	315	–
特別地方消費税交付金	–	0	–	–	0	–
自動車取得税交付金	–	1,016	–	–	1,355	–
軽油引取税交付金	–	1,279	–	–	1,288	–
分担金、負担金	2,736	6,885	6,091	2,506	6,653	5,867
使用料、手数料	8,732	13,755	22,487	8,663	13,738	22,401
国庫支出金	64,526	91,766	156,291	60,438	94,212	154,650
交通安全対策特別交付金	335	245	580	320	234	553
都道府県支出金	–	39,540	–	–	39,901	–
財産収入	2,018	4,063	6,080	2,121	3,984	6,105
寄附金	234	3,265	3,498	199	4,071	4,269
繰入金	15,732	19,520	35,252	13,884	21,440	35,324
繰越金	13,034	19,448	32,482	14,032	16,948	30,980
諸収入	40,857	21,875	57,015	39,154	21,614	54,531
地方債	55,261	48,892	103,873	55,166	51,520	106,449
特別区財政調整交付金	–	9,878	–	–	9,763	–

資料：総務省自治財政局「地方財政白書」（以下イまで同じ。）

イ　歳出決算額

単位：億円

区分	平成28年度			29		
	都道府県	市町村	純計額	都道府県	市町村	純計額
歳出合計	502,103	564,951	981,415	494,485	579,429	979,984
議会費	788	3,474	4,254	775	3,450	4,218
総務費	26,435	68,183	89,016	28,401	68,468	91,219
民生費	85,548	210,128	263,408	80,726	211,697	259,834
衛生費	17,095	47,149	62,584	16,773	47,474	62,626
労働費	1,944	1,087	2,963	1,649	1,050	2,628
農林水産業費	22,660	13,600	31,712	23,420	14,302	32,992
農業費	5,055	5,482	8,865	5,180	5,894	9,324
畜産業費	1,039	501	1,344	1,440	857	1,901
農地費	8,020	4,630	10,851	8,405	4,596	11,262
林業費	5,908	1,432	6,814	5,693	1,468	6,671
水産業費	2,638	1,556	3,838	2,702	1,488	3,833
商工費	34,729	17,636	51,951	32,177	17,295	49,010
土木費	55,573	66,531	120,182	54,763	66,338	119,195
消防費	2,255	18,418	19,855	2,299	18,571	20,062
警察費	32,609	–	32,608	32,634	–	32,604
教育費	111,049	57,503	167,458	99,793	70,188	168,886
災害復旧費	5,410	3,036	8,184	5,728	3,031	8,448
公債費	69,159	56,922	125,719	70,810	56,290	126,753
諸支出金	288	1,281	1,517	283	1,271	1,505
前年度繰上充用金	–	3	3	–	3	3
利子割交付金	225	–	–	346	–	–
配当割交付金	761	–	–	1,043	–	–
株式等譲渡所得割交付金	457	–	–	1,082	–	–
地方消費税交付金	22,621	–	–	23,438	–	–
ゴルフ場利用税交付金	325	–	–	315	–	–
特別地方消費税交付金	0	–	–	0	–	–
自動車取得税交付金	1,016	–	–	1,355	–	–
軽油引取税交付金	1,279	–	–	1,288	–	–
特別区財政調整交付金	9,878	–	–	9,763	–	–

8 日本の貿易
(1) 貿易相手国上位10か国の推移 (暦年ベース)
 ア 輸出入

区分	2014年(平成26年)		2015(27)		2016(28)		2017(29)		2018(30)	
	国名		国名		国名		国名		国名	
	金額	割合	金額	割合	金額	割合	金額	割合	金額	割合
	億円	%	億円	%	億円	%	億円	%	億円	%
輸出入総額(順位)	1,590,021	100.0	1,540,195	100.0	1,360,777	100.0	1,536,657	100.0	1,641,821	100.0
1	中国		中国		中国		中国		中国	
	325,579	20.5	326,522	21.2	293,804	21.6	333,490	21.7	350,914	21.4
2	米国		米国		米国		米国		米国	
	211,919	13.3	232,844	15.1	214,650	15.8	232,037	15.1	244,851	14.9
3	韓国		韓国		韓国		韓国		韓国	
	89,873	5.7	85,704	5.6	77,425	5.7	91,280	5.9	93,430	5.7
4	台湾		台湾		台湾		台湾		台湾	
	67,992	4.3	72,899	4.7	67,630	5.0	74,056	4.8	76,767	4.7
5	オーストラリア		タイ		タイ		オーストラリア		オーストラリア	
	65,909	4.1	58,581	3.8	51,641	3.8	61,606	4.0	69,390	4.2
6	サウジアラビア		オーストラリア		オーストラリア		タイ		タイ	
	58,202	3.7	57,649	3.7	48,531	3.6	58,507	3.8	63,332	3.9
7	タイ		香港		ドイツ		ドイツ		ドイツ	
	56,193	3.5	44,634	2.9	43,116	3.2	47,518	3.1	51,749	3.2
8	アラブ首長国連邦		ドイツ		香港		香港		サウジアラビア	
	54,094	3.4	44,190	2.9	38,638	2.8	41,787	2.7	41,871	2.6
9	マレーシア		マレーシア		インドネシア		ベトナム		ベトナム	
	45,833	2.9	40,541	2.6	32,189	2.4	37,672	2.5	41,494	2.5
10	ドイツ		アラブ首長国連邦		マレーシア		インドネシア		インドネシア	
	45,694	2.9	38,984	2.5	31,963	2.3	37,329	2.4	41,220	2.5

資料：財務省関税局「最近の輸出入動向」 (以下(2)まで同じ。)
注：割合は総額に対する構成比である。 (以下ウまで同じ。)

イ 輸出

区分	2014年(平成26年)		2015(27)		2016(28)		2017(29)		2018(30)	
	国名		国名		国名		国名		国名	
	金額	割合	金額	割合	金額	割合	金額	割合	金額	割合
	億円	%	億円	%	億円	%	億円	%	億円	%
輸出総額(順位)	730,930	100.0	756,139	100.0	700,358	100.0	782,865	100.0	814,788	100.0
1	米国		米国		米国		米国		中国	
	136,493	18.7	152,246	20.1	141,429	20.2	151,135	19.3	158,977	19.5
2	中国		中国		中国		中国		米国	
	133,815	18.3	132,234	17.5	123,614	17.7	148,897	19.0	154,702	19.0
3	韓国		韓国		韓国		韓国		韓国	
	54,559	7.5	53,266	7.0	50,204	7.2	59,752	7.6	57,926	7.1
4	台湾		台湾		台湾		台湾		台湾	
	42,316	5.8	44,725	5.9	42,677	6.1	45,578	5.8	46,792	5.7
5	香港		香港		香港		香港		香港	
	40,393	5.5	42,360	5.6	36,515	5.2	39,741	5.1	38,323	4.7
6	タイ		タイ		タイ		タイ		タイ	
	33,198	4.5	33,863	4.5	29,744	4.2	33,004	4.2	35,625	4.4
7	シンガポール		シンガポール		シンガポール		シンガポール		シンガポール	
	22,252	3.0	24,026	3.2	21,546	3.1	25,406	3.2	25,841	3.2
8	ドイツ		ドイツ		ドイツ		ドイツ		ドイツ	
	20,179	2.8	19,648	2.6	19,171	2.7	21,246	2.7	23,056	2.8
9	インドネシア		オーストラリア		オーストラリア		オーストラリア		オーストラリア	
	15,605	2.1	15,549	2.1	15,321	2.2	17,956	2.3	18,862	2.3
10	オーストラリア		ベトナム		英国		ベトナム		ベトナム	
	15,012	2.1	15,164	2.0	14,834	2.1	16,881	2.2	18,142	2.2

8　日本の貿易（続き）
(1)　貿易相手国上位10か国の推移（暦年ベース）（続き）
　　ウ　輸入

区分	2014（平成26年）		2015（27）		2016（28）		2017（29）		2018（30）	
	国名		国名		国名		国名		国名	
	金額	割合	金額	割合	金額	割合	金額	割合	金額	割合
	億円	%	億円	%	億円	%	億円	%	億円	%
輸入総額（順位）	859,091	100.0	784,055	100.0	660,420	100.0	753,792	100.0	827,033	100.0
1	中国		中国		中国		中国		中国	
	191,765	22.3	194,288	24.8	170,190	25.8	184,593	24.5	191,937	23.2
2	米国		米国		米国		米国		米国	
	75,427	8.8	80,598	10.3	73,221	11.1	80,903	10.7	90,149	10.9
3	オーストラリア		オーストラリア		オーストラリア		オーストラリア		オーストラリア	
	50,897	5.9	42,100	5.4	33,211	5.0	43,650	5.8	50,528	6.1
4	サウジアラビア		韓国		韓国		韓国		サウジアラビア	
	50,153	5.8	32,439	4.1	27,221	4.1	31,527	4.2	37,329	4.5
5	アラブ首長国連邦		サウジアラビア		台湾		サウジアラビア		韓国	
	43,998	5.1	30,353	3.9	24,953	3.8	31,150	4.1	35,505	4.3
6	カタール		アラブ首長国連邦		ドイツ		台湾		アラブ首長国連邦	
	35,375	4.1	28,462	3.6	23,945	3.6	28,478	3.8	30,463	3.7
7	韓国		台湾		タイ		ドイツ		台湾	
	35,313	4.1	28,174	3.6	21,897	3.3	26,272	3.5	29,975	3.6
8	マレーシア		マレーシア		サウジアラビア		タイ		ドイツ	
	30,867	3.6	26,016	3.3	21,249	3.2	25,502	3.4	28,693	3.5
9	インドネシア		タイ		インドネシア		アラブ首長国連邦		タイ	
	27,156	3.2	24,718	3.2	19,889	3.0	23,288	3.1	27,707	3.4
10	ロシア		ドイツ		アラブ首長国連邦		インドネシア		インドネシア	
	26,185	3.0	24,542	3.1	18,802	2.8	22,307	3.0	23,789	2.9

(2)　品目別輸出入額の推移（暦年ベース）
　ア　輸出額

単位：兆円

区分	平成27年 (2015年)	28 (2016)	29 (2017)	30 (2018)	2)備考（平成30年）
輸出総額	75.6	70.0	78.3	81.5	
1) 食料品	0.6	0.6	0.6	0.7	
原料品	1.1	0.9	1.1	1.2	
鉱物性燃料	1.2	0.9	1.1	1.3	
化学製品	7.8	7.1	8.2	8.9	
原料別製品	9.2	7.8	8.7	9.1	鉄鋼　3.4兆円 　（中国、タイ、韓国） 非鉄金属　1.5兆円 　（中国、台湾、タイ）
一般機械	14.4	13.6	15.7	16.5	原動機　2.9兆円 　（米国、中国、タイ） 半導体等製造装置　2.7兆円 　（中国、韓国、台湾） ポンプ・遠心分離機　1.3兆円 　（中国、米国、タイ）
電気機器	13.3	12.3	13.7	14.1	半導体等電子部品　4.2兆円 　（中国、台湾、香港） 電気回路等の機器　2.1兆円 　（中国、香港、米国） 電気計測機器　1.7兆円 　（中国、米国、韓国）
輸送用機器	18.1	17.3	18.2	18.9	自動車　12.3兆円 　（米国、オーストラリア、中国） 自動車の部分品　4.0兆円 　（米国、中国、タイ） 船舶　1.4兆円 　（パナマ、シンガポール、マーシャル） 航空機類　0.5兆円 　（米国、仏領ギアナ、カナダ）
その他	9.8	9.3	10.9	10.7	科学光学機器　2.3兆円 　（中国、米国、韓国） 写真用・映画用材料　0.5兆円 　（中国、米国、台湾）

注：1)は、飲料及びたばこを含む。
　　2)の括弧内の国名は各品目別輸出額上位3か国を表す。

8 日本の貿易（続き）
(2) 品目別輸出入額の推移（暦年ベース）（続き）
イ 輸入額

単位：兆円

区分	平成27年 (2015年)	28 (2016)	29 (2017)	30 (2018)	2)備考（平成30年）
輸入総額	78.4	66.0	75.4	82.7	
1) 食料品	7.0	6.4	7.0	7.2	魚介類 1.7兆円 （中国、米国、チリ）
原料品	4.9	4.0	4.7	5.0	非鉄金属鉱 1.6兆円 （チリ、インドネシア、オーストラリア）
鉱物性燃料	18.2	12.1	15.8	19.3	原粗油 8.9兆円 （サウジアラビア、アラブ首長国連邦、 カタール） 液化天然ガス 4.7兆円 （オーストラリア、マレーシア、カタール） 石炭 2.8兆円 （オーストラリア、インドネシア、ロシア） 石油製品 2.1兆円 （韓国、アラブ首長国連邦、カタール）
化学製品	7.7	7.1	7.6	8.6	医薬品 3.0兆円 （ドイツ、米国、アイルランド） 有機化合物 1.9兆円 （中国、米国、韓国）
原料別製品	7.0	6.1	6.8	7.5	非鉄金属 2.0兆円 （南アフリカ、ロシア、中国）
一般機械	7.1	6.4	7.2	7.9	電算機器(含周辺機器) 2.0兆円 （中国、タイ、米国） 原動機 1.4兆円 （米国、中国、英国）
電気機器	12.0	10.8	12.0	12.3	通信機 3.1兆円 （中国、ベトナム、タイ） 半導体等電子部品 2.8兆円 （台湾、中国、米国）
輸送用機器	3.1	3.1	3.2	3.5	自動車 1.4兆円 （ドイツ、英国、米国）
その他	11.3	10.2	10.9	11.4	衣類・同付属品 3.3兆円 （中国、ベトナム、バングラデシュ） 科学光学機器 1.8兆円 （米国、中国、アイルランド）

注：1)は、飲料及びたばこを含む。
2)の括弧内の国名は各品目別輸出額上位3か国を表す。

(3) 州別輸出入額

単位：10億円

年次	総額	アジア州	ヨーロッパ州	北アメリカ州	南アメリカ州	アフリカ州	大洋州
輸出							
平成26年	73,093	42,669	9,301	16,892	1,166	1,106	1,958
27	75,614	43,588	9,356	18,411	1,124	1,036	2,099
28	70,036	39,806	9,351	17,203	828	839	2,010
29	78,286	45,359	10,440	18,392	951	843	2,301
30	81,479	47,312	10,966	18,827	1,072	900	2,402
輸入							
平成26年	85,909	54,529	11,953	9,466	2,471	1,783	5,706
27	78,406	48,031	11,839	10,097	2,156	1,395	4,887
28	66,042	39,767	10,578	9,303	1,754	798	3,843
29	75,379	45,414	11,584	10,376	2,105	931	4,969
30	82,703	49,775	12,734	11,399	2,145	991	5,659

資料：日本関税協会「外国貿易概況」

(4) 農林水産物輸出入概況

区分	平成26年 (2014年)	27 (2015)	28 (2016)	29 (2017)	30(2018) 実数	30(2018) 対前年 増減率
	100万円	100万円	100万円	100万円	100万円	%
1) 輸出 （FOB）						
総額 （A）	73,093,028	75,613,929	70,035,770	78,286,457	81,478,753	4.1
農林水産物計（B）	611,706	745,100	750,214	807,060	906,757	12.4
農産物	356,929	443,123	459,349	496,645	566,061	14.0
林産物	21,105	26,324	26,817	35,489	37,602	6.0
水産物	233,672	275,652	264,048	274,925	303,095	10.2
総額に対する割合 　（B）／（A）（%）	0.8	1.0	1.1	1.0	1.1	―
2) 輸入 （CIF）						
総額 （C）	85,909,113	78,405,536	66,041,974	75,379,231	82,703,304	9.7
農林水産物計（D）	9,240,766	9,520,905	8,547,960	9,373,216	9,668,791	3.2
農産物	6,322,350	6,562,932	5,827,307	6,425,870	6,621,999	3.1
林産物	1,261,528	1,241,317	1,122,787	1,172,217	1,255,818	7.1
水産物	1,656,887	1,716,656	1,597,866	1,775,129	1,790,974	0.9
総額に対する割合 　（D）／（C）（%）	10.8	12.1	12.9	12.4	11.7	―
貿易収支 （A－C）	△ 12,816,084	△ 2,791,607	3,993,796	2,907,226	△ 1,224,552	―
うち農林水産物 　　（B－D）	△ 8,629,060	△ 8,775,805	△ 7,797,746	△ 8,566,156	△ 8,762,033	2.3

資料：農林水産省国際部「農林水産物輸出入概況」（以下(6)まで同じ。）
注：財務省が発表している「貿易統計」を基に、我が国の農林水産物輸出入概況を取りまとめたものである。
　　1)は、FOB価格（free on board、運賃・保険料を含まない価格）である。
　　2)は、CIF価格（cost, insurance and freight、運賃・保険料込みの価格）である。

8 日本の貿易（続き）
(5) 農林水産物の主要国・地域別輸出入実績
　　ア　輸出額

順位		国・地域名		平成26年（2014）		27（2015）	
平成29年	30			輸出額	構成比	輸出額	構成比
				100万円	%	100万円	%
1	1	香港	(1)	134,319	22.0	179,363	24.1
3	2	中華人民共和国	(2)	62,165	10.2	83,895	11.3
2	3	アメリカ合衆国	(3)	93,218	15.2	107,091	14.4
4	4	台湾	(4)	83,660	13.7	95,222	12.8
5	5	大韓民国	(5)	40,877	6.7	50,062	6.7
6	6	ベトナム	(6)	29,240	4.8	34,508	4.6
7	7	タイ	(7)	34,765	5.7	35,834	4.8
8	8	シンガポール	(8)	18,912	3.1	22,314	3.0
10	9	フィリピン	(9)	7,037	1.2	9,517	1.3
9	10	オーストラリア	(10)	9,430	1.5	12,083	1.6
11	11	オランダ	(11)	7,425	1.2	10,523	1.4
12	12	カナダ	(12)	7,446	1.2	8,136	1.1
13	13	マレーシア	(13)	6,813	1.1	8,343	1.1
19	14	カンボジア	(14)	2,602	0.4	2,242	0.3
14	15	フランス	(15)	4,896	0.8	6,147	0.8
16	16	ドイツ	(16)	5,771	0.9	6,630	0.9
15	17	英国	(17)	6,262	1.0	6,589	0.9
18	18	インドネシア	(18)	5,888	1.0	6,412	0.9
20	19	ナイジェリア	(19)	122	0.0	201	0.0
21	20	エジプト	(20)	2,939	0.5	4,395	0.6
	参考	ＥＵ（28か国）	(21)	33,185	5.4	40,005	5.4
		金額上位20か国計	(22)	563,788	92.2	689,506	92.5
		農林水産物計	(23)	611,706	100.0	745,100	100.0

イ　輸入額

順位		国・地域名		平成26年（2014年）		27（2015）	
平成29年	30			輸入額	構成比	輸入額	構成比
				100万円	%	100万円	%
1	1	アメリカ合衆国	(1)	1,850,464	20.0	1,869,550	19.6
2	2	中華人民共和国	(2)	1,282,796	13.9	1,313,024	13.8
4	3	カナダ	(3)	577,739	6.3	575,649	6.0
3	4	タイ	(4)	536,996	5.8	588,741	6.2
5	5	オーストラリア	(5)	502,142	5.4	545,906	5.7
6	6	インドネシア	(6)	343,490	3.7	342,343	3.6
8	7	イタリア	(7)	122,405	1.3	124,298	1.3
9	8	大韓民国	(8)	223,096	2.4	232,537	2.4
11	9	ベトナム	(9)	228,246	2.5	259,800	2.7
10	10	チリ	(10)	266,432	2.9	254,095	2.7
7	11	ブラジル	(11)	320,287	3.5	356,126	3.7
12	12	フィリピン	(12)	219,409	2.4	229,209	2.4
13	13	フランス	(13)	210,014	2.3	209,068	2.2
14	14	ニュージーランド	(14)	206,981	2.2	205,786	2.2
16	15	ロシア	(15)	174,870	1.9	168,458	1.8
15	16	マレーシア	(16)	248,405	2.7	240,233	2.5
18	17	メキシコ	(17)	104,357	1.1	117,041	1.2
17	18	スペイン	(18)	89,834	1.0	102,636	1.1
19	19	ノルウェー	(19)	93,306	1.0	101,559	1.1
20	20	台湾	(20)	93,966	1.0	101,378	1.1
	参考	ＥＵ（28か国）	(21)	1,176,422	12.7	1,097,541	11.5
		金額上位20か国計	(22)	7,695,236	83.3	7,937,438	83.4
		農林水産物計	(23)	9,240,766	100.0	9,520,905	100.0

28 (2016)		29 (2017)		30 (2018)			
輸出額	構成比	輸出額	構成比	輸出額	構成比	対前年増減率	
100万円	%	100万円	%	100万円	%	%	
185,300	24.7	187,690	23.3	211,501	23.3	12.7	(1)
89,872	12.0	100,715	12.5	133,756	14.8	32.8	(2)
104,461	13.9	111,547	13.8	117,644	13.0	5.5	(3)
93,080	12.4	83,784	10.4	90,342	10.0	7.8	(4)
51,126	6.8	59,669	7.4	63,479	7.0	6.4	(5)
32,291	4.3	39,516	4.9	45,790	5.0	15.9	(6)
32,900	4.4	39,057	4.8	43,518	4.8	11.4	(7)
23,387	3.1	26,131	3.2	28,370	3.1	8.6	(8)
11,540	1.5	14,375	1.8	16,546	1.8	15.1	(9)
12,364	1.6	14,805	1.8	16,129	1.8	8.9	(10)
11,417	1.5	13,425	1.7	13,777	1.5	2.6	(11)
8,325	1.1	9,764	1.2	10,009	1.1	2.5	(12)
7,335	1.0	7,669	1.0	8,648	1.0	12.8	(13)
3,501	0.5	5,789	0.7	7,469	0.8	29.0	(14)
6,491	0.9	7,212	0.9	7,452	0.8	3.3	(15)
6,673	0.9	6,710	0.8	7,220	0.8	7.6	(16)
6,129	0.8	7,156	0.9	7,202	0.8	0.6	(17)
6,134	0.8	6,485	0.8	6,716	0.7	3.6	(18)
948	0.1	5,482	0.7	5,709	0.6	4.1	(19)
3,143	0.4	4,630	0.6	5,230	0.6	13.0	(20)
42,277	5.6	45,249	5.6	47,918	5.3	5.9	(21)
696,416	92.8	751,611	93.1	846,508	93.4	12.6	(22)
750,214	100.0	807,060	100.0	906,757	100.0	12.4	(23)

28 (2016)		29 (2017)		30 (2018)			
輸入額	構成比	輸入額	構成比	輸入額	構成比	対前年増減率	
100万円	%	100万円	%	100万円	%	%	
1,577,732	18.5	1,711,605	18.3	1,807,695	18.7	5.6	(1)
1,164,234	13.6	1,210,978	12.9	1,247,749	12.9	3.0	(2)
508,884	6.0	562,739	6.0	587,478	6.1	4.4	(3)
518,387	6.1	569,389	6.1	571,550	5.9	0.4	(4)
486,076	5.7	538,619	5.7	570,337	5.9	5.9	(5)
304,241	3.6	363,181	3.9	371,431	3.8	2.3	(6)
158,044	1.8	288,511	3.1	328,141	3.4	13.7	(7)
227,668	2.7	273,499	2.9	277,858	2.9	1.6	(8)
230,357	2.7	262,757	2.8	276,353	2.9	5.2	(9)
227,828	2.7	270,929	2.9	269,868	2.8	△ 0.4	(10)
320,109	3.7	298,394	3.2	262,507	2.7	△ 12.0	(11)
227,235	2.7	227,475	2.4	240,013	2.5	5.5	(12)
191,710	2.2	209,212	2.2	217,434	2.2	3.9	(13)
193,072	2.3	209,019	2.2	213,082	2.2	1.9	(14)
169,870	2.0	187,114	2.0	201,263	2.1	4.6	(15)
196,815	2.3	205,569	2.2	198,398	2.1	△ 3.5	(16)
115,923	1.4	123,447	1.3	132,795	1.4	7.6	(17)
105,521	1.2	123,618	1.3	127,598	1.3	3.2	(18)
105,137	1.2	105,982	1.1	106,768	1.1	0.7	(19)
95,842	1.1	103,580	1.1	103,896	1.1	0.3	(20)
1,103,479	12.9	1,317,083	14.1	1,376,317	14.2	4.5	(21)
7,124,683	83.3	7,845,615	83.7	8,112,217	83.9	3.4	(22)
8,547,960	100.0	9,373,216	100.0	9,668,791	100.0	3.2	(23)

8　日本の貿易（続き）
(6)　主要農林水産物の輸出入実績（平成30年金額上位20品目）
ア　輸出数量・金額

農林水産物順位	区分	単位	数量	金額	農林水産物順位	区分	単位	数量	金額
				100万円					100万円
1	アルコール飲料				6	さば（生鮮・冷蔵・冷凍）			
	平成26年（2014）	kl	87,796	29,351		平成26年（2014）	t	105,906	11,513
	27　（2015）	〃	109,906	39,029		27　（2015）	〃	186,025	17,896
	28　（2016）	〃	124,710	42,996		28　（2016）	〃	210,675	17,986
	29　（2017）	〃	168,938	54,503		29　（2017）	〃	232,084	21,885
	30　（2018）	〃	175,495	61,827		30　（2018）	〃	249,517	26,690
	アメリカ合衆国	〃	14,344	13,110		ナイジェリア	〃	51,153	5,648
	大韓民国	〃	92,388	11,066		エジプト	〃	45,754	4,941
	中華人民共和国	〃	9,288	6,541		タイ	〃	40,709	3,919
2	ホタテ貝（生鮮・冷蔵・冷凍・塩蔵・乾燥）				7	牛肉			
	平成26年（2014）	t	55,992	44,665		平成26年（2014）	t	1,257	8,173
	27　（2015）	〃	79,779	59,079		27　（2015）	〃	1,611	11,005
	28　（2016）	〃	62,301	54,834		28　（2016）	〃	1,909	13,552
	29　（2017）	〃	47,817	46,254		29　（2017）	〃	2,707	19,156
	30　（2018）	〃	84,443	47,675		30　（2018）	〃	3,560	24,731
	中華人民共和国	〃	66,739	28,529		カンボジア	〃	786	5,636
	台湾	〃	1,860	4,434		香港	〃	709	4,132
	香港	〃	5,808	4,431		台湾	〃	628	4,066
3	真珠（天然・養殖）				8	なまこ（調製）			
	平成26年（2014）	t	23,416	24,544		平成26年（2014）	t	…	…
	27　（2015）	〃	26,863	31,905		27　（2015）	〃	…	…
	28　（2016）	〃	28,152	30,381		28　（2016）	〃	…	…
	29　（2017）	〃	32,386	32,331		29　（2017）	〃	749	20,740
	30　（2018）	〃	31,030	34,601		30　（2018）	〃	627	21,070
	香港	〃	24,702	28,985		香港	〃	569	19,830
	アメリカ合衆国	〃	1,773	2,680		ベトナム	〃	24	667
	中華人民共和国	〃	346	789		シンガポール	〃	11	275
4	ソース混合調味料				9	菓子（米菓を除く）			
	平成26年（2014）	t	43,342	22,988		平成26年（2014）	t	12,426	14,777
	27　（2015）	〃	48,894	26,423		27　（2015）	〃	13,484	17,702
	28　（2016）	〃	51,931	27,372		28　（2016）	〃	13,883	18,162
	29　（2017）	〃	55,156	29,590		29　（2017）	〃	13,694	18,222
	30　（2018）	〃	60,097	32,539		30　（2018）	〃	14,998	20,364
	アメリカ合衆国	〃	11,344	6,802		香港	〃	4,068	6,129
	台湾	〃	11,927	5,903		中華人民共和国	〃	1,962	3,243
	大韓民国	〃	7,171	3,950		台湾	〃	1,893	2,402
5	清涼飲料水				10	たばこ			
	平成26年（2014）	kl	72,136	15,937		平成26年（2014）	t	17,221	19,456
	27　（2015）	〃	81,432	19,738		27　（2015）	〃	17,528	23,588
	28　（2016）	〃	86,860	19,431		28　（2016）	〃	14,550	21,873
	29　（2017）	〃	104,979	24,505		29　（2017）	〃	8,491	13,820
	30　（2018）	〃	109,560	28,167		30　（2018）	〃	7,170	18,513
	香港	〃	18,374	7,347		香港	〃	2,261	10,936
	中華人民共和国	〃	12,174	4,571		ベトナム	〃	77	1,686
	アメリカ合衆国	〃	19,024	3,800		中華人民共和国	〃	97	1,578

注：品目ごとの国（地域）は、平成30年の品目ごとの輸出金額の上位3位までを掲載した。

農林水産物順位	区分	単位	数量	金額	農林水産物順位	区分	単位	数量	金額
				100万円					100万円
11	かつお・まぐろ類（生鮮・冷蔵・冷凍）				16	播種用の種等			
	平成26年(2014)	t	63,490	15,782		平成26年(2014)	t	1,404	12,823
	27 (2015)	〃	40,718	13,776		27 (2015)	〃	1,289	15,139
	28 (2016)	〃	24,236	9,794		28 (2016)	〃	1,352	14,623
	29 (2017)	〃	37,434	14,262		29 (2017)	〃	1,222	15,166
	30 (2018)	〃	56,076	17,943		30 (2018)	〃	1,002	12,751
	タイ	〃	43,595	9,450		中華人民共和国	〃	346	3,480
	ベトナム	〃	6,378	1,841		大韓民国	〃	78	1,456
	香港	〃	260	1,354		アメリカ合衆国	〃	64	1,041
12	ぶり（生鮮・冷蔵・冷凍）				17	植木等			
	平成26年(2014)	t	6,323	10,012		平成26年(2014)		・・・	8,142
	27 (2015)	〃	7,944	13,840		27 (2015)		・・・	7,609
	28 (2016)	〃	8,036	13,473		28 (2016)		・・・	8,033
	29 (2017)	〃	9,047	15,380		29 (2017)		・・・	12,632
	30 (2018)	〃	9,000	15,765		30 (2018)		・・・	11,962
	アメリカ合衆国	〃	7,266	12,820		中華人民共和国		・・・	7,249
	中華人民共和国	〃	438	583		ベトナム		・・・	2,948
	香港	〃	301	548		香港		・・・	507
13	緑茶				18	スープ ブロス			
	平成26年(2014)	t	3,516	7,799		平成26年(2014)	t	9,262	5,940
	27 (2015)	〃	4,127	10,106		27 (2015)	〃	11,042	7,031
	28 (2016)	〃	4,108	11,551		28 (2016)	〃	13,050	8,334
	29 (2017)	〃	4,642	14,357		29 (2017)	〃	15,580	9,498
	30 (2018)	〃	5,102	15,333		30 (2018)	〃	18,667	11,510
	アメリカ合衆国	〃	1,595	6,811		大韓民国	〃	4,429	2,537
	台湾	〃	1,216	1,407		アメリカ合衆国	〃	2,652	1,989
	ドイツ	〃	374	1,397		香港	〃	2,595	1,516
14	丸太				19	練り製品（魚肉ソーセージ等）			
	平成26年(2014)	千m³	521	6,894		平成26年(2014)	t	8,985	6,961
	27 (2015)	〃	692	9,416		27 (2015)	〃	10,188	8,168
	28 (2016)	〃	650	8,466		28 (2016)	〃	11,146	9,272
	29 (2017)	〃	971	13,683		29 (2017)	〃	11,451	9,520
	30 (2018)	〃	1,137	14,800		30 (2018)	〃	12,957	10,667
	中華人民共和国	〃	928	11,510		アメリカ合衆国	〃	3,901	3,465
	大韓民国	〃	123	1,938		香港	〃	3,899	3,127
	台湾	〃	75	1,075		中華人民共和国	〃	1,751	1,471
15	りんご				20	ホタテ貝（調製）			
	平成26年(2014)	t	24,118	8,642		平成26年(2014)	t	・・・	・・・
	27 (2015)	〃	34,678	13,393		27 (2015)	〃	・・・	・・・
	28 (2016)	〃	32,458	13,299		28 (2016)	〃	・・・	・・・
	29 (2017)	〃	28,724	10,948		29 (2017)	〃	1,147	9,407
	30 (2018)	〃	34,236	13,970		30 (2018)	〃	1,435	9,588
	台湾	〃	23,875	9,797		香港	〃	664	6,748
	香港	〃	8,461	3,300		アメリカ合衆国	〃	71	781
	タイ	〃	995	395		シンガポール	〃	79	713

8 日本の貿易（続き）
(6) 主要農林水産物の輸出入実績（平成30年金額上位20品目）（続き）
　イ　輸入数量・金額

農林水産物順位	区分	単位	数量	金額	農林水産物順位	区分	単位	数量	金額
				100万円					100万円
1	たばこ				6	アルコール飲料			
	平成26年 (2014)	t	135,870	399,142		平成26年 (2014)	kl	725,547	276,462
	27 (2015)	〃	133,317	423,735		27 (2015)	〃	711,680	290,771
	28 (2016)	〃	129,691	439,597		28 (2016)	〃	669,273	266,637
	29 (2017)	〃	125,888	529,660		29 (2017)	〃	674,899	286,763
	30 (2018)	〃	119,339	589,391		30 (2018)	〃	596,358	292,552
	イタリア	〃	21,550	209,386		フランス	〃	69,543	115,263
	大韓民国	〃	20,932	92,399		英国	〃	37,395	34,519
	スイス	〃	9,097	59,935		アメリカ合衆国	〃	35,900	30,688
2	豚肉				7	鶏肉調製品			
	平成26年 (2014)	t	829,375	456,366		平成26年 (2014)	t	412,617	205,606
	27 (2015)	〃	790,660	425,110		27 (2015)	〃	406,456	228,467
	28 (2016)	〃	861,182	452,830		28 (2016)	〃	422,149	209,748
	29 (2017)	〃	932,069	491,047		29 (2017)	〃	486,935	252,135
	30 (2018)	〃	924,993	486,795		30 (2018)	〃	513,789	267,049
	アメリカ合衆国	〃	262,379	137,856		タイ	〃	302,992	165,343
	カナダ	〃	221,405	116,686		中華人民共和国	〃	206,816	99,891
	スペイン	〃	111,705	58,992		ベトナム	〃	1,137	664
3	牛肉				8	製材			
	平成26年 (2014)	t	519,778	306,512		平成26年 (2014)	千㎥	6,249	268,706
	27 (2015)	〃	495,420	337,863		27 (2015)	〃	5,997	252,790
	28 (2016)	〃	504,384	288,764		28 (2016)	〃	6,315	231,476
	29 (2017)	〃	573,978	350,476		29 (2017)	〃	6,323	250,953
	30 (2018)	〃	608,551	384,716		30 (2018)	〃	5,968	258,419
	オーストラリア	〃	312,452	189,582		カナダ	〃	1,791	85,311
	アメリカ合衆国	〃	247,570	165,570		ロシア	〃	852	33,723
	ニュージーランド	〃	13,959	11,321		フィンランド	〃	930	32,121
4	とうもろこし				9	木材チップ			
	平成26年 (2014)	千t	15,035	408,496		平成26年 (2014)	千t	11,656	239,642
	27 (2015)	〃	14,708	391,644		27 (2015)	〃	11,904	268,748
	28 (2016)	〃	15,342	333,154		28 (2016)	〃	11,900	232,469
	29 (2017)	〃	15,306	345,799		29 (2017)	〃	12,170	236,339
	30 (2018)	〃	15,802	372,183		30 (2018)	〃	12,449	251,996
	アメリカ合衆国	〃	14,501	342,146		オーストラリア	〃	2,618	57,791
	ブラジル	〃	796	17,191		ベトナム	〃	3,323	57,241
	南アフリカ共和国	〃	360	7,997		チリ	〃	1,867	41,336
5	生鮮・乾燥果実				10	さけ・ます（生鮮・冷蔵・冷凍）			
	平成26年 (2014)	t	1,678,112	286,074		平成26年 (2014)	t	219,920	190,098
	27 (2015)	〃	1,678,557	331,892		27 (2015)	〃	248,969	191,840
	28 (2016)	〃	1,721,221	317,464		28 (2016)	〃	230,149	179,534
	29 (2017)	〃	1,749,744	324,809		29 (2017)	〃	226,593	223,529
	30 (2018)	〃	1,790,047	347,827		30 (2018)	〃	235,131	225,671
	アメリカ合衆国	〃	229,113	100,834		チリ	〃	139,908	124,779
	フィリピン	〃	991,737	99,845		ノルウェー	〃	37,765	47,417
	ニュージーランド	〃	107,139	41,137		ロシア	〃	30,751	27,184

注：品目ごとの国（地域）は、平成29年の品目ごとの輸入金額の上位３位までを掲載した。

農林水産物順位	区分	単位	数量	金額	農林水産物順位	区分	単位	数量	金額
				100万円					100万円
11	かつお・まぐろ類（生鮮・冷蔵・冷凍）				16	合板			
	平成26年（2014）	t	235,674	190,337		平成26年（2014）	千㎡	353,972	179,032
	27 （2015）	〃	245,863	200,264		27 （2015）	〃	293,117	158,315
	28 （2016）	〃	238,246	189,115		28 （2016）	〃	268,629	122,633
	29 （2017）	〃	247,448	205,313		29 （2017）	〃	280,846	128,488
	30 （2018）	〃	221,216	200,102		30 （2018）	〃	297,231	152,049
	台湾	〃	58,668	40,870		インドネシア	〃	151,573	68,889
	中華人民共和国	〃	28,986	25,899		マレーシア	〃	105,961	67,287
	大韓民国	〃	17,916	19,899		中華人民共和国	〃	15,462	8,398
12	冷凍野菜				17	ナチュラルチーズ			
	平成26年（2014）	t	898,212	167,101		平成26年（2014）	t	223,225	119,312
	27 （2015）	〃	912,168	187,959		27 （2015）	〃	241,647	122,158
	28 （2016）	〃	944,811	169,863		28 （2016）	〃	248,399	101,121
	29 （2017）	〃	1,010,554	187,689		29 （2017）	〃	263,437	124,770
	30 （2018）	〃	1,053,718	195,680		30 （2018）	〃	276,177	136,179
	中華人民共和国	〃	464,838	91,415		オーストラリア	〃	82,935	39,061
	アメリカ合衆国	〃	317,507	47,265		ニュージーランド	〃	62,214	28,969
	タイ	〃	50,734	13,631		アメリカ合衆国	〃	32,944	16,950
13	えび（活・生鮮・冷蔵・冷凍）				18	鶏肉			
	平成26年（2014）	t	167,065	226,202		平成26年（2014）	t	475,225	141,263
	27 （2015）	〃	157,378	207,068		27 （2015）	〃	529,458	158,380
	28 （2016）	〃	167,380	198,730		28 （2016）	〃	551,181	121,304
	29 （2017）	〃	174,939	220,481		29 （2017）	〃	569,466	150,911
	30 （2018）	〃	158,488	194,108		30 （2018）	〃	560,321	131,260
	ベトナム	〃	30,728	40,318		ブラジル	〃	401,851	84,291
	インド	〃	35,530	35,267		タイ	〃	139,036	43,100
	インドネシア	〃	24,080	31,253		アメリカ合衆国	〃	16,941	3,212
14	小麦				19	コーヒー豆（生豆）			
	平成26年（2014）	千t	5,759	208,494		平成26年（2014）	t	409,372	142,016
	27 （2015）	〃	5,531	199,965		27 （2015）	〃	435,261	179,987
	28 （2016）	〃	5,447	148,009		28 （2016）	〃	435,140	143,353
	29 （2017）	〃	5,706	171,467		29 （2017）	〃	406,330	149,169
	30 （2018）	〃	5,652	181,103		30 （2018）	〃	401,144	127,636
	アメリカ合衆国	〃	2,869	87,407		ブラジル	〃	111,955	35,724
	カナダ	〃	1,790	60,203		コロンビア	〃	64,201	23,339
	オーストラリア	〃	875	30,189		ベトナム	〃	98,513	20,668
15	大豆				20	菜種			
	平成26年（2014）	千t	2,828	193,865		平成26年（2014）	千t	2,411	135,764
	27 （2015）	〃	3,243	206,221		27 （2015）	〃	2,442	144,422
	28 （2016）	〃	3,131	166,042		28 （2016）	〃	2,366	113,376
	29 （2017）	〃	3,218	173,527		29 （2017）	〃	2,441	129,334
	30 （2018）	〃	3,236	170,090		30 （2018）	〃	2,337	124,270
	アメリカ合衆国	〃	2,319	117,517		カナダ	〃	2,142	113,422
	ブラジル	〃	560	26,915		オーストラリア	〃	196	10,829
	カナダ	〃	330	22,872		中華人民共和国	〃	0	10

Ⅱ 海外
1 農業関係指標の国際比較

項目	単位	米国	カナダ	EU-28	フランス	ドイツ	英国
基本指標							
人口	万人	32,446	3,662	50,894	6,498	8,211	6,618
国土面積	100万ha	983	998	438	55	36	24
名目GDP（暦年）	億米ドル	194,854	16,471	173,065	25,825	36,932	26,312
実質GDP成長率（暦年）	%	2.2	3.0	2.7	2.2	2.5	1.8
消費者物価上昇率	〃	2.1	1.6	1.7	1.2	1.7	2.7
失業率	〃	4.4	6.3	9.1	9.4	3.8	4.4
農業指標							
農林水産業総生産	億米ドル	1,692	261	2,568	390	287	156
名目GDP対比	%	0.9	1.6	1.5	1.5	0.8	0.6
農林水産業就業者数	万人	225	29	966	72	53	38
全産業就業者数対比	%	1.4	1.5	4.2	2.6	1.3	1.2
農用地面積	100万ha	406	63	182	29	17	17
耕地及び永年作物地面積	〃	155	48	117	19	12	6.1
		(2017年)	(2016年)	(2013年)	(2013年)	(2013年)	(2013年)
農業経営体数	万戸	204.2	19.3	1,084.1	47.2	28.5	18.5
平均経営面積	ha／戸	178.5	332.0	16.1	58.7	58.6	92.3
国民一人当たり農用地面積	ha／人	1.25	1.71	0.36	0.44	0.20	0.26
農用地の国土面積対比	%	41.3	6.3	41.4	52.2	46.3	72.3
農産物自給率		(2013年)	(2013年)	-	(2013年)	(2013年)	(2013年)
穀物	%	127	202	-	189	113	86
うち食用	〃	170	425	-	176	132	79
小麦	〃	170	448	-	190	152	82
いも類	〃	96	147	-	116	117	75
豆類	〃	171	346	-	78	6	39
肉類	〃	116	129	-	98	114	69
牛乳・乳製品	〃	104	95	-	123	123	81
砂糖	〃	79	9	-	182	106	59
野菜	〃	90	55	-	73	40	38
果実	〃	74	17	-	57	25	5
貿易							
総輸出額	億米ドル	14,505	3,891	52,187	4,889	13,408	4,115
農産物輸出額	〃	1,378	426	4,920	602	736	259
総輸出額対比	%	9.5	11.0	9.4	12.3	5.5	6.3
総輸入額	億米ドル	22,482	4,030	51,090	5,606	10,607	6,364
農産物輸入額	〃	1,236	324	4,709	511	848	534
総輸入額対比	%	5.5	8.0	9.2	9.1	8.0	8.4
貿易収支	億米ドル	△ 7,978	△ 139	1,097	△ 717	2,801	△ 2,249
農産物貿易収支	〃	142	102	211	91	△ 112	△ 275
農業予算額		(2017年)	(2017-18年)	(2017年)	(2017年)	(2017年)	(2017年)
		億米ドル	億加ドル	億ユーロ	億ユーロ	億ユーロ	億ポンド
各国通貨ベース	-	224	20	448	130	68	40
円ベース	億円	25,126	1,717	53,803	16,483	8,584	5,043
国家予算対比	%	0.6	0.6	-	4.1	2.1	0.5
農業生産額対比	〃	5.4	2.7	10.4	17.9	12.0	13.5
為替レート		米ドル	加ドル	ユーロ	ユーロ	ユーロ	ポンド
2018年	円	110.42	85.24	130.16	130.16	130.16	146.85
2017年	〃	112.17	86.51	126.91	126.91	126.91	144.96
2016年	〃	108.79	82.07	120.33	120.33	120.33	147.66

資料： FAO「FAOSTAT」（2019年4月12日現在）、UN「National Accounts Main Aggregates Database」
（2019年4月12日現在）「Comtrade Database」（2019年4月16日現在）、IMF「World Economic Out
look Database April 2018」、 ILO「ILOSTAT」（2019年3月18日現在）、農林水産省大臣官房統
計部「農業構造動態調査」、農林水産省大臣官房政策課食料安全保障室「食料需給表」、内閣
府「海外経済データ」、「国際部資料」。中国は、香港、マカオ及び台湾を除く。

豪州	ニュージーランド	中国	韓国	日本	備考（項目ごとの資料について）
2,445	471	140,952	5,098	12,748	FAOSTAT、2017年。
774	27	960	10	38	FAOSTAT、2016年。内水面を含む。
14,087	2,020	122,378	15,308	48,724	National Accounts Main Aggregates Database、2017年。
2.4	2.6	6.8	3.1	1.9	World Economic Outlook Database、2017年。各国通貨ベース。
2.0	1.9	1.6	1.9	0.5	World Economic Outlook Database、2017年。
5.6	4.7	3.9	3.7	2.8	World Economic Outlook Database、2017年。
355	101	10,062	300	542	National Accounts Main Aggregates Database、2017年。
2.5	5.0	8.2	2.0	1.1	GDP(名目)における農林水産業部分である。
32	16	20,497	127	224	ILOSTAT、2018年。
2.6	6.2	26.8	4.7	3.4	ILOSTAT、2018年。
371	11	529	1.7	4.5	FAOSTAT、2016年。
46 (2016-17年)	0.6 (2017年)	136 (2017年)	1.6 (2017年)	4.5 (2018年)	国際部資料、日本は農業構造動態調査。
8.8	5.2	18,890.0	104.2	122.1	
4,477.3	265.8	0.7	1.6	3.0	
15.18	2.26	0.37	0.03	0.04	
47.9 (2013年)	39.4 −	55.1 −	17.0 −	11.8 (2017年)	食料需給表。日本は、2017年度概算値。
279	−	−	−	28	
326	−	−	−	60	
342	−	−	−	14	
82	−	−	−	74	
276	−	−	−	8	
166	−	−	−	52	
146	−	−	−	60	
228	−	−	−	32	
82	−	−	−	79	
90	−	−	−	39	
1,896	339	20,976	4,954	6,449	Comtrade Database、FAOSTAT、2016年。
306	193	643	58	40	EUは域内貿易を含む。
16.2	57.1	3.1	1.2	0.6	
1,894	362	15,879	4,062	6,069	
124	41	1,382	236	517	
6.5	11.4	8.7	5.8	8.5	
2	△ 23	5,097	892	380	
183 (2017-18年)	152 (2017-18年)	△ 740 (2017年)	△ 178 (2017年)	△ 477 (2017年)	国際部資料。EUは28カ国。米国・カナダ・EU・フランス・ドイツ・英国・豪州・NZ・中国は実績ベース、韓国は当初予算ベース。日本は
億豪ドル	億NZドル	億人民元	兆ウォン	億円	当初予算ベース（一般会計）。米国の農業予算は、栄養支援プログラ
26	6	19,089	16	17,325	ム(フードスタンプ)を含まない。EUは共通農業政策予算であり、加盟
2,247	497	316,801	15,840	17,325	各国予算の積み上げではない。フランス、ドイツ、英国の農業予算は
0.6	0.7	9.4	4.0	1.8	共通農業政策支出額であり、EUからの当該国分支出額を含む。豪
2.9	2.6	17.5	27.0	15.8	州、NZ、中国、韓国は、林業・水産業を含む。
豪ドル	NZドル	人民元	ウォン	−	外国為替相場。
82.57	78.50	16.69	0.10	−	
86.00	81.76	16.60	0.10	−	
80.85	77.71	16.37	0.09	−	

2 土地と人口
(1) 農用地面積 (2016年)

単位：千ha

国名	1)陸地面積	2)耕地	3)永年作物地
世界	13,008,757	1,423,794	166,201
インド	297,319	156,463	13,000
アメリカ合衆国	914,742	152,263	2,600
ロシア	1,637,687	123,122	1,600
中国	938,821	118,900	16,000
ブラジル	835,814	80,976	6,570
カナダ	909,351	43,766	4,644
オーストラリア	769,202	46,048	330
インドネシア	181,157	23,500	22,500
ナイジェリア	91,077	34,000	6,500
アルゼンチン	273,669	39,200	1,000
日本	36,456	4,184	287

資料：総務省統計局「世界の統計 2019」（以下(2)まで同じ。）
注：1 土地利用の定義は国によって異なる場合がある。
　　2 日本を除き、耕地と永年作物地の合計が多い10か国を抜粋している。
　　1)は、内水面（主要な河川及び湖沼）を除いた総土地面積である。
　　2)は、短年性作物の収穫が行われている土地（多毛作の土地は重複計算しない。）
である。採草又は放牧のための牧草地、家庭菜園及び一時的（5年未満）休閑地を含
む。
　　3)は、ココア、コーヒーなどの収穫後の植替えが必要ない永年性作物を長期間にわ
たり栽培・収穫している土地である。

(2) 世界人口の推移

単位：100万人

年次	1)世界		2)日本	3)北アメリカ	南アメリカ	ヨーロッパ	アフリカ	オセアニア
		アジア						
1950年	2,536	1,404	84	228	114	549	229	13
2000	6,145	3,730	127	489	349	727	818	31
2015	7,383	4,420	127	572	416	741	1,194	40
2030	8,551	4,947	119	647	467	739	1,704	48
2050	9,772	5,257	102	714	500	716	2,528	57

注：1)は、各年7月1日現在の推計人口及び将来推計人口（中位推計値）である。
　　2)は、各年10月1日現在の常住人口である。1950～2015年は国勢調査人口であり、2030年及
び2050年は国立社会保障・人口問題研究所による将来推計人口（中位推計値）である。外国の
軍人・外交官及びその家族を除く。
　　3)は、中央アメリカ及びカリブ海諸国を含む。

3　雇用
　　就業者の産業別構成比（2016年）

単位：%

国名	農林、漁業	鉱業	製造業	電気、ガス、水道	建設	4) 卸売・小売	宿泊、飲食	運輸、倉庫、通信	金融、保険	5) 不動産業、事業活動	6) その他
1)2) アメリカ	1.6	0.5	10.2	0.9	6.8	14.1	7.2	6.3	4.8	14.2	33.3
1) カナダ	1.9	1.5	9.4	0.8	7.7	15.2	6.7	9.3	4.5	13.7	29.4
フランス	2.8	0.1	12.2	1.4	6.4	12.9	3.8	8.3	3.3	11.0	37.8
ドイツ	1.3	0.2	19.2	1.3	6.7	14.1	3.8	7.9	3.2	11.2	31.1
イギリス	1.1	0.4	9.5	1.3	7.3	13.2	5.4	9.1	3.9	13.1	35.8
1) オーストラリア	2.6	1.8	7.6	1.2	8.8	13.5	7.1	6.9	3.6	13.9	33.1
3) ニュージーランド	6.1	0.3	11.2	1.0	9.4	14.7	5.5	8.2	2.9	11.1	29.6
韓国	4.9	0.1	17.1	0.7	7.0	14.2	8.7	8.4	3.0	11.3	24.6
日本	3.4	0.0	16.6	0.2	7.6	16.9	6.0	9.0	3.0	9.6	26.9

資料：労働政策研究・研修機構「データブック国際労働比較2018」
注：1　産業分類は、国際標準産業分類（ISIC-rev.4）による。
　　2　15歳以上を対象とした。
　　1)は、ISICの区分と厳密には異なる独自の分類基準に基づくものである。
　　2)は、16歳以上を対象とした。
　　3)は、2015年の数値。
　　4)は、自動車、オートバイ及び個人・家庭用品修理業を含む。
　　5)は、賃貸業及び事業サービス業、又は専門・科学・技術サービス、管理・支援サービス業を含む。
　　6)は、公務及び国防・義務的社会保障事業、教育、保健衛生及び社会事業、その他コミュニティ、
社会及び個人サービス業、雇用者を持つ一般世帯、治外法権機関及び団体、分類不能な業種・生産活
動を含む。

4　食料需給
(1)　主要国の主要農産物の自給率

単位：%

国名	年次	穀類 1)	いも類	豆類	野菜類	果実類	肉類	卵類	牛乳・乳製品 2)	魚介類 3)	砂糖類	油脂類
アメリカ	2013	127	96	171	90	74	116	105	104	70	79	94
カナダ	2013	202	147	346	55	17	129	94	95	96	9	229
ドイツ	2013	113	117	6	40	25	114	71	123	24	106	86
スペイン	2013	75	60	11	183	135	125	108	76	60	23	111
フランス	2013	189	116	78	73	57	98	100	123	30	182	85
イタリア	2013	69	45	34	141	106	79	90	68	19	17	42
オランダ	2013	16	221	0	284	22	176	241	224	65	122	56
スウェーデン	2013	110	75	57	38	4	63	95	87	52	98	32
イギリス	2013	86	75	39	38	5	69	88	81	55	59	51
スイス	2013	42	75	29	46	37	80	54	102	2	54	35
オーストラリア	2013	279	82	276	82	90	166	99	146	29	228	142
日本	2013	28	76	9	79	40	55	95	64	55	29	13
	2014	29	78	10	79	42	55	95	63	55	31	13
	2015	29	76	9	80	41	54	96	62	55	33	12
	2016	28	74	8	80	41	53	97	62	53	28	12
	2017	28	74	9	79	40	52	96	60	52	32	13
	2018	28	73	7	77	38	51	96	59	55	34	13

資料：農林水産省大臣官房政策課食料安全保障室「食料需給表」（以下(4)まで同じ。）。
注：1　日本以外の各国の自給率は、ＦＡＯ「Food Balance Sheets」等を基に農林水産省大臣官房
　　政策課食料安全保障室で試算した。また、試算に必要な飼料のデータがある国に対して試算
　　している（以下(4)まで同じ。）。
　　2　日本の2017年の数値は、概算値である（以下(4)まで同じ。）。
　　1)のうち、米については玄米に換算している。
　　2)は、生乳換算によるものであり、バターを含む。
　　3)は、飼肥料も含む魚介類全体についての自給率である。

(2)　主要国の一人1年当たり供給食料

単位：kg

国名	年次	穀類 1)	いも類	豆類	野菜類	果実類	肉類	卵類	牛乳・乳製品 2)	魚介類 3)	砂糖類	油脂類
アメリカ	2013	107.0	56.1	7.3	114.0	110.7	115.1	14.6	281.3	21.5	31.7	33.3
カナダ	2013	121.9	73.5	15.9	108.5	142.9	90.8	13.0	276.1	22.5	32.3	30.9
ドイツ	2013	111.8	61.5	2.9	92.9	96.5	85.9	12.2	358.0	12.6	35.6	25.4
スペイン	2013	107.6	60.1	6.3	119.2	82.1	94.0	13.3	184.1	42.4	29.9	29.7
フランス	2013	128.2	54.0	3.0	97.3	120.4	86.8	13.1	362.3	33.5	36.7	22.5
イタリア	2013	159.3	38.4	6.0	128.9	151.0	84.0	13.3	298.5	25.1	30.6	33.4
オランダ	2013	89.4	91.9	3.0	86.3	184.7	89.5	14.0	357.5	22.1	42.4	18.4
スウェーデン	2013	102.6	60.0	3.3	94.4	131.6	81.6	13.4	459.9	32.0	38.4	19.0
イギリス	2013	117.1	104.1	5.2	97.0	131.6	81.5	11.1	274.2	20.8	38.7	20.0
スイス	2013	99.2	41.0	2.7	108.7	113.9	72.3	10.5	415.6	17.8	55.4	23.1
オーストラリア	2013	89.9	56.4	2.8	102.8	100.8	116.2	8.5	281.4	26.1	36.5	26.5
日本	2013	107.1	21.7	8.5	105.3	50.1	45.6	19.7	88.9	49.3	19.0	19.3
	2014	105.9	21.0	8.5	106.0	48.6	45.6	19.6	89.5	49.3	18.5	19.4
	2015	104.6	21.6	8.8	104.2	47.4	46.5	19.9	91.1	47.9	18.5	19.5
	2016	104.9	21.6	8.8	102.1	46.7	47.9	19.8	91.3	46.1	18.6	19.5
	2017	104.9	23.4	9.1	103.6	46.4	49.6	20.4	93.4	45.9	18.3	20.0
	2018	103.8	22.7	9.1	103.4	48.7	50.7	20.6	95.7	45.0	18.2	20.0

注：供給粗食料ベースの数値である。
　　1)のうち、米については玄米に換算している。
　　2)は、生乳換算によるものであり、バターを含む。
　　3)は、日本は精糖換算数量、日本以外は粗糖換算数量である。

(3)　主要国の一人1日当たり供給栄養量

国名	年次	熱量			たんぱく質			脂質			PFC供給熱量比率		
		実数	比率		実数	動物性		実数	油脂類		たんぱく質(P)	脂質(F)	炭水化物(C)
			動物性	植物性		実数	比率		実数	比率			
		kcal	%	%	g	g	%	g	g	%	%	%	%
アメリカ	2013	3,509.0	28	72	107.6	69.6	65	161.2	84.4	52	12.3	41.4	46.4
カナダ	2013	3,365.0	26	74	102.7	54.3	53	146.7	77.6	53	12.2	39.2	48.6
ドイツ	2013	3,224.0	32	68	98.5	61.1	62	141.6	65.5	46	12.2	39.5	48.3
スペイン	2013	2,995.0	27	73	100.6	62.7	62	143.1	78.7	55	13.4	43.0	43.6
フランス	2013	3,325.0	35	65	106.3	66.4	62	158.6	60.0	38	12.8	42.9	44.3
イタリア	2013	3,458.0	26	74	105.9	57.1	54	154.5	83.9	54	12.3	40.2	47.5
オランダ	2013	3,074.0	35	65	109.5	75.4	69	125.1	48.2	39	14.2	36.6	49.1
スウェーデン	2013	3,014.0	35	65	104.6	70.6	67	129.8	49.6	38	13.9	38.8	47.4
イギリス	2013	3,251.0	30	70	100.2	57.4	57	137.9	55.5	40	12.3	38.2	49.5
スイス	2013	3,192.0	35	65	89.8	57.9	64	153.1	59.3	39	11.2	43.2	45.6
オーストラリア	2013	3,105.0	33	67	100.8	67.8	67	150.0	69.2	46	13.0	43.5	43.6
日本	2013	2,422.7	22	78	78.8	43.4	55	77.0	37.2	48	13.0	28.6	58.4
	2014	2,422.6	22	78	77.7	43.0	55	78.6	38.7	49	12.8	29.2	58.0
	2015	2,416.0	22	78	77.7	43.1	55	79.2	38.9	49	12.9	29.5	57.6
	2016	2,430.1	22	78	77.9	43.2	55	80.0	38.9	49	12.8	29.6	57.6
	2017	2,439.0	22	78	78.9	43.8	56	80.7	38.7	48	12.9	29.8	57.3
	2018	2,443.2	23	77	79.1	44.1	56	81.8	38.9	48	13.0	30.1	56.9

注：酒類等を含まない。

(4)　主要国の供給熱量総合食料自給率の推移

単位：%

国名	1961年昭和36年	1971 46	1981 56	1991 平成3年	2001 13	2009 21	2010 22	2011 23	2012 24	2013 25	2014 26	2015 27	2016 28	2017 29	2018 30
アメリカ	119	118	162	124	122	130	135	127	126	130	–	–	–	–	–
カナダ	102	134	171	178	142	223	225	258	244	264	–	–	–	–	–
ドイツ	67	73	80	92	99	93	93	92	96	95	–	–	–	–	–
スペイン	93	100	86	94	94	80	92	96	73	93	–	–	–	–	–
フランス	99	114	137	145	121	121	130	129	134	127	–	–	–	–	–
イタリア	90	82	83	81	69	59	62	61	61	60	–	–	–	–	–
オランダ	67	70	83	73	67	65	68	66	68	69	–	–	–	–	–
スウェーデン	90	88	95	83	85	79	72	71	70	69	–	–	–	–	–
イギリス	42	50	66	77	61	65	69	72	67	63	–	–	–	–	–
スイス	–	–	–	–	54	56	52	56	55	50	55	51	48	–	–
オーストラリア	204	211	256	209	265	187	182	205	229	223	–	–	–	–	–
日本	78	58	52	46	40	40	39	39	39	39	39	39	38	38	37

注：1　供給熱量総合食料自給率は、総供給熱量に占める国産供給熱量の割合である。
　　　なお、畜産物については、飼料自給率を考慮している。
　　2　酒類等を含まない。
　　3　この表における「－」は未集計である。
　　4　スイスについてはスイス農業庁「農業年次報告書」による。

5 物価
(1) 生産者物価指数（2017年）

2010年＝100

国名	国内供給品	国内生産品	農林水産物	工業製品	輸入品
アメリカ合衆国	…	104.8	4) 107.0	103.5	…
カナダ	…	…	5) 125.0	7) 113.5	…
フランス	3) 101.8	…	5)6) 117.6	104.8	3) 97.6
ドイツ	…	…	5) 115.5	104.8	3)10) 101.2
イギリス	…	…	124.7	110.7	111.0
オーストラリア	111.8	112.6	133.3	7)8) 110.2	108.5
ニュージーランド	…	…	121.5	7)8)9) 108.8	…
韓国	97.8	99.0	118.2	7) 97.2	…
1)2) 日本	97.2	98.7	107.6	98.9	92.7

資料： 総務省統計局「世界の統計2019」（以下（3）まで同じ。）
注： 生産者物価指数（ＰＰＩ：Producer Price Index）：生産地から出荷される時点又は生産過程に入る
　　時点における、財・サービス価格の変化を示す指数。通常「取引価格」であり、控除できない間接税を
　　含み、補助金を除く。産業の範囲は国により異なるが、農林水産業、鉱工業、製造業、電気・ガス・水
　　供給業などである。サービス産業を含めている国が多い。
　　　ここでは次の分類による。
　　　　国内供給品
　　　　　国内市場向け国内生産品
　　　　　　農林水産物
　　　　　　工業製品
　　　　　輸入品
　　1)は、企業物価指数。日本銀行「企業物価指数（2015年基準）」による。
　　2)は、2015年＝100。
　　3)は、農林水産業を除く。
　　4)は、食料・飼料を除く。
　　5)は、農業のみである。
　　6)は、海外県（仏領ギアナ、グアドループ島、マルチニーク島、マヨット島及びレユニオン）を含む。
　　7)は、製造業のみである。
　　8)は、輸出品を含む。
　　9)は、サービス業を含む。
　　10)は、上下水道、廃棄物処理及び復旧活動を除く。

(2) 消費者物価指数

2010年＝100

	国名	2014年	2015	2016	2017
1)	アメリカ合衆国	108.6	108.7	110.1	112.4
	カナダ	107.5	108.7	110.2	112.0
2)	フランス	105.5	105.6	105.8	106.9
	ドイツ	106.7	106.9	107.4	109.3
	イギリス	110.6	111.0	112.1	114.9
1)	オーストラリア	110.4	112.0	113.5	115.7
	ニュージーランド	107.6	107.9	108.6	110.7
1)	韓国	109.1	109.8	110.9	113.1
3)4)	日本	99.2	100.0	99.9	100.4

注： 消費者が購入する財・サービスを一定量に固定し、これに要する費用の変化を指数値で示したもの。
　　国によって、対象とする地域、調査世帯等が限定される場合がある。
　　1)は、一部地域を除く。
　　2)は、海外県（仏領ギアナ、グアドループ島、マルチニーク島、マヨット島及びレユニオン）を含む。
　　3)は、総務省統計局「2015年基準消費者物価指数」による。
　　4)は、2015年＝100とする。

(3)　国際商品価格指数・主要商品価格

品目（産地・取引市場など）	7)価格／単位	2010年	2013	2014	2015	2016
国際商品価格指数(2010年=100)						
一次産品(総合)(ウエイト:1,000)	—	100.0	120.3	112.9	73.0	65.7
1)エネルギーを除く一次産品	—	100.0	104.7	100.6	83.0	81.5
2)食料　　　(ウエイト:167)	—	100.0	118.0	113.1	93.7	95.7
3)飲料　　　(ウエイト:18)	—	100.0	83.7	101.0	97.9	93.0
4)農産原材料　(ウエイト:77)	—	100.0	108.8	110.0	96.0	90.5
5)金属　　　(ウエイト:107)	—	100.0	90.4	81.2	62.6	59.2
6)エネルギー　(ウエイト:631)	—	100.0	130.4	120.7	66.6	55.6
主要商品価格						
米(タイ産：バンコク)	ドル／t	520.6	518.8	…	…	…
小麦(アメリカ産：カンザスシティ)	ドル／t	194.5	265.8	242.5	185.6	143.2
とうもろこし(アメリカ産：メキシコ湾岸アメリカ港)	ドル／t	186.0	259.0	192.9	169.8	159.2
大豆(アメリカ産：ロッテルダム先物取引)	ドル／t	384.9	517.2	457.8	347.4	362.7
バナナ(中央アメリカ・エクアドル産：アメリカ輸入価格)	ドル／t	881.4	926.4	931.9	958.7	1,002.4
牛肉(オーストラリア・ニュージーランド産：アメリカ輸入価格:冷凍骨なし)	セント／ポンド	152.5	183.6	224.1	200.5	178.2
羊肉(ニュージーランド産：ロンドン卸売価格:冷凍)	セント／ポンド	145.7	106.7	130.6	107.9	106.9
落花生油(ロッテルダム)	ドル／t	1,403.9	1,773.0	1,313.0	1,336.9	1,502.3
大豆油(オランダ港：先物取引)	ドル／t	924.8	1,011.1	812.7	672.2	721.2
パーム油(マレーシア産：北西ヨーロッパ先物取引)	ドル／t	859.9	764.2	739.4	565.1	639.8
砂糖(自由市場：ニューヨーク先物取引)	セント／ポンド	20.9	17.7	17.1	13.2	18.5
たばこ(アメリカ輸入価格:非加工品)	ドル／t	4,333.2	4,588.8	4,990.8	4,908.3	4,806.2
コーヒー(アザーマイルド：ニューヨーク)	セント／ポンド	194.4	141.1	202.8	160.5	164.5
茶(ケニア産：ロンドン競売価格)	セント／kg	316.7	266.0	237.9	340.4	287.4
ココア豆(ニューヨーク・ロンドン国際取引価格)	ドル／t	3,130.6	2,439.1	3,062.8	3,135.2	2,892.0
綿花(リバプールインデックスA)	セント／ポンド	103.5	90.4	83.1	70.4	74.2
原皮(アメリカ産：シカゴ卸売価格)	セント／ポンド	72.0	94.7	110.2	87.7	74.1
ゴム(マレーシア産：シンガポール港)	セント／ポンド	165.7	126.8	88.8	70.7	74.5
羊毛(オーストラリア・ニュージーランド産、イギリス：粗い羊毛)	セント／kg	820.1	1,117.0	1,034.6	927.8	1,016.4
鉄鉱石(中国産：天津港)	ドル／t	146.7	135.4	97.4	56.1	58.6
金(ロンドン：純度99.5%)	ドル／トロイオンス	1,224.7	1,411.5	1,265.6	1,160.7	1,249.0
銀(ニューヨーク：純度99.9%)	セント／トロイオンス	2,015.3	2,385.0	1,907.1	1,572.1	1,714.7
銅(ロンドン金属取引所)	ドル／t	7,538.4	7,331.5	6,863.4	5,510.5	4,867.9
ニッケル(ロンドン金属取引所)	ドル／t	21,810.0	15,030.0	16,893.4	11,862.6	9,595.2
鉛(ロンドン金属取引所)	ドル／t	2,148.2	2,139.7	2,095.5	1,787.8	1,866.7
亜鉛(ロンドン金属取引所)	ドル／t	2,160.4	1,910.2	2,161.0	1,931.7	2,090.0
すず(ロンドン金属取引所)	ドル／t	20,367.2	22,281.6	21,898.9	16,066.6	17,933.8
アルミニウム(ロンドン金属取引所)	ドル／t	2,173.0	1,846.7	1,867.4	1,664.7	1,604.2
原油(各スポットの平均値)	ドル／バーレル	79.0	104.1	96.2	50.8	42.8

注：国際商品価格指数：国際的に取引される主要商品の市場価格に基づき、IMFが算出したものである。
　　1)は、燃料及び貴金属を除く45品目によるものである。
　　2)は、穀類、肉類、魚介類、果実類、植物油、豆類、砂糖などである。
　　3)は、ココア豆、コーヒー及び茶である。
　　4)は、綿花、原皮、ゴム、木材及び羊毛である。
　　5)は、アルミニウム、銅、鉄鉱石、鉛、ニッケル、すず、ウラン及び亜鉛である。
　　6)は、石炭、天然ガス及び石油である。
　　7)は、取引市場で通常使用される数量単位当たりの価格である。

6　国民経済と農林水産業
(1)　各国の国内総生産

国名	2014年		2015	
	名目ＧＤＰ	一人当たり	名目ＧＤＰ	一人当たり
	10億米ドル	米ドル	10億米ドル	米ドル
アメリカ	17,522	54,993	18,219	56,770
カナダ	1,804	50,958	1,556	43,616
フランス	2,857	44,616	2,439	37,938
ドイツ	3,905	48,219	3,383	41,415
英国	3,036	47,004	2,897	44,495
オーストラリア	1,457	61,652	1,235	51,494
ニュージーランド	200	43,858	175	37,742
中国	10,535	7,702	11,226	8,167
韓国	1,411	27,811	1,383	27,105
日本	4,850	38,156	4,389	34,569

資料：内閣府経済財政分析統括官「海外経済データ」（令和元年７月）
　　　(IMF "World Economic Outlook Datebase, April 2019")

(2)　農業生産指数

(2004～2006年＝100)

国名	1)総合			2)食料			1人当たり食料		
	2014	2015	2016	2014	2015	2016	2014	2015	2016
世界	125.1	126.5	128.1	125.6	127.1	128.7	112.6	112.7	112.8
アメリカ合衆国	115.4	115.0	120.4	117.0	116.6	122.3	108.7	107.6	112.1
カナダ	111.5	113.8	116.9	111.7	114.0	117.7	101.3	102.4	104.7
フランス	105.0	104.5	96.1	105.1	104.6	96.1	100.2	99.3	90.9
ドイツ	113.0	109.0	107.9	113.0	109.0	107.9	113.2	109.0	107.6
イギリス	109.5	109.5	103.9	109.5	109.6	103.8	101.6	101.1	95.2
オーストラリア	109.7	110.3	106.4	109.1	109.7	105.6	94.2	93.4	88.6
ニュージーランド	116.0	118.2	117.3	117.8	120.1	119.2	106.7	107.6	105.7
中国	131.0	134.9	137.9	131.9	135.9	139.0	125.4	128.6	130.9
韓国	106.0	104.1	102.7	106.1	104.3	102.8	102.6	100.4	98.6
日本	96.6	95.5	91.9	96.9	95.8	92.2	97.0	96.1	92.6

資料：総務省統計局「世界の統計　2019」
注：　ラスパイレス式による。農畜産物一次産品のうち、家畜飼料、種子及びふ化用卵などを除く。
　　　ＦＡＯにおける指数の作成においては、１商品１価格とし、為替レートの影響を受けないよう、
　　　国際商品価格を用いて推計している。
　　　1)は、全ての農作物及び畜産物である。
　　　2)は、食用かつ栄養分を含有する品目であり、コーヒー、茶などを除く。

2016		2017		2018	
名目ＧＤＰ	一人当たり	名目ＧＤＰ	一人当たり	名目ＧＤＰ	一人当たり
10億米ドル	米ドル	10億米ドル	米ドル	10億米ドル	米ドル
18,707	57,877	19,485	59,895	20,494	62,606
1,530	42,447	1,650	45,224	1,711	46,261
2,466	38,253	2,588	40,046	2,775	42,878
3,497	42,461	3,701	44,771	4,000	48,264
2,669	40,658	2,640	39,975	2,829	42,558
1,268	51,983	1,386	55,958	1,418	56,352
185	38,983	200	41,350	203	41,267
11,222	8,116	12,062	8,677	13,407	9,608
1,415	27,608	1,531	29,750	1,619	31,346
4,927	38,805	4,860	38,344	4,972	39,306

(3)　平均経営面積及び農地面積の各国比較

区分	単位	日本 (概算値)	米国	ＥＵ(28)	ドイツ	フランス	英国	豪州
平均経営面積	ha	2.99	178.5	16.1	58.6	58.7	92.3	4,477.3
日本＝1	倍	1	60	5	20	20	31	1,497
農地面積	万ha	442	40,586	18,453	1,673	2,873	1,714	36,591
国土面積に占める割合	％	11.9	41.3	42.2	47.2	52.7	70.8	47.3

資料：　農林水産省統計部「平成31年農業構造動態調査」、「平成30年耕地及び作付面積統計」、
　　　　FAOSTAT、国際部資料
注：1　日本の平均経営面積及び農地面積には、採草・放牧地等を含まない。
　　2　日本の平均経営面積は一経営体当たりの経営耕地面積である（農業経営体）。
　　3　日本の「国土面積に占める割合」は、北方領土等を除いた国土面積に対する割合である。

6　国民経済と農林水産業（続き）
(4)　農業生産量（2017年）

順位	1)穀類		2)米		3)小麦	
	国名	生産量	国名	生産量	国名	生産量
		千 t		千 t		千 t
	世界	2,980,175	世界	769,658	世界	771,719
1	中国	617,930	中国	212,676	中国	134,334
2	アメリカ合衆国	440,117	インド	168,500	インド	98,510
3	インド	313,610	インドネシア	81,382	ロシア	85,863
4	ロシア	131,144	バングラデシュ	48,980	アメリカ合衆国	47,371
5	ブラジル	117,784	ベトナム	42,764	フランス	36,925
6	インドネシア	109,334	タイ	33,383	オーストラリア	31,819
7	アルゼンチン	76,397	ミャンマー	25,625	カナダ	29,984
8	フランス	64,496	フィリピン	19,276	パキスタン	26,674
9	ウクライナ	60,686	ブラジル	12,470	ウクライナ	26,209
10	カナダ	56,311	パキスタン	11,175	ドイツ	24,482
11	バングラデシュ	53,332	カンボジア	10,350	トルコ	21,500
12	オーストラリア	50,049	ナイジェリア	9,864	アルゼンチン	18,395
13	ベトナム	47,877	**日本**	**9,780**	イギリス	14,837
14	ドイツ	45,557	アメリカ合衆国	8,084	カザフスタン	14,803
(15)	**（日本）**	**10,906**	エジプト	6,380	**（日本）**	**907**

順位	大麦		ライ麦		えん麦	
	国名	生産量	国名	生産量	国名	生産量
		千 t		千 t		千 t
	世界	147,404	世界	13,734	世界	25,949
1	ロシア	20,599	ドイツ	2,737	ロシア	5,451
2	オーストラリア	13,506	ポーランド	2,674	カナダ	3,733
3	ドイツ	10,853	ロシア	2,547	オーストラリア	2,266
4	フランス	10,545	中国	* 1,332	ポーランド	1,465
5	ウクライナ	8,285	デンマーク	723	中国	* 1,281
6	カナダ	7,891	ベラルーシ	670	フィンランド	1,014
7	イギリス	7,169	ウクライナ	508	イギリス	875
8	トルコ	7,100	トルコ	320	スペイン	843
9	スペイン	5,786	カナダ	300	アルゼンチン	785
10	デンマーク	3,992	アメリカ合衆国	246	アメリカ合衆国	717
11	ポーランド	3,793	スウェーデン	142	チリ	713
12	アルゼンチン	3,741	スペイン	139	スウェーデン	676
13	カザフスタン	3,305	ラトビア	129	ブラジル	637
14	イラン	3,100	オーストリア	129	ドイツ	577
(15)	**（日本）**	**185**	フィンランド	114	**（日本）**	**0**

資料：総務省統計局「世界の統計　2019」（以下 9 (4)まで同じ。）
注：1　生産量の多い15か国を掲載した。ただし、日本が16位以下で出典資料に記載されている場合
　　　には、15位の国に代えて括弧付きで掲載した。
　　2　暫定値又は推計値には「*」を付した。
　1)は、米、小麦、大麦、ライ麦、えん麦、とうもろこしなどである。
　2)は、脱穀、選別後の米粒である。
　3)には、スペルト麦を含む。

順位	とうもろこし		4)いも類		ばれいしょ	
	国名	生産量	国名	生産量	国名	生産量
		千 t		千 t		千 t
	世界	1,134,747	世界	887,348	世界	388,191
1	アメリカ合衆国	370,960	中国	177,706	中国	* 99,147
2	中国	259,071	ナイジェリア	115,978	インド	48,605
3	ブラジル	97,722	インド	54,236	ロシア	29,590
4	アルゼンチン	49,476	コンゴ民主共和国	33,297	ウクライナ	22,208
5	インド	28,720	タイ	31,497	アメリカ合衆国	20,017
6	インドネシア	27,952	ロシア	29,590	ドイツ	11,720
7	メキシコ	27,762	ガーナ	27,770	バングラデシュ	10,216
8	ウクライナ	24,669	ブラジル	23,560	ポーランド	9,172
9	南アフリカ	16,820	インドネシア	22,649	オランダ	7,392
10	ルーマニア	14,326	ウクライナ	22,208	フランス	7,342
11	フランス	14,112	アメリカ合衆国	21,636	ベラルーシ	6,415
12	カナダ	14,095	アンゴラ	14,413	イギリス	6,218
13	ロシア	13,236	コートジボワール	12,689	イラン	5,102
14	ナイジェリア	10,420	ベトナム	11,924	トルコ	4,800
(15)	(日本)	0	(日本)	3,310	(日本)	2,151

順位	かんしょ		大豆		5)落花生	
	国名	生産量	国名	生産量	国名	生産量
		千 t		千 t		千 t
	世界	112,835	世界	352,644	世界	47,097
1	中国	* 71,797	アメリカ合衆国	119,518	中国	17,092
2	マラウイ	5,472	ブラジル	114,599	インド	9,179
3	タンザニア	4,244	アルゼンチン	54,972	アメリカ合衆国	3,281
4	ナイジェリア	4,014	中国	13,149	ナイジェリア	2,420
5	インドネシア	2,023	インド	10,981	スーダン	1,641
6	エチオピア	2,008	パラグアイ	10,478	ミャンマー	1,583
7	アンゴラ	1,858	カナダ	7,717	アルゼンチン	1,031
8	ウガンダ	1,657	ウクライナ	3,899	タンザニア	979
9	アメリカ合衆国	1,617	ロシア	3,621	セネガル	915
10	インド	1,460	ボリビア	3,019	チャド	870
11	ベトナム	1,353	南アフリカ	1,316	ブラジル	547
12	マダガスカル	1,141	ウルグアイ	1,316	ギニア	* 540
13	ルワンダ	1,079	イタリア	1,020	カメルーン	480
14	マリ	1,021	ナイジェリア	730	インドネシア	480
(15)	日本	807	(日本)	253	(日本)	15

注：4)は、ばれいしょ、かんしょ、キャッサバ、ヤム芋、タロ芋などである。
　　5)は、殻付きである。

6 国民経済と農林水産業（続き）
(4) 農業生産量（2017年）（続き）

順位	6)キャベツ 国名	生産量	トマト 国名	生産量	きゅうり 国名	生産量
		千 t		千 t		千 t
	世界	71,451	世界	182,301	世界	83,754
1	中国	33,429	中国	59,515	中国	64,825
2	インド	8,807	インド	20,708	イラン	1,981
3	ロシア	3,530	トルコ	12,750	ロシア	1,940
4	韓国	2,391	アメリカ合衆国	10,911	トルコ	1,828
5	ウクライナ	1,673	エジプト	7,297	アメリカ合衆国	1,012
6	インドネシア	1,443	イラン	6,177	メキシコ	956
7	日本	1,385	イタリア	6,016	ウクライナ	896
8	アメリカ合衆国	1,193	スペイン	5,163	ウズベキスタン	814
9	ポーランド	1,084	メキシコ	4,243	スペイン	635
10	ルーマニア	1,067	ブラジル	4,230	日本	560
11	ベトナム	976	ナイジェリア	*4,100	ポーランド	544
12	ウズベキスタン	904	ロシア	3,231	エジプト	489
13	ドイツ	790	ウズベキスタン	2,455	インドネシア	425
14	トルコ	779	ウクライナ	2,267	カザフスタン	410
(15)	ケニア	691	（日本）	737	オランダ	400

順位	たまねぎ 国名	生産量	オレンジ 国名	生産量	りんご 国名	生産量
		千 t		千 t		千 t
	世界	97,863	世界	73,313	世界	83,139
1	中国	24,284	ブラジル	17,460	中国	41,390
2	インド	22,427	中国	8,564	アメリカ合衆国	5,174
3	アメリカ合衆国	3,732	インド	7,647	トルコ	3,032
4	イラン	2,379	メキシコ	4,630	ポーランド	2,441
5	エジプト	2,379	アメリカ合衆国	4,616	インド	2,265
6	ロシア	2,136	スペイン	3,357	イラン	2,097
7	トルコ	2,132	エジプト	3,014	イタリア	1,921
8	バングラデシュ	1,867	インドネシア	2,295	チリ	1,766
9	パキスタン	1,833	トルコ	1,950	フランス	1,711
10	オランダ	1,780	パキスタン	1,585	ロシア	*1,639
11	スーダン	1,776	イラン	1,561	ブラジル	1,301
12	ブラジル	1,622	イタリア	1,501	ウクライナ	1,076
13	メキシコ	1,620	南アフリカ	1,453	ウズベキスタン	1,029
14	インドネシア	1,470	モロッコ	1,037	アルゼンチン	995
(15)	（日本）	1,214	（日本）	12	（日本）	735

注：6)には、白菜、赤キャベツ、芽キャベツ、ちりめんキャベツなどを含む。

順位	7)ぶどう		8)バナナ		9)コーヒー豆	
	国名	生産量	国名	生産量	国名	生産量
		千t		千t		千t
	世界	74,277	**世界**	113,919	**世界**	9,212
1	中国	13,083	インド	30,477	ブラジル	2,681
2	イタリア	7,170	中国	11,170	ベトナム	1,542
3	アメリカ合衆国	6,679	インドネシア	7,163	コロンビア	754
4	フランス	5,916	ブラジル	6,675	インドネシア	669
5	スペイン	5,387	エクアドル	6,282	ホンジュラス	475
6	トルコ	4,200	フィリピン	6,041	エチオピア	471
7	インド	2,922	アンゴラ	4,302	ペルー	346
8	南アフリカ	2,033	グアテマラ	3,887	インド	312
9	チリ	2,000	コロンビア	3,787	グアテマラ	245
10	アルゼンチン	1,965	タンザニア	3,485	ウガンダ	209
11	ブラジル	1,912	コスタリカ	2,553	メキシコ	154
12	イラン	1,866	メキシコ	2,230	ラオス	151
13	オーストラリア	1,824	ベトナム	2,045	ニカラグア	128
14	エジプト	1,703	ルワンダ	1,729	中国	115
(15)	（日本）	176	（日本）	0	コートジボワール	104

順位	10)ココア豆		11)茶		葉たばこ	
	国名	生産量	国名	生産量	国名	生産量
		千t		千t		千t
	世界	5,201	**世界**	6,101	**世界**	6,502
1	コートジボワール	2,034	中国	2,460	中国	2,391
2	ガーナ	884	インド	1,325	ブラジル	881
3	インドネシア	660	ケニア	440	インド	800
4	ナイジェリア	328	スリランカ	350	アメリカ合衆国	322
5	カメルーン	295	ベトナム	260	ジンバブエ	182
6	ブラジル	236	トルコ	234	インドネシア	152
7	エクアドル	206	インドネシア	139	ザンビア	132
8	ペルー	122	ミャンマー	105	パキスタン	118
9	ドミニカ共和国	87	イラン	101	アルゼンチン	117
10	コロンビア	57	バングラデシュ	82	タンザニア	104
11	パプアニューギニア	45	日本	81	モザンビーク	91
12	ウガンダ	31	アルゼンチン	81	バングラデシュ	91
13	メキシコ	27	ウガンダ	64	北朝鮮	83
14	ベネズエラ	23	タイ	58	マラウイ	83
(15)	トーゴ	23	ブルンジ	54	（日本）	19

注：7)には、ワイン用を含む。
　　8)は、料理用を除く。
　　9)は、生の豆である。
　　10)は、生の豆及び焙煎済みの豆である。
　　11)は、緑茶、紅茶などである。

6 国民経済と農林水産業（続き）
(4) 農業生産量（2017年）（続き）

順位	12)牛		12)豚		12)羊	
	国名	飼養頭数	国名	飼養頭数	国名	飼養頭数
		千頭		千頭		千頭
	世界	1,491,687	世界	967,385	世界	1,202,431
1	ブラジル	214,900	中国	435,037	中国	161,351
2	インド	185,104	アメリカ合衆国	73,415	オーストラリア	72,125
3	アメリカ合衆国	93,705	ブラジル	41,099	インド	63,069
4	中国	＊83,210	スペイン	29,971	ナイジェリア	＊42,500
5	エチオピア	60,927	ドイツ	27,578	スーダン	40,574
6	アルゼンチン	53,354	ベトナム	27,407	イラン	40,030
7	パキスタン	44,400	ロシア	22,028	イギリス	34,832
8	メキシコ	31,772	ミャンマー	17,999	エチオピア	31,837
9	スーダン	30,734	メキシコ	17,210	トルコ	30,984
10	チャド	27,603	カナダ	14,250	チャド	30,789
11	タンザニア	26,400	フィリピン	12,428	モンゴル	30,110
12	オーストラリア	26,176	オランダ	12,409	パキスタン	30,100
13	バングラデシュ	23,935	デンマーク	12,308	アルジェリア	28,394
14	コロンビア	22,461	フランス	12,301	ニュージーランド	27,527
(15)	（日本）	3,822	（日本）	9,346	（日本）	15

順位	12)鶏		牛乳		13)鶏卵	
	国名	飼養羽数	国名	生産量	国名	生産量
		100万羽		千 t		千 t
	世界	22,847	世界	652,525	世界	80,089
1	中国	4,877	アメリカ合衆国	97,735	中国	30,963
2	インドネシア	2,176	インド	83,634	アメリカ合衆国	6,259
3	アメリカ合衆国	1,971	ブラジル	33,491	インド	4,848
4	ブラジル	1,426	ドイツ	32,666	メキシコ	2,771
5	イラン	1,030	ロシア	30,915	日本	2,601
6	インド	783	中国	30,386	ブラジル	2,547
7	メキシコ	556	ニュージーランド	21,372	ロシア	2,484
8	ロシア	498	トルコ	18,762	インドネシア	1,527
9	パキスタン	495	パキスタン	16,115	トルコ	1,205
10	トルコ	343	イギリス	15,256	フランス	＊955
11	日本	314	オランダ	14,297	ウクライナ	887
12	ミャンマー	313	ポーランド	13,694	マレーシア	858
13	マレーシア	308	メキシコ	11,768	ドイツ	826
14	ベトナム	295	イタリア	11,380	スペイン	＊826
(15)	バングラデシュ	275	（日本）	7,281	アルゼンチン	813

注：12)は、家畜・家きんである。
　　13)には、ふ化用を含む。

順位	はちみつ		生繭		実綿	
	国名	生産量	国名	生産量	国名	生産量
		t		t		千 t
	世界	1,860,712	世界	592,966	世界	74,353
1	中国	543,000	中国	398,212	インド	18,530
2	トルコ	114,471	インド	155,315	中国	17,148
3	アルゼンチン	76,379	イラン	12,802	アメリカ合衆国	*12,000
4	イラン	69,699	ウズベキスタン	12,480	パキスタン	5,700
5	アメリカ合衆国	66,968	タイ	4,552	ブラジル	3,843
6	ウクライナ	66,231	ブラジル	3,035	ウズベキスタン	2,900
7	ロシア	65,678	ベトナム	2,509	トルコ	2,450
8	インド	64,981	ルーマニア	1,151	オーストラリア	2,151
9	メキシコ	51,066	北朝鮮	969	メキシコ	1,009
10	エチオピア	*50,000	アフガニスタン	651	ブルキナファソ	844
11	ブラジル	41,594	アゼルバイジャン	245	ギリシャ	792
12	カナダ	39,180	カンボジア	187	アルゼンチン	616
13	タンザニア	30,393	エジプト	129	マリ	592
14	スペイン	29,393	日本	125	トルクメニスタン	483
(15)	(日本)	2,706	キルギスタン	125	シリア	441

順位	14)亜麻		15)ジュート		16)天然ゴム	
	国名	生産量	国名	生産量	国名	生産量
		t		t		千 t
	世界	780,554	世界	3,530,816	世界	14,253
1	フランス	578,645	インド	1,966,339	タイ	*4,600
2	ベルギー	69,341	バングラデシュ	1,496,216	インドネシア	3,630
3	ベラルーシ	42,327	中国	*30,000	ベトナム	1,095
4	ロシア	38,795	ウズベキスタン	16,091	インド	965
5	イギリス	12,452	ネパール	11,624	中国	817
6	中国	12,000	南スーダン	*3,500	マレーシア	740
7	オランダ	10,224	ジンバブエ	2,605	コートジボワール	580
8	エジプト	8,123	エジプト	2,129	フィリピン	407
9	チリ	3,139	ベトナム	781	グアテマラ	318
10	アルゼンチン	2,609	ブータン	343	ミャンマー	237
11	ウクライナ	1,320	カンボジア	279	ブラジル	191
12	イタリア	835	ペルー	262	スリランカ	167
13	ラトビア	227	タイ	*260	ナイジェリア	159
14	ルーマニア	171	エルサルバドル	211	リベリア	71
(15)	台湾	140	(日本)	0	メキシコ	69

注：14)は、茎から取り出した繊維であり、麻くずを含む。
　　15)には、ジュート類似繊維を含む。
　　16)には、安定化又は濃縮したラテックス及び加硫ゴムラテックスを含む。

6 国民経済と農林水産業（続き）
(5) 工業生産量

食品								
1)牛肉			1)豚肉			4)鳥肉		
国名	年次	生産量	国名	年次	生産量	国名	年次	生産量
		千t			千t			千t
ブラジル	2015	8,471	ドイツ	2015	7,076	ブラジル	2015	10,843
2) スーダン	2014	1,476	スペイン	2015	4,277	ロシア	2015	4,320
ドイツ	2015	1,140	ブラジル	2015	2,760	ポーランド	2015	2,202
スペイン	2015	727	ロシア	2015	1,764	トルコ	2015	1,962
3) ニュージーランド	2015	690	ポーランド	2015	1,581	ドイツ	2015	1,885
イギリス	2015	677	3) 日本	2015	1,254	スペイン	2015	1,757
オランダ	2015	486	デンマーク	2015	1,232	オランダ	2015	1,717
3) 日本	2015	481	オランダ	2015	1,052	イギリス	2014	1,667
ポーランド	2015	466	イギリス	2014	609	ペルー	2014	1,317
ケニア	2015	459	メキシコ	2015	414	メキシコ	2015	1,295

食品（続き）								
5)冷凍魚類			8)塩干魚類			9)大豆油		
国名	年次	生産量	国名	年次	生産量	国名	年次	生産量
		千t			千t			千t
6) ロシア	2015	3,829	日本	2015	516	10) 中国	2014	* 11,700
ベトナム	2015	1,666	アイスランド	2015	65	10) アメリカ合衆国	2014	9,706
7) 日本	2015	1,416	イギリス	2013	42	アルゼンチン	2015	7,896
ペルー	2014	393	ポルトガル	2015	39	ブラジル	2015	6,575
アイスランド	2015	272	ベラルーシ	2015	35	10) インド	2014	* 1,247
イギリス	2014	164	スペイン	2015	33	10) パラグアイ	2014	* 713
スペイン	2013	157	リトアニア	2015	30	ロシア	2015	560
チリ	2015	123	ドイツ	2015	29	スペイン	2015	524
ポルトガル	2015	103	ペルー	2014	29	10) ボリビア	2014	475
トルコ	2015	93	デンマーク	2015	27	10) 日本	2015	432

注： 1 生産量の多い10か国を掲載した。ただし、日本が11位以下で出典資料に記載
されている場合には、10位の国に代えて掲載した。
  2 暫定値又は推計値には「＊」を付した。
  1)は、生鮮、冷蔵又は冷凍の肉である。
  2)は、牛肉以外を含む。
  3)は、枝肉としての重量である。
  4)は、生鮮、冷蔵又は冷凍の家きんの肉であり、食用くず肉を含む。
  5)は、冷凍の魚類及び魚類製品である。
  6)は、魚の缶詰を含む。
  7)は、魚のすり身を含む。
  8)は、乾燥・塩漬・燻製の魚及び魚粉である。
  9)は、未精製のものである。
  10)は、精製されたものを含む。

食品（続き）								
11) マーガリン			12) バター			13) チーズ		
国名	年次	生産量	国名	年次	生産量	国名	年次	生産量
		千t			千t			千t
ブラジル	2015	809	ドイツ	2015	519	ロシア	2015	1,386
ロシア	2015	526	ロシア	2015	258	ブラジル	2015	1,063
ドイツ	2015	369	ポーランド	2015	183	ポーランド	2015	823
オランダ	2015	244	ベラルーシ	2015	114	トルコ	2015	665
日本	**2015**	**225**	ブラジル	2015	108	イギリス	2015	523
イギリス	2014	187	ウクライナ	2015	102	スペイン	2015	468
メキシコ	2015	150	トルコ	2015	69	デンマーク	2015	388
ウクライナ	2015	142	**日本**	**2015**	**65**	アルゼンチン	2015	388
エクアドル	2015	72	スウェーデン	2015	60	メキシコ	2015	354
ルーマニア	2015	70	フィンランド	2015	56	**日本**	**2015**	**142**

食品（続き）								
14) 小麦粉			15) 粗糖			18) 蒸留酒		
国名	年次	生産量	国名	年次	生産量	国名	年次	生産量
		千t			千t			100kL
アメリカ合衆国	2015	22,811	ブラジル	2015	33,969	**日本**	**2015**	**32,855**
トルコ	2015	9,201	16) インド	2015	28,871	ブラジル	2015	18,747
ロシア	2015	9,122	16) タイ	2015	10,998	イギリス	2014	8,403
ブラジル	2015	6,025	16) 中国	2015	10,262	19) ロシア	2015	6,977
パキスタン	2015	6,003	16) アメリカ合衆国	2015	7,704	ボスニア・ヘルツェゴビナ	2014	6,515
ドイツ	2015	5,492	16) パキスタン	2015	6,125	ドイツ	2015	3,673
インドネシア	2015	5,455	メキシコ	2015	5,966	ウクライナ	2015	3,070
日本	**2015**	**4,859**	17) ロシア	2015	5,743	メキシコ	2015	2,316
フランス	2015	4,445	16) オーストラリア	2015	4,816	アルゼンチン	2015	1,570
アルゼンチン	2015	4,180	**日本**	**2015**	**126**	スペイン	2015	1,484

注：11)は、液体マーガリンを除く。
12)は、ミルクから得たバターその他の油脂及びデイリースプレッドである。
13)は、凝乳（カード）を含む。
14)は、小麦又はメスリン（小麦とライ麦を混合したもの。）から製造されたものである。
15)は、てん菜糖及び甘しょ糖であり、香味料又は着色料を添加したものを除く。
16)は、精製糖を含む。
17)は、グラニュー糖である。
18)は、ウィスキー、ラム酒、ジン、ウォッカ、リキュール、コーディアルなどである。
19)は、ウォッカ及びリキュールである。

6 国民経済と農林水産業（続き）
(5) 工業生産量（続き）

食品（続き）								
20）ワイン			22）ビール			23）ミネラルウォーター		
国名	年次	生産量	国名	年次	生産量	国名	年次	生産量
		100kL			100kL			100kL
スペイン	2015	44,319	中国	2014	493,269	ドイツ	2014	128,128
ポルトガル	2015	10,610	ブラジル	2015	140,274	トルコ	2015	122,959
アルゼンチン	2015	10,269	メキシコ	2015	97,248	スペイン	2015	70,873
21）ロシア	2015	8,508	ドイツ	2015	83,596	ロシア	2015	57,224
ドイツ	2015	7,071	ロシア	2015	77,984	ブラジル	2015	53,569
21）**日本**	**2015**	**3,607**	ポーランド	2015	40,247	ポーランド	2015	41,055
ブラジル	2015	3,276	ベトナム	2015	35,268	**日本**	**2015**	**30,385**
ウクライナ	2015	2,799	スペイン	2015	33,357	韓国	2015	27,606
チリ	2015	2,732	オランダ	2015	27,826	ルーマニア	2015	19,121
ハンガリー	2015	2,233	**日本**	**2015**	**25,955**	ウクライナ	2015	18,532

食品（続き）			繊維					
24）ソフトドリンク			25）毛糸			26）綿糸		
国名	年次	生産量	国名	年次	生産量	国名	年次	生産量
		100kL			t			千t
メキシコ	2015	193,966	トルコ	2015	69,795	パキスタン	2015	3,360
日本	**2015**	**164,479**	イギリス	2014	15,566	ブラジル	2015	486
ブラジル	2015	162,452	**日本**	**2014**	**11,395**	トルコ	2015	326
ドイツ	2013	122,164	リトアニア	2015	9,082	韓国	2015	254
イギリス	2015	83,405	チェコ	2015	5,709	スペイン	2015	66
ロシア	2015	60,568	ロシア	2015	5,039	メキシコ	2015	62
スペイン	2015	51,977	ポルトガル	2015	3,908	**日本**	**2014**	**60**
ポーランド	2015	42,687	スペイン	2015	3,538	ロシア	2015	54
アルゼンチン	2015	41,944	ウクライナ	2015	3,062	ペルー	2015	30
トルコ	2015	39,638	ブラジル	2015	2,608	ポルトガル	2015	22

注：20）は、グレープマスト、スパークリングワイン、ベルモット酒及び香味付けしたワインを含む。
　　21）は、その他の果実酒を含む。
　　22）は、麦芽から製造されたものである。
　　23）は、無糖・無香料のミネラルウォーター及び炭酸水である。
　　24）は、水及びフルーツジュースを除く。
　　25）は、紡毛糸、梳毛糸及び獣毛糸である。
　　26）は、縫糸以外である。

木材・パルプ・紙								
27) 製材			28) 合板			29) 木材パルプ		
国名	年次	生産量	国名	年次	生産量	国名	年次	生産量
		千m³			千m³			千t
アメリカ合衆国	2015	53,793	中国	2015	*113,233	アメリカ合衆国	2015	41,892
カナダ	2015	45,360	アメリカ合衆国	2015	9,245	ブラジル	2015	12,379
中国	2015	33,102	インドネシア	2015	*5,768	カナダ	2015	8,900
ロシア	2015	*32,150	ロシア	2015	3,657	日本	2015	8,110
スウェーデン	2015	20,965	日本	2015	2,756	中国	2015	*7,089
ドイツ	2015	20,433	マレーシア	2015	2,618	インドネシア	2015	*6,400
フィンランド	2015	10,600	インド	2015	*2,521	ロシア	2015	5,365
日本	2015	*8,622	ブラジル	2015	2,473	チリ	2015	4,806
オーストリア	2015	8,605	トルコ	2015	1,940	フィンランド	2015	4,458
チリ	2015	8,209	カナダ	2015	1,929	スウェーデン	2015	3,930

化学・石油・セメント						機械器具		
窒素質肥料			32) カリ質肥料			34) コンバイン		
国名	年次	生産量	国名	年次	生産量	国名	年次	生産量
		千t			t			台
中国	2014	45,642	30) ロシア	2015	8,093,900	日本	2014	28,413
30) ロシア	2015	8,732	ベラルーシ	2015	6,467,878	ロシア	2015	4,412
ポーランド	2015	5,626	中国	2014	5,695,100	メキシコ	2015	3,888
ブラジル	2014	3,376	韓国	2015	670,895	ブラジル	2015	1,894
31) パキスタン	2015	2,626	ポーランド	2015	57,956	フィンランド	2015	1,265
トルコ	2015	1,905	カザフスタン	2015	2,478	アルジェリア	2015	603
オランダ	2015	1,749	チリ	2015	1,865	アルゼンチン	2015	549
ウクライナ	2015	1,600	33) ギリシャ	2013	1,683	カザフスタン	2015	486
ドイツ	2015	1,246	ポルトガル	2015	2	クロアチア	2015	456
ハンガリー	2014	1,106				ベラルーシ	2015	374

注：27)は、針葉樹の木材を加工したものであり、厚さ6ミリメートルを超えるものである。
　　28)は、合板、ベニヤパネルと同様の集成材である。
　　29)は、化学パルプ（ソーダパルプ及び硫酸塩パルプ）である。
　　30)は、有効成分100%である。
　　31)は、窒素100%である。
　　32)は、カーナライト、カリ岩塩及び天然カリウム塩を除く。
　　33)は、酸化カリウム100%である。
　　34)は、収穫脱穀機である。

6　国民経済と農林水産業（続き）
(6)　肥料使用量

単位：千 t

国名	1)窒素質肥料 (N)			2)りん酸質肥料 (P₂O₅)			3)カリ質肥料 (K₂O)		
	2014年	2015	2016	2014	2015	2016	2014	2015	2016
世界	109,089	108,699	110,182	46,569	47,400	48,578	38,666	38,184	38,744
中国	30,982	30,868	30,462	15,506	15,683	15,657	13,472	13,675	13,726
インド	16,950	* 17,372	* 16,735	6,099	6,979	* 6,705	2,533	2,402	* 2,508
アメリカ合衆国	11,983	11,935	12,039	4,245	4,255	4,275	4,698	4,673	4,789
ブラジル	3,872	3,533	4,366	4,752	4,401	4,975	5,395	5,162	5,728
インドネシア	2,909	2,819	2,964	768	787	838	1,772	1,635	1,635
パキスタン	3,139	3,161	3,242	936	993	1,209	30	25	29
カナダ	2,543	2,581	2,472	942	1,004	970	400	410	393
オーストラリア	1,405	1,303	1,808	908	928	1,144	232	240	185
ベトナム	1,425	1,764	1,768	797	731	783	564	576	457
フランス	2,159	2,240	2,192	445	440	410	484	469	393
日本	396	359	359	359	345	345	345	309	309

注：1　日本を除き、2016年の窒素質肥料、りん酸質肥料及びカリ質肥料の合計が多い10か国
　　　を抜粋している。
　　2　植物栄養素（N、P₂O₅、K₂O）の成分量である。
　　3　暫定値又は推計値には、「＊」を付した。
　　1)は、硫酸アンモニウム，硝酸アンモニウム，尿素などである。
　　2)は、過りん酸石灰、熔成りん肥などである。
　　3)は、硫酸カリ，塩化カリなどである。

7　林業
(1)　森林の面積

国名	2)陸地面積	3)森林面積（2015年）		
		総面積	陸地に占める割合	人工林
	千ha	千ha	%	千ha
ロシア	1,637,687	814,931	49.8	19,841
ブラジル	835,814	493,538	59.0	7,736
カナダ	909,351	347,069	38.2	15,784
アメリカ合衆国	916,192	310,095	33.8	26,364
1) 中国	942,530	208,321	22.1	78,982
コンゴ民主共和国	226,705	152,578	67.3	60
オーストラリア	768,230	124,751	16.2	2,017
インドネシア	171,857	91,010	53.0	4,946
ペルー	128,000	73,973	57.8	1,157
インド	297,319	70,682	23.8	12,031
日本	36,450	24,958	68.5	10,270

注：日本を除き、2015年の森林面積が多い10か国を抜粋している。
　　1)は、香港、マカオ及び台湾を含む。
　　2)は、内水面（主要な河川及び湖沼）を除いた総土地面積である。
　　3)は、高さ5メートル以上の樹木（現在、幼木であっても将来高さ5メートル以上に達すると予想されるものを含む。）で覆われた0.5ヘクタール以上の土地で、林地に対する樹冠面積が10パーセント以上のものであり、人工林を含む。国立公園、自然保護地域、各種保護地域、防風林、ゴム園などを含み、果樹林などのように、農林業としての利用目的が明確なものを除く。

(2)　木材生産量（2017年）

単位：千m³

国名	1)総量	薪炭材	2)用材	製材・ベニヤ材
世界	3,797,146	1,890,378	1,906,769	1,082,436
アメリカ合衆国	419,578	64,370	355,208	171,272
インド	353,953	304,436	49,517	47,804
中国	327,725	166,014	161,711	86,448
ブラジル	256,809	111,707	145,102	51,720
ロシア	212,399	14,788	197,611	132,456
カナダ	155,121	2,050	153,071	134,820
インドネシア	118,252	44,211	74,041	33,114
エチオピア	113,557	110,622	2,935	11
コンゴ民主共和国	89,182	84,571	4,611	329
ナイジェリア	75,913	65,891	10,022	7,600
スウェーデン	74,670	6,200	68,470	36,007
フィンランド	63,295	7,964	55,330	24,472
チリ	62,109	16,122	45,987	19,229
ドイツ	53,491	9,929	43,562	29,834
フランス	51,232	25,908	25,324	16,682
ガーナ	48,867	46,410	2,457	1,707
ウガンダ	47,626	43,293	4,333	2,213
メキシコ	46,644	38,689	7,955	6,411
ポーランド	45,346	5,247	40,099	17,879
ミャンマー	44,286	38,286	6,000	4,200
日本	28,682	6,037	22,645	16,625

注：1　加工前の生産量である。
　　2　日本を除き、木材生産量が多い20か国を抜粋している。
　　1)は、森林及び森林外から伐採・回収されたすべての樹木であり、倒木を含む。
　　2)は、製材・ベニヤ材、パルプ材などの産業用素材である。

8　水産業
(1)　水産物生産量－漁獲・養殖（2016年）

単位：千t

国名	水産物			魚類・甲殻類・軟体類			藻類		
	合計	漁獲・採集	2)養殖	合計	漁獲	2)養殖	合計	採集	2)養殖
世界	202,171	92,001	110,170	170,941	90,910	80,031	31,231	1,091	30,139
世界（海洋）	139,079	80,364	58,715	107,941	79,277	28,664	31,138	1,087	30,050
中国	47,335	15,486	31,849	32,708	15,246	17,462	14,627	239	14,387
インドネシア	* 19,292	6,151	* 13,141	7,620	6,110	* 1,510	* 11,672	41	* 11,631
アメリカ合衆国	5,102	4,908	194	5,091	4,897	194	11	11	…
ロシア	4,501	4,481	20	4,486	4,467	20	15	14	1
日本	4,280	3,247	1,032	3,809	3,168	641	471	80	391
インド	* 4,247	* 3,620	627	* 4,224	* 3,600	624	* 24	* 21	* 3
ベトナム	3,912	2,678	1,233	3,902	2,678	1,223	10	…	10
ペルー	3,831	3,790	41	3,816	3,775	41	* 15	* 15	0
フィリピン	3,766	1,865	1,901	2,362	1,865	496	1,405	0	1,405
ノルウェー	3,529	2,203	1,326	3,360	2,034	1,326	169	169	0
1) **世界（内水面）**	63,092	11,637	51,456	63,000	11,633	51,367	93	4	89
中国	34,193	2,322	31,871	34,100	2,318	31,782	92	4	89
インド	* 6,538	* 1,462	* 5,076	* 6,538	* 1,462	* 5,076	* 0	…	* 0
インドネシア	* 3,872	432	* 3,440	* 3,872	432	* 3,440	…	…	…
バングラデシュ	3,046	1,048	1,998	3,046	1,048	1,998	…	…	…
ベトナム	2,509	108	2,401	2,509	108	2,401	…	…	…
ミャンマー	1,847	* 887	960	1,847	* 887	960	…	…	…
エジプト	* 1,603	232	* 1,371	* 1,603	232	* 1,371	…	…	…
ブラジル	* 733	* 225	* 508	* 733	* 225	* 508	…	…	…
ナイジェリア	684	378	307	684	378	307	…	…	…
カンボジア	678	509	* 169	678	509	* 169	…	…	…
日本	63	28	35	63	28	35	…	…	…

注：1　海洋及び内水面の水産物合計が多い10か国と内水面の日本を抜粋している。
　　2　ＦＡＯ水棲（すいせい）動植物国際標準統計分類（ISSCAAP）による。漁獲・採集及び養殖による水産物の生体重量である。食用以外の商業用・産業用・レクリエーション用を含むが、鯨、アザラシ、ワニ、さんご、真珠、海綿などを除く。
　　3　暫定値又は推計値には「＊」を付した。
　　1)は、湖沼、河川、池など陸地内の水面での漁業であり、沿岸潟湖などでの漁業を含む。
　　2)は、所有権を明確にして人工的に魚介類や藻類の発生・生育を図る給餌養殖、広い海域へ種苗（稚魚）をまいて成長させ、成魚にして捕獲する栽培漁業などである。

(2)　水産物生産量－種類別（2016年）

単位：t

国名	計	養殖	漁獲・採集 魚類・甲殻類・軟体類 小計	さけ・ます類	ひらめ・かれい類	たら類
世界	202,171,386	110,170,252	90,909,868	937,470	985,876	8,997,288
中国	81,527,431	63,720,041	17,564,280	…	－	…
インドネシア	* 23,164,452	* 16,581,000	6,542,258	…	25,865	…
インド	* 10,785,334	* 5,703,002	* 5,061,756	…	* 43,828	* 108
ベトナム	6,420,471	3,634,531	2,785,940	…	…	…
アメリカ合衆国	5,375,223	444,369	4,919,741	258,713	268,801	2,113,746
ロシア	4,947,193	173,840	4,759,331	487,276	125,353	2,604,834
日本	4,343,232	1,067,974	3,195,558	* 134,100	50,996	177,839
フィリピン	4,226,005	2,200,914	2,024,828	…	738	…
ペルー	3,911,989	100,187	3,796,978	402	476	72,404
バングラデシュ	3,878,324	2,203,554	1,674,770	…	…	…

国名	漁獲・採集（続き） 魚類・甲殻類・軟体類（続き） にしん・いわし類	かつお・まぐろ類	1)かに類	えび類	いか・たこ類	その他	藻類
世界	15,540,272	7,463,563	1,714,074	3,805,601	3,625,876	47,839,848	1,091,266
中国	1,145,885	569,687	808,831	1,304,015	1,059,920	12,675,942	243,110
インドネシア	526,674	1,318,503	140,200	292,577	199,191	4,039,248	41,194
インド	* 670,390	* 163,461	* 56,679	* 423,700	* 231,276	* 3,472,314	* 20,576
ベトナム	…	130,100	45,920	* 167,513	331,617	2,110,790	…
アメリカ合衆国	881,282	224,452	137,329	197,431	64,248	773,739	11,113
ロシア	647,557	2,395	43,087	17,134	87,395	744,300	14,022
日本	714,900	* 415,302	29,273	16,800	144,934	1,511,414	79,700
フィリピン	426,221	405,634	30,811	36,569	57,662	1,067,193	263
ペルー	2,862,641	106,506	2,404	31,893	335,666	384,586	* 14,824
バングラデシュ	…	4,436	…	…	…	1,670,334	…

注：1　水産物生産量が多い10か国を抜粋している。
　　2　暫定値又は推計値には「＊」を付した。
　　1)は、タラバガニ（ヤドカリ類に属する。）を除く。

8 水産業（続き）
(3) 水産物生産量－海域別漁獲量（2016年）

単位：千t

海域・国（地域）	漁獲量	海域・国（地域）	漁獲量	海域・国（地域）	漁獲量
世界	**79,277**	地中海、黒海		太平洋北西部	
		トルコ	301	中国	14,777
北極海		イタリア	189	ロシア	3,059
ロシア	0	チュニジア	114	**日本**	**2,896**
				韓国	945
大西洋北西部		大西洋南西部		台湾	379
アメリカ合衆国	917	アルゼンチン	736	北朝鮮	* 204
カナダ	651	ブラジル	* 480	香港	* 143
グリーンランド	172	スペイン	110	太平洋北東部	
（日本）	2	（日本）	0	アメリカ合衆国	2,901
				カナダ	181
大西洋北東部		大西洋南東部			
ノルウェー	1,869	南アフリカ	609	太平洋中西部	
アイスランド	1,067	ナミビア	501	インドネシア	4,704
ロシア	1,035	アンゴラ	468	ベトナム	2,678
イギリス	696	（日本）	10	フィリピン	1,865
デンマーク	664			タイ	950
フェロー諸島	565	大西洋南氷洋		マレーシア	792
フランス	361	ノルウェー	161	パプアニューギニア	296
オランダ	329	（日本）	0	韓国	294
スペイン	322			台湾	202
アイルランド	230	インド洋西部		**日本**	*** 185**
ドイツ	218	インド	* 2,217	キリバス	173
スウェーデン	198	イラン	601	カンボジア	* 121
フィンランド	163	パキスタン	376		
ポーランド	146	オマーン	280	太平洋中東部	
ポルトガル	143	モザンビーク	203	メキシコ	1,044
グリーンランド	101	イエメン	* 154	アメリカ合衆国	180
（日本）	2	スペイン	145	（日本）	* 15
		モルディブ	129		
大西洋中西部		セーシェル	127	太平洋南西部	
アメリカ合衆国	804	マダガスカル	111	ニュージーランド	420
メキシコ	265	（日本）	9	（日本）	* 12
ベネズエラ	223				
（日本）	2	インド洋東部		太平洋南東部	
		インドネシア	1,405	ペルー	3,775
大西洋中東部		インド	* 1,383	チリ	1,495
モロッコ	1,408	ミャンマー	* 1,186	エクアドル	613
モーリタニア	595	マレーシア	782	中国	252
セネガル	443	バングラデシュ	627	（日本）	* 13
ナイジェリア	357	スリランカ	446		
ロシア	238	タイ	393	太平洋南氷洋	
ガーナ	237	オーストラリア	113	ニュージーランド	1
カメルーン	205	（日本）	11		
シエラレオネ	* 200				
スペイン	134	インド洋南氷洋			
ギニア	* 100	フランス	8		
（日本）	12	（日本）	0		

注： 1 水産物生産量－漁獲・養殖のうち、魚類、甲殻類及び軟体類の海洋における漁獲量
10万トン以上の国（地域）（漁獲量の少ない海域については代表的な国）について、
海域ごとに掲載した。日本については漁獲量が10万トン未満であっても括弧付きで掲
載した。
2 暫定値又は推計値には「＊」を付した。

9　貿易
(1)　国際収支（2017年）

単位：100万米ドル

国（地域）	経常収支	1)貿易・サービス収支	2)第一次所得収支	3)第二次所得収支
アメリカ合衆国	△ 449,137	△ 552,269	221,728	△ 118,596
カナダ	△ 48,799	△ 37,716	△ 8,955	△ 2,128
ユーロ圏	406,752	491,037	74,752	△ 159,037
フランス	△ 13,306	△ 23,893	59,918	△ 49,330
ドイツ	291,459	275,722	76,610	△ 60,873
イギリス	△ 98,374	△ 29,008	△ 42,404	△ 26,962
オーストラリア	△ 36,369	7,407	△ 42,440	△ 1,336
中国	164,887	210,728	△ 34,444	△ 11,398
韓国	78,460	85,417	122	△ 7,078
日本	**195,801**	**37,720**	**176,927**	**△ 18,846**

国（地域）	4)資本移転等収支	5)金融収支	外貨準備	誤差脱漏
アメリカ合衆国	24,746	△ 330,174	△ 1,695	92,522
カナダ	△ 58	△ 40,922	857	8,793
ユーロ圏	△ 28,366	434,281	△ 1,114	72,750
フランス	1,300	△ 30,731	△ 3,365	△ 22,090
ドイツ	△ 314	317,744	△ 1,484	25,116
イギリス	△ 2,237	△ 93,359	7,527	14,780
オーストラリア	△ 388	△ 44,974	8,735	518
中国	△ 94	△ 148,612	91,526	△ 221,879
韓国	△ 31	82,740	4,360	8,672
日本	**△ 2,563**	**133,819**	**23,577**	**△ 35,841**

注：　一定期間における当該国のあらゆる対外経済取引を体系的に記録したもの（国際通貨基金（ＩＭＦ）の国際収支マニュアル第6版による。）。
　　1)は、生産活動の成果である諸品目の取引を計上。貿易収支は、財貨の取引（輸出入）を計上する項目で一般商品、仲介貿易商品及び非貨幣用金に区分。輸出、輸入ともにＦＯＢ価格。サービス収支は、輸送、旅行及びその他サービスに区分される。
　　2)は、生産過程に関連した所得及び財産所得を計上。雇用者報酬、投資収益及びその他第一次所得に区分される。
　　3)は、経常移転による所得の再配分を計上。「移転」とは、「交換」と対比させる取引の概念であり、当事者の一方が経済的価値のあるものを無償で相手方に提供する取引である。
　　4)は、資本移転及び非金融非生産資産の取得処分に係る取引である。
　　5)は、直接投資、証券投資、金融派生商品及びその他投資から構成される。資産・負債が増加した場合は「プラス」、減少した場合は「マイナス」となる。

9 貿易（続き）
(2) 商品分類別輸出入額（2017年）

単位：100万米ドル

商品分類	1) アメリカ合衆国 (一般貿易方式)		カナダ (一般貿易方式)		3)4) フランス (特別貿易方式)	
	輸出	輸入	輸出	2) 輸入	輸出	輸入
総額	1,545,609	2,407,390	420,632	432,405	488,885	560,555
食料品及び動物（食用）	103,060	111,557	37,388	29,503	41,830	45,658
飲料及びたばこ	7,926	26,004	1,056	4,397	16,385	5,784
非食品原材料	77,590	35,580	37,905	11,297	9,812	11,326
鉱物性燃料	138,909	203,932	84,581	29,684	11,282	47,073
動植物性油脂	2,988	6,989	3,155	810	1,425	2,042
化学製品	206,967	225,794	33,014	46,389	85,190	76,755
工業製品	137,403	267,355	50,820	51,704	50,411	66,856
機械類、輸送用機器	525,296	1,032,314	117,527	189,900	198,378	213,932
雑製品	161,044	395,143	22,284	53,334	61,053	89,951
その他	184,425	102,720	32,903	15,387	13,119	1,178

商品分類	4) 中国 (一般貿易方式)		韓国 (一般貿易方式)		日本 (一般貿易方式)	
	輸出	輸入	輸出	輸入	輸出	輸入
総額	2,097,637	1,587,921	573,627	478,469	698,097	671,474
食料品及び動物（食用）	61,077	49,156	5,368	24,557	4,892	54,998
飲料及びたばこ	3,539	6,096	2,021	1,327	838	7,667
非食品原材料	13,100	202,544	6,497	28,638	10,029	41,988
鉱物性燃料	26,871	176,526	36,401	109,953	11,377	141,464
動植物性油脂	559	6,732	79	1,170	175	1,489
化学製品	121,908	164,116	70,512	48,754	71,469	67,298
工業製品	352,683	123,232	71,749	50,781	78,562	58,735
機械類、輸送用機器	984,173	657,820	338,486	162,673	410,386	192,252
雑製品	527,927	124,800	41,909	48,354	56,095	93,932
その他	5,801	76,898	606	2,262	54,273	11,652

注：1 商品分類は、標準国際貿易分類（SITC：Standard International Trade Classification）
　　　　第4版の大分類による。
　　2 貿易方式は、保税倉庫の品物の記録方法により、一般的に「一般貿易方式」又は「特別貿易方
　　　式」が用いられる。各方式の定義は次のとおりである。輸送途中で通過した国、商品の積替えは
　　　計上されない。
　　一般貿易方式：輸出… (1) 国産品（全部又は一部が国内で生産・加工された商品）の輸出。
　　　　　　　　　　(2) 市場に流通していた外国商品の再輸出。
　　　　　　　　　　(3) 保税倉庫・無税地域に保管されていた外国商品の再輸出の合計。
　　　　　　　　輸入… (1) 国内での消費・加工を目的とする商品の輸入。
　　　　　　　　　　(2) 外国商品の保税倉庫・無税地域への搬入の合計。
　　特別貿易方式：輸出… (1) 国産品（全部又は一部が国内で生産・加工された商品）の輸出。
　　　　　　　　　　(2) 市場に流通していた外国商品の再輸出の合計。
　　　　　　　　輸入… (1) 国内での消費・加工を目的とする商品の輸入。
　　　　　　　　　　(2) 国内での消費を目的とする外国商品の保税倉庫・無税地域からの搬出
　　　　　　　　　　の合計。
　　3 輸出額は、FOB価格（free on board：本船渡し価格）である。
　　4 輸入額は、CIF価格（cost, insurance and freight：保険料・運賃込み価格）である。
　　1)は、プエルトリコ及び米領バージン諸島を含む。
　　2)は、FOB価格である。
　　3)は、モナコを含む。
　　4)は、2016年である。

単位：100万米ドル

ドイツ (特別貿易方式)		イギリス (一般貿易方式)		オーストラリア (一般貿易方式)		ニュージーランド (一般貿易方式)	
輸出	輸入	輸出	輸入	輸出	2)　輸入	輸出	輸入
1,450,215	1,173,628	442,066	641,332	230,163	228,442	38,050	40,128
67,375	77,552	18,851	50,355	28,069	11,558	21,394	3,784
10,638	8,918	9,532	7,991	2,328	2,593	1,449	621
21,849	39,465	8,648	13,229	76,350	2,907	4,896	771
25,682	94,002	35,025	51,647	69,396	23,615	617	3,774
2,872	3,783	664	1,864	522	564	128	229
223,280	159,887	69,980	75,222	6,634	22,878	1,775	4,263
172,577	149,328	38,728	67,156	11,289	23,179	2,414	4,451
700,780	424,474	168,898	229,945	11,226	92,876	2,369	16,326
158,327	152,220	58,448	95,131	5,263	32,152	1,374	5,550
66,834	63,997	33,291	48,792	19,084	16,119	1,634	358

(3)　貿易依存度

単位：％

国（地域）	輸出依存度					輸入依存度				
	2012年	2013	2014	2015	2016	2012年	2013	2014	2015	2016
1) アメリカ合衆国	9.6	9.5	9.3	8.3	7.8	14.5	14.0	13.8	12.4	12.1
2) カナダ	25.0	25.1	26.3	26.3	25.5	26.2	26.1	26.9	28.1	27.2
3) ユーロ圏	19.1	19.1	19.1	19.5	19.1	18.3	17.6	17.4	17.2	16.6
4) フランス	20.8	20.2	20.0	20.3	19.8	24.9	24.0	23.5	23.2	22.8
ドイツ	39.7	38.7	38.5	39.4	38.5	32.9	31.8	31.2	31.3	30.5
イギリス	18.0	17.4	16.1	15.4	15.5	24.6	24.4	22.8	21.8	22.5
5) オーストラリア	16.4	16.8	16.7	15.3	15.2	16.7	16.1	16.4	17.0	15.6
中国	23.9	23.0	22.4	20.6	19.1	21.2	20.3	18.7	15.2	14.2
韓国	44.8	42.9	40.6	38.1	38.0	42.5	39.5	37.2	31.6	31.4
日本	12.9	13.9	14.2	14.3	13.1	14.3	16.1	16.7	14.8	12.3

注：国内総生産（GDP）に対する輸出額（FOB価格）及び輸入額（CIF価格）の割合である。
　　1)は、米領バージン諸島を含む。「輸出」はFAS（船側渡し）価格である。
　　2)の「輸入」は、FOB価格である。
　　3)は、ユーロ圏内での取引を除く。
　　4)は、海外県（仏領ギアナ、グアドループ島、マルチニーク島及びレユニオン）を含む。
　　5)は、通貨等の商品貿易ではないものは除く。

9 貿易 (続き)
(4) 主要商品別輸出入額

単位：100万米ドル

区分	米 国名	2016年	2017	4) 小麦、メスリン 国名	2016年	2017	5) とうもろこし 国名	2016年	2017
輸出									
1	インド	5,316	7,076	1) アメリカ合衆国	5,387	6,097	1) アメリカ合衆国	10,282	9,566
2	パキスタン	1,703	1,744	ロシア	4,216	5,791	ブラジル	3,740	4,631
3	1) アメリカ合衆国	1,821	1,718	カナダ	4,504	5,090	アルゼンチン	4,187	3,884
4	ミャンマー	439	1,031	オーストラリア	3,621	4,650	ウクライナ	2,653	2,989
5	イタリア	565	598	3) フランス	3,372	2,994	3) フランス	1,634	1,454
6	中国	379	596	ウクライナ	2,717	2,760	ハンガリー	672	908
7	ウルグアイ	414	459	アルゼンチン	1,868	2,362	ロシア	859	887
8	ブラジル	252	245	ドイツ	1,933	1,607	ルーマニア	774	826
9	ベルギー	242	243	ルーマニア	1,264	1,129	メキシコ	478	488
(10)	（日本）	33	40	ブルガリア	792	774	（日本）	0	0
輸入									
1	中国	1,586	1,828	インドネシア	2,408	3,628	日本	3,067	3,084
2	1) アメリカ合衆国	714	728	エジプト	1,538	2,624	2) メキシコ	2,690	2,852
3	カメルーン	242	633	アルジェリア	1,790	1,789	韓国	1,898	1,789
4	イギリス	431	547	イタリア	1,787	1,717	エジプト	1,520	1,723
5	2) 南アフリカ	419	513	日本	1,362	1,529	スペイン	1,215	1,481
6	3) フランス	447	474	ナイジェリア	1,088	1,348	オランダ	935	1,108
7	セネガル	326	429	フィリピン	…	1,304	イタリア	892	1,101
8	2) メキシコ	323	408	インド	413	1,223	コロンビア	871	918
9	ガーナ	287	402	スペイン	1,296	1,203	アルジェリア	769	776
(10)	日本	440	359	2) ブラジル	1,335	1,149	マレーシア	711	737

区分	6) 野菜、いも、豆類 国名	2016年	2017	7) 果実、ナッツ 国名	2016年	2017	茶、マテ茶 国名	2016年	2017
輸出									
1	中国	7,798	7,608	1) アメリカ合衆国	13,817	14,640	中国	1,602	1,729
2	オランダ	7,139	7,389	スペイン	8,930	9,206	スリランカ	1,269	1,531
3	スペイン	6,511	6,779	メキシコ	5,249	6,389	ケニア	…	1,428
4	メキシコ	6,589	6,633	オランダ	5,355	6,035	インド	705	819
5	1) アメリカ合衆国	4,605	4,737	チリ	5,545	5,212	ドイツ	307	322
6	カナダ	4,839	4,492	中国	5,209	5,059	1) アメリカ合衆国	318	303
7	ベルギー	2,408	2,548	イタリア	3,802	4,037	オランダ	292	287
8	オーストラリア	1,668	2,374	トルコ	3,803	3,864	ポーランド	218	213
9	3) フランス	2,227	2,251	南アフリカ	2,880	3,377	アルゼンチン	173	181
(10)	（日本）	68	62	（日本）	190	183	（日本）	117	141
輸入									
1	1) アメリカ合衆国	10,173	10,128	1) アメリカ合衆国	15,837	17,370	1) アメリカ合衆国	675	669
2	ドイツ	5,869	6,238	ドイツ	9,112	9,831	パキスタン	490	550
3	イギリス	4,143	4,139	オランダ	5,717	6,347	ロシア	567	549
4	インド	4,025	3,959	中国	5,719	6,238	イギリス	388	430
5	3) フランス	3,186	3,439	イギリス	6,101	6,144	エジプト	283	274
6	2) カナダ	2,984	3,090	3) フランス	5,012	5,401	ドイツ	265	264
7	オランダ	2,447	2,686	ロシア	3,779	4,602	3) フランス	225	245
8	日本	2,220	2,244	カナダ	4,274	4,441	日本	192	213
9	ベルギー	2,053	2,157	香港	4,272	4,168	2) カナダ	194	200
(10)	中国	1,950	2,115	オランダ	2,917	2,894	オランダ	189	197

注：1 商品名は標準国際貿易分類（SITC）による。
　　2 主要商品の輸出入額上位10か国を掲載した。ただし、日本が11位以下の場合は、10位の国に代えて括弧付きで掲載した。
　　3 「数字が得られないもの」及び「数字が秘匿されているもの」は、全て「…」と表示した。
1)は、プエルトリコ及び米領バージン諸島を含む。
2)は、FOB価格である。
3)は、モナコを含む。
4)は、未製粉のもの。メスリンは、小麦とライ麦を混合したものである。
5)は、未製粉のものであり、種子を含む。スイートコーンは除く。
6)は、生鮮、冷蔵、冷凍又は簡単な保存状態にしたものであり、いも、豆類は乾燥品を含む。
7)は、生鮮又は乾燥品であり、採油用ナッツを除く。

単位：100万米ドル

区分	コーヒー、代用品			アルコール飲料			採油用種子		
	国名	2016年	2017	国名	2016年	2017	国名	2016年	2017
輸出									
1	ブラジル	5,472	5,273	3) フランス	14,223	15,804	ブラジル	19,480	25,919
2	ドイツ	3,242	3,639	イギリス	8,574	8,762	1) アメリカ合衆国	23,879	22,488
3	コロンビア	2,683	2,807	イタリア	7,407	8,101	カナダ	6,284	7,073
4	8) スイス	2,212	2,423	メキシコ	4,146	5,243	アルゼンチン	3,753	3,057
5	イタリア	1,583	1,679	1) アメリカ合衆国	4,135	4,358	パラグアイ	1,866	2,162
6	インドネシア	1,429	1,663	スペイン	3,932	4,218	ウクライナ	1,471	1,988
7	ホンジュラス	859	1,292	ドイツ	3,972	4,144	オーストラリア	1,000	1,435
8	3) フランス	925	1,269	オランダ	3,095	3,181	ルーマニア	1,198	1,394
9	オランダ	908	1,070	シンガポール	2,583	2,600	オランダ	1,239	1,381
(10)	(日本)	53	51	(日本)	396	486	(日本)	9	13
輸入									
1	1) アメリカ合衆国	6,105	6,711	1) アメリカ合衆国	18,954	19,791	中国	36,803	42,850
2	ドイツ	3,798	3,997	イギリス	5,996	6,018	ドイツ	4,099	4,456
3	3) フランス	2,568	2,980	ドイツ	5,036	5,243	日本	2,880	3,003
4	イタリア	1,762	1,873	中国	3,946	4,736	オランダ	2,833	2,886
5	日本	1,574	1,632	2) カナダ	3,137	3,300	2) メキシコ	2,490	2,719
6	イギリス	1,370	1,446	3) フランス	2,878	3,174	スペイン	1,658	1,734
7	2) カナダ	1,339	1,428	日本	2,453	2,557	インドネシア	1,170	1,602
8	オランダ	1,176	1,418	オランダ	2,449	2,495	トルコ	1,513	1,601
9	ベルギー	1,081	1,228	シンガポール	2,052	2,266	ロシア	1,392	1,494
(10)	スペイン	1,063	1,157	香港	2,291	2,265	ベルギー	1,293	1,333

区分	綿花			牛肉			9) 肉類（牛肉以外）		
	国名	2016年	2017	国名	2016年	2017	国名	2016年	2017
輸出									
1	1) アメリカ合衆国	4,031	5,904	1) アメリカ合衆国	5,249	6,200	1) アメリカ合衆国	9,106	9,839
2	インド	1,451	1,834	オーストラリア	5,525	5,717	ブラジル	7,885	8,523
3	オーストラリア	1,208	1,620	ブラジル	4,345	5,070	ドイツ	6,302	6,748
4	ブラジル	1,229	1,374	2) インド	3,736	3,991	オランダ	5,263	5,676
5	ギリシャ	350	401	オランダ	2,584	2,757	スペイン	4,570	5,100
6	カメルーン	148	331	アイルランド	2,023	2,190	ポーランド	2,898	3,413
7	トルコ	197	204	ニュージーランド	1,947	2,035	オーストラリア	2,668	3,281
8	スーダン	…	138	カナダ	1,494	1,632	デンマーク	3,123	3,208
9	マリ	265	133	ポーランド	1,250	1,512	カナダ	3,042	3,196
(10)	(日本)	3	5	(日本)	125	171	(日本)	24	27
輸入									
1	中国	1,778	2,360	1) アメリカ合衆国	4,973	5,023	日本	6,355	6,850
2	トルコ	1,247	1,699	日本	2,650	3,119	中国	7,601	6,380
3	インドネシア	1,088	1,270	中国	2,516	3,065	香港	4,044	4,556
4	インド	885	964	韓国	2,092	2,263	ドイツ	3,745	4,142
5	パキスタン	583	766	ドイツ	2,016	2,215	イギリス	3,175	3,281
6	2) メキシコ	357	422	イタリア	2,094	2,167	1) アメリカ合衆国	2,753	2,989
7	韓国	380	412	香港	1,721	1,987	2) メキシコ	2,709	2,965
8	エジプト	141	237	オランダ	1,827	1,887	3) フランス	2,754	2,955
9	マレーシア	160	208	イギリス	1,373	1,383	イタリア	2,444	2,686
(10)	日本	140	162	3) フランス	1,286	1,346	オランダ	1,775	2,100

注：8)は、リヒテンシュタインを含む。
　　9)は、生鮮、冷蔵又は冷凍したものであり、牛肉その他のくず肉を含む。

9 貿易 (続き)
(4) 主要商品別輸出入額 (続き)

単位：100万米ドル

区分	10) 羊毛			製材、まくら木			パルプ、くず紙		
	国名	2016年	2017	国名	2016年	2017	国名	2016年	2017
輸出									
1	オーストラリア	2,256	2,813	カナダ	7,973	8,516	1) アメリカ合衆国	8,443	8,766
2	中国	710	736	1) アメリカ合衆国	3,780	4,220	カナダ	5,747	6,382
3	南アフリカ	347	443	ロシア	3,256	4,069	ブラジル	5,575	6,355
4	ニュージーランド	468	375	スウェーデン	2,927	3,156	チリ	2,408	2,614
5	チェコ	234	235	ドイツ	2,062	2,388	インドネシア	1,562	2,426
6	イタリア	202	217	フィンランド	1,852	2,095	スウェーデン	2,117	2,264
7	アルゼンチン	233	214	ブラジル	989	1,148	フィンランド	1,957	2,224
8	ドイツ	244	213	マレーシア	1,022	1,104	ドイツ	1,257	1,500
9	ウルグアイ	199	207	チリ	1,063	1,046	オランダ	1,072	1,289
(10)	(日本)	1	1	(日本)	37	51	(日本)	946	1,044
輸入									
1	中国	2,562	3,025	中国	8,192	10,105	中国	17,230	21,214
2	イタリア	832	930	1) アメリカ合衆国	7,988	8,798	ドイツ	3,787	4,478
3	インド	301	315	日本	2,405	2,499	1) アメリカ合衆国	3,141	3,302
4	ドイツ	274	303	イギリス	2,144	2,341	イタリア	2,011	2,191
5	チェコ	282	292	ドイツ	1,560	1,640	インド	1,622	1,950
6	韓国	226	197	イタリア	1,297	1,354	韓国	1,576	1,771
7	イギリス	163	155	オランダ	1,109	1,212	インドネシア	1,347	1,761
8	ブルガリア	108	141	3) フランス	1,085	1,155	フランス	1,328	1,456
9	ルーマニア	125	137	韓国	766	895	オランダ	1,153	1,404
(10)	日本	138	128	エジプト	896	888	日本	1,196	1,376

区分	11) 魚類			13) 甲殻類、軟体動物			14) 真珠、貴石、半貴石		
	国名	2016年	2017	国名	2016年	2017	国名	2016年	2017
輸出									
1	12) ノルウェー	9,597	10,061	インド	4,269	5,433	インド	24,566	25,328
2	中国	7,743	7,747	中国	5,477	4,472	香港	20,370	23,067
3	チリ	4,108	4,847	エクアドル	2,593	3,043	1) アメリカ合衆国	21,115	21,083
4	1) アメリカ合衆国	3,285	3,792	インドネシア	1,816	1,835	ベルギー	15,963	15,266
5	スウェーデン	3,972	3,675	アルゼンチン	1,169	1,479	イスラエル	15,826	14,802
6	ロシア	2,245	2,409	スペイン	1,193	1,280	ボツワナ	6,428	5,233
7	オランダ	1,986	2,271	カナダ	2,767	710	ロシア	4,834	4,734
8	スペイン	1,774	1,928	メキシコ	510	681	8) スイス	2,908	2,772
9	デンマーク	1,820	1,899	1) アメリカ合衆国	1,652	617	イギリス	2,119	2,474
(10)	(日本)	749	877	(日本)	645	516	(日本)	423	422
輸入									
1	1) アメリカ合衆国	8,350	9,010	1) アメリカ合衆国	7,713	6,248	インド	22,704	32,641
2	日本	6,818	7,371	日本	3,800	3,493	1) アメリカ合衆国	26,643	25,596
3	中国	3,835	4,433	スペイン	3,113	3,273	香港	20,859	22,248
4	スウェーデン	4,348	4,070	イタリア	2,085	1,903	ベルギー	15,488	13,702
5	3) フランス	3,107	3,379	中国	3,055	1,795	中国	10,470	8,500
6	スペイン	2,884	3,019	3) フランス	1,644	1,393	イスラエル	7,196	6,777
7	ドイツ	2,728	2,741	香港	1,758	1,334	8) スイス	3,350	3,526
8	韓国	2,274	2,367	韓国	1,567	1,272	イギリス	2,437	2,650
9	イタリア	2,207	2,352	ベルギー	753	664	シンガポール	1,830	1,628
(10)	ポーランド	1,901	1,938	2) カナダ	998	603	日本	1,501	1,343

注：10)は、羊以外の獣毛及びウールトップを含む。
　　11)は、生鮮、冷蔵又は冷凍したものである。
　　12)は、スヴァールバル諸島及びヤンマイエン島を含む。
　　13)は、生鮮、冷蔵又は冷凍であり、塩漬けなどを含む。
　　14)は、未加工品、合成品及び再生品を含む。製品は除く。

食　料　編

I　食料消費と食料自給率

1　食料需給

(1)　平成30年度食料需給表（概算値）

品目	2)国内生産量	3)外国貿易		4)在庫の増減量	国内消費仕向量		5)純食料	一人1年当たり供給量	一人1日当たり供給量
		輸入量	輸出量			加工用			
	千t	千t	千t	千t	千t	千t	千t	kg	g
穀類	9,177	24,704	115	△15	33,303	5,002	11,111	87.9	240.7
米	8,208	787	115	△44	8,446	314	6,801	53.8	147.4
小麦	765	5,638	0	△107	6,510	269	4,099	32.4	88.8
大麦	161	1,790	0	14	1,937	926	23	0.2	0.5
裸麦	14	33	0	5	42	5	20	0.2	0.4
1)雑穀	29	16,456	0	117	16,368	3,488	168	1.3	3.6
いも類	3,057	1,159	18	0	4,198	1,074	2,591	20.5	56.1
でんぷん	2,530	139	0	0	2,669	638	2,031	16.1	44.0
豆類	280	3,530	0	△136	3,946	2,623	1,115	8.8	24.2
野菜	11,306	3,310	11	0	14,605	0	11,366	89.9	246.3
果実	2,833	4,661	64	0	7,430	19	4,504	35.6	97.6
肉類	3,366	3,196	18	△1	6,545	0	4,235	33.5	91.8
鶏卵	2,628	114	7	0	2,735	0	2,210	17.5	47.9
牛乳及び乳製品	7,282	5,164	32	△11	12,425	0	12,104	95.7	262.3
魚介類	3,923	4,049	808	7	7,157	0	3,022	23.9	65.5
海藻類	93	46	2	0	137	22	115	0.9	2.5
砂糖類							2,305	18.2	49.9
粗糖	123	1,123	0	△62	1,308	1,308	0	0.0	0.0
精糖	1,892	465	2	43	2,312	21	2,271	18.0	49.2
含みつ糖	25	9	0	4	30	0	30	0.2	0.7
糖みつ	80	130	0	△9	219	70	4	0.0	0.1
油脂類	2,026	1,091	14	△16	3,119	475	1,795	14.2	38.9
植物油脂	1,697	1,048	13	△39	2,771	342	1,719	13.6	37.2
動物油脂	329	43	1	23	348	133	76	0.6	1.6
みそ	480	1	17	△1	465	0	464	3.7	10.1
しょうゆ	756	2	41	△1	718	0	716	5.7	15.5

資料：農林水産省大臣官房政策課食料安全保障室「食料需給表」（以下(4)まで同じ。）

注：1　この食料需給表は、ＦＡＯの作成手引に準拠して作成したものである。

　　2　計測期間は、原則、平成30年4月から31年3月までの1年間である。

　　3　一人当たりの供給量算出に用いた総人口は、総務省統計局による推計人口（平成30年10月1日現在）である。

　　4　「事実のないもの」及び「単位に満たないもの」は、全て「0」と表示した。

　　1)は、とうもろこし、こうりゃん、その他の雑穀の計である。

　　2)は、輸入した原材料により国内で生産された製品を含む。

　　3)のうち、いわゆる加工食品は、生鮮換算して計上している。なお、全く国内に流通しないものや、全く食料になり得ないものなどは計上していない。

　　4)は、当年度末繰越量と当年度始め持越量との差である。

　　5)は、粗食料に歩留率を乗じたもので、人間の消費に直接に利用可能な食料の実際の数量を表している。

1　食料需給（続き）
(2)　国民一人1日当たりの熱量・たんぱく質・脂質供給量

品目	平成28年度			29			30（概算値）		
	熱量	たんぱく質	脂質	熱量	たんぱく質	脂質	熱量	たんぱく質	脂質
	kcal	g	g	kcal	g	g	kcal	g	g
計	2,430.1	77.9	80.0	2,439.0	78.9	80.7	2,443.2	79.1	81.8
穀類	879.9	19.0	3.1	879.4	19.0	3.1	869.7	18.7	3.0
米	533.3	9.1	1.3	531.1	9.0	1.3	527.6	9.0	1.3
小麦	331.3	9.5	1.6	332.7	9.5	1.6	326.0	9.3	1.6
大麦	2.5	0.0	0.0	2.1	0.0	0.0	1.7	0.0	0.0
裸麦	0.8	0.0	0.0	1.0	0.0	0.0	1.5	0.0	0.0
1)雑穀	12.0	0.3	0.1	12.4	0.4	0.1	13.0	0.4	0.1
いも類	46.8	0.8	0.1	50.0	0.9	0.1	48.7	0.9	0.1
でんぷん	156.8	0.0	0.3	153.2	0.0	0.3	154.6	0.0	0.3
豆類	98.5	7.2	4.6	101.3	7.3	4.7	102.6	7.5	4.8
野菜	71.8	3.0	0.5	73.4	3.0	0.5	72.6	3.0	0.5
果実	60.5	0.8	1.1	61.5	0.8	1.2	64.0	0.9	1.2
肉類	183.5	16.1	12.2	189.8	16.6	12.6	193.9	17.0	12.9
鶏卵	69.7	5.7	4.8	71.9	5.9	4.9	72.3	5.9	4.9
牛乳及び乳製品	160.1	8.0	8.8	163.7	8.2	9.0	167.8	8.4	9.2
魚介類	99.2	13.4	4.4	97.4	13.2	4.4	98.0	12.8	4.6
海藻類	3.8	0.7	0.1	3.8	0.7	0.1	3.7	0.7	0.1
砂糖類	195.5	0.0	0.0	191.9	0.0	0.0	191.5	0.0	0.0
精糖	192.9	0.0	0.0	189.4	0.0	0.0	189.0	0.0	0.0
含みつ糖	2.6	0.0	0.0	2.4	0.0	0.0	2.3	0.0	0.0
糖みつ	0.0	0.0	0.0	0.0	0.0	0.0	0.2	0.0	0.0
油脂類	358.4	0.0	38.9	357.0	0.0	38.7	358.5	0.0	38.9
植物油脂	339.1	0.0	36.8	341.1	0.0	37.0	343.0	0.0	37.2
動物油脂	19.3	0.0	2.0	15.9	0.0	1.7	15.5	0.0	1.6
みそ	19.1	1.2	0.6	19.3	1.3	0.6	19.3	1.3	0.6
しょうゆ	11.3	1.2	0.0	11.1	1.2	0.0	11.0	1.2	0.0

注：一人当たり算出に用いた各年度の総人口（各年10月1日現在）は、次のとおりである。
　　28年度：1億2,693万人、29年度：1億2,671万人、30年度：1億2,644万人
　　1)は、とうもろこし、こうりゃん、その他の雑穀の計である。

(3)　国民一人1年当たり供給純食料

単位：kg

品目	平成26年	27	28	29	30（概算値）
穀類	89.8	88.8	88.9	88.8	87.9
うち米	55.5	54.6	54.4	54.1	53.8
小麦	32.8	32.8	32.9	33.1	32.4
いも類	18.9	19.5	19.5	21.1	20.5
でんぷん	16.0	16.0	16.3	15.9	16.1
豆類	8.2	8.5	8.5	8.7	8.8
野菜	92.1	90.4	88.6	90.0	89.9
果実	35.9	34.9	34.4	34.2	35.6
肉類	30.1	30.7	31.6	32.7	33.5
鶏卵	16.7	16.9	16.9	17.4	17.5
牛乳及び乳製品	89.5	91.1	91.3	93.4	95.7
魚介類	26.5	25.7	24.8	24.4	23.9
海藻類	0.9	0.9	0.9	0.9	0.9
砂糖類	18.5	18.5	18.6	18.3	18.2
油脂類	14.1	14.2	14.2	14.1	14.2
みそ	3.5	3.6	3.6	3.7	3.7
しょうゆ	5.9	5.9	5.8	5.7	5.7

注：純食料は、粗食料に歩留率を乗じたもので、人間の消費に直接利用可能な食料の実際の数量である。

(4)　食料の自給率（主要品目別）

単位：%

品目	平成26年	27	28	29	30 （概算値）
1)米	97	98	97	96	97
小麦	13	15	12	14	12
豆類	10	9	8	9	7
うち大豆	7	7	7	7	6
野菜	79	80	80	79	77
果実	42	41	41	40	38
2)肉類（鯨肉を除く。）	55	54	53	52	51
	(9)	(9)	(8)	(8)	(7)
2)うち牛肉	42	40	38	36	36
	(12)	(12)	(11)	(10)	(10)
2)鶏卵	95	96	97	96	96
	(13)	(13)	(13)	(12)	(12)
2)牛乳及び乳製品	63	62	62	60	59
	(27)	(27)	(27)	(26)	(25)
3)魚介類	55	55	53	52	55
砂糖類	31	33	28	32	34
4)穀物(飼料用も含む。)自給率	29	29	28	28	28
5)主食用穀物自給率	60	61	59	59	59
6)供給熱量ベースの 　総合食料自給率	39 (37)	39 (37)	38 (35)	38 ‥	37 ‥
7)生産額ベースの総合食料自給率	64	66	68	66	66

注：　1)については、国内生産と国産米在庫の取崩しで国内需要に対応している実態を踏まえ、平成10年
　度から国内生産量に国産米在庫取崩し量を加えた数量を用いて、次式により品目別自給率、穀物自給
　率及び主食用穀物自給率を算出した。
　　自給率＝国産供給量（国内生産量＋国産米在庫取崩し量）／国内消費仕向量×100（重量ベース）
　　2)の（ ）書きは、飼料自給率を考慮した値である。
　　3)は、飼肥料も含む魚介類全体についての自給率である。
　　4)の自給率＝穀物の国内生産量／穀物の国内消費仕向量×100（重量ベース）
　　5)の自給率＝主食用穀物の国内生産量／主食用穀物の国内消費仕向量×100（重量ベース）
　　6)の自給率＝国産供給熱量／国内総供給熱量×100（供給熱量ベース）
　　ただし、畜産物については、飼料自給率を考慮して算出した。
　　下段の（ ）書きは、参考として、酒類を含む供給熱量総合食料自給率を示したものである。ただし、
　算出に当たっては、国産供給熱量について把握可能な国産原料を基に試算した。
　　7)の自給率＝食料の国内生産額／食料の国内消費仕向額×100（生産額ベース）
　　ただし、畜産物及び加工食品については、輸入の飼料及び食品原料の額を国内生産額から控除して
　算出した。

1　食料需給（続き）
〔参考〕カロリーベースと生産額ベースの総合食料自給率（図）

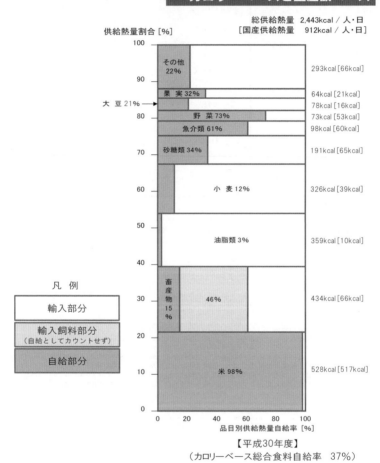

カロリーベースと生産額ベース

総供給熱量　2,443kcal／人・日
［国産供給熱量　912kcal／人・日］

供給熱量割合［%］

その他 22%　　293kcal［66kcal］
果　実 32%　　64kcal［21kcal］
大　豆 21%→ 　78kcal［16kcal］
野　菜 73%　　73kcal［53kcal］
魚介類 61%　　98kcal［60kcal］
砂糖類 34%　　191kcal［65kcal］
小　麦 12%　　326kcal［39kcal］
油脂類 3%　　359kcal［10kcal］
畜産物 15%　　46%　　434kcal［66kcal］
米 98%　　528kcal［517kcal］

凡　例

| 輸入部分 |
| 輸入飼料部分（自給としてカウントせず） |
| 自給部分 |

0　20　40　60　80　100
品目別供給熱量自給率［%］

【平成30年度】
（カロリーベース総合食料自給率　37%）

※ラウンドの関係で合計と内訳が一致しない場合がある。
資料：農林水産省大臣官房政策課食料安全保障室資料

の総合食料自給率（平成30年度）

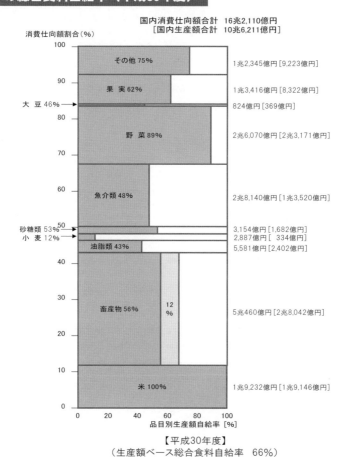

国内消費仕向額合計　16兆2,110億円
［国内生産額合計　10兆6,211億円］

消費仕向額割合（％）

その他 75%　　1兆2,345億円［9,223億円］

果 実 62%　　1兆3,416億円［8,322億円］

大 豆 46%　→　824億円［369億円］

野 菜 89%　　2兆6,070億円［2兆3,171億円］

魚介類 48%　　2兆8,140億円［1兆3,520億円］

砂糖類 53%　→　3,154億円［1,682億円］
小 麦 12%　→　2,887億円［334億円］
油脂類 43%　　5,581億円［2,402億円］

畜産物 56%　　12%　　5兆460億円［2兆8,042億円］

米 100%　　1兆9,232億円［1兆9,146億円］

品目別生産額自給率［%］

【平成30年度】
（生産額ベース総合食料自給率　66%）

1 食料需給（続き）
(5) 食料自給力指標の推移（国民一人1日当たり）

単位：kcal

区分		昭和40年度	50	60	平成7年度	17	22	26	27	28	29	30(概算値)
パターンA	再生利用可能な荒廃農地においても作付けする場合	－	－	－	－	－	1,530	1,480	1,468	1,442	1,434	1,429
	現在の農地で作付けする場合	2,035	1,909	1,918	1,723	1,537	1,473	1,433	1,424	1,407	1,400	1,394
パターンB	再生利用可能な荒廃農地においても作付けする場合	－	－	－	－	－	1,914	1,850	1,827	1,806	1,833	1,829
	現在の農地で作付けする場合	2,185	2,080	2,076	1,995	1,854	1,858	1,803	1,782	1,771	1,798	1,794
パターンC	再生利用可能な荒廃農地においても作付けする場合	－	－	－	－	－	2,590	2,459	2,393	2,333	2,313	2,303
	現在の農地で作付けする場合	3,090	2,764	2,782	2,709	2,605	2,483	2,370	2,309	2,267	2,250	2,241
パターンD	再生利用可能な荒廃農地においても作付けする場合	－	－	－	－	－	2,844	2,738	2,687	2,644	2,645	2,633
	現在の農地で作付けする場合	3,300	3,014	3,005	2,889	2,810	2,738	2,649	2,604	2,578	2,582	2,571

資料：農林水産省大臣官房政策課食料安全保障室資料（以下（6）まで同じ。）
注：1 食料自給力は、「我が国農林水産業が有する食料の潜在生産能力」を表す。
　　2 食料自給力指標とは、国内の農地等をフル活用した場合、国内生産のみでどれだけの食料を生産することが可能か（食料の潜在生産能力）を試算した指標である。
　　　　なお、食料自給力指標については、次の4パターンを示すこととしている。
　　　　パターンA： 栄養バランスを一定程度考慮して、主要穀物（米、小麦、大豆）を中心に熱量効率を最大化して作付けする場合
　　　　パターンB： 主要穀物（米、小麦、大豆）を中心に熱量効率を最大化して作付けする場合
　　　　パターンC： 栄養バランスを一定程度考慮して、いも類を中心に熱量効率を最大化して作付けする場合
　　　　パターンD： いも類を中心に熱量効率を最大化して作付けする場合
　　3 「再生利用可能な荒廃農地においても作付けする場合」については、再生利用可能な荒廃農地面積のデータが存在する平成21年度以降について試算している。

(6)　都道府県別食料自給率

単位：％

区分	カロリーベース 平成28年度	29 (概算値)	生産額ベース 平成28年度	29 (概算値)	区分	カロリーベース 平成28年度	29 (概算値)	生産額ベース 平成28年度	29 (概算値)
全国	38	38	68	66	三重	42	40	66	66
北海道	185	206	209	204	滋賀	51	49	36	37
青森	120	117	260	235	京都	12	12	22	20
岩手	103	101	188	194	大阪	1	1	5	5
宮城	72	70	87	91	兵庫	16	16	40	38
秋田	192	188	134	142	奈良	15	14	25	23
山形	139	137	168	173	和歌山	29	28	113	116
福島	75	75	89	88	鳥取	62	63	131	131
茨城	70	72	133	136	島根	66	67	103	101
栃木	70	68	120	105	岡山	36	37	65	63
群馬	32	33	103	100	広島	23	23	39	39
埼玉	10	10	22	20	山口	32	32	45	45
千葉	27	26	70	68	徳島	43	42	132	122
東京	1	1	3	3	香川	35	34	99	93
神奈川	2	2	14	13	愛媛	37	36	122	112
新潟	112	103	104	104	高知	46	48	164	170
富山	79	76	61	60	福岡	19	20	40	39
石川	49	47	52	50	佐賀	87	93	155	152
福井	68	66	55	57	長崎	45	47	143	147
山梨	20	19	85	83	熊本	58	58	159	156
長野	53	54	126	125	大分	47	47	125	112
岐阜	24	25	48	44	宮崎	66	65	293	281
静岡	17	16	57	56	鹿児島	87	82	264	268
愛知	12	12	33	34	沖縄	36	33	57	56

2　国民栄養
(1)　栄養素等摂取量の推移　（総数、一人1日当たり）

栄養素	単位	平成25年	26	27	28	29
エネルギー	kcal	1,873	1,863	1,889	1,865	1,897
たんぱく質	g	68.9	67.7	69.1	68.5	69.4
うち動物性	〃	37.2	36.3	37.3	37.4	37.8
脂質	〃	55.0	55.0	57.0	57.2	59.0
うち動物性	〃	28.1	27.7	28.7	29.1	30.0
炭水化物	〃	259	257	258	253	255
カルシウム	mg	504	497	517	502	514
鉄	〃	7.4	7.4	7.6	7.4	7.5
ビタミンA	2) μgRE	516	514	534	524	519
〃　B$_1$	mg	0.85	0.83	0.86	0.86	0.9
〃　B$_2$	〃	1.13	1.12	1.17	1.15	1.2
〃　C	〃	94	94	98	89	94
1) 穀類エネルギー比率	％	42.0	42.2	41.2	40.9	40.4
1) 動物性たんぱく質比率	〃	52.3	51.8	52.3	52.8	52.7

資料：厚生労働省健康局「平成29年　国民健康・栄養調査報告」（以下(3)まで同じ。）
注：平成24年及び28年は抽出率等を考慮した全国補正値である。
　　1)は、個々人の計算値を平均したものである。
　　2)REとは、レチノール当量である。

2 国民栄養（続き）
(2) 食品群別摂取量（1歳以上、年齢階級別、一人1日当たり平均値）（平成29年）

単位：g

食品群	摂取量										
	計	1～6歳	7～14	15～19	20～29	30～39	40～49	50～59	60～69	70～79	80歳以上
穀類	421.8	268.7	445.2	530.8	457.2	461.5	442.3	422.9	416.9	401.5	390.4
いも類	52.7	37.4	59.9	57.2	48.3	51.2	45.6	51.2	53.8	58.9	58.4
砂糖・甘味料類	6.8	3.6	6.8	6.3	6.0	6.3	6.5	6.1	7.3	7.9	8.1
豆類	62.8	30.1	56.3	48.4	47.8	52.8	57.1	67.0	74.4	77.9	68.2
種実類	2.6	1.1	1.8	1.3	1.7	2.0	2.3	2.6	3.6	3.5	3.1
野菜類	276.1	144.7	247.7	252.0	242.8	244.8	257.2	288.4	320.0	320.1	292.8
果実類	105.0	86.3	91.5	79.5	64.8	52.1	62.2	79.3	130.9	170.9	157.9
きのこ類	16.1	6.7	14.3	11.0	12.8	14.4	14.3	18.1	20.2	19.4	15.9
藻類	9.9	6.1	8.2	8.1	8.0	7.5	8.2	9.3	10.7	14.5	11.9
魚介類	64.4	30.4	46.2	50.6	49.5	51.1	53.3	68.8	79.7	85.9	72.4
肉類	98.5	58.4	111.9	157.7	129.4	114.7	115.0	105.2	92.4	75.3	63.0
卵類	37.6	21.0	31.3	50.2	39.7	36.5	34.8	40.6	43.2	38.4	34.3
乳類	135.7	195.8	320.7	154.3	97.2	94.2	91.0	111.5	122.6	133.9	140.1
油脂類	11.3	7.0	11.5	14.7	13.4	12.6	12.5	12.1	12.4	9.6	7.4
菓子類	26.8	27.5	39.2	29.6	27.0	23.7	24.4	24.1	27.4	25.8	25.9
嗜好飲料類	623.4	233.3	328.1	440.1	546.1	657.8	696.0	728.5	750.0	684.4	581.6
調味料・香辛料類	86.5	43.5	71.7	76.4	81.6	87.9	88.8	94.0	96.7	94.0	83.2

(3) 朝食欠食率の推移 （20歳以上、性・年齢階級別）

単位：%

区分		平成25年	26	27	28	29
男性	計	14.4	14.3	14.3	15.4	15.0
	20～29歳	30.0	37.0	24.0	37.4	30.6
	30～39	26.4	29.3	25.6	26.5	23.3
	40～49	21.1	21.9	23.8	25.6	25.8
	50～59	17.8	13.4	16.4	18.0	19.4
	60～69	6.6	8.5	8.0	6.7	7.6
	70歳以上	4.1	3.2	4.2	3.3	3.4
女性	計	9.8	10.5	10.1	10.7	10.2
	20～29歳	25.4	23.5	25.3	23.1	23.6
	30～39	13.6	18.3	14.4	19.5	15.1
	40～49	12.2	13.5	13.7	14.9	15.3
	50～59	13.8	10.7	11.8	11.8	11.4
	60～69	5.2	7.4	6.7	6.3	8.1
	70歳以上	3.8	4.4	3.8	4.1	3.7

注：平成24年及び28年は抽出率等を考慮した全国補正値である。

3 産業連関表からみた最終消費としての飲食費
〔参考〕 飲食費のフロー（平成23年）

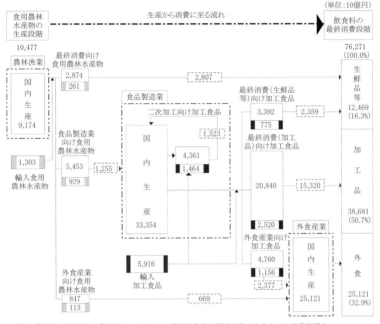

資料：農林水産省統計部「平成23年（2011年）農林漁業及び関連産業を中心とした産業連関表」
注：1 総務省等10府省庁「平成23年産業連関表」を基に農林水産省で推計。
　　2 旅館・ホテル、病院等での食事は「外食」に計上するのではなく、使用された食材費を最終消費額として、それぞれ「生鮮品等」及び「加工品」に計上している。
　　3 加工食品のうち、精穀（精米・精麦等）、食肉（各種肉類）及び冷凍魚介類は加工度が低いため、最終消費においては「生鮮品等」として取り扱っている。
　　4 　内は、各々の流通段階で発生する流通経費（商業マージン及び運賃）である。
　　5 　は食用農林水産物の輸入、　は加工食品の輸入を表している。

3 産業連関表からみた最終消費としての飲食費(続き)
(1) 飲食費の帰属額及び帰属割合の推移

区分	平成2年		7		12		17		23	
	金額	構成比	金額	構成比	金額	構成比	金額	構成比	金額	構成比
	10億円	%	10億円	%	10億円	%	10億円	%	10億円	%
合計	72,161	100.0	83,104	100.0	80,885	100.0	78,442	100.0	76,271	100.0
農林漁業	14,405	20.0	12,798	15.4	11,405	14.1	10,582	13.5	10,477	13.7
国内生産	13,217	18.3	11,655	14.0	10,245	12.7	9,374	12.0	9,174	12.0
輸入食用農林水産物	1,188	1.6	1,143	1.4	1,160	1.4	1,208	1.5	1,303	1.7
食品製造業	22,936	31.8	25,742	31.0	25,985	32.1	24,752	31.6	24,284	31.8
国内生産	18,911	26.2	21,145	25.4	21,156	26.2	19,281	24.6	18,369	24.1
輸入加工食品	4,026	5.6	4,597	5.5	4,829	6.0	5,471	7.0	5,916	7.8
食品関連流通業	20,954	29.0	27,471	33.1	27,159	33.6	27,465	35.0	26,311	34.5
外食産業	13,865	19.2	17,092	20.6	16,336	20.2	15,643	19.9	15,198	19.9

資料: 農林水産省統計部「平成23年(2011年)農林漁業及び関連産業を中心とした産業連関表」
(以下(2)まで同じ。)
注: 平成17年以前については、最新の「平成23年産業連関表」の概念等に合わせて再推計した
数値である(以下(2)まで同じ。)。

(2) 食用農林水産物・輸入加工食品の仕向額

区分	仕向額			
	平成17年			
	計	国産食用農林水産物	輸入食用農林水産物	輸入加工食品
	10億円	10億円	10億円	10億円
合計	16,053	9,374	1,208	5,471
(構成比%)	(100.0)	(58.4)	(7.5)	(34.1)
最終消費向け	5,918	2,772	328	2,818
食品製造業向け	7,885	5,767	747	1,371
外食産業向け	2,250	835	133	1,282

区分	仕向額(続き)			
	23			
	計	国産食用農林水産物	輸入食用農林水産物	輸入加工食品
	10億円	10億円	10億円	10億円
合計	16,393	9,174	1,303	5,916
(構成比%)	(100.0)	(56.0)	(7.9)	(36.1)
最終消費向け	6,431	2,874	261	3,296
食品製造業向け	7,846	5,453	929	1,464
外食産業向け	2,116	847	113	1,156

区分	増減率			
	計	国産食用農林水産物	輸入食用農林水産物	輸入加工食品
	%	%	%	%
合計	2.1	△ 2.1	7.9	8.1
(構成比%)	…	…	…	…
最終消費向け	8.7	3.7	△ 20.4	17.0
食品製造業向け	△ 0.5	△ 5.4	24.4	6.8
外食産業向け	△ 6.0	1.4	△ 15.0	△ 9.8

4　家計消費支出
(1)　1世帯当たり年平均1か月間の支出（二人以上の世帯）

単位：円

区分	平成26年	27	28	29	30
消費支出	291,194	287,373	282,188	283,027	287,315
食料	69,926	71,844	72,934	72,866	73,977
穀類	6,150	6,138	6,181	6,143	6,266
米	1,995	1,822	1,870	1,885	1,948
パン	2,398	2,499	2,484	2,456	2,511
麺類	1,337	1,374	1,373	1,348	1,374
他の穀類	420	442	454	454	432
魚介類	6,250	6,341	6,275	6,079	5,870
生鮮魚介	3,677	3,725	3,690	3,495	3,357
塩干魚介	1,105	1,121	1,108	1,101	1,052
魚肉練製品	671	699	676	676	647
他の魚介加工品	798	796	801	806	813
肉類	6,921	7,216	7,235	7,355	7,408
生鮮肉	5,529	5,813	5,856	5,974	6,038
加工肉	1,392	1,404	1,380	1,381	1,369
乳卵類	3,516	3,620	3,793	3,794	3,785
牛乳	1,263	1,284	1,291	1,273	1,244
乳製品	1,512	1,582	1,728	1,743	1,762
卵	741	753	774	778	779
野菜・海藻	8,372	8,749	8,895	8,763	8,894
生鮮野菜	5,606	5,924	6,016	5,885	5,985
乾物・海藻	665	684	710	701	719
大豆加工品	1,064	1,102	1,111	1,101	1,108
他の野菜・海藻加工品	1,037	1,039	1,059	1,076	1,083
果物	2,639	2,755	2,842	2,802	2,826
生鮮果物	2,440	2,537	2,619	2,560	2,569
果物加工品	199	218	223	243	257
油脂・調味料	3,309	3,427	3,466	3,493	3,529
油脂	328	384	362	359	361
調味料	2,980	3,044	3,104	3,134	3,168
菓子類	5,157	5,376	5,453	5,472	5,664
調理食品	8,674	9,018	9,494	9,635	9,917
主食的調理食品	3,600	3,749	3,957	3,982	4,094
他の調理食品	5,074	5,269	5,537	5,653	5,822
飲料	3,971	4,076	4,238	4,289	4,435
茶類	946	949	996	996	1,041
コーヒー・ココア	814	879	891	899	894
他の飲料	2,211	2,248	2,351	2,394	2,500
酒類	3,189	3,141	3,120	3,138	3,138
外食	11,777	11,986	11,942	11,902	12,247
一般外食	10,881	11,114	11,104	11,072	11,407
学校給食	896	872	838	830	840
住居	17,919	17,931	16,679	16,555	16,915
光熱・水道	23,799	23,197	21,177	21,535	22,019
家具・家事用品	10,633	10,458	10,329	10,560	10,839
被服及び履物	11,983	11,363	10,878	10,806	10,791
保健医療	12,838	12,663	12,888	12,873	13,227
交通・通信	41,912	40,238	39,054	39,691	42,107
教育	10,936	10,995	11,310	11,062	11,785
教養娯楽	28,942	28,314	28,159	27,958	27,581
その他の消費支出	62,305	60,371	58,780	59,120	58,074

資料：総務省統計局「家計調査結果」（以下(2)まで同じ。）

4　家計消費支出（続き）
(2)　1世帯当たり年間の品目別購入数量（二人以上の世帯）

区分	単位	平成26年	27	28	29	30
食料						
穀類						
米	kg	73.05	69.51	68.74	67.27	65.75
パン	g	44,926	45,676	45,099	44,840	44,526
麺類	〃	35,176	34,753	34,192	33,934	33,867
他の穀類	〃	8,769	8,956	9,269	9,066	8,450
魚介類						
生鮮魚介	〃	28,605	27,986	27,227	24,771	23,465
塩干魚介	〃	7,973	8,076	7,799	7,595	6,946
他の魚介加工品						
かつお節・削り節	〃	277	303	241	236	227
肉類						
生鮮肉	〃	45,051	45,459	47,202	47,792	49,047
加工肉						
ソーセージ	〃	5,370	5,131	5,222	5,315	5,301
乳卵類						
牛乳	L	78.82	77.62	78.51	78.03	76.24
乳製品						
チーズ	g	2,867	2,901	3,084	3,309	3,488
卵	〃	29,995	29,875	31,120	31,264	31,933
野菜・海藻						
生鮮野菜	〃	176,135	173,503	169,620	170,627	165,301
乾物・海藻						
わかめ	〃	860	904	918	876	865
大豆加工品						
豆腐	丁	79.05	79.71	81.20	80.16	83.66
他の野菜・海藻加工品						
だいこん漬	g	1,448	1,385	1,395	1,447	1,300
果物						
生鮮果物	〃	80,785	77,965	76,236	75,060	71,231
油脂・調味料						
油脂	〃	9,267	10,191	9,527	9,544	9,206
調味料						
しょう油	mL	6,030	5,773	5,618	5,249	4,981
飲料						
茶類						
緑茶	g	892	843	849	850	798
紅茶	〃	210	200	189	188	173
コーヒー・ココア						
コーヒー	〃	2,388	2,411	2,457	2,427	2,478
酒類						
発泡酒・ビール風アルコール飲料	L	29.61	29.34	30.22	27.98	26.43

注：数量の公表があるもののうち、(1)の品目に準じて抜粋して掲載した。

II　6次産業化等
1　六次産業化・地産地消法に基づく認定事業計画の概要
(1)　地域別の認定件数（令和元年9月30日時点）

単位：件

地方農政局等	総合化事業計画の認定件数	農畜産物関係	林産物関係	水産物関係	研究開発・成果利用事業計画の認定件数
合計	2,487	2,201	101	185	26
北海道	154	145	3	6	1
東北	369	333	12	24	4
関東	423	383	18	22	11
北陸	124	119	1	4	1
東海	230	199	14	17	0
近畿	382	348	12	22	3
中国四国	306	253	12	41	2
九州	440	368	28	44	4
沖縄	59	53	1	5	0

資料：農林水産省食料産業局資料（以下(3)まで同じ。）
注：令和元年9月30日時点での累計である（以下(3)まで同じ。）。

(2)　総合化事業計画の事業内容割合（令和元年9月30日時点）

単位：%

内容	割合
加工	18.7
直売	3.0
輸出	0.4
レストラン	0.4
加工・直売	68.6
加工・直売・レストラン	6.9
加工・直売・輸出	2.0

(3)　総合化事業計画の対象農林水産物割合（令和元年9月30日時点）

単位：%

内容	割合
野菜	31.5
果樹	18.4
畜産物	12.4
米	11.8
水産物	5.6
豆類	4.5
林産物	3.9
その他	3.8
麦類	2.4
茶	2.0
そば	1.8
花き	1.6
野生鳥獣	0.3

注：複数の農林水産物を対象としている総合化事業計画については、その対象となる農林水産物全てを重複して対象とした。

2 農業及び漁業生産関連事業の取組状況
(1) 年間販売金額及び年間販売金額規模別事業体数割合

区分	総額	1事業体当たり年間販売金額	事業体数	計
	100万円	万円	事業体	%
平成28年度 農業生産関連事業計	2,027,512	3,308	61,290	100.0
29	2,104,435	3,392	62,040	100.0
農産物の加工	941,262	3,372	27,920	100.0
農産物直売所	1,079,020	4,507	23,940	100.0
観光農園	40,159	610	6,590	100.0
農家民宿	5,734	281	2,040	100.0
農家レストラン	38,260	2,459	1,560	100.0
平成28年度 漁業生産関連事業計	230,012	6,468	3,560	100.0
29	227,114	6,491	3,500	100.0
水産物の加工	174,481	11,449	1,520	100.0
水産物直売所	37,465	5,485	680	100.0
漁家民宿	7,643	782	980	100.0
漁家レストラン	7,526	2,389	320	100.0

資料：農林水産省統計部「6次産業化総合調査」（以下3(2)まで同じ。）
注：事業体数は、1の位を四捨五入している。

(2) 従事者数及び雇用者の男女別割合

区分	計	役員・家族	雇用者	
			小計	常雇い
	100人	100人	100人	100人
平成28年度 農業生産関連事業計	4,721	2,145	2,577	1,276
29	4,517	1,683	2,834	1,525
農産物の加工	1,888	652	1,236	619
農産物直売所	2,017	779	1,238	766
観光農園	398	163	235	63
農家民宿	75	55	20	4
農家レストラン	140	35	105	72
平成28年度 漁業生産関連事業計	292	94	197	119
29	288	95	193	120
水産物の加工	157	36	121	79
水産物直売所	57	25	32	21
漁家民宿	46	27	19	5
漁家レストラン	29	8	21	15

(3) 産地別年間仕入金額（農産物直売所は販売金額）（平成29年度）

単位：100万円

区分	計	自家生産物	購入農産物		
			自都道府県産	他都道府県産	輸入品
農産物の加工	370,787	91,280	212,590	45,933	20,985
農産物直売所	942,922	122,047	719,144	96,130	5,601

注：1 産地別年間仕入金額は、農産物の仕入金額の合計である。
　　なお、農産物直売所は、生鮮食品、農産加工品及び花き・花木の販売金額の合計である。
　　2 「自家生産物」は、農業経営体のみの結果である。

年間販売金額規模別事業体数割合					
100万円未満	100～500	500～1,000	1,000～5,000	5,000万～1億	1億円以上
%	%	%	%	%	%
29.5	29.8	13.8	17.7	3.5	5.7
31.8	30.5	13.5	14.2	3.9	6.1
45.4	28.7	8.9	11.8	2.1	3.2
13.2	32.0	19.1	17.0	7.2	11.5
35.3	37.8	13.7	12.1	0.5	0.6
64.5	20.5	7.3	7.2	0.4	0.1
16.1	24.8	15.6	30.7	7.4	5.3
13.8	31.0	16.6	24.3	5.5	8.7
15.7	30.8	14.4	22.1	7.7	9.2
14.5	34.3	10.3	17.5	9.2	14.2
15.0	17.3	12.5	30.7	11.1	13.4
17.9	37.3	22.4	20.3	1.8	0.2
16.5	23.4	13.9	31.0	11.4	3.8

	雇用者の男女別割合			
臨時雇い	常雇い		臨時雇い	
	男性	女性	男性	女性
100人	%	%	%	%
1,301	31.8	68.2	29.7	70.3
1,309	31.6	68.4	29.3	70.7
617	41.5	58.5	30.5	69.5
471	23.5	76.5	26.6	73.4
171	40.2	59.8	35.5	64.5
17	36.8	63.2	24.3	75.7
34	25.3	74.7	16.1	83.9
79	41.6	58.4	34.2	65.8
73	40.5	59.5	27.9	72.1
42	42.9	57.1	30.1	69.9
10	37.1	62.9	41.0	59.0
13	32.6	67.4	14.0	86.0
7	35.1	64.9	21.1	78.9

2　農業及び漁業生産関連事業の取組状況（続き）

(4)　都道府県別農業生産関連事業の年間販売金額及び事業体数（平成29年度）

区分	農業生産関連事業計		農産物の加工						総額
					農業経営体		農業協同組合等		
	総額	事業体数	総額	事業体数	総額	農業経営体数	総額	事業体数	
	100万円	事業体	100万円	事業体	100万円	経営体	100万円	事業体	100万円
全国	2,104,435	62,040	941,262	27,920	348,766	26,100	592,496	1,810	1,079,020
北海道	155,343	3,470	120,136	1,350	24,905	1,250	95,231	100	29,887
青森	28,534	1,090	12,853	540	6,312	500	6,541	40	14,988
岩手	29,407	1,330	7,837	680	4,676	650	3,162	30	20,162
宮城	27,130	1,150	9,779	540	4,654	510	5,125	30	16,199
秋田	17,188	1,220	5,645	630	4,599	590	1,046	40	10,620
山形	33,069	1,810	9,080	740	4,247	690	4,833	50	22,287
福島	46,519	2,120	18,353	1,110	6,188	1,040	12,165	70	26,661
茨城	49,767	1,960	11,471	1,000	9,637	920	1,834	70	36,328
栃木	52,673	1,450	21,813	590	8,199	550	13,613	40	28,427
群馬	67,143	1,990	30,103	570	7,698	540	22,406	30	33,409
埼玉	59,261	1,730	10,558	520	8,242	500	2,316	20	46,273
千葉	70,043	2,590	20,801	670	5,670	650	15,131	20	45,858
東京	62,987	1,030	44,582	200	44,262	190	320	10	16,089
神奈川	36,211	1,620	6,471	400	2,799	380	3,672	20	28,383
新潟	31,009	1,540	9,583	650	4,341	610	5,241	40	19,651
富山	10,787	610	1,982	330	1,236	310	746	30	7,899
石川	22,607	580	9,287	350	4,456	300	4,832	50	12,335
福井	17,316	530	6,131	310	4,492	270	1,639	40	10,517
山梨	57,962	2,010	36,667	430	5,672	420	30,995	10	17,243
長野	70,246	4,580	26,037	2,630	11,591	2,560	14,446	70	38,133
岐阜	45,888	1,060	18,495	460	8,938	430	9,557	30	25,722
静岡	111,932	2,560	66,300	1,260	23,197	1,190	43,103	70	42,959
愛知	59,501	1,210	8,784	470	2,942	440	5,842	20	47,153
三重	49,090	960	21,630	480	12,231	450	9,399	30	22,729
滋賀	16,416	700	3,501	360	2,419	320	1,082	40	11,986
京都	17,704	910	5,484	360	4,347	320	1,138	40	11,416
大阪	22,898	510	1,713	120	1,532	110	181	20	19,931
兵庫	39,294	1,370	6,109	470	4,418	420	1,691	50	30,693
奈良	17,316	550	4,564	230	3,230	210	1,334	20	11,915
和歌山	33,035	1,820	17,010	1,440	10,630	1,400	6,380	40	15,497
鳥取	38,998	610	23,742	330	2,508	300	21,233	20	14,752
島根	15,028	880	4,931	500	2,561	470	2,371	30	9,263
岡山	25,235	1,030	5,123	610	2,282	550	2,840	60	18,845
広島	28,565	1,130	11,929	540	3,142	510	8,787	30	15,592
山口	51,713	1,030	32,254	370	2,460	310	29,794	70	18,072
徳島	17,133	530	4,504	280	2,628	270	1,876	20	12,195
香川	31,282	340	19,775	170	9,799	160	9,975	10	11,214
愛媛	83,192	840	51,053	420	4,656	400	46,397	20	31,298
高知	37,746	670	13,199	310	2,456	270	10,743	40	24,009
福岡	83,217	2,040	32,775	1,010	6,240	930	26,535	80	48,302
佐賀	35,042	530	16,411	240	5,069	220	11,342	20	17,262
長崎	28,804	760	8,931	390	2,929	370	6,002	20	19,232
熊本	78,150	1,700	37,988	910	12,274	830	25,714	80	38,053
大分	29,455	1,010	10,150	470	4,157	440	5,993	30	18,372
宮崎	68,593	1,080	47,096	610	18,616	570	28,480	40	19,500
鹿児島	73,333	1,370	43,363	650	15,710	600	27,653	50	28,100
沖縄	20,673	430	5,280	200	3,520	170	1,760	30	13,609

注：事業体数及び農業経営体数は、1の位を四捨五入している。

事業体数	農産物直売所				観光農園		農家民宿		農家レストラン	
	農業経営体		農業協同組合等							
	総額	農業経営体数	総額	事業体数	総額	農業経営体数	総額	農業経営体数	総額	事業体数
事業体	100万円	経営体	100万円	事業体	100万円	経営体	100万円	経営体	100万円	事業体
23,940	180,053	13,670	898,967	10,270	40,159	6,590	5,734	2,040	38,260	1,560
1,320	11,266	900	18,621	420	2,499	370	392	300	2,429	130
310	2,279	150	12,709	160	294	100	41	110	357	30
470	2,524	200	17,638	270	615	70	193	60	600	50
500	2,990	250	13,208	250	149	40	21	10	982	50
450	1,754	230	8,866	220	216	50	44	60	663	30
740	4,579	550	17,709	180	902	260	67	30	733	50
670	5,580	420	21,081	250	371	130	347	140	788	60
670	5,646	380	30,682	280	1,521	260	13	10	434	30
600	3,043	340	25,384	260	1,493	220	45	20	895	30
1,010	5,159	790	28,250	220	2,139	340	242	40	1,250	40
890	7,705	650	38,568	240	1,669	280	x	x	x	x
1,490	12,315	1,180	33,543	310	2,329	370	177	20	878	50
660	2,829	540	13,260	130	546	140	79	10	1,691	20
920	5,582	680	22,801	240	842	270	x	x	x	x
660	4,663	290	14,988	370	697	110	370	80	708	40
200	1,346	60	6,553	140	94	30	41	10	770	30
160	2,348	40	9,987	110	301	30	69	30	615	20
130	389	30	10,129	100	138	30	210	10	320	20
910	6,630	790	10,613	120	3,381	630	132	20	538	30
1,040	5,855	600	32,278	440	2,809	590	1,250	250	2,017	80
500	3,131	240	22,591	260	1,042	50	210	30	419	20
1,030	10,268	620	32,691	410	1,846	220	63	20	764	40
590	6,944	300	40,210	290	2,627	100	36	10	902	30
380	7,357	200	15,373	180	1,656	70	223	10	2,852	20
220	2,051	110	9,935	110	237	70	126	30	567	20
390	2,452	190	8,965	200	295	90	88	50	420	20
290	1,902	140	18,029	150	668	80	−	−	586	20
630	2,190	220	28,502	410	1,178	190	398	40	916	40
240	2,244	100	9,672	130	361	40	17	10	458	20
240	1,081	100	14,415	140	303	80	56	50	170	10
190	984	90	13,768	110	285	70	5	10	215	10
290	1,316	100	7,947	190	297	50	20	20	518	20
310	4,834	130	14,011	180	709	70	30	20	529	20
460	2,390	190	13,202	270	740	90	49	20	255	20
510	3,047	260	15,026	250	926	120	7	10	454	20
170	1,234	60	10,961	110	72	40	27	20	336	20
140	1,795	40	9,419	90	77	20	x	x	x	x
300	1,233	90	30,064	210	408	80	x	x	x	x
310	2,792	90	21,216	220	351	10	51	20	135	20
680	6,008	390	42,293	290	883	290	9	10	1,248	50
200	979	60	16,283	150	213	50	22	10	1,134	20
230	1,565	80	17,667	160	127	30	85	90	429	20
590	7,751	300	30,303	290	446	90	37	50	1,626	60
350	1,825	80	16,546	270	219	60	132	110	583	30
310	3,241	150	16,259	160	243	70	37	50	1,718	40
500	3,138	200	24,962	300	408	100	42	70	1,421	50
120	1,820	60	11,790	60	540	30	160	60	1,084	20

2 農業及び漁業生産関連事業の取組状況（続き）

(5) 都道府県別漁業生産関連事業の年間販売金額及び事業体数（平成29年度）

区分	漁業生産関連事業計		水産物の加工		水産物直売所		漁家民宿		漁家レストラン	
	総額	事業体数	総額	事業体数	総額	事業体数	総額	漁業経営体数	総額	事業体数
	100万円	事業体	100万円	事業体	100万円	事業体	100万円	経営体	100万円	事業体数
全国	227,114	3,500	174,481	1,520	37,465	680	7,643	980	7,526	320
北海道	65,206	380	56,024	220	7,823	90	559	60	800	20
青森	15,373	80	13,934	30	1,139	30	125	20	174	0
岩手	1,929	40	1,627	10	66	10	213	20	23	10
宮城	2,077	100	941	20	749	40	350	30	37	10
秋田	449	20	239	10	107	0	59	10	44	0
山形	445	20	209	10	170	10	49	10	17	0
福島	327	0	x	x	x	x	-	-	-	-
茨城	3,855	10	3,619	10	x	x	-	-	x	x
千葉	4,710	100	2,737	40	1,332	30	79	20	562	10
東京	580	50	181	10	113	10	286	30	-	-
神奈川	3,556	130	1,736	50	1,118	40	30	10	672	30
新潟	1,278	100	562	20	405	20	209	50	103	10
富山	699	10	202	10	x	x	-	-	x	x
石川	1,431	90	403	30	585	20	196	30	247	20
福井	2,665	200	288	20	x	x	2,358	180	x	x
静岡	3,874	200	1,217	50	1,595	40	431	90	631	30
愛知	782	60	196	10	-	-	373	40	212	10
三重	15,302	130	13,650	50	1,012	10	574	70	66	10
京都	1,279	70	752	20	224	10	246	30	58	10
大阪	135	10	x	x	x	x	-	-	72	0
兵庫	4,726	80	2,932	40	1,362	20	272	20	160	0
和歌山	8,028	40	2,312	20	5,644	10	x	x	x	x
鳥取	2,093	20	1,295	10	721	10	x	x	x	x
島根	1,048	40	760	20	x	x	50	10	x	x
岡山	2,912	60	1,891	30	925	10	46	10	51	10
広島	7,655	80	6,783	30	620	30	40	10	212	10
山口	1,616	80	1,242	50	280	20	56	20	39	0
徳島	2,159	70	1,731	30	295	10	10	10	122	0
香川	4,739	50	4,451	30	213	20	x	x	x	x
愛媛	5,939	120	5,221	70	521	10	39	10	159	20
高知	991	50	775	30	115	0	13	10	88	10
福岡	2,372	80	627	30	1,416	20	46	10	283	20
佐賀	3,975	60	3,490	30	294	10	78	10	113	10
長崎	11,170	340	9,079	240	1,760	40	259	60	72	10
熊本	2,531	80	2,269	60	x	x	108	10	x	x
大分	6,503	70	5,571	30	786	20	51	10	94	10
宮崎	9,438	50	8,308	20	558	10	53	10	520	10
鹿児島	17,811	190	13,998	90	2,897	40	191	40	724	20
沖縄	5,457	140	2,935	60	1,579	50	107	30	836	20

注：事業体数及び漁業経営体数は、1の位を四捨五入している。

3　直接販売における販売先別年間販売金額（平成29年度）
（1）　農産物の直接販売における販売先別年間販売金額

単位：100万円

区分	直接販売による農産物の販売先					
	計	卸売市場	小売業	食品製造業	外食産業	消費者に直接販売
年間販売金額	2,875,059	1,089,868	659,076	511,639	88,992	525,484

注：1　食品流通段階別価格形成調査（青果物調査）（平成29年度）と重複しない範囲を
　　　本調査で実施し、両調査結果を合計して算出した。
　　2　農産物の直接販売における年間販売金額は、農業経営体が卸売市場、小売業、消
　　　費者、食品製造業及び外食産業に直接販売した金額の合計である。

（2）　水産物の直接販売における販売先別年間販売金額

単位：100万円

区分	直接販売による水産物の販売先					
	計	消費地卸売市場	小売業	食品製造業	外食産業	消費者に直接販売
年間販売金額	357,157	143,860	79,997	79,331	8,550	45,418

注：1　食品流通段階別価格形成調査（水産物調査）（平成29年度）の結果を基に算出した。
　　2　水産物の直接販売における年間販売金額は、漁業経営体が消費地卸売市場、小売業、
　　　消費者、食品製造業及び外食産業に直接販売した金額の合計である。
　　3　消費地卸売市場とは、荷さばき所を含めた産地卸売市場以外の中央卸売市場等の卸
　　　売市場へ直接出荷したものをいう。

4 農業生産関連事業を行っている農業経営体数等（各年2月1日現在）
(1) 農業経営体

単位：経営体

全国・農業地域	農業生産関連事業を行っている実経営体数	事業種類別							
		農産物の加工	消費者に直接販売	貸農園・体験農園等	観光農園	農家民宿	農家レストラン	海外への輸出	その他
平成22年	351,494	34,172	329,122	5,840	8,768	2,006	1,248	445	3,215
27	251,073	25,068	236,655	3,723	6,597	1,750	1,304	576	1,836
北海道	5,286	882	4,597	296	291	219	140	48	153
都府県	245,787	24,186	232,058	3,427	6,306	1,531	1,164	528	1,683
東北	30,491	3,862	28,357	424	703	356	218	72	310
北陸	15,467	1,682	14,471	175	188	122	67	64	84
関東・東山	64,985	6,742	61,395	1,227	3,112	333	295	141	488
東海	27,008	2,210	25,850	328	447	39	93	70	204
近畿	31,238	3,151	29,005	566	555	124	130	40	138
中国	23,828	1,942	22,900	186	417	75	98	22	133
四国	15,722	1,037	15,207	89	146	64	57	28	76
九州	35,888	3,426	33,859	398	706	356	189	86	235
沖縄	1,160	134	1,014	34	32	62	17	5	15

資料：農林水産省統計部「農林業センサス」（以下(2)まで同じ。）

(2)　販売農家

単位：戸

全国・農業地域	農業生産関連事業を行っている実農家数	事業種類別							
		農産物の加工	消費者に直接販売	貸農園・体験農園等	観光農園	農家民宿	農家レストラン	海外への輸出	その他
平成22年	341,581	31,854	320,572	5,177	8,111	1,918	989	335	2,870
27	239,056	21,374	226,585	3,024	5,818	1,629	865	350	1,374
北海道	4,719	654	4,197	253	254	200	88	32	105
都府県	234,337	20,720	222,388	2,771	5,564	1,429	777	318	1,269
東北	29,063	3,347	27,193	360	622	331	168	49	240
北陸	14,250	1,307	13,434	114	139	111	42	34	59
関東・東山	62,401	6,056	59,181	1,055	2,886	305	197	84	376
東海	25,700	1,864	24,702	255	371	36	54	45	161
近畿	29,970	2,810	27,895	440	466	116	77	22	110
中国	22,534	1,550	21,778	120	315	70	60	10	93
四国	15,179	873	14,744	72	120	62	40	19	61
九州	34,262	2,847	32,589	323	632	341	133	54	163
沖縄	978	66	872	32	13	57	6	1	6

Ⅲ 食品産業の構造
1 食品製造業の構造と生産状況
(1) 事業所数（従業者4人以上の事業所）

単位：事業所

区分	平成25年	26	27	28	29
製造業計	208,029	202,410	217,601	191,339	188,249
うち食料品製造業	27,914	27,115	28,239	25,466	24,892
畜産食料品製造業	2,525	2,493	2,661	2,452	2,477
水産食料品製造業	5,902	5,748	5,920	5,324	5,154
野菜缶詰・果実缶詰・農産保存食料品製造業	1,730	1,668	1,801	1,588	1,545
調味料製造業	1,530	1,499	1,557	1,442	1,430
糖類製造業	134	129	139	125	128
精穀・製粉業	688	666	742	649	641
パン・菓子製造業	5,429	5,247	5,355	5,018	4,932
動植物油脂製造業	199	196	206	190	186
その他の食料品製造業	9,777	9,469	9,858	8,678	8,399
飲料・たばこ・飼料製造業	4,254	4,128	4,759	3,996	3,975
うち清涼飲料製造業	566	562	635	527	540
酒類製造業	1,518	1,484	1,542	1,466	1,464
茶・コーヒー製造業（清涼飲料を除く。）	1,200	1,141	1,475	1,103	1,088

資料： 経済産業省「工業統計調査」。ただし、平成27年は「経済センサス-活動調査」による。
　　　（各年12月31日現在。ただし、平成28年は、事業所数、従業者数は平成29年6月1日現在、
　　　製造品出荷額等は平成28年1月から12月の実績である。以下(3)まで同じ。）

(2) 従業者数（従業者4人以上の事業所）

単位：人

区分	平成25年	26	27	28	29
製造業計	7,402,984	7,403,269	7,497,792	7,571,369	7,697,321
うち食料品製造業	1,105,813	1,112,433	1,109,819	1,130,444	1,138,973
畜産食料品製造業	148,337	148,628	157,302	158,331	162,992
水産食料品製造業	148,870	146,353	146,567	142,620	139,355
野菜缶詰・果実缶詰・農産保存食料品製造業	48,480	46,868	46,004	46,371	45,571
調味料製造業	49,744	49,738	49,366	53,293	52,236
糖類製造業	6,691	6,810	6,148	6,455	6,656
精穀・製粉業	15,073	14,851	14,470	14,934	14,772
パン・菓子製造業	258,557	257,957	247,269	254,702	258,413
動植物油脂製造業	9,873	10,289	9,961	10,376	10,012
その他の食料品製造業	420,188	430,939	432,732	443,362	448,966
飲料・たばこ・飼料製造業	100,371	99,451	103,075	101,827	102,129
うち清涼飲料製造業	28,384	28,479	29,283	29,308	28,873
酒類製造業	35,090	34,816	34,563	35,196	35,490
茶・コーヒー製造業（清涼飲料を除く。）	18,033	17,604	19,608	18,524	18,875

(3)　製造品出荷額等（従業者4人以上の事業所）

単位：100万円

区分	平成25年	26	27	28	29
製造業計	292,092,130	305,139,989	313,128,563	302,185,204	319,166,725
うち食料品製造業	24,948,095	25,936,077	28,102,190	28,426,447	29,055,931
畜産食料品製造業	5,488,292	5,773,873	6,677,706	6,535,162	6,749,891
水産食料品製造業	3,022,784	3,098,234	3,502,112	3,399,052	3,383,333
野菜缶詰・果実缶詰・農産保存食料品製造業	744,019	760,579	789,450	766,849	818,220
調味料製造業	1,776,156	1,788,414	1,860,209	1,980,981	2,041,406
糖類製造業	526,084	530,035	534,341	529,719	549,169
精穀・製粉業	1,328,150	1,265,616	1,304,133	1,311,420	1,358,701
パン・菓子製造業	4,634,099	4,868,550	5,142,128	5,149,542	5,248,559
動植物油脂製造業	904,561	956,913	989,221	958,875	969,020
その他の食料品製造業	6,523,951	6,893,864	7,302,890	7,794,848	7,937,631
飲料・たばこ・飼料製造業	9,500,444	9,596,768	10,240,415	9,773,607	9,515,514
うち清涼飲料製造業	2,262,152	2,311,600	2,326,029	2,148,023	2,228,200
酒類製造業	3,262,391	3,296,111	3,487,204	3,511,912	3,397,399
茶・コーヒー製造業（清涼飲料を除く。）	538,336	543,081	597,305	581,248	613,863

2　海外における現地法人企業数及び売上高（農林漁業、食料品製造業）

(1)　現地法人企業数（国・地域別）（平成29年度実績）

単位：社

区分	全地域	北米	アメリカ	カナダ	中南米	ブラジル	メキシコ	アルゼンチン	アジア	中国
計	25,034	3,221	2,992	229	1,409	306	401	32	16,655	7,463
製造業	10,838	1,155	1,078	77	400	141	208	10	8,277	3,859
1)うち食料品	521	90	83	7	17	8	3	1	352	164
非製造業	14,196	2,066	1,914	152	1,009	165	193	22	8,378	3,604
うち農林漁業	96	10	8	2	20	9	1	–	35	13

区分	アジア（続き）									
	中国（続き）		ASEAN4					NIEs3		
	中国本土	香港		フィリピン	マレーシア	タイ	インドネシア		台湾	韓国
計	6,297	1,166	4,587	544	764	2,221	1,058	2,828	931	794
製造業	3,656	203	2,577	294	404	1,253	626	914	394	328
1)うち食料品	154	10	112	5	16	57	34	41	13	12
非製造業	2,641	963	2,010	250	360	968	432	1,914	537	466
うち農林漁業	13	–	10	1	2	3	4	4	2	1

資料：経済産業省「第48回 海外事業活動基本調査」（以下(2)まで同じ。）
注：1)は、食料品製造業、飲料製造業、たばこ製造業及び飼料・有機質肥料製造業である。

2 海外における現地法人企業数及び売上高（農林漁業、食料品製造業）（続き）
(1) 現地法人企業数（国・地域別）（平成29年度実績）（続き）

単位：社

| 区分 | アジア（続き） | | | 中東 | 欧州 | EU | | | | |
	NIEs3(続き)シンガポール	インド	ベトナム				イギリス	フランス	ドイツ	イタリア
計	1,103	563	957	159	2,859	2,593	626	289	567	153
製造業	192	279	558	25	851	784	170	106	141	48
1)うち食料品	16	6	27	–	43	41	17	8	3	2
非製造業	911	284	399	134	2,008	1,809	456	183	426	105
うち農林漁業	1	1	4	2	11	6	1	1	–	–

| 区分 | 欧州（続き） | | | | | オセアニア | オーストラリア | ニュージーランド | アフリカ | BRICs | ASEAN10 |
	EU（続き）オランダ	ベルギー	スペイン	スイス	ロシア						
計	353	108	102	53	116	562	435	65	169	7,282	6,813
製造業	59	35	44	7	27	87	66	16	43	4,103	3,374
1)うち食料品	4	2	–	–	–	18	14	4	1	168	156
非製造業	294	73	58	46	89	475	369	49	126	3,179	3,439
うち農林漁業	1	–	1	1	–	14	10	3	4	23	16

(2) 現地法人の売上高（平成29年度実績）

単位：100万円

区分	計	日本向け輸出額	親企業向け	その他の企業向け
計	288,132,736	26,418,450	21,882,660	4,535,790
製造業	138,024,661	13,507,235	12,009,153	1,498,082
1)うち食料品	5,773,159	407,969	308,856	99,113
非製造業	150,108,075	12,911,215	9,873,507	3,037,708
うち農林漁業	406,791	85,456	66,047	19,409

区分	現地販売額	日系企業向け	地場企業向け	その他の企業向け
計	161,213,921	46,863,200	99,547,065	24,803,656
製造業	76,148,784	32,655,267	37,654,658	5,838,859
1)うち食料品	4,966,615	222,236	4,180,503	563,876
非製造業	85,065,137	14,207,933	61,892,407	8,964,797
うち農林漁業	133,982	50,163	59,879	23,940

区分	第三国向け輸出額	北米	アジア	欧州	その他の地域
計	100,500,365	33,406,805	35,200,692	19,865,708	12,027,160
製造業	48,368,642	14,785,116	19,692,161	9,083,608	4,807,757
1)うち食料品	398,575	55,280	123,234	131,899	88,162
非製造業	52,131,723	18,621,689	15,508,531	10,782,100	7,219,403
うち農林漁業	187,353	7,773	50,216	32,613	96,751

注：1)は、食料品製造業、飲料製造業、たばこ製造業及び飼料・有機質肥料製造業である。

3　食品卸売業の構造と販売状況
(1)　事業所数

単位：事業所

区分	平成16年	19	24	26	28
卸売業計	375,269	334,799	371,663	382,354	364,814
うち各種商品卸売業	1,245	1,200	1,619	1,490	1,410
管理、補助的経済活動を行う事業所	…	…	10	26	58
従業者が常時100人以上の各種商品卸売業	28	26	30	23	29
その他の各種商品卸売業	1,217	1,174	1,579	1,441	1,323
飲食料品卸売業	84,539	76,058	73,006	76,653	70,613
管理、補助的経済活動を行う事業所	…	…	1,016	1,171	1,480
農畜産物・水産物卸売業	39,485	37,844	35,066	36,480	33,461
うち米麦卸売業	…	2,837	2,263	2,488	2,375
雑穀・豆類卸売業	…	972	811	818	817
米麦卸売業、雑穀・豆類卸売業（格付不能）	…	…	714	749	…
野菜卸売業	…	8,277	7,119	7,286	7,542
果実卸売業	…	2,224	1,637	1,671	1,692
野菜卸売業、果実卸売業（格付不能）	…	…	2,071	2,202	…
食肉卸売業	8,125	7,438	6,445	7,077	6,368
生鮮魚介卸売業	13,033	10,682	10,660	11,090	10,390
その他の農畜産物・水産物卸売業	2,634	5,414	3,346	3,099	2,732
食料・飲料卸売業	45,054	38,214	36,924	39,002	35,672
うち砂糖・味そ・しょう油卸売業	…	1,421	1,156	963	1,070
酒類卸売業	…	3,031	2,561	2,502	2,720
乾物卸売業	…	3,553	2,247	2,253	2,424
菓子・パン類卸売業	…	6,004	4,364	4,579	4,364
飲料卸売業	…	2,934	1,941	1,913	2,100
茶類卸売業	…	2,322	1,635	1,607	1,822
牛乳・乳製品卸売業	…	…	2,621	2,678	2,392
その他の食料・飲料卸売業	…	18,949	11,607	12,249	13,880
食料・飲料卸売業（格付不能）	…	…	8,792	10,258	…

資料：　経済産業省「商業統計」（平成24年及び28年の数値は、平成24年及び28年経済センサス
　　　活動調査の数値である。（以下4（3）まで同じ。）。
注：　1　平成24年及び26年の数値は、管理、補助的経済活動を行う事業所、産業細分類が格付
　　　　不能の事業所、卸売の商品販売額及び仲立手数料のいずれの金額も無い事業所を含む。
　　　2　平成24年及び26年の数値には、「外国の会社」を含む（以下4（3）まで同じ。）。

3　食品卸売業の構造と販売状況（続き）
(2)　従業者数

単位：千人

区分	平成16年	19	24	26	28
卸売業計	3,804	3,526	3,822	3,932	3,942
うち各種商品卸売業	38	33	41	37	39
管理、補助的経済活動を行う事業所	…	…	0	1	0
従業者が常時100人以上の各種商品卸売業	24	20	24	20	25
その他の各種商品卸売業	14	13	16	16	14
飲食料品卸売業	887	820	759	797	772
管理、補助的経済活動を行う事業所	…	…	13	11	12
農畜産物・水産物卸売業	406	393	348	364	346
うち米麦卸売業		26	16	19	18
雑穀・豆類卸売業		7	7	6	7
米麦卸売業、雑穀・豆類卸売業 　　（格付不能）	…	…	8	5	…
野菜卸売業	…	105	89	92	101
果実卸売業	…	22	17	18	18
野菜卸売業、果実卸売業 　　（格付不能）	…	…	22	24	…
食肉卸売業	75	74	60	67	66
生鮮魚介卸売業	129	106	98	102	95
その他の農畜産物・水産物卸売業	24	53	31	32	27
食料・飲料卸売業	482	427	397	422	414
うち砂糖・味そ・しょう油卸売業		11	9	7	8
酒類卸売業	…	42	34	31	39
乾物卸売業	…	26	17	15	18
菓子・パン類卸売業	…	58	42	47	48
飲料卸売業	…	43	32	24	36
茶類卸売業	…	19	12	10	14
牛乳・乳製品卸売業	…	…	28	23	28
その他の食料・飲料卸売業	…	228	140	152	176
食料・飲料卸売業 　　（格付不能）	…	…	84	112	…

注：　従業者数とは、「個人業主」、「無給家族従業者」、「有給役員」及び「常用雇用者」の計
　　であり、臨時雇用者は含まない。

(3)　年間商品販売額

単位：10億円

区分	平成16年	19	24	26	28
卸売業計	405,497	413,532	365,481	356,652	436,523
うち各種商品卸売業	49,031	49,042	30,740	25,890	30,127
従業者が常時100人以上の各種商業卸売業	46,210	46,827	27,760	23,869	27,580
その他の各種商品卸売業	2,821	2,216	2,980	2,021	2,546
飲食料品卸売業	86,390	75,649	71,452	71,553	88,997
うち農畜産物・水産物卸売業	42,578	34,951	29,196	30,695	36,837
うち米麦卸売業	…	3,476	1,948	2,741	3,335
雑穀・豆類卸売業	650	650	1,131	957	1,033
野菜卸売業	…	7,985	7,480	8,459	9,650
果実卸売業	…	1,817	1,286	1,587	1,765
食肉卸売業	6,222	6,389	4,827	5,590	8,368
生鮮魚介卸売業	11,789	9,709	7,200	8,163	9,138
その他の農畜産物・水産物卸売業	1,888	4,925	2,520	3,195	3,289
食料・飲料卸売業	43,812	40,698	42,256	40,859	52,059
うち砂糖・味そ・しょう油卸売業	…	1,200	1,253	1,090	1,311
酒類卸売業	…	7,909	7,981	7,331	8,976
乾物卸売業	…	1,259	1,001	711	963
菓子・パン類卸売業	…	3,696	3,294	3,850	4,286
飲料卸売業	…	4,214	3,772	3,384	4,366
茶類卸売業	…	764	659	458	820
牛乳・乳製品卸売業	…	…	3,324	2,404	3,725
その他の食料・飲料卸売業	…	21,657	19,948	21,629	26,088

注：平成19年以前の数値は、各調査年の前年4月1日から調査年3月31日までの1年間の数値である。

4 食品小売業の構造と販売状況
(1) 事業所数

単位：事業所

区分	平成16年	19	24	26	28
小売業計	1,238,049	1,137,859	1,033,358	1,024,881	990,246
うち各種商品小売業	5,556	4,742	3,014	4,199	3,275
管理、補助的経済活動を行う事業所	…	…	105	117	149
百貨店、総合スーパー	1,983	1,856	1,427	1,706	1,590
その他の各種商品小売業 　（従業者が常時50人未満のもの）	3,573	2,886	1,482	2,376	1,536
飲食料品小売業	444,596	389,832	317,983	308,248	299,120
管理、補助的経済活動を行う事業所	…	…	1,477	1,507	1,884
各種食料品小売業	38,531	34,486	29,504	26,970	27,442
野菜・果実小売業	27,709	23,950	20,986	19,443	18,397
食肉小売業	14,824	13,682	12,534	11,604	11,058
鮮魚小売業	23,021	19,713	15,833	14,050	13,705
酒小売業	60,191	47,696	37,277	33,478	32,233
菓子・パン小売業	77,653	66,205	62,077	62,113	61,922
その他の飲食料品小売業	202,667	184,100	138,295	139,083	132,479
1)コンビニエンスストア	42,372	42,644	30,343	34,414	49,463
米穀類小売業	20,956	16,769	12,027	10,030	9,792

注：1)は、飲食料品を中心とするものに限る。

(2) 従業者数

単位：千人

区分	平成16年	19	24	26	28
小売業計	7,762	7,579	7,404	7,686	7,654
うち各種商品小売業	541	523	364	405	357
管理、補助的経済活動を行う事業所	…	…	19	22	14
百貨店、総合スーパー	517	496	334	357	331
その他の各種商品小売業 　（従業者が常時50人未満のもの）	24	27	11	26	12
飲食料品小売業	3,151	3,083	2,849	2,958	3,012
管理、補助的経済活動を行う事業所	…	…	40	56	43
各種食料品小売業	856	872	942	906	1,025
野菜・果実小売業	104	88	88	89	85
食肉小売業	59	56	60	58	59
鮮魚小売業	79	69	64	59	56
酒小売業	177	137	111	100	95
菓子・パン小売業	367	342	342	369	370
その他の飲食料品小売業	1,509	1,519	1,202	1,321	1,280
1)コンビニエンスストア	601	622	437	529	749
米穀類小売業	53	42	30	25	25

注：1)は、飲食料品を中心とするものに限る。

(3)　年間商品販売額

単位：10億円

区分	平成16年	19	24	26	28
小売業計	133,279	134,705	114,852	122,177	145,104
うち各種商品小売業	16,913	15,653	10,997	11,517	12,879
うち百貨店、総合スーパー	16,409	15,156	10,823	10,936	12,635
その他の各種商品小売業 （従業者が常時50人未満のもの）	505	497	174	580	245
飲食料品小売業	41,334	40,813	32,627	32,207	41,568
うち各種食料品小売業	17,085	17,107	15,338	14,834	20,552
野菜・果実小売業	1,215	998	824	861	971
食肉小売業	690	656	633	584	729
鮮魚小売業	949	858	654	585	728
酒小売業	3,329	2,490	1,535	1,354	1,564
菓子・パン小売業	2,269	2,072	1,655	1,850	2,392
その他の飲食料品小売業	15,799	16,633	11,989	12,139	14,632
1)コンビニエンスストア	6,876	6,856	5,452	6,404	8,722
米穀類小売業	666	446	310	261	242

注：平成19年以前の数値は、各調査年の前年4月1日から調査年3月31日までの1年間の数値である。

5　外食産業の構造と市場規模
(1)　事業所数及び従業者数

区分	平成26年	
	事業所数	従業者数
	事業所	人
飲食店	**619,711**	**4,231,432**
うち管理、補助的経済活動を行う事業所	2,126	31,113
食堂・レストラン	52,461	437,687
専門料理店	177,056	1,529,185
うち日本料理店	49,792	466,193
中華料理店	55,095	389,836
焼肉店	18,833	182,860
その他の専門料理店	53,336	490,296
そば・うどん店	31,114	217,056
すし店	24,069	250,822
酒場、ビヤホール	129,662	691,478
バー、キャバレー、ナイトクラブ	103,439	374,687
喫茶店	69,983	339,004
その他の飲食店	29,801	360,400
ハンバーガー店	5,972	193,295
お好み焼・焼きそば・たこ焼店	16,551	66,330
他に分類されないその他の飲食店	7,278	100,775
持ち帰り・配達飲食サービス業	55,929	592,042
うち管理、補助的経済活動を行う事業所	289	4,290
持ち帰り飲食サービス業	12,846	91,606
配達飲食サービス業	42,794	496,146

資料：総務省統計局「平成26年経済センサス-基礎調査」

5 外食産業の構造と市場規模（続き）
(2) 市場規模

単位：億円

区分	平成26年	27	28	29	30
外食産業計	246,148	254,078	254,553	256,804	257,692
給食主体部門	195,493	202,598	204,320	207,297	207,926
営業給食	162,172	168,893	170,664	173,448	174,223
飲食店	132,204	136,247	139,464	142,579	143,335
食堂・レストラン	94,348	97,923	99,325	101,422	101,509
そば・うどん店	11,696	12,373	12,499	12,875	13,041
すし店	13,916	14,386	15,187	15,308	15,497
その他の飲食店	12,244	11,565	12,453	12,974	13,288
機内食等	2,558	2,667	2,672	2,696	2,696
宿泊施設	27,410	29,979	28,528	28,173	28,192
集団給食	33,321	33,705	33,656	33,849	33,703
学校	4,968	4,982	4,899	4,882	4,883
事業所	17,210	17,463	17,495	17,527	17,335
社員食堂等給食	11,953	12,132	12,126	12,113	11,925
弁当給食	5,257	5,331	5,369	5,414	5,410
病院	8,021	8,014	7,917	8,012	7,988
保育所給食	3,122	3,246	3,345	3,428	3,497
料飲主体部門	50,655	51,480	50,233	49,507	49,766
喫茶店・居酒屋等	21,301	21,937	21,518	21,579	21,834
喫茶店	10,921	11,285	11,256	11,459	11,645
居酒屋・ビヤホール等	10,380	10,652	10,262	10,120	10,189
料亭・バー等	29,354	29,543	28,715	27,928	27,932
料亭	3,509	3,531	3,432	3,338	3,338
バー・キャバレー・ナイトクラブ	25,845	26,012	25,283	24,590	24,594
料理品小売業	67,725	71,384	75,444	77,040	78,647
弁当給食を除く	62,468	66,053	70,075	71,626	73,237
弁当給食	5,257	5,331	5,369	5,414	5,410
外食産業（料理品小売業を含む。）	308,616	320,131	324,628	328,430	330,929

資料：日本フードサービス協会「平成30年外食産業市場規模推計について」
注： 1 数値は、同協会の推計である。
　　 2 市場規模推計値には消費税を含む。
　　 3 料理品小売業の中には、スーパー、百貨店等のテナントとして入店している場合の
　　　　売上高は含むが、総合スーパー、百貨店が直接販売している売上高は含まない。
　　 4 平成28年及び29年の市場規模については、法人交際費等の確定値を反映している。

IV　食品の流通と利用
1　食品製造業の加工原材料の内訳の推移

区分		単位	平成17年	23
計	（金額）	10億円	7,885	7,846
〃	（比率）	%	100.0	100.0
国産食用農林水産物	（金額）	10億円	5,767	5,453
〃	（比率）	%	73.1	69.5
輸入食用農林水産物	（金額）	10億円	747	929
〃	（比率）	%	9.5	11.8
輸入加工食品	（金額）	10億円	1,371	1,464
〃	（比率）	%	17.4	18.7

資料：農林水産省統計部「平成23年（2011年）農林漁業及び関連産業を中心とした産業連関表」
注：1　総務省等10府省庁「産業連関表」を基に農林水産省が推計した。
　　2　平成17年については、最新の「平成23年産業連関表」の概念等に合わせて再推計した数値である。

2　業態別商品別の年間商品販売額（平成25年）

単位：100万円

業態分類	計	1)百貨店、総合スーパー	飲食料品小売			
			小計	野菜	果実	食肉
合計	36,962,551	4,655,825	32,306,727	2,529,360	1,041,794	2,372,816
1) 百貨店	1,354,859	1,354,859	…	…	…	…
1) 総合スーパー	3,300,965	3,300,965	…	…	…	…
専門スーパー	14,386,082	…	14,386,082	1,626,143	655,680	1,543,945
うち食料品スーパー	14,196,304	…	14,196,304	1,624,264	655,456	1,543,890
コンビニエンスストア	4,419,822	…	4,419,822	30,448	10,986	16,985
うち終日営業店	3,962,474	…	3,962,474	18,636	6,078	4,955
広義ドラッグストア	994,853	…	994,853	2,620	189	2,544
うちドラッグストア	691,014	…	691,014	1,491	19	1,208
その他のスーパー	2,626,360	…	2,626,360	215,054	90,330	191,781
うち各種商品取扱店	77,299	…	77,299	399	204	445
専門店	3,421,666	…	3,421,666	195,730	104,250	279,946
うち食料品専門店	3,406,895	…	3,406,895	195,461	104,202	279,930
家電大型専門店	−	…	−	…	…	…
中心店	3,751,083	…	3,751,083	319,189	130,364	218,624
うち食料品中心店	3,376,187	…	3,376,187	310,560	126,535	213,898
その他の小売店	69,681	…	69,681	1,480	859	5,295
うち各種商品取扱店	55,272	…	55,272	352	255	4,003
無店舗販売	2,637,180	…	2,637,180	138,695	49,135	113,696
うち通信・カタログ販売、インターネット販売	1,565,793	…	1,565,793	125,752	45,728	104,938

資料：経済産業省大臣官房調査統計グループ「平成26年商業統計表　業態別統計編（小売業）」
注：平成25年1月1日から同年12月31日までの1年間の当該事業所における有体商品の販売額である。
　　1)は、百貨店、総合スーパー商品分類による集計のため、他の一般商品分類には計上されない。

2 業態別商品別の年間商品販売額（平成25年）（続き）

単位：100万円

業態分類	飲食料品小売（続き）					
	卵・鳥肉	鮮魚	酒	菓子（製造）	菓子（非製造）	パン（製造）
合計	575,385	2,306,081	2,790,294	754,798	2,520,376	501,979
1) 百貨店	...	...	...	...	...	...
1) 総合スーパー	...	...	...	...	...	...
専門スーパー	379,521	1,418,809	1,116,742	92,448	850,145	75,117
うち食料品スーパー	379,512	1,418,612	1,075,261	86,650	838,778	74,904
コンビニエンスストア	5,717	13,444	352,811	21,529	543,067	48,273
うち終日営業店	2,630	4,383	303,209	16,112	473,051	18,295
広義ドラッグストア	5,137	332	106,155	2,254	101,522	410
うちドラッグストア	1,502	144	58,314	2,240	66,131	397
その他のスーパー	41,817	207,000	295,690	39,256	230,397	244,485
うち各種商品取扱店	179	190	998	40	7,829	43
専門店	58,934	290,184	324,018	526,643	407,737	98,795
うち食料品専門店	58,908	290,110	323,166	526,565	406,664	98,729
家電大型専門店	–	–	–	–	–	–
中心店	48,714	247,445	531,535	67,087	298,521	34,340
うち食料品中心店	46,476	242,413	497,588	62,333	261,928	33,132
その他の小売店	198	1,643	1,560	5,580	16,237	560
うち各種商品取扱店	14	120	1,013	4,099	14,497	294
無店舗販売	35,348	127,224	61,784	–	72,750	–
うち通信・カタログ販売、インターネット販売	34,023	115,009	36,709	–	64,528	–

業態分類	飲食料品小売（続き）					
	パン（非製造）	牛乳	飲料（牛乳を除く・茶類飲料を含む）	茶類（葉・粉・豆などのもの）	料理品(他から仕入れたもの又は作り置きのもの)	米穀類
合計	987,793	639,084	2,987,959	330,084	3,536,985	747,292
1) 百貨店	...	...	...	...	...	...
1) 総合スーパー	...	...	...	...	...	...
専門スーパー	466,145	296,243	605,341	98,545	1,194,592	282,201
うち食料品スーパー	464,559	296,233	560,683	98,301	1,192,564	275,750
コンビニエンスストア	324,298	113,413	876,637	24,668	1,398,078	27,578
うち終日営業店	282,210	107,248	798,787	20,981	1,326,504	24,923
広義ドラッグストア	27,255	20,345	85,328	8,178	3,202	24,595
うちドラッグストア	14,217	12,244	65,903	3,876	2,337	16,121
その他のスーパー	52,269	18,572	134,710	32,707	255,776	45,458
うち各種商品取扱店	276	62	4,678	1,190	504	458
専門店	13,223	74,304	136,978	58,937	311,830	141,049
うち食料品専門店	13,085	74,199	134,353	58,642	311,321	139,414
家電大型専門店	–	–	–	–	–	–
中心店	81,460	77,019	248,505	61,742	331,656	158,244
うち食料品中心店	73,900	74,935	213,774	56,468	313,595	124,591
その他の小売店	668	163	3,283	1,730	4,879	1,130
うち各種商品取扱店	336	81	3,067	1,465	4,835	442
無店舗販売	22,476	39,026	897,178	43,576	36,971	67,036
うち通信・カタログ販売、インターネット販売	14,789	34,317	68,570	16,226	25,429	56,857

単位：100万円

業態分類	飲食料品小売（続き）					
	豆腐・かまぼこ等加工食品	乾物	めん類（チルドめんを含む・冷凍めんを除く）	乳製品	冷凍食品（冷凍めんを含む）	他の飲食料品
合計	**1,222,351**	**398,432**	**530,632**	**462,097**	**437,678**	**4,633,456**
1) 百貨店	…	…	…	…	…	…
1) 総合スーパー	…	…	…	…	…	…
専門スーパー	796,198	215,069	245,021	269,573	227,639	1,930,962
うち食品スーパー	795,846	214,956	243,417	269,237	227,281	1,860,150
コンビニエンスストア	31,079	17,330	117,460	21,220	39,063	385,739
うち終日営業店	26,168	15,463	109,192	18,721	36,368	348,560
広義ドラッグストア	15,461	6,367	28,743	57,288	22,899	474,030
うちドラッグストア	4,439	2,258	13,736	42,099	7,797	374,539
その他のスーパー	78,676	30,098	30,599	27,021	27,051	337,613
うち各種商品取扱店	471	165	669	297	209	57,993
専門店	77,887	34,415	20,841	13,512	8,791	243,661
うち食料品専門店	77,856	34,355	20,098	13,484	8,754	237,598
家電大型専門店	－	－	－	－	－	－
中心店	138,539	75,592	59,823	38,530	31,581	552,573
うち食料品中心店	136,715	72,563	50,007	37,723	29,088	397,965
その他の小売店	606	1,186	784	160	238	21,444
うち各種商品取扱店	378	1,065	710	56	120	18,069
無店舗販売	83,906	18,376	27,360	34,793	80,417	687,433
うち通信・カタログ販売、インターネット販売	80,962	17,052	23,623	10,257	78,017	613,006

3　全国主要都市の野菜の小売価格動向

並列販売店舗における生鮮野菜の品目別価格及び価格比（平成28年）

区分	国産標準品と国産有機栽培品				国産標準品と	
	価格			(参考)集計対象店舗数	価格	
	国産標準品	国産有機栽培品	比率		国産標準品	国産特別栽培品
	円/kg	円/kg	%	店	円/kg	円/kg
だいこん　(1)	204	315	155	105	179	177
にんじん　(2)	394	685	174	414	352	506
ごぼう　(3)	821	1,232	150	220	607	802
はくさい　(4)	…	…	nc	…	157	285
みずな　(5)	912	1,317	144	294	869	1,193
こまつな　(6)	792	1,223	154	340	532	754
キャベツ　(7)	178	291	163	42	171	220
ほうれんそう　(8)	1,072	1,441	134	301	1,213	1,335
ねぎ　(9)	669	960	143	54	649	732
ブロッコリー　(10)	…	…	nc	…	…	…
レタス　(11)	…	…	nc	…	387	441
きゅうり　(12)	511	836	164	41	551	722
かぼちゃ　(13)	…	…	nc	…	449	565
なす　(14)	676	966	143	32	654	818
トマト　(15)	697	1,078	155	66	701	969
ミニトマト　(16)	1,346	1,921	143	157	1,441	1,795
ピーマン　(17)	959	1,793	187	186	860	1,219
ばれいしょ　(18)	385	568	147	336	339	419
さといも　(19)	…	…	nc	…	672	724
たまねぎ　(20)	296	536	181	392	236	336
にんにく　(21)	…	…	nc	…	2,245	3,317
しょうが　(22)	…	…	nc	…	1,303	1,739
生しいたけ　(23)	…	…	nc	…	…	…

資料：農林水産省統計部「生鮮野菜価格動向調査報告」
注：1　並列販売店舗とは、同じ品目について国産有機栽培品、国産特別栽培品又は輸入品の
　　　いずれかを国産標準品と同時に販売している店舗をいう。
　　2　価格は、各品目の販売区分別に販売実績のあった価格の単純平均である。
　　3　国産標準品の価格については、販売区分（国産有機栽培品、国産特別栽培品及び輸入
　　　品をいう。以下同じ。）別に集計対象店舗が異なるため、同一品目でも、販売区分で価
　　　格が異なる場合がある。
　　4　比率については、表示単位未満の数値から算出しているため、掲載数値による算出と
　　　一致しないことがある。なお、比率の算出方法は次のとおりである。
　　　価格の比率＝（比較対象品の価格／国産標準品の価格）×100
　　5　集計対象店舗数は、各品目の販売区分別に販売実績のあった店舗数の年間計である。
　　　なお、本調査は、毎月、全国21都市の116店舗（年間延べ1,392店舗）を対象として実
　　　施したものであり、回答店舗は延べ1,139店舗であった。

国産特別栽培品		国産標準品と輸入品					
比率	(参考)集計対象店舗数	価格			(参考)集計対象店舗数	
		国産標準品	輸入品	比率		
％	店	円／kg	円／kg	％	店	
99	20	…	…	nc	…	(1)
144	133	464	282	61	8	(2)
132	49	533	313	59	9	(3)
181	2	…	…	nc	…	(4)
137	19	…	…	nc	…	(5)
142	31	…	…	nc	…	(6)
129	29	…	…	nc	…	(7)
110	35	…	…	nc	…	(8)
113	3	554	309	56	4	(9)
nc	…	949	649	68	142	(10)
114	42	…	…	nc	…	(11)
131	61	…	…	nc	…	(12)
126	29	727	382	53	189	(13)
125	19	…	…	nc	…	(14)
138	105	…	…	nc	…	(15)
125	111	1,835	1,602	87	4	(16)
142	79	…	…	nc	…	(17)
123	120	…	…	nc	…	(18)
108	24	479	320	67	5	(19)
143	144	276	177	64	27	(20)
148	125	3,458	957	28	531	(21)
133	191	1,474	799	54	30	(22)
nc	…	2,064	891	43	22	(23)

4 食品の多様な販売経路
(1) 卸売市場経由率の推移（重量ベース、推計）

単位：％

区分	平成24年度	25	26	27	28
青果	59.2	60.0	60.2	57.5	56.7
国産青果	85.1	85.8	84.4	81.2	79.5
水産物	53.4	54.1	51.9	52.1	52.0
食肉	9.9	9.8	9.5	9.2	8.6
花き	78.7	78.0	77.8	76.9	75.6

資料：農林水産省食料産業局「卸売市場をめぐる情勢について」（令和元年8月）
注： 農林水産省「食料需給表」、「青果物卸売市場調査報告」等により推計。卸売市場経由率は、国内で流通した加工品を含む国産及び輸入の青果、水産物等のうち、卸売市場（水産物についてはいわゆる産地市場は除く。）を経由したものの数量割合（花きについては金額割合）の推計値である。

(2) 自動販売機の普及台数（平成30年）

単位：台

機種・中身商品例	普及台数
計	4,235,100
自動販売機	2,937,800
飲料自動販売機	2,423,800
清涼飲料	2,120,000
牛乳	126,900
コーヒー・ココア（カップ式）	154,000
酒・ビール	22,900
食品自動販売機（インスタント麺・冷凍食品・アイスクリーム・菓子他）	72,000
たばこ自動販売機	153,300
券類自動販売機（乗車券、食券・入場券他）	58,400
日用品雑貨自動販売機（カード、衛生用品、新聞、玩具他）	230,300
自動サービス機（両替機、精算機、コインロッカー・各種貸出機他）	1,297,300

資料：日本自動販売システム機械工業会資料
注：普及台数は平成30年12月末現在である。

(3)　消費者向け電子商取引市場規模

単位：億円

業種	2017年	2018
物販系分野	86,008	92,992
食品、飲料、酒類	15,579	16,919
生活家電、ＡＶ機器、ＰＣ・周辺機器等	15,332	16,467
書籍、映像・音楽ソフト	11,136	12,070
化粧品、医薬品	5,670	6,136
雑貨、家具、インテリア	14,817	16,083
衣類・服装雑貨等	16,454	17,728
自動車、自動二輪車、パーツ等	2,192	2,348
事務用品、文房具	2,048	2,203
その他	2,779	3,038
サービス系分野	59,568	66,471
旅行サービス	33,724	37,186
飲食サービス	4,502	6,375
チケット販売	4,595	4,887
金融サービス	6,073	6,025
理美容サービス	4,188	4,928
その他（医療、保険、住居関連、教育等）	6,486	7,070

資料：　経済産業省商務情報政策局「平成30年度 我が国におけるデータ駆動型社会に係る
　　　基盤整備（電子商取引に関する市場調査）報告書」

Ⅴ 食品の価格形成

1 青果物の流通経費等

(1) 集出荷団体の流通経費等（100kg当たり）（平成29年度）

区分			単位	集出荷団体の販売収入				計	小計	選別・荷造労働費(生産者)を除いた集出荷経費
				計	卸売価格	荷主交付金・出荷奨励金等	その他の入金			
青果物平均	（金額）	(1)	円	17,870	17,553	179	138	6,387	3,320	2,464
（調査対象16品目）	（構成比）	(2)	%	100.0	98.2	1.0	0.8	35.7	18.6	13.8
野菜平均	（金額）	(3)	円	16,076	15,739	182	155	5,994	3,034	2,070
（調査対象14品目）	（構成比）	(4)	%	100.0	97.9	1.1	1.0	37.3	18.9	12.9
だいこん	（金額）	(5)	円	10,917	10,710	163	45	4,790	2,405	1,703
〃	（構成比）	(6)	%	100.0	98.1	1.5	0.4	43.9	22.0	15.6
にんじん	（金額）	(7)	円	11,639	11,077	156	406	5,403	2,694	1,980
〃	（構成比）	(8)	%	100.0	95.2	1.3	3.5	46.4	23.1	17.0
はくさい	（金額）	(9)	円	8,550	8,407	87	55	3,945	1,925	1,201
〃	（構成比）	(10)	%	100.0	98.3	1.0	0.6	46.1	22.5	14.0
キャベツ	（金額）	(11)	円	11,232	10,845	156	230	4,346	2,146	1,387
〃	（構成比）	(12)	%	100.0	96.6	1.4	2.1	38.7	19.1	12.3
ほうれんそう	（金額）	(13)	円	65,032	64,517	508	8	27,930	19,361	5,093
〃	（構成比）	(14)	%	100.0	99.2	0.8	0.0	42.9	29.8	7.8
ね ぎ	（金額）	(15)	円	45,756	45,207	500	49	19,208	12,759	4,569
〃	（構成比）	(16)	%	100.0	98.8	1.1	0.1	42.0	27.9	10.0
な す	（金額）	(17)	円	37,906	37,452	430	24	10,424	5,113	3,966
〃	（構成比）	(18)	%	100.0	98.8	1.1	0.1	27.5	13.5	10.5
トマト	（金額）	(19)	円	34,353	33,681	456	215	11,471	5,514	4,982
〃	（構成比）	(20)	%	100.0	98.0	1.3	0.6	33.4	16.1	14.5
きゅうり	（金額）	(21)	円	33,186	32,437	501	248	9,344	5,175	3,216
〃	（構成比）	(22)	%	100.0	97.7	1.5	0.7	28.2	15.6	9.7
ピーマン	（金額）	(23)	円	47,726	46,554	680	492	10,797	4,748	3,959
〃	（構成比）	(24)	%	100.0	97.5	1.4	1.0	22.6	9.9	8.3
さといも	（金額）	(25)	円	32,491	31,993	469	29	8,765	4,361	3,356
〃	（構成比）	(26)	%	100.0	98.5	1.4	0.1	27.0	13.4	10.3
たまねぎ	（金額）	(27)	円	8,534	8,486	33	15	3,586	1,528	1,490
〃	（構成比）	(28)	%	100.0	99.4	0.4	0.2	42.0	17.9	17.5
レタス	（金額）	(29)	円	16,216	15,709	179	328	6,972	3,607	2,193
〃	（構成比）	(30)	%	100.0	96.9	1.1	2.0	43.0	22.2	13.5
ばれいしょ	（金額）	(31)	円	13,431	13,393	38	0	4,555	1,864	1,836
〃	（構成比）	(32)	%	100.0	99.7	0.3	0.0	33.9	13.9	13.7
果実平均	（金額）	(33)	円	31,332	31,165	160	6	9,337	5,468	5,422
（調査対象2品目）	（構成比）	(34)	%	100.0	99.5	0.5	0.0	29.8	17.5	17.3
みかん	（金額）	(35)	円	31,499	31,276	214	9	7,771	3,626	3,578
〃	（構成比）	(36)	%	100.0	99.3	0.7	0.0	24.7	11.5	11.4
りんご	（金額）	(37)	円	31,166	31,056	107	3	10,899	7,304	7,261
〃	（構成比）	(38)	%	100.0	99.6	0.3	0.0	35.0	23.4	23.3

資料：農林水産省統計部「食品流通段階別価格形成調査」（以下2(5)ウまで同じ。）

注：1 集出荷・販売経費計、集出荷経費計及び生産者受取収入には、生産者による選別・荷造労働費が重複して含まれる。

2 構成比は、1集出荷団体当たりの数値を用い算出しているため、表中の数値（100kg当たり）を用い算出した値と一致しない場合がある。

1)は、卸売代金送金料及び負担金である。

集出荷・販売経費									生産者受取収入	
集出荷経費				販売経費						
包装・荷造材料費	選別・荷造労働費		その他集出荷経費	小計	出荷運送料	卸売手数料	上部団体手数料	1)その他		
	生産者	集出荷団体								
1,140	856	478	845	3,067	1,528	1,262	207	70	12,339	(1)
6.4	4.8	2.7	4.7	17.2	8.6	7.1	1.2	0.4	69.1	(2)
1,070	964	383	617	2,960	1,496	1,213	188	62	11,047	(3)
6.7	6.0	2.4	3.8	18.4	9.3	7.5	1.2	0.4	68.7	(4)
1,041	702	279	383	2,385	1,377	869	123	15	6,830	(5)
9.5	6.4	2.6	3.5	21.8	12.6	8.0	1.1	0.1	62.6	(6)
641	714	623	716	2,709	1,681	875	109	43	6,950	(7)
5.5	6.1	5.4	6.2	23.3	14.4	7.5	0.9	0.4	59.7	(8)
862	724	–	339	2,021	1,178	676	99	68	5,329	(9)
10.1	8.5	–	4.0	23.6	13.8	7.9	1.2	0.8	62.3	(10)
1,076	759	1	310	2,200	1,216	832	106	46	7,645	(11)
9.6	6.8	0.0	2.8	19.6	10.8	7.4	0.9	0.4	68.1	(12)
3,567	14,268	108	1,417	8,570	2,421	4,895	1,216	38	51,370	(13)
5.5	21.9	0.2	2.2	13.2	3.7	7.5	1.9	0.1	79.0	(14)
2,065	8,190	678	1,827	6,449	2,161	3,429	646	214	34,738	(15)
4.5	17.9	1.5	4.0	14.1	4.7	7.5	1.4	0.5	75.9	(16)
1,718	1,147	1,209	1,039	5,310	1,790	3,181	296	44	28,630	(17)
4.5	3.0	3.2	2.7	14.0	4.7	8.4	0.8	0.1	75.5	(18)
2,552	532	1,142	1,287	5,957	2,502	2,977	428	49	23,413	(19)
7.4	1.5	3.3	3.7	17.3	7.3	8.7	1.2	0.1	68.2	(20)
1,125	1,959	1,072	1,019	4,169	1,291	2,358	414	106	25,801	(21)
3.4	5.9	3.2	3.1	12.6	3.9	7.1	1.2	0.3	77.7	(22)
1,975	789	1,015	968	6,050	1,793	3,639	448	169	37,718	(23)
4.1	1.7	2.1	2.0	12.7	3.8	7.6	0.9	0.4	79.0	(24)
1,023	1,005	1,059	1,275	4,404	1,300	2,540	535	30	24,731	(25)
3.1	3.1	3.3	3.9	13.6	4.0	7.8	1.6	0.1	76.1	(26)
581	38	403	506	2,058	1,404	509	124	21	4,986	(27)
6.8	0.4	4.7	5.9	24.1	16.5	6.0	1.5	0.2	58.4	(28)
1,261	1,414	82	850	3,365	1,628	1,324	177	236	10,657	(29)
7.8	8.7	0.5	5.2	20.8	10.0	8.2	1.1	1.5	65.7	(30)
625	28	620	591	2,691	1,628	898	149	16	8,904	(31)
4.7	0.2	4.6	4.4	20.0	12.1	6.7	1.1	0.1	66.3	(32)
1,672	46	1,194	2,556	3,870	1,765	1,627	353	124	22,040	(33)
5.3	0.1	3.8	8.2	12.4	5.6	5.2	1.1	0.4	70.3	(34)
1,230	48	806	1,542	4,145	1,548	2,129	372	95	23,776	(35)
3.9	0.2	2.6	4.9	13.2	4.9	6.8	1.2	0.3	75.5	(36)
2,113	43	1,580	3,568	3,595	1,981	1,127	334	153	20,310	(37)
6.8	0.1	5.1	11.4	11.5	6.4	3.6	1.1	0.5	65.2	(38)

1 青果物の流通経費等（続き）
(2) 生産者の出荷先別販売金額割合
    （青果物全体）

単位：％

区分	販売金額割合
計	100.0
集出荷団体（農協等）	71.0
卸売市場	11.8
小売業	4.3
食品製造業	2.4
外食産業	0.7
消費者に直接販売	7.8
自営の直売	4.3
その他の直売所	3.3
インターネット	0.2
その他	2.0

(3) 集出荷団体の出荷先別販売金額割合
    （青果物全体）

単位：％

区分	販売金額割合
計	100.0
卸売市場	73.8
小売業	5.3
食品製造業	4.0
外食産業	0.6
卸売業者（市場外流通）	6.7
その他	9.7

(4) 小売業者の仕入先別仕入金額割合（調査対象16品目）

単位：％

区分	計	卸売市場の仲卸業者	卸売市場の卸売業者	集出荷団体	生産者	その他
青果物計 （調査対象16品目）	100.0	68.5	15.8	7.1	3.1	5.5

(5)　青果物の各流通段階の価格形成及び小売価格に占める各流通経費等の割合
　　（調査対象16品目）（100kg当たり）（試算値）
　　ア　4つの流通段階を経由（集出荷団体、卸売業者、仲卸業者及び小売業者）

区分	生産者受取価格	集出荷団体		仲卸業者		小売業者	
		卸売価格	卸売手数料	仕入金額に対する販売金額の割合	仲卸価格	仕入金額に対する販売金額の割合	小売価格
	(2)−(9)−(10)				(2)×(4)		(5)×(6)
	(1) 円	(2) 円	(3) 円	(4) ％	(5) 円	(6) ％	(7) 円
青果物（調査対象16品目）	12,022	17,553	1,262	114.9	20,168	125.6	25,331

区分	流通経費				
	計	集出荷団体経費	卸売経費（卸売手数料）	仲卸経費	小売経費
	(9)+(10)+(11)+(12)		(3)	(5)−(2)	(7)−(5)
	(8) 円	(9) 円	(10) 円	(11) 円	(12) 円
青果物（調査対象16品目）	13,309	4,269	1,262	2,615	5,163

区分	小売価格に占める各流通経費等の割合						
	計	生産者受取価格	流通経費				
			小計	集出荷団体経費	卸売経費（卸売手数料）	仲卸経費	小売経費
		(1)/(7)	(8)/(7)	(9)/(7)	(10)/(7)	(11)/(7)	(12)/(7)
	(13) ％	(14) ％	(15) ％	(16) ％	(17) ％	(18) ％	(19) ％
青果物（調査対象16品目）	100.0	47.5	52.5 (100.0)	16.9 (32.1)	5.0 (9.5)	10.3 (19.6)	20.4 (38.8)

注：1　卸売経費（卸売手数料）、仲卸経費及び小売経費は利潤等を含む。
　　2　生産者受取価格は、生産者による選別・荷造労働費を含み、荷主交付金・出荷奨励金等及びその他の入金は含まない。
　　3　（　）内は、青果物（調査対象16品目）の流通経費計を100.0％とした各経費の割合である。

1 青果物の流通経費等（続き）
(5) 青果物の各流通段階の価格形成及び小売価格に占める各流通経費等
の割合（調査対象16品目）（100kg当たり）（試算値）（続き）
イ 生産者が小売業者に直接販売

区分	生産者	小売業者		流通経費	小売価格に占める流通経費等の割合		
	小売業者への販売価格（生産者受取価格）	仕入金額に対する販売金額の割合	小売価格	小売経費	計	生産者受取価格	小売経費
			(1)×(2)	(3)−(1)		(1)/(3)	(4)/(3)
	(1)	(2)	(3)	(4)	(5)	(6)	(7)
	円	％	円	円	％	％	％
青果物（調査対象16品目）	13,982	129.0	18,037	4,055	100.0	77.5	22.5

注： 1 小売経費は利潤等を含む。
  2 小売価格及び小売経費は、小売業者が生産者から仕入れたと回答のあった青果物の
   仕入金額に対する販売金額の割合を用いて試算している。
  3 生産者受取価格は、生産者が行う選別・荷造労働費や包装・荷造材料費、商品を小
   売業者へ搬送する運送費や労働費等の経費が一部含まれている場合がある。

ウ 生産者が消費者に直接販売

区分	生産者受取価格	消費者に直接販売		販売価格に占める流通経費等の割合		
		販売価格		計	生産者受取価格	販売経費
			販売経費			
	(2)−(3)				(1)/(2)	(3)/(2)
	(1)	(2)	(3)	(4)	(5)	(6)
	円	円	円	％	％	％
青果物（調査対象16品目）	11,761	14,679	2,918	100.0	80.1	19.9

注： 生産者受取価格は、生産者が行う選別・荷造労働費や包装・荷造材料費、商品を直売所へ
  搬送する運送費や労働費等の経費が一部含まれている場合がある。

2　水産物の流通経費等
(1)　産地卸売業者の流通経費等（1業者当たり平均）（平成29年度）
　　ア　販売収入、産地卸売手数料及び生産者への支払金額

区分	1業者当たり	100kg当たり	販売収入に占める割合	産地卸売手数料等に占める割合
	千円	円	%	%
販売収入①				
1)産地卸売金額又は産地卸売価格	7,627,360	25,639	100.0	–
産地卸売手数料等計②	349,972	1,176	4.6	100.0
産地卸売手数料	253,996	854	3.3	72.6
2)その他の手数料	32,148	108	0.4	9.2
3)買付販売差額	63,828	215	0.8	18.2
4)生産者への支払金額(①-②)	7,277,388	24,463	95.4	–

注：割合は、1業者当たりの数値を用い算出している（以下イまで同じ。）。
　　1)は、買入れたものを販売した際の金額を含む。
　　2)は、産地卸売業者が水揚料、選別料等を産地卸売手数料以外に産地卸売金額から控除
　している場合の手数料である。
　　3)は、買入れたものを販売した際の差額である。
　　4)は、水産物の販売収入から産地卸売手数料等を控除した金額である。

イ　産地卸売経費

区分	1業者当たり	100kg当たり	販売収入に占める割合	産地卸売経費に占める割合
	千円	円	%	%
計	297,223	999	3.9	100.0
包装・荷造材料費	11,337	38	0.1	3.8
運送費	5,027	17	0.1	1.7
集荷費	921	3	0.0	0.3
保管費	9,388	32	0.1	3.2
事業管理費	255,440	859	3.3	85.9
廃棄処分費	90	0	0.0	0.0
支払利息	3,944	13	0.1	1.3
その他の事業管理費	251,406	845	3.3	84.6
交付金	15,110	51	0.2	5.1

注：産地卸売経費は、水産物の取扱いに係る経費であり、それ以外の商品の経費は除いた。

(2)　産地出荷業者の流通経費等（1業者当たり平均）（平成29年度）

区分	1業者当たり	販売収入に占める割合	産地出荷経費に占める割合
	千円	%	%
販売収入計	1,556,295	100.0	－
1)販売金額	1,554,993	99.9	－
完納奨励金 　（売買参加者交付金）	1,043	0.1	－
出荷奨励金	259	0.0	－
仕入金額	1,211,052	77.8	－
産地出荷経費計	309,851	19.9	100.0
卸売手数料	28,106	1.8	9.1
包装材料費	48,910	3.1	15.8
車両燃料費	3,343	0.2	1.1
支払運賃	69,803	4.5	22.5
商品保管費	11,127	0.7	3.6
商品廃棄処分費	18	0.0	0.0
支払利息	4,056	0.3	1.3
その他の産地出荷経費	144,488	9.3	46.6

注：　産地出荷経費は、水産物の仕入・販売に係る経費で、それ以外の商品の仕入・
　　販売経費は除いた。
　　1)は、消費地市場での卸売金額以外に産地の小売業者等に販売した金額を含む。

(3)　漁業者の出荷先別販売金額割合（水産物全体）

単位：%

区分	販売金額割合
計	100.0
卸売市場	77.5
産地卸売市場	67.7
消費地卸売市場	9.8
小売業	5.5
食品製造業	5.4
外食産業	0.6
消費者に直接販売	3.1
自営の直売	0.9
その他の直売所	2.2
インターネット	0.0
その他	7.9

(4)　小売業者の仕入先別仕入金額割合（調査対象10品目）

単位：%

区分	計	消費地卸売市場		産地卸売市場		生産者（漁業者）	その他
		仲卸業者	卸売業者	産地出荷業者	産地卸売業者		
水産物計（調査対象10品目）	100.0	44.3	24.4	8.1	9.4	4.4	9.4

2 水産物の流通経費等(続き)
(5) 水産物の各流通段階の価格形成及び小売価格に占める各流通経費等の割合
   (調査対象10品目)(100kg当たり)(試算値)
   ア 5つの流通段階を経由(産地卸売業者、産地出荷業者、卸売業者、仲卸業者及び小売業者)

区分	生産者受取価格	産地卸売業者		産地出荷業者			仲卸業者		小売業者	
		産地卸売金額に対する生産者への支払金額の割合	産地卸売価格	仕入金額に対する卸売金額の割合	卸売価格	卸売手数料	仕入金額に対する販売金額の割合	仲卸価格	仕入金額に対する販売金額の割合	小売価格
			(3)×(2)		(3)×(4)			(5)×(7)		(8)×(9)
	(1)	(2)	(3)	(4)	(5)	(6)	(7)	(8)	(9)	(10)
	円	%	円	%	円	円	%	円	%	円
水産物(調査対象10品目)	25,955	95.4	27,207	177.9	48,401	1,929	116.4	56,339	145.8	82,142

区分	流通経費					
	計	産地卸売経費	産地出荷業者経費	卸売経費(卸売手数料)	仲卸経費	小売経費
	(12)+(13)+(14)+(15)+(16)	(3)-(1)	(5)-(3)-(6)	(6)	(8)-(5)	(10)-(8)
	(11)	(12)	(13)	(14)	(15)	(16)
	円	円	円	円	円	円
水産物(調査対象10品目)	56,187	1,252	19,265	1,929	7,938	25,803

区分	小売価格に占める流通経費等の割合								
	計	生産者受取価格	産地卸売価格	流通経費					
				小計	産地卸売経費	産地出荷業者経費	卸売経費(卸売手数料)	仲卸経費	小売経費
		(1)/(10)	(3)/(10)	(11)/(10)	(12)/(10)	(13)/(10)	(14)/(10)	(15)/(10)	(16)/(10)
	(17)	(18)	(19)	(20)	(21)	(22)	(23)	(24)	(25)
	%	%	%	%	%	%	%	%	%
水産物(調査対象10品目)	100.0	31.6	33.1	68.4	1.5	23.5	2.3	9.7	31.4
				(100.0)	(2.2)	(34.3)	(3.4)	(14.1)	(45.9)

注: 1 各流通段階の流通経費は利潤等を含む。
　　2 ( )内は、流通経費計を100.0%とした各流通経費の割合である。

イ　漁業者が小売業者に直接販売

区分	漁業者	小売業者		流通経費		小売価格に占める流通経費等の割合		
	小売業者への販売価格（生産者受取価格）	仕入金額に対する販売金額の割合	小売価格	小売経費	計	生産者受取価格	小売経費
			(1)×(2)	(3)-(1)		(1)/(3)	(4)/(3)
	(1) 円	(2) %	(3) 円	(4) 円	(5) %	(6) %	(7) %
水産物 （調査対象10品目）	34,754	149.6	51,992	17,238	100.0	66.8	33.2

注：1　小売経費は利潤等を含む。
　　2　小売価格及び小売経費は、小売業者が漁業者から仕入れたと回答のあった水産物の
　　　仕入金額に対する販売金額の割合を用いて試算している。
　　3　生産者受取価格は、漁業者が行う選別・荷造労働費や包装・荷造材料費、商品を
　　　小売業者へ搬送する運送費や労働費等の経費が一部含まれている場合がある。

ウ　漁業者が消費者に直接販売

区分	生産者受取価格	消費者に直接販売		販売価格に占める流通経費等の割合		
		販売価格		計	生産者受取価格	販売経費
			販売経費			
	(2)-(3)			(1)/(2)		(3)/(2)
	(1) 円	(2) 円	(3) 円	(4) %	(5) %	(6) %
水産物 （調査対象10品目）	33,226	36,545	3,319	100.0	90.9	9.1

注：　生産者受取価格は、漁業者が行う選別・荷造労働費や包装・荷造材料費、商品を
　　　直売所へ搬送する運送費や労働費等の経費が一部含まれている場合がある。

3 食料品年平均小売価格（東京都区部・大阪市）（平成30年）

単位：円

類・品目	数量単位	平成30年 東京都区部	大阪市	銘柄
穀類				
うるち米（コシヒカリ）	1袋	2,451	2,371	国内産、精米、単一原料米、5kg袋入り、コシヒカリ
うるち米（コシヒカリ以外）	〃	2,232	2,305	国内産、精米、単一原料米、5kg袋入り、コシヒカリを除く。
食パン	1kg	429	470	普通品
あんパン	100g	90	82	あずきあん入り、丸型、普通品
カップ麺	1個	152	145	中華タイプ、77g入り
中華麺	1kg	390	414	蒸し中華麺、焼きそば、3食（麺450g）入り、ソース味
もち	1袋	717	632	包装生もち、1kg袋入り、普通品
魚介類				
まぐろ	100g	453	415	めばち又はきはだ、刺身用、さく、赤身
さけ	〃	324	338	トラウトサーモン、ぎんざけ、アトランティックサーモン（ノルウェーサーモン）、べにざけ又はキングサーモン、切り身、塩加工を除く。
ぶり	〃	276	293	切り身（刺身用を除く。）
えび	〃	316	334	輸入品、冷凍、「パック包装」又は「真空包装」、無頭(10～14尾入り)
塩さけ	〃	216	189	ぎんざけ、切り身
たらこ	〃	456	459	並
魚介漬物	〃	235	197	みそ漬、さわら又はさけ、並
肉類				
牛肉	〃	901	668	国産品、ロース
豚肉	〃	233	238	バラ(黒豚を除く。)
豚肉	〃	202	182	もも(黒豚を除く。)
鶏肉	〃	135	138	ブロイラー、もも肉
ソーセージ	〃	188	187	ウインナーソーセージ、袋入り、JAS規格品・特級
乳卵類				
牛乳	1本	208	206	牛乳、店頭売り、1,000mL紙容器入り
ヨーグルト	1個	159	157	プレーンヨーグルト、400g入り
鶏卵	1パック	230	247	白色卵、サイズ混合、10個入りパック詰
野菜・海藻				
キャベツ	1kg	214	254	
ねぎ	〃	745	922	白ねぎ
レタス	〃	503	562	玉レタス
たまねぎ	〃	250	256	赤たまねぎを除く。
きゅうり	〃	595	669	
トマト	〃	706	663	ミニトマト（プチトマト）を除く。
干しのり	1袋	439	410	焼きのり、全形10枚袋入り、普通品
豆腐	1kg	251	248	木綿豆腐、並
納豆	1パック	95	99	糸引き納豆、丸大豆納豆、小粒又は極小粒、「50g×3個」又は「45g×3個」

資料：総務省統計局「小売物価統計調査年報（動向編）」
注： 2015年基準消費者物価指数の小分類ごとに、主として全国のウエイトが大きい品目を農林水産省統計部において抜粋している。

単位：円

類・品目	数量単位	平成30年 東京都区部	平成30年 大阪市	銘柄
果物				
りんご（ふじ）	1 kg	574	583	ふじ、1個200～400 g
みかん	〃	700	709	温州みかん（ハウスみかんを除く。）、1個70～130 g
いちご	〃	1,805	1,947	国産品
バナナ	〃	243	259	フィリピン産（高地栽培などを除く。）
油脂・調味料				
食用油	1本	293	329	キャノーラ（なたね）油、1,000 gポリ容器入り
乾燥スープ	1箱	336	357	粉末、ポタージュ、コーンクリーム、箱入り（8袋、140.8 g入り）
つゆ・たれ	1本	277	334	めんつゆ、希釈用、3倍濃縮、1 Lポリ容器入り
菓子類				
ケーキ	1個	425	416	いちごショートケーキ、1個（70～120 g）
せんべい	100 g	124	122	うるち米製せんべい、しょう油味、個装タイプ袋入り、普通品
チョコレート	1枚	104	106	板チョコレート、50 g
アイスクリーム	1個	248	232	バニラアイスクリーム、110mLカップ入り
調理食品				
弁当	〃	600	571	持ち帰り弁当、幕の内弁当、並
〃	〃	490	519	持ち帰り弁当、からあげ弁当、並
すし（弁当）	1パック	710	619	にぎりずし（飲食店を除く。）、8～10個入り、並
サラダ	100 g	145	151	ポテトサラダ、並
からあげ	〃	194	204	鶏肉、骨なし、並
飲料				
緑茶	〃	560	436	煎茶（抹茶入りを含む。）、100～300 g袋入り
茶飲料	1本	87	91	緑茶飲料、525mLペットボトル入り
炭酸飲料	1本	94	92	コーラ、500mLペットボトル入り
酒類				
焼酎	〃	1,626	1,613	単式蒸留しょうちゅう、主原料は麦又はさつまいも、1,800mL紙容器入り、アルコール分25度
ビール	1パック	1,175	1,199	淡色、350mL缶入り、6缶入り
ビール風アルコール飲料	〃	670	686	350mL缶入り、6缶入り
外食				
中華そば	1杯	561	592	ラーメン、しょう油味（豚骨しょう油味を含む。）
すし	1人前	1,290	940	にぎりずし、並
焼肉	〃	929	828	牛カルビ、並
ビール	1本	578	518	居酒屋におけるビール、淡色、中瓶500mL

Ⅵ　食の安全に関する取組
1　有機農産物の認証・格付
(1)　有機農産物等認証事業者の認証件数（平成31年3月31日現在）

区分	認証件数					(参考)農家
	計	生産行程管理者		小分け業者	輸入業者	
			有機農産物			
	事業体	事業体	事業体	事業体	事業体	戸
計	7,804	6,127	3,604	1,327	350	3,782
全国計	5,045	3,772	2,447	923	350	3,782
北海道	405	346	268	52	7	291
青森	18	17	15	1	0	34
岩手	21	19	17	2	0	32
宮城	72	59	53	10	3	80
秋田	55	49	43	6	0	88
山形	62	53	43	9	0	122
福島	71	65	57	6	0	108
茨城	117	99	85	18	0	107
栃木	69	56	43	11	2	66
群馬	77	65	42	10	2	83
埼玉	95	39	18	39	17	35
千葉	132	96	75	31	5	131
東京	360	73	9	115	172	43
神奈川	123	25	8	60	38	26
新潟	150	130	120	20	0	176
富山	25	20	15	5	0	22
石川	42	32	24	10	0	33
福井	27	22	18	5	0	33
山梨	52	45	35	7	0	36
長野	106	98	74	7	1	95
岐阜	57	40	17	11	6	24
静岡	291	221	74	65	5	165
愛知	131	83	20	41	7	29

資料：農林水産省食料産業局資料（以下(3)ウまで同じ。）
注：1　平成31年4月末現在において報告があったものについて平成31年3月31日分まで集計したものである。
　　2　数字は、登録認証機関から報告があった農家戸数を積み上げた数値であるため、実際の農家戸数よりも少ないことがある。
　　3　生産行程管理者には個人で認証事業者になる以外にも複数の農家がグループになって認証事業者となる場合がある。
　　4　農家戸数は報告のあった個人農家とグループ構成員を積み上げた数値である。

(2)　有機登録認証機関数の推移（各年度末現在）

単位：機関

区分	平成26年度	27	28	29	30
計	75	71	69	69	68
登録認証機関数	57	56	56	56	56
登録外国認証機関数	18	15	13	13	12

区分	認証件数					(参考)農家
	計	生産行程管理者		小分け業者	輸入業者	
			有機農産物			
	事業体	事業体	事業体	事業体	事業体	戸
三重	60	49	25	11	0	85
滋賀	46	35	27	9	2	31
京都	154	114	51	36	4	54
大阪	171	64	12	74	33	22
兵庫	218	160	104	39	19	118
奈良	80	58	36	20	2	61
和歌山	65	58	38	7	0	99
鳥取	39	35	21	4	0	34
島根	88	82	54	5	1	61
岡山	65	57	48	7	1	113
広島	70	57	33	11	2	41
山口	36	29	21	5	2	25
徳島	44	42	26	2	0	40
香川	43	29	13	12	2	26
愛媛	88	77	62	10	1	64
高知	56	53	41	3	0	85
福岡	203	126	30	63	14	73
佐賀	63	59	24	4	0	55
長崎	33	33	18	0	0	56
熊本	229	215	180	14	0	211
大分	83	76	49	7	0	89
宮崎	112	102	63	10	0	106
鹿児島	333	314	222	19	0	293
沖縄	108	96	76	10	2	81
外国	2,759	2,355	1,157	404	–	–

1 有機農産物の認証・格付（続き）
(3) 認証事業者に係る格付実績（平成29年度）
ア 有機農産物

単位：t

区分	国内で格付 されたもの	1)外国で格付 されたもの	区分	国内で格付 されたもの	1)外国で格付 されたもの
計	**64,896**	**2,116,673**	緑茶（荒茶）	4,945	2,873
野菜	44,254	138,236	その他茶葉	74	9,818
果実	2,231	37,173	コーヒー生豆	0	6,417
米	9,695	14,369	ナッツ類	2	16,326
麦	1,018	2,019	さとうきび	15	1,784,376
大豆	1,141	33,798	こんにゃく芋	442	723
その他豆類	107	4,159	パームフルーツ	0	53,864
雑穀類	103	12,207	その他の農産物	869	315

注：1 有機食品の検査認証制度に基づき、登録認証機関から認証を受けた事業者が格付または
　　格付の表示を行った有機農産物及び有機農産物加工食品の平成29年度における実績として
　　報告された数値を平成31年3月27日現在で集計。
　　2 格付または格付の表示を行った事業者は当該認証を行った登録認証機関に6月末日まで
　　にその実績を報告。事業者からの報告を受けた登録認証機関は9月末日までにそれらを取
　　りまとめ、農林水産大臣に報告。
　　3 外国で格付されたものには、外国において、有機JAS認証事業者が有機JAS格付を
　　行ったもの及び同等性のある国（EU加盟国、オーストラリア、アメリカ合衆国、アルゼ
　　ンチン、ニュージーランド、スイス及びカナダ）において、有機JAS制度と同等の制度
　　に基づいて認証を受けた事業者が有機格付を行って我が国に輸入されたものを含む。
　　1)は、主に外国で有機加工食品の原料として使用されているが、それ以外にも、外国で
　　消費されたもの、日本以外に輸出されたもの及び有機加工食品以外の食品に加工されたもの
　　も含む。

イ 有機農産物加工食品

単位：t

区分	国内で格付 されたもの	2)外国で格付 されたもの	区分	国内で格付 されたもの	2)外国で格付 されたもの
計	**79,643**	**394,955**	みそ	2,163	175
冷凍野菜	153	14,947	しょうゆ	3,741	5
野菜びん・缶詰	81	5,714	ピーナッツ製品	310	721
野菜水煮	696	16,640	その他豆類の調整品	248	41
その他野菜加工品	2,181	3,651	乾めん類	127	161
果実飲料	2,236	3,246	緑茶（仕上げ茶）	2,618	243
その他果実加工品	523	4,201	コーヒー豆	2,635	805
野菜飲料	3,706	101,897	ナッツ類加工品	555	6,131
茶系飲料	8,053	1,228	こんにゃく	1,531	128
コーヒー飲料	1,281	91	砂糖	28	204,211
豆乳	31,913	1,058	糖みつ	11	6,976
豆腐	11,143	0	牛乳	889	0
納豆	933	0	その他の加工食品	1,888	22,685

注：1)は、食酢、食用植物油脂などを含む。
　　2)は、外国で消費されたものや日本以外に輸出されたものも含む。

ウ　国内の総生産量と格付数量

区分	総生産量	格付数量（国内）	（参考）有機の割合
	t	t	%
計	24,246,800	66,731	0.28
野菜（スプラウト類を含む）	11,707,000	47,700	0.41
果実	2,792,000	2,231	0.08
米	8,324,000	9,695	0.12
麦	1,092,000	1,018	0.09
大豆	253,000	1,141	0.45
緑茶（荒茶）	78,800	4,945	6.28

注：1　総生産量は、「平成29年度食料需給表（概算値）」による。
　　2　緑茶（荒茶）の総生産量は、農林水産省統計部の公表値である主産地合計値である。

2　JAS法及び食品表示法に基づく改善指示の実績

単位：件

年度	国							
	計	生鮮						加工
		小　計	畜産物	農産物	水産物	米		
平成26年度	14	11	3	4	3	1		8
27	5	3	–	1	1	1		4
28	12	4	1	1	2	–		11
29	11	4	–	–	4	–		7
30	12	2	–	–	–	2		10

年度	都道府県							
	計	生鮮						加工
		小　計	畜産物	農産物	水産物	米		
平成26年度	20	12	–	8	4	–		9
27	23	12	4	2	2	4		14
28	14	4	2	1	1	–		10
29	10	6	–	3	2	1		4
30	11	5	1	1	2	1		8

資料：　消費者庁、国税庁及び農林水産省「食品表示法の食品表示基準に係る指示及び命令件数」、
　　　　消費者庁、農林水産省「JAS法に基づく生鮮食品品質表示基準、加工食品品質表示基準に関する指示等の実績」
注：1　同一事業者に対して複数の食品に対する改善指示を同時に実施した事例があることから、全体の件数と品目毎の件数の合計とは一致しない。
　　2　平成26年度以前はJAS法に基づく指示実績、平成27年度以降は食品表示法に基づく指示実績である。

3 食品製造業におけるHACCPに沿った衛生管理の導入状況（平成30年度）
(1) HACCPに沿った衛生管理の導入状況（食品販売金額規模別）

単位：％

区分	導入済み	導入途中	導入を検討している	導入については未定である	HACCPに沿った衛生管理をよく知らない
全体	41.9	19.7	19.0	12.8	6.7
1億円未満	13.7	12.9	22.4	30.4	20.6
1億円～50億円未満	47.6	24.5	20.4	6.4	1.1
50億円以上	87.6	11.2	1.1	-	-

資料： 農林水産省食料産業局「平成30年度食品製造業におけるHACCPに沿った衛生管理
　　　の導入状況実態調査」（令和元年6月）（以下(3)まで同じ。）
注： これは、3,469企業を調査対象に実施し、1,692企業から回答を得た平成30年10月1日現
　　　在の結果である（以下(3)まで同じ。）。

(2) HACCPに沿った衛生管理の
導入による効果（複数回答）

単位：％

区分	平成30年度
品質・安全性の向上	87.8
従業員の意識の向上	72.8
企業の信用度やイメージの向上	66.5
製品イメージの向上	41.2
事故対策コストの削減	30.2
取引の増加	22.5
製品ロスの削減	20.8
製品の輸出が可能（有利）	14.2
製品価格の上昇	6.1
その他	1.2
特に効果はない	2.3

注： HACCPに沿った衛生管理の導入状況
　　　について「導入済み」、「導入途中」又は
　　　「導入を検討」と回答した企業の回答であ
　　　る（(3)も同じ。）。

(3) HACCPに沿った衛生管理の導入
に当たっての問題点（複数回答）

単位：％

区分	平成30年度
施設・設備の整備（初期投資）に係る資金	41.6
HACCP導入までに係る費用（コンサルタントや認証手数料など金銭的問題）	27.9
従業員に研修を受けさせる時間的余裕がない	13.2
HACCP導入後に係るモニタリングや記録管理コスト（金銭的問題）	21.6
HACCP導入手続きの手間（金銭以外の手間）	33.2
HACCPの管理手順が複雑（金銭以外の手間）	29.1
従業員に研修・指導を受けさせたいが適切な機会がない	21.8
HACCPを指導できる人材がいない	20.0
従業員に研修を受けさせる金銭的余裕がない	36.2
HACCP導入の効果（取引先の信頼獲得など）が得られるか不透明	7.7
その他	5.4
特に問題点はない	16.7

農 業 編

I　農用地及び農業用施設

1　耕地面積

(1)　田畑別耕地面積（各年7月15日現在）

単位：千ha

年次	計	田			畑
		小計	本地	けい畔	
平成26年	4,518	2,458	2,320	138	2,060
27	4,496	2,446	2,310	136	2,050
28	4,471	2,432	2,296	135	2,039
29	4,444	2,418	2,284	134	2,026
30	4,420	2,405	2,273	133	2,014

資料：農林水産省統計部「耕地及び作付面積統計」（以下2(2)まで同じ。）
注：1　この調査は、対地標本実測調査による。
　　2　耕地とは、農作物の栽培を目的とする土地をいい、けい畔を含む。
　　3　田とは、たん水設備（けい畔など）と、これに所要の用水を供給し得る設備（用水源・用水路など）を有する耕地をいう。
　　　　本地とは、直接農作物の栽培に供される土地で、けい畔を除いた耕地をいい、けい畔とは、耕地の一部にあって、主として本地の維持に必要なものをいう。畑とは、田以外の耕地をいい、通常、畑と呼ばれている普通畑のほか、樹園地及び牧草地を含む。

(2)　全国農業地域別種類別耕地面積（各年7月15日現在）

年次・全国農業地域	田	畑				水田率
		計	普通畑	樹園地	牧草地	
	千ha	千ha	千ha	千ha	千ha	%
平成26年	2,458	2,060	1,157	296	608	54.4
27	2,446	2,050	1,152	291	607	54.4
28	2,432	2,039	1,149	287	603	54.4
29	2,418	2,026	1,142	283	601	54.4
30	2,405	2,014	1,138	278	599	54.4
北海道	222	922	417	3	502	19.4
東北	600	234	129	47	59	72.0
北陸	278	33	26	5	2	89.5
関東・東山	399	315	257	48	9	55.9
東海	152	103	59	41	3	59.7
近畿	172	50	17	32	0	77.5
中国	184	54	36	15	3	77.2
四国	88	47	17	30	1	65.0
九州	310	220	151	55	14	58.4
沖縄	1	37	29	2	6	2.2

注：1　樹園地とは、果樹、茶などの木本性作物を1a以上集団的（規則的、連続的）に栽培する畑をいう。なお、ホップ園、バナナ園、パインアップル園及びたけのこ栽培を行う竹林を含む。
　　2　牧草地とは、牧草の栽培を専用とする畑をいう。
　　3　水田率とは、耕地面積のうち、田面積が占める割合である。

1　耕地面積（続き）

(3)　都道府県別耕地面積及び耕地率（平成30年7月15日現在）

全国・都道府県	計	田	畑				耕地率
			小計	普通畑	樹園地	牧草地	
	千ha	千ha	千ha	千ha	千ha	千ha	%
全国	4,420	2,405	2,014	1,138	278	599	11.9
北海道	1,145	222	922	417	3	502	14.6
青森	151	80	71	35	22	14	15.7
岩手	150	94	56	25	4	27	9.8
宮城	127	105	22	15	1	6	17.4
秋田	148	129	18	12	2	4	12.7
山形	118	93	25	12	10	2	12.6
福島	141	99	42	30	7	5	10.2
茨城	166	97	69	62	6	0	27.2
栃木	123	96	27	22	2	3	19.2
群馬	68	26	42	38	3	1	10.8
埼玉	75	41	33	30	3	0	19.7
千葉	125	74	51	48	3	0	24.3
東京	7	0	7	5	2	0	3.1
神奈川	19	4	15	12	4	－	7.9
新潟	170	151	19	16	2	1	13.5
富山	58	56	3	2	1	0	13.7
石川	41	34	7	5	1	1	9.8
福井	40	37	4	3	1	0	9.6
山梨	24	8	16	5	10	1	5.3
長野	107	53	54	36	15	3	7.9
岐阜	56	43	13	9	3	1	5.3
静岡	65	22	43	16	27	1	8.4
愛知	75	43	32	27	5	0	14.5
三重	59	45	14	8	6	0	10.2
滋賀	52	48	4	3	1	0	12.9
京都	30	24	7	4	3	0	6.6
大阪	13	9	4	2	2	－	6.7
兵庫	74	67	6	4	2	0	8.8
奈良	21	15	6	2	4	0	5.6
和歌山	32	10	23	2	21	0	6.9
鳥取	34	23	11	9	2	1	9.8
島根	37	30	7	5	1	1	5.5
岡山	65	51	14	10	4	1	9.1
広島	55	41	14	7	6	1	6.5
山口	47	39	8	5	3	0	7.7
徳島	29	20	9	5	4	0	7.0
香川	30	25	5	2	3	0	16.1
愛媛	49	23	26	6	20	0	8.5
高知	27	21	7	3	4	0	3.9
福岡	81	65	16	8	8	0	16.3
佐賀	52	42	9	4	5	0	21.1
長崎	47	21	25	19	6	0	11.3
熊本	112	69	43	22	14	7	15.1
大分	55	40	16	9	4	3	8.7
宮崎	66	36	31	25	4	1	8.6
鹿児島	117	37	80	64	13	3	12.7
沖縄	38	1	37	29	2	6	16.7

2 耕地の拡張・かい廃面積

(1) 田

単位：ha

年次	拡張（増加要因）					かい廃（減少要因）			
	計	開墾	干拓・埋立て	復旧	田畑転換	計	自然災害	人為かい廃	田畑転換
平成26年	3,990	1,240	－	2,730	23	11,500	306	10,300	926
27	2,040	834	－	1,180	23	13,300	75	11,900	1,340
28	1,690	1,210	－	474	12	16,500	1,370	13,300	1,850
29	3,340	…	…	…	…	16,600	…	…	…
30	3,990	…	…	…	…	17,000	…	…	…

注：1 数値は、前年7月15日からその年の7月14日までの間に発生したものである（以下(2)まで同じ。）。
　　2 この表は、耕地面積の増減内容を巡回・見積り等の方法で調査した結果である。そのため対地標本実測調査による「1 耕地面積」とは調査方法が相違する。また、人為かい廃面積は、農地法による転用許可の有無にかかわらず、調査期間のかい廃の実態を調査した結果であり、荒廃農地も含む。したがって「10 農地調整 (3) 農地の転用面積」とは一致しない（以下(2)まで同じ。）。
　　3 平成29年から拡張・かい廃面積の要因別の調査を廃止した（以下(2)まで同じ。）。

(2) 畑

単位：ha

年次	拡張（増加要因）					かい廃（減少要因）			
	計	開墾	干拓・埋立て	復旧	田畑転換	計	自然災害	人為かい廃	田畑転換
平成26年	3,880	2,500	－	461	926	15,600	29	15,500	23
27	3,710	1,930	－	432	1,340	14,000	7	14,000	23
28	4,700	2,470	－	375	1,850	15,300	57	15,200	12
29	4,500	…	…	…	…	17,600	…	…	…
30	6,560	…	…	…	…	18,000	…	…	…

3　都道府県別の田畑整備状況（平成29年）（推計値）

局名及び 都道府県名	田面積 ①	30a程度以上区画 整備済面積 ②	割合 ③= ②/① ③	50a以上区画 整備済面積 ④	割合 ⑤= ④/① ⑤	畑面積 ⑥	末端農道 整備済面積 ⑦	割合 ⑧= ⑦/⑥ ⑧	畑地かんがい 施設整備済面積 ⑨	割合 ⑩= ⑨/⑥ ⑩	区画整備済 面積 ⑪	割合 ⑫= ⑪/⑥ ⑫
	ha	ha	%	ha	%	ha	ha	%	ha	%	ha	%
全国	2,418,000	1,577,799	65.3	245,837	10.2	2,026,000	1,558,613	76.9	487,709	24.1	1,280,135	63.2
北海道開発局	222,300	214,089	96.3	53,537	24.1	922,700	889,641	96.4	226,164	24.5	876,728	95.0
北海道	222,300	214,089	96.3	53,537	24.1	922,700	889,641	96.4	226,164	24.5	876,728	95.0
東北農政局	602,800	401,776	66.7	83,138	13.8	235,300	139,391	59.2	20,195	8.6	96,283	40.9
青森県	80,000	52,635	65.8	3,804	4.8	71,500	44,019	61.6	4,318	6.0	37,390	52.3
岩手県	94,300	49,009	52.0	9,779	10.4	56,200	33,914	60.3	2,193	3.9	24,559	43.7
宮城県	105,500	70,500	66.8	29,639	28.1	22,200	7,514	33.8	904	4.1	4,348	19.6
秋田県	129,500	86,597	66.9	29,963	23.1	18,700	9,529	51.0	2,758	14.7	6,039	32.3
山形県	93,600	71,365	76.2	3,353	3.6	24,800	13,976	56.4	2,987	12.0	7,793	31.4
福島県	99,700	71,670	71.9	6,600	6.6	42,000	30,439	72.5	7,034	16.7	16,155	38.5
関東農政局	423,700	275,034	64.9	25,876	6.1	361,700	206,325	57.0	73,036	20.2	117,053	32.4
茨城県	97,400	77,305	79.4	4,912	5.0	70,100	24,953	35.6	3,373	4.8	10,397	14.8
栃木県	96,800	62,670	64.7	9,983	10.3	27,100	12,845	47.4	2,483	9.2	8,257	30.5
群馬県	26,400	15,515	58.8	368	1.4	43,100	27,275	63.3	11,565	26.8	26,341	61.1
埼玉県	41,600	21,636	52.0	2,832	6.8	33,500	20,746	61.9	8,292	24.8	13,202	39.4
千葉県	74,000	47,081	63.6	5,972	8.1	51,700	30,734	59.4	7,468	14.4	15,503	30.0
東京都	259	0	0.0	0	0.0	6,640	1,638	24.7	562	8.5	25	0.4
神奈川県	3,760	124	3.3	15	0.4	15,500	5,319	34.3	1,251	8.1	3,798	24.5
山梨県	7,920	3,700	46.7	121	1.5	15,900	13,870	87.2	6,559	41.3	3,381	21.3
長野県	53,100	36,238	68.2	591	1.1	54,200	31,076	57.3	15,881	29.3	18,854	34.8
静岡県	22,400	10,766	48.1	1,082	4.8	44,000	37,869	86.1	15,602	35.5	17,296	39.3
北陸農政局	278,500	193,997	69.7	32,676	11.7	32,600	20,270	62.2	11,376	34.9	14,442	44.3
新潟県	151,400	91,986	60.8	25,175	16.6	19,300	10,540	54.6	5,562	28.8	7,364	38.2
富山県	55,900	47,497	85.0	1,806	3.2	2,560	1,795	70.1	895	35.0	727	28.4
石川県	34,500	21,118	61.2	2,425	7.0	6,960	5,272	75.7	3,062	44.0	3,916	56.3
福井県	36,600	33,396	91.2	3,271	8.9	3,760	2,663	70.8	1,857	49.4	2,436	64.8
東海農政局	131,100	83,848	64.0	10,131	7.7	60,200	42,213	70.1	26,603	44.2	34,159	56.7
岐阜県	43,100	22,569	52.4	3,399	7.9	13,200	8,012	60.7	3,670	27.8	6,389	48.4
愛知県	43,000	30,233	70.3	4,838	11.3	32,700	26,567	81.2	19,588	59.9	22,888	70.0
三重県	45,000	31,046	69.0	1,894	4.2	14,400	7,634	53.0	3,345	23.2	4,881	33.9

資料：農林水産省統計部「耕地及び作付面積統計」、農林水産省農村振興局「農業基盤情報基礎調査」
注：1　田及び畑の面積は「耕地及び作付面積統計」による平成29年7月15日時点の値。
　　2　各整備済面積は「農業基盤情報基礎調査」による平成29年3月31日時点の推計値。
　　3　「区画整備済」とは、区画の形状が原則として方形に整形されている状態をいう。
　　4　「末端農道整備済」とは、畑に幅員3m以上の農道が接している状態をいう。
　　5　掲載している数値については、四捨五入を行っているため、合計と内訳の積み上げが一致しない
　　　場合がある。

局名及び都道府県名	田面積 ①	30a程度以上区画整備済面積 ②	割合 ③=②/①	50a以上区画整備済面積 ④	割合 ⑤=④/①	畑面積 ⑥	末端農道整備済面積 ⑦	割合 ⑧=⑦/⑥	畑地かんがい施設整備済面積 ⑨	割合 ⑩=⑨/⑥	区画整備済面積 ⑪	割合 ⑫=⑪/⑥
	ha	ha	%	ha	%	ha	ha	%	ha	%	ha	%
近畿農政局	173,300	99,922	57.7	7,802	4.5	50,200	23,975	47.8	14,561	29.0	9,085	18.1
滋賀県	48,100	41,040	85.3	2,449	5.1	4,010	2,448	61.1	1,232	30.7	1,868	46.6
京都府	23,900	10,261	42.9	1,205	5.0	6,710	2,178	32.5	1,679	25.0	1,441	21.5
大阪府	9,140	1,318	14.4	242	2.6	3,790	1,116	29.4	610	16.1	319	8.4
兵庫県	67,800	44,363	65.4	3,711	5.5	6,400	3,036	47.4	2,158	33.7	1,919	30.0
奈良県	14,800	2,548	17.2	161	1.1	6,090	3,117	51.2	1,473	24.2	1,996	32.8
和歌山県	9,610	392	4.1	33	0.3	23,200	12,080	52.1	7,409	31.9	1,542	6.6
中国四国農政局	273,700	118,613	43.3	13,403	4.9	103,000	57,947	56.3	34,069	33.1	20,203	19.6
鳥取県	23,500	15,291	65.1	489	2.1	11,000	8,831	80.3	5,235	47.6	6,064	55.1
島根県	29,800	14,138	47.4	1,195	4.0	7,120	4,568	64.2	2,110	29.6	3,143	44.1
岡山県	51,300	25,140	49.0	5,688	11.1	14,200	6,364	44.8	4,450	31.3	3,013	21.2
広島県	41,200	22,951	55.7	1,732	4.2	14,000	7,700	55.0	2,671	19.1	2,294	16.4
山口県	39,100	18,812	48.1	2,364	6.0	8,530	3,130	36.7	1,504	17.6	1,199	14.1
徳島県	19,700	2,970	15.1	183	0.9	9,530	5,231	54.9	1,607	16.9	1,024	10.7
香川県	25,300	6,319	25.0	295	1.2	5,160	2,725	52.8	2,158	41.8	1,204	23.3
愛媛県	22,800	6,209	27.2	569	2.5	26,600	18,110	68.1	13,089	49.2	1,289	4.8
高知県	20,800	6,783	32.6	888	4.3	6,770	1,289	19.0	1,246	18.4	973	14.4
九州農政局	312,200	190,007	60.9	19,183	6.1	222,900	145,433	65.2	59,829	26.8	86,781	38.9
福岡県	65,700	43,026	65.5	3,539	5.4	16,900	9,852	58.3	2,456	14.5	2,988	17.7
佐賀県	42,500	35,891	84.4	5,165	12.2	9,580	8,013	83.6	5,140	53.7	3,394	35.4
長崎県	21,600	7,123	33.0	576	2.7	25,600	14,901	58.2	6,487	25.3	4,155	16.2
熊本県	68,600	45,591	66.5	3,459	5.0	43,200	23,733	54.9	9,083	21.0	7,250	16.8
大分県	39,700	22,492	56.7	3,109	7.8	15,900	10,947	68.8	5,301	33.3	7,986	50.2
宮崎県	36,100	14,639	40.6	382	1.1	30,700	18,316	59.7	7,244	23.6	14,404	46.9
鹿児島県	38,000	21,245	55.9	2,952	7.8	81,100	59,670	73.6	24,117	29.7	46,605	57.5
沖縄総合事務局	822	512	62.3	91	11.1	37,200	33,418	89.8	21,876	58.8	25,401	68.3
沖縄県	822	512	62.3	91	11.1	37,200	33,418	89.8	21,876	58.8	25,401	68.3

4 農業経営体の経営耕地面積規模別経営耕地面積（各年2月1日現在）

単位：ha

区分	計	3.0ha未満	3.0～10.0	10.0～20.0	20.0～30.0	30.0～50.0	50.0ha以上
平成22年	3,631,585	1,425,261	692,073	326,250	237,317	340,226	610,459
27	3,451,444	1,147,103	661,536	349,760	249,503	354,751	688,792
うち組織経営体	533,931	7,833	29,122	52,098	58,261	93,117	293,499

資料：農林水産省統計部「農林業センサス」（以下7（2）まで同じ。）

5 耕地種類別農家数及び経営耕地面積（販売農家）（各年2月1日現在）

年次・全国農業地域	田			畑（樹園地を除く。）			樹園地		
	農家数	面積	1戸当たり面積	農家数	面積	1戸当たり面積	農家数	面積	1戸当たり面積
	千戸	千ha	ha	千戸	千ha	ha	千戸	千ha	ha
平成22年	1,417	1,795	1.3	1,063	1,193	1.1	322	204	0.6
27	1,127	1,628	1.4	818	1,111	1.4	258	176	0.7
北海道	19	194	10.3	31	704	22.5	1	2	1.8
都府県	1,108	1,434	1.3	787	407	0.5	257	174	0.7
東北	220	428	1.9	158	85	0.5	42	33	0.8
北陸	97	183	1.9	55	12	0.2	7	3	0.5
関東・東山	231	282	1.2	208	137	0.7	60	32	0.5
東海	99	89	0.9	83	27	0.3	34	25	0.7
近畿	114	105	0.9	52	8	0.2	26	20	0.8
中国	113	105	0.9	74	16	0.2	21	7	0.3
四国	66	52	0.8	34	9	0.3	27	17	0.6
九州	169	189	1.1	110	91	0.8	40	35	0.9
沖縄	0	1	1.5	13	21	1.6	2	1	0.7

注：この面積は、「耕地及び作付面積統計」の標本実測調査による耕地面積とは異なる（以下7（2）まで同じ。）。

6 農家1戸当たりの平均経営耕地面積（各年2月1日現在）

区分	平成22年			27		
	経営耕地のある農家数	経営耕地総面積	1戸当たり経営耕地面積	経営耕地のある農家数	経営耕地総面積	1戸当たり経営耕地面積
	千戸	千ha	ha	千戸	千ha	ha
総農家	2,520	3,354	1.33	2,144	3,062	1.43
北海道	51	942	18.52	44	902	20.50
都府県	2,469	2,411	0.98	2,100	2,161	1.03
販売農家	1,627	3,191	1.96	1,325	2,915	2.20
北海道	44	941	21.48	38	901	23.81
都府県	1,583	2,250	1.42	1,287	2,014	1.57
東北	304	610	2.00	239	546	2.28
北陸	125	220	1.76	99	199	2.00
関東・東山	353	497	1.41	289	452	1.56
東海	151	164	1.09	120	142	1.18
近畿	151	150	0.99	126	133	1.06
中国	151	149	0.99	121	128	1.05
四国	97	91	0.94	79	79	0.99
九州	237	345	1.46	198	315	1.59
沖縄	15	24	1.62	14	23	1.61

7　借入耕地、貸付耕地のある農家数と面積（販売農家）（各年2月1日現在）
(1)　借入耕地

年次・全国農業地域	計		田		畑(樹園地を除く。)		樹園地	
	実農家数	面積	農家数	面積	農家数	面積	農家数	面積
	千戸	千ha	千戸	千ha	千戸	千ha	千戸	千ha
平成22年	562	760	425	473	175	264	50	22
27	483	783	359	498	155	263	45	22
北海道	18	180	7	40	13	139	0	0
都府県	465	604	352	458	142	124	45	22
東北	73	140	57	112	21	25	6	3
北陸	43	72	40	68	7	3	1	0
関東・東山	101	136	68	93	43	40	11	4
東海	39	47	26	36	13	6	7	5
近畿	46	39	40	36	7	2	5	2
中国	41	36	35	32	8	4	3	1
四国	27	19	21	15	5	2	4	2
九州	88	107	66	67	33	35	7	5
沖縄	7	7	0	0	7	7	0	0

(2)　貸付耕地

年次・全国農業地域	計		田		畑(樹園地を除く。)		樹園地	
	実農家数	面積	農家数	面積	農家数	面積	農家数	面積
	千戸	千ha	千戸	千ha	千戸	千ha	千戸	千ha
平成22年	357	197	244	123	138	67	20	6
27	308	176	212	108	118	62	17	6
北海道	5	26	2	6	3	21	0	0
都府県	303	150	210	103	115	41	17	6
東北	56	43	43	34	18	8	2	1
北陸	23	12	19	10	5	1	0	0
関東・東山	80	36	46	19	43	16	5	1
東海	33	11	23	8	12	3	3	1
近畿	24	8	20	6	5	1	2	1
中国	21	7	17	6	5	1	1	0
四国	13	4	10	3	2	1	1	0
九州	51	28	32	17	22	10	2	1
沖縄	2	1	0	0	2	1	0	0

8 荒廃農地面積（平成29年）

単位：ha

全国・都道府県	荒廃農地面積						再生利用された面積	
	計	農用地区域	再生利用が可能な荒廃農地	農用地区域	再生利用が困難と見込まれる荒廃農地	農用地区域		農用地区域
全国	282,922	133,266	92,454	55,768	190,468	77,498	11,023	6,959
北海道	3,050	1,917	1,195	862	1,855	1,054	157	115
青森	6,286	4,265	2,947	2,324	3,339	1,941	287	229
岩手	5,158	3,830	3,208	2,469	1,950	1,361	465	321
宮城	6,170	2,877	3,262	1,824	2,907	1,053	508	234
秋田	764	627	420	379	345	247	93	78
山形	2,391	1,749	1,298	1,088	1,093	661	96	76
福島	12,669	6,602	6,153	3,782	6,516	2,820	334	214
茨城	10,702	4,493	6,597	2,751	4,105	1,743	692	375
栃木	2,310	926	1,532	704	778	222	140	83
群馬	8,148	4,206	2,465	1,665	5,683	2,541	494	360
埼玉	3,364	1,836	2,318	1,442	1,046	394	349	210
千葉	12,730	4,614	5,945	2,981	6,785	1,633	316	186
東京	2,992	1,108	370	195	2,622	913	85	45
神奈川	1,259	528	633	277	626	251	126	63
新潟	3,260	1,537	315	241	2,945	1,296	62	53
富山	300	99	138	91	162	8	30	24
石川	5,052	2,512	635	486	4,417	2,026	131	101
福井	1,212	409	231	141	981	268	45	36
山梨	6,818	3,710	2,336	1,633	4,482	2,077	338	199
長野	16,485	8,610	3,881	2,488	12,604	6,122	698	439
岐阜	1,917	768	628	371	1,289	397	110	58
静岡	5,971	3,516	3,652	2,386	2,318	1,129	303	206
愛知	5,392	1,713	2,179	1,368	3,212	345	368	259
三重	5,797	1,518	2,608	1,099	3,189	419	63	42
滋賀	1,596	911	519	356	1,078	555	42	31
京都	3,164	918	458	245	2,706	673	60	36
大阪	229	70	122	44	106	26	22	10
兵庫	2,263	1,536	891	649	1,372	886	235	139
奈良	1,142	501	664	300	478	202	51	18
和歌山	2,910	2,042	973	589	1,938	1,453	152	118
鳥取	3,553	1,310	956	624	2,597	686	88	67
島根	6,978	3,102	1,178	662	5,799	2,439	89	69
岡山	11,209	5,143	2,476	1,472	8,733	3,671	530	313
広島	7,974	3,270	646	446	7,328	2,824	146	98
山口	9,966	4,580	2,071	1,055	7,894	3,525	184	85
徳島	2,849	1,780	1,127	796	1,722	984	111	71
香川	6,951	2,574	1,047	661	5,904	1,913	160	85
愛媛	14,141	6,098	1,915	1,080	12,226	5,018	220	126
高知	1,861	849	553	429	1,308	419	88	67
福岡	4,780	2,369	2,087	1,342	2,693	1,027	305	176
佐賀	7,328	4,668	2,007	1,526	5,322	3,142	148	108
長崎	18,329	8,325	3,804	2,191	14,525	6,134	396	267
熊本	9,337	3,691	3,755	1,790	5,581	1,901	334	179
大分	10,925	4,834	1,615	1,017	9,310	3,817	385	215
宮崎	2,617	1,785	1,246	973	1,370	812	132	100
鹿児島	18,796	6,132	5,053	2,480	13,743	3,652	409	209
沖縄	3,827	2,812	2,345	1,995	1,482	817	447	368

資料：農林水産省農村振興局「平成29年の荒廃農地面積について」（平成30年12月27日プレスリリース）
注：1　調査は、平成29年1月から平成29年12月までの間に実施した。
　　2　本表の数値は、東京電力福島第一原子力発電所事故の影響により避難指示のあった福島県下7町村のほか、東京都下1村の計8町村を除く、1,711市町村の調査結果を集計したもの。
　　3　四捨五入の関係から計とその内訳が一致しない場合がある。
　　4　「荒廃農地」とは、「現に耕作に供されておらず、耕作の放棄により荒廃し、通常の農作業では作物の栽培が客観的に不可能となっている農地」をいう。
　　5　「再生利用が可能な荒廃農地」とは、「抜根、整地、区画整理、客土等により再生することによって、通常の農作業による耕作が可能となると見込まれる荒廃農地」をいう。
　　6　「再生利用が困難と見込まれる荒廃農地」とは、「森林の様相を呈しているなど農地に復元するための物理的な条件整備が著しく困難なもの、又は周囲の状況から見て、その土地を農地として復元しても継続して利用することができないと見込まれるものに相当する荒廃農地」をいう。

9　耕作放棄地　（各年2月1日現在）

単位：ha

全国・都道府県	平成22年			27		
	計	総農家	土地持ち非農家	計	総農家	土地持ち非農家
全国	395,981	214,140	181,841	423,064	217,932	205,132
北海道	17,632	7,515	10,117	18,654	7,338	11,315
青森	15,212	7,436	7,776	17,320	7,977	9,342
岩手	13,933	8,536	5,397	17,428	10,006	7,422
宮城	9,720	6,099	3,621	11,692	6,558	5,135
秋田	7,411	4,409	3,002	9,530	5,386	4,145
山形	7,443	4,428	3,015	8,372	4,830	3,542
福島	22,394	15,696	6,698	25,226	15,798	9,428
茨城	21,120	12,543	8,577	23,918	13,560	10,358
栃木	8,830	4,710	4,119	10,296	5,544	4,752
群馬	13,901	7,193	6,708	14,042	6,998	7,043
埼玉	12,395	5,628	6,767	12,728	5,805	6,923
千葉	17,963	9,194	8,769	19,062	9,269	9,793
東京	991	482	509	956	415	541
神奈川	2,588	1,512	1,076	2,497	1,444	1,052
新潟	9,452	5,567	3,885	10,560	5,852	4,708
富山	2,154	972	1,182	2,527	1,110	1,417
石川	6,094	2,868	3,227	5,817	2,371	3,446
福井	1,738	850	887	1,974	935	1,039
山梨	5,785	3,118	2,667	5,781	3,014	2,767
長野	17,146	10,891	6,255	16,776	10,280	6,496
岐阜	5,490	2,865	2,626	6,188	3,157	3,031
静岡	12,494	6,031	6,463	12,843	5,973	6,870
愛知	8,378	4,401	3,977	8,513	4,350	4,163
三重	7,223	3,539	3,684	7,603	3,562	4,041
滋賀	2,073	1,004	1,069	2,276	1,019	1,257
京都	2,850	1,619	1,231	3,098	1,696	1,402
大阪	1,665	783	882	1,671	769	902
兵庫	5,748	3,098	2,650	6,908	3,438	3,471
奈良	3,595	1,953	1,642	3,633	1,946	1,687
和歌山	4,228	2,275	1,953	4,661	2,470	2,191
鳥取	3,616	2,260	1,356	3,832	2,303	1,529
島根	6,629	3,456	3,173	7,065	3,517	3,548
岡山	11,075	5,744	5,332	11,376	5,691	5,685
広島	11,325	5,828	5,497	11,888	5,809	6,079
山口	8,169	3,706	4,463	8,606	3,620	4,986
徳島	4,464	2,439	2,025	4,577	2,440	2,137
香川	5,155	2,835	2,321	6,094	3,223	2,871
愛媛	10,416	5,694	4,723	10,305	5,491	4,814
高知	3,920	2,114	1,805	3,921	1,917	2,004
福岡	7,189	3,838	3,351	6,992	3,598	3,394
佐賀	4,777	2,745	2,032	5,069	2,780	2,289
長崎	11,742	5,904	5,838	11,126	5,525	5,601
熊本	12,032	6,187	5,845	12,460	6,094	6,366
大分	8,373	4,457	3,917	8,477	4,169	4,308
宮崎	4,678	2,818	1,860	5,026	2,809	2,217
鹿児島	11,778	5,812	5,966	11,253	5,220	6,032
沖縄	2,994	1,088	1,906	2,445	855	1,590

資料：農林水産省統計部「農林業センサス」
注：1　耕作放棄地とは、以前耕作していた土地で、過去1年以上作付け（栽培）せず、この数年の間に再び作付け（栽培）する意思のない土地をいい、農家等の自己申告による主観的な数値である。
　　2　土地持ち非農家とは、農家以外で、耕地及び耕作放棄地を5a以上所有している世帯をいう。

10 農地調整
(1) 農地の権利移動

| 年次 | 農地法第3条による権利移動（許可・届出） | | | | | | | |
| | | | 所有権耕地
有償所有権移転 | | 所有権耕作地
無償所有権移転 | | 賃借権の設定 | |
	件数	面積	件数	面積	件数	面積	件数	面積
	件	ha	件	ha	件	ha	件	ha
平成24年	67,277	50,705	35,589	9,523	16,461	9,648	6,239	6,193
25	67,386	50,618	35,700	9,255	16,721	9,709	6,296	5,812
26	65,705	49,531	35,131	8,302	15,774	9,580	6,504	7,210
27	66,855	53,560	35,447	9,887	16,126	9,508	6,880	7,307
28	61,509	49,057	34,238	9,358	13,889	8,145	6,491	7,805

| 年次 | 農地法第3条（続き） | | 農業経営基盤強化促進法による権利移動 | | | | | |
| | 使用貸借による
権利の設定 | | | | 所有権耕作地
有償所有権移転 | | 1)利用権の設定 | |
	件数	面積	件数	面積	件数	面積	件数	面積
	件	ha	件	ha	件	ha	件	ha
平成24年	8,609	24,795	349,590	190,590	12,664	21,236	333,755	166,422
25	8,248	25,346	368,504	203,786	13,121	22,950	352,618	178,561
26	7,897	23,905	364,645	204,501	12,514	19,717	349,572	182,763
27	7,767	26,168	442,703	245,942	12,717	22,224	426,574	221,624
28	6,427	23,140	388,086	211,803	12,755	19,669	373,061	190,205

資料：農林水産省経営局「農地の移動と転用」（以下(3)まで同じ。）
注：1 この農地移動は、「農地の権利移動・借賃等調査」の結果である。なお、農地とは、耕作の
目的に供される土地をいう。
2 面積は、土地登記簿の地積である。
1)は、賃借権の設定、使用貸借による権利の設定及び農業経営の委託を受けることにより取得
する権利の設定の合計である。

(2) 農業経営基盤強化促進法による利用権設定

| 年次 | 計 | | | | 賃借権設定 | | | |
| | 件数 | 面積 | | | 件数 | 面積 | | |
		計	田	畑		計	田	畑
	件	ha	ha	ha	件	ha	ha	ha
平成24年	333,755	166,422	112,150	54,272	258,665	142,374	96,276	46,098
25	352,618	178,561	122,467	56,094	273,480	152,625	105,718	46,907
26	349,572	182,763	124,497	58,266	272,784	155,634	107,377	48,257
27	426,574	221,624	158,131	63,493	322,444	185,638	132,869	52,769
28	373,061	190,205	134,291	55,915	279,988	157,301	112,185	45,116

| 年次 | 使用貸借による権利の設定 | | | | 経営受委託 | | | |
| | 件数 | 面積 | | | 件数 | 面積 | | |
		計	田	畑		計	田	畑
	件	ha	ha	ha	件	ha	ha	ha
平成24年	75,090	24,048	15,874	8,174	–	–	–	–
25	79,138	25,936	16,749	9,187	–	–	–	–
26	76,788	27,128	17,119	10,009	–	–	–	–
27	104,130	35,986	25,262	10,724	–	–	–	–
28	93,065	32,902	22,103	10,799	8	3	3	–

(3)　農地の転用面積
　ア　田畑別農地転用面積

単位：ha

年次	農地の転用面積							農地法第5条による採草放牧地の転用面積
	計	1)農地法第4、5条による農地転用（許可、届出、協議）			農地法第4、5条該当以外の農地転用			
		小計	田	畑	小計	田	畑	
平成24年	11,986	9,383	4,420	4,963	2,603	1,126	1,477	18
25	13,804	10,862	4,850	6,012	2,942	1,306	1,636	42
26	15,233	11,536	5,172	6,365	3,697	1,735	1,962	15
27	16,508	11,609	5,394	6,215	4,899	2,373	2,526	21
28	16,443	11,567	5,294	6,273	4,876	2,241	2,634	24

注：1)は、大臣許可分と市街化区域内の届出分を含む。また、協議分を含む。

イ　農地転用の用途別許可・届出・協議面積（田畑計）

単位：ha

年次	計	住宅用地	公的施設用地	工鉱業（工場）用地	商業サービス等用地	その他の業務用地	植林	その他
平成24年	9,383	3,955	290	231	918	3,381	303	305
25	10,862	4,316	300	224	982	4,275	299	467
26	11,536	3,792	325	333	934	5,317	267	568
27	11,608	4,000	296	272	948	5,555	259	280
28	11,567	4,019	324	299	887	5,485	363	190

注：1　農地法第4条及び第5条による農地転用面積である。なお、協議面積を含む。
　　2　転用の目的が2種以上にわたるときは、その主な用途で区分した。

ウ　転用主体別農地転用面積（田畑計）

単位：ha

年次	計	国（公社・公団等を含む。）	地方公共団体（公社・公団等を含む。）	農協	その他の法人団体（農地所有適格法人を除く。）	農家（農地所有適格法人を含む。）	農家以外の個人
平成24年	11,986	226	1,128	70	4,407	2,657	3,497
25	13,804	316	1,396	51	5,058	3,032	3,949
26	15,233	337	1,545	70	5,765	3,220	4,296
27	16,508	281	1,039	50	5,867	4,553	4,718
28	16,443	255	1,159	73	5,968	3,597	5,392

注：大臣許可分と農地法第4条及び第5条以外の転用も含む転用総面積である。
　　ただし、第5条による採草放牧地の転用は含まない。

11　農地価格
(1)　耕作目的田畑売買価格（平成30年5月1日現在）

単位：千円

中田中畑別・ブロック	都市計画法の線引きをしていない市町村		自作地を自作地として売る場合（10a当たり平均価格）				市街化区域
			都市計画法の線引きが完了した市町村				
			市街化調整区域		市街化区域・調整区域以外の区域		
	農用地区域内	農用地区域外	農用地区域内	農用地区域外	農用地区域内	農用地区域外	
中田 全国	1,182	1,417	3,176	4,545	1,155	1,200	28,261
北海道	247	226	452	550	233	413	5,500
東北	572	638	1,510	1,679	686	622	13,871
関東	1,521	1,768	1,811	2,450	1,044	1,095	36,185
東海	2,283	2,915	6,668	8,128	1,533	1,561	36,710
北信	1,359	1,668	2,405	3,321	1,056	961	17,261
近畿	1,968	2,453	3,518	6,719	1,123	1,165	37,582
中国	746	741	4,017	5,661	1,305	1,402	20,685
四国	1,726	1,745	4,583	5,397	1,726	1,758	35,791
九州	874	911	1,827	2,781	1,023	1,204	16,881
沖縄	890	525	–	–	–	–	–
中畑 全国	872	1,145	3,047	4,248	821	866	29,361
北海道	117	138	490	873	196	357	5,372
東北	343	420	1,285	1,396	496	449	14,877
関東	1,630	2,223	2,356	2,847	921	1,008	41,573
東海	2,062	2,607	6,511	8,496	1,145	1,277	37,531
北信	931	1,176	2,083	3,085	720	700	18,544
近畿	1,404	1,722	3,303	6,706	898	868	39,261
中国	439	469	2,723	3,682	935	976	17,907
四国	952	942	3,778	3,826	1,042	1,117	34,863
九州	593	700	1,562	2,169	677	810	12,769
沖縄	1,288	3,354	4,946	14,109	–	–	59,400

資料：全国農業会議所「田畑売買価格等に関する調査結果 平成30年」（以下(2)まで同じ。）
注：1　売買価格の算定基準は、調査時点で売り手・買い手の双方が妥当とみて実際に取り引きされるであろう価格である（以下(2)まで同じ。）。
　　2　耕作目的売買価格は、農地を農地として利用する目的の売買価格である。
　　3　中田及び中畑とは、調査地区において収量水準や生産条件等が標準的な田及び畑をいう（以下(2)まで同じ。）。
　　4　ブロックについて、「関東」は、茨城、栃木、群馬、埼玉、千葉、東京、神奈川及び山梨であり、「北信」は、新潟、富山、石川、福井及び長野である。その他のブロックは、全国農業地域区分に準じる。

(2)　使用目的変更（転用）田畑売買価格（平成30年5月1日現在）

単位：円

区分	全国（3.3㎡当たり平均価格）			
	都市計画法の線引きをしていない市町村	都市計画法の線引きが完了した市町村		
		市街化調整区域	市街化区域・調整区域以外の区域	市街化区域
田 住宅用	42,279	64,158	35,836	172,774
商業・工業用地用	37,584	57,827	40,895	153,307
国県道・高速道・鉄道用	18,693	50,624	37,439	74,586
1) 公共施設用地用	22,313	58,892	37,080	174,481
畑 住宅用	41,402	62,167	33,027	178,007
商業・工業用地用	34,929	55,291	36,940	162,818
国県道・高速道・鉄道用	26,209	35,983	28,330	73,633
1) 公共施設用地用	20,797	63,893	39,702	635,250

注：使用目的変更売買価格は、農地を農地以外のものとする目的の売買価格である。
　　1)は、学校・公園・運動場・公立病院・公民館など公共施設用地用である。

12 耕地利用
(1) 耕地利用率

単位：%

全国 農業地域	平成27年			28			29		
	計	田	畑	計	田	畑	計	田	畑
全国	91.8	92.5	90.9	91.7	92.8	90.5	91.7	92.9	90.2
北海道	99.7	93.5	101.2	99.3	93.8	100.7	99.1	94.3	100.3
東北	83.5	86.3	76.3	83.7	86.9	75.5	83.7	87.0	75.1
北陸	89.7	91.0	78.4	89.9	91.3	78.0	89.8	91.3	77.6
関東・東山	90.2	95.1	84.1	90.5	95.6	84.1	90.7	95.6	84.5
東海	89.4	93.5	83.5	89.3	93.5	83.0	89.1	93.6	82.4
近畿	87.3	88.2	84.0	87.4	88.4	83.9	87.6	88.6	83.9
中国	78.6	79.4	76.0	78.1	79.0	75.0	77.5	78.4	74.5
四国	86.2	88.7	81.5	85.7	88.2	81.0	85.1	87.8	80.6
九州	102.1	112.2	88.0	102.2	113.1	87.0	102.1	113.4	86.3
沖縄	85.0	105.1	84.9	85.3	105.5	84.8	85.5	101.0	85.2

資料：農林水産省統計部「耕地及び作付面積統計」（以下(4)まで同じ。）
注：耕地利用率とは、耕地面積を「100」とした作付（栽培）延べ面積の割合である。

(2) 農作物作付（栽培）延べ面積

単位：千ha

農作物種類	平成25年	26	27	28	29
作付（栽培）延べ面積	4,167	4,146	4,127	4,102	4,074
1) 水稲	1,597	1,573	1,505	1,478	1,465
2) 麦類（4麦計）	270	273	274	276	274
3) そば	61	60	58	61	63
3) 大豆	129	132	142	150	150
なたね	2	1	2	2	2
その他作物	2,109	2,017	2,146	2,136	2,120

注： 農作物作付（栽培）延べ面積とは、農林水産省統計部で収穫量調査を行わない作物を含む全作物
の作付（栽培）面積の合計である。
　　なお、平成29年（産）から、表章範囲を変更したことから、平成25年から平成28年のその他作物
の値は、再集計した結果である。
　　1)は、子実用である。
　　2)は、4麦（子実用）合計面積である。
　　3)は、乾燥子実（未成熟との兼用を含む。）である。
　　4)は、陸稲、かんしょ、小豆、いんげん、らっかせい、野菜、果樹、茶、飼料作物、桑、花き、
花木、種苗等である。

(3) 夏期における田本地の利用面積（全国）

単位：千ha

農作物種類	平成25年	26	27	28	29
水稲作付田	1,646	1,639	1,623	1,611	1,600
水稲以外の作物のみの作付田	417	416	417	416	412
夏期全期不作付地	262	265	270	270	273

12　耕地利用（続き）
(4)　都道府県別農作物作付（栽培）延べ面積・耕地利用率（田畑計、平成29年）

全国・都道府県	作付（栽培）延べ面積	水稲	麦類（4麦計）	大豆	そば	なたね	その他作物	耕地利用率
	ha	ha	ha	ha	ha	ha	ha	%
全国	4,074,000	1,465,000	273,700	150,200	62,900	1,980	2,120,000	91.7
北海道	1,135,000	103,900	123,400	41,000	22,900	939	843,200	99.1
青森	123,800	43,400	1,030	4,940	1,610	270	72,500	81.7
岩手	123,400	49,800	4,110	4,640	1,760	33	63,100	82.0
宮城	114,400	66,300	2,270	11,200	716	44	33,900	89.5
秋田	126,300	86,900	369	8,720	3,730	82	26,500	85.2
山形	106,800	64,500	x	5,130	5,100	15	31,900	90.2
福島	106,700	64,000	x	1,590	3,860	106	36,800	75.3
茨城	151,100	68,100	8,020	3,640	3,270	12	68,100	90.2
栃木	119,300	57,600	13,000	2,560	2,490	10	43,600	96.3
群馬	62,900	15,500	7,670	316	518	11	39,000	90.5
埼玉	66,800	31,600	6,190	679	347	5	28,000	88.8
千葉	114,200	55,200	815	900	183	x	57,200	90.9
東京	6,420	141	x	8	8	x	6,230	93.0
神奈川	18,200	3,090	x	42	16	1	15,000	94.8
新潟	147,800	116,300	304	5,160	1,420	13	24,600	86.6
富山	53,600	37,600	3,460	4,780	561	25	7,150	91.6
石川	35,900	25,300	1,450	1,730	323	x	7,090	86.5
福井	42,100	24,900	5,300	1,820	3,700	x	6,420	104.5
山梨	20,700	4,960	114	218	184	x	15,200	87.0
長野	92,300	32,300	2,790	2,140	4,190	17	50,800	86.0
岐阜	48,700	21,900	3,470	2,910	317	−	20,100	86.5
静岡	58,400	15,700	752	255	81	2	41,600	88.0
愛知	68,700	27,500	5,620	4,530	36	38	31,000	90.8
三重	53,700	27,400	6,750	4,420	119	63	14,900	90.6
滋賀	53,400	31,700	7,760	6,700	487	35	6,690	102.5
京都	24,600	14,700	x	304	123	x	9,310	80.4
大阪	10,600	5,150	x	16	1	x	5,470	82.2
兵庫	61,000	36,600	2,410	2,680	283	20	19,000	82.2
奈良	16,200	8,610	110	150	25	2	7,300	77.5
和歌山	29,700	6,560	x	29	2	−	23,100	90.5
鳥取	27,600	12,600	x	713	334	4	13,800	80.0
島根	29,000	17,500	628	823	698	12	9,350	78.4
岡山	51,300	30,100	2,860	1,730	219	10	16,300	78.2
広島	42,400	23,700	x	566	366	−	17,400	76.7
山口	35,700	20,300	1,810	906	68	1	12,500	74.8
徳島	25,600	11,500	x	42	65	x	13,900	87.4
香川	25,200	12,800	2,550	72	33	x	9,770	82.6
愛媛	42,600	13,900	1,990	354	36	x	26,300	86.2
高知	22,800	11,600	13	89	8	−	11,200	82.6
福岡	92,900	35,700	21,200	8,410	71	34	27,400	112.5
佐賀	68,300	24,600	20,600	8,150	27	15	14,900	131.1
長崎	45,700	11,600	1,840	449	164	12	31,600	96.8
熊本	107,400	33,300	6,740	2,440	619	54	64,200	96.1
大分	50,700	21,000	4,660	1,700	269	45	23,000	91.2
宮崎	71,500	16,300	166	233	309	9	54,500	107.0
鹿児島	109,800	20,400	x	328	1,150	35	87,600	92.3
沖縄	32,500	727	x	0	56	−	31,700	85.5

注：1　農作物作付（栽培）延べ面積とは、農林水産省統計部で収穫量調査を行わない作物を含む全作物の作付（栽培）面積の合計である。
　　2　耕地利用率とは、耕地面積を「100」とした作付（栽培）延べ面積の割合である。

13　採草地・放牧地の利用（耕地以外）

(1)　農業経営体が利用した採草地・放牧地（各年2月1日現在）

年次・全国農業地域	採草地・放牧地	
	経営体数	面積
	経営体	ha
平成22年	8,732	26,422
27	18,556	47,934
北海道	1,065	12,604
都府県	17,491	35,330
東北	4,454	13,222
北陸	731	1,091
関東・東山	3,605	4,911
東海	1,470	2,086
近畿	1,216	1,512
中国	2,166	3,935
四国	557	943
九州	3,256	7,601
沖縄	36	30

(2)　販売農家が利用した採草地・放牧地（各年2月1日現在）

年次・全国農業地域	採草地・放牧地	
	農家数	面積
	戸	ha
平成22年	8,418	16,696
27	18,081	35,113
北海道	1,003	7,775
都府県	17,078	27,338
東北	4,356	9,803
北陸	717	1,032
関東・東山	3,515	3,396
東海	1,434	1,668
近畿	1,196	1,412
中国	2,104	3,788
四国	533	892
九州	3,189	5,319
沖縄	34	29

資料：　農林水産省統計部「農林業センサス」
　　　（以下(2)まで同じ。）
注：　過去1年間に耕地以外の山林、原野等を
　　採草地や放牧地として利用した土地である。
　　　（以下(2)まで同じ。）

14 都道府県別の基幹的農業水利施設数・水路延長（平成29年）（推計値）

局名及び都道府県名	1)点施設合計	貯水池	頭首工	水門等	管理設備	機場	2)線施設合計	水路	パイプライン	集水渠
	箇所	箇所	箇所	箇所	箇所	箇所	km	km	km	km
全国	7,556	1,287	1,943	1,103	281	2,942	50,927	50,866	17,168	61
北海道開発局	614	113	210	24	5	262	12,315	12,315	5,049	0
北海道	614	113	210	24	5	262	12,315	12,315	5,049	0
東北農政局	1,586	297	502	151	56	580	8,747	8,746	1,454	1
青森県	225	37	82	11	5	90	1,302	1,302	156	0
岩手県	159	37	58	11	7	46	1,355	1,355	327	0
宮城県	334	44	60	42	3	185	1,692	1,692	109	0
秋田県	282	77	95	42	3	65	1,478	1,477	204	1
山形県	321	50	79	28	19	145	1,743	1,743	442	0
福島県	265	52	128	17	19	49	1,177	1,177	216	0
関東農政局	1,652	160	384	394	49	665	9,853	9,824	3,108	29
茨城県	376	13	36	110	5	212	1,449	1,449	552	0
栃木県	132	17	81	4	4	26	1,147	1,134	181	13
群馬県	122	19	59	19	2	23	775	775	240	0
埼玉県	173	8	46	48	10	61	1,379	1,379	205	0
千葉県	417	29	22	115	9	242	1,533	1,533	725	0
東京都	2	0	2	0	0	0	25	25	0	0
神奈川県	9	0	5	4	0	0	115	115	5	0
山梨県	46	8	10	8	2	18	212	197	87	15
長野県	227	44	99	40	12	32	2,112	2,112	744	0
静岡県	148	22	24	46	5	51	1,106	1,106	370	0
北陸農政局	858	78	167	161	45	407	5,162	5,151	884	11
新潟県	604	41	89	138	36	300	2,739	2,739	272	0
富山県	72	15	34	9	5	9	1,176	1,176	131	1
石川県	102	18	20	9	1	54	466	466	73	0
福井県	80	4	24	5	3	44	781	771	408	10
東海農政局	582	83	101	69	14	315	4,229	4,229	1,986	1
岐阜県	147	20	31	21	2	73	835	835	216	1
愛知県	273	36	17	26	12	182	2,662	2,662	1,457	0
三重県	162	27	53	22	0	60	732	732	314	0

資料：農林水産省農村振興局「農業基盤情報基礎調査」
注： 1 基幹的農業水利施設とは、農業用用排水のための利用に供される施設であって、その受益面積が100ha以上のものである。
2 調査結果は平成29年3月31日時点の推計値であり、平成15年以降に農業農村整備事業以外で新設・廃止された施設については考慮していない。
3 掲載している数値については、四捨五入を行っているため、合計と内訳の積み上げが一致しない場合がある。
1)点施設とは、貯水池、頭首工、水門等、管理設備、機場のことである。
2)線施設とは、水路、集水渠のことである。

局名及び 都道府県名	1)点施設 合計	貯水池	頭首工	水門等	管理 設備	機場	2)線施設 合計	水路	パイプ ライン	集水渠
	箇所	箇所	箇所	箇所	箇所	箇所	km	km	km	km
近畿農政局	378	87	105	33	34	119	2,346	2,344	1,108	2
滋賀県	131	22	27	12	22	48	768	766	455	1
京都府	43	5	14	9	1	14	153	153	39	0
大阪府	17	8	4	2	0	3	110	110	23	0
兵庫県	106	35	41	10	7	13	648	648	237	1
奈良県	30	8	8	0	2	12	327	327	221	0
和歌山県	51	9	11	0	2	29	339	339	132	0
中国四国農政局	784	237	159	96	27	265	3,456	3,449	1,341	7
鳥取県	66	15	31	6	3	11	314	311	140	3
島根県	74	9	9	14	3	39	295	295	52	0
岡山県	196	48	33	19	11	85	893	893	270	0
広島県	49	23	6	4	1	15	210	209	149	1
山口県	56	17	14	5	0	20	130	130	38	0
徳島県	88	4	8	36	2	38	360	358	176	2
香川県	127	80	24	2	1	20	436	436	166	0
愛媛県	103	36	24	7	6	30	674	674	340	0
高知県	25	5	10	3	0	7	143	143	11	0
九州農政局	1,051	211	312	175	44	309	4,530	4,519	1,972	11
福岡県	215	57	87	28	6	37	683	683	213	0
佐賀県	138	47	22	13	2	54	549	548	297	1
長崎県	66	23	4	7	4	28	155	155	109	0
熊本県	248	20	58	66	3	101	845	845	223	0
大分県	110	26	46	11	11	16	621	611	123	10
宮崎県	122	11	49	35	10	17	693	693	381	0
鹿児島県	152	27	46	15	8	56	985	985	626	0
沖縄総合事務局	51	21	3	0	7	20	287	287	265	0
沖縄県	51	21	3	0	7	20	287	287	265	0

Ⅱ　農業経営体

1　農業経営体数（各年2月1日現在）

単位：千経営体

年次・ 全国農業地域	農業経営体	組織経営体
平成26年	1,471.2	32.1
27	1,377.3	33.0
28	1,318.4	34.0
29	1,258.0	34.9
30	**1,220.5**	**35.5**
北海道	38.4	2.6
都府県	1,182.1	32.9
うち東北	215.2	6.5
北陸	90.8	4.0
関東・東山	270.7	4.9
東海	112.1	2.4
近畿	114.3	3.3
中国	109.4	3.3
四国	75.1	1.5
九州	181.6	6.4

資料：　平成27年は農林水産省統計部「2015年農林業センサス」
　　　　平成27年以外は農林水産省統計部「農業構造動態調査」による
　　　　（以下5（2）まで同じ。）。
注：　沖縄については、全国及び都府県値に含むが、地域別の表章はし
　　　ていない（以下5（2）まで同じ。）。

2　経営耕地面積規模別農業経営体数（各年2月1日現在）

単位：千経営体

年次・ 全国農業地域	計	1）1.0ha 未満	1.0〜 5.0	5.0〜 10.0	10.0〜 20.0	20.0〜 30.0	30.0ha 以上
平成29年	1,258.0	670.9	481.4	49.1	26.7	11.4	18.5
30	**1,220.5**	**644.2**	**468.2**	**52.1**	**26.0**	**11.5**	**18.5**
北海道	38.4	3.4	6.6	4.6	7.1	5.3	11.4
都府県	1,182.1	640.8	461.6	47.5	18.9	6.2	7.1
うち東北	215.2	79.9	108.9	15.3	6.7	2.1	2.3
北陸	90.8	35.8	44.0	5.7	2.7	1.0	1.6
関東・東山	270.7	146.6	108.8	9.7	3.6	1.1	0.9
東海	112.1	78.0	30.0	2.1	1.0	0.4	0.6
近畿	114.3	77.0	33.6	2.0	1.1	0.3	0.3
中国	109.4	75.3	30.7	1.9	0.9	0.3	0.3
四国	75.1	50.9	23.0	0.7	0.3	0.1	0.1
九州	181.6	91.6	77.1	8.9	2.4	0.7	0.9

注：1）は、経営耕地面積なしを含む。

3 農産物販売金額別農業経営体数（各年2月1日現在）
(1) 農業経営体

単位：千経営体

年次・全国農業地域	計	1)50万円未満	50〜100	100〜500	500〜1,000	1,000〜3,000	3,000〜5,000	5,000〜1億	1億円以上
平成29年	1,258.0	474.6	198.6	348.6	101.1	95.5	19.9	11.8	7.9
30	1,220.5	436.3	195.2	349.2	101.5	97.0	20.7	12.1	8.5
北海道	38.4	2.5	1.2	5.4	4.9	13.1	5.9	3.5	1.9
都府県	1,182.1	433.8	194.1	343.7	96.6	84.0	14.8	8.5	6.6
うち東北	215.2	53.0	37.8	81.6	23.9	15.0	2.1	1.0	0.8
北陸	90.8	25.0	17.0	34.9	6.9	5.3	1.0	0.4	0.3
関東・東山	270.7	90.7	46.7	79.4	23.2	22.2	4.3	2.6	1.6
東海	112.1	55.8	14.1	22.9	6.8	8.6	2.0	1.0	0.9
近畿	114.3	55.1	19.2	27.4	6.7	4.7	0.6	0.4	0.2
中国	109.4	59.7	20.4	20.9	3.9	3.1	0.6	0.3	0.5
四国	75.1	32.0	11.8	20.5	5.3	4.2	0.5	0.5	0.3
九州	181.6	60.3	24.2	50.7	18.4	20.2	3.7	2.2	1.9

注：1)は、販売なしを含む。

(2) 農業経営体のうち組織経営体

単位：千経営体

年次・全国農業地域	計	1)50万円未満	50〜100	100〜500	500〜1,000	1,000〜3,000	3,000〜5,000	5,000〜1億	1億円以上
平成29年	34.9	8.4	1.2	4.3	3.1	7.0	3.1	3.0	4.8
30	35.5	8.4	0.9	4.4	3.3	7.1	3.2	3.1	5.1
北海道	2.6	0.7	0.1	0.2	0.1	0.3	0.2	0.3	0.7
都府県	32.9	7.6	0.9	4.2	3.2	6.9	3.0	2.7	4.4
うち東北	6.5	2.0	0.2	0.6	0.6	1.4	0.7	0.5	0.6
北陸	4.0	0.6	0.1	0.4	0.4	1.4	0.6	0.3	0.2
関東・東山	4.9	0.9	0.2	0.6	0.3	0.9	0.4	0.6	1.0
東海	2.4	0.4	0.1	0.3	0.2	0.4	0.2	0.3	0.5
近畿	3.3	0.8	0.2	0.8	0.4	0.6	0.2	0.1	0.2
中国	3.3	0.8	0.1	0.4	0.5	0.7	0.3	0.1	0.4
四国	1.5	0.4	0.0	0.3	0.1	0.2	0.1	0.1	0.3
九州	6.4	1.7	0.1	0.6	0.6	1.2	0.5	0.6	1.1

注：1)は、販売なしを含む。

4 組織形態別農業経営体数（農業経営体のうち組織経営体）（各年2月1日現在）

単位：千経営体

年次・全国農業地域	計	法人化している					法人化していない
		小計	農事組合法人	会社	各種団体	その他の法人	
平成29年	34.9	24.8	7.1	13.7	3.0	1.0	10.2
30	35.5	25.5	7.6	14.1	2.8	1.0	10.0
北海道	2.6	2.1	0.2	1.5	0.3	0.1	0.5
都府県	32.9	23.3	7.3	12.4	2.7	0.9	9.6
うち東北	6.5	3.8	1.3	1.9	0.5	0.1	2.7
北陸	4.0	2.7	1.3	1.0	0.3	0.1	1.3
関東・東山	4.9	4.0	0.8	2.5	0.5	0.2	0.9
東海	2.4	2.0	0.5	1.3	0.1	0.1	0.4
近畿	3.3	2.0	0.8	0.9	0.2	0.1	1.3
中国	3.3	2.6	1.1	1.2	0.2	0.1	0.7
四国	1.5	1.3	0.3	0.7	0.2	0.1	0.2
九州	6.4	4.5	1.2	2.5	0.6		1.9

5 農業経営組織別農業経営体数（各年2月1日現在）
(1) 農業経営体

単位：千経営体

年次・全国農業地域	計	販売のあった経営体	1)単一経営経営体					
			小計	稲作	2)畑作	露地野菜	施設野菜
平成29年	1,258.0	1,164.1	927.9	568.6	38.1	75.1	46.6
30	1,220.5	1,131.6	901.2	548.1	36.8	73.5	46.9
北海道	38.4	37.5	20.6	5.9	1.3	2.5	1.8
都府県	1,182.1	1,094.1	880.5	542.2	35.5	71.0	45.1
うち東北	215.2	202.7	160.1	113.9	2.8	7.6	3.4
北陸	90.8	88.4	78.5	73.7	0.3	0.9	0.5
関東・東山	270.7	249.0	201.1	107.0	6.2	28.8	12.0
東海	112.1	98.8	80.9	42.3	5.7	7.8	6.6
近畿	114.3	104.0	83.5	57.3	2.3	5.5	2.1
中国	109.4	101.0	83.2	65.1	0.9	3.9	1.5
四国	75.1	69.9	56.0	27.4	1.0	6.1	4.6
九州	181.6	167.6	126.5	55.0	10.3	9.5	13.9

年次・全国農業地域	1)単一経営経営体（続き）				4)複合経営経営体	販売のなかった経営体
	果樹類	酪農	肉用牛	3)その他		
平成29年	120.1	13.3	24.6	41.5	236.2	93.9
30	119.3	12.7	24.0	39.9	230.4	88.9
北海道	0.5	5.0	1.2	2.4	16.9	0.9
都府県	118.7	7.7	22.8	37.5	213.6	88.0
うち東北	21.3	2.0	4.6	4.5	42.6	12.5
北陸	1.9	0.2	0.1	0.9	9.9	2.4
関東・東山	32.8	2.5	1.5	10.3	47.9	21.7
東海	11.0	0.5	0.7	6.3	17.9	13.3
近畿	13.5	0.3	0.7	1.8	20.5	10.3
中国	7.9	0.5	1.4	2.0	17.8	8.4
四国	14.0	0.3	0.3	2.3	13.9	5.2
九州	15.3	1.4	12.6	8.5	41.1	14.0

注： 1)は、農産物販売金額のうち、主位部門の販売金額が8割以上の経営体をいう。
2)は、「麦類作」、「雑穀・いも類・豆類」及び「工芸農作物」部門の単一経営経営体の合計である。
3)は、「花き・花木」、「その他の作物」、「養豚」、「養鶏」及び「その他の畜産」部門の単一経営経営体の合計である。
4)は、農産物販売金額のうち、主位部門の販売金額が8割未満の経営体をいう。

(2)　農業経営体のうち組織経営体

単位：千経営体

年次・全国農業地域	計	販売のあった経営体	1)単一経営経営体					
			小計	稲作	2)畑作	露地野菜	施設野菜
平成29年	34.9	27.5	20.8	7.8	2.2	1.2	1.5
30	35.5	28.4	21.2	8.0	2.2	1.3	1.6
北海道	2.6	1.9	1.3	0.1	0.1	0.1	0.1
都府県	32.9	26.5	19.9	7.9	2.1	1.2	1.5
うち東北	6.5	4.8	3.6	1.7	0.4	0.1	0.2
北陸	4.0	3.4	2.7	2.1	0.1	0.1	0.0
関東・東山	4.9	4.1	3.1	0.6	0.4	0.3	0.3
東海	2.4	2.2	1.7	0.5	0.2	0.1	0.2
近畿	3.3	2.8	1.9	1.0	0.3	0.1	0.1
中国	3.3	2.6	2.0	1.2	0.1	0.1	0.1
四国	1.5	1.2	0.9	0.1	0.1	0.1	0.1
九州	6.4	4.9	3.4	0.7	0.4	0.2	0.4

年次・全国農業地域	1)単一経営経営体（続き）				4)複合経営経営体	販売のなかった経営体
	果樹類	酪農	肉用牛	3)その他		
平成29年	1.1	0.7	0.9	5.4	6.7	7.4
30	1.2	0.7	1.0	5.2	7.2	7.1
北海道	0.0	0.3	0.2	0.4	0.6	0.7
都府県	1.2	0.4	0.8	4.8	6.6	6.4
うち東北	0.2	0.1	0.1	0.8	1.2	1.7
北陸	0.0	0.0	0.0	0.4	0.7	0.6
関東・東山	0.2	0.1	0.1	1.1	1.0	0.8
東海	0.1	0.0	0.1	0.5	0.5	0.2
近畿	0.1	0.0	0.1	0.2	0.9	0.5
中国	0.1	0.0	0.1	0.3	0.6	0.7
四国	0.2	0.0	0.0	0.3	0.3	0.3
九州	0.2	0.1	0.3	1.1	1.5	1.5

注：　1)は、農産物販売金額のうち、主位部門の販売金額が8割以上の経営体をいう。
　　　2)は、「麦類作」、「雑穀・いも類・豆類」及び「工芸農作物」部門の単一経営経営体の合計である。
　　　3)は、「花き・花木」、「その他の作物」、「養豚」、「養鶏」及び「その他の畜産」部門の単一経営経営体の合計である。
　　　4)は、農産物販売金額のうち、主位部門の販売金額が8割未満の経営体をいう。

6 農業以外の業種から資本金・出資金の提供を受けている経営体の業種別農業経営体数（各年2月1日現在）

単位：経営体

年次・全国農業地域	実経営体数	建設業・運輸業	飲食料品関連		飲食料品関連以外		医療・福祉・教育関連	その他
			製造業・サービス業	卸売・小売業	製造業	卸売・小売業		
平成22年	1,164	275	222	162	…		…	1) 602
27	1,592	432	256	216	146	124	37	547
北海道	182	57	37	28	16	12	2	53
都府県	1,410	375	219	188	130	112	35	494
東北	217	62	34	24	19	13	1	87
北陸	109	38	10	6	11	8	4	43
関東・東山	284	57	61	43	31	26	6	93
東海	119	27	14	20	11	12	6	37
近畿	129	21	20	24	12	12	3	51
中国	175	60	20	25	13	17	3	53
四国	63	18	7	10	9	3	1	21
九州	284	86	45	31	21	21	10	100
沖縄	30	6	8	5	3	−	1	9

資料：農林水産省統計部「農林業センサス」（以下15(2)まで同じ。）
注：　1)は、「飲食料品関連以外の製造業」、「飲食料品関連以外の卸売・小売業」、
「医療・福祉・教育関連」又は「その他」のいずれかに該当した経営体である。

7 水稲作作業を委託した農業経営体数（各年2月1日現在）

単位：経営体

年次・全国農業地域	実経営体数	全作業	作業別に委託						
			実経営体数	育苗	耕起・代かき	田植	防除	稲刈り・脱穀	乾燥・調製
平成22年	696,474	60,395	640,796	272,795	96,380	170,570	168,818	339,417	466,863
27	449,203	36,772	416,373	168,856	58,009	111,783	123,231	230,282	313,295
北海道	4,925	121	4,825	256	204	262	3,302	1,040	2,683
都府県	444,278	36,651	411,548	168,600	57,805	111,521	119,929	229,242	310,612
東北	96,324	10,355	86,861	25,218	14,957	24,541	28,782	57,990	68,237
北陸	43,256	3,969	39,636	22,708	6,476	11,228	15,837	14,616	22,120
関東・東山	74,157	7,184	67,897	25,747	12,989	18,896	12,996	45,303	50,680
東海	44,785	5,757	39,645	23,021	7,285	11,666	6,561	23,582	32,772
近畿	34,966	2,061	33,226	18,511	3,567	8,264	9,278	15,909	22,761
中国	46,433	2,631	44,153	19,776	5,132	11,244	13,691	23,898	34,951
四国	22,195	717	21,589	11,141	1,300	4,676	3,339	9,086	15,839
九州	82,043	3,967	78,431	22,447	6,084	20,968	29,421	38,803	63,183
沖縄	119	10	110	31	15	38	24	55	69

8　農産物の出荷先別農業経営体数（各年2月1日現在）
(1)　農業経営体

単位：経営体

年次・全国農業地域	販売のあった実経営体数	農協	農協以外の集出荷団体	卸売市場	小売業者	食品製造業・外食産業	消費者に直接販売	その他
平成22年	1,506,576	1,108,395	200,273	155,992	106,737	24,095	329,122	74,545
27	1,245,232	910,722	157,888	137,090	104,684	34,944	236,655	96,812
北海道	38,487	33,832	5,801	3,869	3,121	1,387	4,597	2,292
都府県	1,206,745	876,890	152,087	133,221	101,563	33,557	232,058	94,520
東北	227,475	186,510	33,431	24,665	13,923	4,839	28,357	11,311
北陸	98,370	87,011	9,183	3,588	4,581	1,750	14,471	7,650
関東・東山	268,894	172,288	38,862	34,873	33,274	5,707	61,395	21,611
東海	107,813	70,267	12,136	14,846	9,305	2,660	25,850	11,627
近畿	114,004	79,036	10,624	10,866	10,835	3,460	29,005	12,702
中国	113,674	87,122	11,860	7,404	8,565	2,085	22,900	9,844
四国	74,225	55,150	6,483	9,278	4,984	1,436	15,207	6,243
九州	187,826	132,854	27,567	27,007	15,163	5,267	33,859	13,029
沖縄	14,464	6,652	1,941	694	933	6,353	1,014	503

(2)　農業経営体のうち組織経営体

単位：経営体

年次・全国農業地域	販売のあった実経営体数	農協	農協以外の集出荷団体	卸売市場	小売業者	食品製造業・外食産業	消費者に直接販売	その他
平成22年	19,544	12,695	3,000	2,935	3,160	2,022	5,889	2,360
27	24,629	15,218	4,279	4,418	5,235	3,816	7,555	3,171
北海道	1,679	1,013	351	286	318	250	385	280
都府県	22,950	14,205	3,928	4,132	4,917	3,566	7,170	2,891
東北	4,035	2,772	658	585	635	521	957	427
北陸	3,023	2,552	505	321	560	385	974	428
関東・東山	3,797	1,787	704	932	1,066	683	1,360	512
東海	1,992	1,040	318	473	559	362	737	300
近畿	2,141	1,391	329	286	446	329	916	285
中国	2,186	1,442	364	394	510	389	862	306
四国	918	468	148	241	255	160	302	106
九州	4,510	2,622	847	844	798	647	956	476
沖縄	348	131	55	56	88	90	106	51

9 農産物売上1位の出荷先別農業経営体数（各年2月1日現在）
(1) 農業経営体

単位：経営体

年次・全国農業地域	計	農協	農協以外の集出荷団体	卸売市場	小売業者	食品製造業・外食産業	消費者に直接販売	その他
平成22年	1,506,576	1,011,819	137,903	89,001	62,575	12,108	152,484	40,686
27	1,245,232	824,001	108,287	78,642	59,184	18,494	109,555	47,069
北海道	38,487	31,613	1,961	1,586	806	264	1,225	1,032
都府県	1,206,745	792,388	106,326	77,056	58,378	18,230	108,330	46,037
東北	227,475	170,550	22,070	12,600	6,893	2,717	9,241	3,404
北陸	98,370	82,061	5,854	1,349	1,874	483	4,534	2,215
関東・東山	268,894	154,249	28,666	22,427	21,263	2,338	29,654	10,297
東海	107,813	62,765	8,869	8,774	5,096	1,185	14,175	6,949
近畿	114,004	69,385	6,962	6,638	6,189	1,793	15,405	7,632
中国	113,674	79,501	8,432	3,935	5,240	821	11,175	4,570
四国	74,225	50,318	4,382	5,080	2,728	627	7,681	3,409
九州	187,826	117,709	19,499	15,797	8,641	2,878	16,019	7,283
沖縄	14,464	5,850	1,592	456	454	5,388	446	278

(2) 農業経営体のうち組織経営体

単位：経営体

年次・全国農業地域	計	農協	農協以外の集出荷団体	卸売市場	小売業者	食品製造業・外食産業	消費者に直接販売	その他
平成22年	19,544	11,060	1,705	1,662	1,302	782	1,912	1,121
27	24,629	12,628	2,341	2,219	2,064	1,438	2,417	1,522
北海道	1,679	846	188	132	131	83	114	185
都府県	22,950	11,782	2,153	2,087	1,933	1,355	2,303	1,337
東北	4,035	2,458	356	294	238	199	269	221
北陸	3,023	2,194	196	98	164	75	218	78
関東・東山	3,797	1,382	422	518	460	263	493	259
東海	1,992	797	182	259	200	135	256	163
近畿	2,141	1,092	159	124	169	101	354	142
中国	2,186	1,137	157	181	202	130	268	111
四国	918	379	90	144	101	61	79	64
九州	4,510	2,241	550	446	361	329	317	266
沖縄	348	102	41	23	38	62	49	33

10　販売目的の作物の類別作付（栽培）農業経営体数及び作付（栽培）面積
　　（各年2月1日現在）
（1）　農業経営体

年次・全国農業地域	稲		麦類		雑穀		いも類	
	経営体数	面積	経営体数	面積	経営体数	面積	経営体数	面積
	経営体	ha	経営体	ha	経営体	ha	経営体	ha
平成22年	1,170,055	1,370,978	61,122	259,607	40,800	43,241	117,045	91,603
27	952,684	1,313,713	49,229	263,073	36,814	58,170	86,885	86,122
北海道	13,470	110,442	13,687	122,020	4,347	24,291	9,252	51,413
都府県	939,214	1,203,271	35,542	141,053	32,467	33,879	77,633	34,709
東北	196,796	364,922	2,444	7,983	12,179	13,902	11,501	1,165
北陸	94,679	193,269	2,987	9,862	3,576	5,405	4,019	470
関東・東山	193,246	229,910	11,503	36,321	8,194	8,826	23,137	8,970
東海	77,094	71,217	3,831	13,404	802	696	5,985	742
近畿	93,774	80,094	3,241	10,068	1,382	1,092	4,950	303
中国	99,970	87,400	1,504	5,046	3,132	1,589	5,938	381
四国	51,351	37,482	1,526	4,402	491	151	3,429	1,289
九州	131,993	138,358	8,493	53,959	2,663	2,162	18,274	21,198
沖縄	311	616	13	7	48	57	400	193

年次・全国農業地域	豆類		工芸農作物		野菜類	
	経営体数	面積	経営体数	面積	経営体数	面積
	経営体	ha	経営体	ha	経営体	ha
平成22年	132,806	165,336	76,368	150,141	442,842	289,453
27	96,447	160,010	56,994	126,683	381,982	272,470
北海道	11,835	64,449	7,568	58,382	18,047	56,597
都府県	84,612	95,561	49,426	68,301	363,935	215,873
東北	19,928	29,865	4,065	3,380	59,062	30,526
北陸	7,079	11,908	484	378	17,921	7,307
関東・東山	15,799	10,036	4,423	5,163	100,400	80,936
東海	5,224	9,210	12,081	15,279	36,459	19,622
近畿	12,714	8,650	2,240	2,270	30,619	11,129
中国	11,249	3,861	1,450	558	27,778	8,720
四国	2,246	534	1,615	895	25,697	11,454
九州	10,341	21,484	13,746	26,421	62,755	44,715
沖縄	32	13	9,322	13,957	3,244	1,465

年次・全国農業地域	花き類・花木		果樹類		その他の作物	
	経営体数	面積	経営体数	面積	経営体数	面積
	経営体	ha	経営体	ha	経営体	ha
平成22年	69,236	31,315	253,941	162,554	28,819	40,793
27	54,830	27,504	221,924	145,418	47,593	88,045
北海道	1,512	1,349	1,167	2,138	3,050	31,263
都府県	53,318	26,155	220,757	143,281	44,543	56,782
東北	6,991	2,798	40,320	32,934	11,253	18,040
北陸	2,278	1,098	6,068	3,012	2,504	2,591
関東・東山	14,166	8,144	54,463	29,003	10,504	12,688
東海	8,172	4,026	20,863	10,984	2,877	3,006
近畿	4,765	1,568	22,422	17,842	2,144	1,619
中国	4,304	1,031	18,260	7,030	3,711	3,999
四国	3,276	1,154	23,810	16,611	1,372	894
九州	8,141	5,404	32,589	24,511	10,070	13,750
沖縄	1,225	932	1,962	1,352	108	194

10 販売目的の作物の類別作付（栽培）農業経営体数及び作付（栽培）面積
　（各年2月1日現在）（続き）
（2）農業経営体のうち組織経営体

年次・全国農業地域	稲		麦類		雑穀		いも類	
	経営体数	面積	経営体数	面積	経営体数	面積	経営体数	面積
	経営体	ha	経営体	ha	経営体	ha	経営体	ha
平成22年	9,244	149,992	4,535	75,602	1,576	9,470	1,130	4,954
27	11,770	187,164	5,093	81,899	2,392	17,106	1,721	6,343
北海道	264	6,417	369	7,259	182	3,418	303	2,756
都府県	11,506	180,748	4,724	74,640	2,210	13,688	1,418	3,586
東北	2,114	48,589	379	5,296	560	5,231	133	298
北陸	2,373	44,503	807	6,826	595	3,135	123	80
関東・東山	1,245	16,988	715	12,408	379	2,954	263	468
東海	809	11,409	385	6,425	83	389	108	97
近畿	1,361	10,837	721	6,656	163	600	144	41
中国	1,308	14,855	291	2,704	268	664	144	85
四国	328	3,223	166	2,021	13	27	56	67
九州	1,963	30,327	1,259	32,303	146	669	429	2,426
沖縄	5	14	1	0	3	20	18	25

年次・全国農業地域	豆類		工芸農作物		野菜類	
	経営体数	面積	経営体数	面積	経営体数	面積
	経営体	ha	経営体	ha	経営体	ha
平成22年	5,268	54,056	911	7,418	4,649	17,471
27	5,832	57,406	1,149	10,499	7,328	25,850
北海道	351	4,235	194	3,855	567	5,455
都府県	5,481	53,171	955	6,644	6,761	20,395
東北	1,266	17,513	70	217	1,028	3,281
北陸	966	7,413	37	42	850	1,063
関東・東山	489	3,345	70	270	1,201	4,300
東海	326	4,373	178	1,246	628	1,711
近畿	694	3,914	82	415	612	801
中国	491	1,855	64	137	810	1,633
四国	55	241	43	187	317	1,154
九州	1,192	14,519	311	3,523	1,215	6,335
沖縄	2	0	100	608	100	117

年次・全国農業地域	花き類・花木		果樹類		その他の作物	
	経営体数	面積	経営体数	面積	経営体数	面積
	経営体	ha	経営体	ha	経営体	ha
平成22年	1,600	2,966	1,547	4,058	1,072	11,850
27	1,806	3,362	2,118	5,504	2,818	30,039
北海道	85	222	64	381	213	12,915
都府県	1,721	3,140	2,054	5,122	2,605	17,124
東北	231	291	280	1,139	715	7,131
北陸	135	116	169	265	286	981
関東・東山	465	978	405	765	382	2,207
東海	240	378	165	388	174	1,139
近畿	106	100	205	523	168	629
中国	137	206	269	530	356	1,476
四国	73	103	173	651	66	161
九州	299	910	292	690	450	3,353
沖縄	35	58	96	171	8	46

11　販売目的で家畜を飼養した農業経営体数及び飼養頭羽数等（各年2月1日現在）
(1)　農業経営体

年次・全国農業地域	乳用牛		肉用牛		豚		採卵鶏		ブロイラー	
	経営体数	飼養頭数	経営体数	飼養頭数	経営体数	飼養頭数	経営体数	飼養羽数	経営体数	出荷羽数
	経営体	頭	経営体	頭	経営体	頭	経営体	100羽	経営体	100羽
平成22年	22,781	1,558,359	66,759	2,496,002	4,873	7,925,683	4,914	1,495,138	2,142	5,581,113
27	18,186	1,403,278	50,974	2,288,824	3,673	7,881,616	4,181	1,514,816	1,808	6,085,260
北海道	6,479	796,524	3,488	491,134	186	532,067	176	70,750	16	323,474
都府県	11,707	606,754	47,486	1,797,690	3,487	7,349,549	4,005	1,444,066	1,792	5,761,786
東北	3,098	113,957	13,384	333,986	513	1,266,631	551	188,032	367	1,702,543
北陸	368	14,702	495	18,632	140	236,359	162	101,074	14	25,396
関東・東山	3,401	197,579	4,013	266,907	1,058	2,266,069	938	365,680	134	518,844
東海	788	61,502	1,448	116,810	337	558,467	466	226,076	83	217,931
近畿	638	30,473	1,623	69,142	69	46,986	315	82,610	89	190,272
中国	923	48,855	2,852	110,271	89	269,354	343	163,880	60	360,054
四国	414	20,859	757	51,204	116	241,826	316	82,059	176	252,725
九州	2,003	114,809	21,247	780,445	1,029	2,333,591	846	222,132	856	2,466,702
沖縄	74	4,018	1,667	50,293	136	130,266	68	12,523	13	27,318

(2)　農業経営体のうち組織経営体

年次・全国農業地域	乳用牛		肉用牛		豚		採卵鶏		ブロイラー	
	経営体数	飼養頭数	経営体数	飼養頭数	経営体数	飼養頭数	経営体数	飼養羽数	経営体数	出荷羽数
	経営体	頭	経営体	頭	経営体	頭	経営体	100羽	経営体	100羽
平成22年	762	194,612	1,298	715,342	995	5,137,250	867	1,194,127	278	3,134,697
27	908	258,234	1,658	845,055	1,153	5,798,365	974	1,324,767	351	3,898,931
北海道	311	131,370	320	261,609	86	425,253	44	68,229	8	314,368
都府県	597	126,864	1,338	583,446	1,067	5,373,112	930	1,256,537	343	3,584,563
東北	115	19,206	232	112,631	207	1,110,769	107	179,845	81	1,162,102
北陸	28	2,482	40	5,894	49	170,967	63	99,688	8	23,557
関東・東山	148	39,691	201	99,080	258	1,437,240	236	326,168	29	439,655
東海	56	19,106	116	32,243	95	311,481	113	178,688	26	177,798
近畿	40	7,065	74	25,717	17	32,327	60	71,705	20	155,004
中国	71	14,808	167	62,559	31	244,988	106	158,803	28	318,408
四国	22	4,039	48	16,680	45	184,337	50	65,560	25	148,512
九州	109	19,301	410	217,579	331	1,805,858	178	168,524	123	1,138,858
沖縄	8	1,166	50	11,063	34	75,145	17	7,556	3	20,668

12 耕地種類別農業経営体数及び経営耕地面積（各年2月1日現在）
(1) 農業経営体

年次・全国農業地域	経営耕地のある経営体数	経営耕地総面積	田 田のある経営体数	面積計	稲を作った田 経営体数	面積	二毛作した田 経営体数	面積
	経営体	ha	経営体	ha	経営体	ha	経営体	ha
平成22年	1,661,486	3,631,585	1,432,522	2,046,267	1,347,428	1,500,487	68,810	69,989
27	1,361,177	3,451,444	1,144,812	1,947,029	1,082,152	1,517,658	48,297	83,052
北海道	39,620	1,050,451	19,317	209,722	13,668	117,381	–	–
都府県	1,321,557	2,400,993	1,125,495	1,737,308	1,068,484	1,400,277	48,297	83,052
東北	244,774	663,112	222,985	515,156	211,013	409,626	637	756
北陸	102,533	264,742	99,303	246,337	97,778	210,972	806	1,677
関東・東山	295,980	498,171	233,180	312,432	221,858	265,028	7,281	14,559
東海	123,826	168,414	99,928	111,310	95,308	87,161	2,482	3,791
近畿	129,271	154,925	115,722	125,055	110,127	95,649	7,543	4,548
中国	125,287	155,262	115,177	127,995	110,422	104,482	2,039	3,165
四国	81,452	85,912	66,389	57,912	61,848	45,886	6,094	4,969
九州	203,581	385,665	172,409	240,531	159,783	180,937	21,357	49,517
沖縄	14,853	24,790	402	579	347	536	58	71

年次・全国農業地域	田（続き）稲以外の作物だけを作った田 経営体数	面積	何も作らなかった田 経営体数	面積	畑（樹園地を除く。）畑のある経営体数	面積計	普通作物を作った畑 経営体数	面積
	経営体	ha	経営体	ha	経営体	ha	経営体	ha
平成22年	534,459	411,176	459,101	134,604	1,078,739	1,371,521	971,687	638,984
27	366,314	353,820	228,499	75,551	834,467	1,315,767	753,761	631,149
北海道	14,772	88,768	2,092	3,572	32,939	838,160	23,715	317,657
都府県	351,542	265,052	226,407	71,979	801,528	477,607	730,046	313,492
東北	73,598	82,956	45,628	22,574	160,572	113,535	146,898	50,251
北陸	30,164	27,613	22,880	7,734	55,949	15,086	53,484	11,123
関東・東山	49,682	36,297	39,503	11,107	211,490	151,989	194,180	113,824
東海	23,732	19,222	18,655	4,927	84,280	30,542	79,428	23,962
近畿	49,827	22,748	28,013	6,658	52,762	8,793	48,985	6,986
中国	40,110	17,001	25,221	6,513	75,886	19,072	71,187	12,360
四国	25,314	9,176	13,564	2,849	34,344	9,944	31,511	7,975
九州	59,042	49,999	32,912	9,595	112,562	105,884	91,648	69,354
沖縄	73	22	31	21	13,683	22,760	12,725	17,658

年次・全国農業地域	畑（樹園地を除く。）（続き）飼料用作物だけを作った畑 経営体数	面積	牧草専用地 経営体数	面積	何も作らなかった畑 経営体数	面積	樹園地 樹園地のある経営体数	面積
	経営体	ha	経営体	ha	経営体	ha	経営体	ha
平成22年	40,144	116,966	39,495	534,345	283,186	81,227	334,922	213,797
27	25,955	104,937	31,007	514,071	190,617	65,609	270,955	188,648
北海道	3,773	68,327	9,597	437,023	5,230	15,153	1,232	2,569
都府県	22,182	36,610	21,410	77,049	185,387	50,456	269,723	186,079
東北	3,601	6,564	9,820	43,771	37,085	12,949	42,850	34,421
北陸	202	396	244	1,689	9,637	1,878	6,992	3,318
関東・東山	3,568	8,603	2,324	9,371	65,343	20,191	62,639	33,749
東海	560	877	656	2,130	18,683	3,574	35,116	26,562
近畿	273	242	239	406	9,591	1,159	27,341	21,077
中国	958	1,552	943	3,015	14,236	2,145	22,991	8,195
四国	330	342	226	552	6,386	1,075	28,257	18,056
九州	12,550	17,801	5,483	12,199	23,336	6,530	41,495	39,250
沖縄	140	233	1,475	3,915	1,090	955	2,042	1,450

(2) 農業経営体のうち組織経営体

年次・全国農業地域	経営耕地のある経営体数	経営耕地総面積	田					
			田のある経営体数	面積計	稲を作った田		二毛作した田	
					経営体数	面積	経営体数	面積
	経営体	ha	経営体	ha	経営体数	ha	経営体数	ha
平成22年	18,138	437,158	12,907	251,152	9,804	154,080	1,590	22,759
27	22,487	533,931	15,911	318,852	12,690	210,838	2,401	30,805
北海道	1,715	149,856	495	15,678	274	7,060	–	–
都府県	20,772	384,075	15,416	303,174	12,416	203,778	2,401	30,805
東北	3,883	116,866	3,111	87,357	2,313	55,428	48	397
北陸	2,894	66,092	2,686	62,933	2,402	47,669	169	980
関東・東山	3,190	45,853	1,891	30,084	1,418	20,402	279	3,434
東海	1,737	26,309	1,116	21,867	898	13,739	113	1,515
近畿	2,073	21,925	1,802	20,133	1,446	12,021	219	1,252
中国	1,978	27,336	1,575	23,222	1,361	17,440	180	1,077
四国	779	7,030	527	5,596	383	3,759	163	1,110
九州	3,914	70,680	2,701	51,964	2,190	33,304	1,229	21,040
沖縄	324	1,984	7	17	5	14	1	0

年次・全国農業地域	田（続き）				畑（樹園地を除く。）			
	稲以外の作物だけを作った田		何も作らなかった田		畑のある経営体数	面積計	普通作物を作った畑	
	経営体数	面積	経営体数	面積			経営体数	面積
	経営体	ha	経営体	ha	経営体	ha	経営体	ha
平成22年	9,406	91,214	2,961	5,859	7,734	177,613	5,372	36,707
27	10,801	102,307	2,972	5,707	10,019	203,965	7,751	53,627
北海道	421	8,178	67	440	1,537	133,678	762	23,119
都府県	10,380	94,128	2,905	5,268	8,482	70,287	6,989	30,508
東北	2,295	30,511	478	1,418	1,466	28,191	1,068	6,034
北陸	1,896	14,273	672	991	646	2,864	570	1,548
関東・東山	1,039	9,115	307	566	2,112	14,606	1,815	8,455
東海	637	7,802	202	327	833	2,956	735	1,793
近畿	1,278	7,667	358	444	455	816	408	536
中国	1,076	5,130	420	652	682	3,454	569	1,597
四国	328	1,741	95	96	297	783	257	449
九州	1,828	17,888	372	772	1,726	14,832	1,359	9,249
沖縄	3	1	1	1	265	1,785	208	849

年次・全国農業地域	畑（樹園地を除く。）（続き）						樹園地	
	飼料用作物だけを作った畑		牧草専用地		何も作らなかった畑		樹園地のある経営体数	面積
	経営体数	面積	経営体数	面積	経営体数	面積		
	経営体	ha	経営体	ha	経営体	ha	経営体	ha
平成22年	709	15,639	1,765	118,266	1,552	7,001	2,199	8,392
27	783	19,936	1,664	122,955	1,871	7,446	2,803	11,114
北海道	286	15,270	761	91,909	236	3,379	72	501
都府県	497	4,666	903	31,046	1,635	4,067	2,731	10,613
東北	81	1,582	328	18,718	250	1,858	307	1,317
北陸	14	181	35	884	148	251	170	294
関東・東山	134	1,086	140	4,370	454	695	508	1,163
東海	21	186	55	794	172	183	325	1,486
近畿	11	68	26	143	101	68	258	976
中国	37	256	70	1,417	142	185	291	660
四国	12	35	20	250	52	49	202	651
九州	180	1,250	183	3,827	281	506	573	3,883
沖縄	7	20	46	644	35	272	97	183

13 過去1年間に農業経営体が施設園芸に利用したハウス・ガラス室の面積及び農業経営体数（各年2月1日現在）

年次・全国農業地域	ハウス・ガラス室	
	経営体数	面積
	経営体	a
平成22年	192,973	4,359,493
27	174,729	3,825,443
北海道	8,692	284,686
都府県	166,037	3,540,756
東北	27,948	326,018
北陸	6,293	78,179
関東・東山	41,773	949,469
東海	17,486	392,015
近畿	11,240	179,755
中国	12,510	169,218
四国	11,473	235,465
九州	34,823	1,135,644
沖縄	2,491	74,994

14 農作業の受託料金収入規模別農業経営体数（各年2月1日現在）
(1) 農業経営体

単位：経営体

区分	計	1)50万円未満	50～100	100～300	300～500	500～1,000	1,000～3,000	3,000万円以上
平成22年	1,679,084	1,634,423	17,689	15,491	3,818	3,443	2,737	1,483
27	1,377,266	1,337,939	14,917	13,731	3,555	3,235	2,496	1,393
北海道	40,714	38,221	631	793	240	265	292	272
都府県	1,336,552	1,299,718	14,286	12,938	3,315	2,970	2,204	1,121

注：経営を受託したものは耕地の借入れとなり農作業の受託に含まない（以下15まで同じ。）。
　1)は、収入なしの経営体を含む。

(2) 農業経営体のうち組織経営体

単位：経営体

区分	計	1)50万円未満	50～100	100～300	300～500	500～1,000	1,000～3,000	3,000万円以上
平成22年	31,008	18,494	1,906	3,524	1,560	2,011	2,144	1,369
27	32,979	21,692	1,765	3,225	1,413	1,767	1,850	1,267
北海道	2,516	1,656	60	147	98	141	188	226
都府県	30,463	20,036	1,705	3,078	1,315	1,626	1,662	1,041

注：1)は、収入なしの経営体を含む。

15　農作業受託事業部門別農業経営体数（各年2月1日現在）
(1)　農業経営体

単位：経営体

年次・全国農業地域	実経営体数	耕種部門の農作業を受託した経営体数				
		実経営体数	水稲作	麦作	大豆作	野菜作
平成22年	130,432	128,813	116,883	5,717	5,893	2,596
27	110,969	109,546	98,287	3,979	4,056	1,842
北海道	4,080	3,461	1,139	1,076	710	195
都府県	106,889	106,085	97,148	2,903	3,346	1,647
東北	29,787	29,526	27,546	303	909	268
北陸	12,144	12,112	11,675	296	486	84
関東・東山	18,560	18,432	16,882	624	299	427
東海	7,940	7,906	6,853	433	311	109
近畿	9,214	9,191	8,517	346	352	129
中国	10,326	10,296	9,698	120	194	117
四国	3,787	3,771	3,290	70	19	115
九州	14,822	14,574	12,674	711	776	389
沖縄	309	277	13	–	–	9

年次・全国農業地域	耕種部門の農作業を受託した経営体数（続き）				畜産部門	
	果樹作	飼料用作物	工芸農作物	その他の作物		酪農ヘルパー
平成22年	3,509	3,128	1,953	2,943	2,286	627
27	2,377	2,405	1,376	3,983	1,822	377
北海道	25	558	131	801	709	203
都府県	2,352	1,847	1,245	3,182	1,113	174
東北	688	705	56	612	354	49
北陸	105	55	18	214	36	4
関東・東山	696	169	52	520	170	34
東海	152	52	148	645	42	14
近畿	221	63	43	259	39	14
中国	134	145	16	352	51	13
四国	130	11	45	254	20	8
九州	217	639	620	322	367	36
沖縄	9	8	247	4	34	2

15　農作業受託事業部門別農業経営体数（各年2月1日現在）（続き）
(2)　農業経営体のうち組織経営体

単位：経営体

年次・全国農業地域	実経営体数	耕種部門の農作業を受託した経営体数				
		実経営体数	水稲作	麦作	大豆作	野菜作
平成22年	15,401	14,802	11,625	1,740	1,933	605
27	14,160	13,657	11,004	1,425	1,570	578
北海道	965	749	269	279	151	80
都府県	13,195	12,908	10,735	1,146	1,419	498
東北	2,876	2,777	2,163	106	337	75
北陸	2,039	2,015	1,869	139	246	27
関東・東山	1,528	1,479	1,236	203	102	89
東海	866	851	733	106	79	23
近畿	1,350	1,340	1,195	135	140	42
中国	1,488	1,476	1,356	56	105	28
四国	414	407	324	21	8	50
九州	2,574	2,507	1,857	380	402	160
沖縄	60	56	2	−	−	4

年次・全国農業地域	耕種部門の農作業を受託した経営体数（続き）				畜産部門	
	果樹作	飼料用作物	工芸農作物	その他の作物		酪農ヘルパー
平成22年	958	483	559	696	664	171
27	610	505	430	724	550	104
北海道	10	144	35	139	234	53
都府県	600	361	395	585	316	51
東北	268	142	9	149	106	14
北陸	15	19	4	83	24	2
関東・東山	88	31	10	106	54	15
東海	17	11	40	38	16	6
近畿	60	26	13	49	12	2
中国	39	41	3	46	16	1
四国	29	1	14	22	7	2
九州	81	90	250	91	77	9
沖縄	3	−	52	1	4	−

Ⅲ　農家

1　都道府県別販売農家数（各年2月1日現在）

(1)　主副業別農家数　　　　　　　　(2)　専兼業別農家数

単位：千戸　　　　　　　　　　　　　　　　　　　単位：千戸

年次・都道府県	計	主業農家	準主業農家	副業的農家	専業農家	兼業農家 計	第1種兼業農家	第2種兼業農家
平成29年	1,200.3	268.0	205.9	726.5	380.9	819.4	181.6	637.8
30	1,164.1	251.8	187.8	724.5	375.1	789.0	181.5	607.5
北海道	35.8	26.1	1.6	8.1	24.5	11.4	8.8	2.6
青森	30.6	11.6	4.4	14.7	10.4	20.3	8.0	12.3
岩手	39.5	7.2	8.5	23.8	11.5	28.0	5.4	22.6
宮城	31.2	5.7	7.5	18.0	5.8	25.5	5.7	19.7
秋田	31.7	5.5	7.4	18.8	6.6	25.0	6.1	18.9
山形	28.6	7.4	5.4	15.8	6.3	22.3	7.0	15.3
福島	45.0	7.7	10.0	27.3	9.8	35.2	8.0	27.3
茨城	51.1	11.0	6.3	33.8	13.5	37.6	9.1	28.5
栃木	36.2	8.1	7.8	20.2	10.6	25.6	5.3	20.3
群馬	23.2	5.6	2.1	15.6	9.8	13.5	3.3	10.2
埼玉	32.4	6.0	5.5	20.9	10.4	22.0	4.3	17.8
千葉	40.1	10.7	6.3	23.0	13.4	26.7	8.2	18.5
東京	4.9	1.2	2.0	1.7	1.0	4.0	0.6	3.4
神奈川	11.7	2.7	2.9	6.2	3.8	7.9	1.0	6.9
新潟	49.1	8.4	12.5	28.3	10.8	38.3	9.3	29.0
富山	14.2	0.7	2.2	11.3	2.1	12.1	1.0	11.0
石川	11.0	1.1	1.8	8.1	2.7	8.3	1.5	6.8
福井	12.1	0.6	2.2	9.3	2.1	10.0	1.1	9.0
山梨	15.6	4.0	2.1	9.4	6.5	9.1	3.5	5.6
長野	44.9	8.2	8.1	28.7	14.1	30.8	6.4	24.4
岐阜	23.8	2.3	2.5	19.0	5.4	18.4	2.7	15.7
静岡	28.0	7.0	4.7	16.3	8.2	19.9	6.0	13.9
愛知	30.5	8.2	5.0	17.3	9.1	21.4	4.6	16.8
三重	21.2	2.1	3.9	15.2	5.1	16.2	1.9	14.2
滋賀	15.5	1.3	3.0	11.1	2.5	13.0	2.1	10.9
京都	15.1	1.8	2.4	10.9	3.8	11.2	1.3	9.9
大阪	7.8	1.0	1.8	5.1	3.0	4.8	0.4	4.4
兵庫	40.6	3.4	6.3	30.9	10.8	29.8	2.8	27.1
奈良	11.6	1.4	1.2	9.0	3.3	8.3	1.0	7.3
和歌山	18.5	5.8	2.3	10.4	9.4	9.1	3.0	6.1
鳥取	15.3	2.4	2.8	10.0	4.1	11.1	2.0	9.1
島根	16.9	1.5	2.6	12.8	3.9	13.0	1.6	11.3
岡山	30.6	2.7	4.3	23.5	8.2	22.3	2.7	19.7
広島	23.7	2.2	4.3	17.2	8.2	15.5	2.1	13.4
山口	17.2	1.5	2.4	13.3	7.1	10.1	1.0	9.1
徳島	16.2	3.2	1.8	11.2	6.1	10.2	1.7	8.5
香川	18.5	1.8	2.6	14.1	4.8	13.7	1.5	12.1
愛媛	23.9	5.1	3.3	15.6	11.3	12.6	3.0	9.6
高知	14.1	4.2	1.3	8.6	6.6	7.5	2.4	5.2
福岡	29.6	7.5	3.7	18.5	10.3	19.3	5.1	14.2
佐賀	14.8	4.1	2.1	8.6	4.0	10.8	3.5	7.3
長崎	19.6	5.7	2.9	11.0	7.1	12.5	3.2	9.3
熊本	34.4	12.2	4.4	17.8	13.9	20.5	8.0	12.5
大分	21.1	3.2	2.7	15.3	8.1	13.0	2.7	10.4
宮崎	23.3	8.1	1.8	13.4	11.2	12.1	4.7	7.4
鹿児島	31.1	8.8	3.6	18.7	17.3	13.8	4.7	9.1
沖縄	11.9	3.8	1.6	6.5	6.7	5.2	2.1	3.1

資料：農林水産省統計部「農業構造動態調査」による（以下5まで同じ。）。

2　農業経営組織別農家数（販売農家）（各年2月1日現在）

単位：千戸

区分	平成26年	27	28	29	30
全国	1,411.6	1,329.6	1,262.5	1,200.3	1,164.1
単一経営農家	1,033.0	961.2	935.0	893.1	867.1
稲作	680.9	620.1	593.4	557.4	537.5
1)畑作	43.6	41.2	38.3	35.4	34.0
露地野菜	74.0	74.5	73.5	71.8	70.3
施設野菜	44.7	40.7	43.9	44.8	45.0
果樹類	114.0	114.8	114.4	112.5	111.5
酪農	14.5	13.1	13.2	12.6	12.0
肉用牛	22.8	22.3	23.1	23.7	23.0
2)その他	38.5	34.6	35.0	34.9	33.8
複合経営農家	265.6	247.8	238.0	227.8	222.1
販売のなかった農家	113.0	120.7	89.5	79.4	74.9

資料：平成27年は、農林水産省統計部「2015年農林業センサス」
注：1　単一経営農家とは、主位部門の販売金額が8割以上の販売農家をいう。
　　2　複合経営農家とは、主位部門の販売金額が8割未満の販売農家をいう。
　　　1)は、「麦類作」、「雑穀・いも類・豆類」及び「工芸農作物」部門の単一経営農家の合計である。
　　　2)は、「花き・花木」、「その他の作物」、「養豚」、「養鶏」、「養蚕」及び「その他の畜産」
　　部門の単一経営農家の合計である。

3　経営耕地面積規模別農家数（販売農家）（各年2月1日現在）

単位：千戸

年次・全国農業地域	計	1)1.0ha未満	1.0～5.0	5.0～10.0	10.0～20.0	20.0～30.0	30.0ha以上
平成29年	1,200.3	635.3	475.7	45.9	22.5	8.4	12.5
30	1,164.1	610.6	462.4	48.8	21.6	8.6	12.2
北海道	35.8	2.6	6.4	4.5	6.9	5.2	10.3
都府県	1,128.2	608.0	456.0	44.3	14.7	3.4	1.9
東北	206.7	75.4	108.2	14.9	5.9	1.5	0.6
北陸	86.4	34.6	43.6	5.4	2.0	0.4	0.4
関東・東山	260.2	139.1	107.7	9.2	3.2	0.8	0.3
東海	103.6	71.0	29.4	1.9	0.7	0.3	0.3
近畿	109.1	74.1	32.8	1.6	0.5	0.1	0.1
中国	103.6	71.5	30.1	1.5	0.4	0.0	0.0
四国	72.8	49.3	22.7	0.5	0.2	0.0	－
九州	173.9	87.5	76.1	8.2	1.7	0.2	0.1
沖縄	11.9	5.5	5.3	1.0	0.1	0.0	－

注：1)は、経営耕地面積なしを含む。

4　農産物販売金額規模別農家数（販売農家）（各年2月1日現在）

単位：千戸

年次・全国農業地域	計	1)50万円未満	50〜100	100〜500	500〜1,000	1,000〜3,000	3,000〜5,000	5,000〜1億	1億円以上
平成29年	1,200.3	443.5	197.4	344.3	98.0	88.5	16.8	8.8	3.1
30	1,164.1	407.0	194.3	344.8	98.2	89.9	17.5	9.0	3.4
北海道	35.8	1.8	1.1	5.2	4.8	12.8	5.7	3.2	1.2
都府県	1,128.2	405.2	193.2	339.5	93.4	77.1	11.8	5.8	2.2
東北	206.7	48.9	37.6	81.0	23.4	13.6	1.4	0.5	0.2
北陸	86.4	24.1	16.9	34.5	6.5	3.9	0.4	0.1	0.1
関東・東山	260.2	84.3	46.5	78.8	22.9	21.3	3.9	2.0	0.6
東海	103.6	49.3	14.0	22.6	6.6	8.2	1.8	0.7	0.4
近畿	109.1	52.4	19.0	26.6	6.3	4.1	0.4	0.3	0.0
中国	103.6	56.5	20.3	20.5	3.4	2.4	0.3	0.2	0.1
四国	72.8	30.7	11.8	20.2	5.2	4.0	0.4	0.4	0.0
九州	173.9	57.3	24.1	50.1	17.8	19.0	3.2	1.6	0.8
沖縄	11.9	1.7	2.9	5.2	1.3	0.6	0.1	0.1	-

注：1)は、販売なしを含む。

5　農産物販売金額1位の部門別農家数（販売農家）（各年2月1日現在）

単位：千戸

年次	計	稲作	1)畑作	露地野菜	施設野菜
平成26年	1,298.7	769.8	71.5	132.4	76.2
27	1,208.9	705.0	67.6	127.5	69.0
28	1,173.0	667.0	65.8	129.6	72.0
29	1,120.9	630.4	58.7	125.2	72.6
30	1,089.2	609.4	56.4	122.9	72.9

年次	果樹類	酪農	肉用牛	2)その他
平成26年	144.9	16.4	34.6	52.8
27	143.6	15.3	32.9	47.9
28	140.1	15.3	32.6	50.5
29	136.9	14.5	33.4	49.2
30	134.5	14.1	32.1	46.9

資料：平成27年は、農林水産省統計部「2015年農林業センサス」
注：　1)は、「麦類作」、「雑穀・いも類・豆類」及び「工芸農作物」部門が1位の販売農家の合計である。
　　　2)は、「花き・花木」、「その他の作物」、「養豚」、「養鶏」及び「その他の畜産」部門が1位の販売農家の合計である。

6　農業労働力保有状態別農家数（販売農家）（各年2月1日現在）

単位：戸

年次・全国農業地域	計	専従者あり						
		小計	65歳未満の専従者がいる			男女の専従者がいる	専従者は男だけ	専従者は女だけ
				60歳未満の男の専従者がいる	60歳未満の女の専従者がいる			
平成22年	1,631,206	854,045	455,431	265,528	199,431	464,454	289,975	99,616
27	1,329,591	704,597	352,317	198,970	130,247	379,614	252,956	72,027
北海道	38,086	34,041	28,398	22,252	16,323	26,864	6,144	1,033
都府県	1,291,505	670,556	323,919	176,718	113,924	352,750	246,812	70,994
東北	240,088	127,770	68,138	33,895	21,385	66,010	47,751	14,009
北陸	99,446	37,765	16,086	8,272	3,537	15,463	18,847	3,455
関東・東山	290,456	164,969	80,773	45,495	29,824	93,441	54,952	16,576
東海	121,139	62,736	27,925	15,629	11,591	34,116	20,725	7,895
近畿	125,932	53,169	23,111	12,286	7,816	24,098	23,281	5,790
中国	121,572	51,461	16,656	7,101	4,140	22,403	21,660	7,398
四国	79,358	43,239	19,928	10,641	6,992	23,045	15,160	5,034
九州	199,273	119,306	65,649	39,960	27,402	70,743	38,341	10,222
沖縄	14,241	10,141	5,653	3,439	1,237	3,431	6,095	615

年次・全国農業地域	専従者なし				
	小計	男女の準専従者がいる	準専従者は男だけ	準専従者は女だけ	準専従者もいない
平成22年	777,161	186,146	231,160	60,670	299,185
27	624,994	121,935	201,520	42,749	258,790
北海道	4,045	1,313	1,019	317	1,396
都府県	620,949	120,622	200,501	42,432	257,394
東北	112,318	24,424	37,217	7,645	43,032
北陸	61,681	11,021	23,233	3,108	24,319
関東・東山	125,487	27,287	39,827	9,081	49,292
東海	58,403	11,612	17,689	4,628	24,474
近畿	72,763	9,613	22,974	3,819	36,357
中国	70,111	12,091	20,851	5,587	31,582
四国	36,119	6,981	10,791	2,877	15,470
九州	79,967	16,827	26,139	5,372	31,629
沖縄	4,100	766	1,780	315	1,239

資料：農林水産省統計部「農林業センサス」（以下9まで同じ。）
注：1　専従者とは、調査期日前1年間に自営農業に150日以上従事した者をいう。
　　2　準専従者とは、調査期日前1年間に自営農業に60～149日従事した者をいう。

7 家族経営構成別農家数（販売農家）（各年2月1日現在）

単位：戸

年次・全国農業地域	計	一世代家族経営	一人家族経営	夫婦家族経営	二世代家族経営	三世代等家族経営
平成22年	1,631,206	1,103,982	532,542	563,961	482,289	44,935
27	1,329,591	918,161	442,813	468,130	380,651	30,779
北海道	38,086	18,600	4,783	13,608	17,597	1,889
都府県	1,291,505	899,561	438,030	454,522	363,054	28,890
東北	240,088	154,233	71,953	80,888	78,491	7,364
北陸	99,446	70,962	41,141	29,488	26,624	1,860
関東・東山	290,456	195,958	86,316	107,781	87,368	7,130
東海	121,139	81,729	38,380	42,921	36,426	2,984
近畿	125,932	93,949	55,054	38,368	30,066	1,917
中国	121,572	93,054	49,389	43,103	26,829	1,689
四国	79,358	57,593	26,998	30,194	20,232	1,533
九州	199,273	140,509	62,409	76,809	54,461	4,303
沖縄	14,241	11,574	6,390	4,970	2,557	110

8 後継者の有無別農家数（販売農家）（各年2月1日現在）

単位：戸

年次・全国農業地域	計	同居農業後継者がいる		同居農業後継者がいない	
		男の同居農業後継者がいる	女の同居農業後継者がいる	他出農業後継者がいる	他出農業後継者がいない
平成22年	1,631,206	621,052	54,293	293,711	662,150
27	1,329,591	362,418	34,686	250,471	682,016
北海道	38,086	7,652	495	2,933	27,006
都府県	1,291,505	354,766	34,191	247,538	655,010
東北	240,088	75,452	8,260	38,378	117,998
北陸	99,446	32,016	2,553	14,878	49,999
関東・東山	290,456	79,477	8,691	49,465	152,823
東海	121,139	36,923	3,350	21,972	58,894
近畿	125,932	34,801	2,766	28,121	60,244
中国	121,572	31,246	2,875	30,901	56,550
四国	79,358	18,859	1,907	18,708	39,884
九州	199,273	43,992	3,668	40,534	111,079
沖縄	14,241	2,000	121	4,581	7,539

9 農作業受託料金収入がある農家の事業部門別農家数 (販売農家)
(各年2月1日現在)

単位：戸

年次・ 全国 農業地域	実農家数	耕種部門の農作業を受託した農家数				
		実農家数	水稲作	麦作	大豆作	野菜作
平成22年	113,982	113,095	104,490	3,941	3,907	1,942
27	95,880	95,042	86,631	2,537	2,457	1,234
北海道	3,099	2,703	869	796	558	114
都府県	92,781	92,339	85,762	1,741	1,899	1,120
東北	26,672	26,534	25,192	192	561	188
北陸	10,049	10,045	9,761	156	237	57
関東・東山	16,884	16,816	15,560	418	196	330
東海	6,985	6,968	6,065	327	231	84
近畿	7,784	7,773	7,266	210	208	84
中国	8,703	8,686	8,225	62	88	85
四国	3,325	3,320	2,936	49	11	64
九州	12,137	11,983	10,746	327	367	224
沖縄	242	214	11	–	–	4

年次・ 全国 農業地域	耕種部門の農作業を受託した農家数 (続き)				畜産	
	果樹作	飼料用作物	工芸農作物	その他の作物		酪農ヘルパー
平成22年	2,467	2,638	1,381	2,232	1,487	449
27	1,708	1,892	932	3,170	1,187	271
北海道	15	412	95	658	468	150
都府県	1,693	1,480	837	2,512	719	121
東北	415	558	47	452	224	35
北陸	89	36	14	125	7	2
関東・東山	584	138	41	395	105	19
東海	127	41	108	584	24	8
近畿	150	37	29	203	24	10
中国	90	104	13	299	34	12
四国	96	10	31	223	9	6
九州	136	548	365	229	262	27
沖縄	6	8	189	2	30	2

Ⅳ　農業労働力
1　農業経営体の労働力（各年2月1日現在）
(1)　農業経営体

年次・全国農業地域	1)経営者数	雇用者			常雇い			臨時雇い（手伝い等を含む。）		
		雇い入れた経営体数	実人数	延べ人日	雇い入れた経営体数	実人数	延べ人日	雇い入れた経営体数	実人数	延べ人日
	千人	千経営体	千人	千人日	千経営体	千人	千人日	千経営体	千人	千人日
平成22年	1,943	443	2,330	65,748	41	154	31,388	427	2,176	34,360
27	1,650	314	1,677	68,036	54	220	43,215	290	1,456	24,821
北海道	51	21	157	7,210	6	23	4,772	19	133	2,437
都府県	1,599	293	1,520	60,826	48	197	38,443	271	1,323	22,383
東北	299	64	372	9,605	6	22	4,739	62	349	4,866
北陸	147	20	99	3,330	3	13	2,119	18	86	1,211
関東・東山	331	65	330	16,030	14	54	10,730	59	276	5,301
東海	140	24	113	6,670	7	27	4,868	20	85	1,803
近畿	160	24	110	3,669	3	9	1,886	23	101	1,783
中国	149	21	92	3,706	2	12	2,370	20	80	1,336
四国	91	18	89	3,828	3	12	2,392	17	77	1,437
九州	266	54	304	13,214	11	44	8,815	49	260	4,399
沖縄	16	3	12	774	1	3	526	2	10	248

資料：農林水産省統計部「農林業センサス」（以下(2)まで同じ。）
注：1)は、農業経営に従事した経営者数（会社の役員や集落営農の構成員等を含む。）である。

(2)　農業経営体のうち組織経営体

年次・全国農業地域	1)経営者数	雇用者			常雇い			臨時雇い（手伝い等を含む。）		
		雇い入れた経営体数	実人数	延べ人日	雇い入れた経営体数	実人数	延べ人日	雇い入れた経営体数	実人数	延べ人日
	千人	千経営体	千人	千人日	千経営体	千人	千人日	千経営体	千人	千人日
平成22年	324	16	237	21,682	9	82	16,468	12	155	5,213
27	323	22	278	31,556	14	121	25,354	16	157	6,202
北海道	13	2	24	3,303	1	12	2,658	1	12	645
都府県	309	20	254	28,253	13	109	22,695	15	145	5,557
東北	59	4	42	4,338	2	15	3,353	3	27	985
北陸	48	2	32	2,178	1	10	1,617	2	23	560
関東・東山	41	4	48	6,441	3	26	5,464	2	22	977
東海	19	2	23	2,763	1	12	2,313	1	11	450
近畿	34	2	22	1,550	1	5	1,070	1	17	479
中国	28	2	23	2,471	1	9	1,870	1	14	601
四国	11	1	13	1,694	1	6	1,362	1	6	332
九州	67	4	49	6,440	3	24	5,316	3	25	1,124
沖縄	1	0	2	378	0	2	329	0	1	48

注：1)は、農業経営に従事した経営者数（会社の役員や集落営農の構成員等を含む。）である。

2 農家の家族労働力
(1) 全国農業地域別世帯員数・農業就業人口（販売農家）
（平成30年2月1日現在）

単位：千人

年次・全国農業地域	世帯員数			農業就業人口		
	計	男	女	計	男	女
全国	4,185.6	2,090.9	2,094.7	1,752.5	945.0	807.5
北海道	133.1	67.9	65.2	89.3	49.6	39.7
都府県	4,052.5	2,023.0	2,029.5	1,663.2	895.4	767.8
東北	797.8	398.6	399.2	304.7	161.2	143.5
北陸	332.6	165.8	166.8	118.0	63.2	54.8
関東・東山	938.7	476.5	462.2	412.0	217.4	194.6
東海	410.7	204.9	205.8	147.3	81.7	65.6
近畿	391.9	190.8	201.1	154.8	82.3	72.5
中国	338.8	166.5	172.3	121.9	66.6	55.3
四国	237.4	117.2	120.2	112.8	60.9	51.9
九州	573.1	285.0	288.1	274.9	151.0	123.9
沖縄	31.6	17.6	14.0	16.7	11.1	5.6

資料：農林水産省統計部「平成30年農業構造動態調査」（以下(2)まで同じ。）

(2) 年齢別世帯員数（販売農家）（平成30年2月1日現在）

単位：千人

年次・全国農業地域	計	39歳以下	40〜49	50〜59	60〜64	65〜69	70〜74	75歳以上
全国	4,185.6	1,092.2	391.4	485.8	395.5	644.4	315.1	861.2
北海道	133.1	39.3	13.9	17.2	12.8	18.2	9.3	22.4
都府県	4,052.5	1,052.9	377.5	468.5	382.7	626.2	305.9	838.8
東北	797.8	223.9	76.5	91.5	76.7	122.3	52.2	154.7
北陸	332.6	94.6	33.1	38.4	32.4	45.7	26.9	61.5
関東・東山	938.7	245.4	92.0	106.1	88.4	143.1	71.2	192.5
東海	410.7	115.6	39.3	47.7	34.0	59.1	30.8	84.2
近畿	391.9	102.5	36.6	47.2	35.9	56.9	30.6	82.2
中国	338.8	74.1	32.4	36.1	30.7	56.1	30.9	78.5
四国	237.4	50.7	20.0	25.9	22.5	41.0	20.0	57.3
九州	573.1	140.8	44.6	71.6	59.3	94.8	40.7	121.3
沖縄	31.6	5.2	3.0	4.4	2.8	7.2	2.5	6.5

(3)　年齢別農業従事者数（販売農家）（各年2月1日現在）

単位：千人

年次・全国農業地域	男女計							
	計	39歳以下	40〜49	50〜59	60〜64	65〜69	70〜74	75歳以上
平成29年	2,997.7	368.8	294.1	461.9	399.7	577.7	283.2	612.3
30	2,875.3	342.1	273.0	417.6	362.3	614.2	296.7	569.5
北海道	96.8	15.1	12.9	16.8	12.5	17.9	9.0	12.6
都府県	2,778.5	327.1	260.0	400.8	349.8	596.3	287.6	556.9
東北	543.7	77.2	56.4	79.8	72.0	117.4	49.1	91.9
北陸	223.7	31.1	22.8	33.5	29.1	43.7	25.1	38.3
関東・東山	639.5	72.1	60.3	91.0	81.2	135.6	68.0	131.3
東海	263.7	26.0	25.5	37.7	31.5	55.5	28.6	59.0
近畿	264.9	32.7	24.7	39.9	31.4	54.3	27.7	54.4
中国	243.6	24.0	21.6	30.8	27.8	54.1	29.5	56.0
四国	170.1	16.0	14.6	22.0	20.0	39.1	18.6	40.0
九州	406.0	46.3	32.0	61.8	54.2	90.5	39.0	82.0
沖縄	23.3	1.7	2.4	4.2	2.7	6.3	2.1	3.9

年次・全国農業地域	男							
	小計	39歳以下	40〜49	50〜59	60〜64	65〜69	70〜74	75歳以上
平成29年	1,655.8	242.4	173.0	241.7	201.3	325.6	152.9	318.9
30	1,595.2	225.7	164.5	217.1	179.8	343.9	168.5	295.6
北海道	53.4	10.2	7.0	8.7	6.1	9.6	5.6	6.2
都府県	1,541.8	215.6	157.5	208.4	173.7	334.3	162.9	289.4
東北	299.7	49.3	34.2	42.4	33.5	66.0	28.3	46.1
北陸	127.7	20.5	14.5	16.4	16.6	25.3	14.5	19.8
関東・東山	354.8	47.2	36.6	47.0	41.4	74.9	38.0	69.8
東海	144.0	17.2	15.7	19.0	15.2	30.5	16.5	29.9
近畿	150.2	23.1	15.1	20.8	15.1	32.1	15.1	28.9
中国	133.5	16.4	12.9	15.7	13.8	29.8	16.6	28.4
四国	92.5	10.9	8.3	11.5	9.3	21.5	10.5	20.6
九州	224.6	29.8	19.0	32.8	27.0	50.5	22.0	43.4
沖縄	14.8	1.3	1.5	2.6	1.8	3.7	1.4	2.5

年次・全国農業地域	女							
	小計	39歳以下	40〜49	50〜59	60〜64	65〜69	70〜74	75歳以上
平成29年	1,341.9	126.4	121.1	220.2	198.4	252.1	130.3	293.4
30	1,280.1	116.4	108.5	200.5	182.5	270.3	128.2	273.9
北海道	43.4	4.9	5.9	8.1	6.4	8.3	3.4	6.4
都府県	1,236.7	111.5	102.5	192.4	176.1	262.0	124.7	267.5
東北	244.0	27.9	22.2	37.4	38.5	51.4	20.8	45.8
北陸	96.0	10.6	8.3	17.1	12.5	18.4	10.6	18.5
関東・東山	284.7	24.9	23.7	44.0	39.8	60.7	30.0	61.5
東海	119.7	8.8	9.8	18.7	16.3	25.0	12.1	29.1
近畿	114.7	9.6	9.6	19.1	16.3	22.2	12.6	25.5
中国	110.1	7.6	8.7	15.1	14.0	24.3	12.9	27.6
四国	77.6	5.1	6.3	10.5	10.7	17.6	8.1	19.4
九州	181.4	16.5	13.0	29.0	27.2	40.0	17.0	38.6
沖縄	8.5	0.4	0.9	1.6	0.9	2.6	0.7	1.4

資料：農林水産省統計部「農業構造動態調査」による。（以下(6)まで同じ。）

2 農家の家族労働力（続き）

(4) 自営農業従事日数別農業従事者数（販売農家）（各年2月1日現在）

単位：千人

年次・ 全国農業地域	男女計				
	計	149日以下	150〜199	200〜249	250日以上
平成27年	3,398.9	2,153.8	291.0	313.7	640.4
28	3,170.0	1,993.1	245.4	270.3	661.4
北海道	102.6	21.7	10.9	18.9	51.0
都府県	3,067.4	1,971.4	234.5	251.3	610.4
東北	592.3	393.6	50.7	60.9	87.1
北陸	248.1	196.8	17.9	14.8	18.5
関東・東山	699.4	419.0	51.5	58.2	170.7
東海	305.6	184.2	25.3	25.1	71.2
近畿	292.8	212.5	18.8	19.6	42.0
中国	276.4	202.3	21.2	18.9	34.0
四国	179.6	109.5	13.8	15.0	41.4
九州	448.6	244.7	33.0	35.9	135.1
沖縄	24.6	8.9	2.5	2.9	10.3

年次・ 全国農業地域	男				
	小計	149日以下	150〜199	200〜249	250日以上
平成27年	1,869.9	1,129.4	164.5	179.2	396.8
28	1,748.6	1,038.7	134.5	155.6	419.9
北海道	55.9	9.6	4.3	10.2	31.8
都府県	1,692.7	1,029.1	130.2	145.3	388.1
東北	326.7	206.8	27.8	36.7	55.4
北陸	140.5	104.8	12.2	10.7	12.7
関東・東山	386.9	220.3	27.7	30.6	108.3
東海	165.0	95.2	12.5	14.3	43.2
近畿	163.9	113.0	11.3	11.3	28.4
中国	149.6	103.3	12.2	11.7	22.4
四国	97.5	55.6	7.7	7.9	26.4
九州	247.1	125.9	17.4	20.5	83.3
沖縄	15.5	4.4	1.4	1.7	8.0

年次・ 全国農業地域	女				
	小計	149日以下	150〜199	200〜249	250日以上
平成27年	1,529.0	1,024.4	126.5	134.5	243.6
28	1,421.4	954.4	110.9	114.7	241.5
北海道	46.7	12.1	6.6	8.7	19.2
都府県	1,374.7	942.3	104.3	106.0	222.3
東北	265.6	186.8	22.9	24.2	31.7
北陸	107.6	92.0	5.7	4.1	5.8
関東・東山	312.5	198.7	23.8	27.6	62.4
東海	140.6	89.0	12.8	10.8	28.0
近畿	128.9	99.5	7.5	8.3	13.6
中国	126.8	99.0	9.0	7.2	11.6
四国	82.1	53.9	6.1	7.1	15.0
九州	201.5	118.8	15.6	15.4	51.8
沖縄	9.1	4.5	1.1	1.2	2.3

(5)　年齢別農業就業人口（販売農家）（各年2月1日現在）

単位：千人

年次・ 全国農業地域	男女計							
	計	39歳以下	40～49	50～59	60～64	65～69	70～74	75歳以上
平成29年	1,816.0	108.7	97.6	178.2	224.1	425.7	240.0	541.7
30	1,752.5	101.1	91.0	162.8	197.6	451.0	247.6	501.6
北海道	89.3	12.8	12.3	15.6	11.8	16.7	8.3	11.8
都府県	1,663.2	88.3	78.6	147.1	185.7	434.3	239.3	489.8
東北	304.7	15.3	12.3	27.9	41.4	88.3	41.2	78.2
北陸	118.0	5.9	4.5	7.8	11.4	30.5	20.9	37.1
関東・東山	412.0	24.6	22.8	37.9	47.6	104.5	56.5	118.2
東海	147.3	6.2	7.8	12.5	13.8	36.3	21.8	48.9
近畿	154.8	8.7	6.3	13.4	15.8	38.7	23.7	48.2
中国	121.9	2.3	3.0	6.1	10.2	32.1	22.9	45.4
四国	112.8	5.6	4.7	8.3	11.9	30.3	15.4	36.3
九州	274.9	18.6	16.2	30.9	31.2	69.1	35.0	74.1
沖縄	16.7	0.9	1.4	2.6	2.3	4.4	1.8	3.4

年次・ 全国農業地域	男							
	小計	39歳以下	40～49	50～59	60～64	65～69	70～74	75歳以上
平成29年	967.0	71.8	55.2	85.7	104.3	230.9	129.0	290.1
30	945.0	68.4	53.0	80.1	90.5	244.7	141.0	267.3
北海道	49.6	8.9	6.6	8.3	5.7	9.0	5.1	6.1
都府県	895.4	59.6	46.4	71.8	84.8	235.7	135.9	261.2
東北	161.2	10.4	7.5	14.3	17.3	47.7	23.2	40.7
北陸	63.2	3.7	2.5	3.6	5.6	16.9	11.9	19.0
関東・東山	217.4	15.3	13.0	17.7	21.4	54.4	31.9	63.8
東海	81.7	4.2	4.9	6.1	6.6	20.2	13.4	26.2
近畿	82.3	6.1	3.4	5.1	6.8	22.1	12.8	26.0
中国	66.6	1.9	2.0	3.0	4.9	17.4	13.1	24.3
四国	60.9	4.2	2.7	4.3	5.0	16.8	9.1	18.7
九州	151.0	13.0	9.6	16.2	15.5	37.3	19.3	40.2
沖縄	11.1	0.7	1.0	1.6	1.6	2.8	1.2	2.3

年次・ 全国農業地域	女							
	小計	39歳以下	40～49	50～59	60～64	65～69	70～74	75歳以上
平成29年	849.0	36.9	42.4	92.5	119.8	194.8	111.0	251.6
30	807.5	32.7	38.0	82.7	107.1	206.3	106.6	234.3
北海道	39.7	3.9	5.7	7.3	6.1	7.7	3.2	5.7
都府県	767.8	28.7	32.2	75.3	100.9	198.6	103.4	228.6
東北	143.5	4.9	4.8	13.6	24.1	40.6	18.0	37.5
北陸	54.8	2.2	2.0	4.2	5.8	13.6	9.0	18.1
関東・東山	194.6	9.3	9.8	20.2	26.2	50.1	24.6	54.4
東海	65.6	2.0	2.9	6.4	7.2	16.1	8.4	22.7
近畿	72.5	2.6	2.9	8.3	9.0	16.6	10.9	22.2
中国	55.3	0.4	1.0	3.1	5.3	14.7	9.8	21.1
四国	51.9	1.4	2.0	4.0	6.9	13.5	6.3	17.6
九州	123.9	5.6	6.6	14.7	15.7	31.8	15.7	33.9
沖縄	5.6	0.2	0.4	1.0	0.7	1.6	0.6	1.1

注：　農業就業人口とは、15歳以上の世帯員のうち、調査期日前1年間に自営農業だけに従事した者又は
　　　自営農業とその他の仕事の両方に従事したが、自営農業従事日数の方が多かった者の人口をいう。

2 農家の家族労働力(続き)
(6) 年齢別基幹的農業従事者数(販売農家)(各年2月1日現在)

単位:千人

年次・ 全国農業地域	男女計							
	計	39歳以下	40〜49	50〜59	60〜64	65〜69	70〜74	75歳以上
平成29年	1,507.1	75.9	82.7	158.3	189.8	372.7	209.8	418.1
30	1,450.5	72.5	79.7	143.9	167.3	392.6	213.8	380.5
北海道	83.9	11.5	11.9	15.3	11.5	16.2	7.9	9.3
都府県	1,366.6	60.9	67.9	128.4	155.8	376.4	205.9	371.2
東北	250.5	11.1	10.2	24.1	35.2	78.3	35.8	55.6
北陸	85.3	2.2	2.8	5.7	8.2	24.5	16.7	24.9
関東・東山	341.9	17.0	20.1	33.5	39.6	90.3	49.7	92.0
東海	133.4	5.4	7.3	11.9	12.8	33.9	20.1	42.3
近畿	103.4	3.6	4.5	9.8	10.1	28.0	16.3	31.1
中国	100.1	2.1	2.4	5.2	8.2	28.3	20.1	34.0
四国	92.2	3.7	4.2	7.6	10.1	25.5	13.3	27.8
九州	245.7	14.9	15.3	28.8	29.7	63.6	32.5	60.8
沖縄	14.1	0.7	1.0	2.2	2.0	4.1	1.4	2.7

年次・ 全国農業地域	男							
	小計	39歳以下	40〜49	50〜59	60〜64	65〜69	70〜74	75歳以上
平成29年	888.2	56.1	52.5	84.4	100.9	221.7	122.1	250.5
30	864.9	54.6	51.0	79.0	87.6	233.7	130.8	228.1
北海道	48.0	8.5	6.5	8.1	5.6	8.9	5.0	5.3
都府県	816.9	46.1	44.5	70.8	82.0	224.8	125.9	222.8
東北	147.5	8.5	7.1	14.0	16.9	46.4	21.3	33.2
北陸	56.3	1.9	2.1	3.6	5.5	15.9	11.2	15.9
関東・東山	201.1	12.6	12.8	17.6	20.8	52.3	29.8	55.4
東海	77.1	4.1	4.7	6.0	6.5	19.7	12.4	23.8
近畿	66.0	2.6	3.0	5.0	6.2	18.7	10.7	19.9
中国	61.3	1.7	1.6	3.0	4.4	16.8	12.6	21.4
四国	54.0	2.9	2.7	4.2	4.9	15.8	8.1	15.3
九州	143.2	11.2	9.5	16.0	15.3	36.6	18.7	35.8
沖縄	10.3	0.6	0.8	1.5	1.5	2.7	1.1	2.1

年次・ 全国農業地域	女							
	小計	39歳以下	40〜49	50〜59	60〜64	65〜69	70〜74	75歳以上
平成29年	618.9	19.8	30.2	73.9	88.9	151.0	87.7	167.6
30	585.6	17.9	28.7	64.9	79.7	158.9	83.0	152.4
北海道	35.9	3.0	5.4	7.2	5.9	7.3	2.9	4.0
都府県	549.7	14.8	23.4	57.6	73.8	151.6	80.0	148.4
東北	103.0	2.6	3.1	10.1	18.3	31.9	14.5	22.4
北陸	29.0	0.3	0.7	2.1	2.7	8.6	5.5	9.0
関東・東山	140.8	4.4	7.3	15.9	18.8	38.0	19.9	36.6
東海	56.3	1.3	2.6	5.9	6.3	14.2	7.7	18.5
近畿	37.4	1.0	1.5	4.8	3.9	9.3	5.6	11.2
中国	38.8	0.4	0.8	2.2	3.8	11.5	7.5	12.6
四国	38.2	0.8	1.5	3.4	5.2	9.7	5.2	12.5
九州	102.5	3.7	5.8	12.8	14.4	27.0	13.8	25.0
沖縄	3.8	0.1	0.2	0.7	0.5	1.4	0.3	0.6

注: 基幹的農業従事者とは、農業就業人口のうち、ふだん仕事として主に自営農業に従事して
いる者をいう。

3　農作業死亡事故件数

区分	平成25年		26		27		28		29	
	件数	割合	件数	割合	件数	割合	件数	割合	件数	割合
	人	％	人	％	人	％	人	％	人	％
事故発生件数計	350	100.0	350	100.0	338	100.0	312	100.0	304	100.0
農業機械作業に係る事故	228	65.1	232	66.3	205	60.7	217	69.6	211	69.4
乗用型トラクター	111	31.7	95	27.1	101	29.9	87	27.9	92	30.3
歩行型トラクター	21	6.0	30	8.6	21	6.2	35	11.2	28	9.2
農用運搬車	33	9.4	32	9.1	25	7.4	37	11.9	26	8.6
自脱型コンバイン	11	3.1	10	2.9	8	2.4	7	2.2	11	3.6
動力防除機	10	2.9	12	3.4	10	3.0	10	3.2	6	2.0
動力刈払機	5	1.4	8	2.3	7	2.1	10	3.2	12	3.9
その他	37	10.6	45	12.9	33	9.8	31	9.9	36	11.8
農業用施設作業に係る事故	12	3.4	24	6.9	14	4.1	14	4.5	13	4.3
機械・施設以外の作業に係る事故	110	31.4	94	26.9	119	35.2	81	26.0	80	26.3
性別										
男	303	86.6	305	87.1	285	84.3	257	82.4	266	87.5
女	47	13.4	45	12.9	53	15.7	55	17.6	38	12.5
年齢階層別										
30歳未満	3	0.9	2	0.6	1	0.3	2	0.6	3	1.0
30〜39歳	7	2.0	3	0.9	9	2.7	0	0.0	1	0.3
40〜49歳	7	2.0	7	2.0	4	1.2	5	1.6	6	2.0
50〜59歳	22	6.3	15	4.3	19	5.6	20	6.4	18	5.9
60〜64歳	38	10.9	28	8.0	21	6.2	31	9.9	19	6.3
65歳以上	272	77.7	295	84.3	284	84.0	254	81.4	256	84.2
65〜69歳	40	11.4	42	12.0	33	9.8	34	10.9	44	14.5
70〜79歳	112	32.0	108	30.9	93	27.5	101	32.4	84	27.6
80歳以上	120	34.3	145	41.4	158	46.7	119	38.1	128	42.1
不明	1	0.0	-	-	-	-	-	-	1	0.3

資料：農林水産省生産局「平成29年に発生した農作業死亡事故」（平成31年1月28日プレスリリース）

V 農業の担い手

1 人・農地プランの進捗状況（各年3月末現在）

区分	人・農地プランを作成しようとしている市町村数		左の進捗状況	
			2)人・農地プランの作成に至っている市町村数	
		地域数		地域数
	市町村	地域	市町村	地域
平成30年	1,596	15,373	1,587	15,023
1)割合（%）	100	100	99	98
31	1,591	15,741	1,583	15,444
1)割合（%）	100	100	99	98

資料：農林水産省経営局「人・農地プランの進捗状況（平成31年3月末現在）」
注：1)は、人・農地プランを作成しようとしている市町村数又は地域数に対する割合。
　　2)は、当該市町村の地域の中に、既に人・農地プランが作成されたところがある市町村の数。

2 農地中間管理機構の借入・転貸面積の状況

単位：ha

年度	年間集積目標面積	機構の借入面積		3)機構の転貸面積		
		1)各年度末までに権利発生	2)各年度末までに計画公告	1)各年度末までに権利発生	新規集積面積	2)各年度末までに認可公告
平成29年	149,210	43,546	47,142	46,540	17,244	48,323
30	149,210	40,686	43,291	43,845	16,364	45,901

資料：農林水産省経営局「農地中間管理機構の実績等に関する資料」（平成30年度版）
注：　1)は、過年度に計画公告（又は認可公告）し、各年度に権利発生したものを含む。
　　　2)は、1)に加え、権利発生は次年度以降であるものの、計画公告（又は認可公告）は
　　　各年度末までに行われたものを含む。
　　　3)は、過年度に機構が借り入れて、各年度に転貸したものを含む。

3 認定農業者（農業経営改善計画の認定状況）
(1) 基本構想作成及び認定農業者数（各年3月末現在）

年次	基本構想策定市町村数	認定市町村数	認定農業者数	法人	女性	共同申請
	市町村	市町村	経営体	経営体	経営体	経営体
平成27年	1,661	1,625	238,443	19,105	5,950	11,438
28	1,663	1,628	246,085	20,532	6,081	12,157
29	1,665	1,629	242,304	22,182	5,870	12,832
30	1,669	1,637	240,665	23,648	5,853	13,638
31	1,669	1,638	239,043	24,965	5,921	14,164

資料：農林水産省経営局資料「認定農業者の認定状況」（以下(5)まで同じ。）
注：1　認定農業者とは、農業経営基盤強化促進法に基づき農業経営改善計画を市町村に提出し
　　認定を受けている者の数である。なお、認定農業者数には、特定農業法人で認定農業者とみな
　　されている者も含む（以下(5)まで同じ。）。
　　2　基本構想とは、農業経営基盤強化促進法に基づき、市町村が策定する地域の実情に即し
　　て効率的・安定的な農業経営の目標等を内容とするものである。
　　3　平成27年の福島県の9市町村については、東京電力福島第一原発の事故の影響により調
　　査が困難であったため、平成23年3月末現在の数値となっている（以下(5)まで同じ。）。
　　4　平成28年の熊本県の益城町については、熊本地震の影響により調査が困難であったため、
　　平成27年3月末現在の数値となっている（以下(5)まで同じ。）。

(2)　年齢階層別の農業経営改善計画認定状況（各年3月末現在）

年次	単位	計	29歳以下	30〜39	40〜49	50〜59	60〜64	65歳以上
認定数								
平成27年	経営体	207,900	1,594	13,117	32,363	61,467	43,793	55,566
28	〃	213,396	1,468	12,941	31,833	59,500	43,497	64,157
29	〃	207,290	1,327	12,503	30,778	55,119	40,216	67,347
30	〃	203,379	1,157	11,844	29,413	51,667	37,784	71,514
31	〃	199,914	1,097	11,513	28,660	48,509	35,534	74,601
構成比								
平成27年	%	100.0	0.8	6.3	15.5	29.6	21.1	26.7
28	〃	100.0	0.7	6.1	14.9	27.9	20.4	30.1
29	〃	100.0	0.6	6.0	14.8	26.6	19.4	32.5
30	〃	100.0	0.6	5.8	14.5	25.4	18.6	35.2
31	〃	100.0	0.5	5.8	14.3	24.3	17.8	37.3

注：法人、共同申請による農業経営改善計画の認定数を除く。

(3)　法人形態別の農業経営改善計画認定状況（各年3月末現在）

年次	法人計		農事組合法人		特例有限会社		株式会社		その他	
	認定数	構成比	認定数	構成比	認定数	構成比	認定数	構成比	認定数	構成比
	経営体	%	経営体	%	経営体	%	経営体	%	経営体	%
平成27年	19,011	100.0	4,719	24.8	8,115	42.7	5,691	29.9	486	2.6
28	20,449	100.0	5,264	25.7	8,027	39.3	6,613	32.3	545	2.7
29	22,136	100.0	5,782	26.1	7,974	36.0	7,709	34.8	671	3.0
30	23,612	100.0	6,135	26.0	7,913	33.5	8,766	37.1	798	3.4
31	24,950	100.0	6,350	25.5	7,848	31.5	9,846	39.5	906	3.6

注：特定農業法人で認定農業者とみなされている法人を含まない。

(4)　営農類型別の農業経営改善計画認定状況（各年3月末現在）

単位：経営体

営農類型	平成27年	28	29	30	31
計	238,349	246,002	242,258	240,629	239,028
単一経営計	126,301	132,146	131,327	130,281	129,993
稲作	33,103	37,876	38,777	39,954	39,501
麦類作	483	517	524	395	410
雑穀・いも類・豆類	1,492	1,624	1,650	1,549	1,601
工芸農作物	5,232	5,181	4,912	4,775	4,621
露地野菜	15,762	16,365	16,202	15,899	15,787
施設野菜	19,187	19,850	19,676	18,523	18,774
果樹類	17,977	17,957	17,519	17,309	17,344
花き・花木	7,347	7,056	6,962	6,651	6,527
その他の作物	1,740	1,678	1,484	1,587	1,709
酪農	11,238	10,933	10,637	10,416	10,172
肉用牛	7,500	7,972	7,842	8,236	8,432
養豚	2,478	2,415	2,219	2,172	2,156
養鶏	1,984	1,956	2,008	2,000	2,025
その他の畜産	778	766	855	815	934
養蚕	…	…	…	…	…
複合経営	112,048	113,856	110,931	110,348	109,035

注：1　単一経営経営体とは、農産物販売金額1位部門の販売金額が総販売金額の8割以上を占める経営体をいう。
　　2　複合経営経営体とは、農産物販売金額の1位部門が総販売金額の8割未満の経営体をいう。
　　3　特定農業法人で認定農業者とみなされている法人を含まない。

3 認定農業者（農業経営改善計画の認定状況）（続き）
(5) 地方農政局別認定農業者数（各年3月末現在）

単位：経営体

地方農政局名等	平成27年	28	29	30	31
全国	238,443	246,085	242,304	240,665	239,043
北海道	31,286	31,056	30,497	30,146	29,741
東北	49,598	52,854	51,850	51,323	50,886
関東	48,973	51,158	50,983	51,067	51,225
北陸	18,007	20,095	19,960	20,017	19,629
東海	9,230	9,122	8,947	8,774	8,827
近畿	11,153	11,778	11,612	11,523	11,400
中国四国	20,133	20,252	19,541	19,361	19,330
九州	48,524	48,222	47,449	47,023	46,686
沖縄	1,539	1,548	1,465	1,431	1,319

4 法人等
(1) 農地所有適格法人数 （各年1月1日現在）

単位：法人

年次	総数	組織別					
		特例有限会社	合名会社	合資会社	合同会社	1)農事組合法人	株式会社
平成26年	14,333	6,491	14	46	219	3,884	3,679
27	15,106	6,427	14	43	266	4,111	4,245
28	16,207	6,411	18	44	328	4,555	4,851
29	17,140	6,283	16	47	388	4,961	5,445
30	18,236	6,289	14	44	446	5,249	6,194

年次	主要業種別						
	米麦作	果樹	畜産	そ菜	工芸作物	花き・花木	その他
平成26年	5,574	1,059	2,568	2,749	531	811	1,041
27	6,021	1,124	2,656	2,914	528	817	1,046
28	6,691	1,172	2,766	3,081	548	841	1,108
29	7,285	1,187	2,903	3,250	542	835	1,138
30	7,841	1,251	3,083	3,452	564	868	1,177

資料：農林水産省経営局資料。
注： 「農地所有適格法人」とは、平成28年4月1日の改正法の施行に伴い農地法第2条第3項に規定された
農業経営を行うために農地を取得できる法人のことであり、平成28年3月31日以前における「農業生産法
人」のことである。
1)は、農業協同組合法に基づく農事組合法人のうち、農地法第2条3項各号の要件のすべてを備えて農
地等の所有権及び使用収益権の取得を認められたものである。したがって、「(3) 農事組合法人」とは上
の目的以外の農事組合法人（例えば養鶏専業のように宅地の名目でできるもの）が計上されているので一
致しない。

(2)　一般法人の農業参入数（各年末現在）

単位：法人

区分	平成26年	27	28	29	30
参入法人数	1,734	2,029	2,344	3,030	3,286

資料：農林水産省経営局資料
注：平成15年4月以降に農地のリース方式で参入した一般法人数である。
　　なお、平成21年の農地法改正によりリース方式による参入を全面自由化した。

(3)　農事組合法人（各年3月31日現在）
ア　総括表

単位：法人

年次	総数	単一・複合作目別		事業種別				
		単一作目	複合作目	第1号法人		第2号法人	第1号及び第2号法人	
				出資	非出資			
平成27年	9,353	6,466	2,887	1,191	357	1,134	6,671	
28	9,884	6,654	3,230	1,167	351	1,186	7,180	
29	9,649	6,226	3,423	949	284	1,092	7,324	
30	9,458	5,924	3,534	827	246	1,073	7,312	
31	9,416	5,756	3,660	762	230	1,049	7,375	

資料：農林水産省経営局「農業協同組合等現在数統計」（以下イまで同じ。）
注：1　この法人数は、各年3月31日までに行政庁に届け出たものの数値である。
　　2　第1号法人とは、農業に係る共同利用施設の設置又は農作業の共同化に関する事業を行う農事組合法人である。
　　3　第2号法人とは、農業の経営（これと併せて行う林業の経営を含む。）を行う農事組合法人である。
　　4　第1号及び第2号法人とは、上記1号・2号の事業を併せて行う農事組合法人である。

イ　主要業種別農事組合法人数

単位：法人

年次	単一作目										複合作目
		畜産				果樹	野菜	工芸	普通作	養蚕	
		酪農	肉用牛	養豚	養鶏						
平成27年	6,466	400	381	312	281	468	736	342	2,369	72	2,887
28	6,654	396	372	306	266	457	726	341	2,610	73	3,230
29	6,226	328	321	245	192	383	641	307	2,779	44	3,423
30	5,924	293	279	202	154	349	566	277	2,924	35	3,534
31	5,756	267	256	180	142	341	531	264	2,974	21	3,660

5　集落営農（各年2月1日現在）
(1)　組織形態別集落営農数

単位：集落営農

| 年次・都道府県 | 計 | 法人 | | | | 非法人 |
| | | 農事組合法人 | 会社 | | その他 | |
			株式会社	合名・合資・合同会社		
平成29年	15,136	4,141	501	35	16	10,443
30	15,111	4,499	545	39	23	10,005
31	14,949	4,665	569	41	26	9,648
北海道	255	17	20	1	－	217
青森	187	58	1	－	－	128
岩手	629	167	20	3	1	438
宮城	855	158	58	1	－	638
秋田	738	244	21	1	－	472
山形	487	120	11	－	2	354
福島	415	30	27	5	－	353
茨城	147	19	8	－	2	118
栃木	240	37	3	－	－	200
群馬	121	96	－	－	1	24
埼玉	81	27	5	－	－	49
千葉	83	49	4	－	－	30
東京	－	－	－	－	－	－
神奈川	5	－	1	－	－	4
新潟	746	298	80	－	－	368
富山	736	449	6	－	－	281
石川	294	130	18	3	－	143
福井	580	213	21	5	－	341
山梨	6	2	－	－	－	4
長野	373	74	23	2	6	268
岐阜	341	163	28	－	3	147
静岡	32	5	2	－	－	25
愛知	110	8	－	1	2	99
三重	301	70	6	1	－	224
滋賀	790	344	4	2	1	439
京都	373	45	40	3	2	283
大阪	6	－	－	－	－	6
兵庫	918	82	52	1	3	780
奈良	32	9	2	－	－	21
和歌山	8	1	－	－	－	7
鳥取	310	80	3	1	1	225
島根	536	223	8	3	－	302
岡山	273	80	3	－	－	190
広島	674	235	32	4	－	403
山口	341	226	11	2	－	102
徳島	29	9	1	－	－	19
香川	250	100	－	1	－	149
愛媛	121	46	6	－	－	69
高知	182	22	4	－	1	155
福岡	577	278	5	－	－	294
佐賀	551	79	1	－	1	470
長崎	102	56	1	－	－	45
熊本	404	73	9	1	－	321
大分	486	196	13	－	－	277
宮崎	108	21	6	－	－	81
鹿児島	109	26	5	－	－	78
沖縄	7	－	－	－	－	7

資料：農林水産省統計部「集落営農実態調査」（以下(7)まで同じ。）
注：1　集落営農とは、「集落」を単位として、農業生産過程における一部又は全部についての
　　　共同化・統一化に関する合意の下に実施される営農（農業用機械の所有のみを共同で行う
　　　取組及び栽培協定又は用排水の管理の合意のみの取組を行うものを除く。）である。
　　2　東日本大震災の影響により、宮城県、福島県において営農活動を休止している又は営農
　　　活動の状況が把握できなかった集落営農については、当該県の結果には含まない。

(2)　現況集積面積（経営耕地面積＋農作業受託面積）規模別集落営農数

単位：集落営農

年次・都道府県	計	5 ha未満	5〜10	10〜20	20〜30	30〜50	50〜100	100ha以上
平成29年	15,136	1,954	2,119	3,415	2,652	2,678	1,641	677
30	15,111	2,036	2,101	3,492	2,610	2,601	1,607	664
31	14,949	2,022	2,096	3,474	2,547	2,563	1,588	659
北海道	255	10	8	9	7	14	51	156
青森	187	3	14	35	37	39	43	16
岩手	629	49	58	87	89	172	137	37
宮城	855	54	89	180	130	194	154	54
秋田	738	11	41	139	180	213	126	28
山形	487	63	64	75	63	79	91	52
福島	415	63	49	81	80	74	54	14
茨城	147	5	23	26	30	33	26	4
栃木	240	12	19	38	45	62	53	11
群馬	121	7	10	21	28	32	20	3
埼玉	81	8	2	14	18	20	14	5
千葉	83	6	3	19	17	16	18	4
東京	–	–	–	–	–	–	–	–
神奈川	5	4	–	1	–	–	–	–
新潟	746	60	73	188	159	161	90	15
富山	736	35	72	162	182	211	62	12
石川	294	17	40	84	72	58	23	–
福井	580	58	84	146	111	104	63	14
山梨	6	2	3	1	–	–	–	–
長野	373	95	49	45	38	41	56	49
岐阜	341	39	44	78	46	64	49	21
静岡	32	11	8	4	1	5	2	1
愛知	110	15	17	23	12	15	14	14
三重	301	40	55	58	49	54	35	10
滋賀	790	137	143	207	134	107	55	7
京都	373	186	79	72	20	9	7	–
大阪	6	4	–	–	–	1	1	–
兵庫	918	291	208	259	104	41	12	3
奈良	32	7	6	10	5	1	2	1
和歌山	8	1	1	2	1	3	–	–
鳥取	310	52	55	107	48	37	8	3
島根	536	103	140	176	70	33	11	3
岡山	273	60	62	87	39	24	1	–
広島	674	118	99	188	132	93	40	4
山口	341	29	45	118	67	51	24	7
徳島	29	4	12	7	5	1	–	–
香川	250	59	70	63	18	19	10	11
愛媛	121	16	20	33	21	21	6	4
高知	182	97	39	30	11	4	1	–
福岡	577	15	63	156	119	136	59	29
佐賀	551	6	31	103	141	157	80	33
長崎	102	12	15	43	15	6	6	5
熊本	404	11	46	107	90	88	44	18
大分	486	113	109	151	76	29	8	–
宮崎	108	10	15	18	19	20	20	6
鹿児島	109	24	13	23	16	20	10	3
沖縄	7	–	–	–	2	1	2	2

5 集落営農(各年2月1日現在)(続き)
(3) 農産物等の生産・販売活動別集落営農数(複数回答)

単位:集落営農

年次・全国農業地域	計(実数)	農産物等の生産・販売活動(複数回答)				
		小計(実数)	水稲・陸稲を生産・販売	麦、大豆、てん菜、原料用ばれいしょのうち、いずれかを生産・販売	その他の作物(畜産物を含む。)を生産・販売	農産加工品の生産・販売
平成29年	15,136	11,553	9,112	6,848	5,267	559
30	15,111	11,626	9,264	6,718	5,421	589
31	14,949	11,599	9,248	6,635	5,612	617
北海道	255	72	17	32	48	5
東北	3,311	2,795	2,047	1,360	1,614	102
北陸	2,356	2,068	1,830	1,207	741	91
関東・東山	1,056	947	584	609	435	88
東海	784	603	502	362	208	39
近畿	2,127	1,579	1,232	877	629	71
中国	2,134	1,377	1,223	632	1,023	142
四国	582	363	295	211	196	27
九州	2,337	1,795	1,518	1,345	718	52
沖縄	7	-	-	-	-	-

(4) 農産物等の生産・販売以外の活動別集落営農数(複数回答)

単位:集落営農

年次・全国農業地域	計(実数)	農産物等の生産・販売以外の活動(複数回答)				
		機械の共同所有・共同利用を行う	防除・収穫等の農作業受託を行う	農家の出役により、共同で農作業(農業機械を利用した農作業以外)を行う	作付け地の団地化など、集落内の土地利用調整を行う	集落内の営農を一括管理・運営している
平成29年	15,136	12,104	6,872	7,511	8,626	4,103
30	15,111	12,139	6,726	7,598	8,555	4,220
31	14,949	12,054	6,573	7,574	8,498	4,191
北海道	255	230	126	99	33	24
東北	3,311	2,439	1,077	1,722	2,070	813
北陸	2,356	2,059	765	1,614	1,554	881
関東・東山	1,056	846	456	538	585	292
東海	784	567	472	394	502	270
近畿	2,127	1,623	1,297	1,022	1,256	554
中国	2,134	1,831	1,077	1,042	978	683
四国	582	511	353	195	121	70
九州	2,337	1,941	944	948	1,399	604
沖縄	7	7	6	-	-	-

(5)　経理の共同化の状況別集落営農数（複数回答）

単位：集落営農

| 年次・全国農業地域 | 計（実数） | いずれかの収支に係る経理を共同で行っている（複数回答） | | | | | |
		小計	農業機械の利用・管理に係る収支	オペレータなどの賃金等に係る収支	資材の購入に係る収支	生産物の出荷・販売に係る収支	農業共済に係る収支
平成29年	15,136	14,197	12,699	12,589	11,650	11,462	10,927
30	15,111	14,217	12,779	12,665	11,771	11,547	10,966
31	14,949	14,119	12,723	12,624	11,742	11,511	10,897
北海道	255	250	240	217	118	74	51
東北	3,311	3,130	2,798	2,858	2,864	2,788	2,590
北陸	2,356	2,326	2,295	2,319	2,180	2,068	2,056
関東・東山	1,056	1,018	938	903	915	936	763
東海	784	696	637	637	638	598	579
近畿	2,127	1,971	1,604	1,552	1,428	1,566	1,528
中国	2,134	1,873	1,753	1,722	1,417	1,337	1,294
四国	582	559	507	497	374	351	307
九州	2,337	2,289	1,944	1,912	1,808	1,793	1,729
沖縄	7	7	7	7	－	－	－

(6)　経営所得安定対策への加入状況

単位：集落営農

年次・全国農業地域	計	加入している	加入していない
平成29年	15,136	10,807	4,329
30	15,111	10,793	4,318
31	14,949	10,433	4,516
北海道	255	51	204
東北	3,311	2,668	643
北陸	2,356	1,894	462
関東・東山	1,056	878	178
東海	784	520	264
近畿	2,127	1,266	861
中国	2,134	1,197	937
四国	582	254	328
九州	2,337	1,705	632
沖縄	7	－	7

(7)　人・農地プランにおける位置づけ状況

単位：集落営農

年次・全国農業地域	計	中心経営体として位置づけられている	中心経営体として位置づけられていない
平成29年	15,136	8,282	6,854
30	15,111	8,592	6,519
31	14,949	8,782	6,167
北海道	255	53	202
東北	3,311	1,803	1,508
北陸	2,356	1,731	625
関東・東山	1,056	693	363
東海	784	421	363
近畿	2,127	956	1,171
中国	2,134	1,139	995
四国	582	347	235
九州	2,337	1,639	698
沖縄	7	－	7

6 新規就農者
(1) 年齢別就農形態別新規就農者数（平成30年）

単位：人

| 区分 | 男女計 | | | | | | |
| | 計 | 新規自営農業就農者 | | 新規雇用就農者 | | | 新規参入者 |
			新規学卒就農者	小計	農家出身	非農家出身	
計	55,810	42,750	1,100	9,820	1,780	8,040	3,240
49歳以下	19,290	9,870	1,100	7,060	1,100	5,960	2,360
44歳以下	16,140	7,710	1,100	6,330	1,010	5,310	2,100
15〜19歳	1,020	280	270	730	60	670	10
20〜29	5,340	2,150	830	2,680	510	2,170	510
30〜39	6,450	3,400	0	2,030	350	1,680	1,020
40〜44	3,330	1,880	−	890	100	800	560
45〜49	3,160	2,160	−	730	90	650	260
50〜59	7,390	5,850	−	1,180	270	910	360
60〜64	12,290	11,280	−	840	160	680	180
65歳以上	16,840	15,750	−	750	250	500	340

| 区分 | 男 | | | | | | |
| | 計 | 新規自営農業就農者 | | 新規雇用就農者 | | | 新規参入者 |
			新規学卒就農者	小計	農家出身	非農家出身	
計	42,390	33,090	950	6,620	1,420	5,200	2,680
49歳以下	14,310	7,600	950	4,750	870	3,880	1,960
44歳以下	12,010	5,970	950	4,300	800	3,500	1,750
15〜19歳	710	240	220	460	40	420	10
20〜29	4,120	1,790	720	1,890	400	1,490	440
30〜39	4,730	2,530	−	1,360	270	1,090	850
40〜44	2,450	1,410	−	590	90	500	450
45〜49	2,300	1,630	−	450	70	380	220
50〜59	5,480	4,400	−	780	210	570	290
60〜64	9,310	8,620	−	550	120	430	140
65歳以上	13,290	12,470	−	540	220	320	280

| 区分 | 女 | | | | | | |
| | 計 | 新規自営農業就農者 | | 新規雇用就農者 | | | 新規参入者 |
			新規学卒就農者	小計	農家出身	非農家出身	
計	13,420	9,660	150	3,200	360	2,850	560
49歳以下	4,980	2,270	150	2,320	230	2,090	400
44歳以下	4,130	1,740	150	2,030	220	1,820	350
15〜19歳	310	50	50	260	10	250	0
20〜29	1,210	360	100	790	110	680	70
30〜39	1,720	870	0	670	80	600	180
40〜44	880	470	−	310	10	300	110
45〜49	860	530	−	290	20	270	50
50〜59	1,910	1,450	−	390	50	340	70
60〜64	2,980	2,660	−	290	40	250	30
65歳以上	3,550	3,280	−	210	30	180	60

資料：農林水産省統計部「平成30年新規就農者調査」
注：1 新規自営農業就農者とは、家族経営体の世帯員で、調査期日前1年間の生活の主な状態が、「学生」から「自営農業への従事が主」になった者及び「他に雇われて勤務が主」から「自営農業への従事が主」になった者をいう。
2 新規雇用就農者とは、調査期日前1年間に新たに法人等に常雇い（年間7か月以上）として雇用されることにより、農業に従事することとなった者（外国人研修生及び外国人技能実習生並びに雇用される直前の就業状態が農業従事者であった場合を除く。）をいう。
3 新規参入者とは、調査期日前1年間に土地や資金を独自に調達（相続・贈与等により親の農地を譲り受けた場合を除く。）し、新たに農業経営を開始した経営の責任者及び共同経営者をいう。

(2)　卒業者の農林業就業者数（各年３月卒業）

単位：人

区分	農業、林業就業者		区分	農業、林業就業者	
	平成30年 （確定値）	31 （速報値）		平成30年 （確定値）	31 （速報値）
中学校			大学		
計	(93)	(70)	計	986	1,055
男	(81)	(59)	男	675	692
女	(12)	(11)	女	311	363
特別支援学校中学部			大学院修士課程		
計	(-)	‥	計	155	178
男	(-)	‥	男	100	‥
女	(-)	‥	女	55	‥
高等学校（全日・定時制）			大学院博士課程		
計	1,419	1,358	計	25	26
男	989	937	男	21	‥
女	430	421	女	4	‥
高等学校（通信制）			大学院専門職学位課程		
計	110	99	計	19	1
男	83	72	男	5	‥
女	27	27	女	14	‥
中等教育学校（後期課程）			短期大学		
計	1	‥	計	73	80
男	-	‥	男	46	47
女	1	‥	女	27	33
特別支援学校高等部			高等専門学校		
計	133	118	計	1	2
男	114	101	男	1	2
女	19	17	女	-	-

資料：文部科学省生涯学習政策局「学校基本調査」
注：1　卒業後の状況調査における、産業別の就職者数である。
　　2　進学しかつ就職した者を含む。
　　3　中学校及び特別支援学校（中学部）は漁業就業者の区分をされていないため、農業・林業を
　　　含む一次産業への就業者を（ ）で掲載した。

7　女性の就業構造・経営参画状況
(1)　男女別農業従事者数（販売農家）（各年２月１日現在）

単位：千人

年次	計	男	女
平成26年	3,691.6	1,994.8	1,696.8
27	3,398.9	1,869.9	1,529.0
28	3,170.0	1,748.6	1,421.4
29	2,997.7	1,655.8	1,341.9
30	2,875.3	1,595.2	1,280.1

資料：平成27年は、農林水産省統計部「2015年農林業センサス」
　　　平成27年以外は、農林水産省統計部「農業構造動態調査」
注：　農業従事者とは、15歳以上の世帯員で、調査期日前1年間に1日以上自営
　　　農業（受託した農作業を含む。）に従事した者をいう。

7 女性の就業構造・経営参画状況 （続き）
(2) 農業就業人口等に占める女性の割合

単位：千人

区分	平成7年	12	17	22	27	30
総人口	125,570.2	126,925.8	127,768.0	128,057.4	127,094.7	126,443.2
うち女性	63,995.8	64,815.1	65,419.0	65,729.6	65,253.0	64,910.7
女性の割合（%）	51.0	51.1	51.2	51.3	51.3	51.3
1) 世帯員数	12,037.3	10,467.4	8,370.5	6,503.2	4,880.4	4,185.6
うち女性	6,157.6	5,338.4	4,254.8	3,294.3	2,448.9	2,094.7
女性の割合（%）	51.2	51.0	50.8	50.7	50.2	50.0
1) 農業就業人口	4,139.8	3,891.2	3,352.6	2,605.7	2,096.7	1,752.5
うち女性	2,372.4	2,170.6	1,788.2	1,299.5	1,009.0	807.5
女性の割合（%）	57.3	55.8	53.3	49.9	48.1	46.1
1) 基幹的農業従事者数	2,560.0	2,399.6	2,240.7	2,051.4	1,753.8	1,450.5
うち女性	1,188.2	1,139.9	1,026.5	903.4	749.0	585.6
女性の割合（%）	46.4	47.5	45.8	44.0	42.7	40.4

資料：総人口は、総務省統計局「国勢調査」（各年10月1日現在）
　　　平成30年は、「人口推計」
　　　総人口以外は、農林水産省統計部「農林業センサス」（各年2月1日現在）
　　　平成30年は、「平成30年農業構造動態調査」
注：1)は、販売農家の数値である。

(3) 経営方針の決定参画者（経営者を除く。）の有無別農家数（販売農家）
　　（平成27年2月1日現在）

単位：戸

区分	経営方針の決定参画者がいる				いない
		男女の経営方針決定参画者がいる	男の経営方針決定参画者がいる	女の経営方針決定参画者がいる	
男の経営者	596,636	96,679	59,781	440,176	643,955
女の経営者	30,612	5,410	20,675	4,527	58,388

資料：農林水産省統計部「2015年農林業センサス」

(4) 女性の農業経営改善計画認定状況（各年3月末現在）

単位：人

区分	平成26年	27	28	29	30
総数	231,023	238,349	246,002	242,258	240,629
うち女性のみ	5,501	5,950	6,081	5,870	5,853
1) 共同申請	4,870	4,862	5,160	5,232	5,474
女性合計	10,371	10,812	11,241	11,102	11,327
女性の比率（%）	4	5	5	5	5

資料：農林水産省経営局資料
注：1)は、夫婦での共同申請である。

(5) 家族経営協定締結農家数（各年3月31日現在）

単位：戸

区分	平成26年	27	28	29	30
全国	54,190	55,435	56,397	57,155	57,605

資料：農林水産省経営局「家族経営協定に関する実態調査」

8 農業委員会、農協への女性の参画状況

単位：人

区分	平成26年	27	28	29	30
農業委員数	35,618	35,488	33,174	26,119	**23,196**
男	33,034	32,838	30,503	23,346	**20,449**
女	2,584	2,650	2,671	2,773	**2,747**
農協個人正組合員数	4,478,620	4,415,549	4,348,560	4,283,685	…
男	3,546,499	3,478,404	3,409,277	3,343,334	…
女	932,121	937,145	939,283	940,351	…
農協役員数	18,416	18,139	17,542	17,272	…
男	17,163	16,826	16,232	15,945	…
女	1,253	1,313	1,310	1,327	…

資料：農林水産省経営局資料
注： 農業委員数は、各年10月１日現在である。農協（総合農協）は、各年４月１日～翌年３月末
までの間に終了した事業年度ごとの数値である。

9 農業者年金への加入状況
(1) 加入区分別（各年度末現在）

単位：人

年度	被保険者総数	通常加入	政策支援加入						6)未分類
			小計	1)区分１	2)区分２	3)区分３	4)区分４	5)区分５	
平成26年	48,850	36,389	12,220	5,481	90	6,275	324	50	241
27	48,225	35,821	12,179	5,451	170	6,217	306	35	225
28	47,615	35,376	12,007	5,247	266	6,181	282	31	232
29	47,208	35,276	11,697	5,030	359	6,044	238	26	235
30	46,942	35,291	11,418	4,942	435	5,898	124	19	233

資料：農業者年金基金調べ。（以下(2)まで同じ。）
注： 1)は、認定農業者及び青色申告者の両方に該当している者である。
　　 2)は、認定就農者及び青色申告者の両方に該当している者である。
　　 3)は、区分１又は区分２の者と家族経営協定を締結した配偶者又は直系卑属である。
　　 4)は、認定農業者又は青色申告者のどちらか一方に該当し、３年以内に区分１に該当するこ
とを約束した者である。
　　 5)は、農業を営む者の直系卑属の後継者（35歳未満）であって、35歳まで（25歳未満の者は
10年以内）に区分１に該当することを約束した者である。
　　 6)は、これまで加入していた区分で政策支援加入が不該当になり、新たな保険料額の決定が
なされていない者である。

(2) 年齢階層別被保険者数（平成30年度末現在）

単位：人

区分	計	20～29歳	30～39	40～49	50～59歳
被保険者数	46,942	2,333	11,717	15,591	17,301

Ⅵ 農業経営

〔参考〕 農業経営の概念図（平成29年）

○ 農業生産物の販売を目的とする農業経営体（個別経営）の収支

単位：万円

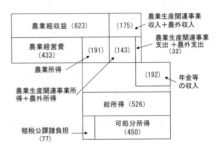

○ 農業生産物の販売を目的とする農業経営体（個別経営）のうち
　主業経営体の収支

単位：万円

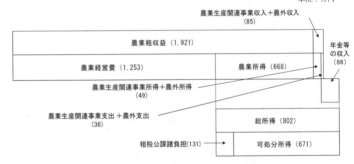

資料：農林水産省統計部「農業経営統計調査　経営形態別経営統計（個別経営）」
注：1　本調査は、農業経営体（個別経営）のうち、農業生産物の販売を目的とする農業経営体
　　　を対象に実施した。
　　　農業経営体については、「利用者のために」の「農林業経営体の分類」を参照。
　　2　主業については、「利用者のために」の「農家等の分類」に準じる。
　　3　農業生産関連事業所得とは、農業経営関与者が経営する農産加工、農家民宿、農家レス
　　　トラン、観光農園、市民農園等の農業に関連する事業の所得をいう。

1　営農類型別にみた農業所得等の比較（平成29年）
(1)　個別経営（1経営体当たり平均）

単位：千円

区分	農業粗収益	農業経営費	農業所得
水田作経営	2,769	2,073	696
畑作経営	9,539	6,061	3,478
野菜作経営	8,087	4,880	3,207
露地野菜作経営	6,023	3,683	2,340
施設野菜作経営	12,501	7,430	5,071
果樹作経営	5,939	3,681	2,258
花き作経営	11,268	8,411	2,857
露地花き作経営	6,360	4,471	1,889
施設花き作経営	14,467	10,979	3,488
酪農経営	62,725	46,708	16,017
肉用牛経営	23,835	17,669	6,166
繁殖牛経営	12,581	7,233	5,348
肥育牛経営	75,168	65,241	9,927
養豚経営	76,759	57,471	19,288
採卵養鶏経営	55,495	45,309	10,186
ブロイラー養鶏経営	115,981	105,237	10,744

資料：農林水産省統計部「農業経営統計調査　営農類型別経営統計（個別経営）」
注：1　営農類型別経営統計（個別経営）は、農業生産物の販売を目的とする農業経営体（経営耕地
　　　面積が30a以上又は過去1年間における農産物販売金額が50万円以上の経営体）の作物別販売
　　　収入を「水田作」、「畑作」、「野菜作」等に区分し、最も収入が大きい区分により経営体を
　　　営農類型別に分類し集計したものである。なお、「水田（畑）作」の収入は、稲、麦類、雑穀、
　　　いも類、豆類及び工芸農作物のうち、水田（畑）で作付けした作物の収入をいう。
　　2　野菜作経営及び花き作経営はさらに露地・施設別に収入が大きい区分に分類し、肉用牛経営
　　　は繁殖牛・肥育牛別に飼養頭数が多い区分に分類し集計している。

1　営農類型別にみた農業所得等の比較（平成29年）（続き）
(2)　組織法人経営（1組織当たり平均）

単位：千円

区分	1)農業粗収益	1)農業経営費	1)農業所得
水田作経営	56,235	37,082	19,153
畑作経営	83,265	62,413	20,852
露地野菜作経営	131,676	113,032	18,644
施設野菜作経営	112,006	101,038	10,968
果樹作経営	37,670	30,507	7,163
露地花き作経営	21,644	18,012	3,632
施設花き作経営	68,576	64,059	4,517
酪農経営	252,979	217,244	35,735
繁殖牛経営	135,861	136,241	△ 380
肥育牛経営	588,486	580,869	7,617
養豚経営	772,644	717,001	55,643
採卵養鶏経営	665,789	631,351	34,438
ブロイラー養鶏経営	259,814	235,905	23,909

資料：農林水産省統計部「農業経営統計調査　営農類型別経営統計（組織法人経営）」
注：1　営農類型別経営統計（組織法人経営）は、2015年農林業センサスに基づく農業経営体（牧草地経営体を除く。）のうち、農業生産物の販売を目的とする、個別経営体以外の法人格を有する農業経営体を営農類型別に分類し集計したものである。
　　2　「組織法人経営」とは、株式会社、農事組合法人など法人格を有するものである。
　　1)は、組織法人経営と個別経営では会計の方法が異なるため、両者の比較が可能となるように組織法人経営における「所得」を個別経営の算出基準に合わせて算出した。
　　なお、算出方法は①農業粗収益＝農業収入＋共済・補助金等受取金、②農業経営費＝農業支出－構成員に支払われた労務費、地代、人件費及び負債利子、③農業所得＝①－②である。

2　主副業別にみた農業経営の平均的な姿（平成29年）

区分	単位	主業経営体			準主業経営体	副業的経営体
		全国	北海道	都府県		
経営耕地面積	a	677.5	2,774.0	413.5	244.3	162.9
年間月平均世帯員	人	4.2	4.4	4.2	3.8	3.1
年間月平均農業経営関与者数	〃	2.6	2.6	2.6	2.3	1.9
自営農業労働時間	時間	4,824.0	5,235.0	4,773.0	2,410.0	1,052.0
農業所得	千円	6,677.0	13,095.0	5,868.0	617.0	610.0
農業粗収益	〃	19,211.0	39,926.0	16,600.0	5,070.0	2,432.0
農業経営費	〃	12,534.0	26,831.0	10,732.0	4,453.0	1,822.0
農業所得率	%	34.8	32.8	35.3	12.2	25.1
総所得	千円	8,021.0	14,184.0	7,242.0	6,491.0	4,283.0
農業依存度	%	93.2	95.8	92.6	12.6	30.5

資料：農林水産省統計部「農業経営統計調査　経営形態別経営統計（個別経営）」（以下8まで同じ。）
注：1　農業経営関与者とは、経営主夫婦及び年間60日以上当該農業経営体の農業に従事する世帯員である家族をいう。
　　　　なお、15歳未満の世帯員及び高校・大学等への就学中の世帯員は、年間の自営農業従事日数が60日以上であっても農業経営関与者とはしない。
　　2　農業所得率＝農業所得÷農業粗収益×100
　　3　農業依存度＝農業所得÷（農業所得＋農業生産関連事業所得＋農外所得）×100

3　農業経営総括表
（農業生産物の販売を目的とする経営体・1経営体当たり平均）

年次・全国農業地域	調査農家の概況			農業			農業生産関連事業	
	年間月平均世帯員	年間月平均農業経営関与者	経営耕地面積	所得	粗収益	経営費	所得	収入
	人	人	a	千円	千円	千円	千円	千円
平成25年	3.60	2.08	247.1	1,321	4,972	3,651	10	21
26	3.55	2.09	253.8	1,186	5,009	3,823	12	25
27	3.49	2.06	259.3	1,527	5,440	3,913	15	32
28	3.43	2.06	273.6	1,851	5,934	4,083	6	27
29	3.37	2.08	279.5	1,907	6,234	4,327	11	37
北海道	4.03	2.44	2,391.3	11,187	34,524	23,337	△ 3	7
都府県	3.35	2.07	215.4	1,622	5,370	3,748	10	38
東北	3.84	2.07	304.2	1,777	5,601	3,824	38	91
北陸	3.66	1.98	258.4	1,215	3,873	2,658	5	8
関東・東山	3.27	2.13	203.4	1,793	5,552	3,759	8	51
東海	3.54	2.16	163.2	1,644	5,808	4,164	△ 10	46
近畿	3.06	2.07	124.4	984	3,478	2,494	3	8
中国	3.10	1.90	158.4	712	2,908	2,196	4	26
四国	2.85	2.02	139.7	1,436	4,346	2,910	6	8
九州	3.20	2.13	251.6	2,461	8,563	6,102	0	8

年次・全国農業地域	農業生産関連事業（続き）	農外			年金等の収入	総所得	租税公課諸負担	可処分所得
	支出	所得	収入	支出				
	千円	千円	千円	千円	千円	千円	千円	千円
平成25年	11	1,531	1,768	237	1,865	4,727	728	3,999
26	13	1,455	1,746	291	1,909	4,562	690	3,872
27	17	1,472	1,761	289	1,946	4,960	670	4,290
28	21	1,403	1,651	248	1,952	5,212	711	4,501
29	26	1,418	1,715	297	1,924	5,260	765	4,495
北海道	10	652	732	80	674	12,510	2,113	10,397
都府県	28	1,441	1,745	304	1,962	5,035	723	4,312
東北	53	1,052	1,262	210	1,738	4,605	602	4,003
北陸	3	2,060	2,088	28	2,058	5,338	691	4,647
関東・東山	43	1,689	2,252	563	2,029	5,519	888	4,631
東海	56	1,913	2,367	454	2,128	5,675	817	4,858
近畿	5	1,125	1,342	217	2,229	4,341	647	3,694
中国	22	1,366	1,380	14	2,407	4,489	515	3,974
四国	2	775	1,338	563	1,779	3,996	612	3,384
九州	8	1,495	1,714	219	1,683	5,639	830	4,809

注：1　農業所得＝農業粗収益－農業経営費
　　2　農業生産関連事業所得＝農業生産関連事業収入－農業生産関連事業支出
　　3　農外所得＝農外収入－農外支出
　　4　総所得＝農業所得＋農業生産関連事業所得＋農外所得＋年金等の収入
　　5　可処分所得＝総所得－租税公課諸負担

4 農業経営の分析指標
(農業生産物の販売を目的とする経営体・1経営体当たり平均)

年次・ 全国 農業地域	農業依存度	農業所得率	付加価値額	農業固定資産 装備率	農機具資産比率
	%	%	千円	円	%
平成25年	46.2	26.6	1,571	1,909	41
26	44.7	23.7	1,457	1,847	41
27	50.7	28.1	1,826	1,894	41
28	56.8	31.2	2,180	1,894	41
29	57.2	30.6	2,248	1,991	41
北海道	94.5	32.4	12,677	4,125	35
都府県	52.8	30.2	1,927	1,830	42
東北	62.0	31.7	2,109	1,677	52
北陸	37.0	31.4	1,464	2,337	65
関東・東山	51.4	32.3	2,105	1,618	40
東海	46.3	28.3	1,999	1,978	34
近畿	46.6	28.3	1,166	2,030	37
中国	34.2	24.5	852	1,790	53
四国	64.8	33.0	1,673	1,853	25
九州	62.2	28.7	2,918	2,050	37

年次・ 全国 農業地域	集約度		生産性 (付加価値額)		
	経営耕地10a当たり 農業労働時間	経営耕地10a当たり 農業固定資産額	自営農業労働 1時間当たり	経営耕地 10a当たり	農業固定資産 千円当たり
	時間	千円	円	千円	円
平成25年	77	147	823	64	431
26	76	140	756	57	410
27	73	139	960	70	507
28	71	135	1,120	80	591
29	70	140	1,143	80	574
北海道	20	82	2,677	53	649
都府県	87	160	1,024	89	560
東北	60	101	1,149	69	685
北陸	42	99	1,333	57	571
関東・東山	108	175	956	103	591
東海	125	247	982	122	496
近畿	120	244	780	94	384
中国	78	140	686	54	383
四国	135	251	884	120	477
九州	96	196	1,214	116	592

注: 1 農業依存度＝農業所得÷(農業所得＋農業生産関連事業所得＋農外所得)×100
2 農業所得率＝農業所得÷農業粗収益×100
3 付加価値額＝農業粗収益－〔農業経営費－(雇用労賃＋支払小作料＋農業経営に係る負債利子)〕
4 農業固定資産装備率＝農業固定資産額÷自営農業労働時間×1,000
5 農機具資産比率＝(農用自動車の固定資産額＋農機具の固定資産額)÷農業固定資産額×100

5 農業経営収支
(農業生産物の販売を目的とする経営体・1経営体当たり平均)

単位：千円

年次・全国農業地域	農業粗収益									
	計	作物収入							畜産収入	
		計	稲作	麦類	野菜	果樹	工芸農作物	花き		養鶏
	(1)	(2)	(3)	(4)	(5)	(6)	(7)	(8)	(9)	(10)
平成25年	4,972	3,239	1,113	30	1,027	519	147	197	1,097	169
26	5,009	3,206	937	30	1,099	538	154	203	1,223	181
27	5,440	3,414	1,004	34	1,187	549	156	210	1,325	194
28	5,934	3,736	1,124	26	1,353	627	154	214	1,496	194
29	6,234	3,863	1,208	33	1,285	664	190	220	1,653	186
北海道	34,524	14,303	3,759	719	5,021	178	1,261	129	13,400	57
都府県	5,370	3,543	1,131	13	1,168	678	159	221	1,294	190
東北	5,601	3,538	1,796	0	723	715	130	95	1,323	171
北陸	3,873	3,191	2,378	2	379	245	96	55	147	2
関東・東山	5,552	3,977	926	20	1,776	758	70	231	1,131	83
東海	5,808	4,000	730	11	1,609	547	305	649	1,379	279
近畿	3,478	2,835	803	3	834	896	90	162	432	36
中国	2,908	2,189	860	12	526	385	17	105	419	28
四国	4,346	3,429	610	4	1,411	1,115	52	135	635	175
九州	8,563	4,211	847	42	1,541	728	359	318	3,419	629

年次・全国農業地域	農業粗収益（続き）					農外収入			
	畜産収入（続き）		農作業受託収入	農業雑収入	共済・補助金等受取金	計	農外事業等の収入	労賃俸給手当等の収入	地代・利子等の収入
	養豚	酪農							
	(11)	(12)	(13)	(14)	(15)	(16)	(17)	(18)	(19)
平成25年	144	539	50	586	517	1,768	555	1,050	163
26	177	586	50	530	458	1,746	569	997	180
27	173	633	51	650	572	1,761	589	936	236
28	144	676	54	648	558	1,651	522	956	173
29	131	749	51	667	565	1,715	612	922	181
北海道	104	11,863	53	6,768	6,216	732	140	407	185
都府県	132	411	51	482	394	1,745	627	938	180
東北	72	415	71	669	537	1,262	280	857	125
北陸	40	99	88	447	353	2,088	29	1,807	252
関東・東山	214	593	38	406	328	2,252	1,300	733	219
東海	168	645	55	374	294	2,367	1,222	652	493
近畿	0	167	17	194	166	1,342	592	655	95
中国	15	300	60	240	214	1,380	64	1,254	62
四国	43	150	30	252	208	1,338	623	594	121
九州	298	501	45	888	739	1,714	394	1,188	132

単位：千円

年次・全国農業地域	農業経営費							
	雇用労賃	肥料	飼料	農業薬剤	光熱動力	農機具	農用自動車
	(20)	(21)	(22)	(23)	(24)	(25)	(26)	(27)
平成25年	3,651	153	282	517	240	283	524	144
26	3,823	173	294	545	253	302	533	153
27	3,913	195	302	560	255	266	547	154
28	4,083	224	315	523	274	253	582	167
29	**4,327**	**232**	**305**	**553**	**289**	**288**	**608**	**174**
北海道	23,337	959	2,057	3,578	1,439	1,041	3,149	567
都府県	3,748	210	252	461	254	265	531	162
東北	3,824	215	261	398	286	216	593	167
北陸	2,658	67	239	70	217	148	590	90
関東・東山	3,759	226	239	466	262	244	530	168
東海	4,164	276	290	561	268	336	519	214
近畿	2,494	157	220	160	177	161	411	142
中国	2,196	104	170	206	154	162	461	128
四国	2,910	190	233	264	206	268	378	128
九州	6,102	307	324	1,108	341	513	632	208

年次・全国農業地域	農業経営費（続き）			租税公課諸負担				
	農用建物	賃借料	作業委託料	計	租税			公課諸負担
						国税	市町村税	
	(28)	(29)	(30)	(31)	(32)	(33)	(34)	(35)
平成25年	212	195	80	728	495	120	323	233
26	212	209	87	690	458	89	323	232
27	212	215	92	670	434	79	314	236
28	219	223	89	711	468	96	325	243
29	**236**	**235**	**87**	**765**	**513**	**111**	**351**	**252**
北海道	983	2,358	230	2,113	1,423	554	688	690
都府県	214	171	83	723	485	97	341	238
東北	180	185	127	602	418	76	307	184
北陸	136	185	93	691	353	75	231	338
関東・東山	255	154	56	888	700	131	505	188
東海	250	131	75	817	527	131	342	290
近畿	167	133	53	647	407	67	301	240
中国	106	116	60	515	195	48	118	320
四国	231	161	41	612	386	59	285	226
九州	307	261	105	830	570	130	386	260

6 主副業別の農業経営（農業生産物の販売を目的とする経営体・1経営体
　当たり平均）（平成29年）
(1) 農業経営の概要

単位：千円

区分		農業所得	農業生産関連事業所得	農外所得	年金等の収入	総所得	租税公課諸負担	可処分所得
全国	主業経営体	6,677	6	479	859	8,021	1,309	6,712
	うち65歳未満農業専従者あり	7,492	9	457	764	8,722	1,432	7,290
	準主業経営体	617	45	4,237	1,592	6,491	1,344	5,147
	副業的経営体	610	7	1,380	2,286	4,283	533	3,750
北海道	主業経営体	13,095	△ 6	580	515	14,184	2,435	11,749
	うち65歳未満農業専従者あり	13,654	△ 9	471	545	14,661	2,540	12,121
	準主業経営体	132	37	3,320	153	3,642	846	2,796
	副業的経営体	3,378	－	539	1,582	5,499	697	4,802
都府県	主業経営体	5,868	6	465	903	7,242	1,168	6,074
	うち65歳未満農業専従者あり	6,616	11	456	796	7,879	1,277	6,602
	準主業経営体	631	45	4,245	1,606	6,527	1,349	5,178
	副業的経営体	591	8	1,388	2,291	4,278	533	3,745
東北	主業経営体	5,216	6	613	873	6,708	1,096	5,612
	うち65歳未満農業専従者あり	6,146	9	595	726	7,476	1,260	6,216
	準主業経営体	873	138	2,838	1,061	4,910	802	4,108
	副業的経営体	821	31	943	2,102	3,897	420	3,477
北陸	主業経営体	4,585	39	632	1,273	6,529	929	5,600
	うち65歳未満農業専従者あり	5,808	62	692	866	7,428	997	6,431
	準主業経営体	466	－	7,548	1,007	9,021	1,676	7,345
	副業的経営体	788	－	1,864	2,244	4,896	587	4,309
関東・東山	主業経営体	6,141	18	365	757	7,281	1,174	6,107
	うち65歳未満農業専従者あり	6,737	35	326	694	7,792	1,269	6,523
	準主業経営体	750	36	5,641	2,617	9,044	2,111	6,933
	副業的経営体	573	0	1,618	2,352	4,543	649	3,894
東海	主業経営体	7,193	△ 24	589	1,320	9,078	1,514	7,564
	うち65歳未満農業専従者あり	7,862	△ 27	588	1,139	9,562	1,602	7,960
	準主業経営体	571	△ 44	5,425	873	6,825	1,243	5,582
	副業的経営体	246	0	1,841	2,503	4,590	573	4,017
近畿	主業経営体	5,835	24	516	812	7,187	1,220	5,967
	うち65歳未満農業専従者あり	6,314	29	618	751	7,712	1,366	6,346
	準主業経営体	1,110	－	5,305	1,255	7,670	2,053	5,617
	副業的経営体	345	2	874	2,490	3,711	463	3,248
中国	主業経営体	4,420	△ 19	201	673	5,275	919	4,356
	うち65歳未満農業専従者あり	4,492	△ 19	201	620	5,294	935	4,359
	準主業経営体	280	86	2,092	2,415	4,873	700	4,173
	副業的経営体	379	0	1,420	2,576	4,375	461	3,914
四国	主業経営体	4,306	0	346	1,098	5,750	1,049	4,701
	うち65歳未満農業専従者あり	5,290	－	476	947	6,713	1,071	5,642
	準主業経営体	245	－	2,576	980	3,801	749	3,052
	副業的経営体	480	8	727	2,133	3,348	430	2,918
九州	主業経営体	6,884	0	440	858	8,182	1,246	6,936
	うち65歳未満農業専従者あり	7,493	△ 1	423	812	8,727	1,350	7,377
	準主業経営体	329	3	3,607	1,667	5,606	1,207	4,399
	副業的経営体	788	1	1,686	2,052	4,527	599	3,928

注： 1 　農業専従者とは、年間自営農業労働日数150日以上の者である。
　　 2 　可処分所得＝総所得－租税公課諸負担

(2)　経営概況及び分析指標

区分		経営耕地面積	農業依存度	農業所得率	付加価値額	農業固定資産装備率	生産性（付加価値額）自営農業労働1時間当たり	経営耕地10a当たり	農業固定資産千円当たり
		a	%	%	千円	円	円	千円	円
全国	主業経営体	677.5	93.2	34.8	7,719	2,095	1,600	114	764
	うち65歳未満農業専従者あり	736.4	94.1	34.4	8,665	2,074	1,593	118	768
	準主業経営体	244.3	12.6	12.2	988	1,836	410	40	223
	副業的経営体	162.9	30.5	25.1	735	1,889	699	45	370
北海道	主業経営体	2,774.0	95.8	32.8	14,728	4,419	2,813	53	637
	うち65歳未満農業専従者あり	2,907.8	96.7	32.5	15,410	4,434	2,754	53	621
	準主業経営体	712.5	3.8	0.9	589	3,064	245	8	80
	副業的経営体	740.2	86.2	32.4	4,330	1,295	1,663	58	1,284
都府県	主業経営体	413.5	92.6	35.3	6,835	1,773	1,432	165	808
	うち65歳未満農業専従者あり	430.4	93.4	34.9	7,708	1,730	1,424	179	823
	準主業経営体	239.4	12.8	12.7	1,001	1,824	416	42	228
	副業的経営体	159.1	29.7	24.8	710	1,901	683	45	359
東北	主業経営体	573.5	89.4	34.2	6,103	1,930	1,510	106	782
	うち65歳未満農業専従者あり	608.0	91.1	33.3	7,161	1,865	1,473	118	790
	準主業経営体	371.8	22.7	18.8	1,238	1,719	586	33	341
	副業的経営体	210.3	45.7	30.4	975	1,376	882	46	641
北陸	主業経営体	608.5	87.2	37.0	5,544	2,219	1,662	91	749
	うち65歳未満農業専従者あり	704.7	88.5	37.7	6,945	1,878	1,593	99	848
	準主業経営体	246.5	5.8	14.0	677	3,068	545	27	178
	副業的経営体	209.8	29.7	29.1	939	2,325	1,216	45	523
関東・東山	主業経営体	352.4	94.1	37.5	7,168	1,440	1,373	203	954
	うち65歳未満農業専従者あり	357.8	94.9	36.9	7,894	1,458	1,372	221	941
	準主業経営体	217.3	11.7	14.0	1,011	1,594	349	47	219
	副業的経営体	155.4	26.2	25.8	669	1,869	567	43	303
東海	主業経営体	356.6	92.7	33.9	8,597	2,072	1,517	241	732
	うち65歳未満農業専従者あり	371.5	93.3	34.1	9,400	1,961	1,544	253	787
	準主業経営体	131.1	9.6	14.5	813	1,825	346	62	190
	副業的経営体	114.3	11.8	13.5	329	1,879	327	29	174
近畿	主業経営体	246.7	91.5	38.9	6,586	1,647	1,258	267	764
	うち65歳未満農業専従者あり	268.4	90.7	38.1	7,100	1,556	1,231	265	791
	準主業経営体	118.7	17.3	22.5	1,447	1,840	607	122	330
	副業的経営体	109.1	28.3	18.4	440	2,341	468	40	200
中国	主業経営体	354.7	96.0	31.0	5,363	1,569	1,140	151	726
	うち65歳未満農業専従者あり	352.4	96.1	31.1	5,455	1,527	1,136	155	744
	準主業経営体	172.1	11.4	7.3	606	1,249	345	35	276
	副業的経営体	138.2	21.1	22.0	426	1,990	492	31	248
四国	主業経営体	209.8	92.6	41.9	4,804	1,500	1,167	229	778
	うち65歳未満農業専従者あり	251.3	91.7	41.8	5,855	1,491	1,136	233	762
	準主業経営体	143.0	8.7	7.3	632	2,660	306	44	115
	副業的経営体	112.8	39.5	21.8	601	2,198	585	53	266
九州	主業経営体	439.0	94.0	33.2	7,925	2,012	1,542	181	767
	うち65歳未満農業専従者あり	467.2	94.7	33.3	8,637	1,980	1,551	185	784
	準主業経営体	284.8	8.4	4.5	886	2,206	311	31	141
	副業的経営体	164.6	31.8	23.4	974	2,074	854	59	412

注：1　農業依存度＝農業所得÷（農業所得＋農業生産関連事業所得＋農外所得）×100
　　2　農業所得率＝農業所得÷農業粗収益×100

7 認定農業者のいる農業経営体の農業経営 (平成29年)

区分	農業所得	農業生産関連事業所得	農外所得	年金等の収入	総所得	租税公課諸負担	可処分所得
	千円	千円	千円	千円	千円	千円	千円
全国	5,052	28	1,193	1,145	7,418	1,220	6,198
北海道	11,545	2	634	628	12,809	2,209	10,600
都府県	4,360	28	1,253	1,201	6,842	1,114	5,728

注: 1 調査経営体のうち認定農業者のいる経営体のみを集計した結果である。
2 農業依存度＝農業所得÷（農業所得＋農業生産関連事業所得＋農外所得）×100
3 農業所得率＝農業所得÷農業粗収益×100

経営耕地面積	農業依存度	農業所得率	付加価値額	農業固定資産装備率	生産性 (付加価値額)		
					自営農業労働1時間当たり	経営耕地10a当たり	農業固定資産千円当たり
a	%	%	千円	円	円	千円	円
622.5	80.5	32.2	5,997	2,220	1,581	96	712
2,420.6	94.8	32.5	13,103	4,039	2,773	54	686
430.6	77.3	32.1	5,239	1,973	1,419	122	719

8 営農類型別の農業経営（農業生産物の販売を目的とする経営体・1経営体
当たり平均）（平成29年）
(1) 農業経営収支の総括

区分		農業			農業生産関連事業		
		農業粗収益	農業経営費	農業所得	農業生産関連事業収入	農業生産関連事業支出	農業生産関連事業所得
水田作経営							
全国	(1)	2,769	2,073	696	7	4	3
北海道	(2)	19,330	11,715	7,615	0	0	0
都府県	(3)	2,498	1,921	577	7	4	3
畑作経営							
全国	(4)	9,539	6,061	3,478	192	137	55
北海道	(5)	37,650	24,011	13,639	9	5	4
都府県	(6)	5,431	3,437	1,994	220	157	63
野菜作経営（全国）	(7)	8,087	4,880	3,207	63	49	14
露地野菜作経営	(8)	6,023	3,683	2,340	14	17	△ 3
施設野菜作経営	(9)	12,501	7,430	5,071	164	114	50
果樹作経営（全国）	(10)	5,939	3,681	2,258	101	77	24
花き作経営（全国）	(11)	11,268	8,411	2,857	7	0	7
露地花き作経営	(12)	6,360	4,471	1,889	18	0	18
施設花き作経営	(13)	14,467	10,979	3,488	–	0	0
酪農経営							
全国	(14)	62,725	46,708	16,017	15	22	△ 7
北海道	(15)	90,496	65,471	25,025	1	1	0
都府県	(16)	49,358	37,668	11,690	22	32	△ 10
肉用牛経営（全国）	(17)	23,835	17,669	6,166	–	–	–
繁殖牛経営	(18)	12,581	7,233	5,348	–	–	–
肥育牛経営	(19)	75,168	65,241	9,927	–	–	–
養豚経営（全国）	(20)	76,759	57,471	19,288	203	194	9
採卵養鶏経営（全国）	(21)	55,495	45,309	10,186	735	793	△ 58
ブロイラー養鶏経営（全国）	(22)	115,981	105,237	10,744			

資料： 農林水産省統計部「農業経営統計調査 営農類型別経営統計(個別経営)」
（以下(5)まで同じ。）
注： 1 農業所得＝農業粗収益－農業経営費
2 農業生産関連事業収入は、農産加工・観光農園・農家レストラン等の販売受
取額、生産現物家計消費を計上したものである。
3 農業生産関連事業支出は、農産加工・観光農園・農家レストラン等の雇用労
賃、物財費を計上したものである。
4 農業生産関連事業所得＝農業生産関連事業収入－農業生産関連事業支出
5 農外所得＝農外収入－農外支出
6 総所得＝農業所得＋農業生産関連事業所得＋農外所得＋年金等の収入
7 可処分所得＝総所得－租税公課諸負担

単位：千円

農外			年金等の収入	総所得	租税公課諸負担（農業経営を除く。）	可処分所得	
農外収入	農外支出	農外所得					
1,806	204	1,602	2,288	4,589	595	3,994	(1)
1,046	44	1,002	569	9,186	1,457	7,729	(2)
1,818	207	1,611	2,317	4,508	580	3,928	(3)
1,541	210	1,331	1,295	6,159	889	5,270	(4)
512	79	433	621	14,697	2,225	12,472	(5)
1,693	231	1,462	1,393	4,912	694	4,218	(6)
1,777	576	1,201	1,406	5,828	1,078	4,750	(7)
2,047	693	1,354	1,615	5,306	1,018	4,288	(8)
1,202	324	878	963	6,962	1,206	5,756	(9)
1,389	362	1,027	1,651	4,960	783	4,177	(10)
1,318	53	1,265	1,453	5,582	942	4,640	(11)
1,185	43	1,142	1,260	4,309	669	3,640	(12)
1,402	60	1,342	1,579	6,409	1,121	5,288	(13)
871	120	751	670	17,431	2,353	15,078	(14)
674	52	622	540	26,187	4,292	21,895	(15)
969	152	817	732	13,229	1,421	11,808	(16)
1,370	216	1,154	1,271	8,591	1,118	7,473	(17)
1,248	107	1,141	1,336	7,825	770	7,055	(18)
1,927	714	1,213	972	12,112	2,708	9,404	(19)
853	331	522	626	20,445	2,315	18,130	(20)
2,134	1,232	902	1,013	12,043	1,498	10,545	(21)
828	4	824	804	12,372	2,068	10,304	(22)

8 営農類型別の農業経営（農業生産物の販売を目的とする経営体・1経営体当たり平均）（平成29年）（続き）
(2) 農業粗収益

区分		農業粗収益			
		計	作物収入	稲作	野菜
水田作経営					
全国	(1)	2,769	2,090	1,713	197
北海道	(2)	19,330	13,206	9,455	1,427
都府県	(3)	2,498	1,908	1,587	179
畑作経営					
全国	(4)	9,539	7,248	265	779
北海道	(5)	37,650	22,904	170	3,781
都府県	(6)	5,431	4,961	276	340
野菜作経営（全国）	(7)	8,087	7,470	732	6,409
露地野菜作経営	(8)	6,023	5,533	535	4,687
施設野菜作経営	(9)	12,501	11,621	1,158	10,076
果樹作経営（全国）	(10)	5,939	5,689	327	158
花き作経営（全国）	(11)	11,268	11,017	890	358
露地花き作経営	(12)	6,360	6,150	544	252
施設花き作経営	(13)	14,467	14,188	1,113	426
酪農経営					
全国	(14)	62,725	725	340	36
北海道	(15)	90,496	897	–	54
都府県	(16)	49,358	648	504	36
肉用牛経営（全国）	(17)	23,835	1,028	755	135
繁殖牛経営	(18)	12,581	865	650	79
肥育牛経営	(19)	75,168	1,795	1,237	405
養豚経営（全国）	(20)	76,759	392	343	19
採卵養鶏経営（全国）	(21)	55,495	225	101	68
ブロイラー養鶏経営（全国）	(22)	115,981	359	234	68

単位：千円

果樹	花き	畜産収入	その他	共済・補助金等受取金	農業現金収入	
22	19	16	663	513	2,676	(1)
64	278	108	6,016	5,574	19,206	(2)
21	14	14	576	430	2,408	(3)
30	67	186	2,105	1,942	9,439	(4)
0	–	74	14,672	13,984	37,623	(5)
36	77	202	268	181	5,318	(6)
76	22	14	603	408	7,991	(7)
51	15	4	486	301	5,936	(8)
136	37	31	849	635	12,374	(9)
5,160	18	11	239	169	5,687	(10)
20	9,591	0	251	194	11,190	(11)
26	5,115	–	210	152	6,300	(12)
18	12,510	0	279	222	14,375	(13)
18	1	58,529	3,471	2,776	53,113	(14)
–	–	83,596	6,003	4,485	73,875	(15)
27	1	46,459	2,251	1,954	43,119	(16)
0	0	21,032	1,775	1,593	22,537	(17)
0	0	10,344	1,372	1,242	11,746	(18)
2	–	69,774	3,599	3,182	71,747	(19)
2	–	74,172	2,195	1,924	75,643	(20)
39	–	52,680	2,590	1,893	55,363	(21)
16	–	114,662	960	693	117,486	(22)

8 営農類型別の農業経営（農業生産物の販売を目的とする経営体・1経営体
当たり平均）（平成29年）（続き）
(3) 農業経営費

区分		計	農業雇用労賃	種苗・苗木	動物	肥料	飼料	農業薬剤・医薬品	諸材料
								農業経営費	
水田作経営									
全国	(1)	2,073	64	98	2	197	4	158	50
北海道	(2)	11,715	347	521	60	1,280	13	933	367
都府県	(3)	1,921	59	92	2	180	4	146	45
畑作経営									
全国	(4)	6,061	281	415	22	973	23	713	167
北海道	(5)	24,011	451	2,211	4	4,330	11	2,995	464
都府県	(6)	3,437	256	153	25	484	24	380	123
野菜作経営（全国）	(7)	4,880	421	320	2	487	5	349	197
露地野菜作経営	(8)	3,683	241	274	0	431	1	316	153
施設野菜作経営	(9)	7,430	802	417	4	606	15	421	292
果樹作経営（全国）	(10)	3,681	377	364	8	262	2	415	104
花き作経営（全国）	(11)	8,411	1,057	962	–	450	–	551	509
露地花き作経営	(12)	4,471	794	311	–	336	–	521	119
施設花き作経営	(13)	10,979	1,229	1,386	–	526	–	569	762
酪農経営									
全国	(14)	46,708	1,623	260	7,119	883	19,212	1,362	1,028
北海道	(15)	65,471	1,990	332	11,665	2,179	21,578	1,648	1,743
都府県	(16)	37,668	1,446	224	4,930	258	18,071	1,224	683
肉用牛経営（全国）	(17)	17,669	165	129	7,254	214	4,871	384	338
繁殖牛経営	(18)	7,233	98	137	838	217	1,944	305	240
肥育牛経営	(19)	65,241	467	92	36,504	196	18,217	746	785
養豚経営（全国）	(20)	57,471	1,671	43	1,878	40	36,292	3,975	159
採卵養鶏経営（全国）	(21)	45,309	2,621	42	4,680	14	28,477	647	165
ブロイラー養鶏経営（全国）	(22)	105,237	2,125	34	17,144	30	65,912	2,501	957

単位：千円

光熱動力	農用自動車	農機具	農用建物	賃借料	作業委託料	その他	共済等の掛金・拠出金	農業現金支出	減価償却費	
124	115	521	118	141	91	390	29	1,581	492	(1)
567	385	2,422	439	1,332	216	2,833	334	9,826	1,883	(2)
117	111	490	113	122	89	351	25	1,451	470	(3)
372	259	962	232	502	212	928	125	5,247	822	(4)
901	717	4,098	577	2,849	549	3,854	845	21,345	2,722	(5)
295	191	504	182	159	163	498	19	2,891	546	(6)
454	244	651	400	267	70	1,013	45	4,140	734	(7)
227	217	568	199	175	68	813	38	3,081	589	(8)
936	301	827	828	463	74	1,444	62	6,395	1,041	(9)
337	200	411	258	193	47	703	34	2,917	772	(10)
1,323	353	584	726	226	57	1,613	39	7,581	825	(11)
333	256	425	201	138	71	966	24	4,018	451	(12)
1,969	416	687	1,067	284	48	2,036	49	9,903	1,068	(13)
1,991	601	3,601	1,550	3,012	153	4,313	1,288	37,745	8,937	(14)
2,923	771	6,096	2,914	5,309	162	6,161	1,987	50,294	15,180	(15)
1,542	520	2,401	894	1,905	148	3,422	951	31,697	5,933	(16)
455	321	1,070	435	449	140	1,444	519	16,189	1,488	(17)
350	239	1,006	318	422	158	961	284	5,888	1,354	(18)
932	693	1,362	970	573	58	3,646	1,592	63,152	2,095	(19)
3,050	611	1,833	2,703	1,097	60	4,059	1,702	54,889	2,530	(20)
1,350	422	1,130	1,619	283	89	3,770	1,086	43,526	1,733	(21)
4,349	473	1,816	1,907	2,082	231	5,676	499	103,108	1,842	(22)

8　営農類型別の農業経営（農業生産物の販売を目的とする経営体・1経営体
　　当たり平均）（平成29年）（続き）
(4)　労働力、労働投下量、経営土地

区分		月平均農業経営関与者	家族農業就業者	農業経営関与者の就業状態別人員数（年末）					
			専従者	自営農業	農業生産関連事業	自営兼業	臨時的賃労働	恒常的勤務
		人	人	人	人	人	人	人	人
水田作経営									
全国	(1)	1.95	0.51	0.12	0.87	0.00	0.07	0.12	0.25
北海道	(2)	2.26	1.86	1.04	1.85	0.01	0.00	0.02	0.17
都府県	(3)	1.95	0.48	0.10	0.86	0.00	0.07	0.13	0.26
畑作経営									
全国	(4)	2.16	1.46	0.79	1.60	0.02	0.07	0.06	0.19
北海道	(5)	2.60	2.29	1.29	2.37	－	0.02	－	0.01
都府県	(6)	2.10	1.36	0.74	1.48	0.02	0.07	0.07	0.22
野菜作経営（全国）	(7)	2.32	1.92	1.27	2.01	－	0.06	0.05	0.07
露地野菜作経営	(8)	2.24	1.74	0.98	1.88	－	0.08	0.06	0.07
施設野菜作経営	(9)	2.51	2.31	1.88	2.30	－	0.03	0.04	0.07
果樹作経営（全国）	(10)	2.21	1.71	1.02	1.80	0.02	0.05	0.05	0.13
花き作経営（全国）	(11)	2.51	2.33	1.71	2.30	－	0.02	0.02	0.08
露地花き作経営	(12)	2.08	1.92	1.27	1.82	－	0.05	0.06	0.04
施設花き作経営	(13)	2.78	2.61	2.01	2.62	－	－	0.00	0.09
酪農経営									
全国	(14)	2.56	2.38	2.07	2.40	－	0.00	0.02	0.08
北海道	(15)	2.71	2.61	2.40	2.65	－	－	0.00	－
都府県	(16)	2.49	2.24	1.87	2.28	0.00	0.00	0.04	0.11
肉用牛経営（全国）	(17)	2.20	1.80	1.17	1.85	－	0.09	0.03	0.13
繁殖牛経営	(18)	2.14	1.72	1.06	1.79	－	0.11	0.03	0.13
肥育牛経営	(19)	2.47	2.08	1.62	2.18	－	0.02	0.05	0.14
養豚経営（全国）	(20)	2.37	2.13	1.73	2.19	－	0.02	0.01	0.05
採卵養鶏経営（全国）	(21)	2.26	2.14	1.77	2.04	0.02	0.12	0.04	0.03
ブロイラー養鶏経営（全国）	(22)	2.29	1.86	1.47	1.96	－	0.05	0.01	0.02

注：1　家族農業就業者は、年間の自家農業労働投下日数と、ゆい・手伝い・手間替え出の労働日数合
　　　計（能力不換算）が60日以上の者である。
　　2　家族の就業形態は、年末の常住家族のうち、年間労働日数が60日以上の者について、年内に就
　　　業した主な就業形態別に区別し、その員数を表示した。
　　3　臨時的賃労働は、年出稼ぎを含む。

自営農業労働時間		経営耕地面積					
	家族(ゆい・手間替受け含む。)	計	田	普通畑	樹園地	牧草地	
時間	時間	a	a	a	a	a	
854	790	237.3	212.7	21.9	2.3	0.4	(1)
2,914	2,554	1,492.7	1,293.8	194.8	4.1	–	(2)
821	762	217.0	195.3	19.1	2.2	0.4	(3)
2,456	2,167	665.2	60.2	559.8	43.9	1.3	(4)
3,475	3,061	3,401.4	154.0	3,238.8	0.0	8.6	(5)
2,306	2,036	265.3	46.5	168.3	50.3	0.2	(6)
3,725	3,256	218.8	125.2	88.7	4.5	0.4	(7)
2,938	2,668	202.3	93.6	105.2	3.3	0.2	(8)
5,398	4,505	253.7	192.5	53.5	7.0	0.7	(9)
3,088	2,662	170.1	40.3	17.7	112.1	0.0	(10)
5,594	4,392	194.7	127.8	61.4	5.5	–	(11)
4,049	3,032	187.0	84.7	92.3	10.0	–	(12)
6,602	5,278	199.9	156.0	41.3	2.6	–	(13)
6,524	5,326	2,647.5	149.6	381.5	1.0	2,115.4	(14)
7,967	6,624	6,205.4	20.6	636.5	–	5,548.3	(15)
5,826	4,698	934.1	211.8	258.6	1.5	462.2	(16)
3,056	2,892	410.7	199.4	58.6	0.9	151.8	(17)
2,799	2,698	422.9	193.9	56.3	0.4	172.3	(18)
4,226	3,777	354.7	224.4	68.9	2.9	58.5	(19)
5,925	4,459	111.6	65.9	42.5	1.1	2.1	(20)
7,116	4,574	56.7	25.8	17.9	13.0	–	(21)
4,818	3,489	105.8	57.5	47.7	0.6	–	(22)

8 営農類型別の農業経営（農業生産物の販売を目的とする経営体・ 1経営体
当たり平均）（平成29年）（続き）
(5) 営農類型の部門別農業経営

区分	農業粗収益	農業経営費	農業所得	経営の概況		当該部門作付規模	当該部門生産量
				自営農業労働時間			
					家族（ゆい・手間替受け含む。）		
	千円	千円	千円	時間	時間	a 、㎡	kg、本
畑作経営（北海道）							
ばれいしょ作部門	10,997	7,314	3,683	1,240	1,059	845.5	328,899
畑作経営（都府県の主要地域）							
かんしょ作部門（関東・東山）	7,638	4,899	2,739	4,286	3,715	245.7	61,470
かんしょ作部門（九州）	3,335	2,172	1,163	1,671	1,407	193.6	47,694
ばれいしょ作部門（関東・東山）	2,337	1,782	555	1,020	766	115.0	32,920
ばれいしょ作部門（九州）	2,123	1,037	1,086	733	680	55.7	13,675
茶作部門（関東・東山）	457	425	32	171	171	29.5	1,422
茶作部門（東海）	3,262	2,270	992	1,116	987	112.3	16,028
茶作部門（近畿）	9,663	6,916	2,747	2,106	1,523	132.0	12,994
茶作部門（九州）	6,070	3,941	2,129	1,391	1,191	198.2	17,631
露地野菜作経営（全国）							
露地きゅうり作部門	1,738	849	889	1,064	1,056	15.7	9,490
露地大玉トマト作部門	576	337	239	409	394	6.5	4,199
露地なす作部門	1,200	666	534	976	938	8.3	5,055
露地キャベツ作部門	5,478	3,255	2,223	1,357	1,164	129.9	65,491
露地ほうれんそう作部門	1,621	779	842	1,013	944	44.3	3,754
露地たまねぎ作部門	2,921	1,955	966	1,098	967	88.5	41,468
露地レタス作部門	5,718	3,115	2,603	1,782	1,337	133.5	35,682
露地はくさい作部門	5,608	3,164	2,444	1,130	722	109.8	81,728
露地白ねぎ作部門	2,404	1,184	1,220	1,276	1,190	32.0	7,884
露地だいこん作部門	4,459	3,078	1,381	1,465	1,246	100.7	53,075
露地にんじん作部門	5,491	3,516	1,975	2,025	1,669	141.0	56,572
施設野菜作経営（全国）							
施設きゅうり作部門	7,083	3,983	3,100	3,348	2,905	2,214	29,768
施設大玉トマト作部門	8,618	5,431	3,187	3,310	2,568	2,934	29,163
施設ミニトマト作部門	9,177	5,562	3,615	3,988	2,620	2,403	13,751
施設なす作部門	9,301	5,544	3,757	4,181	3,844	2,660	30,995
果樹作経営（全国）							
りんご作部門	4,664	2,949	1,715	2,716	2,190	106.2	23,719
露地温州みかん作部門	3,631	2,217	1,414	1,780	1,476	81.2	17,973
施設温州みかん作部門	6,847	6,273	574	1,576	1,320	2,883	10,229
露地ぶどう作部門	3,679	1,966	1,713	1,956	1,676	52.7	5,112
施設ぶどう作部門	3,110	1,541	1,569	1,884	1,763	2,742	3,073
日本なし作部門	4,412	2,321	2,091	2,411	2,244	66.3	13,831
もも作部門	3,060	1,577	1,483	1,413	1,280	47.7	6,739
かき作部門	3,146	2,547	599	1,725	1,399	82.5	12,740
うめ作部門	5,167	2,125	3,042	2,218	1,919	112.7	12,262
おうとう作部門	3,015	1,885	1,130	1,422	750	40.7	1,642
キウイフルーツ作部門	2,373	771	1,602	965	877	40.0	8,398
すもも作部門	2,278	1,186	1,092	1,298	1,266	42.6	4,063
施設花き作経営（全国）							
施設ばら作部門	6,534	6,103	431	5,789	5,318	2,925	129,686

注： 1 当該部門作付規模は、畑作経営、露地野菜作経営、施設野菜作経営及び施設花き作経営につい
ては作付延べ面積、果樹作経営については植栽面積である。
単位は、畑作経営、露地野菜作経営及び果樹作経営はa 、施設野菜作経営及び施設花き作経営
は㎡である。
2 当該部門生産量の単位は、花き作経営は本、それ以外はkgである。

9 組織法人の水田作経営の農業経営収支（全国）（1組織当たり）
（平成29年）

区分	単位	組織法人の水田作経営	集落営農
農業粗収益	千円	56,235	48,019
うち稲作収入	〃	25,845	22,517
農作業受託収入	〃	5,394	3,275
共済・補助金等受取金	〃	17,758	16,877
農業経営費	〃	37,082	28,889
うち肥料費	〃	3,468	3,053
農業薬剤費	〃	3,035	2,758
賃借料	〃	3,739	3,170
減価償却費	〃	3,949	3,009
農業所得	〃	19,153	19,130
経営概況			
水田作作付延べ面積	a	3,587.8	3,422.8
農業従事者数	人	13.91	18.89
農業投下労働時間	時間	8,746	7,756

資料： 農林水産省統計部「農業経営統計調査 営農類型別経営統計（組織法人経営）」
（以下11まで同じ。）
注：1 「組織法人」とは、株式会社、農事組合法人など法人格を有するものである
（以下11まで同じ。）。
2 水田作作付延べ面積は、稲、麦類、雑穀、豆類、いも類及び工芸農作物を水
田に作付けた延べ面積である。

10 組織法人の水田作経営以外の耕種経営（全国）（1組織当たり）（平成29年）

区分	単位	畑作	露地野菜作	施設野菜作	果樹作	露地花き作	施設花き作
農業粗収益	千円	83,265	131,676	112,006	37,670	21,644	68,576
うち麦類収入	〃	3,019	535	9	183	–	–
豆類収入	〃	2,043	111	8	–	–	–
いも類収入	〃	9,698	3,448	–	0	–	–
工芸農作物収入	〃	34,650	285	–	–	–	–
野菜収入	〃	3,675	104,498	105,770	385	302	1,707
果樹収入	〃	42	117	18	35,090	–	–
花き収入	〃	–	1,139	–	–	17,448	65,056
共済・補助金等受取金	〃	18,337	14,005	2,354	1,317	2,593	41
農業経営費	〃	62,413	113,032	101,038	30,507	18,012	64,059
うち肥料費	〃	9,178	8,806	2,369	1,340	666	1,800
諸材料費	〃	2,008	5,815	8,346	1,491	1,040	5,147
光熱動力費	〃	4,575	3,418	8,581	1,131	652	11,418
減価償却費	〃	6,607	7,491	9,081	3,114	1,890	4,685
農業所得	〃	20,852	18,644	10,968	7,163	3,632	4,517
経営概況							
作付延べ面積	a、㎡	4,067.3	2,571.9	40,473.3	673.3	181.4	10,393.5
農業従事者数	人	8.10	9.16	13.13	11.02	4.86	14.68
農業投下労働時間	時間	11,828	29,625	34,755	16,376	7,063	21,109

注： 作付延べ面積は、畑作は稲、麦類、雑穀、豆類、いも類及び工芸農作物を畑に作付けた延べ
面積、露地野菜作は露地野菜作付面積（延べ面積）、施設野菜作は施設野菜作付面積（延べ面
積）、果樹作は果樹植栽面積、露地花き作は露地花き作付面積（延べ面積）、施設花き作は施
設花き作付面積（延べ面積）である。
　　　また、単位は、施設野菜作及び施設花き作は㎡、それ以外はa である。

11　組織法人の畜産経営（全国）（1組織当たり）（平成29年）

区分	単位	酪農	繁殖牛経営	肥育牛経営	養豚	採卵養鶏	ブロイラー養鶏
農業粗収益	千円	252,979	135,861	588,486	772,644	665,789	259,814
うち酪農収入	〃	225,719	－	－	645	－	－
肥育牛収入	〃	－	32,485	552,086	－	－	－
自家生産和牛収入	〃	1,872	92,610	3,936	43	－	－
養豚収入	〃	－	－	－	744,606	－	－
鶏卵収入	〃	－	－	－	16,379	627,881	－
ブロイラー収入	〃	－	－	－	－	－	256,786
共済・補助金等受取金	〃	15,717	5,722	26,179	4,735	35,495	843
農業経営費	〃	217,244	136,241	580,869	717,001	631,351	235,905
うち動物	〃	3,842	18,988	314,909	34,114	77,226	37,443
飼料費	〃	76,081	52,816	155,968	364,354	247,344	146,172
農業薬剤費	〃	7,420	4,248	7,521	30,914	6,712	2,573
光熱動力費	〃	7,730	3,285	8,861	32,835	13,356	12,003
減価償却費	〃	30,302	17,823	11,835	26,877	84,173	6,250
農業所得	〃	35,735	△ 380	7,617	55,643	34,438	23,909
経営概況							
飼養頭羽数	頭・羽	201.0	205.0	1,111.6	9,737.6	163,369	592,211
農業従事者数	人	9.18	5.21	10.01	18.90	27.76	5.17
農業投下労働時間	時間	21,172	13,679	20,720	40,063	51,323	10,641

注：　飼養頭羽数とは、酪農経営は月平均搾乳牛飼養頭数、繁殖牛経営は月平均繁殖雌牛飼養頭数、
　　　肥育牛経営は月平均肥育牛飼養頭数、養豚経営は月平均肥育豚飼養頭数、採卵養鶏経営は月平均
　　　採卵鶏飼養羽数、ブロイラー養鶏経営はブロイラー販売羽数である。

12 経営所得安定対策等(収入減少影響緩和交付金を除く。)の支払実績(平成31年4月末時点)

(1) 交付金別支払額

単位:億円

区分	畑作物の直接 支払交付金	米の直接 支払交付金	水田活用の 直接支払交付金
平成28年度	1,754	708	3,168
29	1,985	705	3,141
30	1,732	-	2,986
対前年度差	△253	-	△155

資料: 農林水産省政策統括官資料(以下(3)まで同じ。)
注: 米の直接支払交付金は、平成26年度から単価を半減した上で、平成29年度
までの時限措置として実施(平成30年度から廃止)。

(2) 交付金別支払対象者数

単位:件

区分	畑作物の直接 支払交付金	米の直接 支払交付金	水田活用の 直接支払交付金
平成28年度	44,892	778,026	457,225
29	44,034	736,264	424,823
30	42,827	-	346,933
対前年度差	△1,207	-	△77,890

(3) 支払面積、数量
ア 畑作物の直接支払交付金の支払数量

単位:t

区分	合計	麦	小麦	二条大麦	六条大麦	はだか麦
平成28年	4,931,963	846,806	753,676	40,407	43,551	9,172
29	5,727,700	978,946	871,330	51,420	44,410	11,786
30	5,338,160	833,311	726,678	60,080	33,570	12,983
対前年度差	△389,540	△145,636	△144,653	8,660	△10,840	1,197

区分	大豆	てん菜	でん粉原料用 ばれいしょ	そば	なたね
平成28年	208,950	3,188,278	660,163	24,301	3,465
29	222,679	3,775,823	717,595	29,174	3,484
30	181,463	3,610,308	685,800	24,314	2,965
対前年度差	△41,216	△165,515	△31,794	△4,860	△519

イ 米の直接支払交付金の支払面積

単位：ha

区分	支払面積	(参考) 10 a 控除前
平成28年	943,757	1,026,079
29	940,599	1,018,344
30	−	−
対前年度差	−	−

ウ 水田活用の直接支払交付金における戦略作物（基幹作物）の支払面積

単位：ha

区分	合計	麦	大豆	飼料作物	新規需要米	
						WCS用稲
平成28年度	442,935	99,365	87,941	72,441	135,370	41,105
29	446,540	98,173	88,638	72,424	138,621	42,340
30	430,184	96,491	86,664	72,195	126,465	42,071
対前年度差	△16,357	△1,683	△1,974	△229	△12,156	△269

区分	新規需要米（続き）		加工用米	(参考) そば	(参考) なたね	(参考) 新市場 開拓用米
	米粉用米	飼料用米				
平成28年度	3,501	90,764	47,817	26,038	649	−
29	5,271	91,009	48,684	26,155	727	−
30	5,243	79,151	48,370	26,414	781	3,491
対前年度差	△28	△11,859	△314	259	54	3,491

注：参考として記載したそば、なたね及び新市場開拓用米については、
　　産地交付金の支払対象面積（基幹作物）であり、合計には含まない。

13 経営所得安定対策等（収入減少影響緩和交付金）の支払実績
　　（平成30年 8 月末時点）

区分	加入件数	補塡件数	補塡額計
	件	件	億円
平成28年度	108,733	93,891	332.3
29	106,991	57,064	178.7
30	103,359	18,737	54.4
対前年度差	△3,632	△38,327	△124.2

資料：農林水産省政策統括官資料
注：1 補塡額計は、国費と農業者拠出（3：1）の合計である。
　　2 収入減少影響緩和交付金の支払は生産年の翌年度に行われる。
　　　 例えば、平成30年度の補塡額は平成29年産に対する支払実績である。

Ⅶ 農業生産資材
1 農業機械
(1) 経営耕地面積規模別の農業機械所有台数（販売農家）
（各年2月1日現在）

区分	動力田植機		トラクタ		コンバイン	
	所有農家数	台数	所有農家数	台数	所有農家数	台数
	千戸	千台	千戸	千台	千戸	千台
平成22年	987	1,007	1,305	1,633	753	775
27	748	764	1,020	1,338	583	603
北海道	12	13	34	118	13	16
都府県	736	752	986	1,219	570	588
0.5ha未満	117	118	173	181	77	77
0.5〜1.0	237	240	323	346	172	174
1.0〜2.0	205	208	269	316	162	165
2.0ha以上	178	185	221	377	159	170

資料：農林水産省統計部「農林業センサス」
注：1 農家の個人所有台数及び数戸の共有機械で当該農家が保管・管理している台数である。
　　2 0.5ha未満には経営耕地なしを含む。

(2) 農業機械の価格指数

平成27年＝100

品目	銘柄等級	平成26年	27	28	29	30
刈払機（草刈機）	肩かけ、エンジン付、1.5PS程度	98.8	100.0	100.0	100.2	100.3
動力田植機（4条植）	土付苗用（乗用型）	99.7	100.0	100.1	100.4	100.5
動力噴霧機	2.0〜3.5PS（可搬型）	99.5	100.0	99.8	99.8	99.8
動力耕うん機	駆動けん引兼用型（5〜7PS）	99.2	100.0	100.1	100.1	100.0
乗用型トラクタ（15PS内外）	水冷型	99.4	100.0	99.9	99.9	99.9
〃 （25PS内外）	〃	99.3	100.0	100.2	100.3	100.4
〃 （35PS内外）	〃	99.4	100.0	100.0	100.1	100.0
トレーラー（積載量500kg程度）	定置式	98.3	100.0	100.8	101.1	101.1
自走式運搬車	クローラー式、歩行型、500kg	99.2	100.0	100.5	100.6	100.6
バインダー（2条刈り）		99.5	100.0	99.9	99.9	99.5
コンバイン（2条刈り）	自脱型	99.6	100.0	100.1	100.1	100.2
動力脱穀機	自走式、こき胴幅40〜50cm	99.3	100.0	99.9	99.9	99.9
動力もみすり機	ロール型、全自動30型	99.4	100.0	100.0	100.2	100.4
通風乾燥機（16石型）	立型循環式	99.8	100.0	100.0	100.1	100.1
温風式暖房機	毎時75,000kcal、1,000㎡、重油焚き	99.1	100.0	99.7	99.8	100.1
ロータリー	乗用トラクター20〜30PS、作業幅150cm	99.3	100.0	99.6	99.8	100.0

資料：農林水産省統計部「農業物価統計」

(3)　農業用機械器具、食料品加工機械等の生産台数

単位：台

区分	平成26年	27	28	29	30
農業用機械器具					
整地用機器及び付属品					
動力耕うん機（歩行用トラクタを含む。）	147,349	112,353	122,712	122,577	116,898
装輪式トラクタ	154,928	158,851	135,880	139,689	143,145
20PS未満	23,409	25,383	15,250	14,199	12,133
20PS以上30PS未満	44,580	47,954	45,301	43,989	48,173
30PS以上	86,939	85,514	75,329	81,501	82,839
栽培用機器					
田植機	32,490	22,041	21,373	23,801	23,513
管理用機器					
動力噴霧機及び動力散粉機（ミスト機・煙霧機を含む。）	103,066	77,468	79,098	77,093	81,802
収穫調整用機器					
刈払機（芝刈機を除く。）	592,096	613,051	624,623	900,190	875,286
コンバイン（刈取脱穀結合機）	23,843	18,984	13,402	16,539	14,631
籾すり機	14,479	11,218	9,301	9,968	10,855
農業用乾燥機	18,358	14,709	14,725	15,931	14,786
食料品加工機械（手動のものを除く。）	50,133	50,835	48,430	49,591	49,119
穀物処理機械	31,623	26,709	25,558	26,258	24,215
精米麦機械	23,865	18,124	17,383	17,135	15,701
製パン・製菓機械	7,758	8,585	8,175	9,123	8,514
醸造用機械（酒類・しょう油・味噌用に限る。）	2,234	3,238	1,494	2,543	4,010
牛乳加工・乳製品製造用機械	10,968	15,025	15,739	15,257	15,088
肉類・水産加工機械	5,308	5,863	5,639	5,533	5,806

資料：経済産業省調査統計グループ「平成30年 経済産業省生産動態統計年報　機械統計編」

1 農業機械（続き）
(4) 農業機械輸出実績

品目	平成29年		30	
	台数	金額	台数	金額
	台	千円	台	千円
合計	－	233,078,856	－	242,338,427
農具計	－	2,329,409	－	2,322,423
1)スペード及びショベル	31,243	207,983	20,924	158,198
1)つるはし、くわ、レーキ	2,628	27,660	4,212	37,159
2)その他の農具	－	2,093,766	－	2,127,066
耕うん整地用機械計	－	169,962,580	－	176,364,526
プラウ	619	34,110	398	26,097
ディスクハロー	15	8,605	55	11,418
播種機、植付機、移植機	9,692	9,361,777	5,716	7,508,416
3)肥料散布機計	577	139,229	415	96,029
堆肥散布機	63	40,822	26	24,051
施肥機	514	98,407	389	71,978
耕うん整地用機械の部分品	－	7,947,430	－	4,210,292
農業用歩行式トラクタ	39,623	2,427,961	33,790	2,103,858
4)農業用トラクタ計	96,130	150,043,468	101,466	162,408,416
30PS未満	－	－	－	－
30PS以上～50PS未満	－	－	－	－
50PS以上	－	－	－	－
18kW以下	31,517	26,565,341	34,261	30,890,554
18kW超 22kW以下	5,232	5,164,432	6,741	6,690,145
22kW超 37kW以下	18,455	24,209,078	18,038	25,348,075
37kW超 75kW以下	36,678	78,227,276	38,590	83,684,331
75kW超	4,248	15,877,341	3,836	15,795,311
防除用農機計	－	1,172,840	－	901,992
動力噴霧機	29,042	1,019,757	28,745	872,043
その他の防除用農機	20,239	153,083	17,692	29,949
収穫調製用機械計	－	48,423,686	－	50,510,490
5)芝生刈込機	34,718	8,432,464	34,901	9,454,585
6)刈払機	632,514	14,956,531	596,680	13,912,884
7)草刈機	5,475	680,866	4,385	694,326
8)モーア等の草刈機	34,749	1,461,760	32,305	1,232,075
乾草製造用機械	52	6,844	3	626
9)ベーラー	1,728	1,984,507	1,668	1,478,963
コンバイン	2,914	9,621,118	3,055	11,029,767
脱穀機	78	34,736	72	50,340
根菜類・塊茎収穫機	56	46,980	80	97,301
その他の収穫機	1,701	489,246	3,676	1,072,833
果実・野菜類の洗浄用選別用等機械	173	1,080,687	176	1,482,495
農林園芸用の機械に使用する刃及びナイフ	－	2,729,888	－	2,760,614
収穫調製用農機の部分品	－	6,898,059	－	7,243,681
食糧加工農機計	－	1,889,322	－	2,215,588
種穀物の洗浄用選別用等機械	584	1,025,706	522	778,646
精米麦機	446	274,224	546	854,478
その他の穀物加工用機械	287	340,894	278	351,268
食糧加工機の部分品	－	248,498	－	231,196
チェンソー	232,438	4,493,477	250,649	4,619,020
チェンソーの部分品	－	4,806,772	－	5,400,135
10)農業用トレーラ又はセミトレーラ	1	770	10	4,253
参考：11)除雪機	2,456	767,247	4,210	1,260,690

資料：日本農業機械工業会「農業機械輸出実績」
注：1 財務省「貿易統計」の集計値であり、金額はFOB価格（本船渡し価格）である。
　　2 "－"の台数においては、集計していないものを含む。
1)の台数の単位は、DZ（ダース）である。
2)は、なた・せんていばさみ・おの類その他手道具を含む。
3)は、平成29年から「堆肥散布機」と「施肥機」に細分化された。
4)は、中古のものを除く。また、平成29年からkW表示に変更とともに区分も変更された。
5)は、動力駆動式のもので水平面上を回転して刈り込むものである。
6)は、輸出品目番号8467.89.000のみを集計している。
7)は、動力駆動式で回転式以外のもの及び人力式のものである。
8)は、トラクタ装着用のカッターバーを含む。
9)は、ピックアップベーラーを含む。
10)は、積込機構付き又は荷卸機構付きのものに限る。
11)は、合計額には算入していない。

(5)　農業機械輸入実績

品目	平成29年		30	
	台数	金額	台数	金額
	台	千円	台	千円
合計	-	68,358,237	-	70,076,528
農具計	-	4,737,900	-	4,709,156
1)スペード及びショベル	-	722,940	-	963,019
1)つるはし、くわ、レーキ	-	879,898	-	841,978
2)その他の農具	-	3,135,062	-	2,904,159
耕うん整地用機械計	-	29,182,769	-	31,620,259
プラウ	179	274,338	282	504,420
ディスクハロー	283	371,733	389	558,753
3)その他の耕うん整地用機械	12,224	1,317,868	25,878	1,796,747
播種機、植付機、移植機	13,568	1,312,997	11,341	1,305,545
4)肥料散布機計	7,220	1,063,469	10,963	1,629,719
堆肥散布機	990	600,515	669	853,352
施肥機	6,230	462,954	10,294	776,367
耕うん整地用機械の部品	-	5,727,675	-	6,719,569
5)農業用トラクタ計	2,582	19,114,689	2,022	19,105,506
70PS未満	-	-	-	-
70PS以上	-	-	-	-
18kW以下	103	111,637	39	39,623
18kW超　37kW以下	58	75,919	41	57,543
37kW超　52kW以下	24	69,618	22	37,758
52kW超　75kW以下	483	2,111,749	263	1,283,806
75kW超　130kW以下	1,669	13,255,009	1,306	11,722,752
130kW超	245	3,490,757	351	5,964,024
6)防除用農機	360,837	610,206	290,038	561,609
収穫調製用農機計	-	30,237,283	-	29,568,488
7)草刈機（回転式）	448,046	8,426,619	359,468	7,861,416
8)草刈機	86,889	1,343,170	81,990	1,349,402
9)モーア等の草刈機	5,368	3,190,421	8,609	3,372,432
乾草製造用機械	903	979,364	898	1,078,235
10)ベーラー	721	2,749,325	512	2,021,191
コンバイン	105	1,326,179	118	1,472,392
脱穀機	184	36,385	124	7,173
根菜類・塊茎収穫機	52	660,315	45	600,781
その他の収穫機	230	2,034,732	409	1,993,184
果実・野菜等の洗浄用選別用等機械	47	1,449,523	79	1,661,249
農林園芸用の機械に使用する刃及びナイフ	-	2,105,016	-	1,881,821
収穫調製用農機の部品	-	5,936,234	-	6,269,212
食糧加工農機計	-	958,344	-	882,010
種穀物の洗浄用選別用等機械	226	583,098	332	423,856
食糧加工機の部品	-	375,246	-	458,154
チェンソー	92,131	1,355,130	99,021	1,367,418
チェンソーの部品	-	1,124,961	-	1,195,574
11)農業用トレーラ又はセミトレーラ	-	151,644	-	172,014

資料：日本農業機械工業会「農業機械輸入実績」
注：1　財務省「貿易統計」の集計値であり、金額はＣＩＦ価格（保険料・運賃込み価格）である。
　　2　"-"の台数においては、集計していないものを含む。
　　1)の実績は、金額のみの集計である。
　　2)は、なた・せんていばさみ・おの類その他手道具を含む。
　　3)は、ハロー・スカリファイヤー・カルチベータ・除草機・ホーを含む。
　　4)は、平成29年から「堆肥散布機」と「施肥機」に細分化された。
　　5)は、平成29年からkW表示に変更とともに区分も変更された。
　　6)は、農業用又は園芸用のものである。
　　7)は、輸入品目番号8433.11.000動力駆動式のもので水平面上を回転して刈り込むもの及び
　　　　8467.89.000の手持工具その他のものを含む。
　　8)は、動力駆動式のもので回転式以外のもの及び人力式のものである。
　　9)は、トラクタ装着用のカッターバーを含む。
　　10)は、ピックアップベーラーを含む。
　　11)は、積込機構付き又は荷卸機構付きのものに限る。

2 肥料
(1) 主要肥料・原料の生産量

肥料別	単位	平成24 肥料年度	25	26	27	28
硫安	t	1,224,963	1,215,016	1,125,979	934,631	943,633
尿素	〃	358,338	347,536	304,768	382,269	424,466
石灰窒素	〃	47,913	46,251	37,957	43,818	39,780
過りん酸石灰	〃	124,298	106,035	107,076	84,628	101,540
重過りん酸石灰	〃	6,783	8,587	9,035	4,216	8,831
よう成りん肥	〃	41,075	36,578	31,270	34,053	28,091
（重）焼成りん肥	〃	50,135	46,520	47,017	39,615	34,124
高度化成	〃	785,899	774,394	720,239	698,838	736,857
ＮＫ化成	〃	41,127	42,216	36,896	29,694	35,873
普通化成	〃	220,596	217,651	205,638	192,296	198,962
1) 硫酸	100%H_2SO_4千t	6,746	6,352	6,443	6,295	6,342
アンモニア	NH3千t	1,021	997	956	876	896

資料：農林統計協会「ポケット肥料要覧－2017／2018－」（以下(2)ウまで同じ。）
注：1 肥料年度は、7月から翌年の6月までである（以下(2)ウまで同じ。）。
　　2 生産量には、工業用として使用されたものを含む。
　　1)は、会計年度である。

(2) 肥料種類別の需給
ア 窒素質肥料

単位：Ｎt

区分	平成24 肥料年度	25	26	27	28
生産・輸入	708,450	725,301	667,615	643,137	669,053
内需	567,110	573,590	541,270	561,786	574,099
硫安	115,913	110,834	105,567	103,431	116,969
尿素	270,422	291,273	267,407	316,392	322,267
硝安	5,138	5,438	6,230	6,755	7,946
塩安	15,104	14,602	13,149	0	0
高度化成	48,199	35,220	34,279	30,638	33,243
輸入化成	26,100	22,280	25,869	15,535	4,916
輸入りん安	73,791	81,707	78,504	77,245	77,164
石灰窒素	11,961	11,588	9,829	11,471	10,444
その他	482	648	435	319	1,150
輸出	147,429	137,870	132,755	98,086	94,082
在庫	85,136	98,979	92,569	73,082	73,396

注：1 各肥料とも純成分換算数量である（以下ウまで同じ。）。
　　2 工業用を含む。

イ　りん酸質肥料

単位：P_2O_5 t

区分	平成24肥料年度	25	26	27	28
生産・輸入	375,037	366,179	342,471	328,517	315,450
内需	395,375	360,345	354,358	327,650	299,687
高度化成	95,728	79,955	83,428	75,097	81,399
普通化成	17,598	13,195	14,997	12,805	13,188
過りん酸石灰	2,903	2,956	4,445	2,452	2,788
重過りん酸石灰	687	615	372	294	543
重焼りん	9,547	9,639	9,723	7,166	8,433
液肥	3,780	3,821	3,381	3,132	3,525
よう成りん肥	23,181	25,219	17,981	19,031	17,898
その他	16,335	8,332	8,083	6,745	7,975
配合肥料等	201,167	196,030	186,470	186,933	160,231
輸入化成	24,449	20,583	25,478	13,995	3,707
輸出	2,122	2,134	2,326	2,575	2,824
在庫	94,535	98,235	84,322	82,614	95,553

ウ　カリ質肥料

単位：K_2O t

区分	平成24肥料年度	25	26	27	28
輸入生産	271,831	296,404	273,953	231,054	214,659
輸入　塩化カリ	208,991	217,648	200,421	180,017	166,043
硫酸カリ	37,167	53,788	53,226	34,493	29,827
化成肥料	25,673	24,968	20,306	16,544	18,789
生産　硫酸カリ	0	0	0	0	0
内需	294,642	276,138	288,066	220,602	228,606
塩化カリ	222,922	203,952	206,489	169,037	189,763
硫酸カリ	44,532	48,978	54,630	35,383	33,722
化成肥料	27,188	23,208	26,947	16,182	5,121
国産硫酸カリ原料塩化カリ	0	0	0	0	0
輸出	2,017	2,121	2,061	2,402	2,839
在庫	77,545	95,690	79,516	87,566	70,780

注：　国内生産の硫酸カリは輸入塩化カリを原料としているので、需給表上「生産硫酸カリ」と
　　内需欄の「国産硫酸カリ原料塩化カリ」とは重複している。

2 肥料（続き）
(3) 肥料の価格指数

平成27年＝100

類別品目	銘柄等級	平成26年	27	28	29	30
肥料		98.2	100.0	98.2	92.7	94.3
無機質		98.2	100.0	98.2	92.6	94.2
硫安	N21%	101.7	100.0	93.8	87.4	89.7
石灰窒素	N21%、粉状品	97.6	100.0	100.5	100.8	103.3
尿素	N46%	102.5	100.0	90.4	80.5	84.9
過りん酸石灰	可溶性りん酸17%以上	97.2	100.0	100.5	97.5	99.1
よう成りん肥	く溶性りん酸20%	97.1	100.0	100.8	97.7	99.7
重焼りん肥	く溶性りん酸35%	98.7	100.0	99.2	95.8	97.4
複合肥料		98.1	100.0	97.9	91.7	93.2
高度化成	N15%・P15%・K15%	98.5	100.0	97.0	88.5	89.9
普通化成	N8%・P8%・K5%	98.2	100.0	98.6	94.3	95.9
配合肥料	〃	97.6	100.0	98.9	94.9	96.5
固形肥料	N5%・P5%・K5%	98.1	100.0	98.5	95.2	96.9
消石灰	アルカリ分60%以上	98.7	100.0	99.3	98.0	99.1
炭酸カルシウム	〃 　53〜60%未満	99.1	100.0	99.4	99.3	99.3
けい酸石灰	可溶性けい酸20%、アルカリ分35%内外	99.0	100.0	99.4	98.5	99.6
水酸化苦土	苦土50〜60%	95.5	100.0	101.6	101.7	108.3
有機質		101.0	100.0	99.0	96.1	97.5
なたね油かす		103.6	100.0	97.8	92.9	96.0
鶏ふん	乾燥鶏ふん	98.9	100.0	99.8	98.3	98.5

資料：農林水産省統計部「農業物価統計」

(4) 肥料の輸出入

品名	平成29年		30	
	数量	価額	数量	価額
	t	千円	t	千円
輸出				
肥料	657,686	14,027,872	612,838	13,493,102
うち窒素肥料	487,795	8,029,597	429,232	6,902,557
うち硫酸アンモニウム	444,441	4,704,058	402,095	4,497,978
尿素	27,580	1,608,895	13,813	893,720
輸入				
肥料	1,924,255	81,438,338	1,902,435	86,846,943
うちカリ肥料	662,653	25,689,248	598,540	24,067,339
うち塩化カリウム	546,850	19,700,055	492,240	18,696,770
硫酸カリウム	90,094	4,949,829	81,494	4,464,802

資料：日本関税協会「外国貿易概況」
注：　財務省「貿易統計」を概況品目分類（HSに準拠した輸出入統計品目表及びSITC分類、日本標準産業分類などを参考にして作成）によって集計された結果である。

3　土壌改良資材
政令指定土壌改良資材供給量

単位：t

資材名	平成26年	27	28	29	30
合計	386,358	378,618	371,848	350,908	272,494
泥炭	39,796	36,811	47,495	48,676	27,124
バークたい肥	236,015	241,429	225,159	219,341	167,491
	(213,594)	(217,286)	(203,769)	(197,407)	
腐植酸質資材	16,476	15,074	16,466	16,092	14,831
木炭	5,460	5,977	4,860	4,563	3,488
けいそう土焼成粒	500	509	558	500	508
ゼオライト	52,900	55,682	42,978	30,721	27,308
バーミキュライト	15,271	6,547	11,220	9,867	10,257
パーライト	18,156	15,270	22,050	19,268	19,930
ベントナイト	1,561	1,095	853	1,677	1,522
ＶＡ菌根菌資材	5	7	8	6	2
ポリエチレンイミン系資材	218	217	201	197	33
ポリビニルアルコール系資材	0	0	0	0	0

資料：農林水産省生産局「政令指定土壌改良資材供給量」
注：　供給量は、当該年の1月から12月の間に生産または輸入され、農業用に払い出された数量である。
　　　バークたい肥については、5年ごとに全数調査を行い、その他の年については標本調査（全数調査の結
　　　果を基に調査対象を抽出）を行っている。標本調査の年は下段に（　）書きで標本調査の結果を記載し、
　　　上段に母集団の推計値を記載した。なお、平成30年調査は全数調査で行っている。

4 農薬
(1) 登録農薬数の推移

単位：件

区分	平成25 農薬年度	26	27	28	29
合計	4,342	4,339	4,375	4,314	4,317
殺虫剤	1,093	1,092	1,097	1,088	1,062
殺菌剤	911	914	911	885	896
殺虫殺菌剤	512	509	527	498	481
除草剤	1,491	1,494	1,509	1,515	1,551
農薬肥料	72	64	68	68	69
殺そ剤	29	28	24	23	23
植物成長調整剤	89	92	92	92	93
殺虫・殺菌植調剤	2	1	1	1	1
その他	143	145	146	144	141

資料：農林水産省消費・安全局資料（以下(2)まで同じ。）

(2) 農薬出荷量の推移

単位：t、kl

区分	平成25 農薬年度	26	27	28	29
合計	236,334	236,547	227,779	228,050	227,680
殺虫剤	84,342	83,164	76,202	73,381	73,340
殺菌剤	43,238	43,238	41,722	41,753	41,852
殺虫殺菌剤	20,269	19,844	19,054	18,001	17,543
除草剤	75,518	77,406	78,866	83,001	82,955
農薬肥料	5,337	5,315	4,677	4,721	4,925
殺そ剤	349	337	315	336	324
植物成長調整剤	1,692	1,652	1,457	1,477	1,532
殺虫・殺菌植調剤	7	7	6	9	10
その他	5,613	5,585	5,480	5,371	5,200

注：1 出荷量に石灰窒素は含まない。
　　2 数量の合計はkl＝tとして集計した。

(3)　農薬の価格指数

平成27年＝100

類別品目	銘柄等級	平成26年	27	28	29	30
農業薬剤		98.9	100.0	100.0	99.4	99.4
殺虫剤		99.4	100.0	99.9	99.2	99.6
Ｄ－Ｄ剤	Ｄ－Ｄ 92%	99.4	100.0	100.8	100.5	105.4
ＭＥＰ乳剤	ＭＥＰ 50%	97.9	100.0	99.7	98.3	98.4
アセフェート粒剤	アセフェート 5%	…	100.0	100.5	100.2	100.5
ホスチアゼート粒剤	ホスチアゼート 1.5%	…	100.0	99.7	99.1	98.4
エマメクチン安息香酸塩乳剤	エマメクチン安息香酸塩 1%	…	100.0	99.8	99.4	98.1
クロルピクリンくん蒸剤	クロルピクリン 80%	99.6	100.0	99.2	97.8	97.8
クロルフェナピル水和剤	クロルフェナピル 10%	100.1	100.0	99.4	99.0	98.9
殺菌剤		98.6	100.0	100.1	99.7	99.3
ＴＰＮ水和剤	ＴＰＮ 40%	98.7	100.0	99.1	98.6	98.5
マンゼブ水和剤	マンゼブ 75%	95.9	100.0	101.2	101.2	100.9
ダゾメット粉粒剤	ダゾメット 98%	98.7	100.0	100.4	100.1	99.8
チオファネートメチル水和剤	チオファネートメチル 70%	99.9	100.0	99.9	99.3	98.8
フルアジナム水和剤	フルアジナム 50%	…	100.0	99.9	99.9	99.6
アゾキシストロビン水和剤	アゾキシストロビン 20%	…	100.0	99.9	98.8	98.3
殺虫殺菌剤		99.7	100.0	100.3	99.9	100.1
フィプロニル・プロベナゾール粒剤	フィプロニル 0.6%、プロベナゾール 24%	99.8	100.0	100.2	99.7	100.4
ジノテフラン・プロベナゾール粒剤	ジノテフラン 2%、プロベナゾール 24%	99.7	100.0	100.2	99.9	99.7
チアメトキサム・ピロキロン粒剤	チアメトキサム 2%、ピロキロン 12%	99.0	100.0	100.4	100.2	100.1
除草剤		98.3	100.0	99.8	99.3	99.1
グリホサートイソプロピルアミン塩液剤	グリホサートイソプロピルアミン塩 41%	98.2	100.0	100.1	100.3	100.3
イマゾスルフロン・ピラクロニル・ブロモブチド粒剤	イマゾスルフロン 0.9%、ピラクロニル 2%、ブロモブチド 9%	…	100.0	100.0	99.1	99.0
グルホシネート液剤	グルホシネート 18.5%	99.2	100.0	99.5	99.0	98.9
ジクワット・パラコート液剤	ジクワット 7%、パラコート 5%	96.8	100.0	100.1	99.1	98.6
グリホサートカリウム塩液剤	グリホサートカリウム塩 48%	99.4	100.0	99.5	99.2	98.9

資料：農林水産省統計部「農業物価統計」

4　農薬（続き）
（4）　農薬の輸出入

区分	平成28農薬年度		29	
	数量	価額	数量	価額
	t、kl	100万円	t、kl	100万円
輸出				
合計	49,831	154,624	48,414	146,358
原体	33,387	117,585	32,183	111,601
製剤	16,444	37,039	16,231	34,757
殺虫剤	8,303	52,931	8,511	51,006
原体	5,088	40,607	5,425	40,532
製剤	3,215	12,324	3,086	10,474
殺菌剤	22,494	45,105	22,151	40,084
原体	13,501	32,118	12,849	27,591
製剤	8,993	12,987	9,302	12,493
除草剤	18,769	54,874	17,508	53,479
原体	14,664	43,362	13,767	42,030
製剤	4,105	11,512	3,741	11,449
その他	265	1,715	244	1,790
原体	134	1,449	141	1,448
製剤	132	216	103	342
輸入				
合計	48,342	93,819	50,571	92,496
原体	18,528	61,884	17,023	58,314
製剤	29,814	31,936	33,548	34,182
殺虫剤	12,107	25,825	11,954	27,197
原体	6,352	18,494	4,998	18,377
製剤	5,755	7,331	6,956	8,820
殺菌剤	11,684	23,921	13,314	25,013
原体	4,974	14,791	5,242	14,920
製剤	6,711	9,131	8,072	10,093
除草剤	24,169	43,044	25,054	39,281
原体	7,019	28,125	6,595	24,575
製剤	17,150	14,919	18,458	14,707
その他	382	1,029	249	1,004
原体	183	473	188	442
製剤	199	555	62	562

資料：農林水産省消費・安全局資料
注：数量の合計は t＝kl として集計した。

Ⅷ　農作物
1　総括表
（1）　生産量

区分	平成29年産			30		
	作付面積	10 a 当たり収量	収穫量	作付面積	10 a 当たり収量	収穫量
	ha	kg	t	ha	kg	t
1)　水稲（子実用）	1,465,000	534	7,822,000	1,470,000	529	7,780,000
2)　小麦（子実用）	212,300	427	906,700	211,900	361	764,900
2)　二条大麦（子実用）	38,300	313	119,700	38,300	318	121,700
2)　六条大麦（子実用）	18,100	290	52,400	17,300	225	39,000
2)　はだか麦（子実用）	4,970	256	12,700	5,420	258	14,000
そば	62,900	55	34,400	63,900	45	29,000
大豆（乾燥子実）	150,200	168	253,000	146,600	144	211,300
3)　野菜	468,700	…	13,344,000	464,100	…	13,036,000
4)　みかん	40,600	1,830	741,300	39,600	1,950	773,700
4)　りんご	36,500	2,010	735,200	36,200	2,090	756,100
5)　てんさい	58,200	6,700	3,901,000	57,300	6,300	3,611,000
6)　さとうきび	23,700	5,470	1,297,000	22,600	5,290	1,196,000
7)　飼料作物（牧草）	728,300	3,500	25,497,000	726,000	3,390	24,621,000

資料：農林水産省統計部「作物統計」、「野菜生産出荷統計」、「果樹生産出荷統計」の結果による。
注：　1)の収穫量は玄米 t である。
　　　2)の収穫量は玄麦 t である。
　　　3)の平成30年産は概数である。
　　　4)の作付面積は結果樹面積である。平成30年産は概数である。
　　　5)は北海道の調査結果である。
　　　6)の作付面積は収穫面積である。鹿児島県及び沖縄県の調査結果である。
　　　7)の作付面積及び収穫量調査は平成30年産が主産県調査で主産県を対象に調査を実施し、主産県の調査結果から全国値を推計したものであり、平成29年産は全国調査の結果である。

1　総括表（続き）
(2)　10 a 当たり生産費（平成30年産）

単位：円

区分	物財費	労働費	費用合計	生産費（副産物価額差引）	支払利子・地代算入生産費	資本利子・地代全額算入生産費
米	…	…	…	…	…	…
小麦	47,242	5,866	53,108	50,538	53,317	61,041
二条大麦	36,361	8,261	44,622	44,378	48,849	53,806
六条大麦	29,683	6,048	35,731	35,650	40,160	42,452
はだか麦	34,686	10,464	45,150	45,054	49,183	51,923
そば	23,272	4,761	28,033	28,033	30,961	36,050
大豆	41,467	10,430	51,897	51,763	56,371	64,211
1) 原料用ばれいしょ	64,269	14,955	79,224	79,224	81,609	91,330
2) 原料用かんしょ	57,494	81,993	139,487	139,487	145,307	153,446
1) てんさい	73,347	21,460	94,807	94,807	96,900	106,494
3) さとうきび	75,665	47,559	123,224	123,198	130,957	139,651
なたね	32,509	7,837	40,346	40,343	41,964	49,657

資料：　農林水産省統計部「農業経営統計調査　農産物生産費統計」
注：1　生産費とは、生産物の一定単位量の生産のために消費した経済費用の合計をいう。ここでいう費用の合計とは、生産物の生産に要した材料、賃借料及び料金、用役等（労働・固定資産等）の価額の合計である。
　　2　本調査は、2015年農林業センサスに基づく農業経営体のうち、世帯による農業経営を行い、米は、玄米を600kg以上販売、米以外は、調査該当作目を10 a 以上作付けし、販売した経営体（個別経営）を対象に実施した。
　　1)の調査対象地域は北海道である。
　　2)の調査対象地域は鹿児島県である。
　　3)の調査対象地域は鹿児島県及び沖縄県である。

2　米
(1)　販売目的で作付けした水稲の作付面積規模別農家数（販売農家）
（平成27年2月1日現在）

単位：千戸

区分	作付農家数	1.0ha未満	1.0〜2.0	2.0〜3.0	3.0〜5.0	5.0〜10.0	10.0ha以上
全国	940.0	659.0	158.8	49.9	36.8	24.5	10.9
北海道	13.2	1.0	1.0	1.0	2.1	4.2	3.9
都府県	926.7	658.0	157.8	48.9	34.7	20.3	7.0

資料：農林水産省統計部「2015年農林業センサス」

(2)　水稲作受託作業経営体数及び受託面積（各年2月1日現在）
ア　農業経営体

全国農業地域	平成22年		27	
	経営体数	受託面積	経営体数	受託面積
	千経営体	千ha	千経営体	千ha
全国	116.9	1,521.7	98.3	1,250.3
北海道	1.3	112.9	1.1	107.1
都府県	115.6	1,408.8	97.1	1,143.2
東北	34.0	394.2	27.5	291.0
北陸	14.5	205.0	11.7	167.0
関東・東山	19.9	215.1	16.9	200.5
東海	7.9	110.3	6.9	90.8
近畿	9.9	95.2	8.5	66.7
中国	11.3	106.0	9.7	95.9
四国	3.9	47.3	3.3	32.9
九州	14.3	234.9	12.7	198.1
沖縄	0.0	0.7	0.0	0.2

資料：農林水産省統計部「農林業センサス」（以下イまで同じ。）

イ　販売農家

全国農業地域	平成22年		27	
	農家数	受託面積	農家数	受託面積
	千戸	千ha	千戸	千ha
全国	104.5	477.1	86.6	404.6
北海道	1.0	15.2	0.9	17.2
都府県	103.5	461.9	85.8	387.4
東北	31.3	143.0	25.2	117.8
北陸	12.4	48.0	9.8	39.3
関東・東山	18.5	86.5	15.6	71.1
東海	7.1	46.8	6.1	38.6
近畿	8.6	26.6	7.3	23.2
中国	9.9	35.4	8.2	32.6
四国	3.5	11.0	2.9	9.7
九州	12.2	64.6	10.7	55.1
沖縄	0.0	0.1	0.0	0.0

2 米（続き）

(3) 生産量

ア 年次別及び全国農業地域別

年産・全国農業地域	水陸稲計		水稲					陸稲		
	作付面積	収穫量（玄米）	作付面積	10 a 当たり収量	収穫量（玄米）	10 a 当たり平年収量	作況指数	作付面積	10 a 当たり収量	収穫量（玄米）
	千ha	千t	千ha	kg	千t	kg		千ha	kg	千t
明治43年	2,925	6,995	2,834	242	6,855	…	…	91.4	153	139.6
大正9	3,101	9,481	2,960	311	9,205	…	…	140.3	197	276.2
昭和5	3,212	10,031	3,079	318	9,790	285	112	133.4	181	241.8
15	3,152	9,131	3,004	298	8,955	314	95	147.7	119	175.6
25	3,011	9,651	2,877	327	9,412	330	99	133.9	178	238.4
35	3,308	12,858	3,124	401	12,539	371	108	184.0	173	319.9
45	2,923	12,689	2,836	442	12,528	431	103	87.4	184	160.8
55	2,377	9,751	2,350	412	9,692	471	87	27.2	215	58.6
平成2	2,074	10,499	2,055	509	10,463	494	103	18.9	189	35.7
12	1,770	9,490	1,763	537	9,472	518	104	7.1	256	18.1
20	1,627	8,823	1,624	543	8,815	530	102	3.2	265	8.5
21	1,624	8,474	1,621	522	8,466	530	98	3.0	276	8.3
22	1,628	8,483	1,625	522	8,478	530	98	2.9	189	5.5
23	1,576	8,402	1,574	533	8,397	530	101	2.4	220	5.2
24	1,581	8,523	1,579	540	8,519	530	102	2.1	172	3.6
25	1,599	8,607	1,597	539	8,603	530	102	1.7	249	4.3
26	1,575	8,439	1,573	536	8,435	530	101	1.4	257	3.6
27	1,506	7,989	1,505	531	7,986	531	100	1.2	233	2.7
28	1,479	8,044	1,478	544	8,042	531	103	0.9	218	2.1
29	1,466	7,824	1,465	534	7,822	532	100	0.8	236	1.9
30	1,470	7,782	1,470	529	7,780	532	98	0.8	232	1.7
北海道	…	…	104	495	515	548	90	…	…	…
東北	…	…	379	564	2,137	562	99	…	…	…
北陸	…	…	206	533	1,096	537	98	…	…	…
関東・東山	…	…	270	539	1,457	536	100	…	…	…
東海	…	…	93	495	462	503	98	…	…	…
近畿	…	…	103	502	518	509	98	…	…	…
中国	…	…	104	519	538	517	101	…	…	…
四国	…	…	49	473	233	482	98	…	…	…
九州	…	…	160	512	821	500	102	…	…	…
沖縄	…	…	1	307	2	309	99	…	…	…

資料：農林水産省統計部「作物統計」（以下イまで同じ。）。

注： 1 作付面積は子実用である（以下イまで同じ。）。

2 昭和5年及び昭和15年産の10 a 当たり平年収量は、過去7か年の実績値のうち、最高・最低を除いた5か年平均により算出した。

3 昭和15年産～昭和45年産は、沖縄県を含まない。

4 平成27年産からの作況指数は、全国農業地域の農家等が使用しているふるい目幅の分布において、大きいものから数えて9割を占めるまでのふるいの目幅（北海道、東北及び北陸は1.85mm、関東・東山、東海、近畿、中国及び九州は1.80mm、四国及び沖縄は1.75mm）以上に選別された玄米を基に算出した数値である。平成26年産までは1.70mmのふるい目幅以上に選別された玄米を基に算出した数値である（以下イまで同じ。）。

5 陸稲については、平成30年産から、調査の範囲を全国から主産県に変更し、作付面積調査にあっては3年、収穫量調査にあっては6年ごとに全国調査を実施することとした。平成30年産は主産県調査年であり、全国調査を行った平成29年の調査結果に基づき、全国値を推計している。

なお、主産県とは、平成29年産における全国の作付面積のおおむね80%を占めるまでの上位都道府県である（以下イまで同じ。）。

イ 都道府県別（平成30年産）

全国・都道府県	水稲				陸稲	
	作付面積	10a当たり収量	収穫量（玄米）	作況指数	作付面積	収穫量（玄米）
	ha	kg	千t		ha	t
全国	1,470,000	529	7,780,000	98	750	1,740
北海道	104,000	495	514,800	90	…	…
青森	44,200	596	263,400	101	…	…
岩手	50,300	543	273,100	101	…	…
宮城	67,400	551	371,400	101	…	…
秋田	87,700	560	491,100	96	…	…
山形	64,500	580	374,100	96	…	…
福島	64,900	561	364,100	101	…	…
茨城	68,400	524	358,400	99	528	1,300
栃木	58,500	550	321,800	102	183	377
群馬	15,600	506	78,900	102	…	…
埼玉	31,900	487	155,400	99	…	…
千葉	55,600	542	301,400	99	…	…
東京	133	417	555	101	…	…
神奈川	3,080	492	15,200	98	…	…
新潟	118,200	531	627,600	95	…	…
富山	37,300	552	205,900	102	…	…
石川	25,100	519	130,300	100	…	…
福井	25,000	530	132,500	101	…	…
山梨	4,900	542	26,600	99	…	…
長野	32,200	618	199,000	100	…	…
岐阜	22,500	478	107,600	97	…	…
静岡	15,800	506	79,900	97	…	…
愛知	27,600	499	137,700	98	…	…
三重	27,500	499	137,200	100	…	…
滋賀	31,700	512	162,300	99	…	…
京都	14,500	502	72,800	98	…	…
大阪	5,010	494	24,700	99	…	…
兵庫	37,000	492	182,000	98	…	…
奈良	8,580	514	44,100	100	…	…
和歌山	6,430	492	31,600	99	…	…
鳥取	12,800	498	63,700	97	…	…
島根	17,500	524	91,700	103	…	…
岡山	30,200	517	156,100	98	…	…
広島	23,400	525	122,900	101	…	…
山口	19,800	522	103,400	104	…	…
徳島	11,400	470	53,600	99	…	…
香川	12,500	479	59,900	96	…	…
愛媛	13,900	498	69,200	100	…	…
高知	11,500	441	50,700	96	…	…
福岡	35,300	518	182,900	104	…	…
佐賀	24,300	532	129,300	102	…	…
長崎	11,500	499	57,400	104	…	…
熊本	33,300	529	176,200	103	…	…
大分	20,700	501	103,700	100	…	…
宮崎	16,100	493	79,400	100	…	…
鹿児島	19,200	481	92,400	100	…	…
沖縄	716	307	2,200	99	…	…

2 米（続き）
(4) 新規需要米等の用途別作付・生産状況

用途	平成28年産		29		30	
	生産量	作付面積	生産量	作付面積	生産量	作付面積
	t	ha	t	ha	t	ha
計	540,344	139,028	542,308	142,738	473,359	131,048
米粉用	19,014	3,428	28,408	5,307	27,695	5,295
飼料用	505,998	91,169	499,499	91,510	426,521	79,535
1)WCS用稲（稲発酵粗飼料用稲）	－	41,366	－	42,893	－	42,545
バイオエタノール用米	0	0	0	0	0	0
輸出用米	7,903	1,437	7,159	1,328	19,143	3,578
2)酒造用	7,027	1,420	7,213	1,448	－	－
3)その他（わら専用稲、青刈り用稲等）	402	207	30	252	－	96
（参考）						
加工用米	278,397	50,549	279,063	51,517	274,191	51,490

資料：農林水産省政策統括官「新規需要米等の用途別作付・生産状況の推移」
注： 1)は、子実を採らない用途であるため生産量はない。
　　 2)は、「需要に応じた米の生産・販売の推進に関する要領」に基づき生産数量目標の枠外で生産
　　 された玄米を指す。
　　 3)は、試験研究用途等のものであり、わら専用稲、青刈り用稲については子実を採らない用途
　　 であるため生産量はない。

(5) 米の収穫量、販売量、在庫量等（平成30年）

単位：kg

区分	収穫量	購入量	販売量	無償譲渡量	自家消費量	令和元年5月31日現在の在庫量
計	8,282	113	7,594	221	384	366
水稲うるち米	8,070	106	7,411	208	368	355
水稲もち米	212	7	182	13	16	12

資料：農林水産省統計部「生産者の米穀在庫等調査」
注： 1　1農業経営体当たりの平均値であり、玄米換算した数値である。
　　 2　平成30年6月1日から令和元年5月31日までの期間を対象に調査した。

(6) 米の需給調整
　ア　需給調整の取組状況の推移（全国）

年産	生産数量目標 ①	主食用米生産量 ②	差 ②－①	①を面積換算したもの ③	主食用米作付面積 ④	差 ④－③	作況指数
	万t	万t	万t	万ha	万ha	万ha	
平成25年産	791	818	27	149.5	152.2	2.7	102
26	765	788	23	144.6	147.4	2.8	101
27	751	744	△ 7	141.9	140.6	△ 1.3	100
28	743	750	7	140.3	138.1	△ 2.2	103
29	735	731	△ 4	138.7	137.0	△ 1.7	100
30	－	733	－	－	138.6	－	98

資料：農林水産省政策統括官「全国の生産数量目標、主食用米生産量等の推移」

イ 平成30年産米における都道府県別の需給調整の取組状況

全国・都道府県	生産数量目標 ①	自主的取組参考値 ②	①を面積換算したもの ③	②を面積換算したもの ④	主食用米作付面積 ⑤	超過作付面積(対生産数量目標) ⑤−③	超過作付面積(対自主的取組参考値) ⑤−④	作況指数
	t	t	ha	ha	ha	ha	ha	
全国	−	−	−	−	1,386,000	−	−	98
北海道	−	−	−	−	98,900	−	−	90
青森	−	−	−	−	39,600	−	−	101
岩手	−	−	−	−	48,800	−	−	101
宮城	−	−	−	−	64,500	−	−	101
秋田	−	−	−	−	75,000	−	−	96
山形	−	−	−	−	56,400	−	−	96
福島	−	−	−	−	61,200	−	−	101
茨城	−	−	−	−	66,800	−	−	99
栃木	−	−	−	−	54,700	−	−	102
群馬	−	−	−	−	13,700	−	−	102
埼玉	−	−	−	−	30,800	−	−	99
千葉	−	−	−	−	53,900	−	−	99
東京	−	−	−	−	133	−	−	101
神奈川	−	−	−	−	3,080	−	−	98
新潟	−	−	−	−	104,700	−	−	95
富山	−	−	−	−	33,300	−	−	102
石川	−	−	−	−	23,200	−	−	100
福井	−	−	−	−	23,600	−	−	101
山梨	−	−	−	−	4,820	−	−	99
長野	−	−	−	−	31,300	−	−	100
岐阜	−	−	−	−	21,500	−	−	97
静岡	−	−	−	−	15,700	−	−	97
愛知	−	−	−	−	26,700	−	−	98
三重	−	−	−	−	27,100	−	−	100
滋賀	−	−	−	−	30,100	−	−	99
京都	−	−	−	−	13,900	−	−	98
大阪	−	−	−	−	5,000	−	−	99
兵庫	−	−	−	−	35,500	−	−	98
奈良	−	−	−	−	8,530	−	−	100
和歌山	−	−	−	−	6,430	−	−	99
鳥取	−	−	−	−	12,700	−	−	97
島根	−	−	−	−	17,200	−	−	103
岡山	−	−	−	−	29,400	−	−	98
広島	−	−	−	−	22,900	−	−	101
山口	−	−	−	−	18,900	−	−	104
徳島	−	−	−	−	11,200	−	−	99
香川	−	−	−	−	12,500	−	−	96
愛媛	−	−	−	−	13,900	−	−	100
高知	−	−	−	−	11,400	−	−	96
福岡	−	−	−	−	34,900	−	−	104
佐賀	−	−	−	−	24,000	−	−	102
長崎	−	−	−	−	11,400	−	−	104
熊本	−	−	−	−	32,300	−	−	103
大分	−	−	−	−	20,600	−	−	100
宮崎	−	−	−	−	14,700	−	−	100
鹿児島	−	−	−	−	18,300	−	−	100
沖縄	−	−	−	−	716	−	−	99

資料:農林水産省政策統括官「平成30年産の都道府県別の生産数量目標、主食用米生産量等の状況」
注:1 ①及び③は、県間調整及び県内調整後の数値である。
  2 ②及び④は、当初提示した数量及び面積から、県間調整や県内調整で補正した生産数量目標と同数を補正した数値である。

2 米(続き)
(7) 需給
ア 米需給表

年度	国内生産量(玄米)	外国貿易(玄米)		在庫の増減量(玄米)	国内消費仕向量(玄米)	純食料(主食用)	1)一人1年当たり供給量	一人1日当たり供給量(主食用)
		輸入量	輸出量					
	千t	千t	千t	千t	千t	千t	kg	g
平成26年度	8,628	856	96	△ 78	8,839	6,863	55.5 (53.9)	147.8
27	8,429	834	116	△ 411	8,600	6,752	54.6 (53.1)	145.2
28	8,550	911	94	△ 186	8,644	6,687	54.4 (52.7)	144.3
29	8,324	888	95	△ 162	8,616	6,633	54.1 (52.3)	143.4
30(概算値)	8,208	787	115	△ 44	8,446	6,578	53.8 (52.0)	142.5

資料:農林水産省大臣官房政策課食料安全保障室「食料需給表」
注:国内生産量から国内消費仕向量までは玄米であり、純食料からは精米である。
　1)の( )内は、菓子、穀粉を含まない主食用の数値である。

イ 政府所有米需給実績

単位:万玄米t

年度	国産米							輸入米(MA米)						
	期首持越	買入	販売					期首持越	輸入	販売				
			計	主食用	加工用	援助用	飼料用			計	主食用	加工用	援助用	飼料用
平成25年度	91	18	18	-	-	2	16	78	78	76	10	23	10	33
26	91	50	50	-	-	3	47	80	72	69	4	17	4	44
27	91	25	25	-	-	4	21	83	71	83	1	11	6	65
28	91	23	24	-	1	3	20	71	80	87	1	12	4	70
29	91	19	19	-	-	7	12	64	79	89	5	19	2	63

資料:農林水産省政策統括官資料(以下ウまで同じ。)
注:1 年度は、国内産については当年7月から翌年6月までであり、輸入米については前年11月
　から当年10月までである。(以下ウまで同じ。)
　2 輸入米(MA米)の加工用については、食用不適品、バイオエタノール用に販売したもの
　を含む。(以下ウまで同じ。)
　3 精米で販売したものは玄米換算している。(以下ウまで同じ。)

ウ 政府所有米売却実績

単位:万玄米t

用途	平成27年度		28		29	
	国内米	輸入米	国内米	輸入米	国内米	輸入米
計	25	83	24	87	19	89
主食用	-	1	-	1	-	5
加工用	-	11	1	12	-	19
飼料用	21	65	20	70	12	63
援助用	4	6	3	4	7	2

エ 輸出入実績
(ｱ) 輸出入量及び金額

品目名	平成29年		30	
	数量	金額	数量	金額
	t	千円	t	千円
輸出				
穀物				
米	35,529	4,356,532	45,567	5,158,126
輸入				
穀物				
米	679,108	40,264,774	671,782	54,313,694
穀粉・挽割含む				
米粉	24	3,571	40	8,623

資料：財務省関税局「貿易統計」をもとに農林水産省統計部にて作成。（以下(ｳ)まで同じ。）

(ｲ) 米の国別輸出量

単位：t

区分	平成29年	30
米	35,529	45,567
うち香港	4,128	4,690
シンガポール	2,861	3,161
アメリカ合衆国	986	1,282

注： 平成30年の輸出入量が多い国・地域について、上位3か国を掲載した（以下(ｳ)まで同じ。）。

(ｳ) 米の国別輸入量

単位：t

区分	平成29年	30
米	679,108	671,782
うちアメリカ合衆国	328,614	296,478
タイ	337,443	246,840
中華人民共和国	3,164	61,870

(8) 被害
水稲

年産	冷害		日照不足		高温障害	
	被害面積	被害量 (玄米)	被害面積	被害量 (玄米)	被害面積	被害量 (玄米)
	千ha	千t	千ha	千t	千ha	千t
平成30年産	111	36	1,045	252	653	94

年産	いもち病		ウンカ		カメムシ	
	被害面積	被害量 (玄米)	被害面積	被害量 (玄米)	被害面積	被害量 (玄米)
	千ha	千t	千ha	千t	千ha	千t
平成30年産	211	49	48	7	109	13

資料：農林水産省統計部「作物統計」

(9)　保険・共済
　　ア　水稲

区分	単位	平成26年産	27	28	29	30 （概数値）
引受組合等数	組合	209	195	177	142	128
引受戸数	千戸	1,490	1,442	1,369	1,302	1,230
引受面積	千ha	1,489	1,463	1,449	1,438	1,430
共済金額	100万円	1,080,388	1,015,715	957,318	945,943	957,974
保険金額	〃	866,327	754,131	627,881	472,240	463,049
再保険金額	〃	1,059,261	995,494	938,299	927,111	939,206
共済掛金	〃	18,735	9,301	8,744	8,696	7,754
保険料	〃	14,264	5,926	4,815	4,233	3,952
再保険料	〃	13,599	5,943	5,592	5,575	5,460
支払対象戸数	千戸	59	51	36	46	41
支払対象面積	千ha	24	25	12	29	61
支払共済金	100万円	4,035	5,306	2,416	3,717	7,170
支払保険金	〃	718	2,179	442	547	1,759
支払再保険金	〃	16	1,065	1	3	1,077

資料：　農林水産省経営局「農作物共済統計表」。ただし、平成30年産は経営局資料による
　　　（以下イまで同じ。）。
注：農業災害補償法による農作物共済の実績である（以下イまで同じ。）。

イ　陸稲

区分	単位	平成26年産	27	28	29	30 （概数値）
引受組合等数	組合	16	14	12	10	9
引受戸数	戸	152	120	100	68	56
引受面積	ha	73	59	53	29	28
共済金額	100万円	21	16	14	8	8
保険金額	〃	19	14	12	4	5
再保険金額	〃	18	13	12	7	7
共済掛金	〃	2	2	2	1	1
保険料	〃	2	2	1	1	0
再保険料	〃	1	1	1	1	0
支払対象戸数	戸	34	32	31	12	17
支払対象面積	ha	21	23	20	7	9
支払共済金	100万円	3	3	3	1	2
支払保険金	〃	2	2	2	0	1
支払再保険金	〃	1	1	1	0	1

2 米（続き）
(10) 生産費
ア 米生産費

区分	平成28年産 10 a 当たり	平成28年産 玄米60kg 当たり	29 10 a 当たり	29 玄米60kg 当たり	費目割合
	円	円	円	円	％
物財費	77,127	8,681	78,195	9,157	69.1
種苗費	3,695	416	3,697	432	3.3
肥料費	9,313	1,047	8,872	1,038	7.8
農業薬剤費	7,464	840	7,639	895	6.7
光熱動力費	3,844	433	4,227	496	3.7
その他の諸材料費	1,942	218	1,904	223	1.7
土地改良及び水利費	4,313	485	4,213	493	3.7
賃借料及び料金	11,953	1,347	11,989	1,402	10.6
物件税及び公課諸負担	2,297	259	2,363	279	2.1
建物費	4,146	467	4,292	503	3.8
自動車費	3,862	434	4,002	468	3.5
農機具費	23,872	2,687	24,542	2,874	21.7
生産管理費	426	48	455	54	0.4
労働費	34,525	3,886	35,028	4,103	30.9
費用合計	111,652	12,567	113,223	13,260	100.0
副産物価額	2,181	246	3,494	409	－
生産費（副産物価額差引）	109,471	12,321	109,729	12,851	－
支払利子	288	32	281	33	－
支払地代	5,128	577	4,779	559	－
支払利子・地代算入生産費	114,887	12,930	114,789	13,443	－
自己資本利子	4,992	562	5,104	598	－
自作地地代	9,706	1,092	9,444	1,106	－
資本利子・地代全額算入生産費	129,585	14,584	129,337	15,147	－

資料： 農林水産省統計部「農業経営統計調査 農産物生産費統計」（以下エまで同じ。）。
注：1 生産費とは、生産物の一定単位量の生産のために消費した経済費用の合計をいう。ここでいう費用の合計とは、生産物の生産に要した材料、賃借料及び料金、用役等（労働・固定資産等）の価額の合計である。
　　2 本調査は、2015年農林業センサスに基づく農業経営体のうち、世帯による農業経営を行い、玄米を600kg以上販売する経営体（個別経営）を対象に実施した（以下エまで同じ。）。

イ 全国農業地域別米生産費（10 a 当たり）（平成29年産）
単位：円

区分	北海道	東北	北陸	関東・東山	東海	近畿	中国	四国	九州
物財費	69,134	72,085	76,583	76,905	87,917	99,909	98,858	99,000	76,547
労働費	27,193	31,205	31,519	38,260	43,432	45,127	47,964	42,151	36,743
費用合計	96,327	103,290	108,102	115,165	131,349	145,036	146,822	141,151	113,290
生産費(副産物価額差引)	93,023	99,489	104,530	111,379	128,630	141,848	144,216	139,248	109,726
支払利子・地代算入生産費	95,840	104,225	111,783	117,322	134,557	145,949	147,137	142,192	114,110
資本利子・地代全額算入生産費	110,213	119,303	126,490	132,689	144,998	160,175	162,015	158,783	127,144

ウ　作付規模別米生産費（10 a 当たり）（平成29年産）

区分	単位	平均	0.5ha 未満	0.5～ 1.0	1.0～ 2.0	2.0～ 3.0	3.0～ 5.0	5.0～ 7.0
物財費	円	78,195	115,612	104,388	85,932	70,855	74,975	62,858
うち肥料費	〃	8,872	9,515	9,298	8,923	8,467	8,526	8,943
農業薬剤費	〃	7,639	8,624	8,297	8,000	7,683	7,768	8,103
土地改良及び水利費	〃	4,213	3,092	3,983	3,653	4,733	4,768	4,550
賃借料及び料金	〃	11,989	24,332	20,828	16,352	9,730	9,872	5,264
農機具費	〃	24,542	32,234	31,443	26,865	19,511	26,463	21,687
労働費	〃	35,028	61,795	51,037	40,044	33,027	30,102	26,542
費用合計	〃	113,223	177,407	155,425	125,976	103,882	105,077	89,400
生産費（副産物価額差引）	〃	109,729	174,712	152,030	122,808	100,821	101,222	85,770
支払利子・地代算入生産費	〃	114,789	175,842	153,952	125,404	103,609	107,962	93,542
資本利子・地代全額算入生産費	〃	129,337	196,342	173,371	141,676	121,762	120,594	105,041
1経営体当たり作付面積	a	168.9	36.7	72.4	142.1	236.0	393.4	579.7
主産物数量	kg	512	482	481	503	518	512	523
投下労働時間	時間	23.66	42.48	34.65	27.02	23.06	20.94	17.93

区分	単位	7.0～ 10.0	10.0～ 15.0	15.0ha 以上	3.0ha 以上	5.0ha 以上	10.0ha 以上
物財費	円	63,363	63,105	60,287	65,911	62,213	61,427
うち肥料費	〃	9,463	8,215	8,840	8,768	8,867	8,587
農業薬剤費	〃	6,770	6,395	6,548	7,201	6,970	6,486
土地改良及び水利費	〃	4,930	3,793	4,297	4,500	4,392	4,092
賃借料及び料金	〃	7,500	6,822	4,915	7,097	5,963	5,688
農機具費	〃	18,982	21,271	19,790	22,176	20,427	20,390
労働費	〃	25,891	25,826	22,017	26,363	24,838	23,559
費用合計	〃	89,254	88,931	82,304	92,274	87,051	84,986
生産費（副産物価額差引）	〃	85,542	84,565	78,535	88,425	83,203	80,976
支払利子・地代算入生産費	〃	94,202	92,820	87,160	96,295	91,534	89,451
資本利子・地代全額算入生産費	〃	104,221	102,306	97,555	107,349	101,945	99,478
1経営体当たり作付面積	a	783.2	1,221.3	2,098.8	675.6	955.4	1,626.0
主産物数量	kg	524	543	534	526	530	537
投下労働時間	時間	16.98	16.54	13.76	17.50	16.15	14.92

エ　全国農業地域別米の労働時間（10 a 当たり）（平成29年産）

単位：時間

区分	全国	北海道	東北	北陸	関東・ 東山	東海	近畿	中国	四国	九州
投下労働時間	23.66	16.50	22.27	21.56	24.68	26.45	27.73	32.81	31.67	25.98
うち家族	21.61	14.48	20.22	20.08	22.55	24.25	25.65	30.56	28.89	23.49
直接労働時間	22.54	15.56	21.21	20.02	23.76	25.34	26.56	31.52	30.07	25.32
間接労働時間	1.12	0.94	1.06	1.54	0.92	1.11	1.17	1.29	1.60	0.66

2 米（続き）
(10) 生産費（続き）
オ 認定農業者がいる15ha以上の個別経営及び稲作主体の組織法人経営の生産費

区分	単位	（参考）平成23年産 平均（個別経営）	26 認定農業者がいる15ha以上の個別経営	稲作主体の組織法人経営
60kg当たり				
物財費	円	9,478	7,012	7,223
うち 肥料費	〃	1,018	996	1,017
農業薬剤費	〃	848	778	774
賃借料及び料金	〃	1,325	623	1,298
農機具費	〃	3,060	2,321	1,837
労働費	〃	4,191	2,504	2,812
費用合計	〃	13,669	9,516	10,035
副産物価額	〃	318	112	136
生産費（副産物価額差引）	〃	13,351	9,404	9,899
支払利子	〃	35	61	21
支払地代	〃	533	852	1,597
支払利子・地代算入生産費	〃	13,919	10,317	11,517
自己資本利子	〃	712	379	348
自作地地代	〃	1,370	862	20
資本利子・地代全額算入生産費	〃	16,001	11,558	11,885
10 a 当たり全額算入生産費	〃	139,721	103,612	100,218
1 経営体当たり作付面積	a	141.8	1,973.0	2,690.8
10 a 当たり収量	kg	523	538	505
10 a 当たり労働時間	時間	26.11	14.93	15.54

資料： 農林水産省統計部「農業経営統計調査 農産物生産費統計」、「組織法人経営体に関する
　　経営分析調査」
注： 未来投資戦略（平成30年6月15日閣議決定）において、「今後10年間（2023年まで）で資材・
　流通面等での産業界の努力も反映して担い手のコメの生産コストを2011年全国平均比 4 割削減
　する（2011年産：16,001円/60kg）」という目標を掲げているところ。当該目標においては担い
　手の考え方を以下のとおり設定している。
※担い手の考え方
　・ 認定農業者がいる15ha以上の個別経営：認定農業者のうち、農業就業者 1 人当たりの稲作
　　に係る農業所得が他産業所得と同等の個別経営（水稲作付面積15ha以上層）
　・ 稲作主体の組織法人経営：米の販売金額が第 1 位となる稲作主体の組織法人経営

カ 飼料用米の生産費

区分	単位	平成28年産 平均	認定農業者がいる経営体のうち、作付規模15.0ha以上	29 平均	認定農業者がいる経営体のうち、作付規模15.0ha以上
10 a 当たり					
費用合計	円	103,560	76,180	109,960	79,320
うち 物財費	〃	72,690	56,770	75,550	57,650
労働費	〃	30,870	19,410	34,410	21,670
生産費（副産物価額差引）	〃	102,990	75,520	109,550	78,910
支払利子・地代算入生産費	〃	108,410	84,430	114,610	87,600
資本利子・地代全額算入生産費	〃	123,110	94,660	129,150	97,790
60kg当たり全額算入生産費	〃	13,050	10,030	13,740	10,400

資料： 農林水産省統計部「農業経営統計調査 農産物生産費統計」
注： 1 飼料用米の生産費は、米生産費統計の調査対象経営体のうち、飼料用米の作付けがある
　　経営体を対象に、各費目別の食用米の費用（10 a 当たり）を100とした場合の割合を聞き取
　　り、これを米生産費の「全国平均値（ア 米生産費を参照）」及び「認定農業者がいる経営
　　体のうち作付規模15.0ha以上（オ 認定農業者がいる15ha以上の個別経営及び稲作主体
　　の組織法人経営の生産費を参照）」に乗じることにより算出した。
　　 2 60kg当たり全額算入生産費は、聞き取りを行った経営体の飼料用米の10 a 当たり収量の平
　　均値を用いて算出した。

27		28		29	
認定農業者がいる15ha以上の個別経営	稲作主体の組織法人経営	認定農業者がいる15ha以上の個別経営	稲作主体の組織法人経営	認定農業者がいる15ha以上の個別経営	稲作主体の組織法人経営
6,897	7,330	6,629	7,263	6,802	7,812
968	983	961	1,022	996	937
772	881	761	839	739	856
657	1,272	635	1,579	554	2,102
2,201	1,951	2,140	1,954	2,240	1,989
2,378	2,893	2,397	2,961	2,488	2,863
9,275	10,223	9,026	10,224	9,290	10,675
145	168	237	258	424	458
9,130	10,055	8,789	9,966	8,866	10,217
64	28	47	23	43	32
917	1,557	936	1,344	937	1,223
10,111	11,640	9,772	11,333	9,846	11,472
355	335	362	324	419	305
931	21	766	20	730	82
11,397	11,996	10,900	11,677	10,995	11,859
101,512	100,739	98,727	103,479	97,503	100,541
2,045.2	2,630.8	2,021.7	2,234.7	2,099.1	2,235.0
534	503	544	531	533	509
13.87	15.30	13.86	15.98	13.79	15.32

(11)　価格
　　ア　農産物価格指数

平成27年＝100

品目・銘柄等級	平成26年	27	28	29	30
うるち玄米（1等）	112.8	100.0	113.3	124.3	132.6
もち玄米（1等）	98.1	100.0	97.6	88.6	95.0

資料：農林水産省統計部「農業物価統計」

2　米（続き）
(11)　価格（続き）
　　イ　米の相対取引価格（玄米60kg当たり）

単位：円

産地 品種銘柄（地域区分）	価格	産地 品種銘柄（地域区分）	価格	産地 品種銘柄（地域区分）	価格
全銘柄平均 平成25年産	14,341	千葉　ふさこがね	14,542	鳥取　ひとめぼれ	14,129
26	11,967	千葉　ふさおとめ	14,629	島根　コシヒカリ	15,432
27	13,175	山梨　コシヒカリ	17,552	島根　きぬむすめ	14,421
28	14,307	山梨　あさひの夢	14,205	島根　つや姫	15,160
29	15,595	長野　コシヒカリ	15,580	岡山　アケボノ	15,030
		長野　あきたこまち	14,801	岡山　あきたこまち	15,357
		静岡　コシヒカリ	15,548	岡山　ヒノヒカリ	15,380
北海道 ななつぼし	15,882	静岡　きぬむすめ	14,415	広島　コシヒカリ	14,923
北海道 ゆめぴりか	17,226	静岡　あいちのかおり	14,625	広島　あきろまん	13,651
北海道 きらら３９７	15,681	新潟　コシヒカリ（一般）	16,924	広島　ヒノヒカリ	13,323
青森　まっしぐら	14,923	新潟　コシヒカリ（魚沼）	20,782	山口　コシヒカリ	14,983
青森　つがるロマン	15,112	新潟　コシヒカリ（岩船）	17,351	山口　ひとめぼれ	14,136
岩手　ひとめぼれ	15,172	新潟　コシヒカリ（佐渡）	17,389	山口　ヒノヒカリ	14,159
岩手　あきたこまち	15,043	新潟　こしいぶき	14,968	徳島　コシヒカリ	14,940
岩手　いわてっこ	14,679	富山　コシヒカリ	15,882	徳島　キヌヒカリ	14,221
宮城　ひとめぼれ	15,496	富山　てんたかく	14,542	香川　ヒノヒカリ	14,295
宮城　つや姫	15,811	石川　コシヒカリ	15,608	香川　コシヒカリ	14,806
宮城　ササニシキ	15,724	石川　ゆめみづほ	14,454	愛媛　コシヒカリ	14,303
秋田　あきたこまち	15,995	福井　コシヒカリ	15,964	愛媛　ヒノヒカリ	13,692
秋田　めんこいな	14,990	福井　ハナエチゼン	14,726	愛媛　あきたこまち	13,693
秋田　ひとめぼれ	15,695	岐阜　ハツシモ	14,989	高知　コシヒカリ	15,244
山形　はえぬき	15,360	岐阜　コシヒカリ	15,615	高知　ヒノヒカリ	14,358
山形　つや姫	18,175	岐阜　あきたこまち	14,286	福岡　夢つくし	16,200
山形　ひとめぼれ	15,857	愛知　あいちのかおり	14,522	福岡　ヒノヒカリ	15,123
福島　コシヒカリ（中通り）	15,412	愛知　コシヒカリ	14,990	福岡　元気つくし	15,984
福島　コシヒカリ（会津）	15,321	愛知　大地の風	14,425	佐賀　さがびより	14,958
福島　コシヒカリ（浜通り）	15,036	三重　コシヒカリ（一般）	14,945	佐賀　夢しずく	14,216
福島　ひとめぼれ	14,955	三重　コシヒカリ（伊賀）	15,412	佐賀　ヒノヒカリ	13,921
福島　天のつぶ	14,691	三重　キヌヒカリ	14,265	長崎　ヒノヒカリ	15,292
茨城　コシヒカリ	15,287	滋賀　コシヒカリ	15,096	長崎　にこまる	15,600
茨城　あきたこまち	15,470	滋賀　キヌヒカリ	14,298	長崎　コシヒカリ	16,076
茨城　ゆめひたち	15,252	滋賀　日本晴	14,183	宮崎　ヒノヒカリ	15,157
栃木　コシヒカリ	15,460	京都　コシヒカリ	15,535	宮崎　コシヒカリ	15,592
栃木　あさひの夢	15,012	京都　キヌヒカリ	14,715	熊本　森のくまさん	14,876
栃木　なすひかり	14,954	兵庫　コシヒカリ	15,734	熊本　コシヒカリ	14,514
群馬　あさひの夢	15,312	兵庫　ヒノヒカリ	14,460	大分　ヒノヒカリ	15,521
群馬　ゆめまつり	15,273	兵庫　キヌヒカリ	14,419	大分　ひとめぼれ	15,445
埼玉　彩のかがやき	14,919	奈良　ヒノヒカリ	14,721	鹿児島　ヒノヒカリ	15,262
埼玉　コシヒカリ	15,024	奈良　コシヒカリ	14,826	鹿児島　あきほなみ	15,518
埼玉　彩のきずな	14,904	鳥取　コシヒカリ	15,051	鹿児島　コシヒカリ	16,624
千葉　コシヒカリ	15,034	鳥取　きぬむすめ	14,283	鹿児島　コシヒカリ	15,542

資料：農林水産省「米穀の取引に関する報告」
注：1　「米穀の取引に関する報告」の報告対象業者は、全農、道県経済連、県単一農協、道県出荷団体（年間の玄米仕入数量が5,000トン以上）、出荷業者（年間の直接販売数量が5,000トン以上）である。
　　2　各産の全銘柄平均価格は、報告対象産地品種銘柄ごとの前年産検査数量ウェイトで加重平均により算定している。
　　3　産地品種銘柄ごとの価格は、出荷業者と卸売業者等との間で数量と価格が決定された主食用の相対取引契約の価格（運賃、包装代、消費税を含む1等米の価格）を加重平均したものである。
　　4　価格に含む消費税は、平成26年3月分までは5％、同4月分以降は8％で算定している。
　　5　加重平均に際しては、新潟、長野、静岡以東（東日本）の産地品種銘柄については受渡地を東日本としているものを、富山、岐阜、愛知以西（西日本）の産地品種銘柄については受渡地を西日本としているものを対象としている。
　　6　相対取引価格は、個々の契約内容に応じて設定される大口割引等の割引などが適用された価格である。
　　7　平成29年産の産地品種銘柄別価格は、29年産米の出回りから翌年10月までの平均価格である。

ウ　米の年平均小売価格

単位：円

品目	銘柄	数量単位	都市	平成26年	27	28	29	30
うるち米 （「コシヒカリ」）	国内産、精米、単一原料米、5kg袋入り	1袋	東京都区部 大阪市	2,428 2,214	2,285 2,032	2,355 2,157	2,388 2,271	2,451 2,371
うるち米 （「コシヒカリ」を除く。）	国内産、精米、単一原料米、5kg袋入り	〃	東京都区部 大阪市	2,173 2,099	1,973 1,858	2,019 1,965	2,132 2,100	2,232 2,305
もち米	国内産、精米、「単一原料米」又は「複数原料米」、1～2kg袋入り	1kg	東京都区部 大阪市	585 549	586 559	619 571	616 574	607 566

資料：総務省統計局「小売物価統計調査年報」

エ　1世帯当たり年間の米の支出金額及び購入数量（二人以上の世帯・全国）

品目	平成26年		27		28		29		30	
	金額	数量	金額	数量	金額	数量	金額	数量	金額	数量
	円	kg	円	kg	円	kg	円	kg	円	kg
米	25,108	73.05	22,981	69.51	23,522	68.74	23,681	67.27	24,314	65.75

資料：総務省統計局「家計調査年報」

(12)　加工
　ア　米穀粉の生産量

単位：t

種類	平成26年	27	28	29	30
計	88,587	94,651	92,693	94,860	93,956
上新粉	44,062	46,260	46,377	47,257	45,643
もち粉	11,460	11,583	10,755	9,592	9,663
白玉粉	4,550	4,974	4,992	5,246	4,821
寒梅粉	1,516	1,468	1,606	1,535	1,534
らくがん粉・みじん粉	860	1,007	971	945	984
だんご粉	858	962	1,543	1,166	1,310
菓子種	1,774	2,448	1,756	2,419	2,506
新規米粉	23,507	25,949	24,693	26,700	27,495

資料：農林水産省大臣官房政策課食料安全保障室「食品産業動態調査」（以下イまで同じ。）

イ　加工米飯の生産量

単位：t

種類	平成26年	27	28	29	30
計	340,660	349,424	346,708	373,142	390,170
レトルト米飯	33,270	30,685	27,856	27,807	28,163
無菌包装米飯	136,092	136,886	145,326	161,068	170,218
冷凍米飯	160,038	171,501	163,017	174,025	181,559
チルド米飯	5,361	4,765	4,916	4,832	4,845
缶詰米飯	1,212	1,094	543	526	553
乾燥米飯	4,687	4,493	5,050	4,884	4,832

3 麦類
(1) 麦類作農家 (各年2月1日現在)
 ア 販売目的で作付けした麦類の種類別農家数 (販売農家)

単位：戸

年次・ 全国農業地域	小麦	大麦・はだか麦
平成22年	43,012	17,102
27	34,167	12,679
北海道	13,290	425
都府県	20,877	12,254
東北	1,811	270
北陸	171	2,021
関東・東山	6,592	4,895
東海	3,245	236
近畿	2,263	291
中国	537	702
四国	632	828
九州	5,614	3,011
沖縄	12	－

資料：農林水産省統計部「農林業センサス」(以下イまで同じ。)

イ 販売目的で作付けした麦類の作付面積規模別農家数 (販売農家)

単位：戸

区分	計	0.1ha未満	0.1～0.5	0.5～1.0	1.0～3.0	3.0～5.0	5.0ha以上
麦類							
平成22年	56,559	1,974	13,906	9,877	13,376	5,217	12,209
27	44,125	1,249	8,693	6,805	10,557	4,577	12,244
うち小麦							
平成22年	43,012	1,684	10,459	6,796	9,219	4,222	10,632
27	34,167	1,030	6,563	4,699	7,389	3,672	10,814

(2) 生産量
 ア 麦種類別収穫量

年産	4麦計		小麦			二条大麦		
	作付面積	収穫量 (玄麦)	作付面積	10a当た り収量	収穫量 (玄麦)	作付面積	10a当た り収量	収穫量 (玄麦)
	千ha	千t	千ha	kg	千t	千ha	kg	千t
平成26年産	273	1,022	213	401	852	38	288	108
27	274	1,181	213	471	1,004	38	299	113
28	276	961	214	369	791	38	280	107
29	274	1,092	212	427	907	38	313	120
30	273	940	212	361	765	38	318	122

年産	六条大麦			はだか麦		
	作付面積	10a当た り収量	収穫量 (玄麦)	作付面積	10a当た り収量	収穫量 (玄麦)
	千ha	kg	千t	千ha	kg	千t
平成26年産	17	272	47	5	276	15
27	18	287	52	5	217	11
28	18	295	54	5	200	10
29	18	290	52	5	256	13
30	17	225	39	5	258	14

資料：農林水産省統計部「作物統計」(以下イまで同じ。)
注：作付面積は子実用である (以下イまで同じ。)。

イ　平成30年産都道府県別麦類の収穫量

全国 ・ 都道府県	小麦		二条大麦		六条大麦		はだか麦	
	作付面積	収穫量（玄麦）	作付面積	収穫量（玄麦）	作付面積	収穫量（玄麦）	作付面積	収穫量（玄麦）
	ha	t	ha	t	ha	t	ha	t
全国	211,900	764,900	38,300	121,700	17,300	39,000	5,420	14,000
北海道	121,400	471,100	1,660	5,540	x	x	64	110
青森	907	961	-	-	x	x	-	-
岩手	3,830	6,400	x	x	84	193	-	-
宮城	1,100	3,920	2	6	1,170	3,180	x	x
秋田	314	493	x	x	x	x	-	-
山形	72	170	-	-	19	11	x	x
福島	348	696	x	x	4	8	x	x
茨城	4,610	13,500	1,240	3,220	1,940	4,370	125	315
栃木	2,250	7,880	9,020	31,000	1,560	4,800	21	56
群馬	5,680	23,100	1,580	5,090	491	1,600	3	6
埼玉	5,220	19,300	699	2,640	198	822	51	153
千葉	801	2,490	x	x	37	139	16	45
東京	20	51	1	2	-	-	x	x
神奈川	34	97	x	x	x	x	x	x
新潟	67	141	-	-	179	374	-	-
富山	44	85	x	x	3,280	7,180	x	x
石川	84	158	x	x	1,330	2,930	-	-
福井	208	301	-	-	4,590	7,160	-	-
山梨	77	223	-	-	46	90	-	-
長野	2,210	7,540	2	5	538	1,990	-	-
岐阜	3,160	9,230	-	-	260	424	-	-
静岡	758	1,740	3	5	7	13	-	-
愛知	5,390	22,800	-	-	96	292	13	27
三重	6,230	19,000	-	-	330	911	31	114
滋賀	6,990	19,900	55	233	585	1,470	47	167
京都	147	207	98	120	x	x	-	-
大阪	1	1	-	-	x	x	-	-
兵庫	1,790	2,900	-	-	483	884	63	86
奈良	110	218	-	-	x	x	x	x
和歌山	2	2	-	-	x	x	0	0
鳥取	61	157	100	247	x	x	x	x
島根	104	152	459	1,070	10	17	44	80
岡山	747	2,320	2,030	6,560	x	x	89	215
広島	156	262	x	x	83	142	45	49
山口	1,340	3,910	150	359	-	-	404	642
徳島	56	129	22	49	x	x	60	82
香川	1,890	6,060	x	x	-	-	774	2,230
愛媛	220	684	-	-	-	-	1,810	4,910
高知	6	9	5	12	-	-	2	3
福岡	14,800	54,900	6,070	19,000	-	-	504	1,580
佐賀	10,100	36,900	10,500	34,400	-	-	225	729
長崎	608	1,570	1,230	3,990	-	-	77	133
熊本	4,970	15,300	1,750	4,310	-	-	157	360
大分	2,750	7,730	1,350	3,310	x	x	748	1,890
宮崎	116	139	55	169	-	-	14	9
鹿児島	35	43	141	336	x	x	21	34
沖縄	29	45	x	x	-	-	-	-

3 麦類（続き）
(3) 需給
ア 麦類需給表

年度種類別		国内生産量（玄麦）	外国貿易（玄麦）		在庫の増減量（玄麦）	国内消費仕向量（玄麦）				一人1年当たり供給量
			輸入量	輸出量			粗食料	飼料用	加工用	
		千t	千t	千t	千t	千t	千t	千t	千t	kg
平成26年度	小麦	852	6,016	0	289	6,579	5,355	727	311	32.8
	大麦	155	1,812	0	32	1,935	59	957	913	0.2
	はだか麦	15	4	0	1	18	12	0	6	0.1
27	小麦	1,004	5,660	0	81	6,583	5,340	780	278	32.8
	大麦	166	1,743	0	△ 16	1,925	56	919	944	0.2
	はだか麦	11	5	0	△ 3	19	11	0	8	0.0
28	小麦	791	5,624	0	△ 206	6,621	5,362	801	272	32.9
	大麦	160	1,812	0	10	1,962	73	971	911	0.3
	はだか麦	10	12	0	△ 5	27	19	0	7	0.1
29	小麦	907	5,939	0	269	6,577	5,376	735	280	33.1
	大麦	172	1,777	0	△ 3	1,952	62	971	912	0.2
	はだか麦	13	26	0	6	33	25	0	7	0.1
30	**小麦**	**765**	**5,638**	**0**	**△ 107**	**6,510**	**5,255**	**803**	**269**	**32.4**
（概算値）	**大麦**	**161**	**1,790**	**0**	**14**	**1,937**	**50**	**954**	**926**	**0.2**
	はだか麦	**14**	**33**	**0**	**5**	**42**	**35**	**0**	**5**	**0.2**

資料：農林水産省大臣官房政策課食料安全保障室「食料需給表」
注： 国内生産量から国内消費仕向け量までは玄麦であり、一人1年当たり供給量は小麦については小麦粉であり、大麦、はだか麦については精麦である。

イ 輸出入実績
(ア) 輸出入量及び金額

品目名	平成29年		30	
	数量	金額	数量	金額
	t	千円	t	千円
輸出				
穀粉・加工穀物等				
小麦粉・メスリン粉	167,600	7,233,288	163,640	7,427,758
輸入				
穀物				
1)小麦	5,705,950	171,466,683	5,652,151	181,103,410
1)大麦・はだか麦	1,205,249	30,378,307	1,264,030	38,499,607
穀粉・加工穀物等				
小麦粉・メスリン粉	3,490	369,915	3,468	384,261

資料：財務省関税局「貿易統計」をもとに農林水産省統計部にて作成（以下(イ)まで同じ。）
注：1)は、は種用及び飼料用を含む。

(イ) 小麦（玄麦）の国別輸入量

単位：t

区分	平成29年	30
小麦	5,705,950	5,652,151
うちアメリカ合衆国	3,044,188	2,869,041
カナダ	1,536,918	1,789,681
オーストラリア	1,036,115	874,568

注：平成30年の輸入量が多い国・地域について、上位3か国を掲載した。

ウ　麦類の政府買入れ及び民間流通

単位：千 t

会計年度	供給（玄麦）								
	合計			持越し			買入れ		
	計	内麦	外麦	小計	内麦	外麦	小計	内麦	外麦
大麦・はだか麦									
平成25年度	204	−	204	−	−	−	204	−	204
	(169)	(169)		(64)	(64)		(105)	(105)	
26	245	−	245	−	−	−	245	−	245
	(171)	(171)		(68)	(68)		(103)	(103)	
27	232	−	232	−	−	−	232	−	232
	(174)	(174)		(71)	(71)		(103)	(103)	
28	250	−	250	−	−	−	250	−	250
	(169)	(169)		(77)	(77)		(92)	(92)	
29	**236**	**−**	**236**	**−**	**−**	**−**	**236**	**−**	**236**
	(170)	**(170)**		**(64)**	**(64)**		**(106)**	**(106)**	
小麦									
平成25年度	4,532	−	4,532	−	−	−	4,532	−	4,532
	(1,199)	(1,199)		(432)	(432)		(767)	(767)	
26	5,245	−	5,245	−	−	−	5,245	−	5,245
	(1,292)	(1,292)		(484)	(484)		(808)	(808)	
27	4,929	−	4,929	−	−	−	4,929	−	4,929
	(1,424)	(1,424)		(478)	(478)		(946)	(946)	
28	4,859	−	4,859	−	−	−	4,859	−	4,859
	(1,410)	(1,410)		(676)	(676)		(734)	(734)	
29	**5,242**	**−**	**5,242**	**−**	**−**	**−**	**5,242**	**−**	**5,242**
	(1,311)	**(1,311)**		**(466)**	**(466)**		**(845)**	**(845)**	

会計年度	需要（玄麦）								
	合計			主食用			その他		
	計	内麦	外麦	小計	内麦	外麦	小計	内麦	外麦
大麦・はだか麦									
平成25年度	204	−	204	134	−	134	70	−	70
	(101)	(101)		(76)	(76)		(25)	(25)	
26	245	−	245	171	−	171	74	−	74
	(100)	(100)		(78)	(78)		(22)	(22)	
27	232	−	232	155	−	155	77	−	77
	(97)	(97)		(73)	(73)		(24)	(24)	
28	250	−	250	176	−	176	74	−	74
	(105)	(105)		(78)	(78)		(27)	(27)	
29	**236**	**−**	**236**	**159**	**−**	**159**	**77**	**−**	**77**
	(94)	**(94)**		**(71)**	**(71)**		**(23)**	**(23)**	
小麦									
平成25年度	4,532	−	4,532	4,454	−	4,454	78	−	78
	(715)	(715)		(699)	(699)		(16)	(16)	
26	5,245	−	5,245	5,155	−	5,155	90	−	90
	(814)	(814)		(794)	(794)		(20)	(20)	
27	4,929	−	4,929	4,845	−	4,845	84	−	84
	(748)	(748)		(729)	(729)		(19)	(19)	
28	4,859	−	4,859	4,779	−	4,779	80	−	80
	(944)	(944)		(923)	(923)		(21)	(21)	
29	**5,242**	**−**	**5,242**	**5,149**	**−**	**5,149**	**93**	**−**	**93**
	(769)	**(769)**		**(751)**	**(751)**		**(18)**	**(18)**	

資料：農林水産省政策統括官資料
注：1　主要食糧の需給及び価格の安定に関する法律の一部改正（平成19年4月施行）により、
　　　内麦の無制限買入制度が廃止された。
　　2　（　）内の数値は、民間流通麦で外数である。

3　麦類（続き）
(4)　保険・共済

区分	単位	平成26年産	27	28	29	30(概算値)
引受組合等数	組合	195	176	158	138	116
引受戸数	千戸	47	44	42	39	37
引受面積	千ha	265	268	269	267	266
共済金額	100万円	114,131	110,071	124,759	127,064	129,961
保険金額	〃	96,830	89,706	100,629	102,019	97,111
再保険金額	〃	101,851	99,269	111,584	113,493	116,065
共済掛金	〃	11,863	10,369	11,160	11,498	11,785
保険料	〃	6,254	5,351	6,368	6,512	6,417
再保険料	〃	4,196	3,701	4,462	4,551	4,652
支払対象戸数	千戸	14	15	25	16	20
支払対象面積	千ha	57	55	125	75	124
支払共済金	100万円	5,222	2,833	18,121	6,706	15,518
支払保険金	〃	1,858	634	12,517	1,843	7,205
支払再保険金	〃	869	92	9,670	29	4,552

資料：農林水産省経営局「農作物共済統計表」。ただし、平成30年産は経営局資料による。
注：農業災害補償法による農作物共済の実績である。

(5)　生産費
　ア　小麦生産費

区分	単位	平成29年産		30		
		10 a 当たり	60kg 当たり	10 a 当たり	60kg 当たり	費目 割合
						％
物財費	円	48,916	6,071	47,242	7,408	89.0
種苗費	〃	3,084	383	3,237	508	6.1
肥料費	〃	9,403	1,166	8,985	1,409	16.9
農業薬剤費	〃	4,818	598	5,046	791	9.5
光熱動力費	〃	1,908	237	2,008	315	3.8
その他の諸材料費	〃	483	60	575	90	1.1
土地改良及び水利費	〃	836	104	834	131	1.6
賃借料及び料金	〃	15,657	1,943	13,868	2,175	26.1
物件税及び公課諸負担	〃	1,363	169	1,306	204	2.5
建物費	〃	1,138	141	956	149	1.8
自動車費	〃	1,200	149	1,303	204	2.5
農機具費	〃	8,726	1,084	8,822	1,384	16.6
生産管理費	〃	300	37	302	48	0.6
労働費	〃	6,015	746	5,866	919	11.0
費用合計	〃	54,931	6,817	53,108	8,327	100.0
生産費（副産物価額差引）	〃	52,660	6,534	50,538	7,925	－
支払利子・地代算入生産費	〃	55,596	6,898	53,317	8,361	－
資本利子・地代全額算入生産費	〃	63,263	7,849	61,041	9,572	－
1 経営体当たり作付面積	a	748.9	－	783.1	－	－
主産物数量	kg	483	－	383	－	－
投下労働時間	時間	3.62	0.43	3.44	0.52	－

資料：農林水産省統計部「農業経営統計調査　農産物生産費統計」（以下エまで同じ。）
注：1　生産費とは、生産物の一定単位量の生産のために消費した経済費用の合計をいう。ここでいう費
　　　用の合計とは、生産物の生産に要した材料、賃借料及び料金、用役等（労働・固定資産等）の価額
　　　の合計である。
　　2　本調査は、2015年農林業センサスに基づく農業経営体のうち世帯による農業経営を行い、調査該
　　　当麦を10 a 以上作付けし、販売する経営体（個別経営）を対象に実施した（以下エまで同じ。）。

イ　二条大麦生産費

区分	単位	平成29年産		30		
		10 a 当たり	50kg 当たり	10 a 当たり	50kg 当たり	費目割合
						％
物財費	円	36,307	5,134	36,361	5,077	81.5
種苗費	〃	3,062	434	2,950	412	6.6
肥料費	〃	7,592	1,074	7,296	1,019	16.4
農業薬剤費	〃	2,144	303	2,153	301	4.8
光熱動力費	〃	1,692	239	1,741	243	3.9
その他の諸材料費	〃	24	3	74	10	0.2
土地改良及び水利費	〃	544	77	523	73	1.2
賃借料及び料金	〃	9,265	1,310	9,777	1,365	21.9
物件税及び公課諸負担	〃	730	101	815	114	1.8
建物費	〃	1,117	159	1,061	148	2.4
自動車費	〃	926	131	1,062	148	2.4
農機具費	〃	9,082	1,285	8,759	1,223	19.6
生産管理費	〃	129	18	150	21	0.3
労働費	〃	8,993	1,274	8,261	1,153	18.5
費用合計	〃	45,300	6,408	44,622	6,230	100.0
生産費（副産物価額差引）	〃	45,143	6,386	44,378	6,196	－
支払利子・地代算入生産費	〃	49,674	7,027	48,849	6,820	－
資本利子・地代全額算入生産費	〃	54,235	7,673	53,806	7,513	－
1経営体当たり作付面積	a	305.8	－	311.2	－	－
主産物数量	kg	354	－	357	－	－
投下労働時間	時間	5.77	0.81	5.05	0.69	－

ウ　六条大麦生産費

区分	単位	平成29年産		30		
		10 a 当たり	50kg 当たり	10 a 当たり	50kg 当たり	費目割合
						％
物財費	円	31,541	4,995	29,683	6,254	83.1
種苗費	〃	2,710	429	2,598	547	7.3
肥料費	〃	8,774	1,390	8,780	1,850	24.6
農業薬剤費	〃	1,944	308	2,253	475	6.3
光熱動力費	〃	1,529	241	1,555	328	4.4
その他の諸材料費	〃	－	－	0	0	0.0
土地改良及び水利費	〃	813	129	805	170	2.3
賃借料及び料金	〃	5,195	822	3,879	817	10.9
物件税及び公課諸負担	〃	736	117	644	136	1.8
建物費	〃	1,159	184	1,123	237	3.1
自動車費	〃	1,189	189	882	186	2.5
農機具費	〃	7,344	1,162	7,031	1,480	19.7
生産管理費	〃	148	24	133	28	0.4
労働費	〃	6,860	1,086	6,048	1,275	16.9
費用合計	〃	38,401	6,081	35,731	7,529	100.0
生産費（副産物価額差引）	〃	38,219	6,052	35,650	7,512	－
支払利子・地代算入生産費	〃	42,676	6,758	40,160	8,462	－
資本利子・地代全額算入生産費	〃	45,506	7,206	42,452	8,945	－
1経営体当たり作付面積	a	410.2	－	453.4	－	－
主産物数量	kg	316	－	237	－	－
投下労働時間	時間	4.34	0.65	3.76	0.80	－

3 麦類（続き）
(5) 生産費（続き）
エ はだか麦生産費

区分	単位	平成29年産		30		
		10 a 当たり	60kg 当たり	10 a 当たり	60kg 当たり	費目割合
						%
物財費	円	34,873	7,438	34,686	7,348	76.8
種苗費	〃	2,523	539	3,509	743	7.8
肥料費	〃	6,946	1,480	6,958	1,474	15.4
農業薬剤費	〃	3,491	745	3,510	744	7.8
光熱動力費	〃	2,012	429	2,042	432	4.5
その他の諸材料費	〃	1	0	2	0	0.0
土地改良及び水利費	〃	38	8	165	35	0.4
賃借料及び料金	〃	4,732	1,010	5,124	1,086	11.3
物件税及び公課諸負担	〃	815	173	763	162	1.7
建物費	〃	1,304	278	735	156	1.6
自動車費	〃	1,257	268	1,206	255	2.7
農機具費	〃	11,658	2,488	10,620	2,250	23.5
生産管理費	〃	96	20	52	11	0.1
労働費	〃	11,592	2,475	10,464	2,216	23.2
費用合計	〃	46,465	9,913	45,150	9,564	100.0
生産費（副産物価額差引）	〃	46,123	9,841	45,054	9,544	－
支払利子・地代算入生産費	〃	50,450	10,764	49,183	10,419	－
資本利子・地代全額算入生産費	〃	53,635	11,444	51,923	10,999	－
1 経営体当たり作付面積	a	391.0	－	413.6	－	
主産物数量	kg	282	－	284	－	
投下労働時間	時間	8.25	1.75	6.97	1.48	

(6) 価格
ア 農産物価格指数

平成27年＝100

年次	小麦 1 等	ビール麦（二条大麦）2 等	六条大麦 1 等	はだか麦 1 等
平成26年	96.3	97.6	98.6	103.6
27	100.0	100.0	100.0	100.0
28	96.0	100.9	99.0	97.6
29	119.3	100.6	97.8	111.8
30	155.6	106.0	98.0	137.4

資料：農林水産省統計部「農業物価統計」

イ　民間流通麦の入札における落札決定状況（平成31年産）

単位：円

麦種・産地・銘柄・地域区分			1 t 当たり指標価格（加重平均）	麦種・産地・銘柄・地域区分			1 t 当たり指標価格（加重平均）
小麦				小粒(六条)大麦			
北海道	春よ恋	全地区	63,696	宮城	シュンライ	全地区	35,856
北海道	キタノカオリ	全地区	58,417	宮城	ミノリムギ	全地区	36,452
北海道	きたほなみ	全地区	59,956	茨城	カシマムギ	全地区	44,259
北海道	ゆめちから	全地区	58,127	茨城	カシマゴール	全地区	39,490
北海道	はるきらり	全地区	55,742	栃木	シュンライ	全地区	38,114
岩手	ゆきちから	全地区	36,971	群馬	シュンライ	全地区	38,255
宮城	シラネコムギ	全地区	41,303	富山	ファイバースノウ	全地区	46,116
茨城	さとのそら	全地区	42,880	石川	ファイバースノウ	Ⅰ地区	43,666
群馬	つるぴかり	全地区	46,097	福井	ファイバースノウ	全地区	46,478
群馬	さとのそら	全地区	45,064	福井	その他(はねうまもち)	全地区	47,287
埼玉	あやひかり	全地区	42,659	長野	ファイバースノウ	全地区	39,016
埼玉	さとのそら	全地区	43,666	滋賀	ファイバースノウ	Ⅱ地区	38,363
岐阜	イワイノダイチ	全地区	43,402	兵庫	シュンライ	全地区	41,506
岐阜	さとのそら	全地区	42,518				
愛知	きぬあかり	全地区	46,402	大粒(二条)大麦			
滋賀	農林61号	全地区	47,003	茨城	ミカモゴールデン	全地区	28,070
滋賀	ふくさやか	全地区	45,865	栃木	ニューサチホゴールデン	全地区	32,234
香川	さぬきの夢2009	全地区	67,765	岡山	スカイゴールデン	全地区	45,156
福岡	シロガネコムギ	全地区	46,892	佐賀	サチホゴールデン	全地区	47,819
福岡	チクゴイズミ	全地区	48,336	佐賀	はるか二条	全地区	48,641
福岡	ミナミノカオリ	全地区	63,327				
佐賀	シロガネコムギ	全地区	44,443	はだか麦			
佐賀	チクゴイズミ	全地区	48,327	香川	イチバンボシ	全地区	47,584
大分	チクゴイズミ	全地区	44,690	愛媛	マンネンボシ	全地区	48,424
				愛媛	ハルヒメボシ	全地区	46,869
				大分	トヨノカゼ	全地区	44,630

資料：全国米麦改良協会「平成31年産　民間流通麦の入札における落札決定状況（公表）」
注：1　地域区分とは、上場に係る産地別銘柄について、売り手が、特定の地域を産地として
　　　区分し、事前に民間流通連絡協議会の了承を得た区分である。
　　2　指標価格は、落札価格を落札数量で加重平均したものである。
　　3　消費税（地方消費税を含む。）相当額を除いた金額である。

(7)　加工
　　小麦粉の用途別生産量

単位：千 t

年度	計	パン用	めん用	菓子用	工業用	家庭用	その他
平成25年度	4,868	1,972	1,623	563	65	148	497
26	4,861	1,989	1,614	560	63	138	497
27	4,859	1,955	1,630	544	59	148	524
28	4,860	1,961	1,625	514	59	157	544
29	4,877	1,956	1,618	527	58	150	568

資料：農林水産省政策統括官貿易業務課資料
注：生産量は、それぞれの製品の重量である。

4 いも類
(1) 販売目的で作付けしたかんしょ・ばれいしょの農家数
(販売農家)(各年2月1日現在)

単位:戸

区分	かんしょ	ばれいしょ
平成22年	46,329	92,693
27	30,425	65,110

資料:農林水産省統計部「農林業センサス」

(2) 生産量
ア かんしょの収穫量

年産・都道府県	作付面積	10a当たり収量	収穫量
	ha	kg	t
平成26年産	38,000	2,330	886,500
27	36,600	2,220	814,200
28	36,000	2,390	860,700
29	35,600	2,270	807,100
30	35,700	2,230	796,500
主要生産県			
鹿児島	12,100	2,300	278,300
茨城	6,780	2,560	173,600
千葉	4,090	2,440	99,800
宮崎	3,610	2,500	90,300
徳島	1,090	2,570	28,000

資料:農林水産省統計部「作物統計」
注:1 主要生産県は、平成29年産収穫量の上位5県を掲載した。
 2 平成27年産、平成28年産及び平成30年産の10a当たり収量並びに収穫量及び平成30
 年産の作付面積は主産県の調査結果から推計したものである。
 なお、主産県とは、直近の全国調査年(平成29年産)における全国の作付面積のお
おむね80%を占めるまでの上位都道府県である。

イ ばれいしょの収穫量

年産	春植えばれいしょ		秋植えばれいしょ	
	作付面積	収穫量	作付面積	収穫量
	ha	t	ha	t
平成26年産	75,500	2,409,000	2,780	46,700
27	74,600	2,365,000	2,730	41,800
28	74,600	2,158,000	2,670	40,800
29	74,400	2,350,000	2,640	40,100
30(概算値)	73,900	2,214,000	2,510	45,600

資料:農林水産省統計部「野菜生産出荷統計」

(3)　需給
　ア　いも需給表

年度・種類別		国内生産量	外国貿易		国内消費仕向量				一人1年当たり供給量
			輸入量	輸出量		粗食料	飼料用	加工用	
		千t	千t	千t	千t	千t	千t	千t	kg
平成26年度	計	3,343	970	8	4,305	2,668	13	1,235	18.9
	かんしょ	887	62	4	945	540	3	386	3.9
	ばれいしょ	2,456	908	4	3,360	2,128	10	849	15.1
27	計	3,220	1,036	13	4,243	2,745	11	1,159	19.5
	かんしょ	814	58	6	866	523	3	323	3.7
	ばれいしょ	2,406	978	7	3,377	2,222	8	836	15.7
28	計	3,060	1,070	13	4,117	2,740	5	1,108	19.5
	かんしょ	861	63	7	917	551	2	348	3.9
	ばれいしょ	2,199	1,007	6	3,200	2,189	3	760	15.5
29	計	3,202	1,154	16	4,340	2,970	4	1,142	21.1
	かんしょ	807	63	9	861	525	2	320	3.8
	ばれいしょ	2,395	1,091	7	3,479	2,445	2	822	17.4
30 (概算値)	計	3,057	1,159	18	4,198	2,873	5	1,074	20.5
	かんしょ	797	55	11	841	531	2	291	3.8
	ばれいしょ	2,260	1,104	7	3,357	2,342	3	783	16.7

資料：農林水産省大臣官房政策課食料安全保障室「食料需給表」

　イ　いもの用途別消費量

単位：千t

年度	1)生産数量	農家自家食用	飼料用	種子用	市場販売用	加工食品用	でん粉用	2)アルコール用	減耗
かんしょ									
平成26年度	887	65	3	9	364	45	132	254	14
27	814	58	3	11	346	61	122	201	13
28	861	57	2	11	351	76	135	209	18
29	807	47	2	9	344	70	105	213	17
30	797	44	2	12	340	94	104	184	17
ばれいしょ									
平成26年度	2,456	140	10	149	525	539	849	−	244
27	2,406	129	8	146	507	588	836	−	192
28	2,199	130	2	138	487	543	701	−	198
29	2,395	132	2	137	567	629	783	−	144
30(概算値)	2,259	129	2	134	520	565	731	−	177

資料：農林水産省政策統括官調べ
注：1)は、農林水産省統計部「作物統計調査」の結果資料による。
　　2)は、焼酎用、醸造用の計である。

4 いも類 (続き)
 (3) 需給 (続き)
  ウ 輸出入量及び金額

品目名	平成29年		30	
	数量	金額	数量	金額
	t	千円	t	千円
輸出 　かんしょ(生鮮・冷蔵・冷凍・乾燥)	2,652	971,119	3,520	1,379,103
輸入 　ばれいしょ(生鮮・冷蔵)	40,997	2,644,862	28,545	1,738,733

資料:財務省関税局「貿易統計」をもとに農林水産省統計部にて作成。

 (4) 保険・共済

区分	単位	ばれいしょ	
		平成29年産	30(概数値)
引受組合等数	組合	13	13
引受戸数	戸	5,815	5,728
引受面積	ha	43,424	42,991
共済金額	100万円	40,444	41,558
保険金額	〃	32,377	33,271
共済掛金	〃	1,257	1,284
保険料	〃	1,008	1,030
支払対象戸数	戸	969	2,569
支払対象面積	ha	4,490	13,336
支払共済金	100万円	373	1,363
支払保険金	〃	299	1,092
1) 支払再保険金	〃	0	0

資料:農林水産省経営局「畑作物共済統計表」。ただし、平成30年産は経営局資料による。
注:農業災害補償法による畑作物共済の実績である。
　　 1)は、再保険区分ごとに一括して支払われるものも含むため、畑作物共済再保険区
　　分(「ばれいしょ、たまねぎ」)に属する作物の数値の合計となっている。

(5)　生産費

ア　原料用かんしょ生産費

区分	単位	平成29年産		30		
		10 a 当たり	100kg当たり	10 a 当たり	100kg当たり	費目割合
						％
物財費	円	53,322	2,068	57,494	2,160	41.2
種苗費	〃	2,692	104	2,772	104	2.0
肥料費	〃	11,184	434	10,749	404	7.7
農業薬剤費	〃	6,814	264	9,122	343	6.5
光熱動力費	〃	4,353	169	4,663	175	3.3
その他の諸材料費	〃	6,011	233	6,070	228	4.4
土地改良及び水利費	〃	90	3	161	6	0.1
賃借料及び料金	〃	787	31	1,091	41	0.8
物件税及び公課諸負担	〃	1,585	62	1,497	56	1.1
建物費	〃	2,557	100	2,355	88	1.7
自動車費	〃	4,651	180	4,425	167	3.2
農機具費	〃	12,321	477	14,256	536	10.2
生産管理費	〃	277	11	333	12	0.2
労働費	〃	77,686	3,012	81,993	3,082	58.8
費用合計	〃	131,008	5,080	139,487	5,242	100.0
生産費（副産物価額差引）	〃	131,008	5,080	139,487	5,242	－
支払利子・地代算入生産費	〃	137,520	5,333	145,307	5,460	－
資本利子・地代全額算入生産費	〃	144,387	5,599	153,446	5,766	－
1 経営体当たり作付面積	a	96.1	－	92.7	－	－
主産物数量	kg	2,579		2,660		－
投下労働時間	時間	59.22	2.27	59.43	2.21	－

資料：農林水産省統計部「農業経営統計調査　農産物生産費統計」
注：1　調査対象地域は鹿児島県である。
　　2　生産費とは、生産物の一定単位量の生産のために消費した経済費用の合計をいう。
　　　　ここでいう費用の合計とは、生産物の生産に要した材料、賃借料及び料金、用役等
　　　　（労働・固定資産等）の価額の合計である。
　　3　本調査は、2015年農林業センサスに基づく農業経営体のうち、世帯による農業経
　　　　営を行い、調査対象作目を10 a 以上作付けし、販売する経営体（個別経営）を対象
　　　　に実施した（以下イまで同じ。）。

イ　原料用ばれいしょ生産費

区分	単位	平成29年産		30		
		10 a 当たり	100kg当たり	10 a 当たり	100kg当たり	費目割合
						％
物財費	円	62,443	1,550	64,269	1,614	81.1
種苗費	〃	14,541	361	14,487	364	18.3
肥料費	〃	10,795	268	10,427	262	13.2
農業薬剤費	〃	11,353	282	11,259	283	14.2
光熱動力費	〃	2,955	73	3,577	90	4.5
その他の諸材料費	〃	299	7	262	7	0.3
土地改良及び水利費	〃	214	5	335	8	0.4
賃借料及び料金	〃	1,284	32	1,074	27	1.4
物件税及び公課諸負担	〃	2,124	53	2,149	54	2.7
建物費	〃	1,438	36	1,465	37	1.8
自動車費	〃	2,368	59	2,279	57	2.9
農機具費	〃	14,523	361	16,374	411	20.7
生産管理費	〃	549	13	581	14	0.7
労働費	〃	15,286	380	14,955	376	18.9
費用合計	〃	77,729	1,930	79,224	1,990	100.0
生産費（副産物価額差引）	〃	77,729	1,930	79,224	1,990	－
支払利子・地代算入生産費	〃	80,354	1,995	81,609	2,049	－
資本利子・地代全額算入生産費	〃	89,577	2,225	91,330	2,293	－
1 経営体当たり作付面積	a	754.6	－	773.3	－	－
主産物数量	kg	4,022		3,979		－
投下労働時間	時間	8.80	0.22	8.47	0.20	－

資料：農林水産省統計部「農業経営統計調査　農産物生産費統計」
注：調査対象地域は北海道である。

4 いも類（続き）
(6) 価格
ア 農産物価格指数

平成27年＝100

年次	かんしょ		ばれいしょ		
	食用	加工用	食用	加工用	種子用
平成26年	83.0	92.8	68.3	99.2	87.2
27	100.0	100.0	100.0	100.0	100.0
28	97.8	92.9	125.1	91.2	85.0
29	86.6	93.3	99.0	101.1	85.9
30	91.3	94.4	75.0	102.5	95.5

資料：農林水産省統計部「農業物価統計」

イ でん粉用原料用かんしょ交付金単価（1 t 当たり）

単位：円

品種	平成30年産	令和元年産
アリアケイモ、九州181号、コガネセンガン、コナホマレ、こなみずき、サツマアカ、サツマスターチ、シロサツマ、シロユタカ、ダイチノユメ、ハイスターチ及びミナミユタカ	26,000	26,610
その他の品種	23,410	23,960

資料：農林水産省政策統括官地域作物課資料

ウ 1 kg当たり卸売価格（東京都）

単位：円

品目	平成25年	26	27	28	29
かんしょ	163	196	242	236	217
ばれいしょ	111	116	151	185	158

資料：農林水産省統計部「青果物卸売市場調査報告」
注：東京都の卸売市場における卸売価額を卸売数量で除して求めた価格である。

エ 1 kg当たり年平均小売価格（東京都区部）

単位：円

品目	平成26年	27	28	29	30
さつまいも	466	511	501	469	486
じゃがいも	322	364	389	388	329

資料：総務省統計局「小売物価統計調査年報」

5　雑穀・豆類
(1)　販売目的で作付けしたそば・豆類の農家数（販売農家）
　　　（各年2月1日現在）

単位：戸

区分	そば	大豆	小豆
平成22年	28,376	93,762	38,608
27	26,141	65,238	23,300

資料：農林水産省統計部「農林業センサス」

5 雑穀・豆類（続き）
(2) 小豆・らっかせい・いんげん（乾燥子実）の生産量

年産・都道府県	小豆			らっかせい			いんげん		
	作付面積	10a当たり収量	収穫量	作付面積	10a当たり収量	収穫量	作付面積	10a当たり収量	収穫量
	ha	kg	t	ha	kg	t	ha	kg	t
平成26年産	32,000	240	76,800	6,840	235	16,100	9,260	221	20,500
27	27,300	233	63,700	6,700	184	12,300	10,200	250	25,500
28	21,300	138	29,500	6,550	237	15,500	8,560	66	5,650
29	22,700	235	53,400	6,420	240	15,400	7,150	236	16,900
30	23,700	178	42,100	6,370	245	15,600	7,350	133	9,760
北海道	19,100	205	39,200	3	233	7	6,790	136	9,230
青森	150	85	128	0	110	0	4	99	4
岩手	271	77	209	0	190	1	18	87	16
宮城	104	40	42	0	141	0	1	76	1
秋田	119	83	99	0	137	0	18	81	15
山形	75	65	49	1	154	2	9	78	7
福島	179	70	125	10	220	22	18	148	27
茨城	123	103	127	544	281	1,530	39	103	40
栃木	149	130	194	78	149	116	5	80	4
群馬	171	106	181	30	118	35	104	119	124
埼玉	127	63	80	34	129	44	–	–	–
千葉	95	63	60	5,080	256	13,000	–	–	–
東京	–	–	–	3	124	4	–	–	–
神奈川	12	75	9	159	177	281	1	96	1
新潟	137	61	84	25	101	25	38	71	27
富山	17	60	10	3	80	2	7	75	5
石川	140	27	38	1	110	1	26	92	24
福井	34	62	21	2	74	1	9	56	5
山梨	42	69	29	39	110	43	47	91	43
長野	187	67	125	13	69	9	195	91	177
岐阜	44	73	32	25	89	22	0	79	0
静岡	13	69	9	18	61	11	–	–	–
愛知	28	75	21	16	131	21	2	68	1
三重	30	43	13	25	172	43	–	–	–
滋賀	53	55	29	3	120	4	0	80	0
京都	453	41	186	2	25	1	3	68	2
大阪	0	54	0	–	–	–	–	–	–
兵庫	707	56	396	1	75	1	1	58	1
奈良	27	74	20	1	100	1	–	–	–
和歌山	2	76	2	0	102	0	–	–	–
鳥取	116	55	64	4	118	5	3	70	2
島根	144	43	62	0	105	0	2	93	2
岡山	326	43	140	4	85	3	0	58	0
広島	110	59	65	4	90	4	3	65	2
山口	36	50	18	1	61	1	–	–	–
徳島	16	53	8	0	100	0	1	88	1
香川	21	34	7	6	105	6	0	90	0
愛媛	39	103	40	3	110	3	1	108	1
高知	9	54	5	5	106	5	1	80	1
福岡	40	73	29	5	97	5	–	–	–
佐賀	40	68	27	4	64	3	–	–	–
長崎	36	56	20	33	103	34	–	–	–
熊本	110	56	62	19	113	21	–	–	–
大分	60	58	35	25	88	22	–	–	–
宮崎	24	67	16	37	168	62	–	–	–
鹿児島	4	90	4	104	147	153	–	–	–
沖縄	–	–	–	8	141	11	–	–	–

資料：農林水産省統計部「作物統計」（以下(3)まで同じ。）
注：1 平成26年産、28年産及び29年産の10a当たり収量並びに収穫量及び29年産の作付面積は主産県の調査結果から全国値を推計している。
   2 主産県とは、直近の全国調査年（平成28年産）における作付面積が全国の作付面積のおおむね80％を占めるまでの上位都道府県に加えて、畑作物共済事業（らっかせいを除く。）を実施する都道府県である。

(3)　そば・大豆の生産量

年産・都道府県	そば			大豆（乾燥子実）		
	作付面積	10a当たり収量	収穫量	作付面積	10a当たり収量	収穫量
	ha	kg	t	ha	kg	t
平成26年産	59,900	52	31,100	131,600	176	231,800
27	58,200	60	34,800	142,000	171	243,100
28	60,600	48	28,800	150,000	159	238,000
29	62,900	55	34,400	150,200	168	253,000
30	63,900	45	29,000	146,600	144	211,300
北海道	24,400	47	11,400	40,100	205	82,300
青森	1,640	37	607	5,010	107	5,360
岩手	1,780	60	1,070	4,590	136	6,240
宮城	671	22	148	10,700	150	16,100
秋田	3,610	35	1,260	8,470	122	10,300
山形	5,040	32	1,610	5,090	128	6,520
福島	3,720	50	1,860	1,570	133	2,090
茨城	3,370	60	2,020	3,470	110	3,820
栃木	2,700	74	2,000	2,370	168	3,980
群馬	558	89	497	303	127	385
埼玉	342	51	174	667	96	640
千葉	197	48	95	885	106	938
東京	7	43	3	10	107	11
神奈川	21	48	10	41	132	54
新潟	1,330	36	479	4,750	168	7,980
富山	519	37	192	4,710	135	6,360
石川	326	12	39	1,660	130	2,160
福井	3,350	36	1,210	1,850	120	2,220
山梨	188	47	88	220	119	262
長野	4,250	54	2,300	2,070	172	3,560
岐阜	368	29	107	2,870	50	1,440
静岡	69	22	15	260	69	179
愛知	39	8	3	4,440	62	2,750
三重	143	23	33	4,390	39	1,710
滋賀	497	25	124	6,690	66	4,420
京都	122	20	24	311	83	258
大阪	1	25	0	15	73	11
兵庫	258	21	54	2,500	64	1,600
奈良	22	30	7	148	70	104
和歌山	3	7	0	29	72	21
鳥取	319	32	102	701	103	722
島根	679	31	210	805	110	886
岡山	204	36	73	1,630	85	1,390
広島	343	32	110	499	90	449
山口	71	34	24	896	98	881
徳島	64	35	22	39	43	17
香川	33	22	7	61	59	36
愛媛	32	24	8	346	128	443
高知	7	20	1	85	48	41
福岡	77	51	39	8,280	156	12,900
佐賀	26	45	12	8,000	170	13,600
長崎	162	52	84	468	90	421
熊本	586	58	342	2,430	149	3,620
大分	228	41	93	1,630	87	1,420
宮崎	287	28	80	250	109	273
鹿児島	1,190	28	333	364	107	389
沖縄	53	62	33	0	42	0

5 雑穀・豆類（続き）
(4) 需給
ア 雑穀・豆類需給表

年度・種類別		国内生産量	外国貿易		国内消費仕向量				一人1年当たり供給量
			輸入量	輸出量		粗食料	飼料用	加工用	
		千t	千t	千t	千t	千t	千t	千t	kg
平成26年度	雑穀	31	15,845	0	15,780	251	12,113	3,399	1.2
	豆類	347	3,102	0	3,485	1,085	110	2,215	8.2
	うち大豆	232	2,828	0	3,095	776	98	2,158	6.1
27	雑穀	35	15,997	0	15,705	234	12,067	3,386	1.2
	豆類	346	3,511	0	3,789	1,122	112	2,471	8.5
	うち大豆	243	3,243	0	3,380	794	102	2,413	6.2
28	雑穀	29	15,615	0	15,805	242	12,039	3,505	1.2
	豆類	290	3,405	0	3,810	1,117	112	2,500	8.5
	うち大豆	238	3,131	0	3,424	809	106	2,439	6.4
29	雑穀	34	16,384	0	15,978	259	12,316	3,382	1.3
	豆類	339	3,511	0	3,974	1,148	81	2,660	8.7
	うち大豆	253	3,218	0	3,573	821	81	2,599	6.5
30 (概算値)	雑穀	29	16,456	0	16,368	277	12,582	3,488	1.3
	豆類	280	3,530	0	3,946	1,155	83	2,623	8.8
	うち大豆	211	3,236	0	3,561	847	83	2,558	6.7

資料：農林水産省大臣官房政策課食料安全保障室「食料需給表」
注：雑穀は、とうもろこし、こうりゃん及びその他の雑穀の計である。

イ 大豆の用途別消費量

単位：千t

年次	計	製油用	食品用	飼料用	輸出用
平成26年	3,032	1,992	942	98	0
27	3,304	2,248	954	102	0
28	2,474	2,273	954	106	0
29	3,529	2,432	988	109	0
30	3,488	2,393	1,012	83	0

資料：農林水産省食料産業局「我が国の油脂事情」

ウ 輸入数量及び金額

品目	平成29年		30	
	数量	金額	数量	金額
	t	千円	t	千円
乾燥した豆（さやなし）				
小豆	21,275	3,031,048	21,347	2,881,249
いんげん豆	11,086	1,538,955	11,931	1,540,409
穀物・穀粉調製品				
そば	52,093	3,948,597	54,070	3,690,222
植物性油脂（原料）				
大豆	3,218,427	173,527,201	3,236,413	170,089,931
落花生（調製していないもの）	36,015	8,028,482	36,806	8,501,684

資料：財務省関税局「貿易統計」をもとに農林水産省統計部にて作成

(5)　保険・共済

区分	単位	大豆 平成29年産	大豆 30（概算値）	小豆 平成29年産	小豆 30（概算値）	いんげん 平成29年産	いんげん 30（概算値）	そば 平成29年産	そば 30（概算値）
引受組合等数	組合	114	120	7	7	4	4	22	23
引受戸数	戸	30,537	28,463	4,328	4,387	1,636	1,588	4,161	4,145
引受面積	ha	120,537	117,534	14,753	16,253	5,901	6,070	22,827	24,104
共済金額	100万円	53,571	52,205	8,025	8,874	2,326	2,433	4,878	5,429
保険金額	〃	32,644	31,667	6,357	7,037	1,861	1,946	3,451	3,898
共済掛金	〃	4,330	4,228	556	611	222	232	440	486
保険料	〃	2,594	2,523	437	482	178	186	296	332
支払対象戸数	戸	9,864	12,978	180	1,417	21	732	1,635	2,637
支払対象面積	ha	39,665	61,782	281	5,143	45	2,369	8,228	15,427
支払共済金	100万円	2,798	7,036	48	873	6	334	349	1,277
支払保険金	〃	1,403	3,877	27	689	5	267	158	946
1)　支払再保険金	〃	518	3,984	518	3,984	518	3,984	110	504

資料：農林水産省経営局「畑作物共済統計表」。ただし、平成30年産は経営局資料による。
注：農業災害補償法による畑作物共済の実績である。
　　1)は、再保険区分ごとに一括して支払われるものも含むため、畑作物共済再保険区分
　　（「大豆、小豆、いんげん、ホップ」、「てんさい、そば、スイートコーン、かぼちゃ」）
　　に属する作物の数値の合計となっている。

(6)　生産費
ア　そば生産費

区分	単位	平成29年産 10a当たり	平成29年産 45kg当たり	30 10a当たり	30 45kg当たり	費目割合
						%
物財費	円	23,078	13,449	23,272	20,763	83.0
種苗費	〃	2,766	1,611	2,781	2,481	9.9
肥料費	〃	2,766	1,612	2,699	2,407	9.6
農業薬剤費	〃	299	174	400	357	1.4
光熱動力費	〃	1,038	605	1,339	1,194	4.8
その他の諸材料費	〃	71	41	75	67	0.3
土地改良及び水利費	〃	1,007	587	1,345	1,200	4.8
賃借料及び料金	〃	7,175	4,181	4,834	4,312	17.2
物件税及び公課諸負担	〃	735	429	786	702	2.8
建物費	〃	890	518	1,055	941	3.8
自動車費	〃	998	581	1,107	988	3.9
農機具費	〃	5,216	3,042	6,723	6,000	24.0
生産管理費	〃	117	68	128	114	0.5
労働費	〃	4,778	2,783	4,761	4,247	17.0
費用合計	〃	27,856	16,232	28,033	25,010	100.0
生産費（副産物価額差引）	〃	27,856	16,232	28,033	25,010	–
支払利子・地代算入生産費	〃	30,327	17,672	30,961	27,622	–
資本利子・地代全額算入生産費	〃	36,230	21,112	36,050	32,163	–
1経営体当たり作付面積	a	228.3	–	236.6	–	–
主産物数量	kg	77	–	51	–	–
投下労働時間	時間	3.14	1.82	3.09	2.74	–

資料：農林水産省統計部「農業経営統計調査　農産物生産費統計」
注：1　生産費とは、生産物の一定単位量の生産のために消費した経済費用の合計をいう。ここでいう費用
　　　の合計とは、生産物の生産に要した材料、賃借料及び料金、用役等（労働・固定資産等）の価額の合
　　　計である。
　　2　本調査は、2015年農林業センサスに基づく農業経営体のうち、世帯による農業経営を行い、そばを
　　　10a以上作付けし、販売する経営体（個別経営）を対象に実施した。

5　雑穀・豆類（続き）
(6)　生産費　（続き）
　　イ　大豆生産費

区分	単位	平成29年産		30		
		10 a 当たり	60kg 当たり	10 a 当たり	60kg 当たり	費目割合
						%
物財費	円	41,069	12,267	41,467	13,954	79.9
種苗費	〃	3,615	1,080	3,677	1,237	7.1
肥料費	〃	5,064	1,513	5,462	1,838	10.5
農業薬剤費	〃	5,549	1,658	5,796	1,951	11.2
光熱動力費	〃	2,024	605	2,320	781	4.5
その他の諸材料費	〃	156	47	210	71	0.4
土地改良及び水利費	〃	1,654	494	1,555	523	3.0
賃借料及び料金	〃	8,553	2,555	7,761	2,612	15.0
物件税及び公課諸負担	〃	1,216	363	1,187	400	2.3
建物費	〃	1,243	372	1,266	425	2.4
自動車費	〃	1,330	397	1,325	446	2.6
農機具費	〃	10,354	3,090	10,620	3,573	20.5
生産管理費	〃	311	93	288	97	0.6
労働費	〃	10,980	3,280	10,430	3,508	20.1
費用合計	〃	52,049	15,547	51,897	17,462	100.0
生産費（副産物価額差引）	〃	51,843	15,485	51,763	17,417	－
支払利子・地代算入生産費	〃	56,540	16,888	56,371	18,967	－
資本利子・地代全額算入生産費	〃	64,221	19,199	64,211	21,605	－
1 経営体当たり作付面積	a	365.8	－	395.4	－	－
主産物数量	kg	201	－	178	－	－
投下労働時間	時間	6.91	2.05	6.39	2.13	－

資料：農林水産省統計部「農業経営統計調査　農産物生産費統計」
注：　本調査は、2015年農林業センサスに基づく農業経営体のうち、世帯による農業経営を行い、
　　大豆を10 a 以上作付けし、販売する経営体（個別経営）を対象に実施した。

(7)　農産物価格指数

平成27年＝100

品目・銘柄等級	平成26年	27	28	29	30
そば（玄そば）	76.3	100.0	98.5	100.4	112.9
大豆（黄色大豆）	101.2	100.0	94.9	82.0	75.2
小豆（普通小豆）	113.0	100.0	102.8	138.9	161.2
らっかせい（殻付 2 等程度）	61.4	100.0	81.8	75.4	79.9

資料：農林水産省統計部「農業物価統計」

6　野菜
(1)　野菜作農家(各年2月1日現在)
ア　販売目的で作付けした主要野菜の種類別作付農家数(販売農家)

単位：戸

区分	トマト	なす	きゅうり	キャベツ	はくさい	ほうれんそう	ねぎ
平成22年	110,081	119,738	118,565	113,505	118,465	113,001	118,598
27	78,457	84,635	84,344	89,151	106,353	76,206	92,399

区分	たまねぎ	だいこん	にんじん	さといも	レタス	ピーマン	すいか	いちご
平成22年	100,654	130,159	75,085	83,457	45,769	70,800	38,764	31,766
27	80,396	118,719	52,186	71,074	32,550	38,530	30,108	22,768

資料：農林水産省統計部「農林業センサス」(以下ウまで同じ。)

イ　販売目的で作付けした野菜(露地)の作付面積規模別作付農家数(販売農家)

単位：戸

区分	計	5a未満	5〜10	10〜20	20〜30	30〜50	50a〜1ha	1ha以上
平成22年	370,254	35,394	47,949	81,784	49,606	53,784	47,987	53,750
27	321,879	37,999	45,914	67,996	38,355	42,334	39,903	49,378

ウ　販売目的で作付けした野菜(施設)の作付面積規模別作付農家数(販売農家)

単位：戸

区分	計	5a未満	5〜10	10〜20	20〜30	30〜50	50a〜1ha	1ha以上
平成22年	131,421	28,490	15,608	28,831	21,474	20,978	11,630	4,410
27	107,157	26,172	12,059	20,872	16,180	16,324	10,549	5,001

6 野菜（続き）
(2) 生産量及び出荷量
　ア 主要野菜の生産量、出荷量及び産出額

年産	だいこん				かぶ			
	作付面積	収穫量	出荷量	産出額	作付面積	収穫量	出荷量	産出額
	ha	t	t	億円	ha	t	t	億円
平成25年産	33,700	1,457,000	1,172,000	1,044	4,750	132,500	108,500	142
26	33,300	1,452,000	1,170,000	940	4,710	130,700	107,200	147
27	32,900	1,434,000	1,161,000	994	4,630	131,900	108,400	135
28	32,300	1,362,000	1,105,000	1,213	4,510	128,700	106,300	142
29	32,000	1,325,000	1,087,000	1,118	4,420	119,300	98,800	150

年産	にんじん				ごぼう			
	作付面積	収穫量	出荷量	産出額	作付面積	収穫量	出荷量	産出額
	ha	t	t	億円	ha	t	t	億円
平成25年産	18,500	603,900	535,900	680	8,570	157,600	133,600	273
26	18,400	633,200	562,900	572	8,010	155,100	134,700	311
27	18,100	633,100	563,000	652	8,000	152,600	131,100	302
28	17,800	566,800	502,800	763	8,040	137,600	117,800	340
29	17,900	596,500	533,700	627	7,950	142,100	122,800	275

年産	れんこん				さといも			
	作付面積	収穫量	出荷量	産出額	作付面積	収穫量	出荷量	産出額
	ha	t	t	億円	ha	t	t	億円
平成25年産	3,960	63,500	53,000	218	13,000	162,100	102,700	376
26	3,910	56,300	46,700	249	12,900	165,700	106,300	398
27	3,950	56,700	47,400	262	12,500	153,300	97,800	395
28	3,930	59,800	49,900	293	12,200	154,600	98,600	407
29	3,970	61,500	51,600	259	12,000	148,600	97,000	349

年産	やまのいも				はくさい			
	作付面積	収穫量	出荷量	産出額	作付面積	収穫量	出荷量	産出額
	ha	t	t	億円	ha	t	t	億円
平成25年産	7,350	159,800	131,600	427	17,800	906,300	730,600	536
26	7,260	164,800	134,400	471	17,800	914,400	736,600	457
27	7,270	163,200	134,300	448	17,600	894,600	723,700	545
28	7,120	145,700	120,800	487	17,300	888,700	715,800	698
29	7,150	159,300	134,300	503	17,200	880,900	726,800	706

年産	こまつな				キャベツ			
	作付面積	収穫量	出荷量	産出額	作付面積	収穫量	出荷量	産出額
	ha	t	t	億円	ha	t	t	億円
平成25年産	6,450	105,200	91,100	294	34,300	1,440,000	1,276,000	1,150
26	6,800	113,200	98,200	292	34,700	1,480,000	1,316,000	1,020
27	6,860	115,400	100,200	320	34,700	1,469,000	1,310,000	1,136
28	6,890	113,600	99,100	344	34,600	1,446,000	1,298,000	1,284
29	7,010	112,100	99,200	322	34,800	1,428,000	1,280,000	1,244

資料： 農林水産省統計部「野菜生産出荷統計」（以下イまで同じ。）、産出額は「生産農業所得
　　　統計」による。
注： 出荷量とは、収穫量から生産者が自家消費した量、贈与した量、収穫後の減耗量及び種子用
　　　又は飼料用として販売した量を差し引いた重量をいう。

年産	ちんげんさい				ほうれんそう			
	作付面積	収穫量	出荷量	産出額	作付面積	収穫量	出荷量	産出額
	ha	t	t	億円	ha	t	t	億円
平成25年産	2,380	47,000	41,200	114	21,300	250,300	208,000	1,001
26	2,260	44,800	39,400	107	21,200	257,400	215,000	1,013
27	2,220	44,100	38,600	116	21,000	250,800	209,800	1,016
28	2,220	44,100	38,700	120	20,700	247,300	207,300	1,068
29	2,200	43,100	38,000	113	20,500	228,100	193,300	1,113

年産	ふき				みつば			
	作付面積	収穫量	出荷量	産出額	作付面積	収穫量	出荷量	産出額
	ha	t	t	億円	ha	t	t	億円
平成25年産	616	12,400	10,400	30	1,060	15,800	14,700	83
26	609	11,700	9,720	29	1,040	15,900	14,800	81
27	592	11,500	9,640	31	1,030	15,600	14,600	85
28	571	11,200	9,380	31	979	15,300	14,300	87
29	557	10,700	9,130	29	957	15,400	14,400	86

年産	しゅんぎく				みずな			
	作付面積	収穫量	出荷量	産出額	作付面積	収穫量	出荷量	産出額
	ha	t	t	億円	ha	t	t	億円
平成25年産	2,010	30,700	24,600	159	2,490	41,800	37,200	146
26	2,010	31,000	24,800	151	2,500	41,800	37,500	142
27	2,000	31,700	25,500	150	2,550	44,000	39,500	154
28	1,960	30,000	24,200	159	2,510	43,600	39,400	151
29	1,930	29,000	23,500	169	2,460	42,100	38,000	148

年産	セルリー				アスパラガス			
	作付面積	収穫量	出荷量	産出額	作付面積	収穫量	出荷量	産出額
	ha	t	t	億円	ha	t	t	億円
平成25年産	604	34,000	32,300	71	5,770	29,600	26,100	270
26	601	34,000	32,300	68	5,580	28,500	25,100	273
27	589	32,300	30,600	70	5,470	29,500	25,700	296
28	585	33,500	31,600	75	5,420	30,400	26,800	320
29	580	32,200	30,600	72	5,330	26,200	23,000	297

年産	カリフラワー				ブロッコリー			
	作付面積	収穫量	出荷量	産出額	作付面積	収穫量	出荷量	産出額
	ha	t	t	億円	ha	t	t	億円
平成25年産	1,290	22,200	18,500	37	13,700	137,000	122,400	397
26	1,280	22,300	18,600	38	14,100	145,600	130,400	416
27	1,260	22,100	18,400	39	14,500	150,900	135,500	451
28	1,220	20,400	17,200	42	14,600	142,300	127,900	502
29	1,230	20,100	17,000	43	14,900	144,600	130,200	511

6 野菜（続き）
(2) 生産量及び出荷量（続き）
ア 主要野菜の生産量、出荷量及び産出額（続き）

年産	レタス				ねぎ			
	作付面積	収穫量	出荷量	産出額	作付面積	収穫量	出荷量	産出額
	ha	t	t	億円	ha	t	t	億円
平成25年産	21,300	579,000	547,100	902	22,900	477,500	380,700	1,421
26	21,300	577,800	546,700	930	22,900	483,900	389,100	1,366
27	21,500	568,000	537,700	981	22,800	474,500	383,100	1,555
28	21,600	585,700	555,200	963	22,600	464,800	375,600	1,709
29	21,800	583,200	542,300	1,018	22,600	458,800	374,400	1,657

年産	にら				たまねぎ			
	作付面積	収穫量	出荷量	産出額	作付面積	収穫量	出荷量	産出額
	ha	t	t	億円	ha	t	t	億円
平成25年産	2,210	63,900	57,800	259	25,200	1,068,000	940,700	833
26	2,180	61,400	55,600	274	25,300	1,169,000	1,027,000	1,070
27	2,150	61,500	55,500	314	25,700	1,265,000	1,124,000	1,077
28	2,120	62,100	56,200	335	25,800	1,243,000	1,107,000	1,083
29	2,060	59,600	53,900	343	25,600	1,228,000	1,099,000	961

年産	にんにく				きゅうり			
	作付面積	収穫量	出荷量	産出額	作付面積	収穫量	出荷量	産出額
	ha	t	t	億円	ha	t	t	億円
平成25年産	2,340	20,900	14,500	129	11,400	574,400	487,400	1,463
26	2,310	20,100	14,000	169	11,100	548,800	465,500	1,396
27	2,330	20,500	14,300	223	11,000	549,900	468,400	1,482
28	2,410	21,100	14,700	241	10,900	550,300	470,600	1,538
29	2,430	20,700	14,500	253	10,800	559,500	483,200	1,375

年産	かぼちゃ				なす			
	作付面積	収穫量	出荷量	産出額	作付面積	収穫量	出荷量	産出額
	ha	t	t	億円	ha	t	t	億円
平成25年産	16,600	211,800	168,000	280	9,700	321,200	245,900	803
26	16,200	200,000	158,100	287	9,570	322,700	248,600	847
27	16,100	202,400	160,400	309	9,410	308,900	237,400	885
28	16,000	185,300	145,600	313	9,280	306,000	236,100	886
29	15,800	201,300	161,000	289	9,160	307,800	241,400	848

年産	トマト				ピーマン			
	作付面積	収穫量	出荷量	産出額	作付面積	収穫量	出荷量	産出額
	ha	t	t	億円	ha	t	t	億円
平成25年産	12,100	747,500	670,500	2,325	3,360	145,300	126,300	463
26	12,100	739,900	665,600	2,182	3,320	145,300	127,200	464
27	12,100	727,000	653,400	2,434	3,270	140,400	122,800	526
28	12,100	743,200	670,200	2,574	3,270	144,800	127,000	511
29	12,000	737,200	667,800	2,422	3,250	147,000	129,800	485

年産	スイートコーン				さやいんげん			
	作付面積	収穫量	出荷量	産出額	作付面積	収穫量	出荷量	産出額
	ha	t	t	億円	ha	t	t	億円
平成25年産	24,400	236,800	191,000	340	5,990	41,300	27,000	238
26	24,400	249,500	201,400	327	5,820	41,000	26,600	236
27	24,100	240,300	194,100	377	5,760	40,300	26,300	263
28	24,000	196,200	150,700	359	5,650	39,500	25,700	297
29	22,700	231,700	186,300	342	5,590	39,800	26,400	282

年産	さやえんどう				グリーンピース			
	作付面積	収穫量	出荷量	1)産出額	作付面積	収穫量	出荷量	産出額
	ha	t	t	億円	ha	t	t	億円
平成25年産	3,110	20,400	12,800	194	828	6,530	5,150	…
26	3,020	20,100	12,700	197	859	6,700	5,280	…
27	2,980	19,300	12,100	217	827	5,910	4,590	…
28	3,070	18,400	11,300	243	805	5,520	4,300	…
29	3,050	21,700	13,800	247	772	6,410	5,060	…

年産	そらまめ				えだまめ			
	作付面積	収穫量	出荷量	産出額	作付面積	収穫量	出荷量	産出額
	ha	t	t	億円	ha	t	t	億円
平成25年産	2,110	18,000	12,800	53	12,400	62,700	46,100	365
26	2,070	17,800	12,600	54	12,500	67,000	49,700	360
27	2,020	16,800	11,800	60	12,500	65,900	49,100	399
28	1,980	14,700	9,990	59	12,800	66,000	49,700	418
29	1,900	15,500	10,700	64	12,900	67,700	51,800	400

年産	しょうが				いちご			
	作付面積	収穫量	出荷量	産出額	作付面積	収穫量	出荷量	産出額
	ha	t	t	億円	ha	t	t	億円
平成25年産	1,930	49,200	38,600	182	5,600	165,600	151,800	1,601
26	1,870	49,500	39,100	208	5,570	164,000	150,200	1,617
27	1,840	49,400	39,100	215	5,450	158,700	145,200	1,700
28	1,810	50,800	40,100	260	5,370	159,000	145,000	1,749
29	1,780	48,300	38,100	276	5,280	163,700	150,200	1,752

年産	メロン				すいか			
	作付面積	収穫量	出荷量	産出額	作付面積	収穫量	出荷量	産出額
	ha	t	t	億円	ha	t	t	億円
平成25年産	7,560	168,700	153,100	644	11,000	355,300	304,700	569
26	7,300	167,600	152,300	645	10,800	357,500	307,800	537
27	7,080	158,000	143,300	637	10,600	339,800	292,400	540
28	6,950	158,200	143,600	669	10,400	344,800	296,400	588
29	6,770	155,000	140,700	645	10,200	331,100	284,400	572

注：1)は、グリーンピースを含む。

6 野菜 (続き)
(2) 生産量及び出荷量 (続き)
イ 主要野菜の季節区分別収穫量 (平成29年産)

単位：t

区分	収穫量	区分	収穫量	区分	収穫量
だいこん		**ばれいしょ**		**はくさい**	
春(4～6月)	219,700	春植え(都府県産)	466,500	春(4～6月)	118,500
千葉	62,200	(4～8月)		茨城	52,500
青森	23,900	鹿児島	76,400	長野	22,900
長崎	20,700	長崎	70,200	長崎	14,200
鹿児島	14,500	茨城	44,800	熊本	7,160
茨城	13,400	千葉	29,800	大分	2,430
夏(7～9月)	260,400	長野	21,500	夏(7～9月)	184,500
北海道	131,100	春植え(北海道産)	1,883,000	長野	157,100
青森	69,200	(9～10月)		北海道	12,500
群馬	11,200	北海道	1,883,000	群馬	10,200
岩手	9,990	秋植え(11～3月)	40,100	青森	1,090
岐阜	7,600	長崎	18,600		
秋冬(10～3月)	845,000	鹿児島	10,000	秋冬(10～3月)	577,900
鹿児島	78,800	広島	1,870	茨城	191,200
千葉	77,100	沖縄	1,090	長野	55,200
宮崎	74,400	岡山	788	栃木	22,600
神奈川	68,900			埼玉	22,200
新潟	48,900			兵庫	19,700
にんじん		**さといも**		**キャベツ**	
春夏(4～7月)	165,900	秋冬(6～3月)	148,500	春(4～6月)	379,300
徳島	52,900	埼玉	17,100	愛知	68,100
千葉	25,300	千葉	16,200	千葉	53,900
青森	23,100	宮崎	14,700	神奈川	50,700
長崎	11,700	愛媛	9,570	茨城	48,900
熊本	7,780	栃木	9,170	鹿児島	16,300
秋(8～10月)	206,600			夏秋(7～10月)	492,400
北海道	185,900			群馬	251,000
青森	8,230			長野	64,600
				北海道	44,900
				岩手	26,400
				茨城	21,400
冬(11～3月)	224,000			冬(11～3月)	555,800
千葉	76,600			愛知	176,800
茨城	23,400			鹿児島	54,300
長崎	18,500			千葉	54,000
鹿児島	17,100			茨城	40,600
埼玉	14,200			神奈川	23,800

注：季節区分別に全国及び上位5都道府県の収穫量を掲載した。

単位：t

区分	収穫量	区分	収穫量	区分	収穫量
レタス		きゅうり		トマト	
春(4〜5月)	123,200	冬春(12〜6月)	304,800	冬春(12〜6月)	402,300
茨城	39,600	宮崎	63,000	熊本	104,300
長野	20,100	群馬	35,500	愛知	42,400
兵庫	8,880	埼玉	32,400	栃木	28,800
群馬	8,740	千葉	24,400	千葉	20,600
長崎	8,310	高知	23,900	福岡	17,700
夏秋(6〜10月)	294,500	夏秋(7〜11月)	254,800	夏秋(7〜11月)	334,900
長野	200,900	福島	32,000	北海道	53,000
群馬	39,300	群馬	19,900	茨城	35,900
茨城	17,000	北海道	14,800	熊本	23,900
北海道	11,200	埼玉	14,200	千葉	18,800
岩手	8,540	長野	13,100	福島	18,100
冬(11〜3月)	165,500				
茨城	30,700				
長崎	22,100				
静岡	17,900				
兵庫	17,100				
熊本	13,700				
ねぎ		なす		ピーマン	
春(4〜6月)	82,400	冬春(12〜6月)	119,200	冬春(11〜5月)	78,100
千葉	19,800	高知	40,200	宮崎	24,200
茨城	15,700	熊本	23,400	茨城	23,700
埼玉	6,640	福岡	16,900	高知	12,400
群馬	3,670	愛知	7,010	鹿児島	11,800
大分	3,530	群馬	6,190	沖縄	2,420
夏(7〜9月)	91,500	夏秋(7〜11月)	188,600	夏秋(6〜10月)	68,900
茨城	15,400	群馬	18,400	茨城	11,800
北海道	12,400	茨城	17,400	岩手	7,160
千葉	7,660	栃木	11,600	大分	5,730
埼玉	6,090	京都	8,710	北海道	5,600
青森	5,120	熊本	7,980	宮崎	3,390
秋冬(10〜3月)	284,900				
埼玉	45,200				
千葉	32,500				
茨城	20,200				
群馬	15,200				
長野	11,100				

6 野菜（続き）
(2) 生産量及び出荷量(続き)
　ウ　その他野菜の収穫量

品目	平成26年産		28		主産県収穫量 （平成28年産）	
	作付面積	収穫量	作付面積	収穫量		
	ha	t	ha	t	（主産県）	t
1) つけな	2,320	52,525	2,123	46,867	長野	28,158
非結球レタス	3,236	67,825	3,330	63,577	長野	27,092
わけぎ	116	1,215	81	804	広島	451
らっきょう	828	11,429	756	10,607	鳥取	4,055
オクラ	815	12,211	876	12,934	鹿児島	5,408
とうがん	268	11,326	229	10,926	沖縄	2,644
にがうり	853	21,597	811	21,454	沖縄	8,492
しろうり	78	4,013	63	3,741	徳島	1,800
かんぴょう	144	3) 320	115	3) 268	栃木	3) 265
葉しょうが	53	1,257	53	1,135	静岡	509
しそ	551	9,866	520	8,560	愛知	3,685
パセリ	219	4,125	163	2,913	長野	884
マッシュルーム	2) 156	5,632	2) 182	6,777	千葉	2,528

資料：農林水産省生産局「地域特産野菜生産状況調査」
注：2年ごとの調査である。
　　1)のつけなは、こまつな及びみずなを除いたものである。
　　2)の単位は、千㎡である。
　　3)は、乾燥重量である。

エ　主要野菜の用途別出荷量

単位：t

品目	平成28年産				29			
	出荷量	用途別			出荷量	用途別		
		生食向け	加工向け	業務用		生食向け	加工向け	業務用
だいこん	1,105,000	821,000	268,100	15,900	1,087,000	804,100	265,800	17,100
にんじん	502,800	444,900	53,700	4,220	533,700	468,900	60,000	4,820
ばれいしょ	1,818,000	590,000	1,228,000	…	1,996,000	636,000	1,360,000	…
さといも	98,600	94,400	4,030	176	97,000	91,700	5,060	195
はくさい	715,800	670,900	38,200	6,740	726,800	682,500	36,700	7,630
キャベツ	1,298,000	1,097,000	124,500	76,500	1,280,000	1,069,000	134,900	75,800
ほうれんそう	207,300	187,400	19,200	673	193,300	175,800	16,600	887
レタス	555,200	477,400	42,700	35,100	542,300	466,500	41,700	34,100
ねぎ	375,600	361,000	11,200	3,390	374,400	357,000	13,400	4,040
たまねぎ	1,107,000	866,100	223,100	17,800	1,099,000	884,400	195,500	19,100
きゅうり	470,600	464,000	5,130	1,430	483,200	477,000	4,900	1,280
なす	236,100	232,600	3,190	326	241,400	238,100	3,090	168
トマト	670,200	630,900	35,600	3,730	667,800	631,900	32,400	3,480
ピーマン	127,000	126,900	10	126	129,800	129,600	19	226

資料：農林水産省統計部「野菜生産出荷統計」

(3)　需給
　ア　野菜需給表

区分	国内生産量	1)外国貿易		2)在庫の増減量	国内消費仕向量			一人1年当たり供給量	一人1日当たり供給量
		輸入量	輸出量			加工用	3)純食料		
	千t	千t	千t	千t	千t	千t	千t	kg	g
野菜									
平成26年度	11,956	3,097	9	0	15,044	0	11,722	92.1	252.4
27	11,856	2,941	21	0	14,776	0	11,491	90.4	247.0
28	11,598	2,901	31	0	14,468	0	11,245	88.6	242.7
29	11,549	3,126	21	0	14,654	0	11,399	90.0	246.5
30(概算値)	11,306	3,310	11	0	14,605	0	11,366	89.9	246.3
緑黄色野菜									
平成26年度	2,617	1,522	3	0	4,136	0	3,445	27.1	74.2
27	2,603	1,461	3	0	4,061	0	3,362	26.5	72.3
28	2,515	1,429	3	0	3,941	0	3,256	25.7	70.3
29	2,534	1,595	4	0	4,125	0	3,417	27.0	73.9
30(概算値)	2,433	1,664	2	0	4,095	0	3,384	26.8	73.3
その他の野菜									
平成26年度	9,339	1,575	6	0	10,908	0	8,277	65.1	178.2
27	9,253	1,480	18	0	10,715	0	8,129	64.0	174.8
28	9,083	1,472	28	0	10,527	0	7,989	62.9	172.4
29	9,015	1,531	17	0	10,529	0	7,982	63.0	172.6
30(概算値)	8,873	1,646	9	0	10,510	0	7,982	63.1	173.0

資料：農林水産省大臣官房政策課食料安全保障室「食料需給表」
注：　1)のうち、いわゆる加工食品は、生鮮換算して計上している。なお、全く国内に流通しない
　　ものや、全く食料になり得ないものなどは計上していない。
　　2)は、当年度末繰越量と当年度始め持越量との差である。
　　3)は、粗食料に歩留率を乗じたもので、人間の消費に直接に利用可能な食料の実際の量を表
　　している。

イ　1世帯当たり年間の購入数量（二人以上の世帯・全国）

単位：g

品目		平成26年	27	28	29	30
生鮮野菜	キャベツ	18,031	18,098	18,375	17,878	17,020
	ほうれんそう	3,422	3,343	3,017	2,937	3,054
	はくさい	8,920	8,379	7,958	8,240	7,787
	ねぎ	4,896	4,882	4,628	4,777	4,415
	レタス	6,064	5,907	5,934	6,389	6,282
	さといも	1,888	1,930	1,766	1,750	1,502
	だいこん	14,072	13,553	12,386	13,356	11,698
	にんじん	8,878	9,034	8,283	8,429	8,037
	たまねぎ	16,163	16,933	17,234	16,226	15,997
	きゅうり	7,673	7,801	7,620	7,797	7,715
	なす	4,311	4,069	4,168	4,195	4,140
	トマト	12,186	12,127	11,866	12,107	11,888
	ピーマン	2,681	2,692	2,756	2,947	2,925
生鮮果物	すいか	4,174	4,033	3,883	3,803	3,555
	メロン	2,468	1,887	2,022	1,695	1,801
	いちご	2,567	2,542	2,269	2,336	2,242

資料：総務省統計局「家計調査年報」

6　野菜（続き）
(3)　需給（続き）
　　ウ　輸出入量及び金額

品目	平成29年		30	
	数量	金額	数量	金額
	t	千円	t	千円
輸出				
野菜（生鮮、冷蔵、冷凍）				
1)キャベツ等	1,848	212,568	1,011	177,276
レタス	99	17,981	96	18,467
2)大根その他食用根	362	75,426	380	95,014
3)ヤム芋	4,662	2,528,348	5,929	2,171,158
果実（生鮮・乾燥）				
メロン	416	422,614	492	494,414
ストロベリー	889	1,798,530	1,238	2,530,642
輸入				
野菜・その他調整品				
野菜（生鮮・冷蔵）				
トマト	7,690	3,000,339	9,198	3,771,896
たまねぎ	291,054	15,044,178	294,257	13,842,054
にんにく	20,917	6,305,078	21,869	4,890,072
ねぎ	60,076	7,721,786	66,905	8,628,209
カリフラワー	2	997	4	1,050
ブロッコリー	13,345	3,354,986	17,641	4,258,309
結球キャベツ	38,189	1,447,359	92,358	4,247,386
はくさい	2,562	111,137	16,451	879,431
結球レタス	12,170	1,719,412	16,840	2,115,381
レタスその他のもの	776	287,922	543	213,551
にんじん・かぶ	87,950	3,735,828	110,579	6,084,332
ごぼう	48,486	2,685,985	49,079	3,238,916
きゅうり・ガーキン	7	2,745	13	8,289
えんどう	697	403,076	953	551,487
ささげ属・いんげん豆属の豆	1,291	525,748	1,341	574,496
アスパラガス	10,082	7,258,060	10,827	7,401,991
なす	32	8,670	44	12,592
セルリー	7,084	799,456	7,979	877,005
とうがらし属・ピメンタ属の果実	44,421	15,107,870	40,557	14,979,594
スイートコーン	14	4,309	4	1,687
かぼちゃ類	96,058	9,217,387	103,170	8,700,386

資料：財務省関税局「貿易統計」をもとに農林水産省統計部にて作成。
注：　1)は、キャベツ、コールラビー、ケールその他これらに類するあぶらな属の食用野菜のうち、
　　　カリフラワー及び芽キャベツを除いたものである。
　　　2)は、サラダ用のビート、サルシファイ、セルリアク、大根その他これらに類する食用の根
　　　のうち、にんじん及びかぶを除いたものである。
　　　3)は、ながいもを含む。

品目	平成29年		30	
	数量	金額	数量	金額
	t	千円	t	千円
輸入（続き）				
4)冷凍野菜				
えだ豆	75,714	17,539,134	76,360	17,408,097
ほうれんそう、つる菜等	45,496	7,344,614	51,796	8,468,959
スイートコーン	52,287	8,779,006	52,569	8,731,999
ブロッコリー	48,753	10,171,307	57,330	11,973,335
果実（生鮮）				
すいか	168	24,735	265	42,005
メロン	25,893	2,758,023	27,206	2,482,524
いちご	3,176	3,404,013	3,281	3,706,761

注：4)は、調理していないもの及び蒸気又は水煮による調理をしたものに限る。

(4)　保険・共済

区分	単位	スイートコーン		たまねぎ		かぼちゃ	
		平成29年産	30 （概算値）	平成29年産	30 （概算値）	平成29年産	30 （概算値）
引受組合等数	組合	7	8	4	4	6	6
引受戸数	戸	2,056	2,053	1,566	1,507	1,638	1,585
引受面積	ha	5,595	6,326	11,602	11,529	3,819	3,613
共済金額	100万円	2,965	3,157	23,382	22,949	2,744	2,723
保険金額	〃	2,395	2,530	18,706	18,359	2,195	2,178
共済掛金	〃	143	145	1,086	1,056	206	205
保険料	〃	115	116	869	845	165	164
支払対象戸数	戸	305	926	97	276	366	1,037
支払対象面積	ha	796	2,965	577	1,712	761	2,495
支払共済金	100万円	92	351	160	533	133	540
支払保険金	〃	74	282	128	426	107	432
1) 支払再保険金	〃	110	504	0	0	110	504

資料：農林水産省経営局「畑作物共済統計表」。ただし、平成30年産は経営局資料による。
注：農業災害補償法による畑作物共済の実績である。
　　1)は、再保険区分ごとに一括して支払われるものも含むため、畑作物共済再保険区分（「てんさい、
　　そば、スイートコーン、かぼちゃ」、「ばれいしょ、たまねぎ」）に属する作物の数値の合計となって
　　いる。

6 野菜（続き）
(5) 価格
  ア 農産物価格指数

平成27年＝100

品目	平成26年	27	28	29	30
きゅうり	91.7	100.0	104.3	89.2	101.0
なす	87.8	100.0	99.1	96.1	102.4
トマト（生食用）	83.0	100.0	103.7	94.3	95.6
すいか	86.7	100.0	103.8	115.4	115.0
いちご	93.1	100.0	108.0	106.6	104.7
ピーマン	81.1	100.0	100.4	89.1	97.6
メロン（アンデスメロン）	97.9	100.0	105.0	100.7	104.0
〃 （温室メロン）	92.3	100.0	100.8	103.2	99.2
はくさい（結球）	71.5	100.0	120.1	115.6	127.8
キャベツ	82.3	100.0	95.6	89.6	106.1
レタス	77.1	100.0	107.0	84.5	82.2
ほうれんそう	88.0	100.0	115.7	111.1	110.9
ねぎ	86.8	100.0	112.1	108.6	123.0
たまねぎ	113.0	100.0	103.6	96.4	114.8
だいこん	89.0	100.0	120.9	102.0	125.8
にんじん	95.0	100.0	150.7	97.4	140.0

資料：農林水産省統計部「農業物価統計」

イ 1kg当たり卸売価格（東京都）

単位：円

品目	平成25年	26	27	28	29
きゅうり	303	320	325	335	311
なす	342	355	393	402	384
トマト	352	328	369	389	359
すいか	195	179	203	213	221
いちご	1,109	1,180	1,258	1,317	1,309
ピーマン	434	401	479	469	437
メロン（アンデスメロン）	394	401	429	452	467
〃 （温室メロン）	760	819	914	885	934
はくさい	72	64	77	88	89
キャベツ	97	94	106	101	99
レタス	205	196	228	224	202
ほうれんそう	506	504	515	572	547
ねぎ	322	316	363	403	391
たまねぎ	98	119	111	107	100
だいこん	93	80	91	106	97
にんじん	141	118	127	161	128

資料：農林水産省統計部「青果物卸売市場調査報告」
注：東京都の卸売市場における卸売価額を卸売数量で除して求めた価格である。

ウ　1kg当たり年平均小売価格（東京都区部）

単位：円

品目	銘柄	平成26年	27	28	29	30
キャベツ		189	208	193	191	214
ほうれんそう		851	929	968	966	965
はくさい	山東菜を除く。	197	230	218	234	247
ねぎ	白ねぎ	576	640	688	698	745
レタス	玉レタス	475	539	550	497	503
だいこん		154	172	186	177	208
にんじん		361	361	435	368	420
たまねぎ	赤たまねぎを除く。	261	261	267	248	250
きゅうり		568	606	616	563	595
なす		653	730	739	734	740
トマト		633	689	729	661	706
ピーマン		859	930	959	907	961
すいか	赤肉（小玉すいかを除く。）	354	389	393	404	417
メロン	ネット系メロン	625	699	677	715	714
いちご	国産品	1,611	1,687	1,789	1,751	1,805

資料：総務省統計局「小売物価統計調査年報」

7 果樹
(1) 果樹栽培農家 (各年2月1日現在)
ア 販売目的で栽培した主要果樹の種類別栽培農家数 (販売農家)

単位：戸

区分	温州みかん	その他の かんきつ類	りんご	ぶどう	日本なし	西洋なし	もも
平成22年	57,254	43,319	44,887	35,628	22,185	7,653	27,760
27	47,481	34,307	38,510	30,901	17,818	5,605	23,362

区分	おうとう	びわ	かき	くり	うめ	すもも	キウイ フルーツ	パイン アップル
平成22年	14,343	4,508	39,641	21,751	25,506	10,006	8,784	421
27	11,682	3,120	34,726	21,441	21,298	8,411	8,328	367

資料：農林水産省統計部「農林業センサス」 (以下ウまで同じ。)

イ 販売目的で栽培した果樹 (露地) の栽培面積規模別栽培農家数 (販売農家)

単位：戸

区分	計	10 a 未満	10〜30	30〜50	50 a 〜 1.0ha	1.0〜 1.5	1.5〜 2.0	2.0〜 3.0	3.0〜 5.0	5.0〜 10.0	10.0ha 以上
平成22年	236,531	20,362	64,858	48,064	55,260	22,671	11,239	9,670	3,742	579	86
27	205,934	21,272	53,239	40,830	47,385	19,971	9,894	8,946	3,744	600	53

ウ 販売目的で栽培した果樹 (施設) の栽培面積規模別栽培農家数 (販売農家)

単位：戸

区分	計	10 a 未満	10〜30	30〜50	50 a 〜 1.0ha	1.0〜 1.5	1.5〜 2.0	2.0〜 3.0	3.0〜 5.0	5.0〜 10.0	10.0ha 以上
平成22年	17,817	4,715	7,029	3,095	2,417	434	78	43	4	2	－
27	14,481	4,980	5,038	2,284	1,746	314	80	30	7	2	－

(2)　生産量及び出荷量
　　ア　主要果樹の面積、生産量、出荷量及び産出額

年産	栽培面積	結果樹面積	収穫量	2)出荷量	産出額
	ha	ha	t	t	億円
みかん					
平成26年	45,400	42,900	874,700	782,000	1,394
27	44,600	42,200	777,800	683,900	1,505
28	43,800	41,500	805,100	717,500	1,761
29	42,800	40,600	741,300	661,300	1,722
1)30	41,800	39,600	773,700	691,200	‥
りんご					
平成26年	38,900	37,100	816,300	730,800	1,470
27	38,600	37,000	811,500	727,700	1,494
28	38,300	36,800	765,000	684,900	1,477
29	38,100	36,500	735,200	655,800	1,384
1)30	37,700	36,200	756,100	679,600	‥
日本なし					
平成26年	13,200	12,800	270,700	249,700	788
27	12,800	12,400	247,300	227,700	788
28	12,500	12,100	247,100	227,600	786
29	12,100	11,700	245,400	226,600	764
1)30	11,700	11,400	231,800	214,300	‥
西洋なし					
平成26年	1,630	1,520	24,400	21,400	75
27	1,580	1,510	29,200	25,700	80
28	1,570	1,510	31,000	27,300	89
29	1,550	1,490	29,100	25,700	86
1)30	1,530	1,470	26,900	23,700	‥
かき					
平成26年	21,900	21,300	240,600	198,900	409
27	21,400	20,800	242,000	198,600	403
28	20,900	20,400	232,900	191,500	458
29	20,300	19,800	249,000	186,400	401
1)30	19,700	19,100	208,000	172,200	‥
びわ					
平成26年	1,490	1,450	4,510	3,660	45
27	1,440	1,400	3,570	2,900	42
28	1,360	1,330	2,000	1,620	26
29	1,270	1,240	3,630	2,950	34
1)30	1,190	1,170	2,790	2,300	‥
もも					
平成26年	10,600	9,850	137,000	125,400	505
27	10,600	9,690	121,900	111,400	518
28	10,500	9,710	127,300	116,600	547
29	10,400	9,700	124,900	115,100	576
1)30	10,400	9,680	113,200	104,400	‥

資料：　農林水産省統計部「耕地及び作付面積統計」、「果樹生産出荷統計」及び「生産農業所得統計」
　　　による。
注：　1)のうち結果樹面積、収穫量及び出荷量は、「作物統計調査」の結果によるもので概数値である。
　　　2)は、生食用又は加工用として販売したものをいい、生産者が自家消費したものは含まない。
　　　平成29年産から栽培面積について調査の範囲を全国から主産県に変更し、主産県の調査結果をも
　　とに全国値を推計している。
　　　なお、主産県とは、全国の栽培面積のおおむね80％を占めるまでの上位都道府県に加え、果樹共
　　済事業を実施する都道府県である。

7 果樹（続き）
(2) 生産量及び出荷量（続き）
ア 主要果樹の面積、生産量、出荷量及び産出額（続き）

年産	栽培面積	結果樹面積	収穫量	2)出荷量	産出額
	ha	ha	t	t	億円
すもも					
平成26年	3,080	2,900	22,300	19,600	77
27	3,050	2,880	21,300	18,600	78
28	3,010	2,840	23,000	20,100	85
29	3,000	2,810	19,600	17,100	91
1)30	2,960	2,780	23,100	20,400	‥
おうとう					
平成26年	4,830	4,460	19,000	17,000	404
27	4,820	4,440	18,100	16,300	416
28	4,740	4,420	19,800	17,700	423
29	4,700	4,360	19,100	17,200	445
1)30	4,690	4,350	18,100	16,200	‥
うめ					
平成26年	17,000	16,200	111,400	97,100	195
27	16,700	15,900	97,900	85,000	175
28	16,400	15,600	92,700	80,800	216
29	15,900	15,100	86,800	75,600	308
1)30	15,600	14,800	112,400	99,200	‥
ぶどう					
平成26年	18,300	17,300	189,200	173,400	1,098
27	18,100	17,100	180,500	165,200	1,144
28	18,000	17,000	179,200	163,800	1,218
29	18,000	16,900	176,100	161,900	1,381
1)30	17,900	16,700	174,700	161,500	‥
くり					
平成26年	20,800	20,200	21,400	16,000	89
27	20,300	19,800	16,300	11,800	81
28	19,800	19,300	16,500	12,100	108
29	19,300	18,800	18,700	14,500	108
1)30	18,900	18,300	16,500	13,000	‥
3)パインアップル					
平成26年	493	302	7,130	6,960	15
27	530	310	7,660	7,500	14
28	540	316	7,770	7,580	13
29	542	317	8,500	8,310	14
1)30	565	319	7,340	7,160	‥
キウイフルーツ					
平成26年	2,230	2,150	31,600	27,100	106
27	2,180	2,090	27,800	23,800	100
28	2,130	2,040	25,600	21,800	118
29	2,100	2,000	30,000	26,200	131
1)30	2,090	1,950	25,000	21,800	‥

注：1)のうち結果樹面積、収穫量及び出荷量は、「作物統計調査」の結果によるもので概数値である。
　　2)は、生食用又は加工用として販売したものをいい、生産者が自家消費したものは含まない。
　　3)は、栽培面積を除き沖縄県のみの数値である。また、結果樹面積は収穫面積を掲載した。

イ　主要果樹の面積、生産量及び出荷量（主要生産県）（平成30年産）

品目名・主要生産県	栽培面積	結果樹面積	収穫量	出荷量	品目名・主要生産県	栽培面積	結果樹面積	収穫量	出荷量
	ha	ha	t	t		ha	ha	t	t
みかん	41,800	39,600	773,700	691,200	すもも	2,960	2,780	23,100	20,400
和歌山	7,500	7,010	155,600	140,700	山梨	880	804	7,820	7,010
静岡	5,580	5,110	114,500	100,500	和歌山	292	292	3,330	3,060
愛媛	5,800	5,590	113,500	103,400	長野	385	376	3,090	2,790
熊本	3,940	3,830	90,400	82,800	山形	258	245	2,000	1,770
長崎	2,970	2,890	49,700	44,300	青森	109	107	1,060	940
りんご	37,700	36,200	756,100	679,600	おうとう	4,690	4,350	18,100	16,200
青森	20,600	19,800	445,500	402,900	山形	3,040	2,860	14,200	12,700
長野	7,580	7,290	142,200	129,100	山梨	341	301	1,080	1,030
岩手	2,460	2,340	47,300	40,700	北海道	556	499	923	868
山形	2,280	2,210	41,300	36,100	秋田	94	87	413	359
福島	1,260	1,210	25,700	22,400					
日本なし	11,700	11,400	231,800	214,300	うめ	15,600	14,800	112,400	99,200
千葉	1,480	1,420	30,400	29,700	和歌山	5,410	4,980	73,200	70,600
茨城	998	976	23,800	22,100	群馬	961	952	5,740	5,250
栃木	765	764	20,400	18,900	三重	265	246	2,090	1,480
福島	890	869	17,100	15,900	神奈川	362	362	1,810	1,590
鳥取	778	743	15,900	14,600	長野	423	423	1,770	1,340
西洋なし	1,530	1,470	26,900	23,700	ぶどう	17,900	16,700	174,700	161,500
山形	884	854	17,700	15,600	山梨	4,080	3,800	41,800	39,400
青森	143	133	1,850	1,500	長野	2,460	2,270	31,100	29,400
新潟	113	107	1,670	1,470	山形	1,550	1,490	16,100	14,500
長野	95	93	1,550	1,400	岡山	1,220	1,130	15,300	13,800
福島	38	37	636	570	福岡	763	749	7,300	6,800
かき	19,700	19,100	208,000	172,200	くり	18,900	18,300	16,500	13,000
和歌山	2,560	2,530	39,200	35,300	茨城	3,510	3,410	4,400	4,010
奈良	1,820	1,800	28,300	26,300	熊本	2,600	2,470	2,570	2,330
福岡	1,280	1,250	15,900	14,400	愛媛	2,100	2,070	869	736
岐阜	1,270	1,240	13,900	12,500	岐阜	450	426	665	527
愛知	1,140	1,110	13,500	10,600	埼玉	672	669	662	511
びわ	1,190	1,170	2,790	2,300 1)	パインアップル	565	319	7,340	7,160
長崎	406	397	858	767 1)	沖縄	563	319	7,340	7,160
千葉	154	154	450	427					
鹿児島	125	125	256	186					
香川	73	72	226	184					
兵庫	42	40	159	137					
もも	10,400	9,680	113,200	104,400	キウイフルーツ	2,090	1,950	25,000	21,800
山梨	3,400	3,150	39,400	37,600	愛媛	404	367	5,210	4,910
福島	1,790	1,600	24,200	22,500	福岡	292	266	4,580	4,310
長野	1,070	1,030	13,200	12,100	和歌山	156	152	2,990	2,750
山形	666	611	8,070	7,290	神奈川	136	133	1,820	1,730
和歌山	749	748	7,420	6,750	静岡	120	118	1,320	990

資料：農林水産省統計部「作物統計調査」（以下ウ(イ)まで同じ。）
注：1　栽培面積を除き概数値である。
　　2　出荷量とは、生食用又は加工用として販売したものをいい、生産者が自家消費したものは含まない。
　　3　主要生産県は、平成30年産収穫量の調査を行った主要県のうち上位5都道府県を掲載した。
　　1)は、栽培面積を除き沖縄県のみの数値である。また、結果樹面積は収穫面積を掲載した。

7 果樹（続き）
(2) 生産量及び出荷量（続き）
　ウ 主要生産県におけるみかん及びりんごの品種別収穫量（平成30年産）
　　(ア) みかん

単位：t

主要生産県	みかん		
	収穫量計	早生温州	普通温州
和歌山	155,600	96,500	59,100
静岡	114,500	31,900	82,600
愛媛	113,500	68,100	45,300
熊本	90,400	60,900	29,500
長崎	49,700	27,400	22,300

　　(イ) りんご

単位：t

主要生産県	りんご				
	収穫量計	ふじ	つがる	ジョナゴールド	王林
青森	445,500	224,700	41,800	39,200	41,500
長野	142,200	84,300	20,600	447	2,040
岩手	47,300	22,400	4,630	7,290	2,960
山形	41,300	23,900	4,320	256	2,140
福島	25,700	19,400	1,730	764	774

注：概数値である（以下(イ)まで同じ。）。

エ 主産県におけるみかん及びりんごの用途別出荷量

単位：t

品目	平成28年産			29		
	出荷量（主産県計）	用途別		出荷量（主産県計）	用途別	
		生食向け	加工向け		生食向け	加工向け
みかん	714,100	661,300	52,800	658,300	598,700	59,500
りんご	678,000	561,500	116,400	649,100	536,100	113,100

資料：農林水産省統計部「果樹生産出荷統計」

オ その他果樹の生産量

品目	平成27年産			28			
	栽培面積	収穫量	出荷量	栽培面積	収穫量	出荷量	主産県収穫量
	ha	t	t	ha	t	t	t
かんきつ類							
いよかん	2,474	36,799	34,412	2,299	32,860	30,944	愛媛(29,689)
不知火（デコポン）	2,916	42,150	36,125	2,835	42,419	36,614	熊本(12,029)
ゆず	2,199	23,671	21,021	2,278	26,809	24,297	高知(14,501)
ぽんかん	1,789	21,500	19,449	1,752	23,439	19,587	愛媛(9,376)
なつみかん	1,725	36,497	31,378	1,648	33,964	29,937	鹿児島(10,873)
はっさく	1,668	36,073	27,957	1,600	34,920	27,886	和歌山(25,287)
清見	900	14,738	13,213	880	14,033	12,742	和歌山(6,268)
たんかん	875	3,270	2,929	866	6,229	5,634	鹿児島(5,068)
かぼす	527	5,588	2,668	531	6,061	3,665	大分(6,000)
ネーブルオレンジ	420	6,431	4,832	398	6,059	4,647	広島(2,106)
落葉果樹							
いちじく	985	13,576	12,032	971	13,794	12,059	愛知(2,623)
ブルーベリー	1,102	2,547	1,659	1,068	2,476	1,672	東京(330)
ぎんなん	744	929	710	691	989	796	愛知(294)
あんず	207	1,902	1,340	195	2,216	1,525	青森(1,258)
常緑果樹							
マンゴー	430	3,805	3,591	421	2,923	2,819	沖縄(1,297)
オリーブ	346	395	393	423	374	370	香川(358)

資料：農林水産省生産局「特産果樹生産動態等調査」

(3)　需給
　　ア　果実需給表

区分	国内生産量	1)外国貿易		2)在庫の増減量	国内消費仕向量			一人1年当たり供給量	一人1日当たり供給量
		輸入量	輸出量			加工用	3)純食料		
	千t	千t	千t	千t	千t	千t	千t	kg	g
果実									
平成26年度	3,108	4,368	43	19	7,414	17	4,574	35.9	98.5
27	2,969	4,351	65	△ 8	7,263	24	4,438	34.9	95.4
28	2,918	4,292	60	0	7,150	18	4,369	34.4	94.3
29	2,809	4,339	56	0	7,092	19	4,337	34.2	93.8
30（概算値）	2,833	4,661	64	0	7,430	19	4,504	35.6	97.6
みかん									
平成26年度	875	1	3	29	844	0	538	4.2	11.6
27	778	1	3	△ 1	777	0	495	3.9	10.6
28	805	0	2	0	803	0	512	4.0	11.1
29	741	0	2	0	739	0	471	3.7	10.2
30（概算値）	774	0	1	0	773	0	493	3.9	10.7
りんご									
平成26年度	816	669	29	△ 10	1,466	0	1,121	8.8	24.1
27	812	598	43	△ 7	1,374	0	1,051	8.3	22.6
28	765	555	40	0	1,280	0	979	7.7	21.1
29	735	582	35	0	1,282	0	981	7.7	21.2
30（概算値）	756	537	41	0	1,252	0	958	7.6	20.8
その他の果実									
平成26年度	1,417	3,698	11	0	5,104	17	2,915	22.9	62.8
27	1,379	3,752	19	0	5,112	24	2,892	22.8	62.2
28	1,348	3,737	18	0	5,067	18	2,878	22.7	62.1
29	1,333	3,757	19	0	5,071	19	2,885	22.8	62.4
30（概算値）	1,303	4,124	22	0	5,405	19	3,053	24.1	66.2

資料：農林水産省大臣官房政策課食料安全保障室「食料需給表」
注：　1)のうち、いわゆる加工食品は、生鮮換算して計上している。なお、全く国内に流通しないものや、全く食料になり得ないものなどは計上していない。
　　2)は、当年度末繰越量と当年度始め持越量との差である。
　　3)は、粗食料に歩留率を乗じたもので、人間の消費に直接に利用可能な食料の実際の量を表している。

　イ　1世帯当たり年間の購入数量（二人以上の世帯・全国）

単位：g

品目	平成26年	27	28	29	30
りんご	12,868	13,250	12,746	12,209	10,363
みかん	13,033	11,325	10,502	10,060	9,476
グレープフルーツ	1,289	1,285	976	805	747
オレンジ	1,334	1,243	1,677	1,479	1,332
他の柑きつ類	5,131	4,852	4,592	5,123	4,384
梨	4,287	3,365	3,827	3,686	3,354
ぶどう	2,252	2,440	2,422	2,309	2,272
柿	2,762	2,954	2,815	2,955	2,440
桃	1,585	1,609	1,590	1,419	1,299
バナナ	18,017	18,124	17,959	18,481	18,448
キウイフルーツ	1,620	1,911	2,005	2,023	2,339

資料：総務省統計局「家計調査年報」

7　果樹（続き）
（3）　需給（続き）
　　ウ　輸出入量及び金額

| 品目 | 平成29年 | | 30 | |
	数量	金額	数量	金額
	t	千円	t	千円
輸出				
果実・果実調整品				
くり	1,132	599,478	864	436,865
うんしゅうみかん等	1,500	502,952	893	488,355
ぶどう（生鮮）	1,339	2,943,009	1,492	3,267,135
りんご	28,724	10,947,656	34,236	13,970,176
なし	1,865	987,714	1,884	1,000,371
桃（ネクタリン含む）	1,710	1,604,756	1,726	1,780,221
柿	640	341,634	694	392,276
輸入				
果実・果実調整品				
くり（生鮮・乾燥）	7,165	4,693,254	6,484	4,131,288
バナナ（生鮮）	985,709	95,046,561	1,002,849	100,610,156
パイナップル（生鮮）	156,962	14,034,681	158,993	14,316,603
マンゴー（生鮮）	6,556	3,369,980	7,534	3,714,973
オレンジ（生鮮・乾燥）	90,593	13,771,063	81,593	13,684,432
グレープフルーツ（生鮮・乾燥）	78,069	10,280,351	72,386	9,656,081
ぶどう（生鮮）	31,319	9,996,852	37,095	11,769,366
りんご（生鮮）	4,257	1,066,472	3,759	899,856
さくらんぼ（生鮮）	5,248	5,255,834	3,266	3,844,352
キウイフルーツ（生鮮）	92,981	34,940,112	106,082	40,951,792

資料：財務省関税局「貿易統計」をもとに農林水産省統計部にて作成。

(4)　保険・共済
　　ア　収穫共済

区分	単位	計		温州みかん		なつみかん		いよかん	
		平成28年産	29(概数値)	平成28年産	29(概数値)	平成28年産	29(概数値)	平成28年産	29(概数値)
引受組合等数	組合	541	514	46	45	7	7	3	3
1)引受戸数	戸	86,153	84,134	11,127	10,736	343	320	2,074	1,921
引受面積	ha	37,199	36,683	9,279	9,059	150	137	1,161	1,070
引受本数	千本	18,311	17,911	8,140	7,968	94	84	1,354	1,252
共済金額	100万円	99,274	97,099	19,539	18,920	212	198	1,547	1,439
保険金額	〃	76,497	67,719	12,789	12,491	9	11	0	0
再保険金額	〃	86,808	84,941	16,936	16,427	181	167	1,280	1,193
共済掛金	〃	4,262	3,833	997	836	21	17	137	116
保険料	〃	2,397	2,033	327	293	0	0	0	0
再保険料	〃	1,836	1,563	341	261	10	6	22	9
1)支払対象戸数	戸	11,050	12,114	2,180	2,650	58	67	434	416
支払対象面積	ha	4,442	5,005	1,072	1,362	34	30	289	235
支払共済金	100万円	3,090	3,200	529	809	11	12	104	87
支払保険金	〃	1,932	1,660	232	413	0	0	0	0
支払再保険金	〃	1,123	1,157	59	215	2	2	0	0

区分	単位	2)指定かんきつ		りんご		なし		かき	
		平成28年産	29(概数値)	平成28年産	29(概数値)	平成28年産	29(概数値)	平成28年産	29(概数値)
引受組合等数	組合	20	20	72	66	141	131	49	50
1)引受戸数	戸	4,275	4,079	29,035	28,526	13,647	13,085	4,790	4,677
引受面積	ha	1,507	1,448	12,199	12,177	3,721	3,569	2,213	2,165
引受本数	千本	1,422	1,372	3,403	3,404	1,235	1,185	805	782
共済金額	100万円	3,500	3,507	32,607	33,096	16,309	14,961	3,954	3,414
保険金額	〃	491	474	29,528	29,513	11,324	9,782	3,274	2,797
再保険金額	〃	2,928	2,934	28,932	29,360	14,426	13,230	3,395	2,929
共済掛金	〃	320	287	804	798	625	555	276	215
保険料	〃	23	21	679	642	413	345	192	145
再保険料	〃	90	62	492	486	378	331	110	76
1)支払対象戸数	戸	820	917	2,173	2,913	1,053	1,039	1,205	978
支払対象面積	ha	282	333	727	1,046	260	250	561	457
支払共済金	100万円	179	211	398	589	231	181	231	162
支払保険金	〃	17	19	330	352	168	124	134	106
支払再保険金	〃	4	5	224	327	99	79	78	48

資料：農林水産省経営局「果樹共済統計表」、ただし、平成29年産は経営局資料（以下イまで同じ。）
注：1　農業災害補償法による果樹共済事業の実績であり、対象果樹は結果樹齢に達した果樹である
　　　（以下イまで同じ。）。
　　2　年々の果実の損害を対象とするものである。
　　1)は、延べ戸数である。
　　2)は、はっさく、ぽんかん、ネーブルオレンジ、ぶんたん、たんかん、さんぼうかん、清見、
　日向夏、セミノール、不知火、河内晩柑、ゆず、はるみ、レモン、せとか、愛媛果試第28号及
　び甘平である。

7 果樹（続き）
(4) 保険・共済（続き）
ア 収穫共済（続き）

区分	単位	びわ		もも		すもも		おうとう	
		平成28年産	29(概数値)	平成28年産	29(概数値)	平成28年産	29(概数値)	平成28年産	29(概数値)
引受組合等数	組合	4	4	45	40	11	8	4	4
1) 引受戸数	戸	214	507	6,374	6,267	1,024	995	1,288	1,207
引受面積	ha	61	142	1,404	1,400	218	214	234	225
引受本数	千本	28	61	286	280	51	50	41	39
共済金額	100万円	125	240	4,519	4,548	487	489	922	1,024
保険金額	〃	110	221	4,245	1,211	465	154	898	997
再保険金額	〃	107	207	3,962	3,983	422	422	802	891
共済掛金	〃	9	18	146	151	32	36	61	67
保険料	〃	6	14	113	49	26	9	55	60
再保険料	〃	3	9	57	57	16	19	32	36
1) 支払対象戸数	戸	201	37	710	620	120	218	209	25
支払対象面積	ha	58	7	156	171	19	38	35	4
支払共済金	100万円	87	3	89	73	8	26	46	4
支払保険金	〃	79	2	62	16	5	9	41	3
支払再保険金	〃	73	0	17	9	0	10	20	0

区分	単位	うめ		ぶどう		くり		キウイフルーツ	
		平成28年産	29(概数値)	平成28年産	29(概数値)	平成28年産	29(概数値)	平成28年産	29(概数値)
引受組合等数	組合	7	7	112	107	13	13	7	9
1) 引受戸数	戸	3,372	3,292	6,516	6,463	1,099	1,080	975	979
引受面積	ha	2,251	2,286	1,732	1,715	826	809	243	266
引受本数	千本	705	713	415	384	259	256	72	80
共済金額	100万円	6,708	6,364	7,573	7,457	282	277	991	1,167
保険金額	〃	6,198	5,882	6,657	3,522	75	74	432	590
再保険金額	〃	5,655	5,369	6,678	6,575	242	238	860	1,015
共済掛金	〃	593	519	156	145	29	25	58	49
保険料	〃	429	364	103	61	12	9	20	18
再保険料	〃	195	147	45	38	16	12	26	16
1) 支払対象戸数	戸	925	1,085	477	825	181	123	304	201
支払対象面積	ha	603	664	115	219	151	135	80	54
支払共済金	100万円	974	736	96	230	17	9	89	69
支払保険金	〃	764	552	63	44	5	4	33	16
支払再保険金	〃	495	305	17	124	6	1	27	32

イ　樹体共済

区分	単位	計		温州みかん		りんご		なし	
		平成28年産	29(概数値)	平成28年産	29(概数値)	平成28年産	29(概数値)	平成28年産	29(概数値)
引受組合等数	組合	38	36	6	6	3	3	12	12
引受戸数	戸	2,280	2,148	241	221	218	227	525	453
引受面積	ha	757	723	97	94	84	90	215	177
引受本数	千本	260	243	85	83	15	16	74	57
共済金額	100万円	10,036	9,996	428	416	848	934	3,554	2,959
保険金額	〃	7,319	7,553	247	238	436	471	2,784	2,508
再保険金額	〃	8,920	8,878	381	371	753	830	3,170	2,635
共済掛金	〃	97	89	2	1	10	10	22	18
保険料	〃	63	61	1	1	7	7	17	14
再保険料	〃	21	14	1	0	3	3	7	3
支払対象戸数	戸	466	625	4	4	53	117	96	122
支払対象面積	ha	191	260	1	1	24	48	57	61
支払共済金	100万円	420	711	0	1	10	27	34	43
支払保険金	〃	205	412	0	1	6	22	27	37
支払再保険金	〃	291	541	0	0		14	8	15

区分	単位	かき		もも		おうとう		ぶどう	
		平成28年産	29(概数値)	平成28年産	29(概数値)	平成28年産	29(概数値)	平成28年産	29(概数値)
引受組合等数	組合	3	3	1	1	2	2	8	7
引受戸数	戸	91	87	79	83	537	509	139	132
引受面積	ha	29	28	28	28	114	113	40	39
引受本数	千本	7	7	5	5	18	18	7	7
共済金額	100万円	98	87	151	140	1,771	2,026	439	424
保険金額	〃	59	50	147	136	1,730	1,978	425	288
再保険金額	〃	87	78	132	122	1,564	1,787	391	378
共済掛金	〃	0	0	4	5	28	31	4	3
保険料	〃	0	0	3	4	23	26	3	2
再保険料	〃	0	0	1	1	3	2	1	1
支払対象戸数	戸	0	0	39	39	122	136	14	15
支払対象面積	ha	0	0	18	16	33	42	9	9
支払共済金	100万円	0	0	8	8	21	31	4	4
支払保険金	〃	0	0	7	7	17	24	3	4
支払再保険金	〃	0	0	4	3	0	0	1	2

区分	単位	びわ		キウイフルーツ	
		平成28年産	29(概数値)	平成28年産	29(概数値)
引受組合等数	組合	1	-	2	2
引受戸数	戸	2	-	448	436
引受面積	ha	1	-	148	154
引受本数	千本	0	-	48	50
共済金額	100万円	7	-	2,740	3,010
保険金額	〃	7	-	1,483	1,884
再保険金額	〃	6	-	2,436	2,677
共済掛金	〃	0	-	25	20
保険料	〃	0	-	8	8
再保険料	〃	0	-	5	4
支払対象戸数	戸	0	-	138	192
支払対象面積	ha	0	-	49	82
支払共済金	100万円	0	-	343	599
支払保険金	〃	0	-	144	317
支払再保険金	〃	0	-	278	507

注：将来にわたって果実を生む資産としての樹体そのものの損害を対象とするものである。

7 果樹 (続き)
(5) 価格
　ア 農産物価格指数

平成27年=100

| 年次 | みかん | なつみかん | りんご | | 日本なし |
	普通温州 (優－M)	甘なつ (優－L)	ふじ (秀32玉)	つがる (秀32玉)	豊水 (秀28玉)
平成26年	82.4	86.6	100.3	94.1	94.4
27	100.0	100.0	100.0	100.0	100.0
28	121.2	102.8	117.3	122.9	101.5
29	124.2	104.7	104.4	110.7	104.4
30	136.4	106.2	122.8	129.9	106.5

| 年次 | 日本なし (続き) | かき | もも | ぶどう | |
	幸水 (秀28玉)	(秀－M)	(秀18～20玉)	デラウェア (秀－L)	巨峰 (秀－L)
平成26年	91.5	96.0	82.0	88.3	94.1
27	100.0	100.0	100.0	100.0	100.0
28	90.3	127.7	100.1	103.7	97.7
29	103.0	111.1	104.4	117.1	104.4
30	94.2	113.0	117.8	116.8	114.2

資料：農林水産省統計部「農業物価統計」

　イ 1kg当たり卸売価格 (東京都)

単位：円

年次	みかん	甘なつ みかん	りんご (ふじ)	なし (幸水)	ぶどう (デラウェア)	かき	もも	バナナ
平成25年	250	151	270	296	731	276	470	139
26	233	171	306	331	691	248	465	156
27	266	177	320	371	770	243	522	169
28	310	207	342	337	728	285	512	167
29	306	203	292	365	827	256	547	153

資料：農林水産省統計部「青果物卸売市場調査報告」
注：東京都の卸売市場における卸売額を卸売数量で除して求めた価格である。

　ウ 1kg当たり年平均小売価格 (東京都区部)

単位：円

品目	銘柄	平成26年	27	28	29	30
りんご	ふじ、1個200～400g	513	538	590	535	574
みかん	温州みかん(ハウスミカンを除く。)、 1個70～130g	550	585	665	660	700
梨	幸水又は豊水、1個300～450g	527	578	574	551	533
ぶどう	デラウェア	1,376	1,422	1,333	1,459	1,505
柿	1個190～260g	485	502	530	510	551
桃	1個200～350g	886	951	941	956	1,043
バナナ	フィリピン産 (高地栽培などを除く。)	217	237	259	243	243

資料：総務省統計局「小売物価統計調査年報」

8　工芸農作物
（1）茶
ア　販売目的で栽培した茶の栽培農家数（販売農家）
（各年2月1日現在）

単位：戸

年次	茶栽培農家数
平成22年	28,116
27	19,603

資料：農林水産省統計部「農林業センサス」

イ　茶栽培面積

年次	茶栽培面積
	ha
平成26年	44,800
27	44,000
28	43,100
29	42,400
30	41,500

資料：農林水産省統計部「耕地及び作付面積統計」
注：　平成29年産から調査の範囲を全国から主産県に変更し、主産県の調査結果をもとに全国値を推計している。平成30年は主産県調査である。
　　　なお、主産県とは、直近の全国調査年（平成28年産）における全国の作付面積のおおむね80％を占めるまでの上位都道府県に加え、茶の畑作物共済事業等を実施する都道府県である。

ウ　生葉収穫量と荒茶生産量

単位：t

区分	生葉収穫量	荒茶生産量					
		計	おおい茶	普通せん茶	玉緑茶	番茶	その他
平成26年産	389,700	83,600	6,260	52,400	2,060	20,800	2,070
27	(357,800)	79,500	7,000	47,700	1,790	20,300	2,680
28	(364,500)	80,200	6,980	47,300	1,760	21,800	2,320
29	(369,800)	82,000	…	…	…	…	…
30	(383,600)	86,300	…	…	…	…	…
うち静岡	150,500	33,400	…	…	…	…	…

資料：農林水産省統計部「作物統計」
注：1　茶生産量には、自家消費用のものを含む。
　　2　（　）内の値については、主産県計の値を掲載している。
　　　主産県とは、平成28年産までについては、全国の茶種別荒茶生産量（平成26年産）のおおむね80％を占めるまでの上位都道府県にて、茶の畑作物共済事業等を実施する都道府県である。
　　　また、平成29年産からは、直近の全国調査年における全国の茶栽培面積のおおむね80％を占めるまでの上位都道府県、強い農業づくり交付金による事業を実施する都道府県及び茶の畑作物共済事業を実施し、半相殺方式を採用している都道府県である。
　　3　平成27年産、28年産、29年産及び30年産の荒茶生産量の全国値は、主産県の結果をもとに推計した数値である。

エ　需給
（ア）　1世帯当たり年間の購入数量（二人以上の世帯・全国）

単位：g

品目	平成26年	27	28	29	30
緑茶	892	843	849	850	798
紅茶	210	200	189	188	173

資料：総務省統計局「家計調査年報」

（イ）　輸出入量及び金額

品目	平成29年		30	
	数量	金額	数量	金額
輸出	t	千円	t	千円
緑茶	4,642	14,357,480	5,102	15,333,401
輸入				
緑茶	3,970	2,639,310	4,730	3,051,835
紅茶	15,529	11,723,523	16,258	11,808,833

資料：財務省関税局「貿易統計」をもとに農林水産省統計部にて作成。

8 工芸農作物（続き）
(1) 茶（続き）
  オ 保険・共済

区分	単位	茶	
		平成29年	30 （概数値）
引受組合等数	組合	15	15
引受戸数	戸	779	654
引受面積	ha	697	583
共済金額	100万円	829	690
保険金額	〃	689	557
共済掛金	〃	35	29
保険料	〃	28	23
支払対象戸数	戸	130	154
支払対象面積	ha	110	118
支払共済金	100万円	18	27
支払保険金	〃	16	21
支払再保険金	〃	0	15

資料：農林水産省経営局「畑作物共済統計表」。ただし、平成30年産は経営局資料による。
注：農業災害補償法による畑作物共済の実績である。

カ 価格
(ア) 農産物価格指数

平成27年＝100

品目	平成26年	27	28	29	30
生葉	125.4	100.0	93.8	123.3	108.7
荒茶	108.1	100.0	103.1	126.4	108.8

資料：農林水産省統計部「農業物価統計」

(イ) 年平均小売価格（東京都区部）

単位：円

品目	銘柄	数量 単位	平成26年	27	28	29	30
1）緑茶	煎茶（抹茶入りを含む。）、 100〜300 g 袋入り	100 g	582	576	570	558	560
	紅茶	ティーバッグ、25〜30袋入り	10袋	99	106	107	105	104

資料：総務省統計局「小売物価統計調査年報」
注：1）は、平成26年7月に基本銘柄を改正した。

(2)　その他の工芸農作物
　　ア　販売目的で作付けした工芸農作物の作付農家数（販売農家）
　　　（各年2月1日現在）

単位：戸

年次	たばこ	こんにゃくいも	てんさい	さとうきび
平成22年	11,787	3,587	8,325	16,586
27	5,724	3,013	7,168	15,227

資料：農林水産省統計部「農林業センサス」

イ　生産量

年産・主要生産県	1）てんさい 作付面積	収穫量	年産・主要生産県	3）い 作付面積	収穫量（乾燥茎）
	ha	t		ha	t
平成26年産	57,400	3,567,000	平成26年産	739	10,100
27	58,800	3,925,000	27	701	7,800
28	59,700	3,189,000	28	643	8,340
29	58,200	3,901,000	29	578	8,530
30	57,300	3,611,000	30	541	7,500
			熊本	534	7,420

年産・主要生産県	2）さとうきび 収穫面積	収穫量	年産・主要生産県	葉たばこ 収穫面積	収穫量
	ha	t		ha	t
平成26年産	22,900	1,159,000	平成26年産	8,564	19,980
27	23,400	1,260,000	27	8,329	18,687
28	22,900	1,574,000	28	7,962	17,945
29	23,700	1,297,000	29	7,572	19,023
30	22,600	1,196,000	30	7,065	16,998
沖縄	13,100	742,800	熊本県	1,034	2,664
			沖縄県	874	2,097
			青森県	821	1,944
			岩手県	768	1,868
			長崎県	567	1,331

年産・主要生産県	なたね 作付面積	収穫量	年産・主要生産県	こんにゃくいも 栽培面積	収穫面積	収穫量
	ha	t		ha	ha	t
平成26年産	1,470	1,780	平成26年産	4) 3,490	4) 1,930	4) 56,100
27	1,630	3,160	27	3,910	2,220	61,300
28	1,980	3,650	28	4) 3,470	4) 2,060	4) 71,300
29	1,980	3,670	29	4) 3,860	4) 2,330	4) 64,700
30	1,920	3,120	30	3,700	2,160	55,900
北海道	971	2,390	群馬	3,280	1,930	52,100

資料：農林水産省統計部「作物統計」
　　　葉たばこは、全国たばこ耕作組合中央会「府県別の販売実績」
注：1　葉たばこについては、収穫面積と販売重量（乾燥）である。
　　2　こんにゃくいもの栽培面積とは、収穫までの養成期間中のものを含む全ての面積をいう。
　　1)は、北海道の調査結果である。
　　2)は、鹿児島県及び沖縄県の調査結果である。
　　3)は、福岡県及び熊本県の調査結果である。
　　4)は、栃木県及び群馬県の調査結果である。

8 工芸農作物（続き）
(2) その他の工芸農作物（続き）
ウ 輸出入量及び金額

品目名	平成29年		30	
	数量	金額	数量	金額
	t	千円	t	千円
輸出				
砂糖類	4,968	1,863,250	5,880	2,050,910
たばこ	8,491	13,820,014	7,170	18,513,408
輸入				
こんにゃく芋	299	257,709	283	286,033
砂糖類	1,478,977	82,626,576	1,433,145	65,169,018
こんにゃく（調製食料品）	19,429	2,643,823	18,420	2,787,157
たばこ	125,888	529,660,217	119,339	589,391,480
畳表	16,247	6,826,085	16,149	6,673,966

資料：財務省関税局「貿易統計」をもとに農林水産省統計部にて作成。

エ 保険・共済

区分	単位	さとうきび		てんさい		ホップ	
		平成29年産	30（概数値）	平成29年産	30（概数値）	平成29年産	30（概数値）
引受組合等数	組合	4	4	5	5	5	5
引受戸数	戸	9,701	9,240	6,465	6,376	166	147
引受面積	ha	12,743	11,625	53,881	53,229	117	104
共済金額	100万円	10,043	9,805	49,600	52,283	370	342
保険金額	〃	4,142	4,123	39,680	41,826	127	96
共済掛金	〃	639	622	1,842	1,956	12	11
保険料	〃	246	246	1,474	1,565	4	3
支払対象戸数	戸	2,040	2,448	199	928	13	24
支払対象面積	ha	2,559	2,422	1,409	6,909	7	17
支払共済金	100万円	304	300	112	667	8	17
支払保険金	〃	134	120	90	534	4	1
1) 支払再保険金	〃	0	0	110	504	518	3,984

資料：農林水産省経営局「畑作物共済統計表」。ただし、平成30年産は経営局資料による。
注：農業災害補償法による畑作物共済の実績である。
　　1)は、再保険区分ごとに一括して支払われるものも含むため、畑作物共済再保険区分に属する
　　作物の数値の合計となっている（平成29年産及び30年産：「大豆、小豆、いんげん、ホップ」、
　　「てんさい、そば、スイートコーン、かぼちゃ」）。

オ　生産費（平成30年産）

単位：円

区分	生産費（10 a 当たり）		
	生産費 （副産物価額差引）	支払利子・ 地代算入生産費	資本利子・ 地代全額算入生産費
てんさい	94,807	96,900	106,494
さとうきび	123,198	130,957	139,651
なたね	40,343	41,964	49,657

資料：農林水産省統計部「農業経営統計調査　農産物生産費統計」
注：1　調査期間は、てんさいが平成30年1月から12月まで、さとうきびが平成30年4月から平成31年3月まで、なたねが平成29年9月から平成30年8月までの1年間である。
　　2　生産費とは、生産物の一定単位量の生産のために消費した経済費用の合計をいう。ここでいう費用の合計とは、生産物の生産に要した材料、賃借料及び料金、用役等（労働・固定資産等）の価額の合計である。
　　3　本調査は、2015年農林業センサスに基づく農業経営体のうち、世帯による農業経営を行い、調査対象作目を10 a 以上作付けし、販売する経営体（個別経営）を対象に実施した。

カ　価格
(ア)　農産物価格指数

平成27年＝100

品目・銘柄等級	平成26年	27	28	29	30
てんさい	100.1	100.0	100.4	101.9	96.9
こんにゃくいも（生いも）	99.4	100.0	80.5	75.4	91.6
葉たばこ（中葉、Ａタイプ）	99.1	100.0	98.2	97.9	100.5
い草（草丈120cm、上）	108.9	100.0	126.4	119.7	93.7
い表（3種表、綿糸）	131.3	100.0	110.1	119.9	111.2

資料：農林水産省統計部「農業物価統計」

(イ)　さとうきびに係る甘味資源作物交付金単価

単位：円

区分	平成30年産	令和元年産
交付金単価（1 t 当たり）	16,420(16,630)	16,730

資料：農林水産省政策統括官地域作物課資料
注：1　この単価は、四捨五入により小数点以下第一位まで算出された糖度（以下単に「糖度」という。）が13.1度以上14.3度以下のさとうきびに適用する。
　　2　糖度が5.5度以上13.1度未満のさとうきびに係る甘味資源作物交付金の単価は、糖度が13.1度を0.1度下回るごとに100円を、この単価から差し引いた額とする。
　　3　糖度が14.3度を超えるさとうきびに係る甘味資源作物の交付金の単価は、糖度が14.3度を0.1度上回るごとに100円を、この単価に加えた額とする。
　　4　平成30年産の括弧内の額は、平成30年12月30日以降の交付金単価。

8 工芸農作物（続き）
 (2) その他の工芸農作物（続き）
  キ 加工
   (ア) 精製糖生産量

単位：t

年度	計	グラニュ	白双	中双	上白
平成25年度	1,721,946	512,830	37,594	33,220	617,928
26	1,675,421	498,907	35,410	31,404	601,055
27	1,677,336	504,392	37,242	32,385	597,140
28	1,689,217	508,716	36,926	31,417	592,490
29	1,640,807	510,403	35,467	29,538	564,105

年度	中白	三温	角糖	氷糖	液糖
平成25年度	402	85,631	3,390	15,940	415,010
26	400	83,482	3,137	16,111	405,515
27	379	84,780	2,972	14,375	403,671
28	394	86,486	2,751	16,080	413,957
29	322	84,937	2,078	12,092	401,866

資料：精糖工業会館「ポケット砂糖統計2018」（以下(ウ)まで同じ。）
注：最終製品生産量であり、液糖は固形換算していない。

   (イ) 甘蔗糖及びビート糖生産量

単位：t

砂糖年度 (10月～9月)	甘蔗糖（さとうきび）			ビート糖（てんさい）	
	砂糖生産量			製品	
	計	分蜜糖	含蜜糖	ビート糖	ビートパルプ
平成25年度	142,786	135,038	7,748	551,340	153,149
26	135,791	128,044	7,747	607,976	166,958
27	143,130	135,067	8,064	677,222	186,266
28	191,902	181,552	10,350	505,193	138,850
29	143,861	134,084	9,776	656,669	177,842

   (ウ) 砂糖需給表

単位：t

年次	生産	輸入	輸出	純輸入	消費	年末在庫
平成25年	671,000	1,402,825	1,205	1,401,620	2,200,000	940,318
26	690,000	1,342,077	1,181	1,340,896	2,180,000	791,214
27	740,000	1,284,470	1,318	1,283,152	2,100,000	714,366
28	735,000	1,264,223	1,531	1,262,692	2,110,000	602,058
29	710,000	1,236,711	1,555	1,235,156	2,115,000	432,214

注：粗糖換算数量である。

   (エ) 1世帯当たり年間の砂糖購入数量（二人以上の世帯・全国）

単位：g

品目	平成26年	27	28	29	30
砂糖	5,995	5,592	5,400	5,143	4,736

資料：総務省統計局「家計調査年報」

9　花き
(1)　販売目的で栽培した花き類の種類別作付農家数（販売農家）
　　（各年2月1日現在）

単位：戸

区分	切り花類	球根類	鉢もの類	花壇用苗もの類
平成22年	46,681	3,281	7,163	4,975
27	36,725	2,738	5,396	3,817

資料：農林水産省統計部「農林業センサス」

(2)　主要花きの作付（収穫）面積及び出荷量

| 品目 | 平成29年産 | | 30 | |
	1)作付面積	2)出荷量	1)作付面積	2)出荷量
	ha	100万本(球・鉢)	ha	100万本(球・鉢)
切り花類	14,460	3,704	14,170	3,534
うちきく	4,758	1,504	4,663	1,424
カーネーション	295	240	290	234
ばら	336	248	325	236
りんどう	432	87	432	89
宿根かすみそう	204	50	201	50
洋ラン類	128	15	124	15
スターチス	187	125	186	122
ガーベラ	90	158	88	143
トルコギキョウ	434	101	426	98
ゆり	741	138	713	130
アルストロメリア	80	56	78	55
切り葉	655	123	647	113
切り枝	3,629	206	3,674	203
球根類	304	91	287	86
鉢もの類	1,643	221	1,605	210
うちシクラメン	181	16	177	16
洋ラン類	190	15	187	15
観葉植物	304	43	294	41
花木類	383	43	373	42
花壇用苗もの類	1,401	610	1,378	598
うちパンジー	267	129	257	123

資料：農林水産省統計部「花き生産出荷統計」
注：　1)の球根類及び鉢もの類は、収穫面積である。
　　　2)の単位は、切り花類及び花壇用苗もの類が100万本、球根類が100万球、鉢もの類が100万鉢
　　　である。

9 花き（続き）
(3) 花木等の作付面積及び出荷数量

品目	平成28年		29	
	作付面積	出荷数量	作付面積	出荷数量
	ha	千本	ha	千本
花木類	3,785	76,179	3,624	70,299
ツツジ	345	5,924	317	5,675
サツキ	294	6,412	302	6,188
カイヅカイブキ	68	735	67	721
タマイブキ	4	41	3	40
ツバキ	106	876	96	812
モミジ	81	1,193	78	1,177
ヒバ類	227	4,116	220	4,084
ツゲ類	131	1,699	127	1,633
その他	2,529	55,184	2,413	49,968
芝	5,529	1) 4,114	5,312	1) 4,273
地被植物類	119	2) 24,861	91	2) 21,310

資料：農林水産省生産局「花木等生産状況調査」
注：1)の単位は、haである。
　　2)の単位は、千本・千鉢である。

(4) 産出額

単位：億円

品目	平成25年	26	27	28	29
きく	654	632	692	680	625
トルコギキョウ	108	111	117	120	127
ゆり	211	214	217	217	214
ばら	187	187	190	180	178
カーネーション	128	123	126	117	111
切り枝	138	143	151	167	169
シクラメン	92	88	87	87	74
洋ラン類	311	312	333	348	364
観葉植物	123	119	113	118	125
花木類	179	174	168	161	155
芝	58	60	59	67	66

資料：農林水産省統計部「生産農業所得統計」

(5)　輸出入実績
　　ア　輸出入量及び金額

品目	単位	平成29年		30	
		数量	金額	数量	金額
			千円		千円
輸出					
1) 球根	千個	749	65,255	720	81,549
2) 植木等	—	…	12,631,656	…	11,961,768
3) 切花	kg	134,564	862,495	164,198	888,894
輸入					
1) 球根	千個	337,425	6,544,458	317,401	6,400,679
3) 切花	kg	43,897,625	39,097,041	44,324,409	40,337,566

資料：財務省関税局「貿易統計」をもとに農林水産省統計部にて作成。（以下イまで同じ。）
注：　1)は、りん茎、塊茎、塊根、球茎、冠根及び根茎（休眠し、生長し又は花が付いている
　　　ものに限る。）並びにチコリー及びその根（主として食用に供するものを除く。）
　　　2)は、球根を除く生きている植物及びきのこ菌糸のうち、根を有しない挿穂及び接ぎ穂
　　　並びに樹木及び灌木（食用果実又はナットのものを除く。）
　　　3)は、生鮮のもの及び乾燥し、染色し、漂白し、染み込ませ又はその他の加工をしたも
　　　ので、花束用又は装飾用に適するものに限る。

　イ　国・地域別輸出入数量及び金額

区分	単位	平成29年		30	
		数量	金額	数量	金額
			千円		千円
輸出					
球根	千個	749	65,255	720	81,549
うちオランダ	〃	470	32,100	274	26,670
中華人民共和国	〃	119	10,079	179	19,601
アメリカ合衆国		29	3,759	133	14,759
切花	kg	134,564	862,495	164,198	888,894
うちアメリカ合衆国	〃	47,972	251,341	51,400	255,330
香港	〃	26,258	316,001	28,967	239,845
大韓民国		24,437	149,985	26,186	176,775
輸入					
球根	千個	337,425	6,544,458	317,401	6,400,679
うちオランダ	〃	293,013	4,823,820	277,304	4,926,456
ニュージーランド	〃	19,208	832,800	16,516	660,986
フランス	〃	9,715	372,749	8,734	356,955
切花	kg	43,897,625	39,097,041	44,324,409	40,337,566
うちコロンビア	〃	8,037,582	9,358,943	8,077,192	9,348,572
マレーシア	〃	11,817,288	8,500,020	11,954,948	8,740,952
中華人民共和国	〃	6,784,716	4,646,130	6,816,573	5,034,879

注：平成30年の輸出入金額が多い国・地域について、上位3か国を掲載した。

9 花き（続き）
(6) 年平均小売価格（東京都区部）

単位：円

品目	銘柄	数量単位	平成26年	27	28	29	30
切り花							
1) カーネーション	スタンダードタイプ（輪もの）	本	182	192	195	194	**197**
きく	輪もの	〃	209	217	223	222	**224**
バラ	輪もの	〃	310	315	317	328	**334**
2) 鉢植え	観葉植物、ポトス、5号鉢(上口直径15cm程度)、土栽培、普通品	鉢	…	580	552	555	**600**

資料：総務省統計局「小売物価統計調査年報」
注：1)は、平成29年1月に基本銘柄を改正した。
　　2)は、平成27年1月から調査を開始した。

(7) 1世帯当たり年間の購入金額（二人以上の世帯・全国）

単位：円

品目	平成26年	27	28	29	30
切り花	9,707	9,616	9,317	8,757	**8,255**
園芸用植物	…	4,291	4,057	4,121	**3,784**

資料：総務省統計局「家計調査年報」

10　施設園芸
(1)　施設園芸に利用したハウス・ガラス室の面積規模別農家数（販売農家）
　　（各年2月1日現在）

単位：戸

区分	計	5a未満	5 ～ 10	10 ～ 20	20 ～ 30	30 ～ 50	50a以上
平成22年	188,238	46,623	21,959	39,893	29,414	29,819	20,530
27	168,073	50,325	20,246	32,306	23,830	23,780	17,586

資料：農林水産省統計部「農林業センサス」

(2)　園芸用ガラス室・ハウスの設置実面積及び栽培延べ面積

単位：ha

区分	平成19年	21	24	26	28
設置実面積					
ガラス室・ハウス計	50,608	49,049	46,449	43,232	43,220
野菜	35,237	33,890	32,469	30,330	31,342
花き	8,079	7,745	7,188	6,500	6,589
果樹	7,291	7,414	6,791	6,402	5,290
ガラス室	2,157	2,039	1,889	1,658	1,663
野菜	873	811	797	753	792
花き	1,145	1,096	962	862	840
果樹	139	131	130	43	31
ハウス	48,451	47,010	44,560	41,574	41,558
野菜	34,364	33,079	31,672	29,577	30,548
花き	6,935	6,649	6,227	5,638	5,750
果樹	7,153	7,282	6,661	6,359	5,260
栽培延べ面積					
ガラス室・ハウス計	64,880	62,182	56,226	53,249	57,168
野菜	47,217	46,052	41,948	39,635	44,698
花き	10,564	9,232	8,090	7,412	7,264
果樹	7,100	6,898	6,189	6,202	5,206

資料：平成19年は農林水産省生産局「園芸用ガラス室、ハウス等の設置状況」
　　　平成21年は農林水産省生産局「園芸用施設及び農業用廃プラスチックに関する調査」
　　　平成24、26、28年は農林水産省生産局「園芸用施設の設置等の状況」
注：1　平成19、21、24年は、前年の7月から当年の6月までの対象期間である。
　　　　平成26、28年は、前年の11月から当年の10月までの対象期間である。
　　2　同一施設に、二つ以上の作目が栽培された場合は、その栽培期間が最長である作目に分類した。

10 施設園芸（続き）
(3) 保険・共済

区分	単位	計		ガラス室		プラスチックハウス	
		平成28年度	29	平成28年度	29	平成28年度	29
1) 引受組合等数	組合	174	170	132	125	174	170
2) 引受戸数	戸	198,518	193,563	4,609	4,465	193,909	189,098
引受棟数	棟	601,234	586,774	11,520	11,209	589,714	575,565
引受面積	a	2,211,852	2,178,457	67,150	65,270	2,144,702	2,113,187
共済金額	100万円	611,841	611,408	72,058	70,830	539,782	540,579
保険金額	〃	295,895	239,629	21,401	16,471	274,494	223,158
再保険金額	〃	480,601	483,323	…	…	…	…
3) うち1棟ごと	〃	358,220	360,210	42,746	42,255	315,303	317,956
4) 年間超過	〃	122,380	123,109	…	…	…	…
共済掛金	〃	6,288	6,241	107	107	6,180	6,134
保険料	〃	3,149	2,485	47	39	3,102	2,448
再保険料	〃	1,630	1,624	29	29	1,601	1,595
3) うち1棟ごと	〃	1,038	1,035	10	11	1,028	1,024
4) 年間超過	〃	591	589	19	18	573	570
2) 支払対象戸数	戸	18,890	23,832	387	389	18,503	23,443
支払対象棟数	棟	29,544	36,108	440	439	29,104	35,669
被害額	100万円	4,020	5,232	112	81	3,908	5,152
支払共済金	〃	3,187	4,158	89	62	3,098	4,097
支払保険金	〃	1,944	1,645	49	28	1,895	1,618
支払再保険金	〃	433	630	3	0	430	614
3) うち1棟ごと	〃	433	614	3	0	430	614
4) 年間超過	〃	0	16	…	…	…	…

資料：農林水産省経営局「園芸施設共済統計表」
注：農業災害補償法による園芸施設共済の実績である。
　　1)の引受組合等数は、実組合等数である。
　　2)の引受戸数及び被害戸数は、延べ戸数である。
　　3)は、1棟ごとの超過損害歩合再保険方式に係るものである。
　　4)は、年間超過損害歩合再保険方式に係るものである。

IX　畜産
1　家畜飼養
(1)　乳用牛（各年2月1日現在）
ア　乳用牛の飼養戸数・飼養頭数

年次	飼養戸数	飼養頭数						子畜（2歳未満の未経産牛）	1戸当たり飼養頭数
		計	成畜（2歳以上）						
				経産牛					
				小計	搾乳牛	乾乳牛			
	戸	千頭	千頭	千頭	千頭	千頭		千頭	頭
平成27年	17,700	1,371	934	870	750	120		437	77.5
28	17,000	1,345	937	871	752	119		408	79.1
29	16,400	1,323	914	852	735	117		409	80.7
30	15,700	1,328	907	847	731	116		421	84.6
31（概数）	15,000	1,332	901	839	730	110		431	88.8

資料：農林水産省統計部「畜産統計」（以下(2)まで同じ。）

イ　乳用牛の成畜飼養頭数規模別飼養戸数

単位：戸

年次・全国農業地域	計	成畜飼養頭数規模						子畜のみ
		1〜19頭	20〜29	30〜49	50〜79	80〜99	100頭以上	
平成27年	17,400	3,530	2,370	4,630	3,520	1,020	1,880	490
28	16,700	3,300	2,300	4,200	3,460	1,020	2,010	428
29	16,100	3,100	2,270	3,960	3,420	1,040	1,920	410
30	15,400	2,900	2,160	3,810	3,140	1,120	1,940	361
31（概数）	14,800	2,910	1,910	3,690	2,950	924	2,000	410
北海道	5,920	290	267	1,370	1,770	576	1,380	270
東北	2,190	904	422	476	218	54	74	44
北陸	294	96	70	70	46	6	6	−
関東・東山	2,820	797	549	765	367	109	197	38
東海	632	126	83	204	99	29	86	5
近畿	442	128	93	109	60	15	28	9
中国	658	205	106	180	76	23	57	11
四国	332	102	60	86	43	9	22	10
九州	1,450	255	255	416	250	98	148	23
沖縄	63	7	9	18	17	5	7	−

注：学校、試験場などの非営利的な飼養者を含まない。

(2)　肉用牛（各年2月1日現在）
ア　肉用牛の飼養戸数及び飼養頭数

年次	飼養戸数		飼養頭数						1戸当たり飼養頭数
		乳用種のいる戸数	計	肉用種				乳用種	
				めす		おす			
				2歳未満	2歳以上	2歳未満	2歳以上		
	戸	戸	千頭	千頭	千頭	千頭	千頭	千頭	頭
平成27年	54,400	5,480	2,489	435	634	486	106	828	45.8
28	51,900	5,170	2,479	432	622	485	104	837	47.8
29	50,100	5,130	2,499	430	640	484	110	835	49.9
30	48,300	4,850	2,514	440	651	504	106	813	52.0
31（概数）	46,300	4,670	2,503	459	655	517	103	769	54.1

1 家畜飼養（続き）
(2) 肉用牛（各年2月1日現在）（続き）
 イ 肉用牛の総飼養頭数規模別飼養戸数

単位：戸

年次	計	1～4頭	5～9	10～19	20～49	50～99	100～199	200頭以上
平成27年	54,000	16,700	11,500	9,610	8,260	3,730	2,130	2,110
28	51,500	13,800	11,600	9,510	8,310	3,780	2,310	2,280
29	49,800	13,200	10,300	9,970	7,880	4,200	2,100	2,220
30	48,000	12,400	9,620	9,480	8,070	4,150	2,090	2,210
31（概数）	46,000	11,000	9,520	9,120	8,020	3,910	2,180	2,250

注：学校、試験場などの非営利的な飼養者を含まない（以下(ウ)まで同じ。）。

ウ 肉用牛の種類別飼養頭数規模別飼養戸数（平成31年）（概数）
 (ア) 子取り用めす牛

単位：戸

区分	計	1～4頭	5～9	10～19	20～49	50～99	100頭以上
全国	40,200	15,800	9,530	7,360	5,310	1,650	589

 (イ) 肥育用牛

単位：戸

区分	計	1～9頭	10～19	20～29	30～49	50～99	100～199	200頭以上	500頭以上
全国	7,100	2,240	692	451	813	1,060	927	919	257

 (ウ) 乳用種

単位：戸

区分	計	1～4頭	5～19	20～49	50～99	100～199	200頭以上	500頭以上
全国	4,440	1,430	747	485	385	455	943	409

(3) 種おす牛飼養頭数（各年2月1日現在）

単位：頭

年次	計	肉用牛					乳用牛		
		小計	黒毛和種	褐毛和種	日本短角種	その他	小計	ホルスタイン種	ジャージー種とその他
平成26年	2,311	1,538	1,322	85	97	34	773	760	13
27	2,152	1,460	1,253	74	100	33	692	684	8
28	2,177	1,455	1,249	73	96	37	722	717	5
29	2,135	1,439	1,234	75	91	39	696	689	7
30	2,089	1,426	1,225	72	95	34	663	658	5

資料：農林水産省生産局資料
注：対象は家畜改良増殖法に基づく種畜検査に合格して飼養されているものである。

(4) 豚（各年2月1日現在）
ア 豚の飼養戸数・飼養頭数

年次	飼養戸数	飼養頭数						1戸当たり飼養頭数
		計	子取り用めす豚	種おす豚	肥育豚	その他		
	戸	千頭	千頭	千頭	千頭		千頭	頭
平成27年	…	…	…	…	…		…	…
28	4,830	9,313	845	43	7,743		683	1,928.2
29	4,670	9,346	839	44	7,797		666	2,001.3
30	4,470	9,189	824	39	7,677		650	2,055.7
31（概数）	4,320	9,156	853	36	7,594		673	2,119.4

資料：農林水産省統計部「畜産統計」（以下(6)まで同じ。）
注：平成27年は2015農林業センサス実施年のため調査を休止した（以下ウまで同じ。）。

イ 肥育豚の飼養頭数規模別飼養戸数

単位：戸

年次	計	肥育豚飼養頭数規模							肥育豚なし
		小計	1～99頭	100～299	300～499	500～999	1,000～1.999	2,000頭以上	
平成27年	…	…	…	…	…	…	…	…	…
28	4,670	4,400	600	566	494	909	866	961	276
29	4,510	4,270	560	544	473	897	801	990	246
30	4,310	4,080	533	530	405	798	789	1,030	232
31（概数）	3,950	479	448	428	813	756	1,030		‥

注：1 規模区分に用いた肥育豚頭数は、調査日現在肥育中の成豚（繁殖用を除く。）と自家で肥育する予定の子豚（販売予定の子豚を除く。）の合計頭数である。
　　2 学校、試験場などの非営利的な飼養者を含まない（以下ウまで同じ。）。

ウ 子取り用めす豚の飼養頭数規模別飼養戸数

単位：戸

年次	計	子取り用めす豚飼養頭数規模							子取り用めす豚なし
		小計	1～9頭	10～29	30～49	50～99	100～199	200頭以上	
平成27年	…	…	…	…	…	…	…	…	…
28	4,670	3,780	318	403	370	842	792	1,060	891
29	4,510	3,650	265	381	343	818	769	1,070	861
30	4,310	3,490	249	368	362	698	725	1,090	821
31（概数）	‥	3,320	227	337	303	706	689	1,050	‥

1 家畜飼養（続き）
(5) 採卵鶏・ブロイラー（各年2月1日現在）
　ア　採卵鶏及びブロイラーの飼養戸数・飼養羽数

年次	採卵鶏							ブロイラー		
	飼養戸数		飼養羽数				1戸当たり成鶏めす飼養羽数（種鶏を除く。）	飼養戸数	飼養羽数	1戸当たり飼養羽数
		採卵鶏（種鶏のみの飼養を除く。）	計	採卵鶏（めす）		種鶏				
				ひな（6か月未満）	成鶏めす（6か月以上）					
	戸	戸	千羽	千羽	千羽	千羽	千羽	戸	千羽	千羽
平成27年	…	…	…	…	…	…	…	…	…	…
28	2,530	2,440	175,733	38,780	134,569	2,384	55.2	2,360	134,395	56.9
29	2,440	2,350	178,900	40,265	136,101	2,534	57.9	2,310	134,923	58.4
30	2,280	2,200	184,350	42,914	139,036	2,400	63.2	2,260	138,776	61.4
31（概数）	‥	2,120		40,576	141,792	‥	66.9	2,250	138,228	61.4

注：1　平成27年は2015農林業センサス実施年のため、調査を休止した（以下ウまで同じ。）。
　　2　採卵鶏は1,000羽未満の飼養者、ブロイラーは年間出荷羽数3,000羽未満の飼養者を含まない。

イ　採卵鶏の成鶏めす飼養羽数規模別飼養戸数

単位：戸

年次	計	成鶏めす飼養羽数規模						ひなのみ
		小計	1,000～4,999羽	5,000～9,999	10,000～49,999	50,000～99,999	100,000羽以上	
平成27年	…	…	…	…	…	…	…	…
28	2,410	2,210	609	324	692	233	347	207
29	2,320	2,110	579	295	670	229	340	203
30	2,180	1,990	536	287	613	226	332	184
31（概数）	‥	1,920	508	259	598	230	329	‥

注：1,000羽未満の飼養者及び学校、試験場などの非営利的な飼養者を含まない。

ウ　ブロイラーの出荷羽数規模別出荷戸数

単位：戸

年次	計	3,000～49,999羽	50,000～99,999	100,000～199,999	200,000～299,999	300,000～499,999	500,000羽以上
平成27年	…	…	…	…	…	…	…
28	2,360	276	374	706	396	339	266
29	2,310	270	323	698	422	333	268
30	2,270	240	313	673	431	338	272
31（概数）	2,250	236	319	692	363	362	282

注：年間出荷羽数3,000羽未満の飼養者及び学校、試験場などの非営利的な飼養者を含まない。

(6) 都道府県別主要家畜の飼養戸数・飼養頭羽数（平成31年）（概数）

全国・都道府県	乳用牛		肉用牛		
	飼養戸数	飼養頭数	飼養戸数	飼養頭数	
					乳用種
	戸	千頭	戸	千頭	千頭
全国	**15,000**	**1,332**	**46,300**	**2,503**	**769**
北海道	5,970	801	2,560	513	324
青森	186	12	827	54	25
岩手	878	42	4,360	89	17
宮城	501	19	3,150	80	10
秋田	92	4	809	19	2
山形	237	11	664	38	1
福島	329	12	2,030	48	11
茨城	344	25	514	49	20
栃木	690	52	864	80	39
群馬	503	34	573	55	26
埼玉	188	8	146	17	6
千葉	561	29	237	39	28
東京	48	1	24	1	0
神奈川	185	5	62	5	2
新潟	192	6	215	13	8
富山	39	2	34	3	1
石川	52	3	80	3	0
福井	22	1	48	2	1
山梨	56	3	63	5	3
長野	303	15	405	21	5
岐阜	107	6	497	31	2
静岡	208	14	116	19	12
愛知	294	23	313	41	29
三重	42	7	171	29	3
滋賀	48	3	88	20	4
京都	50	4	71	6	0
大阪	26	1	9	1	0
兵庫	276	13	1,250	53	8
奈良	45	3	46	4	1
和歌山	11	1	53	3	0
鳥取	128	9	295	19	7
島根	102	10	912	30	6
岡山	246	16	425	32	19
広島	145	8	576	24	11
山口	57	3	415	14	3
徳島	97	4	188	22	13
香川	80	5	186	20	12
愛媛	106	5	164	10	5
高知	58	3	157	6	1
福岡	205	12	191	22	8
佐賀	43	2	608	52	1
長崎	148	7	2,480	79	13
熊本	537	44	2,420	125	31
大分	123	12	1,190	47	10
宮崎	234	14	5,810	250	24
鹿児島	183	14	7,660	338	15
沖縄	64	4	2,380	75	1

1 家畜飼養（続き）
(6) 都道府県別主要家畜の飼養戸数・飼養頭羽数（平成31年）（概数）（続き）

全国・都道府県	豚		鶏			
	飼養戸数	飼養頭数	1) 採卵鶏		4) ブロイラー	
			2) 飼養戸数	3) 飼養羽数	飼養戸数	飼養羽数
	戸	千頭	戸	千羽	戸	千羽
全国	4,320	9,156	2,120	182,368	2,250	138,228
北海道	201	692	60	6,657	10	4,920
青森	73	352	27	7,943	64	6,943
岩手	105	402	23	5,515	312	21,647
宮城	116	186	43	4,519	52	2,166
秋田	75	272	17	2,326	1	x
山形	95	155	20	540	21	x
福島	58	125	44	4,481	31	785
茨城	318	466	108	15,167	43	1,135
栃木	105	406	56	6,196	12	x
群馬	212	630	53	8,033	27	1,460
埼玉	93	95	72	3,982	1	x
千葉	284	604	125	12,382	27	1,957
東京	11	3	14	78	–	–
神奈川	50	69	48	1,147	–	–
新潟	111	181	42	6,578	10	901
富山	21	31	17	1,094	–	–
石川	16	21	14	1,171	–	–
福井	7	2	11	684	3	76
山梨	19	16	26	517	11	431
長野	69	65	20	575	18	681
岐阜	32	100	69	4,867	17	993
静岡	96	109	57	4,646	29	1,164
愛知	197	353	143	9,123	12	935
三重	50	111	74	6,934	13	518
滋賀	7	4	21	380	2	x
京都	12	10	31	1,653	11	328
大阪	6	3	13	57	–	–
兵庫	26	22	55	5,722	59	2,438
奈良	11	7	28	456	3	x
和歌山	9	2	21	369	20	596
鳥取	21	67	11	575	12	3,170
島根	9	40	19	985	3	388
岡山	20	40	78	10,387	19	2,545
広島	25	111	49	9,356	9	765
山口	12	23	15	1,981	30	1,544
徳島	21	38	15	804	165	4,276
香川	27	39	54	5,495	30	2,153
愛媛	72	193	50	2,512	25	968
高知	16	26	14	304	11	403
福岡	46	82	74	3,235	39	1,263
佐賀	43	82	30	484	68	3,935
長崎	91	201	65	1,753	49	3,011
熊本	190	277	44	1,914	70	3,235
大分	47	132	22	1,267	54	2,471
宮崎	441	836	61	4,451	465	28,236
鹿児島	514	1,269	119	11,717	377	27,970
沖縄	237	210	46	1,356	15	707

注：1)は、1,000羽未満の飼養者を含まない。
　　2)は、種鶏のみの飼養者を除く数値である。
　　3)は、種鶏を除く採卵鶏の飼養羽数の数値である。
　　4)は、ブロイラーの年間出荷羽数3,000羽未満の飼養者を含まない。

2 生産量及び出荷量 (頭羽数)
(1) 生乳生産量及び用途別処理量

年次	1) 生乳生産量	用途別処理量				搾乳牛頭数 (各年2月1日現在)
		2) 牛乳等向け	業務用向け	乳製品向け	その他	
	t	t	t	t	t	千頭
平成26年	7,334,264	3,910,940	305,470	3,364,492	58,832	773
27	7,379,234	3,932,861	311,867	3,389,838	56,535	750
28	7,393,717	3,991,966	308,202	3,349,178	52,573	752
29	7,276,523	3,986,478	322,564	3,240,814	49,231	735
30	7,289,227	3,999,805	350,351	3,243,275	46,147	731

資料：農林水産省統計部「牛乳乳製品統計」（以下(2)まで同じ。）
　　　搾乳牛頭数は、農林水産省統計部「畜産統計」
注：　1)は、生産者の自家飲用、子牛のほ乳用を含む。
　　　2)は、牛乳、加工乳・成分調整牛乳、乳飲料、はっ酵乳及び乳酸菌飲料の飲用向けに仕向けたものである。

(2) 牛乳等の生産量

単位：kl

年次	飲用牛乳等						乳飲料	はっ酵乳	乳酸菌飲料
	計	牛乳	業務用	加工乳・成分調整牛乳	業務用	成分調整牛乳			
平成26年	3,456,269	2,988,742	284,777	467,527	38,910	346,348	1,330,001	1,001,289	145,640
27	3,456,311	3,005,406	290,258	450,905	40,535	346,660	1,306,315	1,054,932	148,340
28	3,488,163	3,049,421	292,833	438,742	42,685	339,727	1,238,828	1,104,917	140,011
29	3,538,986	3,090,779	299,317	448,207	53,573	352,642	1,177,800	1,072,051	124,495
30	3,556,019	3,141,688	326,726	414,331	49,866	317,415	1,129,372	1,067,820	125,563

(3) 枝肉生産量

単位：t

年次	豚	牛						子牛	馬
		計	成牛	和牛	乳牛	交雑牛	その他の牛		
平成26年	1,263,599	502,135	501,480	229,306	151,638	115,071	5,465	655	5,379
27	1,254,283	481,019	480,419	219,533	147,487	108,182	5,218	601	5,113
28	1,278,623	464,351	463,749	205,068	141,900	111,570	5,210	602	3,670
29	1,272,301	469,096	468,497	205,909	135,421	122,021	5,146	598	3,916
30	1,284,213	475,336	474,820	212,052	130,494	127,089	5,185	516	3,850

資料：農林水産省統計部「畜産物流通統計」（以下(6)まで同じ。）
注：　枝肉生産量は、食肉卸売市場調査及びと畜場統計調査結果から1頭当たり枝肉重量を算出し、この1頭当たり枝肉重量にと畜頭数を乗じて推定したものである（以下(4)まで同じ。）。

2 生産量及び出荷量（頭羽数）（続き）
(4) 肉豚・肉牛のと畜頭数及び枝肉生産量（平成30年）

主要生産県	と畜頭数	枝肉生産量	主要生産県	と畜頭数	枝肉生産量
	頭	t		頭	t
肉豚			肉牛（成牛）		
全国	**16,430,088**	**1,284,213**	**全国**	**1,051,684**	**474,820**
鹿児島	2,693,245	210,523	北海道	220,838	91,228
茨城	1,279,194	100,012	鹿児島	102,333	48,194
北海道	1,154,558	90,220	東京	87,062	42,136
青森	1,061,198	82,923	兵庫	56,485	25,579
宮崎	1,011,586	79,060	宮崎	51,104	24,060
千葉	886,292	69,279	福岡	47,247	22,145
群馬	727,046	56,832	熊本	35,832	16,433
神奈川	629,473	49,202	埼玉	35,210	15,940
埼玉	612,136	47,847	茨城	33,071	13,765
長崎	556,891	43,528	大阪	32,927	15,934

注：と畜頭数上位10都道府県について掲載した。

(5) 肉用若鶏（ブロイラー）の処理量

区分	単位	平成26年	27	28	29	30
処理羽数	千羽	658,483	666,859	677,332	685,105	**700,571**
処理重量	t	1,938,606	1,973,461	2,009,269	2,052,065	**2,082,914**

注： 平成27年以降は、年間の食鳥処理羽数が30万羽以上の食鳥処理場のみを調査対象者としている。
　　このため、平成26年の数値についても、年間の食鳥処理羽数が30万羽以上の食鳥処理場を集計し
　　た結果を掲載している。

(6) 鶏卵の主要生産県別生産量

単位：t

主要生産県	平成26年	27	28	29	30
全国	2,501,921	2,520,873	2,562,243	2,601,173	**2,627,764**
茨城	190,350	202,204	203,205	232,533	**224,245**
鹿児島	166,023	167,707	166,975	175,578	**181,956**
千葉	171,977	174,197	170,651	171,679	**167,795**
岡山	126,246	124,736	131,667	131,815	**129,953**
広島	133,337	131,796	131,766	130,768	**129,712**
愛知	114,141	103,888	101,441	107,038	**108,133**
青森	95,948	100,407	102,231	101,721	**107,212**
北海道	105,991	107,692	104,318	104,030	**103,311**
三重	81,535	82,799	82,204	93,444	**97,272**
栃木	57,420	56,693	55,541	67,456	**94,330**

注： 1 生産量は、出荷量に自家消費量、種卵、その他を加えて推定した。
　　 2 平成30年生産量上位10都道府県について掲載した。

3 需給
(1) 肉類需給表

年度・種類別		国内生産量	輸入量	在庫の増減量	国内消費仕向量	純食料	一人1年当たり供給量	一人1日当たり供給量
		千 t	千 t	千 t	千 t	千 t	kg	g
平成26年度	肉類計	3,253	2,757	70	5,925	3,832	30	83
	うち牛肉	502	738	29	1,209	747	6	16
	豚肉	1,250	1,216	23	2,441	1,507	12	32
	鶏肉	1,494	759	16	2,226	1,549	12	33
27	肉類計	3,268	2,769	△ 11	6,035	3,904	31	84
	うち牛肉	475	696	△ 16	1,185	731	6	16
	豚肉	1,268	1,223	△ 13	2,502	1,545	12	33
	鶏肉	1,517	809	19	2,298	1,599	13	34
28	肉類計	3,291	2,927	0	6,203	4,013	32	87
	うち牛肉	463	752	△ 19	1,231	760	6	16
	豚肉	1,277	1,290	12	2,552	1,576	12	34
	鶏肉	1,545	842	9	2,369	1,649	13	36
29	肉類計	3,325	3,127	23	6,412	4,147	33	90
	うち牛肉	471	817	△ 7	1,291	797	6	17
	豚肉	1,272	1,357	5	2,621	1,618	13	35
	鶏肉	1,575	905	22	2,448	1,703	13	37
30 (概算値)	肉類計	3,366	3,196	△ 1	6,545	4,235	34	92
	うち牛肉	476	886	26	1,331	822	7	18
	豚肉	1,282	1,345	△ 21	2,645	1,633	13	35
	鶏肉	1,600	914	△ 8	2,512	1,748	14	38

資料：農林水産省大臣官房政策課食料安全保障室「食料需給表」（以下(2)まで同じ。）
注：1 肉類計には、くじら、その他の肉を含む。
　　2 輸入は枝肉（鶏肉は骨付き肉）に換算した。

(2) 生乳需給表

年度・種類別		国内生産量	輸入量	在庫の増減量	国内消費仕向量	純食料	一人1年当たり供給量	一人1日当たり供給量
		千 t	千 t	千 t	千 t	千 t	kg	g
平成26年度	飲用向け	3,910	0	0	3,907	3,868	30	83
	乳製品向け	3,361	4,425	41	7,727	7,495	59	161
27	飲用向け	3,953	0	0	3,949	3,910	31	84
	乳製品向け	3,398	4,634	125	7,886	7,649	60	164
28	飲用向け	3,989	0	0	3,985	3,945	31	85
	乳製品向け	3,302	4,554	△ 31	7,864	7,628	60	165
29	飲用向け	3,984	0	0	3,979	3,939	31	85
	乳製品向け	3,258	5,000	110	8,122	7,878	62	170
30 (概算値)	飲用向け	4,006	0	0	4,001	3,961	31	86
	乳製品向け	3,231	5,164	△ 11	8,379	8,128	64	176

注：農家自家用生乳を含まない。

3 需給（続き）
(3) 1世帯当たり年間の購入数量（二人以上の世帯・全国）

品目	単位	平成26年	27	28	29	30
生鮮肉	g	45,051	45,459	47,202	47,792	49,047
うち牛肉	〃	6,563	6,200	6,422	6,581	6,717
豚肉	〃	19,298	19,865	20,418	20,788	21,518
鶏肉	〃	15,493	15,694	16,243	16,315	16,865
牛乳	l	78.82	77.62	78.51	78.03	76.24
卵	g	29,995	29,875	31,120	31,264	31,933

資料：総務省統計局「家計調査年報」

(4) 畜産物の輸出入実績
　　ア　輸出入量及び金額

品目	平成29年		30	
	数量	金額	数量	金額
	t	千円	t	千円
輸出				
1) 牛の肉・食用くず肉（生鮮・冷蔵・冷凍）	2,707	19,156,137	3,560	24,730,835
2) 豚の肉・食用くず肉（生鮮・冷蔵・冷凍）	2,321	1,012,670	2,204	1,042,840
鶏の肉・食用くず肉（生鮮・冷蔵・冷凍）	10,004	1,976,121	9,657	1,979,949
3) ミルク・クリーム　脂肪分1～6％	4,622	995,143	4,966	1,102,557
チーズ・カード	750	1,051,076	835	1,165,153
4) ミルク・クリーム・ホエイ等調整品（育児食用）	5,105	8,046,003	5,758	8,551,353
輸入				
1) 牛の肉・食用くず肉（生鮮・冷蔵・冷凍）	573,978	350,476,375	608,551	384,715,866
牛の臓器・舌（生鮮・冷蔵・冷凍）	69,443	87,171,718	72,820	87,358,858
2) 豚の肉・食用くず肉（生鮮・冷蔵・冷凍）	932,069	491,046,657	924,993	486,795,282
豚の臓器（生鮮・冷蔵・冷凍）	24,488	7,978,661	24,615	7,751,282
5) 馬等の肉（生鮮・冷蔵・冷凍）	5,460	4,380,826	5,768	5,154,092
6) 鶏の肉・食用くず肉（生鮮・冷蔵・冷凍）	569,466	150,910,777	560,321	131,259,892
ミルク・クリーム（粉状　脂肪分5％超）	107	328,690	119	382,605
ミルク・クリーム（粉状　脂肪分5％以下）	58,545	14,693,349	52,083	11,111,470
バター	7,899	5,023,646	15,260	10,111,357
チーズ・カード　プロセスチーズ	9,340	5,583,957	9,523	6,604,148
チーズ・カード　その他	263,437	124,769,864	276,177	136,178,576
ソーセージ等	32,741	17,969,801	32,299	18,092,481
ハム・ベーコン等	4,504	5,527,799	4,285	5,283,052

資料：財務省関税局「貿易統計」をもとに農林水産省統計部にて作成。（以下イまで同じ。）
注：1)は、舌、臓器（肝臓）を含まない。
　　2)は、臓器（肝臓）を含まない。
　　3)は、濃縮若しくは乾燥をし又は砂糖その他の甘味料を加えたものを除く。
　　4)は、小売用にしたものに限る。
　　5)は、馬、ろ馬、ら馬又はヒニーの肉である。
　　6)は、鶏の肝臓は含まない。

イ　国・地域別輸入量及び金額

品目	平成29年		30	
	数量	金額	数量	金額
	t	千円	t	千円
牛肉（くず肉含む）	573,978	350,476,375	608,551	384,715,866
うちオーストラリア	288,260	174,485,109	312,452	189,581,794
アメリカ合衆国	239,676	150,660,553	247,570	165,569,599
ニュージーランド	15,768	11,223,298	13,959	11,320,690
豚肉（くず肉含む）	932,069	491,046,657	924,993	486,795,282
うちアメリカ合衆国	267,294	140,661,269	262,379	137,856,129
カナダ	215,613	113,863,351	221,405	116,685,585
スペイン	107,493	56,752,767	111,705	58,992,313
鶏肉	569,466	150,910,777	560,321	131,259,892
うちブラジル	416,811	102,295,367	401,851	84,290,513
タイ	127,268	42,627,715	139,036	43,100,363
アメリカ合衆国	20,797	4,664,813	16,941	3,211,897
馬肉	5,460	4,380,826	5,768	5,154,092
うちカナダ	2,841	2,421,069	2,762	2,618,793
アルゼンチン	905	808,914	985	887,750
ポーランド	666	559,718	767	764,980

注：平成30年の輸入量が多い国・地域について、上位3か国を掲載した。

4　疾病、事故及び保険・共済
(1)　家畜伝染病発生状況

単位：戸

| 年次 | 豚コレラ | 流行性脳炎 | 結核病 | ヨーネ病 | | | 伝染性海綿状脳症 | 高病原性鳥インフルエンザ | | 腐蛆病 |
	豚	豚	牛	牛	めん羊	山羊	めん羊	鶏	あひる	蜜蜂
平成26年	-	6	1	326	-	-	-	4	-	57
27	-	2	-	327	1	1	-	2	-	59
28	-	5	-	315	-	1	1	5	2	42
29	-	-	-	374	-	1	1	5	-	30
30	6	-	-	321	1	2	-	1	-	42

資料：農林水産省消費・安全局「監視伝染病の発生状況」
注：　家畜伝染病予防法第13条に基づく患畜届出農家戸数である（ただし、口蹄疫、
　　高病原性鳥インフルエンザは疑似患畜の件数を含む。）。

(2)　年度別家畜共済

区分	単位	平成25年度	26	27	28	29
加入						
頭数	千頭	6,436	6,278	6,388	6,479	6,724
共済価額	100万円	1,348,288	1,480,220	1,588,082	1,793,375	2,178,245
共済金額	〃	660,035	687,678	717,690	772,496	890,133
共済掛金	〃	55,202	56,569	58,046	60,634	60,143
保険料	〃	28,261	26,907	25,988	26,513	25,158
再保険料	〃	19,026	19,356	19,910	20,751	21,307
共済事故						
死廃						
頭数	千頭	400	399	385	387	412
支払共済金	100万円	26,643	26,785	28,161	30,196	34,203
支払保険金	〃	20,014	19,441	19,422	20,085	21,726
支払再保険金	〃	13,321	13,393	14,080	15,098	17,101
病傷						
件数	千件	2,465	2,339	2,394	2,429	2,437
支払共済金	100万円	27,335	26,066	27,304	28,034	27,617
支払保険金	〃	7,790	6,995	6,845	6,784	5,996
支払再保険金	〃	5,443	5,170	5,412	5,583	5,337

資料：農林水産省経営局「家畜共済統計表」（以下(4)まで同じ。）
注：農業災害補償法による家畜共済事業の実績である（以下(4)まで同じ。）。

(3) 畜種別共済事故別頭数

畜種	単位	平成25年度	26	27	28	29
共済事故						
死廃						
乳用牛等	頭	158,538	149,484	149,105	151,116	148,001
肉用牛等	〃	59,438	58,895	57,696	59,508	62,930
馬	〃	612	582	517	517	549
種豚	〃	5,262	4,598	4,445	4,519	4,568
肉豚	〃	176,167	185,161	173,088	171,700	20,056
病傷						
乳用牛等	件	1,396,865	1,285,006	1,322,747	1,334,996	1,313,412
肉用牛等	〃	1,044,337	1,032,224	1,051,340	1,072,624	1,101,477
馬	〃	13,938	13,286	13,631	13,905	13,211
種豚	〃	9,674	8,260	6,771	7,166	9,089
肉豚	〃	-	-	-	-	-

(4) 畜種別家畜共済 (平成29年度)

区分	単位	乳用牛等	肉用牛等	馬	種豚	肉豚
加入						
頭数	千頭	2,132	2,254	21	214	2,103
共済価額	100万円	755,021	1,348,154	32,134	15,880	27,055
共済金額	〃	348,466	488,066	22,761	10,725	20,115
共済掛金	〃	36,746	20,731	707	267	1,692
保険料	〃	16,473	6,960	433	142	1,150
再保険料	〃	13,394	6,671	292	110	841
共済事故						
死廃						
頭数	千頭	148	63	1	5	196
支払共済金	100万円	21,628	10,185	504	207	1,679
支払保険金	〃	14,409	5,692	386	127	1,112
支払再保険金	〃	10,814	5,092	252	103	840
病傷						
件数	千件	1,313	1,101	13	9	-
支払共済金	100万円	16,663	10,668	211	75	-
支払保険金	〃	3,865	2,060	51	20	-
支払再保険金	〃	3,361	1,928	34	14	-

5 生産費
(1) 牛乳生産費 (生乳100kg当たり)

費目	単位	平成28年度		29	
		実数	2)費目割合	実数	2)費目割合
			%		%
物財費	円	7,131	80.1	7,455	80.7
種付料	〃	141	1.6	150	1.6
飼料費	〃	4,082	45.8	4,129	44.7
敷料費	〃	102	1.1	104	1.1
光熱水料及び動力費	〃	262	2.9	277	3.0
その他の諸材料費	〃	18	0.2	20	0.2
獣医師料及び医薬品費	〃	301	3.4	297	3.2
賃借料及び料金	〃	180	2.0	174	1.9
物件税及び公課諸負担	〃	109	1.2	111	1.2
乳牛償却費	〃	1,302	14.6	1,513	16.4
建物費	〃	216	2.4	211	2.3
自動車費	〃	47	0.5	49	0.5
農機具費	〃	347	3.9	398	4.3
生産管理費	〃	24	0.3	22	0.2
労働費	〃	1,774	19.9	1,783	19.3
費用合計	〃	8,905	100.0	9,238	100.0
生産費 (副産物価額差引)	〃	7,350	-	7,498	
支払利子・地代算入生産費	〃	7,443	-	7,586	
資本利子・地代全額算入生産費	〃	7,787	-	7,972	
1経営体当たり搾乳牛飼養頭数 (通年換算)	頭	54.0	-	55.5	-
1頭当たり3.5%換算乳量	kg	9,478	-	9,496	-
1) 〃 粗収益	円	1,016,082	-	1,048,703	-
〃 所得	〃	309,312	-	306,277	-
〃 投下労働時間	時間	105.71	-	104.02	-

資料：農林水産省統計部「農業経営統計調査報告 畜産物生産費」(以下(4)まで同じ。)。
注：1 乳脂率3.5%に換算した牛乳、(生乳)100kg当たり生産費である (以下(2)まで同じ。) 。
　　2 調査期間は、当年4月から翌年3月までの1年間である (以下(4)まで同じ。) 。
1)は、加工原料乳生産者補給金を含む。
2)は、四捨五入の関係で計と内訳の合計は一致しない。

(2) 飼養頭数規模別牛乳生産費 (生乳100kg当たり) (平成29年度)

飼養頭数規模	費用合計	飼料費	乳牛償却費	労働費	生産費(副産物価額差引)	支払利子・地代算入生産費	資本利子・地代全額算入生産費	1頭当たり投下労働時間	1)1日当たり家族労働報酬
	円	円	円	円	円	円	円	時間	円
平均	9,238	4,129	1,513	1,783	7,498	7,586	7,972	104.02	25,604
1 ～ 20頭未満	12,052	4,869	1,407	3,929	10,312	10,438	10,831	203.76	8,761
20 ～ 30	10,980	4,818	1,351	2,986	9,259	9,389	9,746	163.35	13,607
30 ～ 50	9,859	4,388	1,361	2,326	8,217	8,307	8,657	130.40	19,643
50 ～ 80	8,950	3,920	1,463	1,785	7,193	7,279	7,705	105.18	25,576
80 ～ 100	9,046	4,242	1,469	1,494	7,243	7,322	7,724	86.51	29,300
100頭以上	8,601	3,911	1,672	1,187	6,844	6,923	7,299	72.39	46,907

注：1)は、家族労働報酬÷家族労働時間×8時間 (1日換算) 。
　　なお、家族労働報酬＝粗収益－(生産費総額－家族労働費)である。

(3)　肉用牛生産費（1頭当たり）

費目	単位	去勢若齢肥育牛		子牛	
		平成28年度	29	平成28年度	29
物財費	円	1,054,763	1,165,338	377,890	390,050
種付料	〃	－	－	22,538	21,115
もと畜費	〃	669,604	780,702	－	－
飼料費	〃	304,977	306,403	219,716	228,586
敷料費	〃	12,697	11,991	8,688	9,196
光熱水料及び動力費	〃	11,644	12,272	9,030	9,440
その他の諸材料費	〃	174	200	599	581
獣医師料及び医薬品費	〃	11,180	10,754	24,160	22,511
賃借料及び料金	〃	5,508	5,491	12,255	13,525
物件税及び公課諸負担	〃	5,348	5,628	9,025	9,134
繁殖雌牛償却費	〃	－	－	35,659	38,266
建物費	〃	13,306	12,702	15,320	15,819
自動車費	〃	7,576	6,730	6,829	6,905
農機具費	〃	10,632	10,484	12,394	13,300
生産管理費	〃	2,117	1,981	1,677	1,672
労働費	〃	79,134	76,059	183,290	185,902
費用合計	〃	1,133,897	1,241,397	561,180	575,952
生産費（副産物価額差引）	〃	1,122,968	1,231,811	533,118	551,108
支払利子・地代算入生産費	〃	1,137,278	1,244,392	544,237	561,774
資本利子・地代全額算入生産費	〃	1,146,901	1,253,930	604,734	628,773
1経営体当たり販売頭数	頭	39.3	42.5	11.1	11.3
1)粗収益	円	1,324,623	1,307,970	813,987	775,120
1)所得	〃	249,292	123,445	419,609	370,773
投下労働時間	時間	52.07	49.82	128.98	127.83

費目	単位	乳用雄肥育牛		乳用雄育成牛	
		平成28年度	29	平成28年度	29
物財費	円	475,757	503,803	203,139	204,775
もと畜費	〃	204,183	246,398	112,465	116,405
飼料費	〃	232,001	221,695	63,406	64,396
敷料費	〃	10,246	7,592	7,432	8,744
光熱水料及び動力費	〃	7,471	7,871	2,308	2,514
その他の諸材料費	〃	275	433	76	23
獣医師料及び医薬品費	〃	2,988	2,999	8,797	5,507
賃借料及び料金	〃	4,122	2,537	1,369	828
物件税及び公課諸負担	〃	2,353	2,014	774	939
建物費	〃	6,719	6,506	2,928	2,511
自動車費	〃	1,861	1,838	860	708
農機具費	〃	2,970	3,422	2,552	2,020
生産管理費	〃	568	498	172	180
労働費	〃	25,437	23,926	9,341	11,257
費用合計	〃	501,194	527,729	212,480	216,032
生産費（副産物価額差引）	〃	496,838	523,459	211,355	212,121
支払利子・地代算入生産費	〃	499,293	524,544	212,049	212,934
資本利子・地代全額算入生産費	〃	505,244	531,513	214,440	214,738
1経営体当たり販売頭数	頭	114.4	120.5	468.5	425.2
粗収益	円	502,237	497,194	242,458	238,722
所得	〃	22,348	△ 10,692	36,336	31,988
投下労働時間	時間	16.65	15.37	5.67	6.64

注：1)の子牛については、繁殖雌牛の1頭当たりの数値である。

5 生産費（続き）

(3) 肉用牛生産費（1頭当たり）（続き）

費目	単位	交雑種肥育牛		交雑種育成牛	
		平成28年度	29	平成28年度	29
物財費	円	715,192	767,256	318,871	354,754
もと畜費	〃	371,349	416,488	225,898	258,486
飼料費	〃	294,278	298,304	72,344	74,167
敷料費	〃	8,052	7,629	5,412	5,327
光熱水料及び動力費	〃	9,378	9,788	3,038	3,692
その他の諸材料費	〃	203	263	25	42
獣医師料及び医薬品費	〃	4,525	4,515	5,149	5,417
賃借料及び料金	〃	2,969	2,831	578	603
物件税及び公課諸負担	〃	2,588	2,606	954	813
建物費	〃	11,042	13,980	2,349	2,661
自動車費	〃	3,520	3,648	1,342	1,326
農機具費	〃	6,495	6,194	1,479	1,955
生産管理費	〃	793	1,010	303	265
労働費	〃	39,627	39,235	14,445	15,293
費用合計	〃	754,819	806,491	333,316	370,047
生産費（副産物価額差引）	〃	749,721	800,730	330,831	366,353
支払利子・地代算入生産費	〃	754,850	804,882	331,835	367,386
資本利子・地代全額算入生産費	〃	769,384	818,456	335,244	371,457
1経営体当たり販売頭数	頭	83.2	83.5	191.2	182.2
粗収益	円	833,733	774,264	381,946	375,676
所得	〃	108,025	△ 5,159	57,266	16,531
投下労働時間	時間	25.36	25.16	9.88	9.90

(4) 肥育豚生産費（1頭当たり）

費目	単位	平成28年度	29
物財費	円	27,951	28,619
種付料	〃	135	143
もと畜費	〃	20	31
飼料費	〃	20,255	20,541
敷料費	〃	121	113
光熱水料及び動力費	〃	1,509	1,592
その他の諸材料費	〃	50	54
獣医師料及び医薬品費	〃	2,090	2,116
賃借料及び料金	〃	270	288
物件税及び公課諸負担	〃	185	173
繁殖雌豚費	〃	792	811
種雄豚費	〃	130	126
建物費	〃	1,255	1,392
自動車費	〃	250	257
農機具費	〃	752	842
生産管理費	〃	137	140
労働費	〃	4,280	4,265
費用合計	〃	32,231	32,884
生産費（副産物価額差引）	〃	31,353	32,001
支払利子・地代算入生産費	〃	31,466	32,081
資本利子・地代全額算入生産費	〃	32,089	32,760
1経営体当たり販売頭数	頭	1,564.2	1,580.8
粗収益	円	38,085	40,270
所得	〃	9,169	10,729
投下労働時間	時間	2.72	2.71

6 価格
(1) 指定食肉の安定価格

単位：円

指定食肉	行政価格名	平成27年度	28	29	30	31
牛肉1kg当たり	安定上位価格	1,125	1,155	1,215	1,255	－
	安定基準価格	865	890	900	925	－
豚肉1kg当たり	安定上位価格	590	600	595	595	－
	安定基準価格	440	445	440	440	－

資料：農林水産省生産局資料（以下(2)まで同じ。）
注：1　畜産物の価格安定に関する法律に基づくものである。
　　2　豚肉は、皮はぎ法による豚半丸枝肉価格である。
　　3　指定食肉の価格安定制度は、ＴＰＰ11の発効に伴い、平成30年12月29日をもって終了。

(2) 加工原料乳生産者補給金及び集送乳調整金単価

単位：円

1kg当たり補給金等単価	平成27年度	28	29	30	令和元年度
加工原料乳生産者補給金					
脱脂粉乳・バター等向け	12.90	12.69			
チーズ向け	15.53	15.28	10.56	8.23	8.31
生クリーム等向け	…	…			
集送乳調整金	…	…	…	2.43	2.49

注：1　平成29年度までは加工原料乳生産者補給金等暫定措置法に、平成30年度からは畜産
　　　経営の安定に関する法律に基づくものである。
　　2　平成29年度から、生クリーム等向けについて加工原料乳生産者補給金の対象に追加
　　　した上で、補給金単価を一本化した。
　　3　平成30年度から、加工原料乳生産者補給金と集送乳調整金に分け、別々に算定した。

(3) 家畜類の価格指数

平成27年＝100

年次	農産物価格指数					
	肉用牛			鶏卵	生乳	肉豚
	去勢肥育和牛若齢	雌肥育和牛	乳雄肥育（ホルスタイン種）	M、1級	総合乳価	肥育豚
平成26年	86.2	83.5	78.8	95.9	96.0	100.7
27	100.0	100.0	100.0	100.0	100.0	100.0
28	109.2	112.6	104.0	92.8	101.5	94.6
29	106.7	105.3	100.1	94.0	103.0	102.7
30	107.5	105.3	103.8	85.4	103.7	90.7

年次	農産物価格指数（続き）				
	肉鶏	乳子牛	和子牛		子豚
	ブロイラー	ホルスタイン純粋種雌生後6か月程度	雌生後10か月程度	雄生後10か月程度	生後90～110日
平成26年	97.4	85.6	84.6	85.3	101.5
27	100.0	100.0	100.0	100.0	100.0
28	97.9	146.4	122.2	123.1	95.7
29	99.5	168.5	121.2	123.7	98.7
30	98.2	156.3	116.1	118.7	95.9

資料：農林水産省統計部「農業物価統計」

6 価格（続き）
(4) 主要食肉中央卸売市場の豚・牛枝肉1kg当たり卸売価格

単位：円

年次	豚					牛（成牛）				
	さいたま	東京	名古屋	大阪	福岡	さいたま	東京	名古屋	大阪	福岡
平成26年	510	523	530	512	536	968	1,610	1,592	1,550	1,480
27	500	510	522	500	532	1,195	1,981	1,934	1,984	1,836
28	466	481	493	459	493	1,203	2,125	2,108	2,104	2,026
29	509	525	535	499	532	1,079	1,972	1,995	1,929	1,876
30	452	477	477	427	485	1,060	2,009	2,068	1,919	1,864

資料：農林水産省統計部「畜産物流通統計」（以下(5)まで同じ。）
注：価格は、年間枝肉卸売総額を枝肉卸売総重量で除して算出したものである。

(5) 食肉中央卸売市場（東京・大阪）の豚・牛枝肉規格別卸売価格（平成30年平均）
　ア　豚枝肉1kg当たり卸売価格

単位：円

種類	東京				大阪			
	極上	上	中	並	極上	上	中	並
豚	1,158	519	483	451	768	497	459	432

注：　価格は、規格別の年間枝肉卸売総額を枝肉卸売総重量で除して算出したものである
　　（以下イまで同じ。）。

　イ　牛枝肉1kg当たり卸売価格

単位：円

種類	東京				大阪			
	A5(B5)	A4(B4)	B4(B3)	B3(B2)	A5(B5)	A4(B4)	B4(B3)	B3(B2)
和牛めす	3,111	2,550	2,302	1,716	2,823	2,516	2,316	2,089
和牛去勢	2,818	2,483	2,262	2,026	2,865	2,505	2,379	2,178
乳牛めす	–	1,274	893	700	–	–	–	981
乳牛去勢	–	–	1,102	1,041	–	–	1,186	1,048
交雑牛めす	2,022	1,756	1,676	1,484	2,167	1,841	1,778	1,536
交雑牛去勢	2,064	1,768	1,700	1,531	2,235	1,893	1,828	1,586

注：　（ ）内は乳牛めす及び乳牛去勢の規格である。

(6) 年平均小売価格（東京都区部）

単位：円

品目	銘柄	数量単位	平成26年	27	28	29	30
牛肉	国産品、ロース	100 g	805	857	898	906	901
〃	輸入品、チルド（冷蔵）、肩ロース又はもも	〃	233	263	281	288	281
1) 豚肉	バラ（黒豚を除く。）	〃	3) 255	223	224	229	233
〃	もも（黒豚を除く。）	〃	187	194	195	198	202
鶏肉	ブロイラー、もも肉	〃	133	136	135	136	135
牛乳	店頭売り、1,000mL紙容器入り	1 本	217	221	224	221	208
2) 鶏卵	白色卵、パック詰（10個入り）、サイズ混合、〔卵重〕「MS52g〜LL76g未満」、「MS52g〜L70g未満」又は「M58g〜L70g未満」	1 パック	244	249	242	245	230

資料：総務省統計局「小売物価統計調査年報」
注：1)は、平成27年1月に基本銘柄を改正した。
　　2)は、平成30年1月に基本銘柄を改正した。
　　3)は、ロース（黒豚を除く。）の価格である。

7 畜産加工
(1) 生産量
ア 乳製品

単位：t

品目	平成26年	27	28	29	30
全粉乳	12,077	11,862	11,505	9,415	9,795
脱脂粉乳	119,844	128,610	127,598	121,063	120,004
調製粉乳	26,659	26,309	27,657	26,728	27,771
ホエイパウダー	…	…	…	19,008	19,367
バター	60,762	64,810	66,210	59,808	59,499
1) クリーム	116,911	113,796	111,029	115,848	116,190
チーズ	134,713	145,338	148,611	149,586	156,998
うち直接消費用ナチュラルチーズ	22,846	21,942	23,119	24,047	24,147
加糖れん乳	33,829	34,722	35,323	34,635	32,412
無糖れん乳	677	635	601	470	461
脱脂加糖れん乳	4,661	4,402	4,117	3,985	3,845
2) アイスクリーム(kl)	144,724	134,093	141,767	147,708	148,253

資料：農林水産省統計部「牛乳乳製品統計」
注：　1)は、平成28年以前、「クリームを生産する目的で脂肪分離したもの」に限定していたところではあるが、平成29年以降、バター、チーズ等を製造する過程で生産されるクリーム及び飲用牛乳等の脂肪調整用の抽出クリームのうち、製菓、製パン、飲料等の原料や家庭用として販売するものを含めるよう、調査定義を変更した。
　　2)は、乳脂肪分8％以上のものを計上している。

イ 年次食肉加工品生産数量

単位：t

年次	ベーコン類	ハム類	プレスハム類	ソーセージ類	ウィンナーソーセージ
平成26年	86,946	106,137	30,657	312,859	229,435
27	88,552	104,827	32,671	306,743	225,269
28	91,707	104,951	31,839	310,344	228,707
29	95,233	111,064	29,163	318,802	239,494
30	96,880	112,106	25,896	319,460	238,921

資料：日本ハム・ソーセージ工業協同組合「年次食肉加工品生産数量」
注：分類は日本農林規格に基づく。

7 畜産加工（続き）
(2) 需給

1世帯当たり年間の購入数量（二人以上の世帯・全国）

単位：g

品目		平成26年	27	28	29	30
加工肉	ハム	2,927	2,892	2,782	2,777	2,592
	ソーセージ	5,370	5,131	5,222	5,315	5,301
	ベーコン	1,478	1,482	1,471	1,514	1,546
乳製品	粉ミルク	304	287	326	306	287
	バター	510	459	471	492	503
	チーズ	2,867	2,901	3,084	3,309	3,488

資料：総務省統計局「家計調査年報」

8 飼料
(1) 配合飼料の生産量

単位：千t

年度	配合・混合飼料	配合飼料の用途別							
		計	養鶏用			養豚用	乳牛用	肉牛用	1)その他
			育すう用	ブロイラー用	成鶏用				
平成26年度	23,388	22,976	692	3,814	5,538	5,585	2,986	4,304	58
27	23,542	23,125	699	3,832	5,573	5,638	2,990	4,336	57
28	23,629	23,179	696	3,812	5,605	5,614	2,998	4,397	56
29	23,867	23,385	713	3,853	5,751	5,579	2,991	4,442	57
30	23,803	23,308	710	3,803	5,769	5,548	2,982	4,437	58

資料：（公社）配合飼料供給安定機構「飼料月報」
注：1)は、うずら用とその他の家畜家きん用である。

(2) 植物油かす等の生産量

単位：千 t

年次	1)ふすま	1)とうもろこし	1)米ぬか	米ぬか油かす	大豆油かす	なたね油かす	魚粉
平成26年	964	10,607	68	250	1,501	1,361	187
27	968	10,800	74	256	1,700	1,366	184
28	957	10,917	68	252	1,716	1,340	177
29	966	11,258	60	257	1,834	1,331	182
30	973	11,522	64	255	1,813	1,294	181

資料：米ぬか油かす・大豆油かす・なたね油かすは、農林水産省食料産業局「我が国の油脂事情」
　　　ふすま・とうもろこし・米ぬかは、（公社）配合飼料供給安定機構「飼料月報」
　　　魚粉は、日本水産油脂協会「水産油脂統計年鑑」
注：1)は、原料使用量であり、会計年度の数値である。

(3) 主要飼料用作物の収穫量

年産	牧草 作付（栽培）面積	牧草 収穫量	青刈りとうもろこし 作付面積	青刈りとうもろこし 収穫量	ソルゴー 作付面積	ソルゴー 収穫量
	千ha	千t	千ha	千t	千ha	千t
平成26年産	740	25,193	92	4,825	16	788
27	738	1) 26,092	92	1) 4,823	15	1) 729
28	735	1) 24,689	93	1) 4,255	15	1) 655
29	728	25,497	95	4,782	14	665
30	1) 726	1) 24,621	1) 95	1) 4,488	1) 14	1) 618

資料：農林水産省統計部「作物統計」（以下(4)まで同じ。）
注：　1)は、主産県の調査結果から推計したものである。主産県とは、直近の全国調査年における
　　全国の作付（栽培）面積のおおむね80％を占めるまでの都道府県及び農業競争力強化基盤整備
　　事業のうち飼料作物に係るものを実施する都道府県である。

8 飼料（続き）
(4) 主要飼料用作物の収穫量（都道府県別）（平成30年産）

都道府県	牧草		青刈りとうもろこし		ソルゴー	
	作付（栽培）面積	収穫量	作付面積	収穫量	作付面積	収穫量
	ha	t	ha	t	ha	t
全国	726,000	24,621,000	94,600	4,488,000	14,000	618,000
北海道	533,600	17,289,000	55,500	2,697,000	x	x
青森	18,500	512,500	1,680	68,000	–	–
岩手	35,900	1,009,000	5,130	205,700	3	94
宮城	…	…	…	…	…	…
秋田	…	…	…	…	…	…
山形	…	…	…	…	…	…
福島	…	…	…	…	…	…
茨城	1,550	66,200	2,460	123,000	315	14,300
栃木	7,090	270,800	4,740	237,500	291	10,100
群馬	2,930	142,400	2,770	145,400	88	3,870
埼玉	…	…	…	…	…	…
千葉	1,020	41,600	962	51,800	446	26,400
東京	…	…	…	…	…	…
神奈川	…	…	…	…	…	…
新潟	…	…	…	…	…	…
富山	…	…	…	…	…	…
石川	…	…	…	…	…	…
福井	…	…	…	…	…	…
山梨	…	…	…	…	…	…
長野	…	…	…	…	…	…
岐阜	…	…	…	…	…	…
静岡	…	…	…	…	…	…
愛知	733	24,300	178	7,230	390	11,800
三重	…	…	…	…	…	…
滋賀	…	…	…	…	…	…
京都	…	…	…	…	…	…
大阪	…	…	…	…	…	…
兵庫	970	33,200	149	4,380	710	16,000
奈良	…	…	…	…	…	…
和歌山	…	…	…	…	…	…
鳥取	2,310	71,600	869	25,200	321	6,740
島根	1,400	40,200	66	2,150	184	5,410
岡山	…	…	…	…	…	…
広島	…	…	…	…	…	…
山口	1,250	30,900	7	216	435	9,960
徳島	…	…	…	…	…	…
香川	…	…	…	…	…	…
愛媛	…	…	…	…	…	…
高知	…	…	…	…	…	…
福岡	…	…	…	…	…	…
佐賀	910	33,000	9	294	329	10,100
長崎	5,560	270,800	524	23,700	2,140	101,900
熊本	14,400	593,300	3,410	153,100	768	41,400
大分	5,070	218,000	729	31,400	823	42,600
宮崎	16,000	974,400	4,810	231,400	2,850	154,500
鹿児島	18,900	922,300	2,030	82,200	1,840	88,900
沖縄	5,840	619,000	1	36	44	1,320

(5) 飼料総合需給表（可消化養分総量換算）

単位：千TDN t

区分	需要量	供給量				
		計	粗飼料	濃厚飼料		
				小計	国内産	輸入
平成26年度	23,549	23,549	4,960	18,589	6,046	12,543
27	23,569	23,569	5,073	18,496	5,840	12,655
28	23,820	23,820	4,877	18,944	5,979	12,964
29	24,593	24,593	5,125	19,468	5,999	13,469
30（概算）	24,516	24,516	5,020	19,496	5,848	13,648

資料：農林水産省生産局資料
注：1　平成30年度は概算値である。
　　2　可消化養分総量（TDN:Total Digestible Nutrients）とは、エネルギー含量を示す単位で
　　　あり、飼料の実量とは異なる。

(6) 飼料の輸出入量及び金額

品目	平成29年		30	
	数量	金額	数量	金額
	t	千円	t	千円
輸出				
飼料用調整品（犬猫飼料の小売用除く）	21,030	6,717,894	17,373	6,915,306
輸入				
ミルク・クリーム（粉状 脂肪分5％以下）（飼料用）	27,655	6,272,584	30,466	5,921,421
ホエイ・調整ホエイ（配合飼料製造用）	36,792	5,397,898	35,992	4,364,495
大麦・はだか麦	1,205,249	30,378,307	1,264,030	38,499,607
オート	47,335	2,123,481	45,261	2,064,119
とうもろこし	15,305,664	345,799,371	15,801,834	372,183,030
うち飼料用	10,365,304	230,188,723	11,270,085	260,930,109
グレインソルガム	519,886	11,590,581	555,339	12,903,337
魚の粉・ミール・ペレット	174,087	26,546,575	189,207	30,274,746
大豆油かす	1,551,799	73,995,749	1,640,800	84,165,810

資料：財務省関税局「貿易統計」をもとに農林水産省統計部にて作成。
注：飼料用と記述していないものは、他用途のものを含む。

8 飼料（続き）
(7) 主要飼料の卸売価格

単位：円

| 年度 | 大豆油かす工場置場渡し(kg) | 配合飼料（生産者価格・工場渡し） | | | | |
		大すう用(20kg)	成鶏用(20kg)	ブロイラー用（後期）(20kg)	乳牛用(20kg)	肉豚用(20kg)
平成26年度	67	1,330	1,450	1,513	1,435	1,367
27	60	1,323	1,438	1,495	1,404	1,342
28	56	1,251	1,377	1,413	1,316	1,286
29	56	1,257	1,388	1,418	1,331	1,310
30	60	1,305	1,457	1,484	1,399	1,371

資料： （公社）配合飼料供給安定機構「飼料月報」

(8) 飼料の価格指数

平成27年＝100

| 年次 | 一般ふすま | 大豆油かす | ビートパルプ（外国産） | 配合飼料 | |
				鶏（成鶏用）粗たん白質15〜19%	鶏（ブロイラー用（後期））粗たん白質15〜19%
平成26年	101.3	103.5	95.5	99.3	98.8
27	100.0	100.0	100.0	100.0	100.0
28	94.5	90.8	90.3	93.6	94.2
29	89.0	92.8	89.2	90.9	92.3
30	92.1	94.9	93.3	93.9	95.3

| 年次 | 配合飼料（続き） | | | |
	乳用牛（飼育用）粗たん白質15〜18%	豚(幼豚(育成用))粗たん白質15〜19%	豚(若豚(育成用))粗たん白質12.5〜16.5%	肉用牛（肥育用）粗たん白質12〜15%
平成26年	99.3	98.6	98.4	98.4
27	100.0	100.0	100.0	100.0
28	94.3	92.3	92.3	93.0
29	94.8	92.4	92.6	92.2
30	98.5	95.7	96.3	96.0

資料：農林水産省統計部「農業物価統計」

9　養蚕
(1)　輸出入実績
ア　輸出入量及び金額

品目	平成29年		30	
	数量	金額	数量	金額
	kg	千円	kg	千円
輸出				
1) 生糸	51	680	49	489
2) 繭・絹のくず	13,182	26,673	6,254	36,138
輸入				
1) 生糸	455,898	2,983,256	303,374	2,405,936
野蚕のもの	2,329	17,285	1,080	8,691
その他のもの（玉糸等）	453,569	2,965,971	302,294	2,397,245
2) 繭・絹のくず	137,025	409,432	192,637	575,410

資料：財務省関税局「貿易統計」をもとに農林水産省統計部にて作成（以下イまで同じ。）。
注：1) は、繰糸に適するものに限る。
　　2) の繭はよってないものに限り、絹のくずは繰糸に適しない繭、糸くず及び反毛した繊維を含む。

イ　生糸の国別輸入量及び金額

区分	平成29年		30	
	数量	金額	数量	金額
	kg	千円	kg	千円
生糸・玉糸	453,569	2,965,971	302,294	2,397,245
中華人民共和国	360,526	2,368,143	209,040	1,665,693
ブラジル	87,376	570,309	86,745	682,268
タイ	120	819	3,516	25,555

注：平成30年の輸入量が多い国・地域について、上位3か国を掲載した。

(2)　保険・共済

区分	単位	蚕繭	
		平成29年産	30（概数値）
引受組合等数	組合	15	12
引受戸数	戸	202	181
引受箱数	箱	2,472	2,187
共済金額	100万円	149	134
保険金額	〃	35	2
共済掛金	〃	2	2
保険料	〃	1	0
支払対象戸数	戸	22	24
支払対象箱数	箱	105	123
支払共済金	100万円	1	1
支払保険金	〃	1	0
支払再保険金	〃	0	0

資料：　農林水産省経営局「畑作物共済統計表」。ただし、平成30年産は
　　　　経営局資料による。
注：農業災害補償法による畑作物共済の実績である。

X　その他の農産加工品
1　油脂
(1)　植物油脂生産量

単位：千t

区分	平成26年	27	28	29	30
計	2,575	2,640	2,592	2,731	2,780
国産	64	65	63	66	66
大豆油	0	0	0	0	0
なたね・からし油	0	1	0	0	1
米油	64	64	63	66	64
らっかせい油	0	0	0	0	1
その他	0	0	0	0	0
輸入	2,511	2,574	2,529	2,665	2,714
大豆油	401	438	449	480	476
なたね・からし油	1,086	1,083	1,050	1,075	1,044
綿実油	9	9	7	7	9
サフラワー油	8	9	7	6	6
ごま油	47	48	50	54	56
とうもろこし油	82	81	79	79	83
らっかせい油	1	1	1	0	0
ひまわり油	19	20	24	24	24
米油	24	33	30	24	34
オリーブ油	57	60	45	57	60
やし油	49	52	43	42	40
パーム核油	99	82	79	72	79
パーム油	599	620	647	708	754
あまに油	6	9	7	7	8
ひまし油	15	17	0	18	25
桐油	1	1	0	1	1
その他	8	11	11	11	15

資料：農林水産省食料産業局「我が国の油脂事情」（以下(2)まで同じ。）
注：輸入は、原料を輸入して国内で搾油したもの及び製品を直接輸入したものの計である。

(2)　食用加工油脂生産量

単位：t

区分	平成26年	27	28	29	30
マーガリン	153,202	161,618	166,982	167,836	165,765
家庭用	14,229	15,861	15,515	14,150	14,230
学校給食用	1,072	1,097	1,008	957	875
業務用	137,901	144,660	150,469	152,729	150,660
ファットスプレッド	69,803	63,308	58,283	56,530	52,683
ショートニング	244,370	249,887	252,272	236,080	229,261
精製ラード	51,718	52,697	53,989	24,071	24,020

(3)　輸出入量及び金額

品目	平成29年		30	
	数量	金額	数量	金額
	t	千円	t	千円
輸出				
大豆油	337	75,118	396	103,579
パーム油	72	37,924	54	26,914
菜種油・からし種油	865	214,211	1,264	309,756
亜麻仁油	29	12,681	28	12,626
ひまし油	471	253,626	472	181,541
ごま油	8,382	5,874,433	8,988	6,161,090
マーガリン	429	224,414	419	219,700
輸入				
大豆	3,218,427	173,527,201	3,236,413	170,089,931
落花生（調整していないもの）	36,015	8,028,482	36,806	8,501,684
亜麻の種（採油用）	4,518	278,087	4,687	278,346
菜種（採油用）	2,441,005	129,333,530	2,337,350	124,269,883
ひまわりの種（採油用）	2,081	596,499	1,751	628,154
綿実（採油用）	99,482	3,655,096	103,051	3,265,408
ひまの種（採油用）	…	245	0	544
ごま（採油用）	148,696	21,253,575	157,170	23,629,451
マスタードの種（採油用）	4,895	551,980	4,766	537,875
サフラワーの種	585	35,872	621	40,828
牛脂	21,124	2,000,399	21,825	1,772,884
オリーブ油	57,034	35,460,919	59,562	35,814,866
パーム油	583,967	49,370,425	603,981	47,706,334
綿実油	1,978	255,859	3,713	430,966
やし（コプラ）油	42,223	8,883,079	40,251	6,398,124
パーム核油・ババス油	72,397	11,345,341	79,395	10,299,130
菜種油・からし油	17,119	2,142,405	18,894	2,286,520
マーガリン等	5,627	2,963,303	5,049	2,951,674
うちショートニング	2,356	292,857	2,013	233,725

資料：財務省関税局「貿易統計」をもとに農林水産省統計部にて作成。

2 でん粉・水あめ・ぶどう糖
(1) でん粉・水あめ・ぶどう糖生産量

単位：千 t

でん粉年度	ばれいしょでん粉	かんしょでん粉	小麦でん粉	コーンスターチ	水あめ	ぶどう糖		
						規格内		規格外ぶどう糖
						結晶ぶどう糖	精製ぶどう糖	
平成25年度	184	42	17	2,266	620	47	12	29
26	193	37	18	2,190	619	47	10	30
27	187	35	17	2,273	618	48	11	30
28	151	39	17	2,271	602	49	11	30
29	182	29	17	2,303	571	50	11	28

資料：農林水産省政策統括官地域作物課資料
注：沖縄県を含まない。

(2) でん粉の輸入実績

品目 (統計番号)	平成29年		30	
	数量	1 kg当たり単価	数量	1 kg当たり単価
	kg	円	kg	円
とうもろこしでん粉 計 (1108. 12. 010) (1108. 12. 020) (1108. 12. 090) (1108. 12. 091) (1108. 12. 099)	852,433	172	1,348,760	143
ばれいしょでん粉 計 (1108. 13. 010) (1108. 13. 020) (1108. 13. 090) (1108. 13. 091) (1108. 13. 099)	14,711,560	83	12,913,580	89
マニオカでん粉 計 (1108. 14. 010) (1108. 14. 020) (1108. 14. 090) (1108. 14. 091) (1108. 14. 099)	148,514,782	37	121,213,185	53
サゴでん粉 計 (1108. 19. 011) (1108. 19. 012) (1108. 19. 017) (1108. 19. 018) (1108. 19. 019)	17,578,800	59	17,863,150	59
小麦でん粉 計 (1108. 11. 010) (1108. 11. 090)	20,000	57	－	－
その他でん粉 計 (1108. 19. 091) (1108. 19. 092) (1108. 19. 097) (1108. 19. 098) (1108. 19. 099)	1,526,254	290	1,472,791	337

資料：農畜産業振興機構「でん粉の輸入実績」（以下(3)まで同じ。）
注：財務省関税局「貿易統計」を集計したものであり、統計番号はそのコードである（以下(3)まで同じ。）。

(3) 化工でん粉の輸入実績

品目 (統計番号)	平成29年		30	
	数量	1 kg当たり単価	数量	1 kg当たり単価
	kg	円	kg	円
でん粉誘導体 計 (3505. 10. 100)	462,376,661	78	457,332,679	91
デキストリン 計 (3505. 10. 200)	15,168,873	97	13,289,559	109
膠着剤 計 (3505. 20. 000)	267,894	207	272,053	174
仕上剤、促染剤、媒染剤等 計 (3809. 10. 000)	65,439	153	22,552	143

3　調味料
(1)　生産量

年次	みそ	しょうゆ	グルタミン酸ソーダ	1)食酢	2)マヨネーズ	1)3)カレー
	千t	千kl	千t	千kl	千t	千t
平成26年	461	790	30	406	408	100
27	462	780	34	415	410	100
28	476	776	19	‥	414	‥
29	482	769	18	‥	416	‥
30	478	757	20	‥	411	‥

資料：みそ及びしょうゆは、農林水産省大臣官房政策課食料安全保障室「食品産業動態調査」
　　　それ以外は、農林水産省食料産業局資料による。
注：1)は、会計年度である。
　　2)は、ドレッシングを含む。
　　3)は、カレー粉・カレールゥである。

(2)　1世帯当たり年間の購入数量（二人以上の世帯・全国）

品目	単位	平成26年	27	28	29	30
しょう油	ml	6,030	5,773	5,618	5,249	4,981
みそ	g	5,551	5,483	5,301	5,168	5,194
酢	ml	2,273	1,980	2,024	1,954	2,180
マヨネーズ・マヨネーズ風調味料	g	2,528	2,477	2,509	2,474	2,520
カレールウ	〃	1,536	1,489	1,501	1,418	1,441

資料：総務省統計局「家計調査年報」

(3)　輸出量及び金額

品目	平成29年		30	
	数量	金額	数量	金額
	t	千円	t	千円
輸出				
調味料				
醤油	38,693	7,154,665	40,901	7,726,908
味噌	16,017	3,333,145	17,010	3,518,002

資料：財務省関税局「貿易統計」をもとに農林水産省統計部にて作成。

4 菓子類の出荷額

単位：100万円

年次	食パン	菓子パン（イーストドーナッツを含む）	洋生菓子	和生菓子	ビスケット類・干菓子	米菓	あめ菓子	チョコレート類	他に分類されない菓子
平成25年	318,870	873,623	732,576	548,215	421,509	330,134	157,028	390,269	632,573
26	342,856	931,811	753,112	543,520	435,435	340,369	167,765	436,508	690,388
27	361,910	936,023	808,941	539,450	424,305	342,561	182,664	445,666	765,552
28	338,998	992,416	793,738	563,595	457,260	359,289	169,628	512,574	749,958
29	336,350	1,013,719	824,243	561,229	465,029	298,841	166,823	564,642	773,993

資料： 経済産業省大臣官房調査統計グループ「工業統計表（品目編）」。ただし、平成27年は「平成28年経済センサス－活動調査 製造業（品目編）」による（以下6まで同じ。）。
注：従業者4人以上の事業所の数値である（以下6まで同じ。）。

5 飲料類の出荷額

単位：100万円

年次	炭酸飲料	ジュース	コーヒー飲料（ミルク入りを含む）	茶系飲料	ミネラルウォーター	その他の清涼飲料
平成25年	256,571	449,071	452,373	564,139	127,892	369,544
26	241,832	442,507	470,646	580,734	140,636	372,232
27	224,824	420,419	377,249	640,140	108,903	416,051
28	280,603	417,896	313,461	539,124	134,386	391,876
29	273,590	400,323	305,466	587,581	166,095	410,058

6 酒類の出荷額

単位：100万円

年次	果実酒	ビール	発泡酒	清酒（濁酒を含む）	焼酎	合成清酒	ウイスキー	味りん（本直しを含む）
平成25年	62,374	1,096,471	225,935	421,278	516,676	9,037	99,890	39,102
26	65,950	1,098,447	234,876	433,320	508,919	9,597	106,769	40,047
27	80,040	1,142,210	218,970	434,995	517,555	8,126	158,645	45,728
28	62,232	1,175,930	228,280	443,582	504,898	8,998	156,975	45,310
29	64,853	1,100,848	216,892	455,281	476,214	9,006	155,649	43,416

7 缶・瓶詰
(1) 生産数量（内容重量）

単位：kg

品目	平成26年	27	28	29	30
総計	3,206,719,973	3,128,433,012	3,117,831,527	2,982,939,127	2,736,976,289
1) 丸缶	3,107,915,008	3,030,963,915	3,023,804,382	2,891,374,349	2,657,436,465
水産	104,425,969	100,684,521	101,665,163	98,566,147	104,410,499
果実	32,541,021	32,546,706	30,388,814	29,524,056	28,773,457
野菜	45,676,349	46,080,712	38,205,374	38,355,729	34,983,221
ジャム	385,924	329,446	291,490	337,329	235,720
食肉	7,372,016	6,739,883	6,274,315	6,028,578	6,340,063
調理・特殊	42,725,332	43,692,279	43,892,999	41,823,653	40,452,463
飲料	2,874,788,397	2,800,890,368	2,803,086,227	2,676,738,857	2,442,241,042
2) 大缶	34,252,747	31,909,092	31,968,990	29,709,489	29,162,317
3) びん詰	64,552,218	65,560,005	62,058,155	61,855,289	50,377,507

資料：日本缶詰びん詰レトルト食品協会「缶詰時報」（以下(2)まで同じ。）
注： 内容重量は、内容総量を基礎として算出したものである。ただし、アスパラガス、スイートコーン
　　 及びなめこ以外の野菜水煮にあっては固形量によった。
　　 1)は、主として一般に流通している食料缶詰の総称であり、炭酸飲料、スポーツドリンク、ビール、
　　 酒、れん粉乳の缶詰及び缶入りは除外した。
　　 2)は、18L缶、9L缶など、業務用として造られる大型缶詰であり、飲料は除外した。
　　 3)は、飲料、酒類、乳製品などの、びん入りを除外した。

(2) 輸出入量及び金額

品目	平成29年		30	
	数量	金額	数量	金額
	kg	千円	kg	千円
輸出				
総計	10,974,872	7,253,349	11,080,104	7,456,591
水産	4,589,369	3,501,595	3,434,316	2,983,232
果実	1,021,942	1,183,106	1,222,766	1,284,965
野菜	328,234	305,185	326,519	313,967
ジャム	200,240	166,999	207,273	201,432
食肉	1,348	3,865	708	1,306
飲料	4,833,739	2,092,599	5,888,522	2,671,689
輸入				
総計	694,195,512	178,643,058	688,710,832	181,196,492
水産	58,561,641	49,043,935	60,990,445	53,685,057
果実合計	250,302,838	50,180,346	244,539,698	48,661,968
果実	244,476,152	48,525,428	238,512,604	46,954,641
果実パルプ	5,826,686	1,654,918	6,027,094	1,707,327
野菜	318,584,531	51,028,849	319,785,168	52,018,419
ジャム	15,875,078	4,346,587	17,193,132	4,512,184
食肉	50,871,424	24,043,341	46,202,389	22,318,864
(参考)				
ジュース	209,457,295	60,826,956	239,126,388	76,136,847
その他水及び炭酸水	70,322,262	20,415,534	69,716,603	19,476,870

注： 輸出入統計は、財務省「日本貿易月表」より缶びん詰と思われる品目を抜粋している。

XI 環境等
1 環境保全型農業の推進
(1) 環境保全型農業に取り組む農業経営体数等（各年2月1日現在）
ア 農業経営体

単位：経営体

年次・ 全国 農業地域	化学肥料の低減の取組		農薬の低減の取組		堆肥による土づくり	
	している	していない	している	していない	している	していない
平成22年	585,101	243,652	671,637	157,116	465,114	363,639
27	284,229	182,231	361,918	104,542	219,543	246,917
北海道	11,975	7,317	13,592	5,700	12,195	7,097
都府県	272,254	174,914	348,326	98,842	207,348	239,820
東北	59,018	31,990	71,325	19,683	42,323	48,685
北陸	36,227	9,757	38,150	7,834	14,853	31,131
関東・東山	53,730	40,944	71,869	22,805	47,969	46,705
東海	21,160	15,382	30,044	6,498	14,181	22,361
近畿	26,051	16,105	33,396	8,760	17,502	24,654
中国	19,448	15,940	27,442	7,946	16,447	18,941
四国	12,641	11,274	19,297	4,618	10,062	13,853
九州	40,639	30,855	52,603	18,891	40,408	31,086
沖縄	3,340	2,667	4,200	1,807	3,603	2,404

資料：農林水産省統計部「農林業センサス」（以下イまで同じ。）

イ 販売農家

単位：戸

年次・ 全国 農業地域	化学肥料の低減の取組		農薬の低減の取組		堆肥による土づくり	
	している	していない	している	していない	している	していない
平成22年	572,496	239,040	657,879	153,657	455,191	356,345
27	273,166	176,889	348,956	101,099	210,550	239,505
北海道	11,381	6,995	12,984	5,392	11,496	6,880
都府県	261,785	169,894	335,972	95,707	199,054	232,625
東北	57,313	31,307	69,444	19,176	41,009	47,611
北陸	34,585	9,353	36,475	7,463	13,900	30,038
関東・東山	52,023	39,843	69,710	22,156	46,434	45,432
東海	20,228	14,923	28,878	6,273	13,520	21,631
近畿	24,883	15,638	32,003	8,518	16,742	23,779
中国	18,382	15,405	26,167	7,620	15,485	18,302
四国	12,197	10,958	18,693	4,462	9,681	13,474
九州	39,024	29,943	50,653	18,314	38,876	30,091
沖縄	3,150	2,524	3,949	1,725	3,407	2,267

[農業編] XI 環境等 329

(2) エコファーマー認定状況(各年度末現在)

単位:件

農政局名等	平成26年度	27	28	29	30
全国	166,373	154,669	129,389	111,864	95,147
北海道	5,195	4,863	4,610	4,149	3,363
東北	37,842	34,126	28,945	26,180	23,094
関東	30,147	27,606	25,106	22,842	18,171
北陸	40,287	38,686	34,695	28,627	24,837
東海	3,931	3,788	3,484	3,283	3,053
近畿	14,784	14,669	5,860	4,822	4,016
中国四国	8,915	7,746	7,271	6,680	5,764
九州	24,762	22,676	18,924	14,757	12,361
沖縄	510	509	494	524	488

資料:農林水産省生産局資料
注: エコファーマーとは、「持続性の高い農業生産方式の導入の促進に関する法律」に基づき、「持続性の高い農業生産方式の導入に関する計画」を都道府県知事に提出し認定を受けた農業者の愛称である。

2 新エネルギーの導入量

年度	太陽光発電		風力発電		廃棄物発電+バイオマス発電	
	万kl	万kW	万kl	万kW	万kl	万kW
平成2年度(1990年度)	0.3	–	0.0	0.1	44	–
7 (1995)	1.1	–	0.4	1.0	81	65
12 (2000)	8.1	33.0	5.9	14.4	120	110
17 (2005)	34.7	142.2	44.2	108.5	252	215
22 (2010)	88.4	361.8	99.4	244.2	327	240
26 (2014)	569.9	2,332.0	117.6	288.6	361	263
27 (2015)	793.8	3,248.0	123.6	303.4	401	293
28 (2016)	946.1	3,871.1	136.2	334.4	447	326
29 (2017)	1,087.0	4,447.7	150.8	370.1	510	372

年度	バイオマス熱利用	太陽熱利用	廃棄物熱利用	1)未利用エネルギー	黒液・廃材等	合計
	万kl	万kl	万kl	万kl	万kl	万kl
平成2年度(1990年度)	…	132	2.7	0.8	477	657
7 (1995)	…	135	3.8	3.0	472	696
12 (2000)	…	89	4.5	4.5	490	722
17 (2005)	142.0	61	149.0	4.9	470	1,159
22 (2010)	173.7	44	137.8	4.7	492	1,368
26 (2014)	…	…	…	…	…	…
27 (2015)	…	…	…	…	…	…
28 (2016)	…	…	…	…	…	…
29 (2017)	…	…	…	…	…	…

資料:日本エネルギー経済研究所「EDMC/エネルギー・経済統計要覧(2019年版)」
注:平成24年度(2012年度)以降はEDMCで推計した結果である。
1)は、雪氷熱利用を含む。

3 温室効果ガスの排出量

区分	単位	平成2年度(1990年度)	17(2005)	25(2013)	28(2016)	29(2017)
二酸化炭素（CO$_2$）合計	100万tCO$_2$	1,164	1,293	1,317	1,208	1,190
エネルギー起源	〃	1,068	1,201	1,235	1,129	1,111
非エネルギー起源	〃	96.4	93.0	82.1	79.1	79.3
うちその他（農業・間接CO$_2$等）	〃	6.7	4.6	3.5	3.3	3.2
メタン（CH$_4$）合計	100万tCO$_2$換算	44.3	35.7	32.3	30.5	30.1
うち農業（家畜の消化管内発酵、稲作等）	〃	25.4	24.8	24.6	23.6	23.3
一酸化二窒素（N$_2$O）合計	〃	31.8	25.0	21.6	20.3	20.5
うち農業（家畜排せつ物の管理、農用地の土壌等）	〃	11.3	10.0	9.5	9.3	9.3

資料：環境省地球環境局「2017年度（平成29年度）の温室効果ガス排出量（確報値)について」

4 食品産業における食品廃棄物等の年間発生量、発生抑制の実施量及び再生利用等実施率（平成29年度）

区分	計	1)食品リサイクル法で規定している用途への実施量	熱回収の実施量	減量した量	2)その他	廃棄物としての処分量	発生抑制の実施量	3)再生利用等実施率
	千t	千t	千t	千t	千t	千t	千t	%
食品産業計	17,666	12,297	444	1,640	411	2,873	2,958	84
うち食品製造業	14,106	11,252	443	1,605	380	427	2,292	95
食品卸売業	268	153	1	14	20	80	36	67
食品小売業	1,230	474	0	4	3	748	290	51
外食産業	2,062	419	0	17	8	1,617	339	32

（食品廃棄物等の年間発生量）

資料：農林水産省統計部「食品循環資源の再生利用等実態調査」
注： 食品循環資源の再生利用等実態調査結果と食品リサイクル法第9条第1項に基づく定期報告結果を用いて推計したものである。
　　1)食品リサイクル法で規定している用途とは、肥料、飼料、メタン、油脂及び油脂製品、炭化製品（燃料及び還元剤）又はエタノールの原材料としての再生利用である。
　　2)その他とは、再生利用の実施量として、1)以外の食用品（食品添加物や調味料、健康食品等）、工業資材用（舗装用資材、塗料の原材料等）、工芸用等の用途に仕向けた量及び不明のものをいう。
　　3)再生利用等実施率

$$= \frac{当該年度の（発生抑制の実施量＋食品リサイクル法で規定している用途への実施量＋熱回収の実施量×0.95＋減量した量）}{当該年度の（発生抑制の実施量＋食品廃棄物等の年間発生量）}$$

XII　農業団体等

1　農業協同組合・同連合会

(1)　農業協同組合・同連合会数（各年3月31日現在）

年次	単位農協		専門農協		連合会		
	計	総合農協(出資組合)	出資組合	非出資組合	計	出資連合会	非出資連合会
	組合	組合	組合	組合	連合会	連合会	連合会
平成27年	2,448	708	909	831	193	188	5
28	2,358	691	875	792	190	185	5
29	2,273	679	831	763	187	181	6
30	2,209	672	811	726	182	177	5
31	1,964	649	664	651	182	177	5

資料：農林水産省経営局「農業協同組合等現在数統計」（以下(3)まで同じ。）

(2)　主要業種別出資農業協同組合数（各年3月31日現在）

単位：組合

年次	専門農協	畜産	酪農	養鶏	園芸特産	農村工業
平成27年	909	110	162	73	240	51
28	875	106	157	68	227	49
29	831	98	148	61	218	47
30	811	95	149	61	211	43
31	664	81	135	46	184	25

(3)　農業協同組合・同連合会の設立・合併・解散等の状況

区分	平成26年度 単位農協	連合会	27 単位農協	連合会	28 単位農協	連合会	29 単位農協	連合会	30 単位農協	連合会
	組合	連合会	組合	連合会	組合	連合会	組合	連合会	組合	連合会
増加	9	–	9	–	7	1	3	–	3	–
新設認可	1	–	2	–	1	–	–	–	1	–
合併設立	4	–	1	–	1	–	1	–	2	–
定款変更	4	–	6	–	5	1	2	–	–	–
行政区域の変更	–	–	–	–	–	–	–	–	–	–
減少	123	8	94	3	84	4	60	4	253	–
普通解散	28	4	40	1	21	3	12	–	23	–
吸収合併解散	9	–	17	–	13	–	1	–	21	–
設立合併解散	22	–	2	–	4	–	3	–	6	–
包括承継による消滅	–	–	–	1	–	–	–	2	–	–
認可後登記前取消	–	–	–	–	–	–	–	–	–	–
承認取消解散	–	–	–	–	–	–	–	–	–	–
解散命令による解散	60	4	29	1	10	–	1	–	–	–
定款変更	4	–	6	–	5	1	2	–	–	–
行政区域の変更	–	–	–	–	–	–	–	–	–	–
みなし解散	–	–	–	–	25	–	35	–	195	–
組織変更	–	–	–	–	6	–	6	2	8	–
増減	△114	△8	△85	△3	△77	△3	△57	△4	△250	–

注：1　単位農協・連合会とも増減数が「1(1)農業協同組合・同連合会数」の差と一致しないのは、前期末現在数を修正しているためである。
　　2　「みなし解散」及び「組織変更」は、平成28年度から新たに追加された項目である。

1 農業協同組合・同連合会（続き）
(4) 総合農協の組合員数

単位：人

事業年度	合計	正組合員			准組合員		
		計	個人	法人	計	個人	団体
平成25年	10,145,363	4,561,504	4,546,050	15,454	5,583,859	5,503,946	79,913
26	10,267,614	4,495,106	4,478,620	16,486	5,772,508	5,692,730	79,778
27	10,370,172	4,433,389	4,415,549	17,840	5,936,783	5,857,393	79,390
28	10,444,426	4,367,858	4,348,560	19,298	6,076,568	5,997,642	78,926
29	10,511,348	4,304,501	4,283,685	20,816	6,206,847	6,128,521	78,326

資料：農林水産省経営局「総合農協統計表」（以下(5)まで同じ。）

(5) 総合農協の事業実績
　ア　購買事業

品目	平成28年事業年度				29			
	当期受入高	1)系統利用率	当期供給・取扱高	購買利益（購買手数料を含む。）	当期受入高	1)系統利用率	当期供給・取扱高	購買利益（購買手数料を含む。）
	100万円	%	100万円	100万円	100万円	%	100万円	100万円
計	2,175,849	64.4	2,487,260	305,608	2,207,102	64.8	2,510,150	301,131
生産資材	1,636,976	66.9	1,813,118	169,256	1,659,296	67.3	1,830,189	170,113
肥料	247,042	80.5	283,406	31,839	237,130	80.9	269,348	32,305
農薬	202,669	64.6	227,010	23,754	196,510	64.8	222,502	23,585
飼料	305,699	60.3	317,049	11,424	306,879	61.2	318,500	11,602
農業機械	212,559	67.1	240,295	25,347	213,644	66.7	238,443	24,775
燃料	239,893	86.2	271,302	31,787	275,407	85.1	306,656	32,046
自動車（二輪車を除く。）	52,263	40.3	57,653	5,333	51,910	41.1	57,672	5,278
その他	376,846	55.7	416,399	39,768	377,812	55.9	417,065	40,519
生活物資	538,873	56.9	674,141	136,351	547,806	57.5	679,960	131,017
食料品	168,051	50.5	201,485	34,118	163,148	48.9	195,731	32,733
衣料品	4,703	62.2	5,508	814	4,364	63.4	5,138	755
耐久消費財	30,521	55.6	34,045	3,439	29,007	55.1	32,343	3,267
日用保健雑貨用品	42,403	49.8	47,882	5,608	39,655	49.0	44,883	5,153
家庭燃料	113,206	80.2	172,806	59,810	135,210	80.4	194,452	58,335
その他	179,987	50.1	212,412	32,560	176,418	50.0	207,410	30,771

注：1)は、当期受入高のうち農協又は同連合会からの当期受入高の占める割合である。

イ 販売事業

品目	平成28年事業年度			29		
	当期販売・取扱高	1)系統利用率	販売手数料(販売利益を含む。)	当期販売・取扱高	1)系統利用率	販売手数料(販売利益を含む。)
	100万円	%	100万円	100万円	%	100万円
計	4,688,253	81.1	147,021	4,684,941	80.8	147,823
米	842,921	72.3	36,220	890,427	69.8	37,969
麦	41,935	90.7	4,056	51,168	94.0	4,260
雑穀・豆類	70,746	77.8	4,691	71,758	76.9	4,469
野菜	1,400,204	85.2	42,516	1,356,211	85.5	40,764
果実	428,068	88.6	12,099	428,720	88.5	12,267
花き・花木	132,727	80.6	3,680	126,379	79.3	3,548
畜産物	1,387,123	89.4	18,142	1,361,365	89.5	17,242
うち生乳	479,190	97.0	5,846	475,422	97.2	5,271
肉用牛	561,447	84.1	7,072	558,594	84.3	7,423
肉豚	102,732	89.9	1,199	104,827	91.0	1,154
肉鶏	4,024	18.8	41	4,234	14.7	38
鶏卵	18,953	75.2	239	19,131	71.0	208
その他	384,525	47.2	25,614	398,910	51.0	27,300
うち茶	47,644	79.2	891	50,037	81.0	1,006

注：1)は、当期販売・取扱高のうち農協又は同連合会への当期販売・取扱高の占める割合である。

2 農業委員会数及び委員数（各年10月1日現在）

年次	委員会数	農業委員数	農地利用最適化推進委員数
	委員会	人	人
平成26年	1,708	35,618	—
27	1,707	35,488	—
28	1,706	33,174	3,257
29	1,703	26,119	13,465
30	1,703	23,196	17,824

資料：農林水産省経営局資料

3 土地改良区数、面積及び組合員数（各年3月31日現在）

年次	土地改良区数	面積	組合員数
	改良区	ha	人
平成27年	4,730	2,583,795	3,675,266
28	4,646	2,561,245	3,639,220
29	4,585	2,534,760	3,592,232
30	4,504	2,530,213	3,568,616
31	4,455	2,513,828	3,533,664

資料：農林水産省農村振興局資料

4 普及職員数及び普及指導センター数

年度	普及職員数	農業革新支援専門員数	普及指導センター数
	人	人	箇所
平成26年度	7,367	573	366
27	7,352	590	365
28	7,338	584	361
29	7,321	594	361
30	7,292	607	360

資料：農林水産省生産局資料
注：1 年度末時点における集計である。
　　2 普及職員数とは、普及指導員数及び実務経験中職員等数の合計である。

農 山 村 編

I　農業集落

1　DIDまでの所要時間別農業集落数（平成27年2月1日現在）

単位：集落

全国 農業地域	計	15分未満	15〜30分	30分〜1時間	1時間〜 1時間半	1時間半 以上
全国	138,256	38,014	52,364	37,771	7,090	3,017
北海道	7,081	1,355	2,442	2,400	588	296
都府県	131,175	36,659	49,922	35,371	6,502	2,721
東北	17,432	3,703	7,421	5,445	741	122
北陸	11,050	3,296	4,698	2,371	307	378
関東・東山	24,292	9,647	10,099	3,998	470	78
東海	11,613	4,348	4,368	2,249	573	75
近畿	10,796	3,642	4,053	2,640	412	49
中国	19,663	3,999	7,020	6,973	1,473	198
四国	11,027	2,339	3,741	3,304	1,112	531
九州	24,552	5,400	8,277	8,281	1,371	1,223
沖縄	750	285	245	110	43	67

資料：農林水産省統計部「2015年農林業センサス」（以下5(2)まで同じ。）
注：1　DIDとは、国勢調査において人口密度約4,000人／k㎡以上の国勢調査基本単位区が
　　　いくつか隣接し、合わせて人口5,000人以上を有する地域をいう
　　　（DID：Densely Inhabited District）。
　　2　DIDまでの所要時間とは、当該農業集落の居住者が普段利用している交通手段（自
　　　動車、バス、電車等）によることとし、その起点は、当該農業集落の中心地とし、終点
　　　はDIDの中心地にある施設とする。

2　耕地面積規模別農業集落数（平成27年2月1日現在）

単位：集落

全国 農業地域	耕地のある農業集落							耕地の ない 農業集落
	計	10ha未満	10〜20	20〜30	30〜50	50〜100	100ha 以上	
全国	133,635	44,185	29,776	18,394	18,703	14,833	7,744	4,621
北海道	6,567	525	286	266	599	1,458	3,433	514
都府県	127,068	43,660	29,490	18,128	18,104	13,375	4,311	4,107
東北	16,877	2,886	2,423	2,346	3,396	3,871	1,955	555
北陸	10,762	2,889	2,448	1,771	1,956	1,377	321	288
関東・東山	23,798	6,540	4,919	3,598	4,241	3,531	969	494
東海	11,362	4,062	2,894	1,656	1,526	972	252	251
近畿	10,512	3,341	2,946	1,797	1,542	756	130	284
中国	18,753	9,813	5,217	2,148	1,170	362	43	910
四国	10,759	5,776	2,865	1,096	699	299	24	268
九州	23,558	8,195	5,656	3,643	3,456	2,103	505	994
沖縄	687	158	122	73	118	104	112	63

3 耕地率別農業集落数（平成27年2月1日現在）

単位：集落

| 全国農業地域 | 耕地のある農業集落 | | | | | | 耕地のない農業集落 |
	計	10%未満	10〜20	20〜30	30〜50	50%以上	
全国	133,635	47,402	23,880	16,747	22,579	23,027	4,621
北海道	6,567	1,562	793	632	1,114	2,466	514
都府県	127,068	45,840	23,087	16,115	21,465	20,561	4,107
東北	16,877	4,965	2,946	2,099	2,872	3,995	555
北陸	10,762	3,309	1,698	1,131	1,746	2,878	288
関東・東山	23,798	5,992	3,689	3,318	5,502	5,297	494
東海	11,362	4,384	1,867	1,596	2,274	1,241	251
近畿	10,512	4,321	2,154	1,370	1,638	1,029	284
中国	18,753	9,924	4,082	2,010	1,670	1,067	910
四国	10,759	4,738	1,756	1,169	1,629	1,467	268
九州	23,558	8,000	4,766	3,302	4,002	3,488	994
沖縄	687	207	129	120	132	99	63

4 実行組合のある農業集落数（平成27年2月1日現在）

単位：集落

全国農業地域	計	実行組合がある	実行組合がない
全国	138,256	99,220	39,036
北海道	7,081	5,287	1,794
都府県	131,175	93,933	37,242
東北	17,432	13,632	3,800
北陸	11,050	10,121	929
関東・東山	24,292	20,150	4,142
東海	11,613	9,498	2,115
近畿	10,796	8,313	2,483
中国	19,663	11,111	8,552
四国	11,027	5,602	5,425
九州	24,552	15,313	9,239
沖縄	750	193	557

5　農業集落の寄り合いの状況（平成27年2月1日現在）
(1)　過去1年間に開催された寄り合いの回数別農業集落数

単位：集落

| 全国農業地域 | 計 | 寄り合いを開催した農業集落 | | | | | | | 開催なし |
		小計	1〜5回	6〜10	11〜15	15〜20	21回以上	
全国	138,256	129,856	40,980	34,377	26,516	13,210	14,773	8,400
北海道	7,081	6,147	2,186	2,078	1,129	448	306	934
都府県	131,175	123,709	38,794	32,299	25,387	12,762	14,467	7,466
東北	17,432	16,473	3,413	4,514	3,146	2,168	3,232	959
北陸	11,050	10,521	2,406	3,058	2,211	1,307	1,539	529
関東・東山	24,292	23,221	7,556	6,783	4,243	2,115	2,524	1,071
東海	11,613	10,902	3,289	2,389	2,759	1,227	1,238	711
近畿	10,796	10,351	2,658	2,343	2,250	1,328	1,772	445
中国	19,663	17,858	6,802	4,060	4,002	1,600	1,394	1,805
四国	11,027	10,161	4,852	2,443	1,851	624	391	866
九州	24,552	23,520	7,711	6,558	4,748	2,298	2,205	1,032
沖縄	750	702	107	151	177	95	172	48

(2)　寄り合いの議題別農業集落数

単位：集落

| 全国農業地域 | 寄り合いを開催した農業集落 | 寄り合いの議題（複数回答） | | | | | | | 寄り合いを開催しなかった農業集落 |
		農業生産に係る事項	農道・農業用用排水路・ため池の管理	集落共有財産・共用施設の管理	環境美化・自然環境の保全	農業集落行事（祭り・イベント等）の計画・推進	農業集落内の福祉・厚生	再生可能エネルギーへの取組	
全国	129,856	82,890	103,557	89,054	116,457	117,158	85,256	5,646	8,400
北海道	6,147	4,379	4,064	3,771	5,375	5,672	4,127	450	934
都府県	123,709	78,511	99,493	85,283	111,082	111,486	81,129	5,196	7,466
東北	16,473	12,801	13,911	12,479	14,972	14,799	10,852	730	959
北陸	10,521	9,214	9,625	8,476	9,380	9,589	6,607	355	529
関東・東山	23,221	12,931	17,532	15,439	20,869	21,009	15,695	1,059	1,071
東海	10,902	6,544	8,511	7,077	9,596	9,709	6,672	498	711
近畿	10,351	7,544	9,217	7,763	9,339	9,332	6,894	578	445
中国	17,858	10,172	14,148	12,205	16,066	16,120	11,855	689	1,805
四国	10,161	4,915	7,603	6,127	8,281	9,053	5,397	251	866
九州	23,520	14,062	18,614	15,287	21,914	21,205	16,586	988	1,032
沖縄	702	328	332	430	665	670	571	48	48

Ⅱ　農村の振興と活性化

1　多面的機能支払交付金の取組状況

(1)　農地維持支払交付金

年度・ 地域 ブロック	対象組織数		認定農用地 面積	1)農用地 面積	1組織当たり の平均認定 農用地面積	カバー率
	A	広域活動 組織数	B	C	B／A	B／C
	組織	組織	ha	千ha	ha	％
平成28年度	29,079	807	2,250,822	4,189.1	77	54
29	28,290	853	2,265,742	4,180.5	80	54
30	28,348	899	2,292,522	4,166.9	81	55
北海道	834	41	780,557	1,158.4	936	67
東北	5,913	246	442,595	827.1	75	54
関東	3,500	65	210,380	638.1	60	33
北陸	3,204	189	224,816	302.3	70	74
東海	1,725	51	85,886	157.6	50	55
近畿	4,004	23	121,663	185.2	30	66
中国	3,076	73	95,186	220.4	31	43
四国	1,424	25	50,599	128.7	36	39
九州	4,617	160	258,761	507.1	56	51
沖縄	51	26	22,078	42.0	433	53

資料：農林水産省農村振興局「多面的機能支払交付金の取組状況」（以下(3)まで同じ。）
注：　農地維持支払交付金とは、水路の草刈り、泥上げなどの農用地、水路、農道等の地域資源の基礎
　　的な保全等の取組への支援である。
　　1)は、「農用地区域内の農地面積調査」における農地面積に「農用地区域内の採草放牧地面積」
　　（農村振興局調べ）を基に「都道府県別農用地区域内の地目別面積比率」（農村振興局調べ）によ
　　る採草放牧地面積比率により推計した面積を加えた面積である（以下(3)まで同じ。）。

(2)　資源向上支払交付金（地域資源の質的向上を図る共同活動）

年度・ 地域 ブロック	対象組織数		認定農用地 面積	1)農用地 面積	1組織当たり の平均認定 農用地面積	カバー率
	A	広域活動 組織数	B	C	B／A	B／C
	組織	組織	ha	千ha	ha	％
平成28年度	23,279	747	1,996,037	4,189.1	86	48
29	22,299	786	2,001,220	4,180.5	90	48
30	22,223	832	2,023,175	4,166.9	91	49
北海道	787	37	717,987	1,158.4	912	62
東北	4,393	213	372,183	827.1	85	45
関東	2,469	55	158,788	638.1	64	25
北陸	2,652	188	211,927	302.3	80	70
東海	1,362	49	75,679	157.6	56	48
近畿	3,505	19	110,089	185.2	31	59
中国	2,271	72	82,625	220.4	36	37
四国	1,043	25	43,222	128.7	41	34
九州	3,694	149	231,548	507.1	63	46
沖縄	47	25	19,126	42.0	407	46

注：　資源向上支払交付金（地域資源の質的向上を図る共同活動）とは、水路、農道等の施設の軽微
　　な補修、農村環境の保全等の取組への支援である。

(3)　資源向上支払交付金（施設の長寿命化のための活動）

年度・地域ブロック	対象組織数 A	広域活動組織数	対象農用地面積 B	1)農用地面積 C	1組織当たりの平均対象農用地面積 B／A	カバー率 B／C
	組織	組織	ha	千ha	ha	％
平成28年度	11,880	529	676,408	4,189.1	57	16
29	11,586	575	689,393	4,180.5	60	16
30	11,616	616	710,587	4,166.9	61	17
北海道	19	1	10,997	1,158.4	579	1
東北	1,842	118	140,059	827.1	76	17
関東	1,406	49	93,384	638.1	66	15
北陸	1,218	143	103,238	302.3	85	34
東海	754	45	49,250	157.6	65	31
近畿	2,334	15	66,154	185.2	28	36
中国	1,370	68	59,684	220.4	44	27
四国	775	24	33,644	128.7	43	26
九州	1,875	135	145,241	507.1	77	29
沖縄	23	18	8,934	42.0	388	21

注：　資源向上支払交付金（施設の長寿命化のための活動）とは、農業用用排水路等の施設の長寿命化のための補修・更新等の取組への支援である。

2 中山間地域等直接支払制度
(1) 集落協定に基づく「多面的機能を増進する活動」の実施状況

単位：協定

年度・地方農政局等	国土保全機能を高める取組		保険休養機能を高める取組					自然生態系の保全に資する取組	
	周辺林地の下草刈	土壌流亡に配慮した営農	棚田オーナー制度	市民農園等の開設・運営	体験民宿（グリーン・ツーリズム）	景観作物の作付け	魚類・昆虫類の保護	鳥類の餌場の確保	
平成28年度	16,973	416	89	129	161	7,359	453	315	
29	16,915	389	90	129	163	7,368	472	298	
30	16,980	381	90	137	161	7,405	428	291	
北海道	25	1		6	14	79	5	1	
東北	2,888	26	2	15	45	1,199	81	27	
関東	1,293	128	18	19	21	851	77	7	
北陸	1,278	8	18	9	13	529	72	129	
東海	1,147	8	5	7	2	219	25	26	
近畿	1,684	48	19	13	10	414	15	13	
中国四国	5,544	73	15	35	27	1,874	103	57	
九州	3,118	89	13	33	29	2,234	50	31	
沖縄	3	−	−	−		6	−	−	

年度・地方農政局等	自然生態系の保全に資する取組（続き）						1)その他活動
	粗放的畜産	堆きゅう肥の施肥	拮抗植物の利用	合鴨・鯉の利用	輪作の徹底	緑肥作物の作付け	
平成28年度	212	2,579	31	73	52	347	750
29	190	2,559	37	66	49	332	765
30	191	2,533	39	69	50	325	770
北海道	18	59	−	−	11	22	241
東北	24	343	2	1	5	12	124
関東	4	134	3	3	8	16	56
北陸	3	68	11	3	−	3	36
東海	1	43	−		−	13	41
近畿	14	150	15	16	15	20	44
中国四国	60	879	6	19	4	66	126
九州	67	854	2	27	7	172	101
沖縄	−	3	−	−	−	1	1

資料：農林水産省農村振興局「中山間地域等直接支払交付金の実施状況」（以下(2)まで同じ。）
注：各都道府県からの報告を基に平成31年3月31日現在の制度の実施状況を取りまとめたものである。
　　1)には、「都市農村交流イベントの実施」、「学童等の農業体験の受入れ」等がある。

(2)　制度への取組状況

全国都道府県	平成29年度					30				
	交付市町村数	協定数			交付金交付面積	交付市町村数	協定数			交付金交付面積
		計	集落協定	個別協定			計	集落協定	個別協定	
	市町村	協定	協定	協定	100ha	市町村	協定	協定	協定	100ha
全国	996	25,868	25,320	548	6,626	997	25,958	25,405	553	6,643
北海道	98	331	330	1	3,212	98	331	330	1	3,213
青森	29	513	507	6	98	29	513	507	6	98
岩手	31	1,148	1,107	41	239	31	1,152	1,110	42	240
宮城	13	231	223	8	23	13	235	226	9	23
秋田	22	547	541	6	104	22	547	541	6	104
山形	33	485	477	8	83	33	486	478	8	83
福島	44	1,171	1,140	31	152	45	1,174	1,143	31	153
茨城	9	99	99	–	6	9	99	99	–	6
栃木	11	216	210	6	22	11	216	210	6	22
群馬	18	193	191	2	14	18	191	189	2	14
埼玉	13	62	59	3	3	13	62	59	3	3
千葉	13	131	128	3	9	13	132	129	3	9
東京	–	–	–	–	–	–	–	–	–	–
神奈川	4	9	9	–	0	4	9	9	–	0
山梨	19	315	308	7	37	19	317	309	8	37
長野	71	1,076	1,065	11	94	71	1,078	1,066	12	94
静岡	17	232	232	–	25	17	230	230	–	25
新潟	22	846	831	15	223	22	848	833	15	226
富山	12	304	304	–	46	12	307	307	–	46
石川	16	487	472	15	50	16	491	476	15	51
福井	17	287	283	4	25	17	289	285	4	25
岐阜	24	886	859	27	91	24	888	862	26	91
愛知	6	312	306	6	20	6	315	309	6	21
三重	17	219	218	1	17	17	219	218	1	17
滋賀	10	148	146	2	17	10	150	148	2	17
京都	16	500	497	3	51	16	505	502	3	51
大阪	–	–	–	–	–	–	–	–	–	–
兵庫	24	572	572	–	53	24	572	572	–	53
奈良	14	310	310	–	27	14	309	309	–	27
和歌山	23	587	584	3	102	23	590	587	3	101
鳥取	17	636	625	11	79	17	641	630	11	80
島根	19	1,186	1,135	51	129	19	1,184	1,134	50	130
岡山	25	1,337	1,315	22	121	25	1,349	1,324	25	122
広島	18	1,613	1,472	141	211	18	1,622	1,482	140	211
山口	17	774	754	20	119	17	778	760	18	120
徳島	17	466	462	4	29	17	468	464	4	29
香川	12	413	413	–	26	12	414	414	–	26
愛媛	18	873	872	1	120	18	873	872	1	118
高知	30	595	594	1	66	30	597	596	1	68
福岡	30	593	584	9	55	30	598	589	9	56
佐賀	19	496	496	–	72	19	493	493	–	72
長崎	19	999	960	39	98	19	1,005	963	42	98
熊本	35	1,381	1,369	12	323	35	1,385	1,373	12	323
大分	17	1,215	1,191	24	158	17	1,220	1,196	24	159
宮崎	20	369	369	–	55	20	371	371	–	56
鹿児島	26	692	690	2	77	26	692	690	2	78
沖縄	11	13	11	2	44	11	13	11	2	44

注： 1　各年3月31日現在の実施状況を取りまとめた結果である。
　　 2　集落協定とは、直接支払の対象となる農用地において農業生産活動等を行う複数の農業者等が締結する協定であり、個別協定とは、認定農業者等が農用地の所有権等を有する者との間における利用権の設定等や農作業受委託契約に基づき締結する協定である。

3　農林漁業体験民宿の登録数（各年度末現在）

単位：軒

年度	地方農政局等								
	計	北海道	東北	関東	北陸	東海	近畿	中国四国	九州	沖縄
平成28年度	382	10	68	83	97	25	29	26	39	5
29	367	10	65	81	89	25	28	25	40	4
30	353	10	60	79	83	25	26	27	39	4

資料：都市農山漁村交流活性化機構資料及び株式会社百戦錬磨資料

4　市民農園数及び面積の推移

開設主体	単位	平成25年度末	26	27	28	29
農園数						
合計	農園	4,113	4,178	4,223	4,223	4,165
地方公共団体	〃	2,356	2,340	2,321	2,260	2,208
農業協同組合	〃	515	518	511	526	491
農業者	〃	946	1,013	1,078	1,108	1,148
その他(NPO等)	〃	296	307	313	329	318
面積						
合計	ha	1,377.4	1,402.3	1,380.6	1,370.8	1,312.2
地方公共団体	〃	911.4	910.2	880.7	868.8	811.9
農業協同組合	〃	120.4	119.6	118.3	117.4	113.3
農業者	〃	260.7	279.0	290.5	293.1	306.0
その他(NPO等)	〃	84.9	93.5	91.2	91.4	81.0

資料：農林水産省農村振興局資料
注：　これは、市民農園整備促進法（平成2年法律第44号）及び特定農地貸付けに関する農地法等の
　　特例に関する法律（平成元年法律第58号）に基づき開設した市民農園数及びその面積である。

5　地域資源の保全状況別農業集落数（平成27年2月1日現在）

単位：集落

区分	農地	森林	ため池・湖沼	河川・水路	農業用用排水路
当該地域資源のある農業集落	133,635	105,280	43,533	122,098	125,196
うち保全している	61,549	24,049	26,449	64,349	98,212
構成比（％）	46.1	22.8	60.8	52.7	78.4

資料：農林水産省統計部「2015年農林業センサス」
注：構成比は、それぞれの地域資源のある農業集落を100として算出した。

6　農業用水量の推移（用途別）（1年間当たり）

単位：億㎥

区分	平成23年 (2011年)	24 (2012)	25 (2013)	26 (2014)	27 (2015)
計	540	539	540	541	540
水田かんがい用水	507	507	507	507	506
畑地かんがい用水	29	29	29	30	29
畜産用水	4	4	4	4	4

資料：国土交通省水管理・国土保全局「平成30年版　日本の水資源の現況」
注：　農業用水量は、実際の使用量の計測が難しいため、耕地の整備状況、かんがい面積、単位
　　用水量（減水深）、家畜飼養頭羽数などから、国土交通省水資源部で推計した数値である。

7　野生鳥獣資源利用実態
(1)　食肉処理施設の解体実績等（平成29年度）
ア　解体頭・羽数規模別食肉施設数

単位：施設

区分	計	解体頭・羽数規模						
		50頭・羽数以下	51～100	101～300	301～500	501～1,000	1,001～1,500	1,501頭・羽数以上
平成29年度	590	274	110	137	30	24	9	6

資料：農林水産省統計部「野生鳥獣資源利用実態調査報告」（以下(2)イまで同じ。）

イ　鳥獣種別の解体頭・羽数

区分	計	イノシシ	シカ	その他鳥獣				
				小計	クマ	アナグマ	鳥類	1)その他
	頭・羽	頭	頭	頭・羽	頭	頭	羽	頭・羽
平成29年度	96,907	28,038	64,406	4,463	172	281	3,950	60

注：1)は、ノウサギ等である。

ウ　ジビエ利用量

単位：t

区分	合計	食肉処理施設が販売						ペットフード	解体処理のみを請け負って依頼者へ渡した食肉	自家消費向け食肉
		計	食肉							
			小計	イノシシ	シカ	その他鳥獣				
平成29年度	1,629	1,519	1,146	324	814	8		373	26	84

7 野生鳥獣資源利用実態（続き）
(2) 食肉処理施設の販売実績等（平成29年度）
ア 食肉処理施設で処理して得た金額

単位：100万円

区分	合計	販売金額					
		計	食肉				
			小計	イノシシ	シカ	その他鳥獣	
平成29年度	3,147	3,125	2,919	1,247	1,640	32	

区分	販売金額（続き）					解体処理の請負料金
	食肉以外					
	小計	ペットフード	皮革	鹿角製品（鹿茸等）	その他	
平成29年度	206	193	6	6	1	22

イ イノシシ、シカの部位別等販売数量及び販売金額

区分	単位	合計	食肉卸売・小売						
			計	部位					
				小計	モモ	ロース	肩	ヒレ	
販売数量									
イノシシ	kg	324,354	290,715	90,673	29,909	22,843	10,701	1,480	
シカ	kg	813,586	689,327	309,693	138,106	58,409	20,609	7,595	
販売金額									
イノシシ	万円	124,748	112,007	30,784	9,523	9,321	4,086	474	
シカ	万円	163,961	141,373	64,744	28,348	18,713	3,694	2,037	

区分	単位	食肉卸売・小売（続き）				加工仕向け	調理仕向け
		部位（続き）		枝肉	その他		
		スネ	その他				
販売数量							
イノシシ	kg	3,847	21,893	12,011	188,031	19,478	14,161
シカ	kg	18,547	66,427	62,711	316,923	85,572	38,687
販売金額							
イノシシ	万円	854	6,526	2,871	78,352	5,896	6,845
シカ	万円	2,500	9,452	7,004	69,625	13,753	8,835

注：食肉卸売・小売のその他は、部位及び枝肉以外のもの（分類不可を含む。）である。

(3)　野生鳥獣による農作物被害及び森林被害
　　ア　農作物被害面積、被害量及び被害金額

区分	単位	計	獣類				
			小計	イノシシ	シカ	サル	その他
被害面積							
平成27年度	千ha	80.9	69.5	9.6	51.2	1.8	6.9
28	〃	65.2	56.0	8.2	42.8	1.6	3.4
29	〃	53.2	46.3	6.7	35.4	1.2	3.0
被害量							
平成27年度	千t	496.5	473.4	36.5	401.3	5.8	29.8
28	〃	486.9	455.0	35.3	382.1	6.2	31.4
29	〃	474.2	445.4	31.7	372.9	5.2	35.6
被害金額							
平成27年度	100万円	17,649	14,137	5,133	5,961	1,091	1,952
28	〃	17,163	13,678	5,072	5,634	1,031	1,941
29	〃	16,387	13,186	4,782	5,527	903	1,974

区分	単位	鳥類		
		小計	カラス	その他鳥類
被害面積				
平成27年度	千ha	11.4	4.4	7.0
28	〃	9.2	3.7	5.5
29	〃	6.9	3.0	3.9
被害量				
平成27年度	千t	23.1	14.7	8.4
28	〃	31.9	20.1	11.8
29	〃	28.8	17.4	11.4
被害金額				
平成27年度	100万円	3,512	1,651	1,861
28	〃	3,485	1,618	1,867
29	〃	3,200	1,470	1,730

資料：農林水産省農村振興局調べ
注：表示単位未満の数値から算出しているため、掲載数値による算出と一致しないことがある。

7 野生鳥獣資源利用実態（続き）
(3) 野生鳥獣による農作物被害及び森林被害（続き）
イ 主な野生鳥獣による森林被害面積

単位：ha

区分	計	イノシシ	シカ	クマ
森林被害面積				
平成27年度	7,870	105	5,982	677
28	7,106	89	5,556	572
29	6,364	80	4,711	609

区分	ノネズミ	カモシカ	ノウサギ	サル
森林被害面積				
平成27年度	676	299	125	6
28	546	268	70	6
29	583	252	120	8

資料：林野庁調べ
注：主な野生鳥獣とは、イノシシ、シカ、クマ、ノネズミ、カモシカ、ノウサギ、サルを指す。

(4) 狩猟及び有害捕獲等による主な野生鳥獣の捕獲頭・羽数

区分	獣類					カワウ
	イノシシ	シカ	サル	カモシカ	クマ類	
	頭	頭	頭	頭	頭	羽
平成26年度						
計	520,615	586,819	27,193	740	4,512	27,540
狩猟	174,421	189,933	–	–	367	5,168
1)有害捕獲等	346,194	398,147	27,193	740	4,145	22,372
平成27年度						
計	553,741	593,690	25,087	669	2,354	27,833
狩猟	166,118	168,690	–	–	430	4,576
2)有害捕獲等	387,623	425,000	25,087	669	1,924	23,257
平成28年度						
計	620,464	579,282	25,050	579	4,210	25,427
狩猟	162,731	161,134	–	–	383	4,516
3)有害捕獲等	457,733	418,148	25,050	579	3,827	20,911

資料：環境省「鳥獣関係統計」
注：1) 環境大臣、都道府県知事、市町村長による鳥獣捕獲許可の中の「有害鳥獣捕獲」及び「特定鳥獣保護管理計画に基づく数の調整」による捕獲頭・羽数である。
　　2) 環境大臣、都道府県知事、市町村長による鳥獣捕獲許可の中の「被害の防止」、「第一種特定鳥獣保護計画に基づく鳥獣の保護（平成26年の法改正で創設）」、「第二種特定鳥獣管理計画に基づく鳥獣の数の調整（平成26年の法改正で創設）」、「特定鳥獣保護管理計画に基づく数の調整」及び「指定管理鳥獣捕獲等事業（平成26年の法改正で創設）」による捕獲頭・羽数である。
　　3) 環境大臣、都道府県知事、市町村長による鳥獣捕獲許可の中の「被害の防止」、「第一種特定鳥獣保護計画に基づく鳥獣の保護（平成26年の法改正で創設）」、「第二種特定鳥獣管理計画に基づく鳥獣の数の調整（平成26年の法改正で創設）」、及び「指定管理鳥獣捕獲等事業（平成26年の法改正で創設）」による捕獲頭・羽数である。

7　野生鳥獣資源利用実態（続き）
(5)　都道府県別被害防止計画の作成状況（平成31年4月末現在）

単位：市町村

| 全国・都道府県 | 全市町村数 | 計 | 被害防止計画作成 | | | 元年度中に作成予定 |
			小計	公表済み	協議中	
全国	1,741	1,503	1,490	1,489	1	13
北海道	179	176	176	176	0	0
青森	40	37	36	36	0	1
岩手	33	33	33	33	0	0
宮城	35	32	32	32	0	0
秋田	25	25	25	25	0	0
山形	35	34	34	34	0	0
福島	59	57	57	57	0	0
茨城	44	30	27	27	0	3
栃木	25	25	25	25	0	0
群馬	35	33	33	33	0	0
埼玉	63	33	30	30	0	3
千葉	54	45	45	45	0	0
東京	62	1	1	1	0	0
神奈川	33	19	19	19	0	0
山梨	27	26	26	26	0	0
長野	77	77	77	77	0	0
静岡	35	34	34	34	0	0
新潟	30	30	30	30	0	0
富山	15	14	14	14	0	0
石川	19	19	19	19	0	0
福井	17	17	17	17	0	0
岐阜	42	35	35	35	0	0
愛知	54	37	33	32	1	4
三重	29	25	25	25	0	0
滋賀	19	17	17	17	0	0
京都	26	23	23	23	0	0
大阪	43	24	24	24	0	0
兵庫	41	35	35	35	0	0
奈良	39	32	31	31	0	1
和歌山	30	30	30	30	0	0
鳥取	19	19	19	19	0	0
島根	19	17	17	17	0	0
岡山	27	26	26	26	0	0
広島	23	23	23	23	0	0
山口	19	19	19	19	0	0
徳島	24	21	21	21	0	0
香川	17	16	16	16	0	0
愛媛	20	19	19	19	0	0
高知	34	34	34	34	0	0
福岡	60	57	57	57	0	0
佐賀	20	20	20	20	0	0
長崎	21	21	21	21	0	0
熊本	45	45	45	45	0	0
大分	18	17	17	17	0	0
宮崎	26	26	26	26	0	0
鹿児島	43	41	40	40	0	1
沖縄	41	27	27	27	0	0

資料：農林水産省農村振興局資料
注：　「鳥獣による農林水産業等に係る被害の防止のための特別措置に関する法律」に基づき，市町村が地域の実情に応じて作成した被害防止計画の作成状況をとりまとめたものである。

林　業　編

I　森林資源
1　林野面積（平成27年2月1日現在）

単位：千ha

全国・都道府県	林野面積		
	計	現況森林面積	森林以外の草生地
全国	**24,802**	**24,433**	**370**
北海道	5,536	5,322	215
青森	628	616	12
岩手	1,156	1,144	12
宮城	411	407	4
秋田	835	820	15
山形	644	641	3
福島	944	936	7
茨城	190	189	1
栃木	341	341	1
群馬	408	406	2
埼玉	121	121	0
千葉	159	157	2
東京	77	76	1
神奈川	94	94	0
新潟	804	799	5
富山	240	240	−
石川	279	276	2
福井	310	310	1
山梨	349	347	2
長野	1,032	1,023	8
岐阜	841	839	2
静岡	496	491	5
愛知	218	218	0
三重	372	371	0
滋賀	204	203	1
京都	343	342	0
大阪	57	57	0
兵庫	562	561	1
奈良	284	283	0
和歌山	361	361	0
鳥取	259	257	2
島根	525	520	5
岡山	490	484	6
広島	617	609	8
山口	441	437	3
徳島	314	312	2
香川	87	87	0
愛媛	400	399	1
高知	594	592	2
福岡	222	222	0
佐賀	111	110	0
長崎	246	241	4
熊本	461	448	14
大分	454	448	6
宮崎	589	587	2
鹿児島	586	582	4
沖縄	111	105	6

資料：農林水産省統計部「2015年農林業センサス」

2 所有形態別林野面積（各年2月1日現在）

年次・都道府県	林野面積合計	国有			計	独立行政法人等
		計	林野庁	林野庁以外の官庁		
平成22年 (1)	24,845	7,218	7,079	139	17,627	648
27 (2)	**24,802**	**7,176**	**7,037**	**138**	**17,627**	**693**
北海道 (3)	5,536	2,927	2,838	89	2,610	148
青森 (4)	628	382	379	3	247	14
岩手 (5)	1,156	366	364	2	790	23
宮城 (6)	411	122	118	5	288	15
秋田 (7)	835	373	373	0	462	14
山形 (8)	644	328	328	0	315	9
福島 (9)	944	374	372	2	570	13
茨城 (10)	190	43	43	0	147	1
栃木 (11)	341	119	119	0	223	7
群馬 (12)	408	178	177	1	230	12
埼玉 (13)	121	12	12	0	109	6
千葉 (14)	159	8	7	0	151	2
東京 (15)	77	6	6	0	71	0
神奈川 (16)	94	10	9	1	84	1
新潟 (17)	804	225	222	2	580	13
富山 (18)	240	61	60	1	180	14
石川 (19)	279	26	25	1	253	8
福井 (20)	310	37	36	0	273	15
山梨 (21)	349	6	4	2	343	10
長野 (22)	1,032	330	330	0	702	31
岐阜 (23)	841	156	156	0	685	25
静岡 (24)	496	85	82	3	410	16
愛知 (25)	218	11	11	0	207	2
三重 (26)	372	22	22	0	349	12
滋賀 (27)	204	19	17	2	184	1
京都 (28)	343	7	6	1	335	20
大阪 (29)	57	1	1	0	56	0
兵庫 (30)	562	30	28	1	532	30
奈良 (31)	284	13	12	1	271	12
和歌山 (32)	361	17	17	0	344	13
鳥取 (34)	259	30	30	0	229	16
島根 (35)	525	32	31	0	494	31
岡山 (36)	490	37	35	2	452	9
広島 (37)	617	47	46	1	569	16
山口 (38)	441	11	11	0	429	12
徳島 (39)	314	18	18	0	296	15
香川 (40)	87	8	8	0	79	0
愛媛 (41)	400	39	39	0	362	8
高知 (42)	594	124	123	0	470	15
福岡 (43)	222	25	24	1	197	3
佐賀 (44)	111	15	15	0	95	4
長崎 (45)	246	24	23	1	221	3
熊本 (46)	461	63	61	2	398	14
大分 (47)	454	50	45	6	404	16
宮崎 (48)	589	175	173	2	414	33
鹿児島 (49)	586	150	149	1	436	10
沖縄 (50)	111	32	31	0	80	0

資料：農林水産省統計部「農林業センサス」
注：林野面積は、現況森林面積と森林以外の草生地を加えた面積である。

単位：千ha

民有						私有	
	公有						
小計	都道府県	森林整備法人(林業・造林公社)	市区町村	財産区			
3,396	1,248	436	1,404	307		13,584	(1)
3,370	1,272	391	1,406	302		13,564	(2)
951	620	0	330	–		1,511	(3)
43	15	–	15	13		190	(4)
157	86	–	61	10		610	(5)
61	14	10	36	1		213	(6)
110	13	28	53	17		339	(7)
49	3	16	13	17		257	(8)
95	11	16	44	25		461	(9)
5	2	0	3	1		141	(10)
23	13	0	5	5		192	(11)
27	7	5	14	0		192	(12)
19	10	3	6	–		84	(13)
10	8	0	2	0		139	(14)
23	12	1	8	2		48	(15)
32	25	–	3	4		50	(16)
76	7	10	53	6		491	(17)
39	14	9	12	4		127	(18)
34	12	13	8	0		211	(19)
39	27	–	11	1		219	(20)
199	168	8	12	11		134	(21)
196	19	18	113	46		475	(22)
104	14	26	48	16		556	(23)
45	7	–	22	16		350	(24)
24	8	4	6	6		181	(25)
31	4	–	22	5		306	(26)
41	6	25	3	7		142	(27)
28	5	6	7	11		287	(28)
4	1	–	1	2		52	(29)
71	7	24	32	8		431	(30)
22	6	2	11	3		236	(31)
23	5	4	9	4		309	(32)
43	6	15	9	13		171	(34)
53	3	24	23	2		409	(35)
83	7	25	39	13		361	(36)
68	10	16	34	8		485	(37)
72	4	14	53	1		346	(38)
26	6	10	9	2		254	(39)
11	3	–	6	3		67	(40)
35	7	–	21	8		318	(41)
47	10	15	22	0		408	(42)
25	7	–	14	4		168	(43)
13	3	–	10	–		78	(44)
42	6	14	21	1		177	(45)
62	12	9	35	6		322	(46)
37	16	–	20	1		351	(47)
51	13	10	29	0		330	(48)
73	7	10	57	–		353	(49)
48	6	–	43	–		31	(50)

3 都道府県別林種別森林面積（森林計画対象以外の森林も含む。）
（平成29年3月31日現在）

単位：千ha

全国・都道府県	森林面積計	立木地					竹林	伐採跡地	未立木地
		小計	人工林	森林計画対象のみ	天然林	森林計画対象のみ			
全国	25,048	23,684	10,204	10,184	13,481	13,401	167	109	1,088
北海道	5,538	5,230	1,475	1,474	3,755	3,731	–	36	273
青森	633	607	269	269	337	336	–	6	20
岩手	1,171	1,101	489	489	612	610	0	21	49
宮城	417	400	198	197	201	197	2	2	14
秋田	839	815	410	409	406	405	0	3	21
山形	669	627	186	186	441	441	0	2	41
福島	974	925	341	340	584	583	1	4	44
茨城	187	178	111	111	67	67	2	1	6
栃木	349	336	156	155	180	178	1	1	12
群馬	423	397	177	177	220	220	1	1	23
埼玉	120	118	59	59	59	58	0	0	1
千葉	157	136	61	60	74	73	6	0	16
東京	79	74	35	35	39	39	0	1	3
神奈川	95	90	36	36	54	50	1	0	3
新潟	855	726	162	162	564	562	2	0	127
富山	285	224	55	54	169	169	1	1	60
石川	286	267	102	101	165	165	2	0	17
福井	312	303	124	124	178	178	1	0	8
山梨	348	326	154	153	172	172	1	1	21
長野	1,069	1,001	445	440	557	548	2	1	65
岐阜	862	815	385	384	430	430	1	3	43
静岡	497	470	280	278	189	187	4	1	23
愛知	218	212	140	140	72	71	2	1	2
三重	372	363	230	230	133	133	2	2	6
滋賀	203	196	85	85	111	110	1	0	6
京都	342	332	132	131	200	199	5	0	5
大阪	57	54	28	28	26	25	2	0	1
兵庫	560	545	238	238	306	306	3	0	12
奈良	284	279	172	172	107	105	1	0	3
和歌山	361	356	220	220	136	136	1	1	2
鳥取	259	250	140	140	110	110	3	0	5
島根	524	503	205	205	298	298	11	0	10
岡山	483	466	205	205	261	259	5	1	11
広島	611	597	201	201	396	395	2	0	12
山口	437	420	195	195	225	224	12	0	5
徳島	315	305	190	190	116	116	4	1	4
香川	88	81	23	23	58	57	3	0	3
愛媛	401	386	245	244	141	141	4	0	10
高知	595	583	388	388	195	195	5	2	5
福岡	222	202	140	140	62	59	14	0	6
佐賀	110	101	74	74	27	27	3	0	6
長崎	243	229	105	105	124	124	4	0	10
熊本	463	429	280	280	149	149	10	1	22
大分	453	411	233	233	178	174	14	3	24
宮崎	586	564	333	332	231	231	6	8	7
鹿児島	588	555	279	278	276	276	18	2	13
沖縄	107	100	12	12	88	88	0	0	6

資料：林野庁資料（以下7(2)まで同じ。）

4　人工林の齢級別立木地面積（平成29年3月31日現在）

単位：千ha

全国 農業地域	計	10年生 以下	11～20	21～30	31～40	41～50	51～60	61～70	71年生 以上
全国	10,184	170	278	572	1,428	2,637	3,020	1,233	847
北海道	1,474	74	74	100	257	457	374	103	35
東北	1,889	21	40	110	310	539	543	207	120
北陸	442	3	10	30	72	93	103	57	74
関東・東山	1,227	8	19	50	125	256	406	218	145
東海	1,033	3	13	42	107	200	318	167	182
近畿	874	4	16	43	111	212	262	105	121
中国	947	13	32	74	157	239	283	97	53
四国	845	4	14	40	93	219	293	123	60
九州	1,442	41	59	81	195	419	434	156	57
沖縄	12	0	0	1	2	5	4	1	0

注：森林計画対象の森林面積である。

5　樹種別立木地面積（平成29年3月31日現在）

単位：千ha

全国 農業地域	立木地計	人工林						天然林	
		針葉樹	すぎ	ひのき	まつ類	からまつ	広葉樹	針葉樹	広葉樹
全国	23,586	9,867	4,438	2,595	818	977	318	2,167	11,234
北海道	5,205	1,428	32	0	2	398	46	766	2,965
東北	4,460	1,843	1,245	39	350	204	46	259	2,312
北陸	1,515	430	372	12	28	4	12	60	1,013
関東・東山	2,631	1,191	429	288	120	340	36	299	1,105
東海	1,853	1,011	385	529	62	28	22	150	670
近畿	1,754	859	426	392	40	0	15	211	669
中国	2,232	920	322	447	148	2	27	305	980
四国	1,354	821	405	391	23	0	24	58	451
九州	2,481	1,357	821	497	37	0	85	47	992
沖縄	100	8	0	–	7	–	5	12	76

注：森林計画対象の森林面積である。

6　保安林面積

単位：千ha

保安林種	平成25年度	26	27	28	29
保安林面積計	12,122	12,143	12,170	12,184	12,197
水源かん養保安林	9,152	9,167	9,185	9,195	9,204
土砂流出・崩壊防備保安林	2,630	2,637	2,644	2,649	2,656
飛砂防備保安林	16	16	16	16	16
防風保安林	56	56	56	56	56
水害・潮害防備保安林	14	14	14	15	14
なだれ・落石防止保安林	21	22	22	22	22
魚つき保安林	60	60	60	60	60
保健保安林	701	701	701	701	704
風致保安林	28	28	28	28	28
1) その他の保安林	188	189	189	189	189

注：1　保安林面積計は、他種との重複面積を差し引いた実面積である。
　　2　各種保安林種の面積は、他種との重複指定を含んだ延べ面積を計上。
　　1)は、干害防備保安林、防雪保安林、防霧保安林、防火保安林及び航行目標保安林である。

7　林道

(1)　林道の現況

単位：km

年次	計	国有林	併用林道	民有林	森林組合が管理
平成25年	138,287	45,249	7,946	93,038	2,999
26	138,744	45,518	7,933	93,226	2,799
27	139,090	45,655	7,984	93,435	2,832
28	139,236	45,818	8,017	93,418	2,800
29	139,417	45,951	7,987	93,466	2,778

(2)　林道新設（自動車道）

単位：km

年次	計	国有林林道	民有林林道								融資林道・自力林道
			小計	補助林道						県単独補助	
				国庫補助	一般	道整備交付金	農免	公団	林業構造改善		
平成25年	693	411	282	267	177	90	−	−	−	12	3
26	568	293	275	262	181	81	−	−	−	11	2
27	413	175	238	221	153	67	−	−	−	13	3
28	364	147	217	202	148	55	−	−	−	12	3
29	356	163	193	183	136	48	−	−	−	8	1

II　林業経営

1　林業経営体（各年2月1日現在）

(1)　都道府県別組織形態別経営体数

単位：経営体

| 年次・都道府県 | 計 | 法人化している | | | | | | | 地方公共団体・財産区 | 法人化していない |
| | | 農事組合法人 | 会社 | | | 各種団体 | その他の法人 | | | |
			株式会社	合名・合資会社	合同会社					
平成22年	140,186	133	2,429	99	6	3,016	1,106		1,673	131,724
27	87,284	145	2,365	65	26	2,337	661		1,289	80,396
北海道	7,940	28	673	4	4	154	55		71	6,951
青森	2,059	5	67	-	1	65	3		42	1,876
岩手	4,979	9	95	7	2	88	12		27	4,739
宮城	1,373	5	33	3	-	42	10		20	1,260
秋田	2,726	16	81	9	1	43	12		47	2,517
山形	1,317	5	28	-	1	47	9		29	1,198
福島	2,721	6	58	1	-	68	8		33	2,547
茨城	1,266	1	24	1	-	11	1		2	1,226
栃木	2,204	-	37	1	-	15	14		19	2,118
群馬	880	-	56	-	-	55	10		17	742
埼玉	367	1	14	-	1	9	4		3	335
千葉	582	-	11	1	-	2	-		-	568
東京	302	-	39	-	-	10	12		3	238
神奈川	326	-	23	-	-	47	4		13	239
新潟	1,931	-	30	1	-	106	22		20	1,752
富山	473	-	11	-	-	23	4		1	434
石川	1,300	4	30	-	-	13	2		5	1,246
福井	1,245	-	7	1	1	52	7		4	1,173
山梨	431	-	47	-	-	16	9		33	326
長野	2,745	6	64	3	-	207	40		181	2,244
岐阜	4,662	3	77	10	3	96	37		62	4,374
静岡	1,964	1	60	2	-	38	37		35	1,791
愛知	1,314	1	22	-	-	15	10		28	1,238
三重	1,350	6	31	1	-	45	12		13	1,242
滋賀	837	3	8	-	-	59	23		24	720
京都	1,574	-	29	-	-	153	54		79	1,259
大阪	267	1	17	1	2	8	4		1	233
兵庫	1,648	2	23	-	-	127	24		60	1,412
奈良	1,400	-	39	-	-	35	21		15	1,290
和歌山	1,240	3	25	2	-	47	15		18	1,130
鳥取	1,802	4	20	1	-	45	7		65	1,660
島根	2,649	5	31	1	2	26	19		17	2,548
岡山	3,004	2	33	-	-	19	31		29	2,890
広島	4,487	2	54	-	2	76	33		24	4,296
山口	2,007	3	13	-	1	14	6		8	1,962
徳島	1,001	-	12	-	-	15	5		13	956
香川	296	-	7	-	-	6	1		7	275
愛媛	2,538	2	41	2	-	28	5		25	2,435
高知	2,128	1	47	-	1	50	13		18	1,998
福岡	1,836	-	31	2	-	47	5		47	1,704
佐賀	1,289	1	11	-	-	68	11		16	1,182
長崎	559	-	7	1	-	48	1		13	489
熊本	2,754	3	71	6	1	27	7		50	2,589
大分	3,221	14	53	1	1	77	13		23	3,039
宮崎	3,230	-	102	3	2	53	17		11	3,042
鹿児島	1,050	2	71	-	-	37	12		17	911
沖縄	10	-	2	-	-	5	-		1	2

資料：農林水産省統計部「農林業センサス」（以下2(6)まで同じ。）

1　林業経営体（各年2月1日現在）（続き）
(2)　保有山林面積規模別経営体数

単位：経営体

年次・全国農業地域	計	1) 3 ha未満	3～5	5～10	10～20	20～30	30～50	50～100	100ha以上
平成22年	140,186	2,642	41,049	41,264	27,986	10,143	7,728	4,892	4,482
27	87,284	2,247	23,767	24,391	17,494	6,832	5,361	3,572	3,620
北海道	7,940	202	1,330	2,301	1,866	751	621	406	463
都府県	79,344	2,045	22,437	22,090	15,628	6,081	4,740	3,166	3,157
東北	15,175	416	4,260	4,258	3,041	1,151	912	579	558
北陸	4,949	97	1,644	1,470	880	323	212	146	177
関東・東山	9,103	358	2,764	2,523	1,643	594	440	329	452
東海	9,290	178	2,189	2,492	1,943	883	685	457	463
近畿	6,966	199	1,788	1,840	1,261	465	475	437	501
中国	13,949	189	4,260	4,327	2,932	939	642	349	311
四国	5,963	108	1,343	1,608	1,434	611	415	240	204
九州	13,939	493	4,189	3,571	2,494	1,115	959	628	490
沖縄	10	7	-	1	-	-	-	1	1

注：1)は、保有山林なしの林業経営体を含む。

(3)　保有山林の状況

年次	所有山林		貸付山林		借入山林		保有山林	
	経営体数	面積	経営体数	面積	経営体数	面積	経営体数	面積
	経営体	ha	経営体	ha	経営体	ha	経営体	ha
平成22年	138,026	4,964,328	4,431	309,035	3,712	522,159	138,887	5,177,452
27	85,529	4,027,399	2,834	222,712	2,178	568,687	86,027	4,373,374

(4)　林業労働力

年次	雇い入れた実経営体数	実人数	延べ人日
	経営体	人	人日
平成22年	15,274	101,623	6,799,876
27	8,524	63,834	7,008,284

年次	常雇い			臨時雇い（手伝い等を含む。）		
	経営体数	実人数	延べ人日	経営体数	実人数	延べ人日
	経営体	人	人日	経営体	人	人日
平成22年	3,744	31,289	5,324,621	13,245	70,334	1,475,255
27	3,743	32,726	6,145,949	6,319	31,108	862,335

(5) 素材生産を行った経営体数及び素材生産量

年次	計		保有山林で自ら伐採した素材生産量		受託もしくは立木買いによる素材生産量			
	実経営体数	素材生産量	経営体数	素材生産量	経営体数	立木買い	素材生産量	立木買い
	経営体	m³	経営体	m³	経営体	経営体	m³	m³
平成22年	12,917	15,620,691	10,645	4,704,809	3,399	1,876	10,915,882	5,332,904
27	10,490	19,888,089	7,939	4,342,650	3,712	1,811	15,545,439	6,133,040

(6) 林業作業受託料金収入がある経営体数及び受託面積

年次	林業作業の受託を行った実経営体数	植林		下刈りなど	
		経営体数	面積	経営体数	面積
	経営体	経営体	ha	経営体	ha
平成22年	6,802	1,638	26,755	3,154	180,095
27	5,159	1,309	24,401	2,406	148,833

年次	間伐		主伐（請負）		主伐（立木買い）	
	経営体数	面積	経営体数	面積	経営体数	面積
	経営体	ha	経営体	ha	経営体	ha
平成22年	4,571	290,108	1,017	32,387	1,743	30,077
27	3,415	215,771	976	18,368	1,413	25,457

(7) 林業作業受託料金収入規模別経営体数

単位：経営体

年次・全国農業地域	計	収入なし	100万円未満	100〜200	200〜500	500〜1,000	1,000〜2,000	2,000〜5,000	5,000万円以上
平成22年	140,186	133,384	2,954	596	869	572	469	565	777
27	87,284	82,125	1,536	350	542	597	479	664	991
北海道	7,940	7,448	60	24	32	38	58	108	172
都府県	79,344	74,677	1,476	326	510	559	421	556	819
東北	15,175	14,271	194	48	103	118	96	149	196
北陸	4,949	4,748	78	10	14	18	17	21	43
関東・東山	9,103	8,526	163	28	63	61	52	93	117
東海	9,290	8,815	178	35	47	48	44	43	80
近畿	6,966	6,507	157	33	69	39	47	41	73
中国	13,949	13,470	191	35	56	47	32	45	73
四国	5,963	5,633	113	33	37	22	27	38	60
九州	13,939	12,705	401	104	120	205	106	126	172
沖縄	10	2	1			1	1		5

注：　受託料金収入には、立木買いによる素材生産の受託料金収入（素材売却額と立木購入額の差額）を含む。

2　林業経営体のうち家族経営（各年2月1日現在）
(1)　保有山林面積規模別経営体数

単位：経営体

年次・全国農業地域	計	1) 3ha未満	3～5	5～10	10～20	20～30	30～50	50～100	100ha以上
平成22年	125,592	1,551	39,077	38,755	25,710	9,008	6,408	3,425	1,658
27	78,080	1,111	22,969	23,265	16,215	6,102	4,556	2,537	1,325
北海道	7,125	49	1,284	2,223	1,782	697	567	336	187
都府県	70,955	1,062	21,685	21,042	14,433	5,405	3,989	2,201	1,138
東北	13,495	181	4,128	4,045	2,796	1,012	771	381	181
北陸	4,534	41	1,612	1,431	822	292	190	97	49
関東・東山	7,889	148	2,665	2,420	1,482	517	340	215	102
東海	8,413	94	2,119	2,376	1,826	804	610	363	221
近畿	5,676	123	1,681	1,686	1,081	357	338	231	179
中国	13,045	97	4,166	4,192	2,802	867	552	252	117
四国	5,525	41	1,298	1,553	1,369	584	379	202	99
九州	12,376	336	4,016	3,338	2,255	972	809	460	190
沖縄	2	1	-	1	-	-	-	-	-

注：1)は、保有山林なしの林業経営体を含む。

(2)　保有山林の状況

年次	所有山林		貸付山林		借入山林		保有山林	
	経営体数	面積	経営体数	面積	経営体数	面積	経営体数	面積
	経営体	ha	経営体	ha	経営体	ha	経営体	ha
平成22年	125,065	1,798,910	3,255	38,458	2,393	11,938	125,216	1,772,391
27	77,684	1,247,386	1,847	27,377	1,219	8,055	77,757	1,228,064

(3)　過去1年間に林産物の販売を行った経営体数

単位：経営体

年次	計	販売なし	販売した経営体				
			実経営体数	用材		ほだ木用原木	特用林産物
				立木で	素材で		
平成22年	125,592	112,285	13,307	4,115	7,572	1,243	1,739
27	78,080	67,132	10,948	3,995	6,609	758	1,402

(4)　過去1年間に保有山林で林業作業を行った経営体数及び作業面積

年次	林業作業を行った実経営体数	植林		下刈りなど		間伐		主伐	
		経営体数	面積	経営体数	面積	経営体数	面積	経営体数	面積
	経営体	経営体	ha	経営体	ha	経営体	ha	経営体	ha
平成22年	78,874	11,004	10,761	49,777	59,814	47,657	77,088	3,495	5,613
27	45,716	6,343	9,696	26,157	40,716	25,648	50,600	3,533	6,811

(5)　林業作業受託料金収入がある経営体数及び受託面積

年次	林業作業の受託を行った実経営体数	植林		下刈りなど	
		経営体数	面積	経営体数	面積
	経営体	経営体	ha	経営体	ha
平成22年	4,518	676	2,473	1,774	14,391
27	2,891	373	2,136	1,106	9,961

年次	間伐		主伐（請負）		主伐（立木買い）	
	経営体数	面積	経営体数	面積	経営体数	面積
	経営体	ha	経営体	ha	経営体	ha
平成22年	2,824	32,415	498	5,630	902	6,381
27	1,648	18,364	417	3,519	619	4,200

(6)　林業作業受託料金収入規模別経営体数

単位：経営体

年次・全国農業地域	計	収入なし	100万円未満	100〜200	200〜500	500〜1,000	1,000〜2,000	2,000〜5,000	5,000万円以上
平成22年	125,592	121,074	2,687	489	644	320	189	146	43
27	78,080	75,189	1,405	289	410	369	200	165	53
北海道	7,125	6,980	48	17	19	14	16	22	9
都府県	70,955	68,209	1,357	272	391	355	184	143	44
東北	13,495	13,046	171	36	74	69	50	39	10
北陸	4,534	4,438	70	5	5	5	5	4	2
関東・東山	7,889	7,619	146	21	40	30	13	14	6
東海	8,413	8,123	175	29	35	26	16	8	1
近畿	5,676	5,394	139	28	57	23	19	14	2
中国	13,045	12,748	173	31	41	24	14	12	2
四国	5,525	5,328	108	29	35	11	8	5	1
九州	12,376	11,512	374	93	104	167	59	47	20
沖縄	2	1	1	–	–	–	–	–	–

注：　受託料金収入には、立木買いによる素材生産の受託料金収入（素材生産売却額と立木購入額の差額）を含む。

3　林業就業人口（各年10月1日現在）

単位：万人

区分	平成7年	12	17	22	27
林業就業者	8.6	6.7	4.7	6.9	6.4
うち65歳以上	1.6	1.7	1.2	1.2	1.4

資料：総務省統計局「国勢調査」

4 林業分野の新規就業者の動向

単位：人

区分	平成25年度	26	27	28	29
新規林業就業者数	2,827	3,033	3,204	3,055	3,114

資料：林野庁資料

5 林業経営 （1経営体当たり平均） （平成25年度）
(1) 林業経営の総括

区分	林業所得	林業粗収益	林業経営費	保有山林面積		
				計	人工林	天然林・その他
	千円	千円	千円	ha	ha	ha
全国	113	2,484	2,371	98.2	66.2	32.0
保有山林面積規模別						
20 〜 50 ha	760	2,773	2,013	32.8	26.1	6.8
50 〜 100	90	1,742	1,652	67.7	46.8	20.9
100 〜 500	△ 111	3,198	3,309	182.3	117.3	65.0
500ha以上	△ 4,505	9,346	13,851	697.2	454.9	242.2

資料：農林水産省統計部「林業経営統計調査報告」 （以下(4)まで同じ。）

(2) 林業粗収益と林業経営費

単位：千円

区分	部門別粗収益				林業経営費			
	計	立木販売	素材生産	その他		雇用労賃	原木費	請負わせ料金
全国	2,484	233	1,744	507	2,371	300	112	982
保有山林面積規模別								
20 〜 50 ha	2,773	228	1,806	739	2,013	256	157	529
50 〜 100	1,742	199	1,110	433	1,652	149	98	710
100 〜 500	3,198	342	2,417	439	3,309	473	103	1,496
500ha以上	9,346	−	9,039	307	13,851	2,636	−	7,322

(3) 林業投下労働時間

単位：時間

区分	計	家族労働	雇用労働
全国	645	447	198
保有山林面積規模別			
20 〜 50 ha	820	645	175
50 〜 100	480	373	107
100 〜 500	702	424	278
500ha以上	1,939	195	1,744

(4)　部門別林業投下労働時間

区分	単位	部門別投下労働時間				
		計	育林	素材生産	受託	その他
全国	**時間**	645	139	264	56	186
構成比	％	100.0	21.6	40.9	8.7	28.8
保有山林面積規模別						
20 〜 　50 ha	時間	820	177	332	87	224
50 〜 100	〃	480	123	135	50	172
100 〜 500	〃	702	135	352	39	176
500ha以上	〃	1,939	110	1,667	－	162

6　林業機械の普及
(1)　民有林の主な在来型林業機械所有台数

単位：台

年度	チェーンソー	小型集材機	大型集材機	刈払機
平成25年	191,856	3,718	4,613	215,719
26	181,439	3,397	4,241	207,623
27	170,361	3,103	3,951	186,528
28	157,197	2,893	3,774	167,232
29	130,544	2,631	3,493	134,860

資料：林野庁「森林・林業統計要覧」（以下(2)まで同じ。）

(2)　高性能林業機械の年度別普及状況

単位：台

年度	フェラーバンチャ	ハーベスタ	プロセッサ	スキッダ	フォワーダ	タワーヤーダ	スイングヤーダ	その他の高性能林業機械
平成25年	123	1,174	1,484	142	1,724	149	851	581
26	143	1,357	1,671	131	1,957	144	950	736
27	145	1,521	1,802	126	2,171	152	959	810
28	156	1,572	1,851	118	2,328	151	1,012	1,014
29	166	1,757	1,985	123	2,474	150	1,059	1,225

(3)　木材加工機械の生産台数

単位：台

年次	木工機械及び製材機械	合板機械（繊維板機械を含む。）
平成26年	4,071	276
27	3,052	425
28	3,227	209
29	2,902	297
30	2,458	334

資料：経済産業省調査統計グループ「平成30年経済産業省生産動態統計年報機械統計編」

7　治山事業
(1)　国有林野内治山事業

単位：100万円

事業種類	平成25年度	26	27	28	29
治山事業計	41,728	27,556	19,556	20,829	20,163
直轄治山事業	37,516	24,953	18,117	19,065	17,960
山地治山	33,309	20,158	14,721	15,845	15,284
山地復旧	32,804	19,567	14,268	15,337	14,773
復旧治山	27,755	14,976	10,925	10,903	10,995
地域防災対策総合治山	1,095	723	625	937	950
地すべり防止	1,966	1,227	665	450	648
防災林造成	1,987	2,642	2,053	3,047	2,180
予防治山	505	591	454	507	511
水源地域等保安林整備	4,208	4,794	3,396	3,220	2,676
水源地域整備	1,743	2,509	1,521	1,460	1,086
保安林整備	1,956	2,100	1,688	1,635	1,558
保安林管理道整備	318	56	26	0	16
共生保安林整備	192	129	161	125	15
その他	4,212	2,604	1,439	1,764	2,203

資料：林野庁資料（以下(2)まで同じ。）
注：その他は、測量設計費、船舶及び機械器具費、営繕宿舎費を指す。

(2)　民有林の治山事業

単位：100万円

事業種類	平成27年度	28	29	30	31
治山事業費計	47,733	51,065	49,602	47,012	61,948
治山事業費	46,158	49,535	48,085	45,501	60,437
直轄治山事業費	8,356	8,590	8,671	8,736	12,730
直轄地すべり防止事業費	3,809	3,817	3,456	3,384	4,145
治山事業調査費	173	173	173	173	176
治山事業費補助	31,791	35,171	33,870	31,732	41,402
山地治山総合対策	25,228	30,262	27,958	25,629	33,681
水源地域等保安林整備	4,193	4,193	4,193	4,203	4,456
治山等激甚災害対策特別緊急	2,370	716	1,719	1,900	3,265
後進地域特例法適用団体補助率差額	2,002	1,765	1,886	1,457	1,944
営繕宿舎費	27	18	27	18	40
治山事業工事諸費	1,575	1,530	1,517	1,511	1,511

注：1　数値は、当初予算額（国費）である。
　　2　このほかに農山漁村地域整備交付金（平成27年度：106,650百万円の内数、平成28年
　　　度：106,650百万円の内数、平成29年度：101,650百万円の内数、平成30年度：91,650
　　　百万円の内数、平成31年度：97,714百万円の内数）がある。
　　3　平成24年度より東日本大震災復興特別会計分を加算している。

Ⅲ　育林と伐採

1　樹種別人工造林面積の推移

単位：ha

| 年度 | 計 | 針葉樹 | | | | | 広葉樹 |
		すぎ	ひのき	まつ類	からまつ	その他	
平成25年度	22,225	5,429	2,780	330	5,099	5,811	2,777
26	21,088	5,185	2,543	554	4,603	5,709	2,492
27	19,429	5,537	2,039	185	4,467	5,250	1,950
28	21,106	6,766	1,972	291	5,017	4,983	2,077
29	22,069	7,102	1,979	406	5,388	5,423	1,771

資料：林野庁「森林・林業統計要覧」（以下3まで同じ。）
注：民有林における人工造林面積であり、樹下植栽による面積を含む。

2　再造林、拡大造林別人工造林面積

単位：ha

| 年度 | 人工造林面積 | | | 国有林 | | | 民有林 | | |
	計	再造林	拡大造林	小計	再造林	拡大造林	小計	再造林	拡大造林
平成25年度	27,343	20,162	7,181	5,117	5,105	13	22,225	15,057	7,168
26	24,753	19,172	5,581	3,665	3,641	24	21,088	15,531	5,557
27	25,173	20,618	4,555	5,745	5,729	15	19,429	14,889	4,540
28	27,050	22,421	4,629	5,944	5,918	25	21,106	16,502	4,603
29	30,212	25,660	4,552	8,143	8,125	18	22,069	17,535	4,534

注：1　樹下植栽による面積を含む。
　　2　国有林には、新植のほか改植、人工下種及び官行造林面積を含む。
　　3　民有林には、水源林造成事業による造林面積を含む。

3　伐採立木材積

単位：千m³

| 年度 | 計 | 国有林 | | | 民有林 |
		小計	1)林野庁所管	2)官行造林地	
平成25年度	40,202	8,482	7,962	520	31,720
26	41,861	8,606	8,085	521	33,255
27	43,806	8,826	8,228	598	34,980
28	45,682	8,718	8,277	441	36,964
29	48,051	9,246	8,654	592	38,805

注：主伐と間伐の合計材積であり、民有林は推計値である。
　　1)は、立木竹及び幼齢木補償に該当するもの、事業支障木等の伐採であって当年度に販売を
行わないもの、立木販売による緑化用立木竹及び環境緑化樹木生産事業による資材、分収造林、
分収育林及び林野・土地と共に売り払ったものを含む（民収分を含む。）。
　　2)は、国持分譲渡に係るもの、立木竹及び幼齢木補償に該当するもの及び事業支障木等の伐
採であって当年度に販売を行わないものを含む（民収分を含む。）。

Ⅳ 素材生産量

1 都道府県別主要部門別素材生産量

単位：千㎥

年次・都道府県	計	製材用	1)合板等用	2)木材チップ用
平成26年	19,916	12,211	3,191	4,514
27	20,049	12,004	3,356	4,689
28	20,660	12,182	3,682	4,796
29	21,408	12,632	4,122	4,654
30(概数値)	21,640	12,563	4,492	4,585
北海道	3,335	1,771	612	952
青森	899	360	301	238
岩手	1,514	524	589	401
宮城	614	181	283	150
秋田	1,285	496	602	187
山形	355	184	92	79
福島	859	488	68	303
茨城	405	316	2	87
栃木	577	477	4	96
群馬	234	152	32	50
埼玉	74	38	0	36
千葉	90	25	0	65
東京	27	18	1	8
神奈川	19	11	2	6
新潟	99	58	27	14
富山	57	26	17	14
石川	132	56	31	45
福井	100	46	27	27
山梨	138	24	18	96
長野	485	170	232	83
岐阜	426	248	86	92
静岡	367	204	107	56
愛知	197	92	93	12
三重	295	204	46	45
滋賀	76	23	15	38
京都	137	49	32	56
大阪	6	5	0	1
兵庫	298	96	140	62
奈良	121	110	6	5
和歌山	222	143	27	52
鳥取	283	75	156	52
島根	503	97	219	187
岡山	351	295	22	34
広島	339	150	26	163
山口	231	132	23	76
徳島	295	175	67	53
香川	4	4	–	–
愛媛	523	484	6	33
高知	519	329	45	145
福岡	218	189	0	29
佐賀	123	99	–	24
長崎	117	56	1	60
熊本	1,045	826	101	118
大分	1,075	912	129	34
宮崎	1,925	1,753	91	81
鹿児島	645	391	114	140
沖縄	1	1	–	0

資料：農林水産省統計部「木材需給報告書」。ただし平成30年は「平成30年 木材統計」（以下２まで同じ。）。
注： 1 素材とは、立木が林地で伐り倒された後、所定の長さに玉切りされた用材をいい、普通は、丸太及びそま角をいう。
　　 2 素材生産量は、調査対象工場に入荷した素材の入荷量（輸入材を除く。）をもって生産量とした。
　　1)は、平成28年までは「合板用」、平成29年からはＬＶＬ用を含めた「合板等用」である。
　　2)は、木材チップ工場に入荷した原料のうち、素材の入荷量のみを計上した。

2　樹種別、需要部門別素材生産量（平成30年）

単位：千㎥

樹種	計	製材用	合板等用	木材チップ用
計	**21,640**	**12,563**	**4,492**	**4,585**
針葉樹小計	19,462	12,421	4,472	2,569
あかまつ・くろまつ	628	156	189	283
すぎ	12,532	8,237	2,851	1,444
ひのき	2,771	2,159	360	252
からまつ	2,252	1,106	803	343
えぞまつ・とどまつ	1,114	701	242	171
その他	165	62	27	76
広葉樹	2,178	142	20	2,016

3　間伐実績及び間伐材の利用状況

年度	1)間伐実績			2)間伐材利用量					
				計	民有林				国有林
	計	民有林	国有林		小計	3)製材	4)丸太	5)原材料	
	千ha	千ha	千ha	万㎥	万㎥	万㎥	万㎥	万㎥	万㎥
平成27年度	452	341	112	813	565	297	35	232	248
28	440	319	121	823	576	295	30	251	247
29	410	304	106	812	556	275	28	253	256

資料：林野庁「森林・林業統計要覧」
注：計の不一致は四捨五入による。
　　1)は、森林吸収源対策の実績として把握した数値である。
　　2)は、丸太材積に換算した量（推計値）である。
　　3)は、建築材、梱包材等である。
　　4)は、足場丸太、支柱等である。
　　5)は、木材チップ、おがくず等である。

V 特用林産物

1 主要特用林産物生産量

区分	単位	生産量	区分	単位	生産量	区分	単位	生産量
乾しいたけ			ひらたけ			1)きくらげ類		
平成26年	t	3,175	平成26年	t	2,327	平成26年	t	894
27	〃	2,631	27	〃	3,263	27	〃	1,182
28	〃	2,734	28	〃	3,449	28	〃	1,278
29	〃	2,544	29	〃	3,828	29	〃	1,710
30	〃	2,635	30	〃	4,001	30	〃	2,309
大分	〃	1,038	新潟	〃	1,394	(乾きくらげ類)		
宮崎	〃	477	福岡	〃	806	北海道	〃	27
熊本	〃	209	長野	〃	690	鹿児島	〃	9
愛媛	〃	163	茨城	〃	298	静岡	〃	8
岩手	〃	117	三重	〃	162	大阪	〃	x
						鳥取	〃	x
生しいたけ			ぶなしめじ			まつたけ		
平成26年	t	67,510	平成26年	t	115,751	平成26年	t	42
27	〃	68,285	27	〃	116,152	27	〃	71
28	〃	69,707	28	〃	116,271	28	〃	69
29	〃	69,639	29	〃	117,712	29	〃	18
30	〃	70,390	30	〃	117,966	30	〃	63
徳島	〃	8,111	長野	〃	48,826	長野	〃	42
北海道	〃	7,240	新潟	〃	23,000	岩手	〃	9
岩手	〃	4,195	福岡	〃	14,039	愛媛	〃	7
秋田	〃	4,135	香川	〃	5,099	京都	〃	1
群馬	〃	3,989	茨城	〃	3,129	岡山	〃	1
なめこ			まいたけ			たけのこ		
平成26年	t	21,796	平成26年	t	49,541	平成26年	t	36,364
27	〃	22,897	27	〃	48,852	27	〃	28,980
28	〃	22,935	28	〃	48,523	28	〃	35,619
29	〃	23,504	29	〃	47,739	29	〃	23,582
30	〃	23,350	30	〃	49,691	30	〃	25,364
新潟	〃	4,969	新潟	〃	32,505	福岡	〃	6,199
山形	〃	4,932	静岡	〃	5,180	鹿児島	〃	6,088
長野	〃	3,881	福岡	〃	x	熊本	〃	3,089
福島	〃	1,464	長野	〃	2,620	京都	〃	2,281
北海道	〃	1,362	北海道	〃	2,288	香川	〃	1,104
えのきたけ			エリンギ			わさび（根茎＋葉柄）		
平成26年	t	135,919	平成26年	t	39,645	平成26年	t	2,429
27	〃	131,683	27	〃	39,692	27	〃	2,336
28	〃	133,297	28	〃	40,475	28	〃	2,266
29	〃	135,745	29	〃	39,088	29	〃	2,214
30	〃	140,168	30	〃	39,421	30	〃	2,080
長野	〃	87,941	長野	〃	15,996	(根茎)		
新潟	〃	19,705	新潟	〃	12,760	静岡	〃	247
福岡	〃	5,196	広島	〃	x	長野	〃	221
北海道	〃	3,494	福岡	〃	1,756	岩手	〃	34
長崎	〃	x	香川	〃	1,432	大分	〃	32
						北海道	〃	13

資料：林野庁「特用林産基礎資料」（以下4（2）まで同じ。）
注：都道府県は、生産量上位5都道府県を表章した。なお、生産量が同じ場合は都道府県番号順で掲載した。
　　1)は、乾きくらげ類を生換算（×10）と生きくらげ類の合計したものである。

区分	単位	生産量	区分	単位	生産量	区分	単位	生産量
木ろう			桐材			木酢液		
平成26年	t	28	平成26年	m³	669	平成26年	kl	2,100
27	〃	19	27	〃	599	27	〃	2,497
28	〃	24	28	〃	492	28	〃	2,774
29	〃	15	29	〃	465	29	〃	2,410
30	〃	41	30	〃	404	30	〃	2,450
福岡	〃	19	福島	〃	153	岩手	〃	1,288
熊本	〃	15	群馬	〃	114	宮崎	〃	348
愛媛	〃	7	秋田	〃	96	熊本	〃	251
石川	〃	0	山形	〃	40	静岡	〃	x
						福島	〃	66
生うるし			竹炭			竹酢液		
平成26年	kg	1,003	平成26年	m³	599	平成26年	kl	213
27	〃	1,182	27	〃	499	27	〃	185
28	〃	1,250	28	〃	411	28	〃	203
29	〃	1,434	29	〃	526	29	〃	193
30	〃	1,845	30	〃	534	30	〃	197
岩手	〃	1,256	福岡	〃	321	香川	〃	x
茨城	〃	360	山口	〃	42	熊本	〃	34
栃木	〃	120	熊本	〃	37	徳島	〃	7
福島	〃	38	徳島	〃	19	岐阜	〃	x
長野	〃	24	高知	〃	19	島根	〃	x
つばき油			木炭			薪		
平成26年	kl	50	平成26年	t	20,281	平成26年	千層積㎥	85
27	〃	47	27	〃	17,711	27	〃	72
28	〃	70	28	〃	16,769	28	〃	83
29	〃	61	29	〃	15,942	29	〃	83
30	〃	45	30	〃	14,699	30	〃	77
東京	〃	28	（白炭）			鹿児島	〃	14
長崎	〃	16	高知	〃	1,425	長野	〃	14
山口	〃	1	和歌山	〃	1,089	北海道	〃	13
福井	〃	0	宮崎	〃	263	福島	〃	4
大分	〃	0	大分	〃	62	山形	〃	3
			三重	〃	51			
			（黒炭）					
竹材			岩手	〃	2,632	オガライト		
平成26年	千束	1,178	北海道	〃	900	平成26年	t	318
27	〃	1,235	熊本	〃	x	27	〃	261
28	〃	1,272	鹿児島	〃	349	28	〃	185
29	〃	1,196	栃木	〃	x	29	〃	88
30	〃	1,213	（粉炭）			30	〃	79
鹿児島	〃	645	島根	〃	x	山口	〃	x
熊本	〃	306	奈良	〃	1,000	北海道	〃	x
福井	〃	70	岐阜	〃	647	高知	〃	x
福岡	〃	43	長野	〃	618	兵庫	〃	x
大分	〃	39	北海道	〃	472			

1　主要特用林産物生産量（続き）

区分	単位	生産量	区分	単位	生産量	区分	単位	生産量
オガ炭			れん炭			豆炭		
平成26年	t	6,869	平成26年	t	7,841	平成26年	t	10,742
27	〃	7,643	27	〃	6,104	27	〃	8,235
28	〃	6,553	28	〃	5,123	28	〃	7,262
29	〃	6,628	29	〃	6,615	29	〃	7,306
30	〃	6,479	30	〃	5,936	30	〃	6,846
鳥取	〃	x	福島	〃	x	新潟	〃	x
愛媛	〃	x	新潟	〃	x	山口	〃	x
山口	〃	x	山口	〃	x			
奈良	〃	x						
愛知	〃	x						

2　栽培きのこ類生産者数
(1)　ほだ木所有本数規模別原木しいたけ生産者数

単位：戸

年次	計	600本未満	600 ～ 3,000	3,000 ～ 10,000	10,000 ～ 30,000	30,000本以上
平成25年	22,893	10,323	5,103	4,554	2,379	534
26	19,857	9,300	4,683	3,683	1,814	377
27	19,356	9,139	4,698	3,615	1,567	337
28	18,696	8,692	4,622	3,559	1,525	298
29	18,117	8,328	4,562	3,420	1,502	305

(2)　なめこ、えのきたけ、ひらたけ等の生産者数

単位：戸

年次	なめこ	えのきたけ	ひらたけ	ぶなしめじ	まいたけ	まつたけ
平成25年	2,007	617	853	461	1,014	2,721
26	1,995	611	837	437	924	2,283
27	2,001	612	782	451	971	3,123
28	1,660	571	765	404	957	2,936
29	1,599	522	727	360	934	2,208

3　しいたけ原木伏込量（材積）

単位：100㎥

年次	乾しいたけ				生しいたけ			
	計	なら	くぬぎ	その他	計	なら	くぬぎ	その他
平成25年	2,449	616	1,761	72	1,426	787	615	24
26	1,855	487	1,312	56	1,270	747	493	30
27	1,948	465	1,431	52	1,197	701	479	17
28	2,055	498	1,512	45	1,141	666	456	19
29	1,979	467	1,466	46	1,134	626	489	19

4　特用林産物の主要国別輸出入量
(1)　輸出

区分	単位	平成29年		30	
		数量	金額	数量	金額
			千円		千円
乾しいたけ (0712.39-100)	t	26	165,531	24	139,167
香港	〃	16	110,555	14	93,309
台湾	〃	5	24,253	3	15,648
アメリカ	〃	3	12,619	3	11,562
シンガポール	〃	1	5,918	1	5,280
その他	〃	2	12,186	3	13,368
きのこ (調整したもの) (2003.90-000)	kg	79,268	72,970	107,377	93,014
アメリカ	〃	37,949	31,252	51,352	43,143
台湾	〃	35,714	35,293	48,998	41,340
オーストラリア	〃	1,664	1,155	500	395
香港	〃	1,128	1,627	805	2,322
その他	〃	2,813	3,643	5,722	5,814
漆ろう及びはぜろう (1515.90-100)	〃	13,772	41,280	3,137	10,845
ドイツ	〃	7,640	25,599	2,300	7,194
アメリカ	〃	4,920	10,824	−	−
中国	〃	400	1,978	−	−
イタリア	〃	280	1,190	460	1,909
韓国	〃	192	728	117	1,040
その他	〃	340	961	260	702
竹材 (1401.10-000)	t	14	17,693	17	9,427
インドネシア	〃	11	14,159	12	6,763
中国	〃	3	1,773	3	1,474
アメリカ	〃	1	1,341	−	−
韓国	〃	0	420	−	−
その他	〃	−	−	2	1,190
木炭 (4402.10-000、4402.90-000の合計)	〃	521	360,401	442	387,061
台湾	〃	150	22,397	125	19,351
サウジアラビア	〃	88	78,078	109	99,879
クウェート	〃	87	62,587	36	27,793
アラブ首長国	〃	76	70,400	85	74,871
香港	〃	33	18,022	23	15,738
インドネシア	〃	25	19,314	0	8,959
その他	〃	62	89,603	64	140,470
竹炭 (4402.10-000)	〃	0	27,871	0	41,949
アメリカ	〃	0	17,488	0	23,408
ベトナム	〃	0	5,478	0	1,659
タイ	〃	0	2,992	0	3,250
シンガポール	〃	0	1,196	0	3,792
フランス	〃	0	425	0	870
その他	〃	0	292	0	8,970
その他木炭 (4402.90-000)	〃	521	332,530	442	345,112
台湾	〃	150	22,397	125	19,351
サウジアラビア	〃	88	78,078	109	99,879
クウェート	〃	87	62,587	36	27,793
アラブ首長国	〃	76	70,400	85	74,871
香港	〃	33	18,022	23	14,608
インドネシア	〃	25	19,314	0	5,126
その他	〃	62	61,732	64	103,484

注：財務省「貿易統計」を集計したものであり、(　) のコードは統計品目番号である (以下(2)まで同じ。)。

4 特用林産物の主要国別輸出入量（続き）
(2) 輸入

区分	単位	平成29年		30	
		数量	金額	数量	金額
			千円		千円
乾しいたけ（0712.39-010）	t	5,050	6,134,372	4,998	6,091,827
中国	〃	5,035	6,100,340	4,989	6,076,014
韓国	〃	10	27,257	1	3,498
香港	〃	5	6,775	3	4,010
その他	〃	–	–	5	8,305
しいたけ（生及び冷蔵）（0709.59-020）	〃	2,108	682,054	1,942	639,226
中国	〃	2,108	681,670	1,942	638,992
その他	〃	0	384	0	234
その他のきのこ（生及び冷蔵）（0709.59-090）	〃	193	234,512	161	214,548
韓国	〃	128	36,322	106	33,266
イタリア	〃	17	66,672	5	17,761
フランス	〃	15	30,618	19	62,794
ルーマニア	〃	12	51,495	7	27,766
その他	〃	21	49,405	24	72,961
乾きくらげ（0712.32-000）	〃	2,401	2,368,168	2,611	2,563,060
中国	〃	2,388	2,356,291	2,588	2,540,725
ベトナム	〃	6	6,045	14	14,466
香港	〃	5	4,252	7	6,893
その他	〃	1	1,580	2	976
まつたけ（0709.59-011）	〃	787	4,959,356	798	4,417,736
中国	〃	635	4,011,159	601	3,534,064
トルコ	〃	49	132,511	72	155,191
アメリカ	〃	42	282,462	63	340,470
カナダ	〃	41	261,946	53	274,026
メキシコ	〃	11	60,022	2	14,945
韓国	〃	5	184,131	2	60,550
ブータン	〃	3	26,625	5	38,490
ブルンジ	〃	0	500	–	–
その他	〃	–	–	–	–
1) きのこ調整品	〃	13,258	5,023,402	13,773	5,340,305
中国	〃	12,888	4,814,211	13,470	5,137,002
ベトナム	〃	258	79,413	195	64,962
タイ	〃	71	79,106	39	64,409
英国	〃	19	25,336	37	51,323
台湾	〃	13	16,052	11	1,954
その他	〃	9	9,284	21	20,655
きのこ菌糸（しいたけ以外）（0602.90-019）	〃	7,889	477,850	9,295	552,252
オランダ	〃	6,113	304,303	7,411	379,323
ベルギー	〃	1,201	56,775	1,375	64,781
アメリカ	〃	175	55,881	174	54,560
台湾	〃	149	7,127	54	2,448
中国	〃	138	19,422	134	16,570
その他	〃	113	34,342	147	34,570

注：　1）の統計品目番号は、2003.10-100、2003.10-219、2003.10-220、2003.90-100、
　　2003.90-210、2003.90-220である。

Ⅵ 被害と保険
1 林野の気象災害

年次	1)気象災害面積（民有林のみ）							
	計	風害	水害	雪害	干害	凍害	潮害	ひょう害
	ha	ha	ha	ha	ha	ha	ha	ha
平成25年	7,023	5,322	176	584	872	69	-	-
26	4,831	326	79	3,095	1,063	243	0	25
27	5,686	3,858	39	1,414	319	57	-	-
28	14,575	12,879	482	383	155	676	-	-
29	3,766	907	686	1,412	617	144	-	-

資料：林野庁「森林国営保険事業統計書」
注：1)は、被害区域面積である。

2 林野の火災被害

年次	出火件数	焼損面積	損害額
	件	ha	100万円
平成25年	2,020	971	233
26	1,494	1,062	1,369
27	1,106	538	255
28	1,027	384	157
29	1,284	938	900

資料：総務省消防庁「消防白書」

3 主な森林病害虫等による被害

年度	からまつ先枯病	松くい虫（マツ材線虫病）	カシノナガキクイムシ	くりたまばち	すぎたまばえ	まつばのたまばえ	すぎはだに	のねずみ	まいまいが	松毛虫
	千ha	千m³	千m³	千ha	千ha	千ha	千ha	千ha	千ha	千ha
平成25年度	-	627	52	-	-	-	-	1	0	-
26	-	561	41	-	-	-	-	1	0	-
27	-	481	83	-	-	-	-	1	0	0
28	-	440	84	-	-	-	-	1	-	0
29	-	399	93	-	-	-	-	1	-	0

資料：林野庁「森林・林業統計要覧」
注：林野庁所管国有林及び民有林の合計である。

4 森林保険

年度	年度末保有高			損害てん補実績		支払保険金額
	件数	面積	責任保険金額	件数	面積	
	件	千ha	100万円	件	千ha	100万円
平成25年	121,646	847	896,369	2,480	1	767
26	131,390	787	852,741	2,143	1	974
27	108,859	742	807,708	1,956	1	587
28	102,161	704	769,831	2,077	1	737
29	97,525	673	741,946	1,779	1	591

資料：平成26年度までは、林野庁「森林国営保険事業統計書」
　　　平成27年度からは、森林研究・整備機構「森林保険に関する統計資料」

Ⅶ 需給

1 木材需給表

(1) 需要

単位：千㎥

年次	総需要量							しいたけ原木	燃料材	
	計	用材								
		小計	製材用	パルプ・チップ用		合板用	その他			
平成26年	75,799	72,547	26,139	31,433	(6,922)	11,144	3,830	313	2,940	(9,765)
27	75,160	70,883	25,358	31,783	(6,667)	9,914	3,829	315	3,962	(12,473)
28	78,077	71,942	26,150	31,619	(6,853)	10,248	3,925	328	5,807	(12,488)
29	81,854	73,742	26,370	32,302	(7,107)	10,667	4,403	311	7,800	(12,484)
30	82,478	73,184	25,708	32,009	(6,792)	11,003	4,465	274	9,020	(12,918)

年次	国内消費				輸出		
	小計	用材	しいたけ原木	燃料材	小計	用材	燃料材
平成26年	73,770	70,536	313	2,921	2,029	2,010	19
27	72,871	68,602	315	3,955	2,288	2,281	7
28	75,960	69,830	328	5,802	2,117	2,112	5
29	79,235	71,128	311	7,795	2,619	2,614	5
30	79,643	70,353	274	9,016	2,836	2,831	4

資料：林野庁「木材需給表」（以下(2)まで同じ。）

注：1　この需給表は、木材が製材工場・パルプ工場、その他各需要部門に入荷する1年間の数量を基に、需要量＝供給量として作成した。製材品・木材パルプ・合板等の丸太以外で輸入・輸出されたものは、全て丸太材積に換算した。

　　2　パルプ・チップ用及び燃料材の（　）書は外数であり、工場残材及び解体材・廃材から生産された木材チップ等である。

　　3　平成26年から、木質バイオマス発電施設等においてエネルギー利用された燃料用チップ等を燃料材に計上。

　　4　数値の合計値は、四捨五入のため、計に一致しない場合がある。

(2) 供給

年次	総供給量					しいたけ原木	燃料材
	計	用材					
		小計	丸太	その他			
	千㎥	千㎥	千㎥	千㎥		千㎥	千㎥
平成26年	75,799	72,547	26,604	45,943		313	2,940
27	75,160	70,883	26,404	44,479		315	3,962
28	78,077	71,942	27,194	44,747		328	5,807
29	81,854	73,742	27,713	46,029		311	7,800
30	82,478	73,184	27,990	45,194		274	9,020

年次	国内生産				輸入			自給率
	小計	用材	しいたけ原木	燃料材	小計	用材	燃料材	
	千㎥	千㎥	千㎥	千㎥	千㎥	千㎥	千㎥	%
平成26年	23,647	21,492	313	1,843	52,152	51,054	1,098	31.2
27	24,918	21,797	315	2,806	50,242	49,086	1,156	33.2
28	27,141	22,355	328	4,458	50,936	49,586	1,350	34.8
29	29,660	23,312	311	6,037	52,194	50,430	1,764	36.2
30	30,201	23,680	274	6,248	52,277	49,505	2,772	36.6

2　材種別、需要部門別素材需要量

単位：千㎥

年次・材種	計	製材用	1)合板等用	2)木材チップ用
平成26年	25,585	16,661	4,405	4,519
27	25,092	16,182	4,218	4,692
28	26,029	16,590	4,638	4,801
29	26,466	16,802	5,004	4,660
30（概数値）	26,545	16,672	5,287	4,586
国産材	21,640	12,563	4,492	4,585
輸入材計	4,905	4,109	795	1
南洋材	175	43	132	−
米材	3,746	3,224	522	−
北洋材	359	243	116	0
ニュージーランド材	440	415	24	1
その他	185	184	1	−

資料：農林水産省統計部「木材需給報告書」。ただし、平成30年は「平成30年　木材統計」（以下4まで同じ。）。
注：1)は、平成28年までは「合板用」、平成29年からはＬＶＬ用を含めた「合板等用」である。
　　2)は、木材チップ工場に入荷した原料のうち、素材の入荷量のみを計上した。

3　材種別素材供給量

単位：千㎥

年次	計	国産材		
		小計	針葉樹	広葉樹
平成26年	25,585	19,916	17,743	2,173
27	25,092	20,049	17,815	2,236
28	26,029	20,660	18,470	2,188
29	26,466	21,408	19,258	2,153
30（概数値）	26,545	21,640	19,462	2,178

年次	1)輸入材						
	小計	南洋材	ラワン材	米材	北洋材	ニュージーランド材	その他
平成26年	5,669	304	221	4,238	436	524	167
27	5,045	272	196	3,803	343	473	151
28	5,370	243	188	4,106	381	458	179
29	5,059	217	…	3,882	348	466	149
30（概数値）	4,905	175	…	3,746	359	440	185

注：平成29年から南洋材のうちラワン材の把握を廃止した。
　　1)は、輸入材半製品を含む。

4 需要部門別素材の輸入材依存割合

単位：%

年次	素材需要量計	製材用	1) 合板等用	木材チップ用
平成26年	22.2	26.7	27.6	0.1
27	20.1	25.8	20.5	0.1
28	20.6	26.6	20.6	0.1
29	19.1	24.8	17.6	0.1
30（概数値）	18.5	24.6	15.0	0.0

注：輸入材依存割合は、木材統計調査による総需要量に対する輸入材の占める割合である。
　　1)は、平成28年までは「合板用」、平成29年からはＬＶＬ用を含めた「合板等用」である。

5 木材の輸出入量及び金額

品目	単位	平成29年		30	
		数量	金額	数量	金額
			千円		千円
輸出					
素材・丸太	千m³	971	13,682,814	1,137	14,799,631
製材	〃	130	5,384,432	146	6,046,004
1)パーティクルボード等	t	10,725	537,593	8,594	434,652
2)合板	千m²	7,967	5,917,583	8,814	6,766,332
繊維板	t	5,710	714,238	4,027	527,249
輸入					
素材・丸太	千m³	3,266	86,940,140	3,278	99,392,006
製材	〃	6,323	250,952,705	5,968	258,418,654
合板用単板	t	236,494	12,500,247	254,052	14,703,881
1)パーティクルボード	〃	361,588	20,146,203	369,649	21,944,622
繊維板	〃	402,203	27,930,375	417,628	29,255,360
合板	千m²	280,846	128,487,803	297,231	152,048,614

資料：財務省関税局「貿易統計」をもとに農林水産省統計部にて作成。
注：1)は、オリエンテッドストラトボードその他これに類するボードを含む。
　　2)は、竹製のものを除く。

6 丸太・製材の輸入

材種・国名	4）丸太					
	平成28年		29		30	
	数量	金額	数量	金額	数量	金額
	千㎥	億円	千㎥	億円	千㎥	億円
合計	3,652	894	3,266	869	3,278	994
1）米材	2,832	722	2,586	720	2,574	833
米国	1,830	504	1,638	489	1,681	576
カナダ	1,002	217	948	231	894	257
2）南洋材	210	72	141	48	157	55
インドネシア	0	0	0	0	0	0
マレーシア	168	60	110	39	75	28
パプアニューギニア	37	10	25	8	82	27
北洋材	155	28	137	28	141	31
ニュージーランド材	432	59	378	59	382	62
チリ材	—	—	–	–	–	–
3）欧州材	17	6	17	7	17	7
スウェーデン	—	—	–	–	–	–
フィンランド	—	—	0	0	–	–
ＥＵ計	17	6	17	7	17	6
アフリカ材	4	3	4	3	4	3
中国	1	1	1	1	1	1
その他	2	4	2	3	2	2

材種・国名	5）製材					
	平成28年		29		30	
	数量	金額	数量	金額	数量	金額
	千㎥	億円	千㎥	億円	千㎥	億円
合計	6,315	2,315	6,323	2,510	5,968	2,584
1）米材	2,209	858	2,167	942	2,034	1,035
米国	271	174	253	179	243	182
カナダ	1,938	684	1,915	763	1,791	853
2）南洋材	97	80	90	74	81	69
インドネシア	21	19	21	18	21	17
マレーシア	66	54	60	50	58	50
パプアニューギニア	0	0	0	0	0	0
北洋材	887	322	850	335	852	337
ニュージーランド材	69	24	66	23	66	23
チリ材	251	71	274	83	319	101
3）欧州材	2,730	878	2,821	980	2,558	946
スウェーデン	753	224	825	267	739	259
フィンランド	932	276	995	322	930	321
ＥＵ計	2,723	875	2,812	975	2,539	936
アフリカ材	4	4	2	4	3	5
中国	38	49	35	45	34	44
その他	29	28	18	23	21	24

資料：林野庁「木材輸入実績」
注： 1)は、米国、カナダより輸入された材である。
　　 2)は、インドネシア、マレーシア、パプアニューギニア、ソロモン諸島、フィリピン、
シンガポール、ブルネイの7カ国より輸入された材である。
　　 3)は、ロシアを除く全ての欧州各国より輸入された材である。
　　 4)は、輸入統計品目表第 4403 項の合計である。
　　 5)は、輸入統計品目表第 4407 項の合計である。

Ⅷ　価格
1　木材価格
(1)　素材価格（1 m³当たり）

単位：円

年次	製材用素材			
	まつ中丸太 〔径　24～28cm 長3.65～4.0m 込み〕	すぎ中丸太 〔径　14～22cm 長3.65～4.0m 込み〕	ひのき中丸太 〔径　14～22cm 長3.65～4.0m 込み〕	米つが丸太 〔径　30cm上 長　6.0m上 No.3〕
平成28年	12,800	12,300	17,600	25,000
29	12,300	13,100	18,100	23,000
30	12,800	13,600	18,400	26,800

資料：農林水産省統計部「木材需給報告書」（以下(3)まで同じ。）
注：1　この統計は、素材段階については全国の素材消費量のおおむね80％をカバーする都道府県、
　　　製品の卸売段階については木材流通上主要な10都道府県において調査した結果である。
　　2　製材工場における工場着購入価格である。
　　3　ここに掲載した全国の年価格は、月別の全国価格を単純平均により算出し下2桁で四捨五入
　　　した。ただし、針葉樹合板の価格については、下1桁で四捨五入した（以下(3)まで同じ。）。

(2)　木材製品卸売価格（1 m³当たり）

単位：円

年次	すぎ正角 〔厚　10.5cm 幅　10.5cm 長　3.0m 2級〕	すぎ正角（乾燥材） 〔厚　10.5cm 幅　10.5cm 長　3.0m 2級〕	ひのき正角 〔厚　10.5cm 幅　10.5cm 長　3.0m 2級〕	ひのき正角（乾燥材） 〔厚　10.5cm 幅　10.5cm 長　3.0m 2級〕
平成28年	57,400	65,100	79,300	83,000
29	57,600	66,200	80,300	84,900
30	61,200	66,500	76,600	85,600

年次	米つが正角（防腐処理材） 〔厚　12.0cm 幅　12.0cm 長　4.0m 2級〕	米つが正角（防腐処理材・乾燥材） 〔厚　12.0cm 幅　12.0cm 長　4.0m 2級〕	1）針葉樹合板 〔厚　1.2cm 幅　91.0cm 長　1.82m 1類〕
平成28年	75,400	89,800	1,190
29	75,600	89,900	1,270
30	82,600	90,500	1,290

注：木材市売市場、木材センター及び木材卸売業者における小売業者への店頭渡し販売価格である。
　　1)は、1枚当たりの価格である。

(3)　木材チップ価格（1 t 当たり）

単位：円

年次	針葉樹 〔パルプ向け〕	広葉樹 〔パルプ向け〕
平成28年	13,800	18,400
29	13,800	18,500
30	14,000	18,700

注：木材チップ価格は、パルプ向けチップ工場における工場渡し販売価格である。

2　地区別平均山林素地価格（普通品等10 a 当たり）

単位：円

地区	用材林地				
	平成26年	27	28	29	30
全国平均	44,844	44,277	43,478	42,800	42,262
東北	46,879	46,302	45,148	44,309	43,622
関東	87,261	85,901	83,087	81,236	79,507
北陸	50,259	48,862	47,940	47,158	46,522
東山	50,426	49,774	49,636	48,673	47,989
東海	39,296	38,843	37,839	37,422	36,868
近畿	34,295	34,347	33,963	33,622	33,361
中国	36,042	35,913	35,565	35,170	34,801
四国	24,900	24,694	24,597	24,160	23,991
九州	47,444	46,420	45,254	44,663	44,236
北海道	10,793	10,652	10,558	10,486	10,447

地区	薪炭林地				
	平成26年	27	28	29	30
全国平均	30,364	29,990	29,716	29,503	29,235
東北	34,600	34,054	33,713	33,426	33,288
関東	53,602	52,703	51,238	50,588	49,640
北陸	30,705	30,293	30,127	29,960	29,819
東山	37,719	37,266	37,132	36,897	36,457
東海	25,705	25,304	25,185	25,048	24,610
近畿	20,590	20,666	20,584	20,492	20,429
中国	26,674	26,614	26,434	26,253	26,058
四国	17,359	17,103	17,102	17,056	16,929
九州	30,099	29,540	29,068	28,805	28,425
北海道	8,822	8,746	8,724	8,685	8,681

資料：　日本不動産研究所「山林素地及び山元立木価格調（2018年3月末現在）」
　　　　（以下3まで同じ。）
注：1　山林素地価格とは、林地として利用する場合の売買価格で、売り手・買い手に相応と認めら
　　　れて取引される実測（なわのびがない）10 a 当たりの素地価格であり、素地価格は、用材林地
　　　（杉・桧・松等主として針葉樹が植生している林地）と薪炭林地（くぬぎ・なら・かし等主と
　　　して広葉樹が植生している林地）の価格である。
　　2　全国及び各地区の集計対象は次のとおりである。
　　　　全国：北海道・千葉県・東京都・神奈川県・大阪府・奈良県・香川県・沖縄県を除く。
　　　　東北：青森県・岩手県・宮城県・秋田県・山形県・福島県
　　　　関東：茨城県・栃木県・群馬県・埼玉県
　　　　北陸：新潟県・富山県・石川県・福井県
　　　　東山：山梨県・長野県・岐阜県
　　　　東海：静岡県・愛知県・三重県
　　　　近畿：滋賀県・京都府・兵庫県・和歌山県
　　　　中国：鳥取県・島根県・岡山県・広島県・山口県
　　　　四国：徳島県・愛媛県・高知県
　　　　九州：福岡県・佐賀県・長崎県・熊本県・大分県・宮崎県・鹿児島県
　　　　なお、千葉県・東京都・神奈川県・大阪府・奈良県・香川県のほとんどの市町村の山林素
　　　地価格が宅地及び観光開発等への転用が見込まれ高額のため、地区別平均及び全国平均の集計
　　　対象から除いている。また、前記6都府県以外で宅地及び観光開発等への転用が見込まれ高額
　　　な山林素地価格の市町村も除いている。また、北海道は都道府県と林相が異なること、沖縄県
　　　は調査市町村数が少ないこと等のため、全国平均の集計対象から除いている。

3 平均山元立木価格（普通品等利用材積 1 ㎥当たり）

単位：円

樹種	平成26年	27	28	29	30
すぎ	2,968	2,833	2,804	2,881	2,995
1)ひのき	7,507	6,284	6,170	6,200	6,589
2)まつ	1,638	1,531	1,681	1,705	1,733

注：1　山元立木価格とは、山に立っている樹木の、1 ㎥当たりの利用材積売渡価格であり、
　　　最寄木材市場渡し素材価格から生産諸経費等を差し引いた価格をいう。
　　2　林相が異なる北海道と集計客体数が少なかった都府県を、次の種別ごとに除いた全国
　　　平均価格である。
　　　すぎは、北海道・千葉県・東京都・大阪府・香川県・沖縄県を除く。
　　　ひのきは、北海道・青森県・岩手県・秋田県・山形県・千葉県・東京都・神奈川県・
　　　新潟県・富山県・大阪府・香川県・沖縄県を除く。
　　　まつは、茨城県・埼玉県・千葉県・東京都・富山県・福井県・静岡県・三重県・大阪
　　　府・兵庫県・奈良県・和歌山県・鳥取県・香川県・高知県・福岡県・佐賀県・長崎県・
　　　鹿児島県・沖縄県を除く。
　　1)は、平成28年まで岩手県を含む。
　　2)は、平成29年まで奈良県を含む。

IX　流通と木材関連産業
1　製材工場・出荷量等総括表

年次	工場数 (12月31日現在)	製材用 動力の 総出力数	製材用素材入荷量		1)製材用 素材消費量	製材品 出荷量
			国産材	1)輸入材		
	工場	千kW	千m³	千m³	千m³	千m³
平成26年	5,469	655	12,211	4,450	16,630	9,595
27	5,206	653	12,004	4,178	16,111	9,231
28	4,934	623	12,182	4,408	16,557	9,293
29	4,814	632	12,632	4,171	16,861	9,457
30（概数値）	4,582	625	12,563	4,109	16,645	9,202

資料：　農林水産省統計部「木材需給報告書」。ただし、平成30年は「平成30年　木材統計」（以下2（2）まで同じ。）。
注：7.5kW未満の工場分を含まない。
　　1)は、輸入材半製品を含む。

2　製材用素材入荷量
(1)　国産材・輸入材別素材入荷量

単位：千m³

年次	計	国産材	1)輸入材						
			小計	南洋材	ラワン材	米材	北洋材	ニュージーランド材	その他
平成26年	16,661	12,211	4,450	88	5	3,365	347	489	161
27	16,182	12,004	4,178	79	7	3,259	243	450	146
28	16,590	12,182	4,408	59	4	3,513	230	430	174
29	16,802	12,632	4,171	83	…	3,283	242	421	145
30（概数値）	16,672	12,563	4,109	43	…	3,224	243	415	184

注：平成29年調査から南洋材のうちラワン材の把握を廃止した。
　　1)は、輸入材半製品を含む。

(2)　製材用素材の国産材・輸入材入荷別工場数及び入荷量

年次	計		国産材のみ		国産材と輸入材		輸入材のみ	
	工場数	1)入荷量	工場数	入荷量	工場数	1)入荷量	工場数	1)入荷量
	工場	千m³	工場	千m³	工場	千m³	工場	千m³
平成26年	5,436	16,661	4,112	11,161	1,011	2,828	313	2,672
27	5,119	16,182	3,906	11,009	923	2,815	290	2,353
28	4,867	16,590	3,716	11,212	874	2,909	277	2,470
29	4,782	16,802	3,642	11,449	872	3,007	268	2,344
30（概数値）	4,551	16,672	3,521	11,628	792	2,726	238	2,318

注：工場数は、各年に製材用素材の入荷のあった工場である。
　　1)は、輸入材半製品を含む。

2 製材用素材入荷量（続き）

(3) 素材の入荷先別入荷量及び仕入金額（平成30年）

区分	単位	計	素材生産者			流通業者	
			直接、国・公共機関から	自ら素材生産したもの	素材生産業者から	製材工場から	合単板・LVL工場から
入荷量							
工場計	千m³	26,544	1,050	1,418	7,116	482	168
製材工場	〃	16,672	760	1,042	2,984	402	–
合単板工場	〃	5,019	78	48	1,678	8	5
LVL工場	〃	267	0	–	38	–	19
木材チップ工場	〃	4,586	212	328	2,416	72	144
木材流通業者計	〃	27,518	2,477	3,234	10,674	1,479	147
木材市売市場等	〃	11,713	1,977	1,721	7,521	93	2
木材市売市場	〃	10,899	1,776	1,687	6,987	76	2
木材センター	〃	814	201	34	534	17	–
木材販売業者	〃	15,805	500	1,513	3,153	1,386	145
仕入金額							
工場計	100万円	371,231	10,797	13,743	74,607	15,499	1,232
製材工場	〃	263,106	8,385	10,541	37,158	14,468	–
合単板工場	〃	76,250	1,053	614	20,646	77	107
LVL工場	〃	3,510	1	–	387	–	374
木材チップ工場	〃	28,365	1,358	2,588	16,416	954	751
木材流通業者計	〃	621,035	21,681	36,383	138,745	60,967	4,446
木材市売市場等	〃	152,966	17,054	21,231	102,387	4,328	21
木材市売市場	〃	142,265	15,364	20,980	96,503	3,340	21
木材センター	〃	10,701	1,690	251	5,884	988	–
木材販売業者	〃	468,069	4,627	15,152	36,358	56,639	4,425

区分	単位	流通業者（続き）					
		プレカット工場から	集成材・CLT工場から	木材市売市場から	競り売り	競り売り以外	木材センターから
入荷量							
工場計	千m³	4	…	5,693	3,746	1,754	996
製材工場	〃	…	…	5,421	3,716	1,705	608
合単板工場	〃	…	…	79	30	49	310
LVL工場	〃	…	…	0	0	–	24
木材チップ工場	〃	4	–	193	…	…	54
木材流通業者計	〃	…	…	1,472	1,029	443	161
木材市売市場等	〃	…	…	42	31	11	5
木材市売市場	〃	…	…	40	29	11	5
木材センター	〃	…	…	2	2	0	–
木材販売業者	〃	…	…	1,430	998	432	156
仕入金額							
工場計	100万円	19	…	78,398	52,154	25,084	13,253
製材工場	〃	…	…	76,298	51,710	24,588	8,217
合単板工場	〃	…	…	928	432	496	4,226
LVL工場	〃	…	…	12	12	–	430
木材チップ工場	〃	19	–	1,160	…	…	380
木材流通業者計	〃	…	…	33,244	19,180	14,064	6,305
木材市売市場等	〃	…	…	750	602	148	110
木材市売市場	〃	…	…	667	523	144	110
木材センター	〃	…	…	83	79	4	–
木材販売業者	〃	…	…	32,494	18,578	13,916	6,195

区分	単位	流通業者（続き）			その他	
		木材販売業者から	総合商社から	外国から直接輸入	産業廃棄物処理業者から	その他から
入荷量						
工場計	千m³	3,278	3,494	…	620	2,223
製材工場	〃	1,964	2,036	…	…	1,453
合単板工場	〃	798	1,293	…	…	723
ＬＶＬ工場	〃	148	39	…	…	－
木材チップ工場	〃	368	126	－	620	47
木材流通業者計	〃	2,812	2,792	…	…	2,267
木材市売市場等	〃	108	25	…	…	217
木材市売市場	〃	86	23	…	…	217
木材センター	〃	22	2	…	…	－
木材販売業者	〃	2,704	2,767	…	…	2,050
仕入金額						
工場計	100万円	54,857	69,349	…	237	39,239
製材工場	〃	38,169	42,295	…	…	27,575
合単板工場	〃	12,366	24,795	…	…	11,438
ＬＶＬ工場	〃	1,411	895	…	…	－
木材チップ工場	〃	2,911	1,364	－	237	226
木材流通業者計	〃	104,581	129,197	…	…	85,487
木材市売市場等	〃	2,891	839	…	…	3,357
木材市売市場	〃	1,241	684	…	…	3,357
木材センター	〃	1,650	155	…	…	－
木材販売業者	〃	101,690	128,358	…	…	82,130

資料：農林水産省統計部「平成30年　木材流通構造調査」
注：平成30年から仕入金額を調査した。

3　製材品出荷量
(1)　用途別製材品出荷量

単位：千m³

年次	計	建築用材	土木建設用材	木箱仕組板・こん包用材	家具・建具用材	その他用材
平成26年	9,595	7,875	409	1,033	56	222
27	9,231	7,481	410	1,048	63	227
28	9,293	7,623	376	1,019	51	221
29	9,457	7,766	371	1,067	61	193
30（概数値）	9,202	7,468	376	1,125	61	172

資料：農林水産省統計部「木材需給報告書」。ただし、平成30年は「平成30年　木材統計」。
注：工場出荷時における用途別の出荷量である。

3 製材品出荷量（続き）
(2) 製材品の販売先別出荷量及び販売金額（平成30年）

区分	単位	計	工場				
			製材工場へ	合単板・LVL工場へ	プレカット工場へ	枠組壁工法住宅用部材組立工場へ	集成材・CLT工場へ
出荷量							
製材工場	千m³	9,202	349	0	959	42	1,193
木材流通業者計	〃	19,099	522	183	1,612	77	69
木材市売市場等	〃	2,366	200	136	235	12	32
木材市売市場	〃	2,198	200	136	219	12	32
木材センター	〃	168	–	–	16	–	–
木材販売業者	〃	16,733	322	47	1,377	65	37
販売金額							
製材工場	100万円	414,687	11,349	7	52,075	1,855	37,410
木材流通業者計	〃	1,050,807	23,221	3,097	104,274	1,851	4,251
木材市売市場等	〃	132,685	4,425	2,332	14,874	585	868
木材市売市場	〃	122,550	4,425	2,332	13,991	585	868
木材センター	〃	10,135	–	–	883	–	–
木材販売業者	〃	918,122	18,796	765	89,400	1,266	3,383

区分	単位	流通業者				その他				
		木材市売市場へ	木材センターへ	木材販売業者へ	総合商社へ	こん包業へ	木材薬品処理工場へ	建築業者へ	ホームセンターへ	その他へ
出荷量										
製材工場	千m³	1,265	971	1,530	993	707	26	426	105	636
木材流通業者計	〃	563	95	6,325	68	421	5	7,566	45	1,549
木材市売市場等	〃	240	60	1,179	7	–	2	237	15	13
木材市売市場	〃	229	54	1,077	7	–	2	207	15	10
木材センター	〃	11	6	102	–	–	–	30	0	3
木材販売業者	〃	323	35	5,146	61	421	3	7,329	30	1,536
販売金額										
製材工場	100万円	57,415	53,986	73,635	45,949	27,304	1,363	21,699	5,435	25,205
木材流通業者計	〃	40,682	5,416	299,568	4,135	16,802	112	480,583	1,918	64,899
木材市売市場等	〃	16,795	3,267	71,600	392	–	74	16,024	647	803
木材市売市場	〃	16,127	2,936	65,046	392	–	74	14,511	630	633
木材センター	〃	668	331	6,554	–	–	–	1,513	17	170
木材販売業者	〃	23,887	2,149	227,968	3,743	16,802	38	464,559	1,271	64,096

資料：農林水産省統計部「平成30年 木材流通構造調査」
注：平成30年から販売金額を調査した。

4　製材品別
(1)　合板
ア　単板製造用素材入荷量

単位：千m³

| 年次 | 入荷量 | | |
	計	国産材	輸入材
平成26年	4,405	3,191	1,214
27	4,218	3,356	864
28	4,638	3,682	957
29	5,004	4,122	882
30（概数値）	5,287	4,492	795

資料：農林水産省統計部「木材需給報告書」。ただし、平成30年は「平成30年　木材統計」（以下ウまで同じ。）。
注：平成29年から「単板」に含まれる用途を「合板用」から「合板及びLVL用」に変更した。

イ　普通合板生産量

単位：千m³

| 年次 | 計 | ベニヤコアー合板 | | | 特殊コアー合板 |
		小計	1）1類	2）2類	
平成26年	2,813	2,781	2,709	72	32
27	2,756	2,723	2,605	118	33
28	3,063	3,033	2,881	152	30
29	3,287	…	…	…	…
30（概数値）	3,298	…	…	…	…

注：平成29年から普通合板の種類別生産量の把握を廃止した。
　1）は、完全耐水性である。
　2）は、普通の耐水性である。

ウ　特殊合板生産量

単位：千m³

年次	計	1）オーバーレイ合板	プリント合板	塗装合板	天然木化粧合板	その他の合板	木質複合床板
平成26年	584	18	70	5	23	468	294
27	524	19	85	3	33	384	253
28	642	17	101	4	38	480	364
29	623	…	…	…	…	…	…
30（概数値）	580	…	…	…	…	…	…

注：平成29年から特殊合板の種類別生産量の把握を廃止した。
　1）は、ポリエステル・塩化ビニル・ジアリルフタレート化粧合板の計である。

4 製材品別（続き）
(1) 合板（続き）
エ 合板の販売先別出荷量及び販売金額（平成30年）

区分	単位	計	工場				
			製材工場へ	合単板・LVL工場へ	プレカット工場へ	枠組壁工法住宅用部材組立工場へ	集成材・CLT工場へ
出荷量							
合単板工場	千m³	3,878	1	84	159	59	-
木材流通業者計	〃	11,689	8	9	881	74	0
木材市売市場等	〃	83	-	8	14	3	0
木材市売市場	〃	59	-	8	14	3	0
木材センター	〃	24	-	-	-	-	-
木材販売業者	〃	11,606	8	1	867	71	-
販売金額							
合単板工場	100万円	258,585	35	5,070	8,652	3,172	-
木材流通業者計	〃	706,179	721	118	42,319	3,483	22
木材市売市場等	〃	4,921	-	102	789	169	22
木材市売市場	〃	3,088	-	102	789	169	22
木材センター	〃	1,833	-	-	-	-	-
木材販売業者	〃	701,258	721	16	41,530	3,314	-

区分	単位	流通業者				その他				
		木材市売市場へ	木材センターへ	木材販売業者へ	総合商社へ	こん包業へ	木材薬品処理工場へ	建築業者へ	ホームセンターへ	その他へ
出荷量										
合単板工場	千m³	5	0	336	2,776	0	-	149	51	259
木材流通業者計	〃	2	1	4,072	444	54	-	5,006	699	440
木材市売市場等	〃	2	0	51	-	-	-	5	-	0
木材市売市場	〃	2	0	28	-	-	-	3	-	0
木材センター	〃	-	-	23	-	-	-	2	-	-
木材販売業者	〃	0	1	4,021	444	54	-	5,001	699	440
販売金額										
合単板工場	100万円	266	1	25,409	181,887	1	-	8,635	1,556	23,902
木材流通業者計	〃	99	41	274,527	37,962	2,266	-	239,784	51,800	53,036
木材市売市場等	〃	92	8	3,394	-	-	-	337	-	7
木材市売市場	〃	92	8	1,672	-	-	-	226	-	7
木材センター	〃	-	-	1,722	-	-	-	111	-	-
木材販売業者	〃	7	33	271,133	37,962	2,266	-	239,447	51,800	53,029

資料：農林水産省統計部「平成30年 木材流通構造調査」
注：平成30年から販売金額を調査した。

(2) LVL
ア 生産量（平成30年）

単位：千m³

区分	計	構造用	その他
生産量	184	89	95

資料：農林水産省統計部「平成30年 木材統計」
注：自工場で生産されたLVLの量をいい、自社他工場から受け入れたものは除く。

イ　ＬＶＬの販売先別出荷量及び販売金額（平成30年）

区分	単位	計	工場				
			製材工場へ	合単板・ＬＶＬ工場へ	プレカット工場へ	枠組壁工法住宅用部材組立工場へ	集成材・ＣＬＴ工場へ
出荷量							
ＬＶＬ工場	千㎥	181	-	14	46	1	0
木材流通業者計	〃	968	1	-	11	0	-
木材市売市場等	〃	11	-	-	0	0	-
木材市売市場	〃	10	-	-	0	0	-
木材センター	〃	1	-	-	-	-	-
木材販売業者	〃	957	1	-	11	0	-
販売金額							
ＬＶＬ工場	100万円	12,492	-	981	2,273	53	12
木材流通業者計	〃	69,073	73	-	887	9	-
木材市売市場等	〃	635	-	-	13	9	-
木材市売市場	〃	596	-	-	13	9	-
木材センター	〃	39	-	-	-	-	-
木材販売業者	〃	68,438	73	-	874	0	-

区分	単位	流通業者				その他				
		木材市売市場へ	木材センターへ	木材販売業者へ	総合商社へ	こん包業へ	木材薬品処理工場へ	建築業者へ	ホームセンターへ	その他へ
出荷量										
ＬＶＬ工場	千㎥	0	-	1	113	0	-	1	-	6
木材流通業者計	〃	0	0	107	0	35	-	124	-	689
木材市売市場等	〃	0	0	9	-	-	-	1	-	-
木材市売市場	〃	0	0	8	-	-	-	1	-	-
木材センター	〃	-	0	1	-	-	-	-	-	-
木材販売業者	〃	-	0	98	0	35	-	123	-	689
販売金額										
ＬＶＬ工場	100万円	0	-	58	8,678	11	-	67	-	359
木材流通業者計	〃	5	30	12,338	4	1,543	-	10,711	-	43,473
木材市売市場等	〃	5	8	542	-	-	-	58	-	-
木材市売市場	〃	5	5	507	-	-	-	58	-	-
木材センター	〃	-	3	35	-	-	-	-	-	-
木材販売業者	〃	-	22	11,796	4	1,543	-	10,653	-	43,473

資料：農林水産省統計部「平成30年　木材流通構造調査」
注：平成30年から販売金額を調査した。

(3)　集成材
　ア　生産量（平成30年）

単位：千㎥

区分	計	構造用				その他
		小計	大断面	中断面	小断面	
生産量	1,923	1,852	27	784	1,041	71

資料：農林水産省統計部「平成30年　木材統計」
注：自工場で生産された集成材の量をいい、自社他工場から受け入れた物は除く。

4　製材品別（続き）
(3)　集成材（続き）
イ　集成材の販売先別出荷量及び販売金額（平成30年）

区分	単位	計	工場				
			製材工場へ	合単板・LVL工場へ	プレカット工場へ	枠組壁工法住宅用部材組立工場へ	集成材・CLT工場へ
出荷量							
集成材工場	千㎥	1,919	11	0	904	－	6
木材流通業者計	〃	2,424	8	0	547	1	76
木材市売市場等	〃	155	－	0	35	－	0
木材市売市場	〃	142	－	－	35	－	0
木材センター	〃	13	－	0	－	－	－
木材販売業者	〃	2,269	8	－	512	1	76
販売金額							
集成材工場	100万円	133,859	590	1	58,886	－	488
木材流通業者計	〃	224,237	529	26	41,184	191	10,414
木材市売市場等	〃	17,959	－	26	2,420	－	24
木材市売市場	〃	17,068	－	－	2,420	－	24
木材センター	〃	891	－	26	－	－	－
木材販売業者	〃	206,278	529	－	38,764	191	10,390

区分	単位	流通業者				その他				
		木材市売市場へ	木材センターへ	木材販売業者へ	総合商社へ	こん包業へ	木材薬品処理工場へ	建築業者へ	ホームセンターへ	その他へ
出荷量										
集成材工場	千㎥	12	147	283	338	－	16	79	0	122
木材流通業者計	〃	10	9	634	7	0	0	1,094	3	35
木材市売市場等	〃	0	0	109	1	－	－	10	0	－
木材市売市場	〃	0	0	105	－	－	－	2	－	－
木材センター	〃	－	－	4	1	－	－	8	0	－
木材販売業者	〃	10	9	525	6	0	0	1,084	3	35
販売金額										
集成材工場	100万円	922	11,541	20,376	25,721	－	1,044	6,811	20	7,460
木材流通業者計	〃	940	699	65,040	495	9	19	99,087	473	5,131
木材市売市場等	〃	13	4	14,692	45	－	－	734	1	－
木材市売市場	〃	13	4	14,428	－	－	－	179	－	－
木材センター	〃	－	－	264	45	－	－	555	1	－
木材販売業者	〃	927	695	50,348	450	9	19	98,353	472	5,131

資料：農林水産省統計部「平成30年　木材流通構造調査」
注：平成30年から販売金額を調査した。

ウ　国内生産量の推移

単位：千㎥

年次	計	造作用集成材			構造用集成材				
		小計	無垢	化粧ばり	小計	化粧ばり柱	大断面	中断面	小断面
平成25年	1,646.5	153.3	81.8	71.5	1,493.2	5.9	33.2	783.1	671.0
26	1,555.0	145.7	82.2	63.5	1,409.3	4.2	40.7	718.9	645.5
27	1,484.5	137.9	82.7	55.2	1,346.6	3.7	37.4	705.2	600.3
28	1,549.3	129.1	79.4	49.7	1,420.2	2.8	36.4	723.5	657.5
29	1,687.0	120.0	76.9	43.1	1,567.0	2.3	32.7	786.7	745.3

資料：日本集成材工業協同組合「平成29年　集成材の国内生産量調査」

エ　輸入実績

品目	平成28年		29		30	
	数量	価額	数量	価額	数量	価額
	千㎥	100万円	千㎥	100万円	千㎥	100万円
集成材	885	45,675	983	55,803	936	53,993
うち構造用集成材	772	36,010	867	45,376	813	43,557

資料：林野庁「木材輸入実績」

(4)　ＣＬＴ
　ア　生産量（平成30年）

単位：千㎥

区分	計	構造用	その他
生産量	14	13	1

資料：農林水産省統計部「平成30年　木材統計」
注：自工場で生産されたＣＬＴの量をいい、自社他工場から受け入れたものは除く。

4 製材品別（続き）

(4) ＣＬＴ（続き）

イ ＣＬＴの販売先別出荷量及び販売金額（平成30年）

区分	単位	計	工場				
			製材工場へ	合単板・LVL工場へ	プレカット工場へ	枠組壁工法住宅用部材組立工場へ	集成材・ＣＬＴ工場へ
出荷量							
ＣＬＴ工場	千m³	14	0	–	1	–	0
木材流通業者計	〃	43	3	1	–	–	–
木材市売市場等	〃	7	3	1	–	–	–
木材市売市場	〃	7	3	1	–	–	–
木材センター	〃	–	–	–	–	–	–
木材販売業者	〃	36	–	–	–	–	–
販売金額							
ＣＬＴ工場	100万円	1,791	15	–	148	–	21
木材流通業者計	〃	4,779	366	128	–	–	–
木材市売市場等	〃	911	366	128	–	–	–
木材市売市場	〃	911	366	128	–	–	–
木材センター	〃	–	–	–	–	–	–
木材販売業者	〃	3,868	–	–	–	–	–

区分	単位	流通業者				その他				
		木材市売市場へ	木材センターへ	木材販売業者へ	総合商社へ	こん包業へ	木材薬品処理工場へ	建築業者へ	ホームセンターへ	その他へ
出荷量										
ＣＬＴ工場	千m³	0	–	1	1	–	0	11	–	0
木材流通業者計	〃	6	–	7	–	–	–	18	–	7
木材市売市場等	〃	–	–	–	–	–	–	0	–	2
木材市売市場	〃	–	–	–	–	–	–	0	–	2
木材センター	〃	–	–	–	–	–	–	–	–	–
木材販売業者	〃	6	–	7	–	–	–	18	–	5
販売金額										
ＣＬＴ工場	100万円	1	–	77	82	–	1	1,402	–	43
木材流通業者計	〃	294	–	1,350	–	–	–	1,794	–	847
木材市売市場等	〃	–	–	–	–	–	–	4	–	412
木材市売市場	〃	–	–	–	–	–	–	4	–	412
木材センター	〃	–	–	–	–	–	–	–	–	–
木材販売業者	〃	294	–	1,350	–	–	–	1,790	–	435

資料：農林水産省統計部「平成30年 木材流通構造調査」

注：平成30年から販売金額を調査した。

(5)　木材チップ
原材料入手区分別木材チップ生産量

単位：千t

年次	計	素材 (原木)	工場残材		林地残材	解体材・ 廃材
			自己の工場から 振り向けたもの	他の工場から 購入したもの		
平成26年	5,850	2,537	1,631	349	110	1,223
27	5,745	2,558	1,621	249	105	1,207
28	5,826	2,567	1,675	301	87	1,194
29	5,954	2,555	1,906	282	127	1,087
30（概数値）	5,706	2,481	1,823	274	105	1,023

資料：農林水産省統計部「木材需給報告書」。ただし、平成30年は「平成30年　木材統計」。

(6)　パルプ
ア　製品生産量

単位：千t

年次	製紙パルプ					
	計	クラフト パルプ	サーモメカニ カルパルプ	リファイナー グラウンド パルプ	砕木パルプ	その他 製紙パルプ
平成26年	8,952	8,282	421	128	98	23
27	8,727	8,115	363	130	94	26
28	8,637	8,030	356	139	89	24
29	8,742	8,169	336	126	88	23
30	8,627	8,059	317	137	90	24

資料：　経済産業省調査統計グループ「経済産業省生産動態統計年報　紙・印刷・プラスチック製品・
ゴム製品統計編　平成30年－2018－」（以下イまで同じ。）

イ　原材料消費量

単位：千m³

年次	合計	国産材					輸入材				
		計	原木	チップ			計	原木	チップ		
				小計	針葉樹	広葉樹			小計	針葉樹	広葉樹
平成26年	29,563	9,572	306	9,266	7,199	2,067	19,991	－	19,991	3,601	16,390
27	29,221	9,194	294	8,900	6,850	2,050	20,026	－	20,026	3,488	16,539
28	29,050	9,275	291	8,985	6,996	1,988	19,774	－	19,774	3,337	16,438
29	29,723	9,498	276	9,222	7,274	1,948	20,225	－	20,225	3,269	16,956
30	29,292	8,802	274	8,529	6,844	1,685	20,490	－	20,490	3,374	17,116

4 製材品別（続き）
(7) 工場残材
　　工場残材の販売先別出荷量等及び販売金額（平成30年）

区分	計	出						
		小計	自社の チップ 工場へ	他社の チップ 工場へ	木質 ボード 工場へ	ペレット 製造 業者へ	畜産業者 等へ	おが粉 製造業者 等へ
出荷量								
工場計	12,822	10,552	2,553	720	432	53	2,720	685
製材工場	8,747	7,659	2,511	460	8	10	1,986	435
合単板工場	1,330	706	28	182	384	1	12	0
ＬＶＬ工場	72	56	－	1	2	－	4	6
プレカット工場	863	787	8	72	38	13	147	164
集成材工場	756	486	6	3	0	7	204	39
ＣＬＴ工場	8	7	－	2	－	－	1	－
木材チップ工場	1,046	851	…	…	－	22	366	41

区分	計	自社の チップ 工場へ	他社の チップ 工場へ	木質 ボード 工場へ	ペレット 製造 業者へ	畜産業者 等へ	おが粉 製造業者 等へ	堆肥製造 業者等へ
販売金額								
工場計	34,349	12,416	2,257	419	105	4,099	1,259	177
製材工場	28,227	12,245	2,097	58	11	3,128	1,033	61
合単板工場	755	102	52	320	5	6	0	－
ＬＶＬ工場	145	－	3	1	－	2	15	－
プレカット工場	1,329	50	98	37	46	136	109	72
集成材工場	2,767	19	1	3	24	223	42	－
ＣＬＴ工場	36	－	6	－	－	0	－	1
木材チップ工場	1,090	…	…	－	19	604	60	43

資料：農林水産省統計部「平成30年　木材流通構造調査」
注：平成30年から販売金額を調査した。

単位：千㎥

荷				産業廃棄物として処理	自工場で消費（熱利用等）	その他へ
堆肥製造業者等へ	発電・熱利用及び併用施設へ	チップ等集荷業者・木材流通業者等へ	その他へ			
195	1,032	1,668	494	183	2,001	88
67	717	1,140	324	116	934	39
－	5	75	20	18	606	0
－	22	22	－	－	16	－
76	16	201	52	14	58	4
－	135	65	26	2	267	2
1	3	0	－	－	2	－
51	134	165	72	33	118	43

単位：100万円

発電・熱利用及び併用施設へ	チップ等集荷業者・木材流通業者等へ	その他へ
5,301	5,886	2,432
2,756	4,663	2,175
4	257	9
56	69	－
43	637	103
2,347	74	33
27	2	－
68	184	112

5 木質バイオマスのエネルギー利用

(1) 業種別木質バイオマスエネルギー利用事業所数及び木質バイオマス利用量（平成29年）

業種	事業所数	事業所内で利用した木質バイオマス				
		木材チップ	木質ペレット	薪	木粉（おが粉）	左記以外の木質バイオマス
	事業所	絶乾 t	t	t	t	t
計	1,398	8,726,491	375,383	63,727	406,150	955,267
製造業						
製材業、木製品製造業	251	364,464	114	18,169	189,577	262,675
合板製造業	34	549,385	2,010	14,154	10,284	84,694
集成材製造業	56	121,334	–	3,066	51,154	13,052
建築用木製組立材料製造業（プレカット）	15	31,856	–	2,550	2,323	365
パーティクルボード製造業	5	181,737	–	–	8,750	–
繊維板製造業	5	147,436	–	–	–	650
床板（フローリング）製造業	18	16,979	66	4,952	7,893	5,082
木製容器製造業（木材加工業）	2	38	–	–	–	–
その他の木材産業	43	75,914	643	7,174	9,170	11,472
食料品製造業	21	145,894	1,002	852	15	16,249
繊維工業	7	80,630	77	–	–	–
家具・装備品製造業	16	634	607	2,306	952	3,323
パルプ・紙・紙加工品製造業	40	2,517,173	3,316	–	8,726	166,978
印刷・同関連業	–	–	–	–	–	–
化学工場	11	190,248	–	–	–	202,168
その他	34	597,830	2,185	14	–	2,978
農業	93	11,335	7,468	1,236	10,258	305
電気・ガス・熱供給・水道業	86	3,484,923	328,167		100,933	162,187
宿泊・飲食サービス業						
宿泊業	90	9,859	4,780	2,733	65	528
飲食店	5	105	90	296	–	–
生活関連サービス・娯楽業						
洗濯業、理容業、美容業	5	27,127	–	–	–	–
一般公衆浴場業、その他の公衆浴場業（温泉）	139	24,398	6,819	4,068	206	497
スポーツ施設提供業	19	3,413	1,458	–	–	–
公園、遊園地、その他の娯楽業	12	322	499	2	–	2
教育						
学校教育	59	1,054	1,700	–	–	–
その他教育、学習支援業	32	1,000	735	38	–	–
医療・福祉						
医療業	23	2,410	840	594	–	–
老人福祉、介護事業、障害者福祉事業	73	4,306	5,266	660	–	105
児童福祉事業（保育所）	27	38	640	12	–	–
その他	3	133	79	–	–	–
協同組合	29	71,474	1,204	114	5,844	20,790
その他	145	63,042	5,618	737	–	1,167

資料：林野庁「木質バイオマスエネルギー利用動向調査」（以下(3)まで同じ。）
注：絶乾 t とは、絶乾比重（含水率０％）に基づき算出された実重量である。

(2) 事業所における利用機器の所有形態別木質バイオマスの種類別利用量
（平成29年）

事業所における利用機器の所有形態	事業所内で利用した木質バイオマス				
	木材チップ	木質ペレット	薪	木粉（おが粉）	左記以外の木質バイオマス
	絶乾 t	t	t	t	t
計	8,726,491	375,383	63,727	406,150	955,267
発電機のみ所有	4,492,811	191,434	–	101,032	321,307
ボイラーのみ所有	1,148,063	41,598	48,391	148,166	370,827
発電機及びボイラーの両方を所有	3,085,617	142,351	15,336	156,952	263,133

(3) 事業所における利用機器の所有形態別木材チップの由来別利用量
（平成29年）

単位：絶乾 t

事業所における利用目的	利用した木材チップの由来						
	計	間伐材・林地残材等	製材等残材	建設資材廃棄物（解体材、廃材）	輸入チップ	輸入丸太を用いて国内で製造	左記以外の木材（剪定枝等）
計	8,726,491	2,634,592	1,500,518	4,126,236	134,169	5,000	325,976
うちパルプ等の原料用から燃料用に転用した量	129,888	530	85,784	42,588	986	–	–
発電機のみ所有	4,492,811	2,119,052	388,562	1,774,503	–	–	210,694
ボイラーのみ所有	1,148,063	107,092	480,305	550,578	986	5,000	4,102
発電機及びボイラーの両方を所有	3,085,617	408,448	631,651	1,801,155	133,183	–	111,180

X 森林組合

1 森林組合（各年度末現在）

年度	組合数	組合員数	正組合員数	払込済出資金	組合員所有森林面積	設立登記組合数
	組合	人	人	百万円	千ha	組合
平成25年度	643	1,545,972	1,486,240	53,785	10,818	644
26	631	1,537,319	1,477,931	54,270	10,703	631
27	629	1,530,716	1,471,816	54,274	10,658	629
28	622	1,524,538	1,466,118	54,329	10,665	624
29	621	1,511,674	1,453,248	54,381	10,643	621

資料：林野庁「森林組合統計」（以下3まで同じ。）
注：「森林組合一斉調査」の調査票提出組合の数値である（以下3まで同じ。）。

2 森林組合の部門別事業実績

単位：100万円

区分		計	指導	販売、加工	森林整備		金融
					購買、養苗	森林整備、利用・福利厚生、林地供給	
平成27年度	実績	270,286	1,710	125,072	9,372	134,052	81
	構成比(%)	100.0	0.6	46.3	3.5	49.6	0.0
28	実績	269,463	1,566	130,344	9,183	128,298	72
	構成比(%)	100.0	0.6	48.4	3.4	47.6	0.0
29	実績	272,048	1,508	132,836	9,277	128,373	55
	構成比(%)	100.0	0.6	48.8	3.4	47.2	0.0

3 生産森林組合（各年度末現在）

年度	組合数	組合員数	払込済出資金	組合経営森林面積	設立登記組合数
	組合	人	100万円	千ha	組合
平成25年度	2,471	220,278	25,366	339	3,079
26	2,433	221,140	25,510	338	3,044
27	2,369	209,153	25,101	327	3,001
28	2,300	201,545	24,259	319	2,949
29	2,226	196,453	23,347	322	2,913

水　産　業　編

I　漁業構造
1　海面漁業経営体
(1)　漁業経営体の基本構成(各年11月1日現在)

年次	漁業経営体数	漁船			
		無動力漁船隻数	船外機付漁船隻数	動力漁船	
				隻数	トン数
	経営体	隻	隻	隻	T
平成25年	94,507	3,779	67,572	81,647	612,269.9
30(概数値)	79,142	3,090	59,261	70,209	548,766.4

年次	11月1日現在の海上作業従事者数				
	計	家族			雇用者
		小計	男	女	
	人	人	人	人	人
平成25年	177,728	95,414	81,181	14,233	82,314
30(概数値)	155,855	82,667	71,508	11,159	66,315

資料：農林水産省統計部「漁業センサス」(以下(4)まで同じ。)
注：1　漁業経営体とは、過去1年間に利潤又は生活の資を得るために、生産物を販売すること
　　を目的として、海面において水産動植物の採捕又は養殖の事業を行った世帯又は事業所を
　　いう。ただし、過去1年間における漁業の海上作業従事日数が30日未満の個人漁業経営体
　　は除く(以下(5)まで同じ。)。
　　2　平成30年調査において「雇用者」から「団体経営体の責任のある者」を分離して新たに
　　調査項目として設定しており、平成25年値は「雇用者」に「団体経営体の責任のある者」
　　を含んでいる。

(2)　経営体階層別経営体数(各年11月1日現在)

単位：経営体

年次	計	漁船非使用	無動力漁船	船外機付漁船	動力漁船使用		
					1T未満	1～3	3～5
平成25年	94,507	3,032	97	20,709	2,770	14,109	21,080
30(概数値)	79,142	2,593	47	17,363	2,002	10,649	16,806

年次	動力漁船使用（続き）						
	5～10	10～20	20～30	30～50	50～100	100～200	200～500
平成25年	8,247	3,643	559	466	293	252	76
30(概数値)	7,506	3,356	496	429	250	233	64

年次	動力漁船使用（続き）			大型定置網	さけ定置網	小型定置網	海面養殖
	500～1,000	1,000～3,000	3,000T以上				
平成25年	55	53	3	431	821	2,867	14,944
30(概数値)	50	52	2	410	534	2,293	14,007

注：階層区分は、主として営んだ漁業種類及び使用した動力漁船の合計トン数によって区分した。

1 海面漁業経営体（続き）
(3) 経営組織別経営体数（全国・都道府県・大海区）（各年11月1日現在）

単位：経営体

区分	計	個人経営体	会社	漁業協同組合	漁業生産組合	共同経営	その他
平成25年	94,507	89,470	2,534	211	110	2,147	35
30（概数値）	79,142	74,596	2,545	160	94	1,711	36
北海道	11,089	10,006	411	26	12	629	5
青森	3,702	3,567	48	9	5	72	1
岩手	3,406	3,317	17	24	10	37	1
宮城	2,326	2,214	80	3	13	16	－
秋田	632	590	14	－	－	26	2
山形	284	271	5	－	－	6	2
福島	377	354	14	－	－	9	－
茨城	343	318	23	2	－	－	－
千葉	1,796	1,739	37	11	3	6	－
東京	512	503	4	3	－	－	2
神奈川	1,005	920	65	5	3	12	－
新潟	1,338	1,307	18	2	1	9	1
富山	250	204	24	2	5	15	－
石川	1,255	1,176	65	－	1	11	2
福井	816	778	21	1	－	16	－
静岡	2,200	2,095	75	4	4	21	1
愛知	1,924	1,849	15	1	－	59	－
三重	3,178	3,054	60	4	2	57	1
京都	636	618	12	－	3	2	1
大阪	519	493	5	－	1	20	－
兵庫	2,792	2,316	67	－	1	408	－
和歌山	1,581	1,535	19	4	1	21	1
鳥取	586	538	42	5	－	－	1
島根	1,576	1,487	54	－	3	31	1
岡山	872	843	13	1	－	15	－
広島	2,162	2,059	101	－	1	1	－
山口	2,858	2,790	45	11	－	8	4
徳島	1,321	1,276	34	－	1	9	1
香川	1,234	1,125	106	－	－	3	－
愛媛	3,444	3,284	146	2	1	10	1
高知	1,599	1,507	69	3	－	20	－
福岡	2,383	2,277	35	4	－	66	1
佐賀	1,610	1,555	10	3	－	42	－
長崎	5,995	5,740	223	12	－	18	2
熊本	2,829	2,734	78	4	2	10	1
大分	1,914	1,807	102	－	1	4	－
宮崎	950	790	149	－	9	1	1
鹿児島	3,115	2,877	210	7	11	9	1
沖縄	2,733	2,683	29	7	－	12	2
北海道太平洋北区	6,964	6,364	281	21	3	291	4
太平洋北区	8,163	7,828	171	37	27	98	2
太平洋中区	10,615	10,160	256	28	12	155	4
太平洋南区	6,581	6,055	454	8	13	47	4
北海道日本海北区	4,125	3,642	130	5	9	338	1
日本海北区	4,495	4,314	72	5	7	92	5
日本海西区	5,187	4,877	230	6	8	61	5
東シナ海区	19,735	18,899	622	46	13	147	8
瀬戸内海区	13,277	12,457	329	4	2	482	3

注：1 個人経営体は、漁業経営体のうち、個人で漁業を自営するものをいう。会社は、会社法に基づき設立された株式会社、合名会社及び合同会社をいう。なお、特例有限会社は株式会社に含む。

2 漁業協同組合は、水産業協同組合法に規定する漁業協同組合及び漁業協同組合連合会をいう。漁業生産組合は、水産業協同組合法に規定する漁業生産組合をいう。

3 共同経営は、二人以上の漁業経営体（個人又は法人）が、漁船、漁網等の主要生産手段を共有し、漁業経営を共同で行ったものであり、その経営に資本又は現物を出資しているものをいう。

(4) 営んだ漁業種類別漁業経営体数（複数回答）（各年11月1日現在）

単位：経営体

年次	計（実数）	底びき網						船びき網	まき網
		遠洋底びき網	以西底びき網	沖合底びき網		小型底びき網			大中型まき網
				1そうびき	2そうびき				1そうまき遠洋かつお・まぐろ
平成25年	94,507	5	2	223	19	10,710		3,348	17
30（概数値）	79,142	3	3	236	25	8,872		3,200	17

年次	まき網（続き）				刺網				さんま棒受網
	大中型まき網（続き）			中・小型まき網	さけ・ます流し網	かじき等流し網	その他の刺網		
	1そうまき近海かつお・まぐろ	1そうまきその他	2そうまき						
平成25年	6	51	11	514	102	45	23,398		237
30（概数値）	11	45	12	384	42	24	19,036		135

年次	大型定置網	さけ定置網	小型定置網	その他の網漁業	はえ縄			
					遠洋まぐろはえ縄	近海まぐろはえ縄	沿岸まぐろはえ縄	その他のはえ縄
平成25年	467	1,089	5,142	4,401	74	217	451	4,575
30（概数値）	440	792	3,869	3,838	63	176	364	3,812

年次	釣							
	遠洋かつお一本釣	近海かつお一本釣	沿岸かつお一本釣	遠洋いか釣	近海いか釣	沿岸いか釣	ひき縄釣	その他の釣
平成25年	20	53	537	2	59	7,567	7,031	27,024
30（概数値）	21	41	403	1	44	5,782	5,398	22,071

年次	小型捕鯨	潜水器漁業	採貝・採藻	その他の漁業	海面養殖			
					魚類養殖			
					ぎんざけ養殖	ぶり類養殖	まだい養殖	ひらめ養殖
平成25年	4	1,642	32,493	25,081	18	795	830	120
30（概数値）	3	1,595	26,097	22,519	66	643	699	96

年次	海面養殖（続き）							
	魚類養殖（続き）			ほたてがい養殖	かき類養殖	その他の貝類養殖	くるまえび養殖	ほや類養殖
	とらふぐ養殖	くろまぐろ類養殖	その他の魚類養殖					
平成25年	…	92	695	2,950	2,977	695	90	552
30（概数値）	200	96	464	3,019	3,019	635	90	856

年次	海面養殖（続き）						
	その他の水産動物類養殖	こんぶ類養殖	わかめ類養殖	のり類養殖	その他の海藻類養殖	真珠養殖	真珠母貝養殖
平成25年	187	1,980	3,794	4,021	744	722	519
30（概数値）	143	1,628	3,442	3,479	790	615	405

1　海面漁業経営体（続き）
(5)　経営体階層別、漁獲物・収穫物の販売金額別経営体数
　　（平成30年11月 1 日現在）

単位：経営体

区分	計	100万円未満	100〜500	500〜1,000	1,000〜2,000	2,000〜5,000	5,000万〜1億	1〜5	5〜10	10億円以上
計	79,142	23,672	27,728	10,988	6,778	5,921	2,131	1,611	186	127
漁船非使用	2,593	1,775	735	70	10	1	−	−	1	1
漁船使用										
無動力漁船	47	33	13	1	−	−	−	−	−	−
船外機付漁船	17,363	9,159	6,518	1,345	291	39	8	3	−	−
動力漁船使用										
1 T未満	2,002	1,361	591	43	5	1	1	−	−	−
1 〜 3	10,649	5,525	4,435	563	107	18	1	−	−	−
3 〜 5	16,806	3,444	8,326	3,273	1,336	399	26	2	−	−
5 〜10	7,506	811	2,622	2,006	1,264	688	97	18	−	−
10〜20	3,356	191	461	655	718	875	326	127	2	1
20〜30	496	15	26	42	111	208	67	26	1	−
30〜50	429	14	11	15	33	163	123	64	5	1
50〜100	250	4	6	3	6	11	56	163	1	−
100〜200	233	2	2	1	−	1	13	186	21	7
200〜500	64	2	−	−	−	1	−	29	26	6
500〜1,000	50	−	−	−	−	−	1	6	24	19
1,000〜3,000	52	−	−	−	−	−	−	−	11	41
3,000T以上	2	−	−	−	−	−	−	−	−	2
大型定置網	410	3	12	11	26	65	126	157	9	1
さけ定置網	534	21	52	53	72	134	100	94	5	3
小型定置網	2,293	317	994	454	271	183	58	16	−	−
海面養殖										
魚類養殖										
ぎんざけ養殖	60	−	−	−	1	3	14	40	−	2
ぶり類養殖	520	4	7	7	28	65	154	198	41	16
まだい養殖	445	7	22	20	45	98	73	149	16	15
ひらめ養殖	54	2	9	4	7	16	8	7	1	−
とらふぐ養殖	139	8	14	9	14	44	26	21	2	1
くろまぐろ養殖	69	8	−	−	−	1	8	27	15	10
その他の魚類養殖	105	10	22	9	19	17	14	13	1	−
ほたてがい養殖	2,496	40	270	430	702	786	213	55	−	−
かき類養殖	2,065	251	595	436	314	302	122	44	1	−
その他の貝類養殖	235	113	76	19	17	6	3	1	−	−
くるまえび養殖	75	1	6	3	9	16	15	24	1	−
ほや養殖	167	24	59	47	31	6	−	−	−	−
その他の水産動物類養殖	50	2	11	20	12	3	2	−	−	−
こんぶ類養殖	916	18	135	289	384	86	3	−	−	1
わかめ類養殖	1,835	285	818	436	211	66	16	3	−	−
のり類養殖	3,273	141	255	327	544	1,478	413	113	2	−
その他の海藻類養殖	661	60	398	155	40	4	2	2	−	−
真珠養殖	594	15	122	126	132	135	42	22	−	−
真珠母貝養殖	248	6	105	116	18	2	−	1	−	−

資料：農林水産省統計部「2018年漁業センサス（概数値）」
注：「100万円未満」は、「販売金額なし」を含む。

2 内水面漁業経営体
(1) 内水面漁業経営体数(各年11月 1 日現在)

区分	計 (実数)	湖沼で漁業 を営んだ 経営体	うち湖沼で 養殖業を 営んだ経営体	湖沼は採捕のみ で他で養殖業を 営んだ経営体	養殖業を営 んだ経営体	うち湖沼漁業を 営んだ経営体
平成25年	5,503	2,484	82	28	3,129	110
30(概数値)	4,773	2,134	59	6	2,704	65

資料：農林水産省統計部「漁業センサス」 (以下(3)まで同じ。)
注： 「湖沼で漁業を営んだ経営体」には、年間湖上作業従事日数が29日以下の個人経営体を含む。

(2) 湖沼漁業経営体の基本構成(各年11月 1 日現在)

区分	経営 体数	保有漁船隻数			使用動 力漁船 合計 トン数	湖上作業従事者数			
		無動力 漁船	船外機 付漁船	動力 漁船		家族・雇用者別		男女別	
						家族	雇用者	男	女
	経営体	隻	隻	隻	T	人	人	人	人
平成25年	2,266	227	1,990	1,373	2,803	3,296	822	3,159	959
30(概数値)	1,931	148	1,655	1,079	2,062	2,562	632	2,610	584

注：年間湖上作業従事日数29日以下の個人経営体を除く。

(3) 内水面養殖業経営体の基本構成(各年11月 1 日現在)

区分	経営体 総数	養殖池数	養殖面積	養殖業従事者数			
				家族・雇用者別		男女別	
				家族	雇用者	男	女
	経営体	面	m²	人	人	人	人
平成25年	3,129	51,228	37,744,862	4,276	6,272	7,520	3,028
30(概数値)	2,704	48,884	25,857,944	3,349	6,079	6,894	2,534

2 内水面漁業経営体（続き）
(4) 販売金額1位の養殖種類別経営組織別経営体数（平成30年11月1日現在）

単位：経営体

区分	計	個人	会社	漁業協同組合	漁業生産組合	共同経営	その他
計	2,704	1,867	598	71	54	49	65
食用	1,788	1,133	488	37	45	49	36
にじます	210	116	68	10	14	1	1
その他のます類	411	278	74	11	16	20	12
あゆ	123	51	52	10	7	1	2
こい	105	75	26	1	1	1	1
ふな	107	99	3	-	-	4	1
うなぎ	396	194	187	3	3	7	2
すっぽん	49	26	20	1	-	-	2
海水魚種	30	17	9	1	-	2	1
その他	357	277	49	-	4	13	14
種苗用	125	26	28	34	8	-	29
ます類	54	14	16	10	5	-	9
あゆ	50	2	10	20	2	-	16
こい	7	6	1	-	-	-	-
その他	14	4	1	4	1	-	4
観賞用	782	707	74	-	1	-	-
錦ごい	512	458	53	-	1	-	-
その他	270	249	21	-	-	-	-
真珠	9	1	8	-	-	-	-

資料：農林水産省統計部「2018年漁業センサス(概数値)」（以下3まで同じ。）

3 大海区別漁業集落数（平成30年11月1日現在）

単位：集落

区分	全国	北海道太平洋北区	太平洋北区	太平洋中区	太平洋南区	北海道日本海北区	日本海北区	日本海西区	東シナ海区	瀬戸内海区
漁業集落数	6,298	275	564	736	598	318	457	632	1,704	1,014

4 漁港
漁港種類別漁港数

単位：漁港

年次	総数			1)第1種			2)第2種	3)第3種	4)特3種	5)第4種
	計	海面	内水面	小計	海面	内水面	海面	海面	海面	海面
平成27年	2,879	2,840	39	2,149	2,110	39	517	101	13	99
28	2,866	2,827	39	2,134	2,095	39	519	101	13	99
29	2,860	2,821	39	2,128	2,089	39	519	101	13	99
30	2,823	2,784	39	2,089	2,050	39	521	101	13	99
31	2,806	2,767	39	2,069	2,030	39	524	101	13	99

資料：水産庁「漁港一覧」
注：1)は、利用範囲が地元漁業を主とするものをいう。
　　2)は、利用範囲が第1種漁港よりも広く第3種漁港に属さないものをいう。
　　3)は、利用範囲が全国的なものをいう。
　　4)は、第3種漁港のうち水産業の振興上特に重要な漁港で政令で定めるものをいう。
　　5)は、離島、その他辺地にあって、漁場開発又は漁船の避難上特に必要なものをいう。

5　漁船（各年12月31日現在）

(1)　漁船の勢力（総括表）

年次	総隻数	推進機関有無別			海水・淡水別			
		動力漁船		無動力漁船	海水漁業		淡水漁業	
		隻数	総トン数	隻数	動力漁船	無動力漁船	動力漁船	無動力漁船
	隻	隻	千T	隻	隻	隻	隻	隻
平成25年	262,742	254,725	1,005	8,017	248,516	4,501	6,209	3,516
26	257,045	249,493	980	7,552	242,629	4,274	6,864	3,278
27	250,817	243,488	968	7,329	236,769	4,105	6,719	3,224
28	244,569	237,953	949	6,616	231,418	4,001	6,535	2,615
29	237,503	230,886	929	6,617	224,575	3,735	6,311	2,882

資料：水産庁「漁船統計表」（以下(3)まで同じ。）
注：1　この統計調査の対象漁船は、漁船法及び漁船法施行規則に基づく漁船登録票を有する次の日本
　　　船舶とする（以下(3)まで同じ。）。
　　　ア　もっぱら漁業に従事する船舶
　　　イ　漁業に従事する船舶で漁獲物の保蔵又は製造の設備を有するもの
　　　ウ　もっぱら漁場から漁獲物又は製品を運搬する船舶
　　　エ　もっぱら漁業に関する試験、調査、指導若しくは練習に従事する船舶又は漁業の取締に従
　　　　事する船舶であって漁ろう設備を有するもの
　　2　漁船には、漁船法に基づく登録漁船のほかに、対象外のトン数1トン未満の無動力漁船を含む。

(2)　総トン数規模別海水漁業動力漁船数

単位：隻

年次	計	5T未満	5～10	10～15	15～20	20～30
平成25年	248,516	221,819	15,653	5,206	4,381	32
26	242,629	216,338	15,423	5,113	4,360	35
27	236,769	210,819	15,200	5,046	4,365	35
28	231,418	205,823	14,985	4,969	4,343	35
29	224,575	199,320	14,746	4,919	4,326	34

年次	30～50	50～100	100～200	200～500	500～1,000	1,000T以上
平成25年	93	348	429	514	31	10
26	92	326	414	487	30	11
27	89	309	398	462	32	14
28	87	292	386	451	33	14
29	87	282	377	436	34	14

(3)　機関種類別及び船質別海水漁業動力漁船数

単位：隻

年次	機関種類別			船質別		
	ジーゼル	焼玉	電気点火	鋼船	木船	FRP船
平成25年	128,238	－	120,278	3,464	3,694	241,358
26	124,712	－	117,917	3,388	3,287	235,954
27	118,431	－	118,338	3,349	2,902	230,518
28	115,217	－	116,201	3,314	2,593	225,511
29	111,414	－	113,161	3,293	2,306	218,976

Ⅱ 漁業労働力

1 世帯員数（個人経営体出身）（各年11月1日現在）

単位：千人

年次	計	男			女		
		小計	14歳以下	15歳以上	小計	14歳以下	15歳以上
平成27年	247.7	129.4	10.9	118.5	118.3	11.1	107.2
28	235.0	123.5	10.1	113.4	111.5	10.0	101.4
29	222.6	116.9	9.1	107.8	105.7	9.2	96.4

資料：農林水産省統計部「漁業就業動向調査」

2 漁業従事世帯員・役員数（平成30年11月1日現在）
(1) 年齢階層別漁業従事世帯員・役員数

区分	計	15～29歳	30～39	40～49	50～59	60～69	70～74	75歳以上
数（人）								
計	134,607	4,837	9,350	15,642	24,154	37,266	17,115	26,243
漁業従事世帯員	123,802	4,492	8,308	13,746	21,376	34,376	16,166	25,338
漁業従事役員	10,805	345	1,042	1,896	2,778	2,890	949	905
構成比（％）								
計	100.0	3.6	6.9	11.6	17.9	27.7	12.7	19.5
漁業従事世帯員	100.0	3.6	6.7	11.1	17.3	27.8	13.1	20.5
漁業従事役員	100.0	3.2	9.6	17.5	25.7	26.7	8.8	8.4

資料：農林水産省統計部「2018年漁業センサス（概数値）」（以下2(2)まで同じ。）

(2) 責任のある者の状況
ア 年齢階層別責任のある者数

区分	計	15～29歳	30～39	40～49	50～59	60～64	65～69	70～74	75歳以上
数（人）									
計	95,499	1,542	5,234	10,742	18,236	12,169	15,952	12,937	18,687
個人経営体	84,694	1,197	4,192	8,846	15,458	10,716	14,515	11,988	17,782
団体経営体	10,805	345	1,042	1,896	2,778	1,453	1,437	949	905
構成比（％）									
計	100.0	1.6	5.5	11.2	19.1	12.7	16.7	13.5	19.6
個人経営体	100.0	1.4	4.9	10.4	18.3	12.7	17.1	14.2	21.0
団体経営体	100.0	3.2	9.6	17.5	25.7	13.4	13.3	8.8	8.4

イ 団体経営体における役職別責任のある者数

区分	計（実数）	経営主	海上作業において責任のある者					陸上作業において責任のある者
			漁ろう長	船長	機関長	養殖場長	左記以外	
数(人)	10,805	5,609	1,664	3,614	839	829	2,897	3,868
割合(%)	100.0	51.9	15.4	33.4	7.8	7.7	26.8	35.8
平均年齢(歳)	‒	59.0	57.5	55.4	54.9	53.6	53.7	59.9

3　漁業就業者

(1)　自営・雇われ別漁業就業者数(各年11月1日現在)

単位：千人

年次	計	自営のみ	雇われ	漁業従事役員
平成27年	166.6	100.5	66.1	…
28	160.0	95.7	64.3	…
29	153.5	92.0	61.5	…
30（概数値）	152.1	87.2	56.2	8.8

資料：農林水産省統計部「漁業就業動向調査（平成27、28、29年）」、「2018年漁業センサス」
注：　平成30年調査において「漁業雇われ」から「漁業従事役員」を分離して新たに調査項目として
　　設定しており、平成29年以前は「漁業雇われ」に11月1日現在で漁業に従事した「漁業従事役員」
　　を含んでいる。

(2)　新規就業者数（平成30年11月1日現在）

単位：人

区分	計	個人経営体の自家漁業のみ	漁業雇われ
新規就業者	1,867	472	1,395

資料：農林水産省統計部「2018年漁業センサス（概数値）」

(3)　卒業者の漁業就業者数（各年3月卒業）

単位：人

区分	漁業就業者 平成30年（確定値）	漁業就業者 31（速報値）	区分	漁業就業者 平成30年（確定値）	漁業就業者 31（速報値）
中学校			大学		
計	(93)	(70)	計	75	109
男	(81)	(59)	男	68	89
女	(12)	(11)	女	7	20
特別支援学校中学部			大学院修士課程		
計	−	‥	計	15	17
男	−	‥	男	9	‥
女	−	‥	女	6	‥
高等学校（全日・定時制）			大学院博士課程		
計	468	454	計	7	2
男	439	422	男	6	‥
女	29	32	女	1	‥
高等学校（通信制）			大学院専門職学位課程		
計	17	15	計	−	−
男	12	12	男	−	‥
女	5	3	女	−	‥
中等教育学校（後期課程）			短期大学		
計	−	‥	計	1	2
男	−	‥	男	−	1
女	−	‥	女	1	1
特別支援学校高等部			高等専門学校		
計	6	11	計	1	1
男	6	11	男	1	1
女	−	−	女	−	−

資料：文部科学省総合教育政策局「学校基本調査」
注：1　卒業後の状況調査における、産業別の就職者数である。
　　2　進学しかつ就職した者を含む。
　　3　中学校及び特別支援学校（中等部）は漁業就業者の区分をされていないため、農業・林業
　　　を含む一次産業への就業者を（　）で掲載した。

Ⅲ 漁業経営

1 個人経営体（1経営体当たり）（全国平均）（平成29年）
(1) 漁船漁業及び小型定置網漁業
　　ア 概要及び分析指標

区分	使用動力船総トン数	事業所得			漁労所得率	付加価値額（純生産）	物的経費	純生産性	漁業固定資本装備率
		計	漁労所得	漁労外事業所得					
	T	千円	千円	千円	%	千円	千円	千円	千円
漁船漁業									
平均	4.68	3,237	2,972	265	34.1	4,993	3,728	2,270	1,205
3 T未満	1.27	1,868	1,784	84	44.4	2,377	1,641	1,321	1,144
3～5	4.69	3,261	2,843	418	40.3	3,813	3,239	2,118	1,348
5～10	8.14	4,292	4,035	257	29.6	7,962	5,658	2,949	1,542
10～20	15.07	9,588	8,795	793	26.9	18,178	14,477	4,040	1,337
20～30	24.99	5,490	4,174	1,316	17.7	12,609	10,908	2,212	1,356
30～50	38.09	15,713	15,626	87	22.2	44,792	25,440	5,033	1,077
50～100	73.18	7,085	5,788	1,297	7.2	37,383	42,975	3,595	1,101
100 T以上	227.62	11,059	10,713	346	2.6	213,247	204,406	9,782	3,689
小型定置網漁業	5.01	4,158	3,895	263	35.0	7,145	3,986	1,832	963

資料：農林水産省統計部「平成29年漁業経営調査報告」（以下2まで同じ。）
注：1 調査対象経営体は、第2種兼業を除く個人漁業経営体のうち、主として漁船漁業を営む経営体
　　　及び主として小型定置網漁業を営む経営体並びに主として養殖業（ぶり類、まだい、ほたてがい、
　　　かき類及びのり類）を営む経営体である（以下(2)まで同じ。）。
　　2 東日本大震災の影響により、漁業が行えなかった等から福島県を除く結果である。

イ 経営収支

単位：千円

区分	漁労収入	漁業生産物収入	漁労支出	雇用労賃	漁船・漁具費	油費	修繕費	販売手数料	減価償却費
漁船漁業									
平均	8,721	8,256	5,749	1,195	379	890	462	529	679
3 T未満	4,018	3,828	2,234	197	205	275	184	275	352
3～5	7,052	6,688	4,209	323	321	834	432	457	647
5～10	13,620	12,761	9,585	2,582	470	1,306	677	762	1,263
10～20	32,655	30,369	23,860	6,502	1,656	3,772	1,614	1,906	1,849
20～30	23,517	21,148	19,343	5,705	941	2,620	1,450	1,124	2,691
30～50	70,232	67,288	54,606	21,901	2,626	7,218	3,233	3,317	2,961
50～100	80,358	77,120	74,570	25,200	4,099	12,309	10,940	4,305	3,072
100 T以上	417,653	409,405	406,940	129,215	14,380	56,420	41,126	13,877	25,254
小型定置網漁業	11,131	10,789	7,236	2,050	430	332	612	650	948

ア　概要及び分析指標

| 区分 | 養殖施設面積 | 事業所得 | | | 漁労所得率 | 付加価値額（純生産） | 物的経費 | 純生産性 | 漁業固定資本装備率 |
		計	漁労所得	漁労外事業所得					
	㎡	千円	千円	千円	％	千円	千円	千円	千円
ぶり類養殖業	1,248	5,969	5,954	15	4.4	29,278	107,384	3,327	1,010
まだい養殖業	1,265	12,671	12,659	12	16.6	15,608	60,609	5,035	1,354
ほたてがい養殖業	8,796	6,700	6,626	74	31.4	11,167	9,952	1,064	967
かき類養殖業	3,216	7,741	6,835	906	29.2	15,494	7,887	2,246	1,128
のり類養殖業	14,031	20,475	19,980	495	49.3	26,880	13,617	5,169	3,509

注：養殖施設面積は、主とする養殖業の養殖施設面積である。

イ　経営収支

単位：千円

区分	漁労収入	養殖業生産物収入	漁労支出	雇用労賃	漁船・漁具費	油費	修繕費	販売手数料	減価償却費
ぶり類養殖業	136,662	130,261	130,708	3,898	689	1,322	1,693	1,609	3,297
まだい養殖業	76,217	74,697	63,558	801	542	582	767	1,285	1,351
ほたてがい養殖業	21,119	18,875	14,493	3,136	1,732	734	1,586	1,244	2,645
かき類養殖業	23,381	21,501	16,546	5,118	866	505	750	608	1,806
のり類養殖業	40,497	39,859	20,517	1,978	736	1,900	2,193	1,515	3,494

2 会社経営体（1経営体当たり）（全国平均）（平成29年度）
(1) 漁船漁業及び海面養殖業の総括

区分	収入				支出			
	計	漁労売上高	漁労外売上高	営業外収益	計	漁労売上原価	漁労販売費及び一般管理費	漁労外売上原価
	千円	千円	千円	千円	千円	千円	千円	千円
漁船漁業								
平均	443,881	368,187	64,409	11,285	419,861	317,904	60,672	30,820
10〜20T未満	76,824	66,849	7,150	2,825	72,651	51,206	17,928	1,271
20〜50	90,894	66,606	22,950	1,338	87,130	50,752	20,100	8,735
50〜100	193,687	144,711	46,584	2,392	184,434	119,642	29,958	28,112
100〜200	362,387	323,658	29,675	9,054	342,386	257,546	69,471	7,682
200〜500	701,068	658,456	27,939	14,673	693,856	532,212	146,603	9,566
500T以上	2,224,136	1,841,275	319,435	63,426	2,066,746	1,673,038	207,453	143,321
うち500〜1,000	1,142,423	1,025,391	75,181	41,851	1,034,397	887,118	129,106	1,082
1,000以上	3,522,191	2,820,334	612,541	89,316	3,305,568	2,616,147	301,470	314,009
海面養殖業								
ぶり類養殖業	388,895	366,010	20,973	1,912	385,760	335,082	32,978	10,099
まだい養殖業	239,754	203,404	34,566	1,784	237,356	196,195	21,136	15,053

区分	支出（続き）		1) 漁労利益	2) 漁労外利益	営業利益	経常利益	当期純利益	3) 漁業投下資本利益率	4) 売上利益率	5) 自己資本比率
	漁労外販売費及び一般管理費	営業外費用								
	千円	千円	千円	千円	千円	千円	千円	％	％	％
漁船漁業										
平均	5,048	5,417	△ 10,389	28,541	18,152	24,020	21,077	nc	nc	25.2
10〜20T未満	1,641	605	△ 2,285	4,238	1,953	4,173	2,262	nc	nc	nc
20〜50	6,968	575	△ 4,246	7,247	3,001	3,764	3,535	nc	nc	16.7
50〜100	4,332	2,390	△ 4,889	14,140	9,251	9,253	4,957	nc	nc	nc
100〜200	2,083	5,604	△ 3,359	19,910	16,551	20,001	17,379	nc	nc	32.4
200〜500	49	5,426	△ 20,359	18,324	△ 2,035	7,212	8,843	nc	nc	25.5
500T以上	21,142	21,792	△ 39,216	154,972	115,756	157,390	131,499	nc	nc	30.6
うち500〜1,000	2,281	14,810	9,167	71,818	80,985	108,026	103,046	1.0	0.9	23.8
1,000以上	43,774	30,168	△ 97,283	254,758	157,475	216,623	165,640	nc	nc	33.5
海面養殖業										
ぶり類養殖業	630	6,971	△ 2,050	10,244	8,194	3,135	△ 851	nc	nc	2.6
まだい養殖業	1,376	3,596	△ 13,927	18,137	4,210	2,398	1,364	nc	nc	nc

注： 調査対象経営体は、会社経営体のうち、主として漁船漁業を営み、かつ、使用する動力漁船の
合計総トン数が10トン以上の経営体及び主として養殖業（ぶり類、まだい）を営む経営体である
（以下(2)まで同じ。）。
1)は、漁労売上高−（漁労売上原価＋漁労販売費及び一般管理費）である。
2)は、漁労外売上高−（漁労外売上原価＋漁労外販売費及び一般管理費）である。
3)は、漁労利益÷漁業投下資本額×100である。
4)は、漁労利益÷漁労売上高×100である。
5)は、（株主資本合計(期首)＋評価・換算差額等(期首)）÷負債・純資産合計（期首）×100
である。

(2)　漁船漁業経営体階層別主とする漁業種類別の経営

単位：千円

区分	漁労売上高	漁労売上原価	労務費	油費	減価償却費	漁労販売費及び一般管理費	1)漁労利益
沖合底びき網	263,045	210,510	103,274	29,497	16,732	49,856	2,679
50〜100T未満	175,107	139,821	69,873	20,205	6,651	25,786	9,500
100〜200T	380,887	302,204	148,819	39,055	29,477	74,443	4,240
船びき網	48,284	38,732	17,915	4,734	3,368	14,037	△ 4,485
10〜20T未満	21,489	18,868	11,891	1,123	673	11,299	△ 8,678
20〜50未満	45,282	35,978	12,643	4,026	4,204	12,796	△ 3,492
50〜100T	92,696	74,300	32,097	11,818	7,207	17,416	980
大中型まき網	2,305,985	2,120,337	749,442	265,952	278,271	275,498	△ 89,850
200〜500T未満	906,916	809,373	274,133	77,793	185,757	131,993	△ 34,450
500T以上	3,263,092	3,001,256	1,050,159	371,285	398,089	378,244	△ 116,408
うち500〜1,000	1,304,237	1,085,814	443,874	158,871	176,094	212,384	6,039
1,000以上	5,221,948	4,916,701	1,656,444	583,699	620,084	544,107	△ 238,860
中・小型まき網	326,199	250,634	107,944	28,318	39,492	68,310	7,225
50〜100T未満	149,834	128,003	61,872	12,845	15,122	37,908	△ 16,077
100〜200未満	365,985	278,588	108,501	31,545	47,222	77,274	10,123
遠洋・近海まぐろはえ縄	421,161	355,550	122,124	75,129	20,612	67,788	△ 2,177
10〜20T未満	90,623	70,249	21,767	13,116	5,356	19,640	734
500T以上	964,971	834,887	296,989	175,303	49,496	104,271	25,813
うち500〜1,000	583,541	463,551	182,576	93,581	23,938	51,106	68,884
1,000以上	1,219,258	1,082,443	373,265	229,784	66,535	139,713	△ 2,898
遠洋・近海かつお一本釣	425,075	385,889	142,765	78,018	32,857	83,671	△ 44,485
100〜200T未満	295,687	226,964	92,834	58,766	10,256	85,818	△ 17,095
遠洋・近海いか釣	230,255	165,517	79,754	28,997	6,981	54,724	10,014
100〜200T未満	203,855	152,309	69,114	28,841	6,893	28,581	22,965
その他の漁業	63,285	53,640	25,223	6,685	3,154	17,292	△ 7,647
10〜20T未満	62,556	48,432	25,287	6,600	4,293	18,812	△ 4,688

注:1)は、(1)の漁労売上高－（漁労売上原価＋漁労販売費及び一般管理費）である。

3　沿岸漁家の漁労所得

単位：万円

区分	平成25年	26	27	28	29
沿岸漁家平均	240	254	351	338	348
沿岸漁船漁家	189	199	261	235	219
海面養殖漁家	506	541	821	1,004	1,166

資料：水産庁資料
注：1　農林水産省統計部「漁業経営調査報告」の結果を用いて水産庁が算出した数値である。
　　2　沿岸漁家平均は、「漁業経営調査報告」の個人経営体調査の結果を10トン未満の漁船漁業、小型定置網漁業、海面養殖業の経営体数の比に応じて加重平均して算出した。
　　3　沿岸漁船漁家は、「漁業経営調査報告」の個人経営体調査の結果から、10トン未満分を再集計し作成した。
　　4　平成25年調査の漁船漁業については、東日本大震災の影響により、漁業が行えなかった等から福島県を除く結果である。また、情報収集等により把握した岩手県及び宮城県の被災漁業経営体数を用いウエイトを算出し集計した。
　　　平成25年調査ののり養殖業は、宮城県の経営体を除く結果である。

4　生産資材（燃油1kl当たり価格の推移）

単位：円

区分	平均27年	28	29	30	31
燃油価格	73,438	61,358	72,329	86,517	85,725

資料：水産庁資料
注：1　全漁連京浜地区のA重油の価格であり、主に20トン未満の漁船への供給について適用する。
　　2　価格は、各年の平均価格であり、平成31年は1月から同年7月までの平均価格である。

Ⅳ 水産業・漁業地域の活性化と女性の活動
1 漁業地域の活性化の取組状況（平成30年11月１日現在）
(1) 会合・集会等の議題別漁業地区数

単位：地区

区分	会合・集会等を開催した漁業地区数（実数）	会合・集会等の議題（複数回答）							
		特定区画漁業権・共同漁業権の変更	企業参入	漁業権放棄	漁業補償	漁業地区の共有財産・共有施設の管理	自然環境の保全	漁業地区の行事（祭り・イベント等）	その他
実数 全国	1,468	687	19	35	111	166	244	611	931
割合(%) 全国	100.0	46.8	1.3	2.4	7.6	11.3	16.6	41.6	63.4

資料：農林水産省統計部「2018年漁業センサス(概数値)」（以下(5)まで同じ。）

(2) 地域活性化に係る活動別漁業地区数

単位：地区

区分	計（実数）	地域活性化に係る活動（複数回答）					
		新規漁業就業者・後継者を確保する取組	ゴミ（海岸・海上・海底）の清掃活動	６次産業化への取組	ブルー・ツーリズムの取組	水産に関する伝統的な祭り・文化・芸能の保存	各種イベントの開催
実数 全国	1,520	453	1,336	167	71	416	564
割合(%) 全国	100.0	29.8	87.9	11.0	4.7	27.4	37.1

(3) 漁業体験参加人数規模別漁業地区数及び年間延べ参加人数

区分	漁業体験を行った漁業地区数	参加人数規模別							漁業体験の年間延べ参加人数
		10人未満	10〜20	20〜50	50〜100	100〜200	200人以上		
	地区	地区	地区	地区	地区	地区	地区		人
全国	320	73	29	83	47	27	61		132,028
北海道太平洋北区	10	–	1	6	2	–	1		2,943
太平洋北区	37	9	5	13	3	2	5		3,268
太平洋中区	46	9	3	11	6	4	13		82,810
太平洋南区	15	3	1	2	3	3	3		3,051
北海道日本海北区	15	5	–	6	2	–	2		4,673
日本海北区	25	5	1	7	7	2	3		2,006
日本海西区	18	3	1	3	5	2	4		2,229
東シナ海区	69	20	4	21	7	6	11		11,756
瀬戸内海区	85	19	13	14	12	8	19		19,292

(4)　魚食普及活動参加人数規模別漁業地区数及び年間延べ参加人数

区分	魚食普及活動を行った漁業地区数	参加人数規模別						魚食普及活動の年間延べ参加人数
		10人未満	10〜20	20〜50	50〜100	100〜200	200人以上	
	地区	地区	地区	地区	地区	地区	地区	人
全国	377	53	51	96	47	41	89	381,723
北海道太平洋北区	21	4	1	5	6	1	4	1,953
太平洋北区	36	4	6	13	7	1	5	23,596
太平洋中区	52	10	4	6	3	11	18	64,729
太平洋南区	21	3	2	6	1	2	7	6,915
北海道日本海北区	19	2	4	7	1	2	3	1,597
日本海北区	23	–	5	3	2	4	9	138,349
日本海西区	21	4	1	3	5	3	5	5,743
東シナ海区	81	8	11	25	9	10	18	46,103
瀬戸内海区	103	18	17	28	13	7	20	92,738

(5)　水産物直売所利用者数規模別漁業地区数及び年間延べ利用者数

区分	水産物直売所がある漁業地区数	利用者数規模別					水産物直売所の施設数	水産物直売所の年間延べ利用者数
		500人未満	500〜1,000	1,000〜5,000	5,000〜10,000	10,000人以上		
	地区	地区	地区	地区	地区	地区	施設	人
全国	316	50	25	83	39	119	343	13,145,300
北海道太平洋北区	12	1	–	3	–	8	12	279,900
太平洋北区	13	3	2	4	1	3	14	77,900
太平洋中区	57	3	4	12	15	23	62	1,486,600
太平洋南区	13	1	1	3	2	6	13	3,693,300
北海道日本海北区	20	2	1	5	4	8	21	1,249,100
日本海北区	14	1	1	4	–	8	14	726,000
日本海西区	20	4	3	5	1	7	22	311,900
東シナ海区	92	13	7	27	11	34	100	3,475,000
瀬戸内海区	75	22	6	20	5	22	85	1,845,600

2　漁協への女性の参画状況

単位：人

区分	平成25年度	26	27	28	29
漁協個人正組合員数	155,721	148,411	144,305	138,988	134,570
男	147,358	140,334	136,234	131,017	126,891
女	8,363	8,077	8,071	7,971	7,679
漁協役員数	9,766	9,573	9,537	9,373	9,330
男	9,722	9,529	9,487	9,323	9,279
女	44	44	50	50	51

資料：水産庁資料
注：漁協は、各年4月1日から翌年3月末までの間に終了した事業年度ごとの数値である。

3　漁業・水産加工場における女性の就業者数及び従事者数（平成30年11月1日現在）

区分	実数			割合		
	計	男	女	計	男	女
	人	人	人	%	%	%
漁業就業者数	152,082	134,553	17,529	100.0	88.5	11.5
水産加工場従事者数	171,618	68,501	103,117	100.0	39.9	60.1

資料：農林水産省統計部「2018年漁業センサス（概数値）」
注：1　「漁業就業者」とは、満15歳以上で過去1年間に漁業の海上作業に30日以上従事した者をいう。
　　2　「水産加工場従事者数」とは、平成30年11月1日現在に従事した者をいう。

V 生産量

1 生産量の推移

年次	1)総生産量	海面					
		計	漁業				
			小計	遠洋	沖合	沿岸	
	千t	千t	千t	千t	千t	千t	
平成26年	4,765	4,701	3,713	369	2,246	1,098	
27	4,631	4,561	3,492	358	2,053	1,081	
28	4,359	4,296	3,264	334	1,936	994	
29	4,306	4,244	3,258	314	2,051	893	
30（概数値）	4,389	4,332	3,330	333	2,032	964	

年次	海面(続き)	2)内水面			3)捕鯨業
	養殖業	計	漁業	養殖業	
	千t	千t	千t	千t	頭
平成26年	988	64	31	34	76
27	1,069	69	33	36	77
28	1,033	63	28	35	66
29	986	62	25	37	30
30（概数値）	1,003	57	27	30	‥

資料： 農林水産省統計部「漁業・養殖業生産統計」及び「漁業産出額」。ただし、平成30年は
「平成30年漁業・養殖業生産統計」（以下4まで同じ。）。

注： 海面漁業における「遠洋漁業」、「沖合漁業」及び「沿岸漁業」の内訳については、本調査
で定義した次の漁業種類ごとの漁獲量の積上げである。

遠洋漁業： 遠洋底びき網漁業、以西底びき網漁業、大中型1そうまき遠洋かつお・まぐろ
まき網漁業、太平洋底刺し網等漁業、遠洋まぐろはえ縄漁業、大西洋等はえ縄等
漁業、遠洋かつお一本釣漁業及び遠洋いか釣漁業

沖合漁業： 沖合底びき網1そうびき漁業、沖合底びき網2そうびき漁業、小型底びき網漁
業、大中型1そうまき近海かつお・まぐろまき網漁業、大中型1そうまきその他
のまき網漁業、大中型2そうまき網漁業、中・小型まき網漁業、さけ・ます流し
網漁業、かじき等流し網漁業、さんま棒受網漁業、近海まぐろはえ縄漁業、沿岸
まぐろはえ縄漁業、東シナ海はえ縄漁業、近海かつお一本釣漁業、沿岸かつお一
本釣漁業、近海いか釣漁業、沿岸いか釣漁業、日本海べにずわいがに漁業及びず
わいがに漁業

沿岸漁業： 船びき網漁業、その他の刺網漁業（遠洋漁業に属するものを除く。）、大型定
置網漁業、さけ定置網漁業、小型定置網漁業、その他の網漁業、その他のはえ縄
漁業（遠洋漁業又は沖合漁業に属するものを除く。）、ひき縄釣漁業、その他の
釣漁業、採貝・採藻漁業及びその他の漁業（遠洋漁業又は沖合漁業に属するもの
を除く。）

1)は、捕鯨業を除く。

2)のうち、内水面漁業については、主要112河川及び24湖沼を調査の対象とした。なお、調査
の範囲が販売を目的として漁獲された量のみであることから、遊漁者（レクリエーションを主
な目的として水産動植物を採捕するもの）による採捕量は含まない。内水面養殖業については、
ます類、あゆ、こい及びうなぎを調査の対象とした。

3)は、調査捕鯨による捕獲頭数を含まない。

2 海面漁業
(1) 都道府県・大海区別漁獲量

単位：千t

都道府県・大海区	平成26年	27	28	29	30 (概数値)
全国	3,713	3,492	3,264	3,258	3,330
北海道	1,104	864	750	739	877
青森	128	114	107	102	90
岩手	114	109	85	76	88
宮城	177	165	163	158	180
秋田	7	8	7	6	6
山形	5	6	5	4	4
福島	60	45	48	53	50
茨城	224	225	244	295	259
千葉	135	112	115	120	133
東京	47	45	49	41	47
神奈川	40	43	35	32	32
新潟	32	34	30	30	28
富山	48	44	40	24	42
石川	59	66	59	37	60
福井	15	15	15	12	11
静岡	197	207	183	202	192
愛知	81	72	78	70	60
三重	184	154	170	155	131
京都	11	12	10	9	11
大阪	19	17	18	19	8
兵庫	57	54	56	41	37
和歌山	22	23	22	19	15
鳥取	67	74	73	74	82
島根	117	120	109	133	113
岡山	4	5	4	4	3
広島	18	18	17	16	16
山口	28	29	27	26	26
徳島	12	11	10	11	10
香川	14	17	18	16	19
愛媛	71	82	82	80	76
高知	74	80	66	66	72
福岡	28	35	26	26	29
佐賀	14	18	10	8	8
長崎	240	296	286	317	290
熊本	20	20	18	18	18
大分	42	35	35	32	32
宮崎	101	126	102	97	103
鹿児島	83	78	74	75	60
沖縄	15	17	16	16	16
北海道太平洋北区	570	482	386	362	395
太平洋北区	687	643	631	670	653
太平洋中区	684	632	630	620	593
太平洋南区	271	309	269	256	266
北海道日本海北区	533	383	364	377	482
日本海北区	108	107	98	79	93
日本海西区	282	300	280	279	289
東シナ海区	418	483	449	477	438
瀬戸内海区	159	154	157	138	121

注：捕鯨業を除く。

2 海面漁業（続き）
(2) 魚種別漁獲量

単位：千 t

魚種	平成26年	27	28	29	30 （概数値）
海面漁業計	3,713	3,492	3,264	3,258	3,330
魚類計	2,871	2,810	2,686	2,690	2,716
まぐろ類計	190	190	168	169	159
くろまぐろ	11	8	10	10	8
みなみまぐろ	4	4	5	4	5
びんなが	62	52	43	46	42
めばち	55	53	39	39	35
きはだ	57	71	71	69	68
その他のまぐろ類	1	1	1	1	1
まかじき	2	2	2	2	2
めかじき	8	9	8	8	7
くろかじき類	3	3	3	3	2
その他のかじき類	1	1	1	1	1
かつお	253	248	228	219	239
そうだがつお類	13	16	12	8	13
さめ類	33	33	31	32	31
さけ・ます類計	151	140	112	72	96
さけ類	147	136	96	69	85
ます類	5	4	15	3	12
このしろ	5	4	4	5	5
にしん	5	5	8	9	12
まいわし	196	311	378	500	522
うるめいわし	75	98	98	72	58
かたくちいわし	248	169	171	146	110
しらす	61	65	63	51	50
まあじ	146	152	125	145	118
むろあじ類	16	15	27	20	17
さば類	482	530	503	518	537
さんま	229	116	114	84	129
ぶり類	125	123	107	118	100
ひらめ	8	8	7	7	7
かれい類	44	41	43	47	41
まだら	57	50	44	44	50
すけとうだら	195	180	134	129	127
ほっけ	28	17	17	18	34
きちじ	1	1	1	1	1
はたはた	7	9	7	6	5
にぎす類	3	3	3	3	3
あなご類	4	4	4	3	4
たちうお	8	7	7	6	7
まだい	15	15	15	15	16
ちだい・きだい	8	7	6	6	6
くろだい・へだい	3	3	3	3	3

単位：千t

魚種	平成26年	27	28	29	30 (概数値)
いさき	4	4	4	4	4
さわら類	19	20	20	15	16
すずき類	8	7	7	7	6
いかなご	34	29	21	12	15
あまだい類	1	1	1	1	1
ふぐ類	5	5	5	4	5
その他の魚類	178	169	171	176	159
えび類計	16	16	17	17	15
いせえび	1	1	1	1	1
くるまえび	0	0	0	0	0
その他のえび類	15	14	15	15	13
かに類計	30	29	28	26	24
ずわいがに	4	4	4	4	4
べにずわいがに	18	17	16	15	14
がざみ類	2	2	2	2	2
その他のかに類	5	5	6	4	4
おきあみ類	17	27	17	14	14
貝類計	420	292	266	284	350
あわび類	1	1	1	1	1
さざえ	6	6	6	6	5
あさり類	19	14	9	7	7
ほたてがい	359	234	214	236	305
その他の貝類	34	37	36	34	32
いか類計	210	167	110	103	81
するめいか	173	129	70	64	46
あかいか	3	3	4	4	5
その他のいか類	34	35	36	35	30
たこ類	35	33	37	35	36
うに類	8	9	8	8	7
海産ほ乳類	1	1	1	1	0
その他の水産動物類	15	17	14	11	11
海藻類計	92	94	81	70	76
こんぶ類	67	72	58	46	56
その他の海藻類	25	22	23	24	20

2　海面漁業（続き）
(3)　漁業種類別漁獲量

単位：千 t

漁業種類		平成26年	27	28	29	30（概数値）
海面漁業計		3,713	3,492	3,264	3,258	3,330
遠洋底びき網		19	12	10	9	8
以西底びき網		3	4	4	x	x
沖合底びき網	1そうびき	236	220	190	189	194
〃	2そうびき	30	27	23	19	16
小型底びき網		456	328	302	317	383
船びき網		211	207	207	177	171
大中型まき網						
1そうまき	遠洋かつお・まぐろ	192	190	185	176	195
〃	近海かつお・まぐろ	43	40	27	34	23
〃	その他	565	627	618	746	669
2そうまき		42	28	40	38	53
中・小型まき網		429	471	461	464	424
さけ・ます流し網		8	x	x	1	1
かじき等流し網		4	4	4	4	4
その他の刺網		153	143	119	121	124
さんま棒受網		228	116	114	84	129
定置網　大型		234	241	212	194	235
〃　　さけ		117	117	89	59	77
〃　　小型		85	81	83	73	90
その他の網漁業		35	37	46	50	47
まぐろはえ縄　遠洋		94	94	79	74	70
〃　　　近海		44	47	42	43	38
〃　　　沿岸		5	6	5	5	4
その他のはえ縄		29	29	26	24	22
かつお一本釣　遠洋		58	55	52	48	53
〃　　　近海		31	32	29	29	30
〃　　　沿岸		11	11	11	13	15
いか釣　遠洋		x	x	x	x	x
〃　　近海		32	27	24	23	15
〃　　沿岸		70	56	35	34	27
ひき縄釣		16	15	13	13	14
その他の釣		33	31	32	29	28
採貝・採藻		125	125	109	97	101
その他の漁業		x	69	70	67	65

(4)　漁業種類別魚種別漁獲量
　　ア　底びき網
　　　(ア)　遠洋底びき網

単位：t

年次	漁獲量	まだら	すけとうだら	その他のいか類
平成26年	18,558	6	2,096	754
27	11,731	1	79	689
28	9,990	−	−	−
29	9,466	−	−	−
30（概数値）	8,100	−	−	−

注：1　この漁業は、北緯10度20秒の線以北、次に掲げる線から成る線以西の太平洋の海域以外の海域に
　　　おいて、総トン数15トン以上の動力漁船により底びき網を使用して行うもの（指定漁業）である。
　　　①　北緯25度17秒以北の東経152度59分46秒の線
　　　②　北緯25度17秒東経152度59分46秒の点から北緯25度15秒東経128度29分53秒の点に至る直線
　　　③　北緯25度15秒東経128度29分53秒の点から北緯25度15秒東経120度59分55秒の点に至る直線
　　　④　北緯25度15秒以南の東経120度59分55秒の線
　　2　魚種については、「平成27年漁業・養殖業生産統計年報」漁業種類別・魚種別漁獲量における
　　　当該漁業種類の漁獲量上位（その他の魚類を除く。）を掲載した（以下クまで同じ。）。

　　　(イ)　沖合底びき網１そうびき

単位：t

年次	漁獲量	かれい類	まだら	すけとうだら	ほっけ	いかなご	するめいか
平成26年	235,867	12,159	22,128	122,219	15,919	430	29,586
27	220,452	10,973	20,988	118,152	8,482	6,216	21,682
28	189,684	11,898	20,135	91,778	6,567	3,310	9,771
29	188,871	12,860	21,759	83,470	4,826	3,929	9,045
30（概数値）	194,100	10,800	23,000	83,100	13,200	7,600	7,000

注：　この漁業は、北緯25度15秒東経128度29分53秒の点から北緯25度17秒東経152度59分46秒の点に至る
　　直線以北、次の①、②及び③からなる線以東、東経152度59分46秒の線以西の太平洋の海域において
　　総トン数15トン以上の動力漁船により底びき網を使用して行うもの（指定漁業）である。
　　①　北緯33度9分27秒以北の東経127度59分52秒の線
　　②　北緯33度9分27秒東経127度59分52秒の点から北緯33度9分27秒東経128度29分52秒の点に至る直線
　　③　北緯33度9分27秒東経128度29分52秒の点から北緯25度15秒東経128度29分53秒の点に至る直線

2 海面漁業（続き）
(4) 漁業種類別魚種別漁獲量（続き）
 ア 底びき網（続き）
  (ｳ) 小型底びき網

単位：t

年次	漁獲量	かれい類	その他の えび類	ほたて がい	その他の 貝類	その他の いか類	その他の 水産動物
平成26年	455,797	10,257	7,639	358,610	13,859	6,719	4,938
27	328,320	9,718	7,390	233,200	14,674	6,109	5,524
28	301,620	9,025	7,346	213,084	14,729	6,546	4,809
29	317,378	8,368	7,452	235,381	13,359	6,208	4,195
30（概数値）	382,800	8,300	6,400	304,300	13,100	4,700	4,200

注： この漁業は、総トン数15トン未満の動力漁船により底びき網を使用して行うもの（法定知事許可
漁業）である。

イ 船びき網

単位：t

年次	漁獲量	まいわし	かたくち いわし	しらす	まだい	いかなご	おきあみ類
平成26年	211,113	8,026	84,241	59,379	4,179	28,206	16,369
27	206,507	16,636	65,437	63,785	4,542	16,979	26,655
28	206,790	29,692	69,696	61,890	4,585	12,336	16,500
29	177,002	42,864	52,380	50,057	4,617	2,034	13,755
30（概数値）	170,800	43,200	47,300	49,100	5,100	3,000	13,700

注： この漁業は、海底以外の中層若しくは表層をえい網する網具（ひき回し網）又は停止した
船（いかりで固定するほか、潮帆又はエンジンを使用して対地速度をほぼゼロにしたものを
含む。）にひき寄せる網具（ひき寄せ網）を使用して行うもの（瀬戸内海において総トン数
5トン以上の動力漁船を使用して行うものは、法定知事許可漁業）である。

ウ　まき網
(ｱ)　大中型まき網１そうまき遠洋かつお・まぐろ

単位：t

年次	漁獲量	びんなが	めばち	きはだ	かつお	そうだかつお類
平成26年	192,402	0	4,317	34,692	152,902	25
27	190,239	0	4,792	43,365	141,879	12
28	185,087	4	3,945	37,556	143,325	9
29	175,647	11	3,629	41,303	130,585	20
30(概数値)	195,200		4,700	38,000	152,400	0

注：1　この漁業（大中型まき網漁業）は、総トン数40トン（北海道恵山岬灯台から青森県尻屋崎
灯台に至る直線の中心点を通る正東の線以南、同中心点から尻屋崎灯台に至る直線のうち同
中心点から同直線と青森県の最大高潮時海岸線との最初の交点までの部分、同交点から最大
高潮時海岸線を千葉県野島崎灯台正南の線と同海岸線との交点に至る線及び同点正南の線か
ら成る線以東の太平洋の海域にあっては、総トン数15トン）以上の動力漁船によりまき網を
使用して行うもの（指定漁業）である。
　　　2　大中型まき網漁業のうち、１そうまきでかつお・まぐろ類をとることを目的として、遠洋
（太平洋中央海区（東経179度59分43秒以西の北緯20度21分の線、北緯20度21分以北、北緯40
度16秒以南の東経179度59分43秒の線及び東経179度59分43秒以東の北緯40度16秒の線から成
る線以南の太平洋の海域（南シナ海の海域を除く。）））又はインド洋海区（南緯19度59分
35秒以北（ただし、東経95度４秒から東経119度59分56秒の間の海域については、南緯９度59
分36秒以北）のインド洋の海域）で操業するものである。

(ｲ)　大中型まき網１そうまき近海かつお・まぐろ

単位：t

年次	漁獲量	くろまぐろ	びんなが	きはだ	かつお	まあじ	さば類
平成26年	43,347	1,442	1,897	1,611	34,148	733	1,735
27	40,038	1,422	1,068	2,594	33,210	440	609
28	26,837	3,126	3,672	7,166	11,484	447	607
29	33,910	3,167	1,221	3,212	23,914	638	1,044
30(概数値)	23,300	2,600	2,600	7,200	8,500	500	1,000

注：　この漁業は、大中型まき網漁業のうち１そうまきでかつお・まぐろ類をとることを目的として、
大中型まき網１そうまき遠洋かつお・まぐろに係る海域以外で操業するものである。

2 海面漁業（続き）
(4) 漁業種類別魚種別漁獲量（続き）
ウ まき網（続き）
(ウ) 大中型まき網1そうまきその他

単位：t

年次	漁獲量	まいわし	うるめいわし	まあじ	さば類	ぶり類	するめいか
平成26年	565,133	100,409	9,577	52,710	321,112	33,363	10,856
27	626,669	101,190	13,812	73,958	369,598	34,839	8,652
28	618,493	173,230	14,890	49,357	333,253	25,058	3,585
29	746,180	273,755	11,511	56,760	352,872	29,396	2,423
30（概数値）	669,300	258,200	4,700	40,800	329,400	23,800	1,100

注： この漁業は、大中型まき網漁業のうち1そうまきでかつお・まぐろ類以外をとることを目的とするものである。

(エ) 大中型まき網2そうまき

単位：t

年次	漁獲量	まいわし	かたくちいわし	まあじ	さば類	ぶり類	ちだい・きだい
平成26年	42,410	9,804	20,707	1,472	721	7,146	1,150
27	28,012	7,519	2,202	1,816	9,286	6,255	296
28	39,827	10,508	1,318	2,149	19,979	3,777	319
29	37,936	25,225	673	2,216	3,751	3,454	202
30（概数値）	52,500	40,100	1,000	1,200	3,800	5,700	200

注：この漁業は、大中型まき網漁業のうち2そうまきで行うものである。

(オ) 中・小型まき網

単位：t

年次	漁獲量	まいわし	うるめいわし	かたくちいわし	まあじ	さば類	ぶり類
平成26年	429,430	41,611	55,947	97,175	67,156	102,161	25,138
27	470,996	135,841	75,169	76,149	48,268	83,199	17,973
28	461,027	110,291	72,958	80,350	49,374	84,951	20,786
29	464,150	105,482	52,610	71,669	63,495	110,847	18,393
30（概数値）	423,500	77,000	46,400	47,600	53,900	145,500	13,000

注： この漁業は、指定漁業以外のまき網（総トン数5トン以上40トン未満の船舶により行う漁業は、法定知事許可漁業）である。

エ　敷網
　　さんま棒受網

単位：t

年次	漁獲量	さんま
平成26年	228,294	227,287
27	116,040	115,748
28	114,027	113,728
29	84,040	83,574
30（概数値）	128,900	128,400

注：　この漁業は、棒受網を使用してさんまをとることを目的とするもの
　　（北緯34度54分6秒の線以北、東経139度53分18秒の線以東の太平洋
　　の海域（オホーツク海及び日本海の海域を除く。）において総トン数
　　10トン以上の動力漁船により行うものは、指定漁業）である。

オ　定置網
（ア）　大型定置網

単位：t

年次	漁獲量	さけ類	まいわし	かたくち いわし	まあじ	さば類	ぶり類
平成26年	233,631	17,260	31,786	24,997	13,968	38,803	39,367
27	241,169	10,910	43,333	13,701	16,822	50,099	42,725
28	211,674	9,129	39,572	9,272	13,945	44,877	37,736
29	194,236	7,643	32,460	11,499	12,522	33,724	46,868
30（概数値）	234,600	9,200	79,500	5,500	11,800	40,200	39,900

注：　この漁業は、漁具を定置して営むものであって、身網の設置される場所の最深部が最高潮時
　　において水深27メートル（沖縄県にあっては、15メートル）以上であるもの（瀬戸内海におけ
　　るます網漁業並びに陸奥湾（青森県焼山崎から同県明神崎灯台に至る直線及び陸岸によって
　　囲まれた海面をいう。）における落とし網漁業及びます網漁業を除く。）である。

（イ）　さけ定置網

単位：t

年次	漁獲量	さけ類	さば類	ぶり類	かれい類	ほっけ	するめいか
平成26年	117,365	107,865	388	2,232	526	1,419	2,220
27	116,638	107,763	918	2,151	1,004	526	2,093
28	88,560	77,739	800	2,486	845	970	277
29	59,076	51,150	916	1,951	2,028	284	114
30（概数値）	77,100	64,600	2,200	2,600	1,000	1,700	100

注：　この漁業は、漁具を定置して営むものであって、身網の設置される場所の最深部が最高潮時
　　において水深27メートル以上であるものであり、北海道においてさけを主たる漁獲物とするも
　　のである。

2 海面漁業（続き）
(4) 漁業種類別魚種別漁獲量（続き）
  オ 定置網（続き）
   (ウ) 小型定置網

単位：t

年次	漁獲量	さけ類	まあじ	さば類	ぶり類	するめいか	その他のいか類
平成26年	84,558	11,491	4,907	3,619	6,072	11,987	2,942
27	80,563	12,547	5,884	4,545	6,429	5,849	3,778
28	83,048	6,742	5,712	4,272	5,695	1,220	3,569
29	73,005	7,286	5,411	2,964	7,486	598	2,881
30（概数値）	89,800	8,300	6,000	3,300	5,100	400	2,800

注：この漁業は、定置網であって大型定置網及びさけ定置網以外のものである。

カ はえ縄
 (ア) 遠洋まぐろはえ縄

単位：t

年次	漁獲量	みなみまぐろ	びんなが	めばち	きはだ	めかじき	さめ類
平成26年	93,791	3,539	11,028	38,299	11,988	5,263	15,388
27	93,757	4,353	9,384	38,638	12,667	5,519	15,308
28	78,982	4,605	8,430	26,854	11,803	4,718	14,818
29	73,672	4,072	6,821	25,456	11,871	4,632	14,836
30（概数値）	70,100	5,000	8,200	21,300	10,300	3,800	15,000

注： この漁業は、総トン数120トン（昭和57年7月17日以前に建造され、又は建造に着手された
  ものにあっては、80トン。以下釣漁業において同じ。）以上の動力漁船により、浮きはえ縄
  を使用してまぐろ、かじき又はさめをとることを目的とするもの（指定漁業）である。

(イ) 近海まぐろはえ縄

単位：t

年次	漁獲量	びんなが	めばち	きはだ	まかじき	めかじき	さめ類
平成26年	44,229	17,548	8,117	3,033	741	2,152	10,602
27	47,373	18,918	8,041	4,781	953	2,245	11,026
28	42,100	15,038	6,891	5,045	836	2,768	9,862
29	42,757	15,713	6,992	4,755	753	2,228	10,800
30（概数値）	38,300	12,000	6,800	4,900	600	2,300	10,200

注： この漁業は、総トン数10トン（我が国の排他的経済水域、領海及び内水並びに我が国の排他的
  経済水域によって囲まれた海域から成る海域（東京都小笠原村南鳥島に係る排他的経済水域及び
  領海を除く。）にあっては、総トン数2トン）以上120トン未満の動力漁船により、浮きはえ縄
  を使用してまぐろ、かじき又はさめをとることを目的とするもの（指定漁業）である。

キ　はえ縄以外の釣

(ア)　遠洋かつお一本釣

単位：t

年次	漁獲量	くろまぐろ	びんなが	めばち	きはだ	その他のまぐろ類	かつお
平成26年	57,614	－	17,462	1,097	255	2	38,770
27	54,817	2	11,498	191	290	3	42,806
28	51,734	2	8,655	446	525	1	42,050
29	47,860	－	12,110	676	533	0	34,404
30(概数値)	53,400	－	9,100	600	300	－	43,200

注：　この漁業は、総トン数120トン以上の動力漁船により、釣りによってかつお又はまぐろをとる
　　ことを目的とするもの（指定漁業）である。

(イ)　近海かつお一本釣

単位：t

年次	漁獲量	くろまぐろ	びんなが	めばち	きはだ	かつお	そうだかつお類
平成26年	31,472	6	11,890	1,546	943	16,733	7
27	31,733	4	9,710	432	980	20,362	5
28	29,464	22	5,754	590	1,671	20,387	35
29	28,530	67	8,753	816	1,570	16,812	35
30(概数値)	30,400	0	8,400	700	1,500	19,600	0

注：　この漁業は、総トン数10トン（我が国の排他的経済水域、領海及び内水並びに我が国の排他的
　　経済水域によって囲まれた海域から成る海域（東京都小笠原村南鳥島に係る排他的経済水域及び
　　領海を除く。）にあっては、総トン数20トン）以上120トン未満の動力漁船により、釣りによっ
　　てかつお又はまぐろをとることを目的とするもの（指定漁業）である。

(ウ)　近海いか釣

単位：t

年次	漁獲量	するめいか	あかいか	その他のいか類
平成26年	32,189	28,826	3,262	102
27	26,854	23,861	2,902	92
28	24,152	20,521	3,563	68
29	22,541	18,274	4,163	104
30(概数値)	14,600	10,100	4,500	0

注：　この漁業は、総トン数30トン以上200トン未満の動力漁船により釣りによっていかをとることを
　　目的とするもの（指定漁業）である。

2 海面漁業（続き）
(4) 漁業種類別魚種別漁獲量（続き）
キ はえ縄以外の釣（続き）
(エ) 沿岸いか釣

単位：t

年次	漁獲量	めかじき	するめいか	その他のいか類
平成26年	69,557	6	61,370	8,142
27	56,440	15	45,849	10,539
28	35,149	13	25,289	9,812
29	34,341	12	25,248	9,035
30（概数値）	27,200	0	18,300	8,700

注： この漁業は、釣りによっていかをとることを目的とする漁業であって、遠洋いか釣及び
近海いか釣以外のものである。（総トン数5トン以上30トン未満の動力漁船により行うも
のは、届出漁業（知事許可等を要するものもある。））

ク 採貝・採藻

単位：t

年次	漁獲量	あわび類	さざえ	あさり類	その他の貝類	こんぶ類	その他の海藻類
平成26年	125,027	1,220	4,523	13,730	14,438	66,752	23,890
27	125,298	1,156	4,304	9,771	16,264	71,619	21,741
28	109,262	1,012	4,442	7,957	15,720	57,988	21,676
29	97,001	855	4,392	6,743	15,339	45,474	23,707
30（概数値）	101,100	800	3,800	6,700	13,900	55,800	19,700

注： この漁業は、小型底びき網、潜水器漁業等以外の貝を採ることを目的とするもの及び潜水器
漁業等以外の海藻を採ることを目的とするものである。

3　海面養殖業
　　魚種別収獲量

単位：t

魚種	平成26年	27	28	29	30 （概数値）
海面養殖業計	987,639	1,069,017	1,032,537	986,056	1,002,700
魚類計	237,964	246,089	247,593	247,633	248,800
ぎんざけ	12,802	13,937	13,208	15,648	18,000
ぶり類	134,608	140,292	140,868	138,999	138,900
まあじ	836	811	740	810	800
しまあじ	3,186	3,352	3,941	4,435	4,700
まだい	61,702	63,605	66,965	62,850	59,900
ひらめ	2,607	2,545	2,309	2,250	2,200
ふぐ類	4,902	4,012	3,491	3,924	3,900
くろまぐろ	14,713	14,825	13,413	15,858	17,600
その他の魚類	2,607	2,709	2,659	2,859	2,700
貝類計	368,714	413,028	373,956	309,437	350,400
ほたてがい	184,588	248,209	214,571	135,090	174,000
かき類（殻付き）	183,685	164,380	158,925	173,900	176,000
その他の貝類	440	439	460	447	400
くるまえび	1,582	1,314	1,381	1,354	1,500
ほや類	5,344	8,288	18,271	19,639	12,000
その他の水産動物類	108	98	106	137	200
海藻類計	373,909	400,181	391,210	407,835	389,900
こんぶ類	32,897	38,671	27,068	32,463	33,300
わかめ類	44,716	48,951	47,672	51,114	49,800
のり類（生重量）	276,129	297,370	300,683	304,308	284,200
1)うち板のり（千枚）	7,105,725	7,658,019	7,792,052	7,845,680	7,298,000
もずく類	19,448	14,574	15,225	19,392	22,000
その他の海藻類	718	614	560	557	500
真珠	20	20	20	20	21

注：種苗養殖を除く。
　　1)は、のり類（生重量）のうち板のりの生産量を枚数換算したものである。

4 内水面漁業及び内水面養殖業
(1) 内水面漁業魚種別漁獲量

単位：t

年次	漁獲量	さけ類	わかさぎ	あゆ	こい	ふな	うなぎ	しじみ
平成26年	30,603	10,212	1,242	2,395	258	596	112	9,804
27	32,917	12,330	1,417	2,407	227	555	70	9,819
28	27,937	7,471	1,181	2,390	220	534	71	9,580
29	25,215	5,802	943	2,168	213	512	71	9,868
30(概数値)	27,023	6,681	1,146	2,139	212	456	68	9,727

注：1 主要魚種のみ掲載しており、積み上げても漁獲量に一致しない（以下(2)まで同じ。）。
　　2 内水面漁業については、主要112河川及び24湖沼を調査の対象とした。
　　3 内水面漁業販売を目的として漁獲された量であるため、遊漁者（レクリエーションを主な
　　　目的として水産動植物を採捕するもの）による採捕量を含まない。

(2) 内水面養殖業魚種別収獲量

単位：t

年次	収獲量	ます類	あゆ	こい	うなぎ	1)淡水真珠
平成26年	33,871	7,633	5,163	3,273	17,627	0.1
27	36,336	7,709	5,084	3,256	20,119	0.1
28	35,198	7,806	5,183	3,131	18,907	0.1
29	36,839	7,639	5,053	3,015	20,979	0.1
30(概数値)	29,855	7,355	4,310	2,932	15,104	0.1

注：1)は、琵琶湖、霞ヶ浦及び北浦のみであり、収獲量には含まない。

Ⅵ　水産加工
1　水産加工品生産量

単位：t

品目	平成26年	27	28	29	30 (概数値)
ねり製品	531,982	530,137	514,397	505,116	510,064
かまぼこ類	470,539	470,563	454,821	444,116	449,902
魚肉ハム・ソーセージ類	61,443	59,574	59,576	61,000	60,163
1) 冷凍食品	263,164	258,481	253,851	248,443	268,718
素干し品	14,549	13,558	11,489	8,644	7,069
するめ	8,170	8,007	5,600	2,423	2,244
いわし	833	693	717	603	665
その他	5,546	4,858	5,172	5,618	4,159
塩干品	162,353	164,566	156,310	148,119	139,568
うちいわし	14,792	12,933	12,049	10,935	10,267
あじ	33,472	32,286	31,236	30,043	27,276
煮干し品	59,826	63,342	56,243	50,224	59,174
うちいわし	21,059	24,651	18,988	18,992	22,059
しらす干し	30,708	32,088	31,953	26,428	29,908
塩蔵品	191,121	184,655	171,171	166,340	181,644
いわし	1,139	1,078	1,070	1,109	992
さば	43,034	44,355	37,622	37,900	38,608
さけ・ます	92,180	87,587	84,774	83,813	91,382
たら・すけとうだら	12,323	11,373	12,694	11,876	13,240
さんま	11,909	9,674	6,692	5,925	5,685
その他	30,536	30,588	28,319	25,717	31,736
くん製品	7,582	6,475	7,304	6,335	6,842
節製品	88,770	83,833	81,523	81,061	79,609
うちかつお節	29,649	27,612	29,352	29,240	28,712
けずり節	32,112	30,516	29,681	28,924	27,444
2) その他の食用加工品	385,486	376,536	378,059	354,266	346,910
うち水産物つくだ煮類	76,604	77,040	75,141	72,587	…
水産物漬物	58,861	54,997	62,884	57,742	53,808
3) 生鮮冷凍水産物	1,485,406	1,416,228	1,401,661	1,366,166	1,401,387
うちまぐろ類	26,213	26,211	20,270	21,898	24,790
かつお類	10,967	13,223	12,199	17,921	17,884
さけ・ます類	103,768	103,882	83,781	63,609	77,941
いわし類	318,115	329,168	381,506	393,409	346,646
さば類	353,519	380,965	410,327	425,576	459,468
いかなご・こうなご	17,582	12,311	9,565	6,001	9,064
すり身	48,330	49,269	41,850	40,645	40,380

資料：　農林水産省統計部「水産物流通調査　水産加工統計調査」。ただし、平成30年は「2018年
　　　漁業センサス」による。
注：1　水産加工品とは、水産動植物を主原料（原料割合で50％以上）として製造された、食用加
　　工品及び生鮮冷凍水産物をいう（以下2まで同じ。）。
　　2　船上加工品の生産量を含まない（以下2まで同じ。）。
　　3　一度加工された製品を購入し、再加工して新製品としたときは、その生産量もそれぞれの
　　品目に計上した（以下2まで同じ。）。
　　1) は、水産物を主原料として加工又は調理した後、マイナス18℃以下で凍結し、凍結状態で保
　持した「包装食品」である。
　　2) は、塩辛、水産物漬物、調味加工品等である。
　　3) は、水産物の生鮮品を凍結室において凍結したもので、水産物の丸、フィレー、すり身等
　のものをいう。なお、すり身については、原料魚ではなく「すり身」に計上した。

2 都道府県別水産加工品生産量（平成30年）

単位：t

全国・都道府県	ねり製品	1)冷凍食品	塩干品	塩蔵品	2)その他の食用加工品	3)生鮮冷凍水産物
全国	510,064	268,718	139,568	181,644	346,910	1,401,387
北海道	23,829	21,583	14,618	47,330	55,109	304,935
青森	3,900	15,524	433	9,755	16,435	51,837
岩手	5	16,527	672	747	4,558	72,829
宮城	x	23,589	4,972	21,114	26,306	162,391
秋田	x	125	5	131	559	1,272
山形	41	479	33	4	1,240	54
福島	x	4,911	3,653	103	3,448	9,454
茨城	x	10,653	14,083	8,818	17,437	118,792
栃木	x	1,359	11	−	399	111
群馬	−	x	x	x	2,453	x
埼玉	x	517	x	829	5,261	2,086
千葉	x	9,578	24,352	66,131	3,921	194,810
東京	x	43	209	x	5,499	116
神奈川	13,061	1,467	9,233	24	2,821	2,056
新潟	60,013	6,453	545	4,302	8,266	1,354
富山	x	91	811	20	3,116	5,005
石川	16,355	721	195	30	1,290	3,392
福井	1,446	270	823	433	915	366
山梨	−	−	x	−	1,797	x
長野	−	69	5	x	239	22
岐阜	6,735	204	13	x	290	x
静岡	27,192	30,622	19,583	1,678	11,715	678
愛知	13,989	11,806	675	3,537	9,573	8,480
三重	3,786	2,314	4,895	3,933	10,992	108,705
滋賀	9,441	1,369	0	47	594	153
京都	1,382	24	141	76	2,076	5,099
大阪	6,394	x	x	278	7,826	1,993
兵庫	46,660	5,012	5,121	328	22,996	3,190
奈良	29	x	−	−	251	−
和歌山	1,779	1,369	1,544	283	7,300	724
鳥取	1,644	13,360	5,185	2,744	4,329	73,470
島根	6,140	1,315	4,905	64	2,581	11,611
岡山	17,462	88	x	−	3,206	877
広島	x	9,364	70	103	17,187	7,138
山口	38,456	17,159	4,814	2,517	11,405	1,834
徳島	1,222	959	138	113	205	1,653
香川	1,775	5,634	x	−	6,846	482
愛媛	x	7,334	772	546	11,398	9,112
高知	1,970	1,282	1,473	96	2,336	486
福岡	x	9,151	625	2,182	17,164	7,209
佐賀	6,856	5,171	1,574	2,516	3,014	43,327
長崎	x	5,133	2,980	415	4,451	97,250
熊本	2,634	8,102	39	39	3,508	3,125
大分	352	2,902	5,721	4	7,638	25,344
宮崎	2,872	509	1,003	29	5,802	32,943
鹿児島	8,130	12,778	3,600	107	10,654	22,567
沖縄	x	376	2	15	504	2,839

資料：農林水産省統計部「2018年漁業センサス（概数値）」
注： 1)は、水産物を主原料として加工又は調理した後、マイナス18℃以下で凍結し、凍結状態で保持した「包装食品」である。
　　 2)は、塩辛、水産物漬物、調味加工品等である。
　　 3)は、水産物の生鮮品を凍結室において凍結したもので、水産物の丸、フィレー、すり身等のものをいう。

3 水産缶詰・瓶詰生産量（内容重量）

単位：t

品目	平成26年	27	28	29	30
丸缶	104,426	100,685	101,665	98,566	104,410
かに	3,428	3,163	2,906	2,366	1,498
さけ	2,621	1,956	2,550	2,284	2,096
まぐろ・かつお類	34,845	36,624	35,744	33,945	31,756
まぐろ	25,338	25,826	25,338	24,429	23,556
かつお	9,507	10,799	10,406	9,516	8,200
さば	35,412	32,039	37,117	38,977	49,349
いわし	4,340	4,388	4,152	4,749	7,233
さんま	14,516	14,416	11,678	9,748	6,732
くじら	636	483	485	458	370
いか	1,735	1,587	1,624	1,142	977
その他魚類	698	597	444	423	457
かき	171	203	90	61	66
赤貝	1,000	951	870	522	209
あさり	382	366	388	520	530
ほたて貝	2,232	1,523	1,301	1,201	975
その他貝類	442	518	586	588	532
水産加工品	1,967	1,870	1,731	1,581	1,630
大缶	26	14	20	14	28
瓶詰	8,308	8,187	8,628	7,727	7,456
のり	5,728	5,726	6,218	5,487	5,201
その他水産	2,579	2,461	2,410	2,239	2,254

資料：日本缶詰びん詰レトルト食品協会「水産缶びん詰生産数量の推移」

Ⅶ 保険・共済
1 漁船保険（各年度末現在）
(1) 引受実績

区分	単位	平成25年度	26	27	28	29
計						
隻数	隻	175,985	173,255	170,465	167,711	164,784
総トン数	千T	821	801	779	772	763
保険価額	100万円	1,070,481	1,073,283	1,066,313	1,072,642	1,087,807
保険金額	〃	1,016,222	1,021,902	1,016,287	1,019,676	1,035,054
純保険料	〃	14,592	17,373	17,132	16,935	16,865
再保険料	〃	12,816	15,357	15,144	14,962	−
動力漁船						
隻数	隻	175,726	172,990	170,198	167,450	164,525
総トン数	千T	819	799	777	770	761
保険価額	100万円	1,069,990	1,072,742	1,065,663	1,071,932	1,087,192
保険金額	〃	1,015,753	1,021,381	1,015,654	1,018,983	1,034,454
純保険料	〃	14,584	17,362	17,120	16,921	16,854
再保険料	〃	12,809	15,347	15,133	14,950	−
無動力漁船						
隻数	隻	259	265	267	261	259
総トン数	千T	2	2	2	2	2
保険価額	100万円	491	541	650	710	615
保険金額	〃	470	521	632	693	599
純保険料	〃	8	11	12	14	11
再保険料	〃	7	10	11	12	−

資料： 平成28年度まで水産庁「漁船保険統計表」。ただし、平成29年度は日本漁船保険組合資料を
もとに水産庁において作成（以下(2)まで同じ。）。
注：普通保険（普通損害＋満期）の実績である（以下(2)まで同じ。）。

(2) 支払保険金

区分	単位	平成25年度	26	27	28	29
計						
件数	件	38,198	36,682	35,732	28,711	33,601
損害額	100万円	14,429	13,623	12,632	9,749	12,506
支払保険金	〃	13,844	13,310	12,327	9,538	12,299
全損						
件数	件	264	267	260	205	272
損害額	100万円	1,308	1,847	1,146	1,067	1,545
支払保険金	〃	1,274	1,829	1,134	1,064	1,540
1) 分損						
件数	件	37,321	35,782	34,879	27,963	32,640
損害額	100万円	12,825	11,650	11,377	8,633	10,600
支払保険金	〃	12,275	11,355	11,085	8,426	10,397
救助費						
件数	件	613	633	593	520	689
損害額	100万円	296	127	109	42	362
支払保険金	〃	295	126	108	42	361

注：1)は、特別救助費・特定分損及び救助を必要とした分損事故の救助費を含む。

2 漁業共済
(1) 契約実績

区分	単位	平成25年度	26	27	28	29
漁獲共済						
件数	件	14,326	14,244	14,498	14,481	14,411
共済限度額	100万円	440,281	469,869	487,255	513,402	531,157
共済金額	〃	277,171	298,126	311,098	328,137	341,041
純共済掛金	〃	11,144	10,945	12,421	12,934	13,386
養殖共済						
件数	件	5,287	5,383	5,669	5,601	5,515
共済価額	100万円	211,752	234,884	255,343	255,339	276,859
共済金額	〃	132,886	149,783	156,871	163,035	180,205
純共済掛金	〃	2,857	3,051	3,162	3,370	3,838
特定養殖共済						
件数	件	6,496	7,178	8,335	8,321	8,574
共済限度額	100万円	104,221	107,056	113,677	121,987	131,311
共済金額	〃	78,760	80,594	85,690	92,123	100,689
純共済掛金	〃	4,846	5,033	5,069	5,401	5,950
漁業施設共済						
件数	件	35,092	36,549	30,551	29,847	29,039
共済価額	100万円	26,015	27,744	27,766	29,037	29,915
共済金額	〃	14,706	15,404	15,216	16,301	17,810
純共済掛金	〃	564	587	647	682	657

資料：全国漁業共済組合連合会資料をもとに水産庁において作成（以下(2)まで同じ。）。
注：各年度の契約実績の数値は、各当該年度内に開始した共済契約を集計。（平成30年3月末時点）

(2) 支払実績

区分	単位	平成25年度	26	27	28	29
漁獲共済						
件数	件	5,161	4,453	5,282	4,173	509
支払共済金	100万円	5,548	7,924	8,347	10,178	3,882
養殖共済						
件数	件	732	863	884	1,109	864
支払共済金	100万円	848	1,768	2,085	1,823	2,126
特定養殖共済						
件数	件	2,901	1,507	1,314	964	9
支払共済金	100万円	4,428	931	1,583	1,149	7
漁業施設共済						
件数	件	746	252	1,229	737	133
支払共済金	100万円	329	112	1,343	268	263

注： 各年度の数値は、(1)の各年度内に開始した共済契約に基づき支払われた共済金の実績を
集計したものである。（平成30年3月末現在）

Ⅷ 需給と流通
1 水産物需給表
(1) 魚介類

区分	単位	平成26年度	27	28	29	30（概数値）
魚介類						
国内生産	千t	4,303	4,194	3,887	3,828	3,923
生鮮・冷凍	〃	2,025	1,900	1,660	1,806	1,858
塩干・くん製・その他	〃	1,540	1,463	1,435	1,244	1,304
かん詰	〃	210	202	196	187	187
飼肥料	〃	528	629	596	591	574
輸入	〃	4,322	4,263	3,852	4,086	4,049
生鮮・冷凍	〃	1,001	1,004	998	1,013	954
塩干・くん製・その他	〃	1,967	2,007	1,947	2,060	2,005
缶詰	〃	137	141	154	160	163
飼肥料	〃	1,217	1,111	753	853	927
輸出	〃	567	627	596	656	808
生鮮・冷凍	〃	476	527	495	551	722
塩干・くん製・その他	〃	79	91	87	75	59
缶詰	〃	7	5	7	8	6
飼肥料	〃	5	4	7	22	21
国内消費仕向	〃	7,891	7,663	7,365	7,382	7,157
生鮮・冷凍	〃	2,538	2,378	2,180	2,250	2,094
塩干・くん製・その他	〃	3,404	3,366	3,325	3,228	3,253
缶詰	〃	337	338	343	340	345
飼肥料	〃	1,612	1,581	1,517	1,564	1,465
国民一人1日当たり供給純食料	g	72.7	70.3	68.0	66.9	65.5
生鮮・冷凍	〃	29.4	27.5	25.4	25.9	24.1
塩干・くん製・その他	〃	39.4	38.9	38.7	37.1	37.4
缶詰	〃	3.9	3.9	4.0	3.9	4.0
飼肥料	〃	0.0	0.0	0.0	0.0	0.0

資料：農林水産省大臣官房政策課食料安全保障室「食料需給表」（以下(2)まで同じ。）

(2) 海藻類・鯨肉

単位：千t

区分	平成26年度	27	28	29	30（概数値）
海藻類					
国内生産	93	99	94	96	93
輸入	48	45	45	46	46
輸出	2	2	2	2	2
国内消費仕向	139	142	137	140	137
食用	114	119	116	117	115
加工用	25	23	21	23	22
鯨肉					
国内生産	2	3	3	2	3
輸入	2	1	1	1	0
輸出	0	0	0	0	0
国内消費仕向	5	5	3	2	3

注：海藻類は、乾燥重量である。

2　産地品目別上場水揚量

単位：t

品目		平成26年	27	28	29	30
まぐろ	（生鮮）	3,671	3,632	3,803	4,189	3,733
〃	（冷凍）	1,940	2,631	2,895	2,945	3,333
びんなが	（生鮮）	37,244	35,085	26,542	29,837	28,056
〃	（冷凍）	16,795	11,659	10,583	11,567	8,283
めばち	（生鮮）	4,491	4,057	4,404	4,806	4,126
〃	（冷凍）	23,576	25,370	22,728	18,900	16,606
きはだ	（生鮮）	4,843	7,096	10,971	7,411	10,637
〃	（冷凍）	28,964	31,509	27,908	35,193	27,452
かつお	（生鮮）	49,063	54,334	53,829	50,827	46,973
〃	（冷凍）	197,660	182,153	177,808	158,614	196,348
まいわし		143,520	228,917	335,065	457,914	460,464
うるめいわし		58,319	83,840	76,070	57,485	33,190
かたくちいわし		128,022	75,646	69,298	128,666	31,776
まあじ		119,528	132,845	113,243	124,195	92,523
むろあじ		13,932	9,951	19,176	13,810	7,914
さば類		461,751	517,358	506,190	489,638	526,199
さんま		226,506	113,036	110,405	58,135	112,827
ぶり類		98,802	98,600	83,986	93,822	66,000
かれい類	（生鮮）	27,985	25,242	25,520	27,100	20,690
たら	（生鮮）	45,227	40,645	35,387	36,759	40,721
ほっけ		19,162	9,917	7,997	8,710	18,538
1) するめいか	（生鮮）	119,169	86,552	40,966	34,424	26,449
1) 〃	（冷凍）	26,230	24,609	21,492	18,690	12,571

資料：水産庁「水産物流通調査　産地水産物流通調査」
注：1　産地卸売市場に上場された水産物の数量である（搬入量は除く。）。
　　2　水揚げ量は、市場上場量のみである。
　　1)は、「まついか類」を含む。

3 産地市場の用途別出荷量（平成29年）

単位：t

品目	計	生鮮食用	ねり製品・すり身	缶詰	その他の食用加工品	魚油・飼肥料	養殖用又は漁業用餌料
1) 合計	1,248,956	348,717	33,063	61,871	456,374	61,183	287,748
生鮮品計	1,060,324	283,080	33,063	51,509	343,741	61,183	287,748
まぐろ	3,013	3,013	－	－	－	－	－
めばち	2,553	2,468	－	－	85	－	－
きはだ	3,325	3,198	－	－	127	－	－
かつお	25,937	24,194	－	1,233	510	－	－
さけ・ます類	23,852	7,024	－	－	16,828	－	－
まいわし	327,278	52,606	24,867	18,073	57,007	47,764	126,961
かたくちいわし	22,644	470	－	－	4,164	7	18,003
まあじ	99,224	34,956	6,227	－	29,596	－	28,445
さば類	392,475	65,231	1,008	24,836	180,501	10,377	110,522
さんま	57,656	32,688	－	7,367	10,751	3,035	3,815
ぶり類	49,593	31,863	－	－	17,730	－	－
かれい類	10,828	6,043	－	－	4,785	－	－
たら	23,916	11,687	961	－	11,268	－	－
するめいか	18,030	7,639	－	－	10,389	－	2
冷凍品計	188,632	65,637	－	10,362	112,633	－	－
まぐろ	1,966	1,966	－	－	－	－	－
めばち	13,787	13,787	－	－	－	－	－
きはだ	29,774	24,865	－	446	4,463	－	－
かつお	129,995	21,750	－	9,737	98,508	－	－
するめいか	13,110	3,269	－	179	9,662	－	－

資料：水産庁「水産物流通調査 産地水産物流通調査」
注：産地32漁港における19品目別上場水揚量の用途別出荷量を調査した結果である。
　　1)の合計は、調査した19品目の積み上げ値であり、生鮮品及び冷凍品の各計は、それぞれ
　の品目の積み上げ値である。

4 魚市場数及び年間取扱高

年次	魚市場数	年間取扱高							
		数量					金額		
		総数	活魚	水揚量	搬入量	輸入品	総額	活魚	輸入品
	市場	千t	千t	千t	千t	千t	億円	億円	億円
平成25年	859	5,870	219	3,465	2,405	283	27,626	1,867	2,745
30（概数値）	803	5,870	228	3,987	1,883	140	26,347	2,316	1,646

資料：農林水産省統計部「漁業センサス」（以下6まで同じ。）
注：平成25年は平成26年1月1日現在、30年は平成31年1月1日現在の結果である（以下6まで同じ。）。

5 冷凍・冷蔵工場数、冷蔵能力及び従業者数

年次	冷凍・冷蔵工場数計	冷蔵能力計	1日当たり凍結能力	従業者数	外国人
	工場	千t	t	人	人
平成25年	5,357	11,326	212,672	150,559	10,154
30(概数値)	4,906	11,528	244,029	141,531	13,997

6 営んだ加工種類別水産加工場数及び従業者数

年次	水産加工場数計(実数)	缶・びん詰	焼・味付のり	寒天	油脂	飼肥料	ねり製品(実数)	かまぼこ類	魚肉ハム・ソーセージ類	冷凍食品
	工場	工場	工場	工場	工場	工場	工場	工場	工場	工場
平成25年	8,514	155	355	42	23	141	1,432	1,413	34	883
30(概数値)	7,291	161	313	30	27	113	1,143	1,130	25	918

年次	素干し品	塩干品	煮干し品	塩蔵品	くん製品	節製品	その他の食用加工品	生鮮冷凍水産物	従業者数	外国人
	工場	工場	工場	工場	工場	工場	工場	工場	人	人
平成25年	742	1,922	1,280	842	206	641	2,769	1,580	188,235	13,458
30(概数値)	553	1,644	1,051	770	214	530	2,442	1,405	171,618	17,345

7 1世帯当たり年間の購入数量（二人以上の世帯・全国）

単位：g

品目	平成26年	27	28	29	30
魚介類					
鮮魚					
まぐろ	2,312	2,183	2,260	2,122	1,929
あじ	1,055	1,129	1,219	1,120	932
いわし	688	777	765	726	642
かつお	968	1,004	974	803	815
かれい	1,047	950	889	823	713
さけ	2,576	2,728	2,744	2,487	2,507
さば	1,148	1,100	966	906	966
さんま	1,562	1,414	1,221	918	1,135
たい	603	580	582	529	423
ぶり	1,940	1,963	1,836	1,873	1,617
1)いか	2,085	1,985	1,577	1,226	1,154
1)たこ	681	679	692	697	539
2)えび	1,330	1,390	1,393	1,337	1,347
2)かに	552	555	488	439	358
他の鮮魚	5,006	4,747	4,722	4,415	4,333
さしみ盛合わせ	1,790	1,688	1,702	1,670	1,468
3)貝類					
あさり	916	904	879	849	705
しじみ	290	298	282	270	286
かき（貝）	502	484	471	502	467
ほたて貝	519	487	440	330	393
他の貝	281	275	269	249	202
塩干魚介					
塩さけ	1,418	1,577	1,525	1,419	1,278
たらこ	739	756	712	689	665
しらす干し	519	524	541	537	398
干しあじ	774	697	710	652	575
他の塩干魚介	4,558	4,556	4,358	4,405	4,051
他の魚介加工品					
かつお節・削り節	277	303	241	236	227
乾物・海藻					
4)わかめ	860	904	918	876	865
5)こんぶ	318	318	306	263	277

資料：総務省統計局「家計調査年報」
注：1)は、ゆでを含む。
　　2)は、ゆで、蒸しを含む。
　　3)は、殻付き、むき身、ゆで物、蒸し物を含む。
　　4)は、生わかめ、干わかめなどをいう。
　　5)は、だしこんぶ、とろろこんぶ、蒸しこんぶなどをいう。

8　輸出入量及び金額

品目名	単位	平成29年		30	
		数量	金額	数量	金額
			千円		千円
輸出					
たい（活）	t	2,164	1,965,281	2,868	2,982,546
さけ・ます（生鮮・冷蔵・冷凍）	〃	11,968	5,613,622	10,186	4,906,957
ひらめ・かれい（生鮮・冷蔵・冷凍）	〃	7,483	1,611,661	5,360	1,246,023
まぐろ（生鮮・冷蔵・冷凍）	〃	21,506	10,875,691	21,879	12,214,646
かつお（生鮮・冷蔵・冷凍）	〃	15,928	3,386,495	34,197	5,728,310
いわし（生鮮・冷蔵・冷凍）	〃	61,923	5,298,518	99,325	8,310,115
さば（生鮮・冷蔵・冷凍）	〃	232,084	21,884,589	249,517	26,689,760
すけそうだら（生鮮・冷蔵・冷凍）	〃	9,754	1,873,157	8,764	1,787,845
さめ（生鮮・冷蔵・冷凍）	〃	5,368	598,047	4,829	506,766
さんま（冷凍）	〃	7,587	1,043,218	8,470	1,226,519
ぶり（生鮮・冷蔵・冷凍）	〃	9,047	15,380,051	9,000	15,765,122
いせえび、ロブスター、シュリンプ、プローン等（えび）（冷凍）	〃	362	381,460	401	459,631
かに（冷凍）	〃	1,083	1,198,483	1,136	1,392,415
スキャロップ（ホタテ貝）（活・生鮮・冷蔵・冷凍・乾燥・塩蔵）	〃	47,817	46,253,598	84,443	47,674,671
いか（活・生鮮・冷蔵・冷凍）	〃	3,424	2,455,105	3,792	2,571,628
たこ（活・生鮮・冷蔵・冷凍・乾燥・塩蔵）	〃	835	830,326	627	774,659
ほや（活・生鮮・冷蔵）	〃	5,114	1,104,772	4,215	775,704
干しこんぶ	〃	404	659,128	460	812,984
いわし（気密容器入り）	〃	34	26,339	104	59,411
まぐろ（気密容器入り）	〃	475	510,793	397	557,384
はがつお・かつお（気密容器入り）	〃	19	35,352	135	155,194
さば（気密容器入り）	〃	3,387	1,658,290	2,256	1,101,995
魚肉ソーセージ・かまぼこ等ねり製品	〃	11,451	9,519,939	12,957	10,666,655
かき（気密容器入り）	〃	139	369,312	74	189,880
天然・養殖の真珠・真珠製品	kg	53,568	36,298,571	45,223	37,325,361

資料：財務省関税局「貿易統計」をもとに農林水産省統計部にて作成。
注：1　（活）は、生きているものである。
　　2　（塩蔵）は、塩水漬けを含む。

8 輸出入量及び金額（続き）

品目名	単位	平成29年		30	
		数量	金額	数量	金額
			千円		千円
輸入					
うなぎ 養殖用の稚魚（活）	t	1	1,481,496	7	20,980,941
うなぎ その他のもの（活）	〃	6,816	18,173,381	8,813	30,913,804
さけ科のもの（生鮮・冷蔵・冷凍）	〃	226,593	223,529,284	235,131	225,670,515
ひらめ・かれい類（生鮮・冷蔵・冷凍）	〃	41,170	25,154,656	36,176	25,153,760
まぐろ（生鮮・冷蔵・冷凍）	〃	200,098	196,747,973	188,931	194,878,422
かつお（生鮮・冷蔵・冷凍）	〃	47,350	8,564,628	32,285	5,223,782
にしん（生鮮・冷蔵・冷凍）	〃	32,957	5,471,497	26,648	4,473,703
いわし（生鮮・冷蔵・冷凍）	〃	762	118,667	306	77,189
さば（生鮮・冷蔵・冷凍）	〃	63,386	13,581,109	68,966	16,015,335
あじ（冷凍）	〃	22,891	4,756,075	16,505	3,563,086
かじき・めかじき（生鮮・冷蔵・冷凍）	〃	10,126	6,539,328	11,154	7,428,547
コッド（まだら）（生鮮・冷蔵・冷凍）	〃	17,646	8,988,107	13,183	7,446,952
たい（生鮮・冷蔵・冷凍）	〃	136	34,347	167	46,089
ぶり（生鮮・冷蔵・冷凍）	〃	332	78,309	49	27,983
さわら（生鮮・冷蔵・冷凍）	〃	1,644	934,573	1,901	1,073,476
ふぐ（生鮮・冷蔵・冷凍）	〃	4,931	1,973,920	3,477	1,193,367
さんま（冷凍）	〃	5,037	975,488	4,774	891,231
えび類（いせえび、ロブスター、シュリンプ、プローン等）（活・生鮮・冷蔵・冷凍）	〃	174,939	220,481,374	158,488	194,107,674
かに（活・生鮮・冷蔵・冷凍）	〃	29,745	59,565,610	26,892	61,372,496
スキャロップ（ホタテ貝）（活・生鮮・冷蔵・冷凍）	〃	207	183,540	233	201,256
いか（活・生鮮・冷蔵・冷凍）	〃	125,082	77,597,058	102,528	70,051,901
たこ（活・生鮮・冷蔵・冷凍）	〃	45,423	41,642,585	34,514	42,395,022
あさり（活・生鮮・冷蔵・冷凍）	〃	43,663	9,056,961	35,452	7,344,503
あわび（活・生鮮・冷蔵・冷凍）	〃	2,332	8,038,896	2,322	7,540,137
しじみ（活・生鮮・冷蔵・冷凍）	〃	3,735	669,064	3,744	713,007
うに	〃	11,017	21,147,482	10,786	20,184,070
1) 乾のり	〃	2,142	7,117,449	2,281	6,442,398
わかめ	〃	23,215	10,598,298	23,730	10,187,020
かつお（気密容器入り）	〃	15,033	8,900,455	15,754	9,572,374
まぐろ（気密容器入り）	〃	30,841	18,107,466	31,866	20,037,706
かつお節	〃	5,621	4,891,391	4,427	3,670,705
天然・養殖の真珠・真珠製品	－	…	41,659,935	…	41,744,569

注： 1)は、海草その他藻類で食用に適するもののうち、長方形（正方形を含む）の紙状に
抄製したもので、1枚の面積が430c㎡／枚以下のものである。

IX 価格
1 品目別産地市場卸売価格（1kg当たり）

単位：円

品目		平成26年	27	28	29	30
まぐろ	（生鮮）	1,789	1,907	1,776	1,900	2,020
〃	（冷凍）	1,986	1,778	1,789	1,784	1,713
びんなが	（生鮮）	330	399	413	384	424
〃	（冷凍）	316	398	350	345	368
めばち	（生鮮）	1,384	1,514	1,461	1,339	1,423
〃	（冷凍）	956	937	1,025	1,149	1,065
きはだ	（生鮮）	871	989	739	938	877
〃	（冷凍）	404	387	402	447	474
かつお	（生鮮）	368	364	354	378	312
〃	（冷凍）	172	193	203	256	192
まいわし		67	59	52	49	42
うるめいわし		65	53	62	57	69
かたくちいわし		51	46	50	45	55
まあじ		197	179	191	175	199
むろあじ		137	160	120	91	100
さば類		99	80	81	85	97
さんま		115	219	213	257	186
ぶり類		312	315	379	363	301
かれい類	（生鮮）	373	405	370	329	351
たら	（生鮮）	238	314	327	298	250
ほっけ		184	247	213	152	96
1) するめいか	（生鮮）	276	289	531	570	555
1) 〃	（冷凍）	338	376	633	618	609

資料：水産庁「水産物流通調査　産地水産物流通調査」
注：1　産地卸売市場に上場された水産物の数量である（搬入量は除く。）。
　　2　水揚げ量は、市場上場量のみである。
　　1)は、「まついか類」を含む。

2　年平均小売価格（東京都区部）

単位：円

品目	銘柄	数量単位	平成26年	27	28	29	30
まぐろ	めばち又はきはだ、刺身用、さく、赤身	100g	390	403	398	422	453
あじ	まあじ、丸（長さ約15cm以上）	〃	109	110	104	109	110
いわし	まいわし、丸（長さ約12cm以上）	〃	94	92	91	83	88
1）かつお	たたき、刺身用、さく	〃	…	191	189	206	196
かれい	まがれい、あかがれい、むしがれい又はまこがれい、丸（長さ約20cm以上）	〃	154	153	148	…	…
さけ	トラウトサーモン、ぎんざけ、アトランティックサーモン（ノルウェーサーモン）、べにざけ又はキングサーモン、切り身、塩加工を除く。	〃	276	282	287	311	324
さば	まさば又はごまさば、切り身	〃	109	111	116	122	120
さんま	丸（長さ約25cm以上）	〃	85	80	86	95	104
たい	まだい、刺身用、さく	〃	575	581	585	595	631
ぶり	切り身（刺身用を除く。）	〃	256	260	262	262	276
いか	するめいか、丸	〃	93	96	119	141	140
たこ	まだこ、ゆでもの又は蒸しもの	〃	277	288	284	297	374
えび	輸入品、冷凍、パック包装又は真空包装、無頭（10〜14尾入り）	〃	313	325	321	321	316
あさり	殻付き	〃	122	123	124	122	120
かき（貝）	まがき、むき身	〃	363	399	391	359	349
ほたて貝	むき身（天然ものを除く。）、ゆでもの又は蒸しもの	〃	224	226	255	295	294
塩さけ	ぎんざけ、切り身	100g	187	190	192	210	216

資料：総務省統計局「小売物価統計調査年報」
注：1）は、平成27年1月から調査を開始した。

単位：円

品目	銘柄	数量単位	平成26年	27	28	29	30
たらこ	並	100 g	436	428	435	439	456
しらす干し	並	〃	389	423	458	472	563
干しあじ	まあじ、開き、並	〃	160	170	168	168	167
煮干し	かたくちいわし、並	〃	230	233	237	241	232
ししゃも	子持ちししゃも、カラフトシシャモ（カペリン）、8〜12匹入り、並	〃	140	144	172	197	178
2) 揚げかまぼこ	さつま揚げ、並	〃	107	110	111	110	111
3) ちくわ	焼きちくわ（煮込み用を除く。）、袋入り（3〜6本入り）、並	〃	95	102	103	103	103
かまぼこ	蒸かまぼこ、板付き、内容量80〜140 g、普通品	〃	138	148	152	154	155
かつお節	かつおかれぶし削りぶし、パック入り（2.5 g×10袋入り）、普通品	1パック	261	255	246	250	266
塩辛	いかの塩辛、並	100 g	164	172	181	205	245
2) 魚介漬物	みそ漬、さわら又はさけ、並	〃	222	226	227	233	235
4) 魚介つくだ煮	小女子、ちりめん又はしらす、パック入り又は袋入り（50〜150g入り）、並	〃	471	491	496	488	524
いくら	さけ卵、塩漬又はしょう油漬、並	〃	1,203	1,196	1,228	1,505	1,951
2) 魚介缶詰	まぐろ缶詰、油漬、きはだまぐろ、フレーク、内容量70 g入り、3缶又は4缶パック	1缶	123	121	121	120	118
2) 干しのり	焼きのり、袋入り（全形10枚入り）、普通品	1袋	408	414	425	433	439
わかめ	生わかめ、湯通し塩蔵わかめ（天然ものを除く。）、国産品、並	100 g	272	267	275	274	289
こんぶ	だしこんぶ、国産品、並	〃	647	643	630	628	639
ひじき	乾燥ひじき、芽ひじき、国産品、並	〃	1,343	1,385	1,433	1,573	1,826

注：2)は、平成28年1月に品目の名称及び基本銘柄を改正した。
　　3)は、平成29年1月に基本銘柄を改正した。
　　4)は、平成30年7月に基本銘柄を改正した。

Ｘ　水産資源の管理
1　資源管理・漁場改善の取組（平成30年11月１日現在）
(1)　主な管理対象魚種別延べ取組数

単位：取組

区分	計(実数)	ひらめ	あわび類	まだい	かれい類	いか類	その他のたい類	たこ類	さざえ	なまこ類	うに類
全国	5,476	1,013	768	710	582	496	442	439	438	405	336

資料：農林水産省統計部「2018年漁業センサス（概数値）」（以下２まで同じ。）

(2)　漁業資源の管理内容別取組数

単位：取組

区分	計(実数)	漁獲（採捕・収獲）枠の設定	漁業資源の増殖	その他
全国	3,006	872	1,930	681

(3)　漁場の保全・管理内容別取組数（複数回答）

単位：取組

区分	計(実数)	漁場の保全	藻場・干潟の維持管理	薬品等の不使用の取組	漁場の造成	漁場利用の取決め	その他
全国	2,160	1,025	379	168	431	1,135	482

(4)　漁獲の管理内容別取組数（複数回答）

単位：取組

区分	漁法（養殖方法）の規制	漁船の使用規制	漁具の規制	漁期の規制	出漁日数、操業時間の規制	漁獲（採捕、収獲）サイズの規制	漁獲量（採捕量、収獲量）の規制	その他
全国	768	539	1,447	2,555	1,807	2,197	797	373

2 遊漁関係団体との連携の具体的な取組別漁業地区数（平成30年）

単位：地区

区分	遊漁関係団体との連携がある漁業地区数	連携した取組の具体的内容										
		漁業資源の管理				漁場の保全・管理						
		小計（実数）	漁獲（採捕・収獲）枠の設定	漁業資源の増殖	その他	小計（実数）	漁場の保全	藻場・干潟の維持管理	薬品等の不使用の取組	漁場の造成	漁場利用の取決め	その他
全国	168	49	17	31	8	69	17	4	3	6	45	16

区分	連携した取組の具体的内容（続き）								
	漁獲の管理								
	小計（実数）	漁法（養殖方法）の規制	漁船の使用規制	漁具の規制	漁期の規制	出漁日数、操業時間の規制	漁獲（採捕、収獲）サイズの規制	漁獲量（採捕量、収獲量）の規制	その他
全国	119	10	4	31	38	31	60	43	33

XI 水産業協同組合

1 水産業協同組合・同連合会数（各年度末現在）

単位：組合

区分		平成26年度	27	28	29	30	事業別組合数（平成30年度）		
							1)信用事業	購買事業	販売事業
単位組合合計		2,448	2,431	2,445	2,435	2,406	76	989	954
沿海地区	出資漁協	964	960	958	953	943	74	840	797
〃	非出資漁協	2	2	2	2	2	−	1	0
内水面地区	出資漁協	665	663	663	660	654	1	40	77
〃	非出資漁協	155	153	152	153	154	−	0	1
業種別	出資漁協	96	93	91	89	88	1	41	41
〃	非出資漁協	5	4	4	4	4	−	1	1
漁業生産組合		458	457	479	478	467	−	−	−
水産加工業協同組合		103	99	97	96	94	0	66	37
連合会合計		148	146	145	144	144	28	55	45
出資漁連		98	97	96	96	96	−	48	42
非出資漁連		10	10	10	10	10	−	0	0
信用漁連		30	29	29	28	28	28	−	−
水産加工連		9	9	9	9	9	−	7	3
共水連		1	1	1	1	1	−	−	−

資料：水産庁「水産業協同組合年次報告」
注：1 大臣認可及び知事認可による単位組合及び連合会である。
　　2 本表では、当該組合において水産業協同組合法（昭和23年法律第242号）に基づき行うことができる業務でない場合は「−」と表示し、当該業務を水産業協同組合法上行うことができるが、当該事業年度において実績がなかった場合には「0」と表示した。
1)は、信用事業を行う組合のうち、貯金残高を有する組合の数である。

2 沿海地区出資漁業協同組合（平成29事業年度末現在）
(1) 組合員数

単位：人

組合	合計	正組合員数							准組合員数
		計	漁民				漁業生産組合	漁業を営む法人（漁業生産組合を除く。）	
			小計	漁業者	漁業従事者				
沿海地区出資漁協	294,510	136,767	134,570	115,372	19,198		111	2,086	157,743

資料：水産庁「水産業協同組合統計表」（以下(3)まで同じ。）

(2) 正組合員数別漁業協同組合数

単位：組合

組合	計	50人未満	50〜99	100〜199	200〜299	300〜499	500〜999	1,000人以上
沿海地区出資漁協	942	372	229	180	66	57	25	13

(3) 出資金額別漁業協同組合数

単位：組合

組合	計	100万円未満	100〜500	500〜1,000	1,000〜2,000	2,000〜5,000	5,000〜1億	1億円以上
沿海地区出資漁協	942	13	49	48	132	221	163	316

東日本大震災からの復旧・復興状況編

東日本大震災からの復旧・復興状況
1　甚大な被害を受けた3県（岩手県、宮城県及び福島県）の農林業経営体数
の状況
(1)　被災3県の農林業経営体数

単位：経営体

区分	農林業経営体	農業経営体	法人経営	家族経営体	組織経営体	林業経営体
平成22年	183,315	179,396	1,552	176,035	3,361	15,853
27	141,102	139,022	2,007	135,668	3,354	9,073
増減率（%）	△ 23.0	△ 22.5	29.3	△ 22.9	△ 0.2	△ 42.8
(参考)【全国】増減率（%）	△ 18.7	△ 18.0	25.3	△ 18.4	6.4	△ 37.7

資料：農林水産省統計部「農林業センサス」（以下(2)まで同じ。）

(2)　農林業経営体の経営状況の変化

単位：経営体

区分	平成22年農林業経営体 ①=③+④	(参考)避難指示区域内に所在していた農林業経営体 ②	3)継続経営体 ③	4)休廃業等 ④	新規経営体 ⑤	平成27年農林業経営体 ⑥=③+⑤
被災3県計	183,315	5,542	136,230	47,085	4,872	141,102
1)沿海市区町村	35,192	4,161	20,890	14,302	849	21,739
2)内陸市区町村	148,123	1,381	115,325	32,798	4,038	119,363
岩手県	59,301	－	46,117	13,184	2,118	48,235
宮城県	51,410	－	37,987	13,423	1,257	39,244
福島県	72,604	5,542	52,124	20,480	1,499	53,623
構成割合（%）						
被災3県計	100.0	3.0	74.3	25.7		
1)沿海市区町村	100.0	11.8	59.4	40.6		
2)内陸市区町村	100.0	0.9	77.9	22.1		
岩手県	100.0	－	77.8	22.2		
宮城県	100.0	－	73.9	26.1		
福島県	100.0	7.6	71.8	28.2		

注：本表は、2010年世界農林業センサスとの接続状況の精査により、数値が変わることがあり得る。
　　1)は、次に掲げる市区町村（平成27年2月1日現在）である。
　　　岩手県：宮古市、大船渡市、久慈市、陸前高田市、釜石市、大槌町、山田町、岩泉町、田野畑村、普代村、野田村及び洋野町
　　　宮城県：宮城野区、若林区、石巻市、塩竈市、気仙沼市、名取市、多賀城市、岩沼市、東松島市、亘理町、山元町、松島町、七ヶ浜町、利府町、女川町及び南三陸町
　　　福島県：いわき市、相馬市、南相馬市、広野町、楢葉町、富岡町、大熊町、双葉町、浪江町及び新地町
　　2)は岩手県、宮城県及び福島県に所在する市区町村のうち、1)に掲げる市区町村を除く市区町村である。
　　3)は、2010年世界農林業センサス及び2015年農林業センサスのいずれにおいても農林業経営体とされた経営体が該当する。
　　4)は、2010年世界農林業センサスにおいて農林業経営体とされたものの、2015年農林業センサスでは農林業経営体に該当しなかったもの、2015年農林業センサスでは調査が実施できなかったもの等をいう。

2 津波被災農地における年度ごとの営農再開可能面積の見通し

区分	単位	平成30年度まで累計	令和元年度	1) 2年度	1) 3年度以降	小計	2)避難指示区域	復旧対象農地計	3)転用(見込み含む)	津波被災農地合計
計	ha	18,150	270	250	860	19,530	260	19,760	1,720	21,480
岩手県	〃	550	0	0	–	550	–	550	180	730
宮城県	〃	13,610	60	40	–	13,710	–	13,710	630	14,340
福島県	〃	3,040	210	210	860	4,320	260	4,550	910	5,460
青森県・茨城県・千葉県	〃	950	–	–	–	950	–	950	–	950
復旧対象農地に対する割合	%	92	1	1	5	99	1	100		
小計に対する割合	〃	93	1	1	5	100				
津波被災農地に対する割合	〃	85	1	1	4	91	1	92	8	100

資料：農林水産省「農業・農村の復興マスタープラン」
注： 1)は、農地復旧と一体的に農地の大区画化等を実施する予定の農地（令和2年度：100ha、3年度以降：380ha）及び海水が浸入しているなど被害が甚大な農地の一部やまちづくり等で他の復旧・復興事業との調整が必要な農地（令和2年：150ha、3年度以降：480ha）である。
　　 2)は、原子力発電所事故に伴い設定されている避難指示区域の中で、避難指示解除や除染の完了等の状況を踏まえつつ、復旧に向けて取り組む農地である。
　　 3)は、農地の転用等により復旧不要となる農地（見込みを含む。）である。

3 東日本大震災による甚大な被害を受けた3県における漁業関係の動向
(1) 漁業経営体の再開経営体の状況

| 区分 | 平成20年 ① | 25 ② (③+④) | 平成25年11月1日現在の経営状況 | | | | 対前回比 (25/20) |
			新規 ③	再開 経営体等 ④ (①-⑤-⑥)	休業等 ⑤	廃業 ⑥	
	経営体	経営体	経営体	経営体	経営体	経営体	％
被災3県計	10,062	5,690	719	4,971	2,878	2,213	56.5
岩手県	5,313	3,365	507	2,858	1,001	1,454	63.3
宮城県	4,006	2,311	211	2,100	1,201	705	57.7
福島県	743	14	1	13	676	54	1.9

資料：農林水産省統計部「漁業センサス」（以下(2)まで同じ。）
注：1 「新規」には、2008年漁業センサス時において、海上作業を30日以上行わなかった世帯
を含む。
2 「再開経営体等」とは、2008年漁業センサスにおける漁業経営体のうち、平成25年11月1
日現在で漁業経営を再開している漁業経営体又は継続して漁業経営を行っている漁業経営体
をいう。
3 「休業等」とは、2008年漁業センサス時において漁業経営体だったが、平成25年11月1日
現在では休業や操業自粛等により漁業経営を行っていないもの及び過去1年間における漁業
の海上作業を30日以上行わなかった世帯をいう。

(2) 漁協等が管理・運営する漁業経営体数及び漁業従事者数

| 区分 | 単位 | 計 | | | 漁業協同組合等 | | | 個人経営体、会社、 共同経営等 | | |
		平成 25年	30 (概数値)	対前回比	平成 25年	30 (概数値)	対前回比	平成 25年	30 (概数値)	対前回比
				％			％			％
漁業経営体										
3県計	経営体	5,690	6,109	107.4	85	50	58.8	5,605	6,059	108.1
岩手県	〃	3,365	3,406	101.2	33	34	103.0	3,332	3,372	101.2
宮城県	〃	2,311	2,326	100.6	52	16	30.8	2,259	2,310	102.3
福島県	〃	14	377	2,692.9	－	－	－	14	377	2,692.9
漁業従事者										
3県計	人	13,827	14,475	104.7	2,525	922	36.5	11,302	13,553	119.9
岩手県	〃	6,173	6,114	99.0	1,202	776	64.6	4,971	5,338	107.4
宮城県	〃	7,245	7,255	100.1	1,323	146	11.0	5,922	7,109	120.0
福島県	〃	409	1,106	270.4	－	－	－	409	1,106	270.4

注：1 漁業従事者とは、満15歳以上で平成25、30年11月1日現在で海上作業に従事した者をいう。
2 漁業協同組合等とは、漁業協同組合（支所等含む。）と漁業生産組合をいい、復興支援
事業等を活用し、支所ごと又は養殖種類ごとに復興計画を策定し認定を受けた漁業協同組
合（支所等含む。）を含む。

3　東日本大震災による甚大な被害を受けた3県における漁業関係の動向（続き）
(3)　岩手県における漁業関係の動向
ア　漁業センサスにおける主な調査結果

区分	単位	平成25年	30（概数値）	対前回増減率 （30／25）
				%
海面漁業経営体	経営体	3,365	3,406	1.2
個人経営体	〃	3,278	3,317	1.2
団体経営体	〃	87	89	2.3
会社、共同経営、その他	〃	54	55	1.9
漁業協同組合等	〃	33	34	3.0
漁業作業従事者	人	6,173	6,114	△ 1.0
個人経営体	〃	4,004	4,564	14.0
団体経営体	〃	2,169	1,550	△ 28.5
会社、共同経営、その他	〃	967	774	△ 20.0
漁業協同組合等	〃	1,202	776	△ 35.4
漁船	隻	5,740	5,791	0.9
販売金額1位の漁業種類別				
かき類養殖	〃	79	165	108.9
わかめ類養殖	〃	195	143	△ 26.7
大型定置網	〃	149	156	4.7

資料：農林水産省統計部「2018年漁業センサス」

イ　海面漁業生産量及び漁業産出額

区分		単位	平成22年	26	27	28
海面漁業生産量	(1)	t	187,850	146,073	151,506	119,755
海面漁業	(2)	〃	136,416	114,031	108,752	85,169
たら類	(3)	〃	23,562	19,498	15,217	11,515
おきあみ類	(4)	〃	18,561	6,780	13,817	8,443
さば類	(5)	〃	19,325	8,791	17,046	13,661
まぐろ類	(6)	〃	5,450	5,195	5,289	5,091
あわび類	(7)	〃	283	304	344	286
海面養殖業	(8)	〃	51,434	32,042	42,754	34,586
わかめ類	(9)	〃	19,492	15,731	18,972	17,681
こんぶ類	(10)	〃	14,517	7,436	13,926	6,072
ほたてがい	(11)	〃	6,673	3,820	3,621	3,853
かき類（殻付き）	(12)	〃	9,578	4,774	5,755	6,024
海面漁業産出額	(13)	100万円	38,468	35,705	38,347	35,995
海面漁業	(14)	〃	28,721	30,290	30,638	27,203
たら類	(15)	〃	1,556	2,826	2,843	2,112
おきあみ類	(16)	〃	957	244	444	254
さば類	(17)	〃	1,233	646	1,185	863
まぐろ類	(18)	〃	3,803	3,929	5,263	4,087
あわび類	(19)	〃	2,627	2,841	3,587	2,225
海面養殖業	(20)	〃	9,747	5,415	7,708	8,793
わかめ類	(21)	〃	3,036	1,856	2,783	3,946
こんぶ類	(22)	〃	1,947	1,033	1,877	1,048
ほたてがい	(23)	〃	2,097	1,436	1,688	1,992
かき類	(24)	〃	2,216	950	1,205	1,545

資料：平成29年までは農林水産省統計部「漁業・養殖業生産統計」及び「漁業産出額」
　　　平成30年は農林水産省統計部「平成30年漁業・養殖業生産統計」
注：　平成29年漁業産出額の公表から、中間生産物である「種苗」を海面漁業産出額から除外するよう概念
　を変更しており、過去に遡及して推計した。

区分	単位	平成25年	30(概数値)	対前回増減率(30／25)
				%
魚市場	市場	14	14	0.0
水産物取扱数量	t	136,169	113,826	△ 16.4
水産物取扱金額	万円	3,759,894	4,012,709	6.7
冷凍・冷蔵工場	工場	145	128	△ 11.7
従業者	人	3,824	3,430	△ 10.3
冷蔵能力	t	144,650	172,902	19.5
水産加工場	工場	154	135	△ 12.3
従業者	人	4,302	3,377	△ 21.5
生産量（生鮮冷凍水産物）	t	90,063	72,829	△ 19.1

29	30(概数値)	震災前との対比					
		(26／22)	(27／22)	(28／22)	(29／22)	(30／22)	
		%	%	%	%	%	
113,231	124,000	77.8	80.7	63.8	60.3	66.0	(1)
75,792	87,500	83.6	79.7	62.4	55.6	64.1	(2)
7,423	5,600	82.8	64.6	48.9	31.5	23.8	(3)
6,346	11,400	36.5	74.4	45.5	34.2	61.4	(4)
10,101	9,200	45.5	88.2	70.7	52.3	47.6	(5)
5,014	4,100	95.3	97.0	93.4	92.0	75.2	(6)
181	200	107.4	121.6	101.1	64.0	70.7	(7)
37,439	36,500	62.3	83.1	67.2	72.8	71.0	(8)
18,908	18,200	80.7	97.3	90.7	97.0	93.4	(9)
7,460	8,100	51.2	95.9	41.8	51.4	55.8	(10)
x	x	57.2	54.3	57.7	x	x	(11)
6,420	6,600	49.8	60.1	62.9	67.0	68.9	(12)
39,336	‥	92.8	99.7	93.6	102.3	nc	(13)
29,842	‥	105.5	106.7	94.7	103.9	nc	(14)
1,623	‥	181.6	182.7	135.7	104.3	nc	(15)
622	‥	25.5	46.4	26.5	65.0	nc	(16)
1,048	‥	52.4	96.1	70.0	85.0	nc	(17)
5,352	‥	103.3	138.4	107.5	140.7	nc	(18)
1,763	‥	108.1	136.5	84.7	67.1	nc	(19)
9,494	‥	55.6	79.1	90.2	97.4	nc	(20)
4,200	‥	61.1	91.7	130.0	138.3	nc	(21)
1,285	‥	53.1	96.4	53.8	66.0	nc	(22)
x	‥	68.5	80.5	95.0	x	nc	(23)
1,781	‥	42.9	54.4	69.7	80.4	nc	(24)

3 東日本大震災による甚大な被害を受けた３県における漁業関係の動向（続き）
(4) 宮城県における漁業関係の動向
　　ア　漁業センサスにおける主な調査結果

区分	単位	平成25年	30(概数値)	対前回増減率 (30／25)
				%
海面漁業経営体	経営体	2,311	2,326	0.6
個人経営体	〃	2,191	2,214	1.0
団体経営体	〃	120	112	△ 6.7
会社、共同経営、その他	〃	68	96	41.2
漁業協同組合等	〃	52	16	△ 69.2
漁業作業従事者	人	7,245	7,255	0.1
個人経営体	〃	4,405	5,284	20.0
団体経営体	〃	2,840	1,971	△ 30.6
会社、共同経営、その他	〃	1,517	1,825	20.3
漁業協同組合等	〃	1,323	146	△ 89.0
漁船	隻	4,704	5,318	13.1
販売金額１位の漁業種類別				
かき類養殖	〃	168	241	43.5
ほたてがい養殖	〃	104	119	14.4
大型定置網	〃	38	39	2.6

資料：農林水産省統計部「2018年漁業センサス」

イ　海面漁業生産量及び漁業産出額

区分		単位	平成22年	26	27	28
海面漁業生産量	(1)	t	347,911	251,213	242,072	247,737
海面漁業	(2)	〃	224,588	177,428	165,320	163,191
たら類	(3)	〃	15,148	18,447	14,410	7,965
いわし類	(4)	〃	18,593	12,759	12,678	20,409
ぶり類	(5)	〃	2,336	4,402	2,711	2,508
あじ類	(6)	〃	662	1,962	1,949	2,335
その他の魚類	(7)	〃	20,016	7,515	6,116	11,958
海面養殖業	(8)	〃	123,323	73,785	76,752	84,546
わかめ類	(9)	〃	19,468	13,255	15,702	16,384
のり類	(10)	〃	24,417	14,170	14,923	x
かき類（殻付き）	(11)	〃	41,653	20,865	18,691	19,061
ほたてがい	(12)	〃	12,822	8,742	8,670	7,840
海面漁業産出額	(13)	100万円	77,081	66,585	73,405	75,497
海面漁業	(14)	〃	52,353	47,279	53,049	52,651
たら類	(15)	〃	2,559	3,229	3,357	2,283
いわし類	(16)	〃	964	886	734	1,097
ぶり類	(17)	〃	362	740	569	580
あじ類	(18)	〃	85	657	618	680
その他の魚類	(19)	〃	4,984	2,450	2,206	4,800
海面養殖業	(20)	〃	24,728	19,306	20,356	22,846
わかめ類	(21)	〃	3,310	2,439	3,042	4,262
のり類	(22)	〃	5,340	3,457	3,946	x
かき類	(23)	〃	4,904	3,063	3,217	2,898
ほたてがい	(24)	〃	3,385	2,815	3,402	3,662

資料：平成29年までは農林水産省統計部「漁業・養殖業生産統計」及び「漁業産出額」
　　　平成30年は「平成30年漁業・養殖業生産統計」
注：　平成29年漁業産出額の公表から、中間生産物である「種苗」を海面漁業産出額から除外するよう概念
　　　を変更しており、過去に遡及して推計した。

区分	単位	平成25年	30(概数値)	対前回増減率(30/25)
				%
魚市場	市場	10	10	0.0
水産物取扱数量	t	317,815	334,686	5.3
水産物取扱金額	万円	12,536,124	13,659,700	9.0
冷凍・冷蔵工場	工場	183	208	13.7
従業者	人	5,364	7,601	41.7
冷蔵能力	t	494,183	503,434	1.9
水産加工場	工場	293	291	△ 0.7
従業者	人	8,644	9,964	15.3
生産量（生鮮冷凍水産物）	t	113,507	162,391	43.1

29	30(概数値)	震災前との対比					
		(26/22)	(27/22)	(28/22)	(29/22)	(30/22)	
		%	%	%	%	%	
249,746	258,900	72.2	69.6	71.2	71.8	74.4	(1)
158,328	179,700	79.0	73.6	72.7	70.5	80.0	(2)
5,574	4,500	121.8	95.1	52.6	36.8	29.7	(3)
18,717	38,300	68.6	68.2	109.8	100.7	206.0	(4)
5,597	3,300	188.4	116.1	107.4	239.6	141.3	(5)
1,853	600	296.4	294.4	352.7	279.9	90.6	(6)
10,746	13,500	37.5	30.6	59.7	53.7	67.4	(7)
91,418	79,200	59.8	62.2	68.6	74.1	64.2	(8)
19,113	16,100	68.1	80.7	84.2	98.2	82.7	(9)
16,079	13,000	58.0	61.1	x	65.9	53.2	(10)
24,417	25,300	50.1	44.9	45.8	58.6	60.7	(11)
4,695	2,800	68.2	67.6	61.1	36.6	21.8	(12)
81,944	‥	86.4	95.2	97.9	106.3	nc	(13)
56,326	‥	90.3	101.3	100.6	107.6	nc	(14)
1,450	‥	126.2	131.2	89.2	56.7	nc	(15)
986	‥	91.9	76.1	113.8	102.3	nc	(16)
1,052	‥	204.4	157.2	160.2	290.6	nc	(17)
559	‥	772.9	727.1	800.0	657.6	nc	(18)
4,535	‥	49.2	44.3	96.3	91.0	nc	(19)
25,618	‥	78.1	82.3	92.4	103.6	nc	(20)
4,432	‥	73.7	91.9	128.8	133.9	nc	(21)
5,874	‥	64.7	73.9	x	110.0	nc	(22)
3,214	‥	62.5	65.6	59.1	65.5	nc	(23)
2,465	‥	83.2	100.5	108.2	72.8	nc	(24)

3 東日本大震災による甚大な被害を受けた3県における漁業関係の動向（続き）
(5) 福島県における漁業関係の動向
ア 漁業センサスにおける主な調査結果

区分	単位	平成25年	30(概数値)	対前回増減率 (30／25)
				%
海面漁業経営体	経営体	14	377	2,592.9
個人経営体	〃	-	354	nc
団体経営体	〃	14	23	64.3
会社、共同経営、その他	〃	14	23	64.3
漁業協同組合等	〃	-	-	nc
漁業作業従事者	人	409	1,106	170.4
個人経営体	〃	-	776	nc
団体経営体	〃	409	330	△ 19.3
会社、共同経営、その他	〃	409	330	△ 19.3
漁業協同組合等	〃	-	-	nc
漁船	隻	32	444	1,287.5

資料：農林水産省統計部「2018年漁業センサス」

イ 海面漁業生産量及び漁業産出額

区分		単位	平成22年	26	27	28
海面漁業生産量	(1)	t	80,398	59,790	45,446	47,944
海面漁業	(2)	〃	78,939	59,790	45,446	47,944
まぐろ類	(3)	〃	3,980	2,830	3,449	3,295
かつお	(4)	〃	2,844	2,725	2,451	704
さんま	(5)	〃	17,103	17,786	8,314	7,972
するめいか	(6)	〃	2,146	718	1,074	692
海面養殖業	(7)	〃	1,459	-	-	-
海面漁業産出額	(8)	100万円	18,713	8,616	9,531	7,938
海面漁業	(9)	〃	18,181	8,616	9,531	7,938
まぐろ類	(10)	〃	3,337	2,140	3,845	3,017
かつお	(11)	〃	693	556	674	257
さんま	(12)	〃	2,052	2,138	1,920	1,854
するめいか	(13)	〃	505	203	315	100
海面養殖業	(14)	〃	532	-	-	-

資料：平成29年までは農林水産省統計部「漁業・養殖業生産統計」及び「漁業産出額」
　　　平成30年は「平成30年漁業・養殖業生産統計」
注：　平成29年漁業産出額の公表から、中間生産物である「種苗」を海面漁業産出額から除外するよう概念
　　　を変更しており、過去に遡及して推計した。

区分	単位	平成25年	30(概数値)	対前回増減率 (30／25)
				％
魚市場	市場	1	5	400.0
水産物取扱数量	t	4,071	9,887	142.9
水産物取扱金額	万円	64,966	309,713	376.7
冷凍・冷蔵工場	工場	63	65	3.2
従業者	人	1,780	1,778	△ 0.1
冷蔵能力	t	80,000	78,847	△ 1.4
水産加工場	工場	87	102	17.2
従業者	人	1,781	2,079	16.7
生産量（生鮮冷凍水産物）	t	6,859	9,454	37.8

29	30(概数値)	震災前との対比					
		(26／22)	(27／22)	(28／22)	(29／22)	(30／22)	
		％	％	％	％	％	
52,846	50,100	74.4	56.5	59.6	65.7	62.3	(1)
52,846	50,100	75.7	57.6	60.7	66.9	63.5	(2)
2,990	3,100	71.1	86.7	82.8	75.1	77.9	(3)
2,247	1,000	95.8	86.2	24.8	79.0	35.2	(4)
5,080	7,600	104.0	48.6	46.6	29.7	44.4	(5)
531	200	33.5	50.0	32.2	24.7	9.3	(6)
−	0	−	−	−	−	−	(7)
10,105	‥	46.0	50.9	42.4	54.0	nc	(8)
10,105	‥	47.4	52.4	43.7	55.6	nc	(9)
3,302	‥	64.1	115.2	90.4	99.0	nc	(10)
733	‥	80.2	97.3	37.1	105.8	nc	(11)
1,448	‥	104.2	93.6	90.4	70.6	nc	(12)
300	‥	40.2	62.4	19.8	59.4	nc	(13)
−	‥	−	−	−	−	nc	(14)

付　　　表

Ⅰ　目標・計画・評価
1　食料・農業・農村基本計画
(1)　平成37年度における食料消費の見通し及び生産努力目標

主要品目	食料消費の見通し				生産努力目標	
	一人・1年当たり消費量		国内消費仕向量			
	平成25年度	37	25	37	25	37
	kg	kg	万 t	万 t	万 t	万 t
米	57	54	870	881	872	872
米（米粉用米・飼料用米を除く。）	57	53	857	761	859	752
米粉用米	0.1	0.7	2.0	10	2.0	10
飼料用米	－	－	11	110	11	110
小麦	33	32	699	611	81	95
大麦・はだか麦	0.3	0.2	208	213	18	22
大豆	6.1	6.0	301	272	20	32
そば	0.7	0.5	14	11	3.3	5.3
かんしょ	4.2	4.4	102	99	94	94
ばれいしょ	16	17	340	345	241	250
なたね	－	－	232	216	0.2	0.4
野菜	92	98	1,508	1,514	1,195	1,395
果実	37	40	766	754	301	309
砂糖　　　（精糖換算）	19	18	246	220	69	80
てん菜	－	－	－	－	344	368
〃　　（精糖換算）	－	－	－	－	55	62
さとうきび	－	－	－	－	119	153
〃　　（精糖換算）	－	－	－	－	14	18
茶	0.7	0.7	8.9	8.5	8.5	9.5
畜産物	－	－	－	－	－	－
生乳	89	93	1,164	1,150	745	750
牛肉	6.0	5.8	124	113	51	52
豚肉	12	12	244	227	131	131
鶏肉	12	12	220	208	146	146
鶏卵	17	17	265	251	252	241
1) 飼料作物	－	－	436	501	350	501
（参考）						
魚介類	27	30	785	842	429	515
（うち食用）	27	30	622	635	370	449
海藻類	1.0	1.0	15	15	10	11
きのこ類	3.4	3.6	53	53	46	46

資料：「食料・農業・農村基本計画」（平成27年3月31日閣議決定）（以下(3)まで同じ。）
注：本表においては、事実不詳の項目も「－」で表記している。
　　　1)は、可消化養分総量（ＴＤＮ）である。

1　食料・農業・農村基本計画（続き）
(2)　農地面積の見通し、延べ作付面積及び耕地利用率

区分	単位	平成25年	37
農地面積	万ha	454	440
	〃	（平成26年　452）	
延べ作付け面積	〃	417	443
耕地利用率	％	92	101

(3)　食料自給率の目標等

単位：％

区分	平成25年度	37
1) 供給熱量ベースの総合食料自給率	39	45
2) 生産額ベースの総合食料自給率	65	73
飼料自給率	26	40

注：　1　平成37年度における生産額ベースの総合食料自給率は、各品目の単価が現状（平成25年度）
　　　　と同水準として試算したものである。
　　　2　飼料自給率は、粗飼料及び濃厚飼料を可消化養分総量（ＴＤＮ）に換算して算出したもの
　　　　である。
　　　1)及び2)の分母・分子は次表①及び②のとおりである。

①　供給熱量ベースの総合食料自給率の分母及び分子

単位：kcal

区分	平成25年度	37
一人・1日当たり総供給熱量（分母）	2,424	2,313
一人・1日当たり国産供給熱量（分子）	939	1,040

②　生産額ベースの総合食料自給率の分母及び分子

単位：億円

区分	平成25年度	37
食料の国内消費仕向額（分母）	151,200	143,953
食料の国内生産額（分子）	98,567	104,422

2　第4次男女共同参画基本計画における成果目標
　　地域・農山漁村、環境分野における男女共同参画の推進＜成果目標＞

項目	現状	成果目標（期限）
自治会長に占める女性の割合	4.9% （平成27年）	10% （平成32年）
女性活躍推進法に基づく推進計画の策定率	－	都道府県：100% 市区：100% 町村：　70% （平成32年）
家族経営協定の締結数	54,190件 （平成25年度）	70,000件 （平成32年度）
農業委員に占める女性の割合	・ 女性委員が登用されていない 　　　　　組織数：644 （平成25年度） ・ 農業委員に占める女性の割合 　　　　　：6.3% （平成25年度）	・ 女性委員が登用されていない 　　　　　組織数：0 （平成32年度） ・ 農業委員に占める女性の割合 　：10%（早期）、更に30%を目指す （平成32年度）
農業協同組合の役員に占める女性の割合	・ 女性役員が登用されていない 　　　　　組織数：213 （平成25年度） ・ 役員に占める女性の割合：6.1% （平成25年度）	・ 女性役員が登用されていない 　　　　　組織数：0 （平成32年度） ・ 役員に占める女性の割合 　：10%（早期）、更に15%を目指す （平成32年度）

資料：「第4次男女共同参画基本計画」（平成27年12月25日閣議決定）

3 多面的機能の評価額
(1) 農業の有する多面的機能の評価額

単位：1年当たり億円

区分	洪水防止機能	河川流況安定機能	地下水かん養機能	土壌侵食（流出）防止機能	土砂崩壊防止機能	有機性廃棄物処理機能	気候緩和機能	保健休養・やすらぎ機能
評価額	34,988	14,633	537	3,318	4,782	123	87	23,758

資料： 日本学術会議「地球環境・人間生活にかかわる農業及び森林の多面的な機能の評価について（答申）」（平成13年11月）及び（株）三菱総合研究所「地球環境・人間生活にかかわる農業及び森林の多面的な機能の評価に関する調査研究報告書」（平成13年11月）による（以下(2)まで同じ。）。

注：1 農業及び森林の多面的機能のうち、物理的な機能を中心に貨幣評価が可能な一部の機能について、日本学術会議の特別委員会等の討議内容を踏まえて評価を行ったものである（以下(2)まで同じ。）。

　　2 機能によって評価手法が異なっていること、また、評価されている機能が多面的機能全体のうち一部の機能にすぎないこと等から、合計額は記載していない（以下(2)まで同じ。）。

　　3 保健休養・やすらぎ機能については、機能のごく一部を対象とした試算である。

(2) 森林の有する多面的機能の評価額

単位：1年当たり億円

区分	二酸化炭素吸収機能	化石燃料代替機能	表面侵食防止機能	表層崩壊防止機能	洪水緩和機能	水資源貯留機能	水質浄化機能	保健・レクリエーション機能
評価額	12,391	2,261	282,565	84,421	64,686	87,407	146,361	22,546

注：保健・レクリエーション機能については、機能のごく一部を対象とした試算である。

(3) 水産業・漁村の有する多面的機能の評価額

単位：1年当たり億円

区分	物質循環補完機能	環境保全機能	生態系保全機能	生命財産保全機能	防災・救援機能	1) 保養・交流・教育機能
評価額	22,675	63,347	7,684	2,017	6	13,846

資料： 日本学術会議「地球環境・人間生活にかかわる水産業及び漁村の多面的な機能の内容及び評価について（答申）」（平成16年8月3日）の別紙「水産業・漁村の持つ多面的な機能の評価（試算）」（株式会社三菱総合研究所による試算（2004年））

注：1 水産業・漁村の多面的な機能の経済価値の全体を表すものではない。

　　2 各項目の表す機能のうち、貨幣評価が可能な一部の機能について代替法により評価額を算出した。

　　1)保養・交流・教育機能は、旅行費用法による。

4　森林・林業基本計画
(1)　森林の有する多面的機能の発揮に関する目標

区分	単位	平成27年	目標とする森林の状態			(参考)指向する森林の状態
			平成32年	37	47	
森林面積						
合計	万ha	2,510	2,510	2,510	2,510	2,510
育成単層林	〃	1,030	1,020	1,020	990	660
育成複層林	〃	100	120	140	200	680
天然生林	〃	1,380	1,360	1,350	1,320	1,170
総蓄積	100万㎥	5,070	5,270	5,400	5,550	5,590
1ha当たり蓄積	㎥	202	210	215	221	223
総成長量	100万㎥/年	70	64	58	55	54
1ha当たり成長量	㎥/年	2.8	2.5	2.3	2.2	2.1

資料:「森林・林業基本計画」(平成28年5月24日閣議決定)(以下(2)まで同じ。)

(2)　林産物の供給及び利用に関する目標
ア　木材供給量の目標

単位:100万㎥

区分	平成26年(実績)	32(目標)	37(目標)
木材供給量	24	32	40

イ　木材の用途別利用量の目標と総需要量の見通し

単位:100万㎥

用途区分	利用量			総需要量		
	平成26年(実績)	32(目標)	37(目標)	平成26年(実績)	32(見通し)	37(見通し)
合計	24	32	40	76	79	79
製材用材	12	15	18	28	28	28
パルプ・チップ用材	5	5	6	32	31	30
合板用材	3	5	6	11	11	11
1)燃料材	2	6	8	3	7	9
2)その他	1	1	2	1	2	2

注:用途別の利用量は、100万㎥単位で四捨五入している。
　　1)は、ペレット、薪、炭、燃料用チップである。
　　2)は、しいたけ原木、原木輸出等である。

5 水産基本計画
(1) 平成39年度における食用魚介類、魚介類全体及び海藻類の生産量及び
　　消費量の目標

区分	単位	平成26年度	27	39 （すう勢値）	39 （目標値）
食用魚介類					
生産量目標	万 t	378	362	358	387
消費量目標	〃	628	614	509	553
人口一人1年当たり消費量 　（粗食料ベース）	kg	49.4	48.3	42.7	46.4
魚介類全体					
生産量目標	万 t	430	418	411	455
消費量目標	〃	789	767	667	711
海藻類					
生産量目標	万 t	47	49	40	49
消費量目標	〃	70	71	60	66
人口一人1年当たり消費量 　（粗食料ベース）	kg	0.9	0.9	0.8	0.9

資料：「水産基本計画」（平成29年4月28日閣議決定）（以下(2)まで同じ。）

(2) 水産物の自給率の目標

単位：％

区分	平成26年度	27 （概算値）	39 （目標値）
食用魚介類	60	59	70
魚介類全体	55	54	64
海藻類	67	70	74

Ⅱ　参考資料
1　世界の国の数と地域経済機構加盟国数

区分	国数	加盟国
世界の国の数	196	日本が承認している国の数195か国と日本
国連加盟国数	193	
地域経済機構		
ASEAN Association of Southeast Asian Nations 東南アジア諸国連合	10	1967年8月設立 インドネシア、シンガポール、タイ、フィリピン、マレーシア、ブルネイ、ベトナム、ミャンマー、ラオス、カンボジア
EU European Union 欧州連合	28	1952年7月設立 イタリア、オランダ、ドイツ、フランス、ベルギー、ルクセンブルク、アイルランド、イギリス、デンマーク、ギリシャ、スペイン、ポルトガル、オーストリア、スウェーデン、フィンランド、エストニア、キプロス、スロバキア、スロベニア、チェコ、ハンガリー、ポーランド、マルタ、ラトビア、リトアニア、ブルガリア、ルーマニア、クロアチア
うちユーロ参加国	19	アイルランド、イタリア、オーストリア、オランダ、スペイン、ドイツ、フィンランド、フランス、ベルギー、ポルトガル、ルクセンブルク、ギリシャ、スロベニア、キプロス、マルタ、スロバキア、エストニア、ラトビア、リトアニア
OECD Organisation for Economic Co-operation and Development 経済協力開発機構	36	1961年9月設立 アイスランド、アイルランド、アメリカ合衆国、イギリス、イタリア、オーストリア、オランダ、カナダ、ギリシャ、スイス、スウェーデン、スペイン、デンマーク、ドイツ、トルコ、ノルウェー、フランス、ベルギー、ポルトガル、ルクセンブルク、日本、フィンランド、オーストラリア、ニュージーランド、メキシコ、チェコ、ハンガリー、ポーランド、韓国、スロバキア、チリ、スロベニア、イスラエル、エストニア、ラトビア、リトアニア
うちDAC加盟国 Development Assistance Committee 開発援助委員会	29	アイスランド、アイルランド、アメリカ合衆国、イギリス、イタリア、オーストリア、オランダ、カナダ、ギリシャ、スイス、スウェーデン、スペイン、デンマーク、ドイツ、ノルウェー、フランス、ベルギー、ポルトガル、ルクセンブルク、日本、フィンランド、オーストラリア、ニュージーランド、チェコ、ハンガリー、ポーランド、韓国、スロバキア、スロベニア

資料：総務省統計局「世界の統計　2019」
注：平成31年1月1日現在

2 計量単位
(1) 計量法における計量単位

物象の状態の量・ 計量単位（特殊の計量）	標準と なるべき 単位記号	物象の状態の量・ 計量単位（特殊の計量）	標準と なるべき 単位記号
長さ		**体積**	
1)メートル	m	1)立方メートル	m^3
2)海里（海面又は空中に 　　おける長さの計）	M又はnm	1)リットル	l又はL
		2)トン（船舶の体積の計量）	T
3)ヤード	yd	3)立方ヤード	yd^3
3)インチ	in	3)立方インチ	in^3
3)フート又はフィート	ft	3)立方フート又はフィート	ft^3
		3)ガロン	gal
質量			
1)キログラム	kg	**仕事**	
1)グラム	g	1)ジュール又はワット秒	J又はW・s
1)トン	t		
2)もんめ（真珠の質量の計量）	mom	**工率**	
3)ポンド	lb	1)ワット	W
3)オンス	oz		
		熱量	
温度		1)ワット時	W・h
1)セルシウス度又は度	℃	2)カロリー（人若しくは動物が 　　　　　　摂取する物の熱量 　　　　　　又は人若しくは動 　　　　　　物が代謝により消 　　　　　　費する熱量の計量）	cal
面積			
1)平方メートル	m^2		
1)アール（土地の面積の計量）	a		
2)ヘクタール（　〃　）	ha	2)キロカロリー（　〃　）	kcal
3)平方ヤード	yd^2		
3)平方インチ	in^2		
3)平方フート又はフィート	ft^2		
3)平方マイル	$mile^2$		

資料： 経済産業省「計量法における単位規制の概要」表１、４、５及び８より農林水産省統計部で抜粋
　　　（以下(2)まで同じ。）
注：1)は、SI単位（国際度量衡総会で決議された国際単位系）に係る計量単位
　　2)は、用途を限定する非SI単位
　　3)は、ヤード・ポンド法における単位

(2) 10の整数乗を表す接頭語

接頭語	接頭語が表す乗数	標準と なるべき 単位記号	接頭語	接頭語が表す乗数	標準と なるべき 単位記号
ヨタ	十の二十四乗	Y	デシ	十分の一	d
ゼタ	十の二十一乗	Z	センチ	十の二乗分の一	c
エクサ	十の十八乗	E	ミリ	十の三乗分の一	m
ペタ	十の十五乗	P	マイクロ	十の六乗分の一	μ
テラ	十の十二乗	T	ナノ	十の九乗分の一	n
ギガ	十の九乗	G	ピコ	十の十二乗分の一	p
メガ	十の六乗	M	フェムト	十の十五乗分の一	f
キロ	十の三乗	k	アト	十の十八乗分の一	a
ヘクト	十の二乗	h	ゼプト	十の二十一乗分の一	z
デカ	十	da	ヨクト	十の二十四乗分の一	y

(3)　計量単位換算表

計量単位（定義等）		メートル法換算	計量単位（定義等）		メートル法換算
長さ			**体積**		
海里		1,852m	トン（船舶）	（1,000/353㎥、100立方フィート）	2.832㎥
インチ	（1/36ヤード）	2.540cm	立方インチ	（1/46,656立方ヤード）	16.3871㎤
フィート	（1/3ヤード）	30.480cm	立方フィート	（1/27立方ヤード）	0.0283168㎥
ヤード		0.9144m	立方ヤード	（0.9144の3乗立方メートル）	0.76455486㎥
マイル	（1,760ヤード）	1,609.344m			
寸	（1/10尺）	3.0303cm	英ガロン		4.546092L
尺	（10/33メートル）	0.30303m	米ガロン	（0.003785412立方メートル）	3.78541L
間	（6尺）	1.8182m			
里	（12,960尺）	3.9273km	英ブッシェル	（7.996英ガロン）	36.368735L
			米ブッシェル	（9.309米ガロン）	35.239067L
質量			立方寸	（1/1,000立方尺）	27.826㎤
オンス	（1/16ポンド）	28.3495g	立方尺	（10/33の3乗立方メートル）	0.027826㎥
ポンド		0.45359237kg			
米トン (short ton)	（2,000ポンド）	0.907185t	勺（しゃく）	（1/100升）	0.018039L
英トン (long ton)	（2,240ポンド）	1.01605t	合	（1/10升）	180.39㎤
匁（もんめ）	（1/1,000貫）	3.75g	升	（2,401/1,331,000立方メートル）	1.8039L
貫		3.75kg	斗	（10升）	18.039L
斤	（0.16貫）	600g	石	（100升）	0.18039kl
				（10斗）	180.39L
面積			石（木材）	（10立方尺）	0.27826㎥
アール		100㎡			
ヘクタール	（100アール）	10,000㎡	**工率**		
平方インチ	（1/1,296平方ヤード）	6.4516㎠	英馬力		746W
平方フィート	（1/9平方ヤード）	929.03㎠	仏馬力		735.5W
平方ヤード	（0.9144の2乗平方メートル）	0.836127㎡			
平方マイル	（3,097,600平方ヤード）	2.58999k㎡	**熱量**		
エーカー		0.404686ha	カロリー	（4.184ジュール）	4,184J
		4,04686㎡		（4.184ワット秒）	4,184W・s
平方寸	（1/100平方尺）	9.1827㎠	キロカロリー	（1,000カロリー）	1,000cal
平方尺	（10/33の2乗平方メートル）	0.091827㎡			
歩又は坪	（400/121平方メートル、1平方間）	3.3058㎡			
畝（せ）	（30歩）	99.174㎡			
反	（300歩）	991.74㎡			
町	（3,000歩）	9917.4㎡			

3　農林水産省業務運営体制図
(1)　本省庁（令和元年10月1日現在）

農林水産大臣	副大臣	大臣政務官	農林水産事務次官	農林水産審議官	農林水産大臣秘書官

大臣官房長	統計部長	消費・安全局長	食料産業局長	生産局長	経営局長
総括審議官	管理課長	総務課長	総務課長	総務課長	総務課長
総括審議官(国際)	経営・構造統計課長	消費者行政・食育課長	企画課長	生産推進室長	調整室長
技術総括審議官	センサス統計室長	食品表示・規格監視室長		国際室長	経営政策課長
危機管理・政策立案総括審議官	生産流通消費統計課長	米穀流通監視室長	食文化・市場開拓課長	園芸作物課長	担い手総合対策室長
公文書監理官(サイバーセキュリティ・情報化審議官が兼務)	消費統計室長	食品安全政策課長	和食室長	園芸流通加工対策室長	農地政策課長
	統計企画管理官	食品安全科学課長	外食産業室長	花き産業・施設園芸振興室長	農地集積促進室長
サイバーセキュリティ・情報化審議官		国際基準室長	輸出促進課長	地域対策官	就農・女性課長
輸出促進審議官		農産安全管理課長	海外輸入規制対策室長	技術普及課長	女性活躍推進室長
生産振興審議官		農業対策室長	産業連携課長	生産資材対策室長	協同組織課長
審議官		畜水産安全管理課長	ファンド室長	農業環境対策課長	経営・組織対策室長
参事官		水産安全室長	知的財産課長		金融調整課長
参事官		植物防疫課長	種苗室長	畜産部長	保険課長
報道官		防疫対策室長	バイオマス循環資源課長	畜産企画課長	農業経営収入保険室長
秘書課長		国際室長	再生可能エネルギー室長	畜産総合推進室長	保険監理官
文書課長		動物衛生課長	食品産業環境対策室長	畜産経営安定対策室長	
災害総合対策室長		家畜防疫対策室長	食品流通課長	畜産振興課長	
予算課長		国際衛生対策室長	卸売市場室長	畜産技術室長	
政策課長			商品取引室長	飼料課長	
技術政策室長			食品製造課長	流通飼料対策室長	
食料安全保障室長			食品企業行動室長	牛乳乳製品課長	
環境政策室長			基準認証室長	食肉鶏卵課長	
広報評価課長				食肉需給対策室長	
広報室長				競馬監督課長	
報道室長					
情報管理室長					
情報分析室長					
地方課長					

国際部長
国際政策課長
国際戦略室長
国際経済課長
国際機構グループ長
国際地域課長
海外投資・協力グループ長

検査・監察部長
調整・監察課長
審査室長
行政監察室長
会計監査室長
検査課長

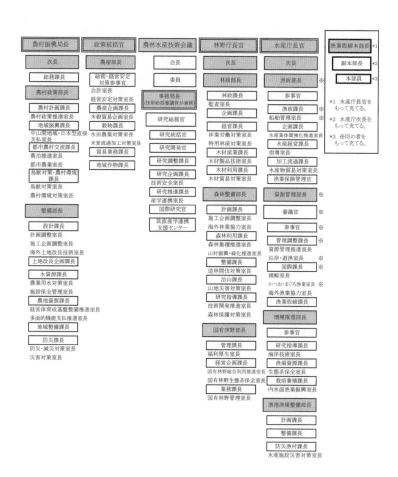

農村振興局長
　次長
　　総務課長
　　農村政策部長
　　　農村計画課長
　　　農村政策推進室長
　　　地域振興課長
　　　中山間地域・日本型直接支払室長
　　　都市農村交流課長
　　　農泊推進室長
　　　都市農業室長
　　　鳥獣対策・農村環境課長
　　　鳥獣対策室長
　　　農村環境対策室長
　　整備部長
　　　設計課長
　　　計画調整課長
　　　施工企画調整室長
　　　海外土地改良技術室長
　　　土地改良企画課長
　　　水資源課長
　　　農業用水対策室長
　　　施設保全管理室長
　　　農地資源課長
　　　経営体育成基盤整備推進室長
　　　多面的機能支払推進室長
　　　地域整備課長
　　防災課長
　　　防災・減災対策室長
　　　災害対策室長

政策統括官
　農産部長
　　総務・経営安定対策参事官
　　会計室長
　　経営安定対策室長
　　農産企画課長
　　米穀貿易企画室長
　　穀物課長
　　水田農業対策室長
　　米麦流通加工対策室長
　　貿易業務課長
　　地域作物課長

農林水産技術会議
　会長
　委員
　事務局長
　〔技術総括審議官が兼務〕
　　研究総務官
　　研究統括官
　　研究開発官
　　研究調整課長
　　研究企画課長
　　技術安全室長
　　研究推進課長
　　産学連携室長
　　国際研究官
　　筑波産学連携支援センター

林野庁長官
　次長
　林政部長
　　林政課長
　　監査室長
　　企画課長
　　経営課長
　　林業労働対策室長
　　特用林産対策室長
　　木材産業課長
　　木材製品技術室長
　　木材利用課長
　　木材貿易対策室長
　森林整備部長
　　計画課長
　　施工企画調整室長
　　海外林業協力室長
　　森林利用課長
　　森林集積推進室長
　　山村振興・緑化推進室長
　　整備課長
　　造林間伐対策室長
　　治山課長
　　山地災害対策室長
　　研究指導課長
　　技術開発推進室長
　　森林保護対策室長
　国有林野部長
　　管理課長
　　福利厚生室長
　　経営企画課長
　　国有林野総合利用推進室長
　　国有林野生態系保全室長
　　業務課長
　　国有林野管理室長

水産庁長官
　次長
　漁政部長 ※
　　参事官
　　漁政課長
　　船舶管理室長
　　企画課長
　　水産業体質強化推進室長
　　水産経営課長
　　指導室長
　　加工流通課長
　　水産物貿易対策室長
　　漁業保険管理官
　資源管理部長 ※
　　審議官 ※
　　参事官 ※
　　管理調整課長 ※
　　資源管理推進室長
　　沿岸・遊漁室長 ※
　　国際課長 ※
　　捕鯨室長
　　かつお・まぐろ漁業室長 ※
　　海外漁業協力室長 ※
　　漁業取締課長
　増殖推進部長 ※
　　参事官
　　研究指導課長
　　海洋技術室長
　　漁場資源課長
　　生態系保全室長
　　栽培養殖課長
　　内水面漁業振興室長
　漁港漁場整備部長
　　計画課長
　　整備課長
　　防災漁村課長
　　水産施設災害対策室長

漁業取締本部長 *1
副本部長 *2
本部員 *3

*1 水産庁長官をもって充てる。
*2 水産庁次長をもって充てる。
*3 ※印の者をもって充てる。

3 農林水産省業務運営体制図（続き）
(2) 地方農政局等

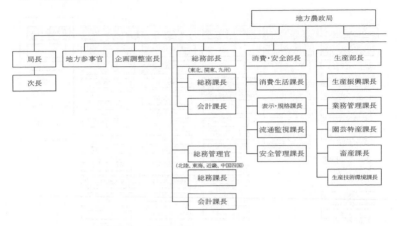

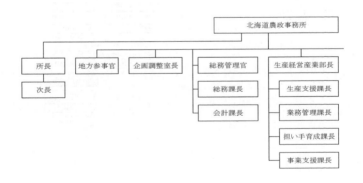

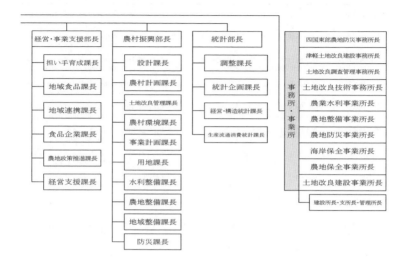

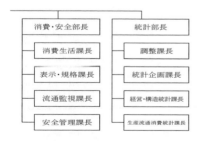

4 地方農政局等所在地

地方農政局等	郵便番号	所在地	電話番号 (代表)	インターネット ホームページアドレス
北海道農政事務所	064-8518	北海道札幌市中央区南22条西6-2-22	011-330-8800	https://www.maff.go.jp/hokkaido/
札幌地域拠点	064-8518	北海道札幌市中央区南22条西6-2-22	011-330-8821	https://www.maff.go.jp/hokkaido/sapporo/index.html
函館地域拠点	040-0032	北海道函館市新川町25-18 函館地方合同庁舎	0138-26-7800	https://www.maff.go.jp/hokkaido/hakodate/index.html
旭川地域拠点	078-8506	北海道旭川市宮前1条3-3-15 旭川地方合同庁舎	0166-30-9300	https://www.maff.go.jp/hokkaido/asahikawa/index.html
釧路地域拠点	085-0017	北海道釧路市幸町10-3 釧路地方合同庁舎	0154-23-4401	https://www.maff.go.jp/hokkaido/kushiro/index.html
帯広地域拠点	080-0016	北海道帯広市西6条南7-3 帯広地方合同庁舎	0155-24-2401	https://www.maff.go.jp/hokkaido/obihiro/index.html
北見地域拠点	090-0018	北海道北見市青葉町6-8 北見地方合同庁舎	0157-23-4171	https://www.maff.go.jp/hokkaido/kitami/index.html
東北農政局	980-0014	宮城県仙台市青葉区本町3-3-1 仙台合同庁舎A棟	022-263-1111	https://www.maff.go.jp/tohoku/index.html
青森県拠点	030-0861	青森県青森市長島1-3-25 青森法務総合庁舎	017-775-2151	https://www.maff.go.jp/tohoku/tiiki/aomori/index.html
岩手県拠点	020-0033	岩手県盛岡市盛岡駅前北通1-10 橋市盛岡ビル	019-624-1125	https://www.maff.go.jp/tohoku/tiiki/iwate/index.html
宮城県拠点	980-0014	宮城県仙台市青葉区本町3-3-1 仙台合同庁舎A棟	022-263-1111	https://www.maff.go.jp/tohoku/tiiki/miyagi/index.html
秋田県拠点	010-0951	秋田県秋田市山王7-1-5	018-862-5611	https://www.maff.go.jp/tohoku/tiiki/akita/index.html
山形県拠点	990-0023	山形県山形市松波1-3-7	023-622-7231	https://www.maff.go.jp/tohoku/tiiki/yamagata/index.html
福島県拠点	960-8073	福島県福島市南中央3-36 福島県土地改良会館	024-534-4141	https://www.maff.go.jp/tohoku/tiiki/hukusima/index.html
関東農政局	330-9722	埼玉県さいたま市中央区新都心2-1 さいたま新都心合同庁舎2号館	048-600-0600	https://www.maff.go.jp/kanto/index.html
茨城県拠点	310-0061	茨城県水戸市北見町1-9	029-221-2184	https://www.maff.go.jp/kanto/chiikinet/ibaraki/index.html
栃木県拠点	320-0806	栃木県宇都宮市中央2-1-16	028-633-3311	https://www.maff.go.jp/kanto/chiikinet/tochigi/index.html
群馬県拠点	371-0025	群馬県前橋市紅雲町1-2-2	027-221-1181	https://www.maff.go.jp/kanto/chiikinet/gunma/index.html
埼玉県拠点	330-9722	埼玉県さいたま市中央区新都心2-1 さいたま新都心合同庁舎2号館	048-740-5835	https://www.maff.go.jp/kanto/chiikinet/saitama/index.html
千葉県拠点	260-0014	千葉県千葉市中央区本千葉町10-18	043-224-5611	https://www.maff.go.jp/kanto/chiikinet/chiba/index.html

地方農政局等	郵便番号	所在地	電話番号 (代表)	インターネット ホームページアドレス
東京都拠点	135-0062	東京都江東区東雲1-9-5 東雲合同庁舎	03-5144-5255	https://www.maff.go.jp/kanto/ chiikinet/tokyo/index.html
神奈川県拠点	231-0003	神奈川県横浜市中区北仲通5-57 横浜第2合同庁舎	045-211-1331	https://www.maff.go.jp/kanto/ chiikinet/kanagawa/index.html
山梨県拠点	400-0031	山梨県甲府市丸の内1-1-18 甲府合同庁舎	055-254-6055	https://www.maff.go.jp/kanto/ chiikinet/yamanashi/index.html
長野県拠点	380-0846	長野県長野市旭町1108 長野第1合同庁舎	026-233-2500	https://www.maff.go.jp/kanto/ chiikinet/nagano/index.html
静岡県拠点	420-8618	静岡県静岡市葵区東草深町7-18	054-246-6121	https://www.maff.go.jp/kanto/ chiikinet/shizuoka/index.html
北陸農政局	920-8566	石川県金沢市広坂2-2-60 金沢広坂合同庁舎	076-263-2161	https://www.maff.go.jp/hokurik u/index.html
新潟県拠点	951-8035	新潟県新潟市中央区船場町2-3435-1	025-228-5211	https://www.maff.go.jp/hokurik u/nousei/niigata.html
富山県拠点	930-0856	富山県富山市牛島新町11-7 富山地方合同庁舎	076-441-9300	https://www.maff.go.jp/hokurik u/nousei/toyama.html
石川県拠点	921-8031	石川県金沢市野町3-1-23 金沢野町庁舎	076-241-3154	https://www.maff.go.jp/hokurik u/nousei/ishikawa.html
福井県拠点	910-0859	福井県福井市日之出3-14-15 福井地方合同庁舎	0776-30-1610	https://www.maff.go.jp/hokurik u/nousei/fukui.html
東海農政局	460-8516	愛知県名古屋市中区三の丸1-2-2 名古屋農林総合庁舎1号館	052-201-7271	https://www.maff.go.jp/tokai/i ndex.html
岐阜県拠点	500-8288	岐阜県岐阜市中鶉2-26	058-271-4044	https://www.maff.go.jp/tokai/a rea/gifu/index.html
愛知県拠点	466-0857	愛知県名古屋市昭和区安田通4-8	052-763-4492	https://www.maff.go.jp/tokai/a rea/aichi/index.html
三重県拠点	514-0006	三重県津市広明町415-1	059-228-3151	https://www.maff.go.jp/tokai/a rea/mie/index.html
近畿農政局	602-8054	京都府京都市上京区西洞院通下長者 町下ル丁子風呂町 京都農林水産総合庁舎	075-451-9161	https://www.maff.go.jp/kinki/in dex.html
滋賀県拠点	520-0044	滋賀県大津市京町3-1-1 大津びわ湖合同庁舎	077-522-4261	https://www.maff.go.jp/kinki/ti iki/siga/index_2012.html
京都府拠点	602-8054	京都府京都市上京区西洞院通下長者 町下ル丁子風呂町 京都農林水産総合庁舎	075-414-9015	https://www.maff.go.jp/kinki/ti iki/kyoto/index.html
大阪府拠点	540-0008	大阪府大阪市中央区大手前1-5-44 大阪合同庁舎1号館	06-6943-9691	https://www.maff.go.jp/kinki/ti iki/osaka/index_2012.html
兵庫県拠点	650-0024	兵庫県神戸市中央区海岸通29 神戸地方合同庁舎	078-331-9941	https://www.maff.go.jp/kinki/ti iki/kobe/index.html
奈良県拠点	630-8113	奈良県奈良市法蓮町387 奈良第3地方合同庁舎	0742-32-1870	https://www.maff.go.jp/kinki/ti iki/nara/index_2.html

4　地方農政局等所在地（続き）

地方農政局等	郵便番号	所在地	電話番号 （代表）	インターネット ホームページアドレス
和歌山県拠点	640-8143	和歌山県和歌山市二番丁3 和歌山地方合同庁舎	073-436-3831	https://www.maff.go.jp/kinki/tiiki/wakayama/index2012.html
中国四国農政局	700-8532	岡山県岡山市北区下石井1-4-1 岡山第2合同庁舎	086-224-4511	https://www.maff.go.jp/chushi/index.html
鳥取県拠点	680-0845	鳥取県鳥取市富安2-89-4 鳥取第1地方合同庁舎	0857-22-3131	https://www.maff.go.jp/chushi/nousei/tottori/index.html
島根県拠点	690-0001	島根県松江市東朝日町192	0852-24-7311	https://www.maff.go.jp/chushi/nousei/shimane/index.html
岡山県拠点	700-0927	岡山県岡山市北区西古松2-6-18 西古松合同庁舎	086-899-8610	https://www.maff.go.jp/chushi/nousei/okayama/okayama.html
広島県拠点	730-0012	広島県広島市中区上八丁堀6-30 広島合同庁舎2号館	082-228-5840	https://www.maff.go.jp/chushi/nousei/hiroshima/index.html
山口県拠点	753-0088	山口県山口市中河原町6-16 山口地方合同庁舎	083-922-5200	https://www.maff.go.jp/chushi/nousei/yamaguchi/index.html
徳島県拠点	770-0943	徳島県徳島市中昭和町2-32	088-622-6131	https://www.maff.go.jp/chushi/nousei/tokushima/index.html
香川県拠点	760-0019	香川県高松市サンポート3-33 サンポート合同庁舎南館	087-883-6500	https://www.maff.go.jp/chushi/nousei/kagawa/index.html
愛媛県拠点	790-8519	愛媛県松山市宮田町188 松山地方合同庁舎	089-932-1177	https://www.maff.go.jp/chushi/nousei/ehime/index.html
高知県拠点	780-0870	高知県高知市本町4-3-41 高知地方合同庁舎	088-875-7236	https://www.maff.go.jp/chushi/nousei/kochi/index.html
九州農政局	860-8527	熊本県熊本市西区春日2-10-1 熊本地方合同庁舎	096-211-9111	https://www.maff.go.jp/kyusyu/index.html
福岡県拠点	812-0018	福岡県福岡市博多区住吉3-17-21	092-281-8261	https://www.maff.go.jp/kyusyu/fukuoka/index.html
佐賀県拠点	840-0803	佐賀県佐賀市栄町3-51	0952-23-3131	https://www.maff.go.jp/kyusyu/saga/index.html
長崎県拠点	852-8106	長崎県長崎市岩川町16-16 長崎地方合同庁舎	095-845-7121	https://www.maff.go.jp/kyusyu/nagasaki/index.html
熊本県拠点	860-8527	熊本県熊本市西区春日2-10-1 熊本地方合同庁舎	096-211-9111	https://www.maff.go.jp/kyusyu/kumamoto/index.html
大分県拠点	870-0047	大分県大分市中島西1-2-28	097-532-6131	https://www.maff.go.jp/kyusyu/oita/index.html
宮崎県拠点	880-0801	宮崎県宮崎市老松2-3-17	0985-22-3181	https://www.maff.go.jp/kyusyu/miyazaki/index.html
鹿児島県拠点	892-0816	鹿児島県鹿児島市山下町13-21 鹿児島合同庁舎	099-222-5840	https://www.maff.go.jp/kyusyu/kagoshima/index.html
内閣府沖縄総合事務局 農林水産部農政課	900-0006	沖縄県那覇市おもろまち2-1-1 那覇第2地方合同庁舎2号館	098-866-1627	http://www.ogb.go.jp/nousui/index.html

5　「ポケット農林水産統計－令和元年版－2019」府省等別資料

府省等の名称は、令和元年 8 月 1 日現在による。
日本の政府統計が閲覧できる、政府統計ポータルサイト「e-Stat」もご利用下さい。
https://www.e-stat.go.jp/

府省等	電話番号（代表）	ホームページアドレス・資料名
内閣府	03-5253-2111	https://www.cao.go.jp/
政策統括官（経済財政分析担当）		「海外経済データ」
男女共同参画局		「第 4 次男女共同参画基本計画」
経済社会総合研究所		http://www.esri.go.jp/
		「国民経済計算年報」
日本学術会議	03-3403-3793	http://www.scj.go.jp/
総務省	03-5253-5111	https://www.soumu.go.jp/
自治財政局		「地方財政白書」
統計局	03-5273-2020	https://www.stat.go.jp/
		「国勢調査」
		「人口推計」
		「家計調査年報」
		「小売物価統計調査年報」
		「消費者物価指数年報」
		「労働力調査年報」
		「経済センサス」
		「世界の統計」
消防庁	03-5253-5111	https://www.fdma.go.jp/
		「消防白書」
財務省	03-3581-4111	https://www.mof.go.jp/
関税局		「貿易統計」
		「最近の輸出入動向」
文部科学省	03-5253-4111	https://www.mext.go.jp/
総合教育政策局		「学校基本調査報告書」
厚生労働省	03-5253-1111	https://www.mhlw.go.jp/
健康局		「国民健康・栄養調査報告」
政策統括官		「人口動態統計」
		「毎月勤労統計調査年報」
国立社会保障・人口問題研究所		http://www.ipss.go.jp/
	03-3595-2984	「日本の将来推計人口」
農林水産省	03-3502-8111	https://www.maff.go.jp/
大臣官房		「食料・農業・農村基本計画」
		「農業・農村の復興マスタープラン」
		「食料需給表」
		「食品産業動態調査」
国際部		「農林水産物輸出入概況」
統計部		「農業経営統計調査報告　営農類型別経営統計（個別経営編）」
		「農業経営統計調査報告　営農類型別経営統計（組織経営編）」
		「農業経営統計調査報告　経営形態別経営統計（個別経営）」
		「農業経営統計調査報告　農産物生産費統計」
		「農業経営統計調査報告　畜産物生産費統計」
		「生産農業所得統計」
		「市町村別農業産出額（推計）」
		「林業産出額」
		「漁業経営調査報告」

5 「ポケット農林水産統計－令和元年版－2019」府省等別資料（続き）

府省等　　電話番号（代表）　　ホームページアドレス・資料名

統計部（続き）　　　　　　　　「農業物価統計」
「生産者の米穀在庫等調査結果」
「林業経営統計調査報告」
「組織法人経営体に関する経営分析調査」
「農林業センサス報告書」
「漁業センサス報告書」
「新規就農者調査」
「漁業就業動向調査報告書」
「農業構造動態調査報告書」
「集落営農実態調査報告書」
「耕地及び作付面積統計」
「作物統計」
「野菜生産出荷統計」
「果樹生産出荷統計」
「花き生産出荷統計」
「畜産統計」
「木材需給報告書」
「木材流通構造調査報告書」
「漁業・養殖業生産統計年報」
「6次産業化総合調査」
「野生鳥獣資源利用実態調査報告」
「食品流通段階別価格形成調査報告」
「青果物卸売市場調査報告」
「畜産物流通統計」
「水産加工統計調査」
「牛乳乳製品統計」
「生鮮野菜価格動向調査報告」
「食品循環資源の再生利用等実態調査」
「農林漁業及び関連産業を中心とした産業連関表」
「農業・食料関連産業の経済計算」

消費・安全局
「食品表示法の食品表示基準に係る指示及び命令件数」
「監視伝染病の発生状況」

食料産業局
「我が国の油脂事情」
「卸売市場をめぐる情勢について」
「食品製造業におけるHACCPに沿った衛生管理の導入状況実態調査」

生産局
「地域特産野菜生産状況調査」

「特産果樹生産動態等調査」
「花木等生産状況調査」
「園芸用施設の設置等の状況」
「政令指定土壌改良資材供給量」
「飼料月報」
「農作業死亡事故」

経営局
「認定農業者の認定状況」
「家族経営協定に関する実態調査」
「農地中間管理機構の実績等に関する資料」
「農地の移動と転用」
「総合農協統計表」
「農業協同組合等現在数統計」
「農作物共済統計表」
「畑作物共済統計表」
「果樹共済統計表」

府省等	電話番号（代表）	ホームページアドレス・資料名

経営局（続き）　　　　　　　　　「園芸施設共済統計表」
　　　　　　　　　　　　　　　　「家畜共済統計表」
農村振興局
　　　　　　　　　　　　　　　　「農業基盤情報基礎調査」
　　　　　　　　　　　　　　　　「荒廃農地面積について」
　　　　　　　　　　　　　　　　「中山間地域等直接支払交付金の実施状況」
　　　　　　　　　　　　　　　　「多面的機能支払交付金の取組状況」
政策統括官
　　　　　　　　　　　　　　　　「新規需要米等の用途別作付・生産状況の推移」
　　　　　　　　　　　　　　　　「米の相対取引価格」
　　　　　　　　　　　　　　　　「全国の生産数量目標、主食用米生産量等の推移」
　　　　　　　　　　　　　　　　「都道府県別の生産数量目標、主食用米生産量等の状況」

林野庁　　03-3502-8111　　https://www.rinya.maff.go.jp/
　　　　　　　　　　　　　　　　「森林・林業基本計画」
　　　　　　　　　　　　　　　　「森林・林業統計要覧」
　　　　　　　　　　　　　　　　「特用林産基礎資料」
　　　　　　　　　　　　　　　　「木材需給表」
　　　　　　　　　　　　　　　　「木材輸入実績」
　　　　　　　　　　　　　　　　「木質バイオマスエネルギー利用動向調査」
　　　　　　　　　　　　　　　　「森林組合統計」
　　　　　　　　　　　　　　　　「森林国営保険事業統計書」
　　　　　　　　　　　　　　　　「国有林野事業統計書」

水産庁　　03-3502-8111　　https://www.jfa.maff.go.jp/
　　　　　　　　　　　　　　　　「水産基本計画」
　　　　　　　　　　　　　　　　「漁船統計表」
　　　　　　　　　　　　　　　　「漁船保険統計表」
　　　　　　　　　　　　　　　　「水産業協同組合統計表」
　　　　　　　　　　　　　　　　「水産業協同組合年次報告」
　　　　　　　　　　　　　　　　「産地水産物流通調査」
　　　　　　　　　　　　　　　　「漁港一覧」

経済産業省　03-3501-1511　　https://www.meti.go.jp/
大臣官房調査統計グループ　　　　「工業統計表」
　　　　　　　　　　　　　　　　「経済産業省生産動態統計年報　機械統計編」
　　　　　　　　　　　　　　　　「経済産業省生産動態統計年報　紙・印刷・プラスチック製品
　　　　　　　　　　　　　　　　　・ゴム製品統計編」
　　　　　　　　　　　　　　　　「商業統計表」
　　　　　　　　　　　　　　　　「海外事業活動基本調査」
　　　　　　　　　　　　　　　　「経済センサス」
商務情報政策局　　　　　　　　　「電子商取引に関する市場調査」

国土交通省　03-5253-8111　　https://www.mlit.go.jp/
水管理・国土保全局　　　　　　　「日本の水資源の現況」
国土地理院　029-864-1111　　https://www.gsi.go.jp/
　　　　　　　　　　　　　　　　「全国都道府県市区町村別面積調」
海上保安庁　03-3591-6361　　https://www.kaiho.mlit.go.jp/
　　　　　　　　　　　　　　　　「日本の領海等概念図」

環境省　　03-3581-3351　　https://www.env.go.jp/
　　　　　　　　　　　　　　　　「温室効果ガス排出量」
　　　　　　　　　　　　　　　　「鳥獣関係統計」

5 「ポケット農林水産統計−令和元年版−2019」府省等別資料（続き）

府省等	電話番号（代表）	ホームページアドレス・資料名

国立研究開発法人
森林研究・整備機構
　森林保険センター 044-382-3500
https://www.ffpri.affrc.go.jp/
「森林保険に関する統計資料」

中央銀行
日本銀行 03-3279-1111
　調査統計局
https://www.boj.or.jp/
「企業物価指数」

政府関係機関
株式会社 日本政策金融公庫
　農林水産事業本部 03-3270-5585
https://www.jfc.go.jp/
「業務統計年報」

独立行政法人
独立行政法人 労働政策研究・研修機構
　　　　　　 03-5903-6111
https://www.jil.go.jp/
「データブック国際労働比較」

独立行政法人 農業者年金基金
　　　　　　 03-3502-3941
https://www.nounen.go.jp/
「農業者年金事業の実施状況」

独立行政法人 農林漁業信用基金
　　　　　　 03-3294-4481
http://www.jaffic.go.jp/

独立行政法人 農畜産業振興機構
　　　　　　 03-3583-8196
https://www.alic.go.jp/
「でん粉の輸入実績」

団体その他
全国たばこ耕作組合中央会
　　　　　　 03-3432-4401
http://www.jtga.or.jp/
「府県別の販売実績」

日本ハム・ソーセージ工業協同組合
　　　　　　 03-3444-1211
http://hamukumi.lin.gr.jp/
「年次食肉加工品生産数量」

日本集成材工業協同組合
　　　　　　 03-6202-9260
https://www.syuseizai.com/
「集成材の国内生産量調査」

一般社団法人 全国農業会議所
　　　　　　 03-6910-1121
https://www.nca.or.jp/
「田畑売買価格等に関する調査結果」

一般社団法人 全国米麦改良協会
　　　　　　 03-3262-1325
https://www.zenkokubeibaku.or.jp/
「民間流通麦の入札における落札決定状況」

一般社団法人 日本自動販売システム機械工業会
　　　　　　 03-5579-8131
https://www.jvma.or.jp/
「自販機普及台数」

一般社団法人 日本農業機械工業会
　　　　　　 03-3433-0415
http://www.jfmma.or.jp/
「農業機械輸出実績」「農業機械輸入実績」

一般社団法人 日本フードサービス協会
　　　　　　 03-5403-1060
http://www.jfnet.or.jp/
「外食産業市場規模推計について」

一般財団法人 日本エネルギー経済研究所
　　　　　　 03-5547-0222
https://eneken.ieej.or.jp/
「EDMC/エネルギー・経済統計要覧」

一般財団法人 日本水産油脂協会
　　　　　　 03-3469-6891
http://www.suisan.or.jp/
「水産油脂統計年鑑」

府省等	電話番号（代表）	ホームページアドレス・資料名

団体その他（続き）

一般財団法人　日本不動産研究所
　　　　　03-3503-5331
https://www.reinet.or.jp/
「山林素地及び山元立木価格調」

一般財団法人　農林統計協会
　　　　　03-3492-2990
http://www.aafs.or.jp/
「ポケット肥料要覧」

公益社団法人　日本缶詰びん詰レトルト食品協会
　　　　　03-5256-4801
https://www.jca-can.or.jp/
「缶詰時報」

公益財団法人　日本関税協会
　　　　　03-6826-1430
https://www.kanzei.or.jp/
「外国貿易概況」

株式会社　精糖工業会館
　　　　　03-3511-2085
「ポケット砂糖統計」

株式会社　農林中金総合研究所
　　　　　03-6362-7700
https://www.nochuri.co.jp/
「農林漁業金融統計」

索　引

　この索引は、各表のタイトルに含まれるキーワードを抽出して作成したものです。
　原則として、表頭・表側の単語は含まれませんので、小さい概念については、その上位概念で検索するなど、利用に当たっては留意願います。
　右側の数値は掲載ページで、はじめの1文字（概、食、農、村、林、水、震、付）はそれぞれの編（概況編、食料編、農業編、農山村編、林業編、水産業編、東日本大震災からの復旧・復興状況編及び付表）を示しています。

英数

10の整数乗を表す接頭語	付460
ＣＬＴ出荷量	林388
ＤＩＤまでの所要時間（農業集落）	村335
ＨＡＣＣＰの導入状況	食130
ＪＡＳ法に基づく指示	食129
ＬＶＬ出荷量	林385

あ

相対取引価格　一米	農240
小豆（乾燥子実）　→「豆類」参照	
安定価格　一指定食肉	農313

い

一般会計歳出予算	概29
一般法人数　一農業参入	農179
いも需給表	農251
いも類	農250
いんげん（乾燥子実）　→「豆類」参照	
飲食費の帰属割合・帰属額	食86
飲食費のフロー（図）	食86
飲料類の出荷額	農326

う

魚市場数	水432
魚市場取扱高	水432
売上高　一現地法人	食100

え

営農再開可能面積の見通し　一津波被災	震444
営農類型　→「農業経営」参照	
栄養素等摂取量	食83
エコファーマー認定状況	農329
枝肉生産量	農303
枝肉生産量　一肉豚・肉牛	農304
園芸用ガラス室・ハウス設置面積	農295

お

卸売市場経由率	食112
卸売価格	
一（水産物）品目別産地市場	水437
一牛枝肉（規格別）	農314
一果樹	農284
一かんしょ・ばれいしょ	農254
一飼料	農320
一豚・牛枝肉（食肉中央卸売市場）	農314
一豚枝肉（規格別）	農314
一木材製品	林376
一野菜	農272
温室効果ガスの排出量	農330

か

会社経営体　一漁業経営	水406
海上作業従事者数　一海面漁業経営体	水395
外食産業の構造	食105
改善指示　一ＪＡＳ法・食品表示法	食129

海藻類の生産量・消費量の目標	付458
海面漁業漁獲量	
一漁業種類別	水414
一魚種別	水412
一都道府県別・大海区別	水411
海面漁業経営体	水395
海面漁業経営体数	概1
海面養殖業	
一漁業経営	水405
一収穫量	水423
価格　一木材チップ	林376
価格指数	
一果樹	農289
一家畜類	農313
一かんしょ・ばれいしょ	農254
一工芸農作物（茶除く）	農289
一国際商品（海外）	概53
一米	農239
一飼料	農320
一そば・豆類	農260
一茶	農286
一農業機械	農214
一農薬	農223
一肥料	農220
一麦類	農248
一野菜	農272
価格動向　一生鮮野菜	食110
花き	農291
拡張・かい廃面積	
一田	農133
一畑	農133
格付実績	
一有機農産物	食128
一有機農産物加工食品	食128
格付数量　一有機農産物	食129
家計消費支出	食87
加工原材料の金額（食品製造業）	食107
加工原料乳	
一生産者補給金単価	農313
一集送乳調整金単価	農313
加工米飯の生産量	農241
火災被害（林野）	林371
貸出金残高	
一系統	概24
一他業態	概24
果実　→「果樹」参照	
貸付件数・金額（日本政策金融公庫資金）	
一事業計画分類	概25
一農林漁業分類	概26
貸付耕地　一農家数・面積	農137

貸付残高　−林業・木材産業、沿岸漁業… 概27
果樹…………………………………………… 農274
果実需給表………………………………… 農279
菓子類の出荷額…………………………… 農326
家族経営協定締結農家数………………… 農186
家族労働報酬（農畜産物）………………… 農6
家族労働力………………………………… 農170
家畜　→「畜産」参照
家畜伝染病発生状況……………………… 農308
花木　→「花き」参照
ガラス室　→「施設園芸」参照
借入・転貸面積（農地中間管理機構）…… 農176
借入耕地（農家数・面積）………………… 農137
カリ質肥料需給…………………………… 農219
環境保全型農業…………………………… 農328
換算штук（計量単位）…………………… 付461
甘しゃ糖生産量…………………………… 農290
かんしょ　→「いも類」参照
缶詰………………………………………… 農327
間伐実績・間伐材利用状況……………… 林365
甘味資源作物交付金単価（さとうきび）… 農289

き

生糸　→「養蚕」参照
基幹的農業従事者数（販売農家）………… 農174
企業体（現地法人）………………………… 食99
気象災害（林野）…………………………… 林371
帰属額・帰属割合（飲食費）……………… 食86
基本構想作成（農業経営改善計画）……… 農177
牛乳　→「畜産」参照
牛乳生産費………………………………… 農310
　−飼養頭数規模別………………………… 農310
牛乳等生産量……………………………… 農303
給与額　−産業別………………………… 概6
供給栄養量（海外）………………………… 概51
供給純食料………………………………… 食51
供給食料（海外）…………………………… 概51
供給熱量総合食料自給率（海外）………… 概51
供給量（熱量・たんぱく質・脂質）……… 食78
共済　→「保険・共済」参照
魚介類の生産量・消費量の目標………… 付458
漁獲の管理………………………………… 水440
漁獲量（海面漁業）
　−沿岸いか釣…………………………… 水421
　−遠洋かつお一本釣…………………… 水421
　−遠洋底びき網………………………… 水415
　−遠洋まぐろはえ縄…………………… 水420
　−大型定置網…………………………… 水419
　−大中型まき網1そうまき遠洋かつお… 水417
　−大中型まき網1そうまき近海かつお… 水417
　−大中型まき網1そうまきその他……… 水418
　−大中型まき網2そうまき……………… 水418
　−沖合底びき網………………………… 水415
　−漁業種類別…………………………… 水414
　−魚種別………………………………… 水412
　−近海いか釣…………………………… 水421
　−近海かつお一本釣…………………… 水421
　−近海まぐろはえ縄…………………… 水420
　−小型底びき網………………………… 水416
　−小型定置網…………………………… 水420
　−採貝・採藻…………………………… 水422

　−さけ定置網…………………………… 水419
　−さんま棒受網（敷網）………………… 水419
　−中・小型まき網……………………… 水418
　−都道府県・大海区別………………… 水411
　−船びき網……………………………… 水416
漁獲量（海面養殖業）……………………… 水423
漁獲量（内水面漁業）……………………… 水424
漁獲量（内水面養殖業）…………………… 水424
漁協　→「漁業協同組合」参照
漁業・養殖業産出額……………………… 概23
　−都道府県別…………………………… 概23
漁業管理組織数
　−管理対象魚種別……………………… 水440
　−漁獲の管理…………………………… 水440
　−漁業資源の管理……………………… 水440
　−漁場の保全・管理…………………… 水440
漁業共済…………………………………… 水429
漁業協同組合
　−組合員数……………………………… 水442
　−出資金額別組合数…………………… 水442
　−信用事業……………………………… 概29
　−正組合員数別組合数………………… 水442
漁業協同組合数
　−漁業体験を行った…………………… 水408
　−魚食普及活動………………………… 水408
　−水産物直売所運営…………………… 水408
　−遊漁関係団体との連携……………… 水441
漁業近代化資金…………………………… 概27
漁業経営（会社経営体）…………………… 水406
漁業経営（個人経営体）
　−海面養殖業…………………………… 水405
　−漁船漁業・小型定置網漁業………… 水404
漁業経営体数（海面）
　−基本構成……………………………… 水395
　−漁業種類別…………………………… 水397
　−漁協等が管理運営（東日本大震災）… 水445
　−経営組織別（都道府県別）…………… 水396
　−経営体階層別………………………… 水395
　−経営体階層別・販売金額別………… 水398
漁業経営体数（内水面）
　−経営組織別…………………………… 水399
　−湖沼漁業……………………………… 水399
　−内水面養殖業………………………… 水399
　−養殖種類別・経営組織別…………… 水400
漁業資源の管理…………………………… 水440
漁業就業者数
　−自営・雇われ別……………………… 水403
　−漁協等が管理運営（東日本大震災）… 震445
漁業集落数（大海区別）…………………… 水400
漁業信用基金協会　−債務保証残高…… 概27
漁業生産関連事業　−都道府県別……… 食94
漁業生産量・産出額（東日本大震災前後）
　−岩手県………………………………… 震446
　−福島県………………………………… 震450
　−宮城県………………………………… 震448
漁業センサス結果
　−岩手県………………………………… 震446
　−福島県………………………………… 震450
　−宮城県………………………………… 震448
漁業体験参加人数（漁業協同組合）……… 水408

漁業労働力‥‥‥‥‥‥‥‥‥‥‥‥‥‥‥‥‥‥‥水402
漁港数（漁港種類別）‥‥‥‥‥‥‥‥‥‥‥水400
漁場の保全・管理‥‥‥‥‥‥‥‥‥‥‥‥‥‥水440
魚食普及活動参加人数（漁業協同組合）‥‥水408
漁船隻数
　－海面漁業経営体‥‥‥‥‥‥‥‥‥‥‥‥水395
　－機関種類別・船質別動力漁船‥‥‥‥‥水401
　－推進機関有無別、海水淡水別‥‥‥‥‥水401
　－総トン数規模別動力漁船‥‥‥‥‥‥‥水401
　－内水面漁業経営体‥‥‥‥‥‥‥‥‥‥水399
漁船保険‥‥‥‥‥‥‥‥‥‥‥‥‥‥‥‥‥‥水428
漁村の活性化の取組‥‥‥‥‥‥‥‥‥‥‥‥水408
漁労所得（沿岸漁家）‥‥‥‥‥‥‥‥‥‥‥水407

く

組合員数
　－漁業協同組合‥‥‥‥‥‥‥‥‥‥‥‥‥水442
　－総合農業協同組合‥‥‥‥‥‥‥‥‥‥‥農332
　－土地改良区‥‥‥‥‥‥‥‥‥‥‥‥‥‥農333
組合数
　－業種別農業協同組合‥‥‥‥‥‥‥‥‥‥農331
　－漁業協同組合等‥‥‥‥‥‥‥‥‥‥‥‥水442
　－出資金額別漁業協同組合‥‥‥‥‥‥‥水442
　－森林組合‥‥‥‥‥‥‥‥‥‥‥‥‥‥‥林394
　－正組合員数別漁業協同組合‥‥‥‥‥‥水442
　－生産森林組合‥‥‥‥‥‥‥‥‥‥‥‥‥林394
　－農業協同組合等‥‥‥‥‥‥‥‥‥‥‥‥農331

け

経営耕地面積
　－耕地種類別（組織経営体）‥‥‥‥‥‥農159
　－耕地種類別（農業経営体）‥‥‥‥‥‥農158
　－耕地種類別（販売農家）‥‥‥‥‥‥‥農136
　－農業経営体‥‥‥‥‥‥‥‥‥‥‥‥‥‥農136
経営収支（会社経営体）‥‥‥‥‥‥‥‥‥‥水407
経営収支（個人経営体）
　－海面養殖業‥‥‥‥‥‥‥‥‥‥‥‥‥‥水405
　－漁船漁業・小型定置網漁業‥‥‥‥‥‥水404
経営状況の変化（東日本大震災）‥‥‥‥‥農443
経営所得安定対策‥‥‥‥‥‥‥‥‥‥‥‥‥農212
経営土地（営農類型別農業経営）‥‥‥‥‥農206
経営面積（各国比較）‥‥‥‥‥‥‥‥‥‥‥概55
経済計算
　－農業生産‥‥‥‥‥‥‥‥‥‥‥‥‥‥‥概16
　－農業総資本形成‥‥‥‥‥‥‥‥‥‥‥‥概16
鶏卵　→「畜産」参照
鶏卵生産量‥‥‥‥‥‥‥‥‥‥‥‥‥‥‥‥‥農304
計量単位‥‥‥‥‥‥‥‥‥‥‥‥‥‥‥‥‥‥付460
計量単位換算表‥‥‥‥‥‥‥‥‥‥‥‥‥‥付461
計量法計量単位‥‥‥‥‥‥‥‥‥‥‥‥‥‥付460
結果樹面積（果樹）‥‥‥‥‥‥‥‥‥‥‥‥農275
　－主要生産県‥‥‥‥‥‥‥‥‥‥‥‥‥‥農277
現地法人売上高（農林漁業・食料品製造）‥食100
現地法人企業数（農林漁業・食料品製造）‥食99
原料用かんしょ生産費‥‥‥‥‥‥‥‥‥‥‥農253
原料用ばれいしょ生産費‥‥‥‥‥‥‥‥‥‥農253

こ

工業生産量（海外）‥‥‥‥‥‥‥‥‥‥‥‥概62
工芸農作物‥‥‥‥‥‥‥‥‥‥‥‥‥‥‥‥‥農285
工芸農作物生産費‥‥‥‥‥‥‥‥‥‥‥‥‥農289
耕作放棄地面積（都道府県別）‥‥‥‥‥‥農139
工場残材出荷量‥‥‥‥‥‥‥‥‥‥‥‥‥‥林390

工場数（製材用素材）‥‥‥‥‥‥‥‥‥‥‥林379
耕地面積
　－全国農業地域・種類別‥‥‥‥‥‥‥‥農131
　－田畑別‥‥‥‥‥‥‥‥‥‥‥‥‥‥‥‥農131
　－農家1戸当たり‥‥‥‥‥‥‥‥‥‥‥‥農136
耕地面積・率‥‥‥‥‥‥‥‥‥‥‥‥‥‥‥概1
　－都道府県別‥‥‥‥‥‥‥‥‥‥‥‥‥‥農132
耕地面積規模（農業集落）‥‥‥‥‥‥‥‥‥村335
耕地率（農業集落）‥‥‥‥‥‥‥‥‥‥‥‥村336
耕地利用率‥‥‥‥‥‥‥‥‥‥‥‥‥‥‥‥‥農143
　－都道府県別‥‥‥‥‥‥‥‥‥‥‥‥‥‥農144
購入数量
　－加工肉・乳製品‥‥‥‥‥‥‥‥‥‥‥‥農316
　－果実‥‥‥‥‥‥‥‥‥‥‥‥‥‥‥‥‥農279
　－米‥‥‥‥‥‥‥‥‥‥‥‥‥‥‥‥‥‥農241
　－砂糖‥‥‥‥‥‥‥‥‥‥‥‥‥‥‥‥‥農290
　－食料品‥‥‥‥‥‥‥‥‥‥‥‥‥‥‥‥食92
　－水産物‥‥‥‥‥‥‥‥‥‥‥‥‥‥‥‥水428
　－生鮮肉等‥‥‥‥‥‥‥‥‥‥‥‥‥‥‥農306
　－茶‥‥‥‥‥‥‥‥‥‥‥‥‥‥‥‥‥‥農285
　－調味料‥‥‥‥‥‥‥‥‥‥‥‥‥‥‥‥概325
　－野菜‥‥‥‥‥‥‥‥‥‥‥‥‥‥‥‥‥農269
荒廃農地面積（都道府県別）‥‥‥‥‥‥‥農138
合板（流通）‥‥‥‥‥‥‥‥‥‥‥‥‥‥‥林383
合板出荷量‥‥‥‥‥‥‥‥‥‥‥‥‥‥‥‥林384
交付金
　－経営所得安定対策等‥‥‥‥‥‥‥‥‥‥農212
　－米の直接支払‥‥‥‥‥‥‥‥‥‥‥‥‥農212
　－施設長寿命化‥‥‥‥‥‥‥‥‥‥‥‥‥村339
　－収入減少影響緩和‥‥‥‥‥‥‥‥‥‥‥農213
　－水田活用の直接支払‥‥‥‥‥‥‥‥‥‥農213
　－地域資源の質的向上‥‥‥‥‥‥‥‥‥‥村338
　－農地維持支払‥‥‥‥‥‥‥‥‥‥‥‥‥村338
　－畑作物直接支払い‥‥‥‥‥‥‥‥‥‥‥農212
交付金単価
　－さとうきび‥‥‥‥‥‥‥‥‥‥‥‥‥‥農289
　－でん粉原料用かんしょ‥‥‥‥‥‥‥‥‥農254
小売価格
　－花き‥‥‥‥‥‥‥‥‥‥‥‥‥‥‥‥‥農294
　－果樹‥‥‥‥‥‥‥‥‥‥‥‥‥‥‥‥‥農284
　－かんしょ・ばれいしょ‥‥‥‥‥‥‥‥‥農254
　－米‥‥‥‥‥‥‥‥‥‥‥‥‥‥‥‥‥‥農241
　－食料品‥‥‥‥‥‥‥‥‥‥‥‥‥‥‥‥食124
　－水産物‥‥‥‥‥‥‥‥‥‥‥‥‥‥‥‥水438
　－畜産物‥‥‥‥‥‥‥‥‥‥‥‥‥‥‥‥農315
　－茶‥‥‥‥‥‥‥‥‥‥‥‥‥‥‥‥‥‥農286
　－野菜‥‥‥‥‥‥‥‥‥‥‥‥‥‥‥‥‥農273
国際収支（海外）‥‥‥‥‥‥‥‥‥‥‥‥‥概69
国際商品価格指数‥‥‥‥‥‥‥‥‥‥‥‥‥概53
国際比較（農業関連指標）‥‥‥‥‥‥‥‥概46
国内企業物価指数‥‥‥‥‥‥‥‥‥‥‥‥‥概8
国内生産額（農業・食料関連産業）‥‥‥‥概15
国内総生産
　－海外‥‥‥‥‥‥‥‥‥‥‥‥‥‥‥‥‥概54
　－勘定（名目）‥‥‥‥‥‥‥‥‥‥‥‥‥概11
　－農業・食料関連産業‥‥‥‥‥‥‥‥‥‥概15
国民栄養‥‥‥‥‥‥‥‥‥‥‥‥‥‥‥‥‥‥食83
国民経済計算
　－経済活動別国内総生産‥‥‥‥‥‥‥‥‥概14
　－国内総生産‥‥‥‥‥‥‥‥‥‥‥‥‥‥概12

　－国内総生産勘定……………………………… 概11
　－国民所得の分配……………………………… 概13
国民所得の分配……………………………………… 概13
湖沼漁業（経営体数・漁船・従事者数）… 水399
個人経営体（漁業経営）……………………… 水404
子取りめす牛（飼養）………………………… 農298
個別経営　→「農業経営」参照
小麦　→「麦類」参照
小麦粉の生産量………………………………… 農242
小麦生産費……………………………………… 農246
米………………………………………………… 農227
米需給表………………………………………… 農232
米生産費………………………………………… 農236
米の相対取引価格……………………………… 農240
米の在庫量等…………………………………… 農230
米の需給調整…………………………………… 農230
米の直接支払交付金…………………………… 農212
雇用者数（農・漁生産関連事業）………… 食90

さ

再開漁業経営体（東日本大震災）………… 農445
災害資金融資状況……………………………… 概28
財政……………………………………………… 概29
財政投融資計画（農林水産関係）………… 概31
採草地・放牧地
　－農業経営体………………………………… 農145
　－販売農家…………………………………… 農145
栽培きのこ類生産者数
　－原木しいたけ……………………………… 林368
　－なめこ・えのきたけ・ひらたけ等…… 林368
栽培延べ面積（ガラス室・ハウス）……… 農295
栽培面積
　－果樹………………………………………… 農275
　－果樹（主要生産県）……………………… 農277
　－その他果樹………………………………… 農278
　－茶…………………………………………… 農285
債務保証残高（信用基金）………………… 概27
採卵鶏（飼養）………………………………… 農300
作付（栽培）延べ面積……………………… 農143
　－都道府県別………………………………… 農144
作付（栽培）面積
　－販売目的作物種類別（農業経営体）… 農155
　－販売目的作物種類別（組織経営体）… 農156
作付面積
　－小豆・らっかせい・いんげん………… 農255
　－花き………………………………………… 農291
　－花木等……………………………………… 農292
　－かんしょ…………………………………… 農250
　－水陸稲等…………………………………… 農228
　－水陸稲（都道府県別）…………………… 農229
　－そば・大豆（都道府県別）…………… 農257
　－農作物……………………………………… 農225
　－ばれいしょ………………………………… 農250
　－麦類………………………………………… 農242
　－麦類（都道府県別）……………………… 農243
　－野菜………………………………………… 農262
酒類の出荷額…………………………………… 農326
雑穀……………………………………………… 農255
雑穀・豆類需給表……………………………… 農258
さとうきび　→「工芸農作物」参照
砂糖需給表……………………………………… 農290

産出額
　－花き………………………………………… 農292
　－果樹………………………………………… 農275
　－漁業・養殖業……………………………… 概23
　－漁業・養殖業（都道府県別）………… 概23
　－野菜………………………………………… 農262
山林素地価格（地区別）…………………… 林377

し

しいたけ原木伏込量…………………………… 林368
仕入金額（農・漁生産関連事業）………… 食90
自給率
　－供給熱量総合食料（海外）…………… 概51
　－主要品産物（海外）……………………… 概50
　－主要品目別食料…………………………… 食79
　－食料………………………………………… 概7
事業実績
　－森林組合（部門別）……………………… 林394
　－総合農協（購買事業）…………………… 農332
　－総合農協（販売事業）…………………… 農333
事業所数
　－外食産業…………………………………… 食105
　－産業別従業者数規模別…………………… 概4
　－食品卸売業………………………………… 食101
　－食品小売業………………………………… 食104
　－食品産業…………………………………… 食98
　－木質バイオマスエネルギー利用……… 林392
事業体数・割合（農・漁生産関連事業）… 食90
事業内容割合（総合化事業計画）………… 食89
資源向上支払交付金
　－施設長寿命化……………………………… 村339
　－地域資源の質的向上……………………… 村338
事故鶏数（畜産・共済）…………………… 農309
支出金額
　－花き………………………………………… 農294
　－米…………………………………………… 農241
市場規模
　－外食産業…………………………………… 食106
　－電子商取引………………………………… 食113
施設園芸………………………………………… 農295
施設園芸利用ハウス・ガラス室面積……… 農160
実行組合の有無（農業集落）……………… 村338
指定食肉の安定価格…………………………… 農313
自動販売機……………………………………… 食112
支払対象者数（経営所得安定対策等）… 農212
自販金額（自動販売機）…………………… 食112
ジビエ利用量…………………………………… 村343
死亡数…………………………………………… 概3
巾民農園………………………………………… 村342
仕向額（食用農林水産物等）……………… 食86
収穫面積（球根類・鉢もの類）…………… 農291
収穫量
　－小豆・らっかせい・いんげん………… 農255
　－果樹………………………………………… 農275
　－果樹（主要生産県）……………………… 農277
　－かんしょ…………………………………… 農250
　－飼料用作物（都道府県別）…………… 農318
　－水陸稲……………………………………… 農228
　－水陸稲（都道府県別）…………………… 農229
　－その他の果樹……………………………… 農278
　－その他の野菜……………………………… 農268

ーそば・大豆（都道府県別）…………… 農257
ー茶（生葉）……………………………… 農285
ー農作物…………………………………… 農225
ーばれいしょ……………………………… 農250
ーみかん品種別…………………………… 農278
ー麦種類別………………………………… 農242
ー麦種類別（都道府県別）……………… 農243
ー野菜……………………………………… 農262
ー野菜・季節区分別……………………… 農266
ーりんご品種別…………………………… 農278
収穫量
ー海面養殖業……………………………… 水423
ー内水面養殖業…………………………… 水424
従事者数
ー外食産業………………………………… 食105
ー産業別…………………………………… 概4
ー食品卸売業……………………………… 食102
ー食品小売業……………………………… 食104
ー食品産業………………………………… 食98
ー水産加工場……………………………… 水433
ー農・漁生産関連事業…………………… 食90
ー冷凍・冷蔵工場………………………… 水433
就業者の産業別構成比（海外）………… 概49
従業上の就業者数（農林業・非農林業）… 概5
集成材出荷量……………………………… 林386
収入減少影響緩和交付金………………… 農213
集落営農数
ー経営所得安定対策への加入状況……… 農183
ー経理の共同化状況別…………………… 農183
ー現況集積面積規模別…………………… 農181
ー生産・販売以外の活動別……………… 農182
ー生産・販売活動別……………………… 農182
ー組織形態別（都道府県別）…………… 農180
ー人・農地プランへの位置づけ状況…… 農183
集落協定に基づく多面的機能の活動…… 村340
需給実績（政府所有米）………………… 農232
需給調整（米）…………………………… 農232
ー都道府県別……………………………… 農231
需給表
ーいも……………………………………… 農251
ー海藻類・鯨肉…………………………… 水430
ー果樹……………………………………… 農279
ーカリ質肥料……………………………… 農219
ー魚介類…………………………………… 水430
ー米………………………………………… 農232
ー雑穀・豆類……………………………… 農258
ー砂糖……………………………………… 農290
ー飼料……………………………………… 農319
ー生乳……………………………………… 農305
ー窒素質肥料……………………………… 農218
ー肉類……………………………………… 農305
ー麦類……………………………………… 農244
ー木材・供給……………………………… 林372
ー木材・需要……………………………… 林372
ー野菜……………………………………… 農269
ーりん酸肥料……………………………… 農219
受託面積
ー農業経営体……………………………… 農227
ー販売農家………………………………… 農227

出荷額
ー飲料類…………………………………… 農326
ー菓子類…………………………………… 農326
ー酒類……………………………………… 農326
出荷量
ーCLT販売先別（木材）……………… 林388
ーLVL販売先別（木材）……………… 林385
ー花き……………………………………… 農291
ー果樹……………………………………… 農275
ー果樹（主要生産県）…………………… 農277
ー花木等…………………………………… 農292
ー工場残材販売先別（木材）…………… 林390
ー合板販売先別…………………………… 林384
ー産地市場用途別（水産物）…………… 水432
ー集成材販売先別………………………… 林386
ー製材品販売先別………………………… 林382
ーその他の果樹…………………………… 農278
ー農薬……………………………………… 農222
ーみかん・りんご用途別………………… 農278
ー野菜……………………………………… 農262
ー野菜（用途別）………………………… 農268
ー用途別製材品…………………………… 林381
出生数（人口）…………………………… 概3
主要穀物（海外）………………………… 概56
飼養戸数
ー家畜（都道府県別）…………………… 農301
ー子取り用めす牛………………………… 農298
ー子取り用めす豚………………………… 農299
ー採卵鶏（成鶏めす飼養羽数規模別）… 農300
ー採卵鶏・ブロイラー…………………… 農300
ー肉用牛…………………………………… 農297
ー肉用牛（飼養頭数規模別）…………… 農298
ー乳用牛…………………………………… 農297
ー乳用牛（成畜飼養頭数規模別）……… 農297
ー乳用種（肉用牛）……………………… 農298
ー肥育豚…………………………………… 農299
ー肥育用牛………………………………… 農298
ー豚………………………………………… 農299
ーブロイラー……………………………… 農300
上場水揚量　ー産地品目別（水産物）…… 水431
飼養頭数
ー種おす牛………………………………… 農298
ー肉用牛…………………………………… 農297
ー乳用牛…………………………………… 農297
ー豚………………………………………… 農299
飼養頭羽数
ー都道府県別……………………………… 農301
ー販売目的（組織経営体）……………… 農157
ー販売目的（農業経営体）……………… 農157
飼養羽数　ー採卵鶏・ブロイラー……… 農300
消費者物価指数…………………………… 概10
ー海外……………………………………… 概52
消費量
ーいも・用途別…………………………… 農251
ー主要穀物（海外）……………………… 概56
ー大豆（用途別）………………………… 農258
ーパルプ原料材料………………………… 林389
商品価格（海外）………………………… 概53
商品販売額
ー業態別商品別…………………………… 食107

―食品卸売業……………………………… 食103
―食品小売業……………………………… 食105
将来推計人口……………………………… 概3
食肉加工品生産数量……………………… 農315
食肉処理施設
―規模別・食肉処理施設数……………… 村343
―鳥獣種別・解体数……………………… 村343
―ジビエ利用量…………………………… 村343
―販売実績………………………………… 村344
食品卸売業の構造………………………… 食101
食品群別摂取量…………………………… 食84
食品小売業の構造………………………… 食104
食品産業…………………………………… 食98
食品循環資源の再利用等の実施率……… 農330
食品製造業の構造………………………… 食98
食品廃棄物等の年間発生量……………… 農330
食品表示法に基づく指示………………… 食129
植物油かす等生産量……………………… 農317
植物油脂生産量…………………………… 農322
食用加工油脂生産量……………………… 農322
食用農林水産物の仕向額………………… 食86
食料・農業・農村基本計画……………… 付453
食料供給力………………………………… 食82
食料自給率………………………………… 概7
―主要品目別……………………………… 食79
―都道府県別……………………………… 食83
食料自給率の目標等……………………… 付454
食料需給表………………………………… 食77
食料消費見通し…………………………… 付453
食料品加工機械等（生産台数）………… 農215
食料品購入数量…………………………… 食88
所在地（地方農政局等）………………… 付466
女性の参画状況
―漁業協同組合…………………………… 水409
―農業委員会・農業協同組合…………… 農187
女性の就業・従事者数（漁業・加工）… 水409
女性の農業経営改善計画………………… 農186
女性の割合
―農業就業人口等………………………… 農186
―農業労働人口（海外）………………… 概47
所有台数（農業機械・販売農家）……… 農214
処理量（肉用若鶏・ブロイラー）……… 農304
飼料………………………………………… 農316
飼料総合需給表…………………………… 農319
飼料用作物収穫量（都道府県別）……… 農317
新エネルギーの導入量…………………… 農329
新規就業者数
―漁業……………………………………… 水403
―林業……………………………………… 林360
―年齢・就業形態別……………………… 農184
新規需要米等……………………………… 農230
人口………………………………………… 概1
―将来推計………………………………… 概3
―世界……………………………………… 概48
―動態……………………………………… 概3
―都道府県別……………………………… 概2
―労働力…………………………………… 概3
人工造林面積
―再造林・拡大造林別…………………… 林363
―樹種別…………………………………… 林363

新設林道（自動車道）…………………… 林354
森林・林業基本計画……………………… 付457
森林組合…………………………………… 林394
森林の有する多面的機能の目標………… 付457
森林被害（鳥獣類）……………………… 村346
森林保険…………………………………… 林371
森林面積
―海外……………………………………… 概67
―林種別（都道府県別）………………… 林352

す

推計人口（将来）………………………… 概3
水産加工場数（加工種類別）…………… 水433
水産加工品生産量………………………… 水425
―都道府県別……………………………… 水426
水産缶詰・瓶詰生産量…………………… 水427
水産基本計画……………………………… 付458
水産業協同組合（組合数）……………… 水442
水産物需給表……………………………… 水430
水産物生産量（海外）
―海域別…………………………………… 概70
―漁獲・養殖……………………………… 概68
―種類別…………………………………… 概69
水産物直売所運営（漁業協同組合）…… 水408
水産物販売収入の水準（東日本大震災）… 震443
水産物流通経費…………………………… 食120
水田活用の直接支払交付金……………… 農213
水田率（全国農業地域・種類別）……… 農131
水稲　→「米」参照
水稲作付維委託農業経営体数…………… 農152
水稲作受託作業…………………………… 農227

せ

青果物流通経費…………………………… 食114
―割合……………………………………… 食116
製材（流通）……………………………… 林379
製材工場数………………………………… 林379
製材品出荷量……………………………… 林381
製材用素材入荷量（国産材・外材別）… 林379
生産額　―農業・食料関連産業……… 概15
生産関連事業（農業・漁業）…………… 食90
生産漁業所得……………………………… 概23
生産資材
―価格指数（飼料）……………………… 農320
―価格指数（農業）……………………… 概9
―燃料（漁船）…………………………… 水407
―農業機械………………………………… 農214
生産者数
―原木しいたけ…………………………… 林368
―なめこ・えのきたけ・ひらたけ等… 林368
生産者物価指数（海外）………………… 概52
生産者補給金単価　―加工原料乳…… 農313
生産森林組合……………………………… 林394
生産台数
―農業用機械器具・食料品加工機械等… 農215
―木材加工機械…………………………… 林361
生産努力目標（食料）…………………… 付453
生産農業所得……………………………… 概17
生産費
―牛乳……………………………………… 農310
―牛乳（飼養頭数規模別）……………… 農310
―原料用かんしょ………………………… 農253

－原料用ばれいしょ…………………農253
－工芸農作物……………………………農289
－小麦……………………………………農246
－米………………………………………農236
－米・作付規模別………………………農237
－米・全国農業地域別…………………農236
－米・認定農業者・組織法人…………農238
－飼料米…………………………………農238
－そば……………………………………農259
－大豆……………………………………農260
－肉用牛…………………………………農311
－二条大麦………………………………農247
－農作物…………………………………農226
－はだか麦………………………………農248
－肥育豚…………………………………農312
－六条大麦………………………………農247
生産量　→「漁獲量」、「収穫量」、
　　　　　「収獲量」、「出荷量」参照
－小豆・らっかせい・いんげん………農255
－枝肉……………………………………農303
－加工米飯………………………………農241
－缶・瓶詰………………………………農327
－甘しょ糖・ビート糖…………………農290
－かんしょ………………………………農250
－牛乳……………………………………農303
－漁獲・養殖（海外）…………………概68
－鶏卵……………………………………農304
－工芸農作物（茶除く）………………農287
－小麦粉・用途別………………………農249
－米………………………………………農228
－集成材…………………………………林385
－主要穀物（海外）……………………概54
－主要肥料・原料………………………農218
－食肉加工品……………………………農315
－植物油かす等…………………………農317
－植物油脂………………………………農322
－食用加工油脂…………………………農322
－新規需要米等…………………………農230
－水産加工品……………………………水425
－水産加工品（都道府県別）…………水426
－水産缶詰・瓶詰………………………水427
－水産業…………………………………水410
－水産物海域別（海外）………………概70
－水産物種類別（海外）………………概69
－精製糖…………………………………農290
－生乳……………………………………農303
－その他果樹……………………………農278
－そば・大豆（都道府県別）…………農257
－茶（荒茶）……………………………農285
－調味料…………………………………概325
－でん粉・水あめ・ぶどう糖…………農324
－特殊合板………………………………林383
－特用林産物……………………………林366
－乳製品…………………………………農315
－農作物…………………………………農225
－配合飼料………………………………農316
－パルプ製品……………………………林389
－ばれいしょ……………………………農250
－普通合板………………………………林383
－米穀粉…………………………………農241

－麦種類別………………………………農242
－麦種類別（都道府県別）……………農243
－木材（海外）…………………………概67
－木材チップ……………………………林389
－野菜……………………………………農262
生産林業所得……………………………概22
精製糖生産量……………………………農290
生鮮野菜の価格…………………………食110
製造品出荷額　－食品産業……………食99
制度金融…………………………………概25
生乳
－需給表…………………………………農305
－処理量…………………………………農303
－生産量…………………………………農303
政府買い入れ量（麦類）………………農245
政府所有米需給実績……………………農232
世界人口…………………………………概48
世界の国数………………………………付459
世帯員数（漁業・個人経営体）………水402
世帯員数（販売農家）…………………概1
－全国農業地域別………………………農170
－年齢別…………………………………農170
世帯数……………………………………概1
－都道府県別……………………………概2
摂取量（食品群）………………………食84
設置実面積（ガラス室・ハウス）……農295
設立・合併・解散等の状況（農協等）……農331

そ

総合化事業計画
－事業割合………………………………食89
－対象農林水産物割合…………………食89
－認定件数………………………………食89
総人口　→「人口」参照
総面積　→「面積」参照
素材輸入材依存割合（需要部門別）……林374
素材価格（木材）………………………林376
素材供給量………………………………林373
素材需要量………………………………林373
素材生産量
－樹種別・需要部門別…………………林365
－部門別・都道府県別…………………林364
－林業経営体……………………………林357
素材入荷量………………………………林380
組織経営体数
－耕地種類別……………………………農159
－組織形態別……………………………農149
－農業経営組織別………………………農151
－農作業受託事業部門別………………農162
－農作業受託料金収入規模別…………農160
－農産物販売金額別……………………農149
－農産物売上1位出荷先別……………農154
－農産物出荷先別………………………農153
－販売目的家畜…………………………農157
－販売目的作物種類別…………………農156
組織法人
－経営……………………………………農190
－耕種経営………………………………農210
－米生産費………………………………農238
－水田作経営……………………………農209
－畜産経営………………………………農210

卒業後の漁業就業者数‥‥‥‥‥‥‥‥‥‥‥ 水403
卒業後の農林業就業者数‥‥‥‥‥‥‥‥‥‥ 農185
そば　→「雑穀」参照
そば生産費‥‥‥‥‥‥‥‥‥‥‥‥‥‥‥‥ 農259

対象農林水産物割合（総合化事業計画）‥‥ 食89
大豆　→「豆類」参照
大豆生産費‥‥‥‥‥‥‥‥‥‥‥‥‥‥‥‥ 農260
体制図（農林水産省）‥‥‥‥‥‥‥‥‥‥‥ 付462
立木地面積
　－樹種別‥‥‥‥‥‥‥‥‥‥‥‥‥‥‥‥ 林353
　－人工林の齢級別‥‥‥‥‥‥‥‥‥‥‥‥ 林353
種おす牛飼養頭数‥‥‥‥‥‥‥‥‥‥‥‥‥ 農298
多面的機能支払‥‥‥‥‥‥‥‥‥‥‥‥‥‥ 村338
多面的機能の評価額
　－森林‥‥‥‥‥‥‥‥‥‥‥‥‥‥‥‥‥ 付456
　－水産業・漁村‥‥‥‥‥‥‥‥‥‥‥‥‥ 付456
　－農業‥‥‥‥‥‥‥‥‥‥‥‥‥‥‥‥‥ 付456
多面的機能を増進する活動‥‥‥‥‥‥‥‥‥ 村340
男女共同参画の推進（農山漁村等）‥‥‥‥‥ 付455
男女別割合（農・漁生産関連事業）‥‥‥‥‥ 食90

地域経済機構‥‥‥‥‥‥‥‥‥‥‥‥‥‥‥ 付459
畜産‥‥‥‥‥‥‥‥‥‥‥‥‥‥‥‥‥‥‥ 農297
畜産加工‥‥‥‥‥‥‥‥‥‥‥‥‥‥‥‥‥ 農315
治山事業
　－国有林野内直轄‥‥‥‥‥‥‥‥‥‥‥‥ 林362
　－民有林‥‥‥‥‥‥‥‥‥‥‥‥‥‥‥‥ 林362
窒素質肥料需給‥‥‥‥‥‥‥‥‥‥‥‥‥‥ 農218
地方財政‥‥‥‥‥‥‥‥‥‥‥‥‥‥‥‥‥ 概32
地方農政局等所在地‥‥‥‥‥‥‥‥‥‥‥‥ 付466
茶　→「工芸農作物」参照
中山間地域等直接支払制度‥‥‥‥‥‥‥‥‥ 村340
鳥獣被害
　－森林被害‥‥‥‥‥‥‥‥‥‥‥‥‥‥‥ 村346
　－農作物被害‥‥‥‥‥‥‥‥‥‥‥‥‥‥ 村345
　－被害防止計画作成状況（都道府県別）‥‥ 村347
朝食欠食率‥‥‥‥‥‥‥‥‥‥‥‥‥‥‥‥ 食84
調味料‥‥‥‥‥‥‥‥‥‥‥‥‥‥‥‥‥‥ 概325
直接支払交付金‥‥‥‥‥‥‥‥‥‥‥‥‥‥ 農212
貯貸率
　－漁業協同組合信用事業‥‥‥‥‥‥‥‥‥ 概29
　－農業協同組合信用事業‥‥‥‥‥‥‥‥‥ 概28

電子商取引市場規模‥‥‥‥‥‥‥‥‥‥‥‥ 食113
伝染病発生状況（家畜）‥‥‥‥‥‥‥‥‥‥ 農308
田畑売買価格
　－耕作目的‥‥‥‥‥‥‥‥‥‥‥‥‥‥‥ 農142
　－使用目的の変更‥‥‥‥‥‥‥‥‥‥‥‥ 農142
でん粉生産量‥‥‥‥‥‥‥‥‥‥‥‥‥‥‥ 農324
田本地利用面積‥‥‥‥‥‥‥‥‥‥‥‥‥‥ 農143
転用面積　－農地‥‥‥‥‥‥‥‥‥‥‥‥‥ 農141

投下労働時間（林業）‥‥‥‥‥‥‥‥‥‥‥ 林360
導入効果（ＨＡＣＣＰ）‥‥‥‥‥‥‥‥‥‥ 食130
導入状況（ＨＡＣＣＰ）‥‥‥‥‥‥‥‥‥‥ 食130
登録農薬数‥‥‥‥‥‥‥‥‥‥‥‥‥‥‥‥ 農222
特用林産物‥‥‥‥‥‥‥‥‥‥‥‥‥‥‥‥ 林366
土壌改良資材‥‥‥‥‥‥‥‥‥‥‥‥‥‥‥ 農221
土地改良区数‥‥‥‥‥‥‥‥‥‥‥‥‥‥‥ 農333

と蓄頭数（肉豚・肉牛）‥‥‥‥‥‥‥‥‥‥ 農304

内水面漁業
　－漁獲量‥‥‥‥‥‥‥‥‥‥‥‥‥‥‥‥ 水424
　－経営体‥‥‥‥‥‥‥‥‥‥‥‥‥‥‥‥ 水399
内水面養殖業
　－基本構成‥‥‥‥‥‥‥‥‥‥‥‥‥‥‥ 水399
　－収獲量‥‥‥‥‥‥‥‥‥‥‥‥‥‥‥‥ 水424
　－経営体数‥‥‥‥‥‥‥‥‥‥‥‥‥‥‥ 水400

肉用牛（飼養）‥‥‥‥‥‥‥‥‥‥‥‥‥‥ 農297
肉用若鶏処理量‥‥‥‥‥‥‥‥‥‥‥‥‥‥ 農304
肉類需給表‥‥‥‥‥‥‥‥‥‥‥‥‥‥‥‥ 農305
二条大麦　→「麦類」参照
二条大麦生産費‥‥‥‥‥‥‥‥‥‥‥‥‥‥ 農247
日本政策金融公庫資金‥‥‥‥‥‥‥‥‥‥‥ 概25
入荷量
　－製材用素材‥‥‥‥‥‥‥‥‥‥‥‥‥‥ 林379
　－素材入荷先別‥‥‥‥‥‥‥‥‥‥‥‥‥ 林380
　－単板製造用素材‥‥‥‥‥‥‥‥‥‥‥‥ 林383
乳用牛（飼養）‥‥‥‥‥‥‥‥‥‥‥‥‥‥ 農297
乳用種（牛・飼養）‥‥‥‥‥‥‥‥‥‥‥‥ 農298
認定件数
　－総合化事業計画‥‥‥‥‥‥‥‥‥‥‥‥ 食89
　－有機農産物（都道府県別）‥‥‥‥‥‥‥ 食126
認定状況
　－営農類型別‥‥‥‥‥‥‥‥‥‥‥‥‥‥ 農177
　－エコファーマー‥‥‥‥‥‥‥‥‥‥‥‥ 農329
　－女性の農業改善計画‥‥‥‥‥‥‥‥‥‥ 農186
　－年齢別‥‥‥‥‥‥‥‥‥‥‥‥‥‥‥‥ 農177
　－法人形態別‥‥‥‥‥‥‥‥‥‥‥‥‥‥ 農177
認定農業者数‥‥‥‥‥‥‥‥‥‥‥‥‥‥‥ 農176
　－地方農政局別‥‥‥‥‥‥‥‥‥‥‥‥‥ 農178

熱量・たんぱく質・脂質供給量‥‥‥‥‥‥‥ 食78
燃油価格（生産資材）‥‥‥‥‥‥‥‥‥‥‥ 水407

農家数‥‥‥‥‥‥‥‥‥‥‥‥‥‥‥‥‥‥ 概1
農家数（販売農家）
　－貸付耕地‥‥‥‥‥‥‥‥‥‥‥‥‥‥‥ 農137
　－家族経営構成別‥‥‥‥‥‥‥‥‥‥‥‥ 農167
　－借入耕地‥‥‥‥‥‥‥‥‥‥‥‥‥‥‥ 農137
　－環境保全型農業に取り組む‥‥‥‥‥‥‥ 農328
　－経営耕地面積規模別‥‥‥‥‥‥‥‥‥‥ 農164
　－経営方針の決定参画者‥‥‥‥‥‥‥‥‥ 農186
　－後継者有無別‥‥‥‥‥‥‥‥‥‥‥‥‥ 農167
　－耕地種類別‥‥‥‥‥‥‥‥‥‥‥‥‥‥ 農136
　－施設園芸‥‥‥‥‥‥‥‥‥‥‥‥‥‥‥ 農295
　－主副業別（都道府県別）‥‥‥‥‥‥‥‥ 農163
　－水稲作受託作業‥‥‥‥‥‥‥‥‥‥‥‥ 農227
　－専兼業別（都道府県別）‥‥‥‥‥‥‥‥ 農163
　－農業経営組織別‥‥‥‥‥‥‥‥‥‥‥‥ 農164
　－農業生産関連事業‥‥‥‥‥‥‥‥‥‥‥ 食96
　－農業労働力保有状態別‥‥‥‥‥‥‥‥‥ 農166
　－農作業受託事業部門別‥‥‥‥‥‥‥‥‥ 農168
　－農作物販売金額1位部門別‥‥‥‥‥‥‥ 農165
　－農作物販売金額規模別‥‥‥‥‥‥‥‥‥ 農165
　－販売目的・花き類‥‥‥‥‥‥‥‥‥‥‥ 農291
　－販売目的・果樹‥‥‥‥‥‥‥‥‥‥‥‥ 農274
　－販売目的・果樹（施設）‥‥‥‥‥‥‥‥ 農274

ー販売目的・果樹（露地）……………… 農274
ー販売目的・かんしょ・ばれいしょ…… 農250
ー販売目的・工芸農作物（茶除く）…… 農287
ー販売目的・雑穀・豆類……………… 農255
ー販売目的・茶…………………………… 農285
ー販売目的・野菜………………………… 農261
ー販売目的・野菜（施設）……………… 農261
ー販売目的・野菜（露地）……………… 農261
ー販売目的水稲…………………………… 農227
ー販売目的麦類・作付面積規模別……… 農242
ー販売目的麦類・種類別………………… 農242
農協　→「農業協同組合」参照
農業委員会・農協への参画（女性）…… 農187
農業委員会数・委員数…………………… 農333
農業関係指標の国際比較………………… 概46
農業機械…………………………………… 農214
農業協同組合
ー購買事業実績………………………… 農332
ー信用事業……………………………… 概28
ー総合農協・組合員数………………… 農332
ー販売事業実績………………………… 農333
ー設立・合併・解散等の状況………… 農331
農業近代化資金…………………………… 概27
農業経営
ー営農類型・部門別…………………… 農208
ー概況・分析（主副業別）…………… 農197
ー概要（主副業別）…………………… 農196
ー総括表………………………………… 農192
ー認定農業者のいる…………………… 農198
ー分析指標……………………………… 農193
農業経営改善計画の認定状況…………… 農176
農業経営基盤強化促進法………………… 農140
農業経営収支
ー総括・営農類型別…………………… 農200
ー組織法人・水田作以外耕種………… 農210
ー組織法人・水田作経営……………… 農209
ー組織法人・畜産経営………………… 農210
ー販売目的・1経営体当たり平均…… 農194
農業経営体数……………………………… 農148
ー環境保全型農業に取り組む………… 農328
ー経営耕地面積規模別………………… 農148
ー耕地種類別…………………………… 農158
ー施設園芸利用ハウス・ガラス室…… 農160
ー水稲作作業委託……………………… 農152
ー水稲作受託作業……………………… 農227
ー農外資本・出資金提供……………… 農152
ー農業経営組織別……………………… 農150
ー農業生産関連事業…………………… 食96
ー農作業受託事業部門別……………… 農161
ー農作業受託料金収入規模別………… 農160
ー農産物販売金額別…………………… 農149
ー農産物売上1位出荷先別…………… 農154
ー農産物出荷先別……………………… 農153
ー販売目的の家畜飼養………………… 農157
ー販売目的の作物種類別……………… 農155
農業経営の概況（図）…………………… 農188
農業経営の平均的な姿（主副業別）…… 農191
農業経営費（営農類型別）……………… 農204
農業産出額
ー市町村別……………………………… 概20

ー都道府県別…………………………… 概18
ー部門別市町村別……………………… 概21
農業参入一般法人………………………… 農179
農業者年金被保険者数
ー加入区分別…………………………… 農187
ー年齢階層別…………………………… 農187
農業就業人口（販売農家）
ー全国農業地域別……………………… 農170
ー年齢別………………………………… 農173
農業従事者数（販売農家）
ー自営農業従事日数別………………… 農172
ー男女別………………………………… 農185
ー年齢別………………………………… 農171
農業集落数
ーDIDまでの所要時間別…………… 村335
ー耕地面積規模別……………………… 村335
ー耕地率別……………………………… 村336
ー実行組合のある……………………… 村336
ー地域資源の保全状況別……………… 村342
ー寄り合いの回数別…………………… 村337
ー寄り合いの議題別…………………… 村337
農業所得等
ー個別経営・営農類型別……………… 農189
ー組織法人経営・営農類型別………… 農190
ー任意組織経営のうち集落営農……… 農190
農業信用基金協会（債務保証残高）…… 概27
農業水利施設・水路……………………… 農146
農業生産…………………………………… 概16
農業生産関連事業（都道府県別）……… 食92
農業生産資材……………………………… 農214
農業生産資材価格指数（飼料）………… 農320
農業生産資材物価指数…………………… 概9
農業生産指数（海外）…………………… 概54
農業生産量（海外）……………………… 概56
農業総産出額……………………………… 概17
農業総資本形成…………………………… 概16
農業粗収益（営農類型別）……………… 農202
農業用水量………………………………… 村342
農業労働力………………………………… 農169
農作業死亡事故件数……………………… 農175
農作物価格指数
ー果樹…………………………………… 農284
ーかんしょ・ばれいしょ……………… 農254
ー工芸農作物（茶除く）……………… 農289
ー米……………………………………… 農239
ーそば・豆類…………………………… 農260
ー茶……………………………………… 農286
ー麦類…………………………………… 農248
ー野菜…………………………………… 農272
農作物被害（鳥獣類）…………………… 村343
農作物作付（栽培）延べ面積………… 農143
ー都道府県別…………………………… 農144
農産物価格指数…………………………… 概9
ー家畜類………………………………… 農313
農事組合法人数
ー主要事業種別………………………… 農179
ー総括表………………………………… 農179
農地維持支払交付金……………………… 村338
農地価格…………………………………… 農142
農地中間管理機構の借入・転貸面積…… 農176

農地転用面積
　－田畑別……………………………農141
　－転用主体別………………………農141
　－用途別……………………………農141
農地の権利移動………………………農140
農地保有適格法人数…………………農178
農地面積
　－各国比較…………………………概55
　－見通し……………………………付454
農地面積　→「経営耕地面積」、
　　　　　　　「耕地面積」参照
農薬……………………………………農222
農用地面積（海外）…………………概48
農林業経営体数（東日本大震災）…震443
農林漁業金融………………………概24
農林漁業信用基金（林業）債務保証残高…概27
農林漁業体験民宿……………………村342
農林水産関係公共事業予算…………概31
農林水産関係予算……………………概29
農林水産省所管一般会計……………概30
農林水産省所管特別会計……………概30
農林水産省体制図……………………付462
農林水産物輸出入概況………………概39

配合飼料生産量………………………農316
排出量（温室効果ガス）……………農330
排他的経済水域………………………概1
ハウス　→「施設園芸」参照
はだか麦　→「麦類」参照
はだか麦生産費………………………農248
畑作物の直接支払交付金……………農212
伐採立木材積…………………………林363
パルプ出荷量…………………………林389
ばれいしょ　→「いも類」参照
販売金額
　－農・漁生産関連事業……………食90
　－農産物直売所……………………食90
販売農家数　→「農家数（販売農家）」参照

肥育豚生産費…………………………農312
肥育用牛（飼養）……………………農298
ビート糖生産量………………………農290
被害
　－森林被害（鳥獣類）……………村346
　－水稲………………………………農234
　－農作物被害（鳥獣類）…………村345
被害防止計画（鳥獣類・都道府県別）…村347
東日本大震災からの復旧・復興状況…震443
人・農地プランの進捗状況…………農176
病害虫等被害（森林）………………林371
肥料……………………………………農218
肥料使用量（海外）…………………概66
瓶詰……………………………………農327

普及職員数・普及指導センター数…農333
普及台数（自動販売機）……………食112
豚（飼養）……………………………農299
物価指数
　－国内企業…………………………概8
　－消費者……………………………概10

　－消費者……………………………概52
　－生産者……………………………概52
　－農業生産資材……………………概9
　－農産物……………………………概9
　－輸出入……………………………概8
ぶどう糖生産量………………………農324
部門別経営収支
　－組織法人・水田作経営…………農209
ブロイラー（飼養）…………………農300
ブロイラー処理量……………………農304

米穀粉の生産量………………………農241

保安林面積……………………………林354
貿易相手国上位10か国………………概34
貿易依存度（海外）…………………概73
牧草地
　－農業経営体………………………農145
　－販売農家…………………………農145
保険・共済
　－いも類……………………………農252
　－果樹収穫…………………………農281
　－果樹樹体…………………………農283
　－家畜（蓄種別）…………………農309
　－家畜（年度別）…………………農308
　－ガラス室・プラスチックハウス…農296
　－漁業契約実績……………………水429
　－漁業支払実績……………………水429
　－漁船保険（支払保険金）………水428
　－漁船保険（引受実績）…………水428
　－工芸農作物（茶除く）…………農288
　－雑穀・豆類………………………農258
　－蚕繭………………………………農321
　－森林………………………………林371
　－水稲………………………………農235
　－茶…………………………………農286
　－麦類………………………………農246
　－野菜………………………………農271
　－陸稲………………………………農235
保有山林の状況
　－家族経営…………………………林358
　－林業経営体………………………林356

豆類……………………………………農255

みかん　→「果樹」参照
水揚量（水産物・産地品目別）……水431
水あめ生産量…………………………農324
民間流通麦の入札……………………農249
民間流通量（麦類）…………………農245

麦類……………………………………農242
麦類需給表……………………………農244
麦類政府買い入れ量…………………農245
麦類民間流通量………………………農245

面積
　－園芸用ガラス室・ハウス設置面積……農295
　－新規需要米等作付………………農230
　－人工林立木地……………………林353

　－森林（都道府県別）…………………… 林352
　－総面積（都道府県別）………………… 概2
　－総面積・耕地・排他的経済水域……… 概1
　－立木地………………………………… 林353
　－土地改良区…………………………… 農333
　－保安林………………………………… 林354
　－養殖（内水面漁業経営体）………… 水399
　－林野（都道府県別）………………… 林349

も

木材価格……………………………………… 林376
木材加工機械……………………………… 林361
木材関連産業……………………………… 林379
木材供給量の目標………………………… 付457
木材需給表………………………………… 林372
木材生産量（海外）……………………… 概67
木材チップ
　－価格…………………………………… 林376
　－生産量……………………………… 林389
木材チップ利用量（木質バイオマス）…… 林393
木材の総需要量の見通し………………… 付457
木材利用量の目標………………………… 付457
木質バイオマス利用量
　－業種別……………………………… 林392
　－木質バイオマス種類別……………… 林393
　－木材チップ由来別…………………… 林393

や

野菜…………………………………………… 農261
野菜需給表………………………………… 農269
野生鳥獣資源利用実態…………………… 村343
　－規模別・食肉処理施設数…………… 村343
　－ジビエ利用量……………………… 村343
　－狩猟及び有害捕獲による捕獲数…… 村346
　－食肉処理施設・販売実績…………… 村344
　－森林被害…………………………… 村346
　－鳥獣種別・解体数………………… 村343
　－農作物被害………………………… 村345
　－被害防止計画作成状況（都道府県別）… 村347
山元立木価格……………………………… 林378

ゆ

有機登録認定機関数……………………… 食126
有機農産物認定件数（都道府県別）…… 食126
遊漁関係団体との連携…………………… 水441
融資残高（農業・漁業近代化資金）…… 概27
油脂生産量（植物油）…………………… 農322
輸出
　－主要農林水産物……………………… 概42
　－調味料……………………………… 概325
　－特用林産物………………………… 林369
　－日本の貿易相手国…………………… 概35
　－農業機械…………………………… 農216
　－農林水産物の主要国・地域別……… 概40
　－品目別……………………………… 概37
輸出入
　－概況………………………………… 概39
　－花き………………………………… 農293
　－花き・国別………………………… 農293
　－果実………………………………… 農280
　－缶・瓶詰…………………………… 農327
　－生糸………………………………… 農321
　－工芸農作物（茶除く）…………… 農288

　－米…………………………………… 農233
　－州別………………………………… 概39
　－主要商品別（海外）………………… 概74
　－商品分類別（海外）………………… 概72
　－飼料………………………………… 農319
　－水産物……………………………… 水429
　－畜産物……………………………… 農306
　－茶…………………………………… 農285
　－日本の貿易相手国…………………… 概34
　－農薬………………………………… 農224
　－ばれいしょ………………………… 農252
　－肥料………………………………… 農220
　－物価指数…………………………… 概8
　－麦類・小麦粉……………………… 農244
　－木材………………………………… 林374
　－野菜………………………………… 農270
　－油脂………………………………… 農323
　－養蚕………………………………… 農321
輸入
　－化工でん粉………………………… 農324
　－生糸………………………………… 農321
　－小麦・国別………………………… 農244
　－米…………………………………… 農233
　－雑穀・豆類………………………… 農258
　－集成材……………………………… 林385
　－主要農林水産物……………………… 概44
　－食肉の国・地域別…………………… 農307
　－でん粉……………………………… 農324
　－特用林産物………………………… 林370
　－日本の貿易相手国…………………… 概36
　－農業機械…………………………… 農217
　－農林水産物の主要国・地域別……… 概40
　－品目別……………………………… 概38
　－丸太・製材………………………… 林375
輸入加工食品の仕向額…………………… 食86

よ

養蚕…………………………………………… 農321
用途別処理量（生乳）…………………… 農303
予算
　－一般会計…………………………… 概29
　－農林水産関係……………………… 概29
　－農林水産関係公共事業……………… 概31
　－農林水産省所管一般会計…………… 概30
　－農林水産省所管特別会計…………… 概30
余裕金系統利用率
　－漁業協同組合信用事業……………… 概29
　－農業協同組合信用事業……………… 概28
寄り合いの状況（農業集落）………… 村337

ら

落札状況（民間流通麦の入札）……… 農249
らっかせい（乾燥子実）　→「豆類」参照

り

流通経費
　－水産物・産地出荷業者……………… 食120
　－青果物・集出荷団体………………… 食114
流通経費等割合
　－水産物……………………………… 食121
　－青果物……………………………… 食114
利用権設定（農業経営基盤強化促進法）… 農140
利用面積（夏期・田本地）…………… 農143

林家数……………………………………… 概1
林業機械
　－高性能普及台数………………………… 林361
　－在来型所有台数（民有林）…………… 林361
林業経営体数
　－素材生産を行った……………………… 林357
　－組織形態別…………………………… 林355
　－保有山林面積規模別………………… 林356
　－林業作業受託料金収入がある……… 林357
　－林業作業受託料金収入規模別……… 林357
林業経営体数うち家族経営
　－保有山林面積規模別………………… 林358
　－林業作業受託料金収入がある……… 林359
　－林業作業受託料金収入規模別……… 林359
　－林産物販売…………………………… 林358
林業経営の総括………………………… 林360
林業経営費……………………………… 林360
林業作業受託面積
　－家族経営……………………………… 林359
　－林業経営体…………………………… 林357
林業産出額……………………………… 概22
　－都道府県別…………………………… 概22
林業就業人口…………………………… 林359
林業粗収益……………………………… 林360
林業投下労働時間……………………… 林361
林業労働力……………………………… 林356
りんご　→「果樹」参照
りん酸質肥料需給……………………… 農219
林道……………………………………… 林354
　－新設（自動車道）…………………… 林354
林野面積………………………………… 概1
　－所有形態別（都道府県別）………… 林350

　　　　　　　　　れ
冷凍・冷蔵工場数・冷蔵能力………… 水433
　　　　　　　　　ろ
労働時間
　－米（全国農業地域別）……………… 農237
　－林業投下労働時間…………………… 林360
労働投下量（営農類型別）…………… 農206
労働力
　－営農類型別農業経営………………… 農206
　－家族（販売農家）…………………… 農170
　－漁業…………………………………… 水402
　－人口…………………………………… 概3
　－組織経営体（農業経営体）………… 農169
　－農業経営体…………………………… 農169
　－林業…………………………………… 林356
六次産業化法・地産地消法…………… 食89
六条大麦　→「麦類」参照
六条大麦生産費………………………… 農247

ポケット農林水産統計　令和元年版

令和2年8月　発行　　　　　定価は表紙に表示してあります。

編　集　農林水産省大臣官房統計部
〒100-8950　東京都千代田区霞が関1丁目2番1号

発　行　一般財団法人 農林統計協会
〒153-0064　東京都目黒区下目黒3-9-13　目黒・炭やビル
電話(03)3492-2987　　振替　00190-5-70255

ISBN978-4-541-04318-4　C3061